消防监督员业务培训教材

火灾事故调查

公安部消防局　编

国家行政学院出版社

图书在版编目(CIP)数据

火灾事故调查/ 公安部消防局编 . —北京:国家
行政学院出版社,2015.3
消防监督员业务培训教材
ISBN 978 – 7 – 5150 – 1452 – 4

Ⅰ. ①火… Ⅱ. ①公… Ⅲ. ①火灾事故 – 调查 – 业务
培训 – 教材 Ⅳ. ①X928.7

中国版本图书馆 CIP 数据核字(2015)第 042092 号

书 名	火灾事故调查	
作 者	公安部消防局	
责任编辑	聂笃克	
出版发行	国家行政学院出版社	
	(北京市海淀区长春桥路 6 号 100089)	
电 话	(010)83534848 87662552	
编 辑 部	(010)63553478	
经 销	新华书店	
印 刷	北京睿特印刷厂大兴一分厂	
版 次	2015 年 3 月北京第 1 版	
印 次	2015 年 3 月北京第 1 次印刷	
开 本	787 毫米×1092 毫米 16 开	
印 张	24.5	
字 数	700 千字	
书 号	ISBN 978 – 7 – 5150 – 1452 – 4	
定 价	68.00 元	

前　言

为提高消防监督人员的业务理论水平和工作能力，我们组织有关专家和人员编写了《消防监督员业务培训教材：火灾事故调查》。本书共十三章，重点介绍了火灾事故调查的目的、原则、任务、依据、管辖和程序；燃烧理论、燃烧类型，不同物质的燃烧特性以及危险化学品的分类与火灾危险性；火灾调查证据的种类、证据调查的基本步骤、证据的审查与认定方法；火灾痕迹的概念、种类和特征，常见物体受热痕迹及证明作用；询问的要求、方法、策略和内容，询问笔录制作，审查验证言词证据；火灾现场保护、实地勘验、尸体表面勘验、现场物证提取和委托鉴定、现场实验、现场分析、常用检测方法和仪器使用、现场照相与摄像、现场处置、现场制图、勘验笔录制作；火灾物证鉴定方法，各种物证鉴定意见的证明作用，火灾物证鉴定意见的审查与运用；火灾原因认定、火灾复核和调查处理；火灾损失统计的分类，火灾损失物辨识，火灾损失统计原则与方法；常见火灾起火原因的认定内容、方法和要点；火灾消防技术调查的起火原因与灾害成因分析，技术调查报告制作与运用；汽车火灾、摩托车火灾、电动自行车火灾起火原因调查的内容和方法及认定要点；火灾事故调查案卷的分类与内容、材料整理、案卷制作与管理等内容。全书70万字，附有各类图、表200余张，内容丰富，实用性和指导性较强。

本书第一章由马恩强、连长华编写，第二章由张金专、刘激扬编写，第三章由邓亮、鲁云龙编写，第四章由刘万福、薄建伟编写，第五章由胡安雄、高维娜编写，第六章由王刚、袁政编写，第七章由邸曼、王欣编写，第八章由胡建国、刘义祥编写，第九章由果春盛、谭远林编写，第十章由米文忠、李彦军编写，第十一章由吴礼龙、孙金杰编写，第十二章由刘振刚、饶球飞编写，第十三章由谈迅、黄韬编写。马恩强、吴礼龙、王刚、胡安雄参加了本书的审编工作。在本书编写过程中，还有许多同志给予了积极支持和协助，在此一并表示感谢！

由于编写时间仓促，书中难免存在疏漏和不足之处，恳请读者提出宝贵意见。

公安部消防局

2014 年 11 月

编 委 会

目　　录

第一章　概　述

第二章　消防燃烧学基础知识

第三章　火灾调查证据

第四章　火灾痕迹

第五章　询　问

第六章 火灾现场勘验

第七章　火灾物证鉴定

第八章　火灾原因认定和处理

第九章　火灾损失统计

第十章　常见起火原因认定

第十一章　火灾消防技术调查

第十二章 常见机动车火灾调查

第十三章　火灾事故调查档案

第一章 概 述

火灾是指在时间或空间上失去控制的燃烧所造成的灾害。随着社会经济的快速发展，火灾已经成为最经常、最普遍的威胁人类生产、生活以及生命健康的灾害之一。及时、准确查明火灾原因并依法对火灾事故作出处理已经成为社会关注的焦点。

第一节 火灾事故调查的目的、原则和任务

一、火灾事故调查的目的

（一）维护社会和谐稳定

通过火灾事故调查，认定起火时间、起火部位、起火点、起火原因，为解决火灾后矛盾纠纷和依法处理火灾事故提供证据，有利于惩处违法犯罪行为，保护火灾当事人合法权益，维护社会和谐稳定。

（二）总结消防工作经验教训

通过火灾事故调查，研究火灾发生、发展、蔓延的规律，检验防火和灭火工作的成效和不足，有利于总结防火、灭火工作经验和教训，为消防科学研究、制修订消防法规和技术标准提供支持，为有效防范火灾、改进和加强消防工作提供依据，减少或避免同类火灾重复发生。

（三）提升公民消防安全素质

火灾事故调查所形成的案卷资料是消防宣传工作的重要素材，是消防宣传教育生动的教科书。通过宣传火灾案例特别是火灾原因和火灾造成的危害后果，能警示广大人民群众，有助于增强公民的火灾防范意识，提高自救逃生技能。

二、火灾事故调查的原则

（一）及时

公安机关消防机构接到火灾报警或报告后，要及时指派火灾事故调查人员赶赴火灾现场，迅速开展调查工作，尽快收集第一手资料，为进一步调查打下坚实的基础。及时原则要求，公安机关消防机构勘验火灾现场、调查询问、检验鉴定、认定火灾事故、统计火灾损失、复核以及火灾事故处理等工作必须在法律、法规规定的时限内作出。

（二）客观

公安机关消防机构在火灾事故调查中，无论是调查访问、现场勘验、提取痕迹物品，还是分析、认定火灾原因，都要从实际出发，以事实为依据，以法律为准绳，不能掺杂个人主观臆断。所认定的火灾事故事实必须有充分的证据支持，而且要根据火灾现场的实际情况，深入了解引起火灾的各种可

1

能性，正确分析、认识火灾发生、发展过程，获得准确的调查结果，作出客观科学的认定结论。

（三）公正

公安机关消防机构在火灾事故调查时，要依法平等对待各方当事人，不得以任何理由和方式偏袒任何一方；要依法处理涉及当事人利益的有关事项，平等、公正地适用法律，防止各种干扰，确保火灾事故调查认定结论的准确性和公正性，保护火灾当事人的合法权益。火灾事故调查人员与火灾事故认定结论或火灾事故当事人有利害关系，可能影响公正调查的，应当依法回避。

（四）合法

公安机关消防机构调查火灾事故时，必须严格按照消防法律法规和有关标准规定的程序、方法、步骤开展调查，依法认定火灾事故，统计火灾损失。公安机关消防机构在火灾事故调查中有关回避、证据、调查取证、检验鉴定等要求，《火灾事故调查规定》没有特别规定的，应当按照《公安机关办理行政案件程序规定》执行。

三、火灾事故调查的任务

（一）调查火灾原因

公安机关消防机构通过勘验现场，调查询问，提取痕迹、物品，检验、鉴定和现场实验等手段收集证据材料，运用燃烧原理、火灾规律、痕迹物证等科学技术和人类认识规律，对火灾发生、发展过程进行综合分析，认定起火时间、起火部位、起火点、起火原因。

（二）统计火灾损失

火灾损失包括火灾直接经济损失和人员伤亡情况。火灾直接经济损失统计结果是公安机关消防机构总结、分析和研究火灾发生规律、特点的参考依据，不是民事赔偿或者保险理赔的法定证据和唯一证据。受损单位和个人因民事赔偿或者保险理赔等举证需要火灾直接经济损失数额的，可以自行收集有关火灾直接经济损失证据，或者委托依法设立的价格鉴定机构对火灾直接经济损失进行鉴定。

（三）依法对火灾事故作出处理

公安机关消防机构应当根据火灾事故调查认定情况，依法对火灾事故作出处理。公安机关消防机构对火灾事故的处理方式主要有三种：

1. 刑事处罚

经过火灾事故调查，发现火灾肇事嫌疑人涉嫌构成失火罪、消防责任事故罪的，按照公安机关办理刑事案件的有关规定立案侦查，依法追究刑事责任；发现涉嫌构成其他犯罪的，及时移送其他主管部门处理。

2. 行政处罚

对涉嫌违反消防法律法规行为的，公安机关消防机构应当按照公安机关办理行政案件有关规定立案调查，依法追究行政法律责任；涉嫌其他违法行为的，及时移送有关行政机关处理。

3. 行政处分

经过调查，对有关责任人依照有关规定应当给予行政处分的，公安机关消防机构应当提出处理建议，移交有关主管部门处理。

（四）总结火灾教训

公安机关消防机构在火灾事故调查中，不仅要查明引起火灾的直接原因，还要分析造成人员伤亡以及火灾蔓延、扩大的各个因素。着重从有关单位和个人落实消防安全职责、执行消防法规和消防技术标准情况，火灾防范措施，消防监管和火灾扑救等方面进行全面调查，分析查找在消防管理、技术预防措施、消防设备和火灾扑救等环节存在的问题，适时制修订消防法规和消防技术规范标准，研究制定加强和改进消防工作的措施，不断积累经验，做好消防工作。

第二节　火灾事故调查的依据、管辖和程序

一、火灾事故调查的依据

火灾事故调查是公安机关消防机构的一项法定职责，涉及火灾当事人的权益。因此，公安机关消防机构在调查火灾事故时，应当依据并严格执行国家有关法律法规和相关标准的规定。

（一）主要法律法规依据

1. 中华人民共和国消防法

《中华人民共和国消防法》（以下简称《消防法》）第五十一条规定，"公安机关消防机构有权根据需要封闭火灾现场，负责调查火灾原因，统计火灾损失。""火灾扑灭后，发生火灾的单位和相关人员应当按照公安机关消防机构的要求保护现场，接受事故调查，如实提供与火灾有关的情况。""公安机关消防机构根据火灾现场勘验、调查情况和有关的检验、鉴定意见，及时制作火灾事故认定书，作为处理火灾事故的证据。"此条款规定了公安机关消防机构在火灾事故调查中，有封闭火灾现场、调查火灾原因、统计火灾损失的职权和作出火灾事故认定、依法处理火灾事故的职责，以及发生火灾的单位和相关人员有按照公安机关消防机构的要求保护现场、接受事故调查和如实提供与火灾有关情况的义务。

2. 火灾事故调查规定

2009 年 4 月 30 日，公安部发布了《火灾事故调查规定》（公安部令第 108 号），2012 年 7 月 17 日，《公安部关于修改〈火灾事故调查规定〉的决定》（公安部令第 121 号）对《火灾事故调查规定》作相应修改，并重新发布。该规定在总结近年来我国火灾事故调查实践经验和做法的基础上，从火灾事故调查的任务、原则、管辖和程序，现场调查的方法和步骤，火灾事故认定、复核的程序、内容和要求，以及火灾事故调查的处理等方面作出了具体的规定，进一步规范了公安机关消防机构火灾事故调查工作和火灾事故调查人员的调查行为，有利于保障公安机关消防机构依法履行职责，保护火灾当事人的合法权益。

（二）有关标准、规定

公安机关消防机构调查火灾事故除依据前述主要法律法规外，还应当执行国家有关火灾统计、现场勘验和火灾原因认定的标准、规范性文件。常用的有：

1. 火灾统计管理规定

1996 年 11 月 11 日，公安部、劳动部、国家统计局印发了《火灾统计管理规定》（公通字〔1996〕82 号），对加强火灾统计管理工作、规范火灾统计行为作出明确规定。

2. 火灾损失统计方法

2014 年实施的公共安全行业标准《火灾损失统计方法》（GA185—2014），对火灾直接财产损失和火灾直接经济损失的定义、计算方法和统计技术方法等作出了规定。

3. 火灾现场勘验规则

2009 年实施的公共安全行业标准《火灾现场勘验规则》（GA839—2009），对火灾现场勘验的内容、程序、方法和要求作出了规定，指导和规范公安机关消防机构火灾现场勘验行为，增强火灾现场勘验工作的科学性、公正性和权威性。

4. 火灾调查工作协作规定

2009 年 6 月 22 日，公安部印发了《公安机关消防刑侦部门火灾调查工作协作规定》（公消

〔2009〕279号），明确公安机关消防、刑侦部门火灾调查协作工作的职责和要求。有利于建立完善公安机关消防、刑侦部门火灾调查协作机制，提高公安机关火灾事故调查和火灾刑事案件侦破的整体效能，及时查明起火原因和侦破刑事案件。

5. 火灾原因调查认定规则

2009年实施的公共安全行业标准《火灾原因调查指南》（GA/T812—2008），用于指导公安机关消防机构火灾调查工作。为了进一步加强火灾事故调查工作，科学、合法、准确地作出火灾原因认定，公安部消防局2011年2月14日印发了《火灾原因认定暂行规则》（公消〔2011〕43号），对公安机关消防机构认定火灾原因的行为进行了规范。

二、火灾事故调查的管辖

（一）部门主管

《消防法》第四条规定，"国务院公安部门对全国的消防工作实施监督管理。县级以上地方人民政府公安机关对本行政区域内的消防工作实施监督管理，并由本级人民政府公安机关消防机构负责实施。""军事设施的消防工作，由其主管单位监督管理，公安机关消防机构协助；矿井地下部分、核电厂、海上石油天然气设施的消防工作，由其主管单位监督管理。""法律、行政法规对森林、草原的消防工作另有规定的，从其规定"。与此相适应，火灾事故调查也采取了以下相应的管辖体制：一是军事设施、矿井地下部分、核电厂、海上石油天然气设施发生的火灾事故，由其主管单位主管调查。二是森林和草原发生的火灾事故，由森林公安机关和草原防火部门主管调查。三是对于上述以外的其他区域或者单位发生的火灾事故，由县级以上人民政府公安机关负责调查，并由其消防机构负责实施；尚未设立公安机关消防机构的，由县级人民政府公安机关实施火灾事故调查。

此外，铁路、港航、民航公安机关和国有林区的森林公安机关消防机构负责调查其监督范围内发生的火灾。

（二）级别管辖

火灾事故调查的级别管辖，是指公安机关消防机构内部火灾事故调查工作的分工。根据《火灾事故调查规定》第六条规定，火灾事故调查工作由火灾发生地的公安机关消防机构按照下列分工进行：

1. 一次火灾死亡十人以上的，重伤二十人以上或者死亡、重伤二十人以上的，受灾五十户以上的，由省、自治区人民政府公安机关消防机构负责组织调查。

2. 一次火灾死亡一人以上的，重伤十人以上的，受灾三十户以上的，由设区的市或者相当于同级的人民政府公安机关消防机构负责组织调查。

3. 一次火灾重伤十人以下或者受灾三十户以下的，由县级人民政府公安机关消防机构负责调查。

直辖市人民政府公安机关消防机构负责组织调查一次火灾死亡三人以上的，重伤二十人以上或者死亡、重伤二十人以上的，受灾五十户以上的火灾事故；直辖市的区、县级人民政府公安机关消防机构负责调查其他火灾事故。

仅有财产损失的火灾事故调查管辖权限，按照各省（自治区、直辖市）人民政府公安机关的规定执行。

（三）地域管辖

对跨行政区域的火灾，由最先起火地的公安机关消防机构按照《火灾事故调查规定》第六条规定的分工负责调查，相关行政区域的公安机关消防机构予以协助。

（四）指定管辖

对火灾事故调查管辖权发生争议的，报请共同的上一级公安机关消防机构指定管辖。县级人民政府公安机关负责实施的火灾事故调查管辖权发生争议的，由共同的上一级主管公安机关指定。

（五）直接办理

对一些重大、复杂或社会影响大的火灾，或者上级公安机关消防机构认为当地调查存在人为干扰可能影响公正的，或者下级公安机关消防机构调查人员需要回避时而出现调查力量不足时，上级公安机关消防机构可以组织调查。

（六）参加各级政府组织的事故调查

《生产安全事故报告和调查处理条例》（国务院令第 493 号）规定，特别重大事故由国务院或者国务院授权有关部门组织事故调查组进行调查。重大事故、较大事故、一般事故分别由事故发生地省级人民政府、设区的市级人民政府、县级人民政府负责调查。

对于由各级政府组织的事故调查，公安机关消防机构作为调查组成员单位，参与调查工作，主要职责就是调查认定火灾原因。

三、火灾事故调查的程序

（一）简易程序

1. 适用范围

根据《火灾事故调查规定》第十二条的规定，对同时具备下列条件的火灾，可以适用简易调查程序进行调查：

（1）没有人员伤亡的；

（2）直接财产损失轻微的；

（3）当事人对火灾事故事实没有异议的；

（4）没有放火嫌疑的。

2. 主要工作步骤

适用简易程序调查火灾事故的，可以由一名火灾事故调查人员调查，并按照下列程序实施：

（1）表明执法身份，说明调查依据；

（2）调查走访当事人、证人，了解火灾发生过程、火灾烧损的主要物品及建筑物受损等与火灾有关的情况；

（3）查看火灾现场并进行照相或者录像；

（4）告知当事人调查的火灾事故事实，听取当事人的意见，当事人提出的事实、理由或者证据成立的，应当采纳；

（5）当场制作火灾事故简易调查认定书，由火灾事故调查人员、当事人签字或者捺指印后交付当事人。

火灾事故调查人员应当在两日内将火灾事故简易调查认定书报所属公安机关消防机构备案。

（二）一般程序

1. 适用范围

除适用简易程序调查以外的火灾，都应按一般程序实施调查。

2. 主要工作步骤

（1）现场保护。火灾事故调查人员到达现场后应及时对现场外围进行观察，确定现场保护范围并组织实施，设置警戒标志，禁止无关人员进入。

（2）现场调查取证。火灾事故调查人员通过对与火灾事故有关人员进行调查询问，对火灾现场进行现场勘验，提取有关痕迹、物品，并根据需要委托检验鉴定、组织现场实验等收集证据。

（3）火灾损失统计。公安机关消防机构根据受损单位和个人的申报、依法设立的价格鉴证机构出具的火灾直接财产损失鉴定意见以及调查核实情况，按照有关规定，对火灾直接经济损失和人员伤亡进行如实统计。

（4）综合分析认定。火灾事故调查人员对火灾现场调查收集的有关证据材料，运用燃烧理论、火灾发生规律、痕迹、物证等科学技术和人类认识规律，综合分析火灾发生、发展过程，认定火灾原因。

（5）火灾事故认定情况说明。在作出火灾事故认定前，召集相关当事人到场，说明拟认定的起火原因，听取当事人意见；当事人不到场的，应当记录在案。

（6）作出火灾事故认定并送达。公安机关消防机构认定火灾事故应当制作火灾事故认定书，自作出之日起七个工作日内送达当事人，并告知当事人向公安机关消防机构申请复核的途径和期限。无法送达的，可以在作出火灾事故认定之日起七个工作日内公告送达。公告期为二十日，公告期满即视为送达。对经过调查认为有放火嫌疑的案件，应按规定向公安刑侦部门移送案件，不需制作火灾事故认定书。

3. 调查期限

对适用一般程序调查的火灾，公安机关消防机构应当自接到火灾报警之日起三十日内作出火灾事故认定。情况复杂、疑难的，经上一级公安机关消防机构批准，可以延长三十日。其中，火灾事故调查中需要进行检验、鉴定的，检验、鉴定时间不计入调查期限。

（三）复核程序

1. 适用范围

当事人对火灾事故认定有异议的，可以自火灾事故认定书送达之日起十五日内，向复核机构提出书面复核申请。对有下列情形之一的，复核机构不予受理：

（1）非火灾当事人提出复核申请的；

（2）超过复核申请期限的；

（3）复核机构维持原火灾事故认定或者直接作出火灾事故复核认定的；

（4）适用简易调查程序作出火灾事故认定的。

2. 主要工作步骤

（1）受理复核申请。复核机构应当自收到复核申请之日起七日内作出是否受理的决定并书面通知申请人；受理复核申请的，应当书面通知其他当事人，同时通知原认定机构。

（2）调取案卷。原认定机构应当自接到通知之日起十日内，向复核机构作出书面说明，并提交火灾事故调查案卷。

（3）审查原认定。复核机构应当对复核申请和原火灾事故认定进行书面审查，必要时可以向有关人员进行调查；火灾现场尚存且未被破坏的，可以进行复核勘验。

（4）作出复核决定。经过审查，复核机构可以作出维持或者撤销原认定的决定。对撤销原认定的，复核机构应当直接作出火灾事故复核认定或者责令原认定机构重新作出火灾事故认定。

复核程序中涉及的火灾事故认定前的情况说明、法律文书送达等程序与一般程序相同。

3. 复核期限

复核机构应当自受理复核申请之日起三十日内，作出复核决定；对需要向有关人员进行调查或者复核勘验现场的，经复核机构负责人批准，可以延长三十日。

四、火灾事故调查的协作

（一）公安机关消防机构内部火灾事故调查协作

近年来，各地公安机关消防机构从火灾事故调查工作实际出发，先后成立或组建了火灾事故调查专家组、骨干组等协作组织，以提高重特大、疑难复杂和特殊火灾事故调查工作的质量。通过调查协作这种有效的交流、学习方式，全面提升火灾事故调查队伍整体素质和业务水平。

1. 协作组织

各级公安机关消防机构组建的火灾事故调查协作组织，大多以各级火灾调查机构为依托，由火灾事故调查专家、业务骨干和地方有关单位、部门、行业的专家等组成，主要有公安部、省（自治区、直辖市）、市（地）三级协作组织。

（1）公安部火灾事故调查专家组。由公安部消防局、各省级公安机关消防机构火灾事故调查专家和公安部消防局火灾物证鉴定中心的鉴定人员中推选的资深专家组成，是全国火灾调查的权威组织。根据火灾事故调查需要，经公安部消防局负责人批准，调派公安部火灾事故调查专家指导、协助火灾发生地公安机关消防机构调查火灾。

（2）省级火灾事故调查专家组。以省级公安机关名义成立，由各省公安机关消防、刑侦专家为主，有关单位和部门有经验的技术专家参加。根据火灾事故调查需要，经省级公安机关消防机构负责人批准调派，指导、协助火灾发生地的公安机关消防机构调查火灾。

（3）市级火灾事故调查协作组。为解决火灾事故调查专业人员少、业务水平偏低等问题，市（地）级公安机关或消防机构集中本级火灾调查业务能力较强、水平较高的骨干，组建火灾事故调查协作组。根据火灾事故调查需要，经市级公安消防机构负责人批准调派，协助火灾发生地公安机关消防机构调查火灾。

2. 协作方式

无论是火灾事故调查协作组还是火灾事故调查专家组，其成员或专家都是协助火灾发生地公安机关消防机构调查火灾，不能取而代之。主要任务是指导当地公安机关消防机构调查火灾，协助查明起火原因，出具专家意见。当参与调查的火灾事故调查专家意见出现分歧时，可以分别出具不同意见，由当地公安机关消防机构根据火灾调查综合情况，视情采纳。

（二）公安机关消防机构与刑侦部门火灾调查协作

1. 协作调查的范围

在火灾调查中，遇有以下三种情形之一的火灾，公安机关消防机构应当立即报告本级公安机关指挥中心通知刑侦部门，刑侦部门接到通知后应当立即派员赶赴火灾现场参加调查：

（1）有人员死亡的火灾；

（2）国家机关、广播电台、电视台、学校、医院、养老院、托儿所、幼儿园、文物保护单位、邮政和通信、交通枢纽等部门和单位发生社会影响大的火灾；

（3）具有放火嫌疑的火灾。

2. 协作调查的职责分工

公安机关消防机构和刑侦部门到达火灾现场后，应当协作配合，共同开展现场勘验、调查访问、分析起火原因等。具体分工如下：

（1）在火灾性质尚未确定前，现场调查以消防机构为主，刑侦部门应当协助。

（2）经调查，排除放火嫌疑的，刑侦部门应当向消防机构移交全部调查、检验鉴定等案卷材料，并撤出现场，终止调查工作。

（3）经调查，涉嫌放火犯罪的，经消防机构负责人批准，制作移送案件通知书，将全部调查、检验鉴定等案卷材料连同火灾现场一并移交刑侦部门，并根据需要协助刑侦部门开展工作。

（4）刑侦部门应当自接到移送案件通知书之日起十个工作日内，进行案件审查，作出是否立案的决定，并书面通知移送案件的消防机构；决定不予立案的，应当书面说明理由，并向消防机构退回案

卷材料、移交火灾现场。

3. 对火灾性质认定分歧的处理

经调查，公安机关消防机构和刑侦部门对火灾性质认定存在分歧的，可以报请共同的主管公安机关负责人协调解决，或者申请上一级公安机关消防、刑侦部门派员指导调查。上一级公安机关消防、刑侦部门接到申请后，应当共同派员指导调查，达成一致意见的，申请部门应当采纳。对死亡三人以上的火灾，经上一级公安机关消防、刑侦部门派员指导调查仍未达成一致意见的，省级人民政府公安机关可以向公安部消防局、刑事侦查局申请调派专家指导调查。

（三）公安派出所协助火灾调查

根据《火灾事故调查规定》第五条规定，公安派出所协助火灾事故调查的具体内容是：维护火灾现场秩序、保护现场和控制火灾肇事嫌疑人。

（四）军事设施火灾的协助调查

根据《火灾事故调查规定》第十一条规定，军事设施发生火灾需要公安机关消防机构协助调查的，由军事设施的主管单位提出书面申请，由省级人民政府公安机关消防机构或者公安部消防局调派火灾事故调查专家协助。鉴于军事设施火灾事故的调查由军事设施的主管单位负责，受指派的专家可以出具专家意见，但不能以公安机关消防机构名义作出火灾事故认定。

第二章　消防燃烧学基础知识

燃烧的基本理论是消防工作的基础，火灾调查人员学习燃烧学基础知识，有助于了解和熟悉燃烧的类型、可燃物燃烧的条件以及火灾发生、发展和蔓延的过程，从而更好地为认定起火原因服务。

第一节　燃烧的基本概念

一、燃烧的本质与条件

（一）燃烧的概念

燃烧是可燃物与氧化剂作用发生的放热反应，通常伴有火焰、发光和（或）发烟的现象。近代链锁反应理论认为：燃烧是一种自由基的链锁反应，也称链式反应。

燃烧不仅在空气（氧）存在时能发生，有的可燃物在其他氧化剂中也能发生燃烧。

（二）燃烧的本质

燃烧是一种放热发光的化学反应。燃烧过程中的化学反应十分复杂，有化合反应，有分解反应，生成了与原来完全不同的新物质。燃烧是可燃物质与氧或其他氧化剂反应的结果，剧烈的氧化反应，瞬时放出大量的热和光。

（三）燃烧的必要条件

燃烧的三个必要条件是可燃物、助燃物和引火源，燃烧时缺少这三项条件中的一项，燃烧将停止。

1. 可燃物：凡是能同空气中的氧气或其他氧化剂发生燃烧反应的物质都称为可燃物。如木材、纸张、汽油、煤油、衣被、石油及制品等。

2. 助燃物：能与可燃物发生反应的物质称为助燃物（氧化剂）。它们是空气或氧气或其他氧化剂。

3. 引火源：凡是能引起可燃物与助燃物发生燃烧反应的能源，统称为引火源。包括化学能、电能、机械能和核能等转变成的热能。

（四）燃烧的充分条件

1. 一定的可燃物：可燃气体（蒸气）只有达到一定浓度，才会发生燃烧（爆炸）。如有可燃气体（蒸气），但浓度不够，燃烧（爆炸）也不会发生。如在20℃时，用明火接触煤油，煤油并不立即燃烧，这是因为煤油在20℃时的蒸气量还没有达到燃烧所需的浓度，因而虽有足够的氧及引火源，也不能发生燃烧。

2. 一定的氧气含量或者氧化剂：如果氧气浓度不够，燃烧也不会发生。

3. 一定的点火能量：不管何种形式的点火能量必须达到一定的强度才能引起燃烧反应。否则，燃烧就不会发生。所需点火能量的强度取决于不同的可燃物，即引起燃烧的最小点火能量。低于这个能

量就不能引起可燃物燃烧。

4. 未受抑制的链式反应：大部分燃烧的发生和发展除了具备上述三个必要条件外，其燃烧过程中还存在未受抑制的自由基作中间体。

二、燃烧过程及形式

（一）不同状态物质的燃烧方式

可燃物的聚集状态不同，供氧情况不同，受热后发生不同的变化，其燃烧的方式和速度也都不同，绝大多数可燃物质燃烧都是在蒸气或气态下进行，并出现火焰，也有些物质不呈气体燃烧，而是呈炽热状，则不出现火焰。

1. 气体物质的燃烧

可燃气体，如：煤气、氢、液化石油气、甲烷、乙炔、丙烷等，燃烧不需要像固体、液体那样经分解、蒸发过程，所需热量仅用于氧化或分解气体，或将气体加热到燃点，因此很容易燃烧、且燃烧速度较快。

气体物质的燃烧形式分为两大类：

（1）扩散燃烧。扩散燃烧是指可燃气体从喷口（管口或容器泄漏口）喷出，在喷口处与空气中的氧边扩散混合、边燃烧的现象。其燃烧速度取决于可燃气体的喷出速度，一般为稳定燃烧。管路、容器泄漏口发生的燃烧，天然气井口发生的井喷燃烧均属扩散燃烧。

（2）预混燃烧。预混燃烧是指可燃气体与氧在燃烧前混合，并形成一定浓度的可燃混合气体，被火源点燃所引起的燃烧，这类燃烧往往是爆炸式的燃烧，也叫动力燃烧，即通常所说的气体爆炸。如果容器内仍有气体存留，那么爆炸式燃烧后火焰返至漏气处，然后转变为稳定式的扩散燃烧。

2. 液体物质的燃烧

易燃和可燃液体在燃烧过程中，并不是液体本身在燃烧，而是液体受热时蒸发出来的气体被分解、氧化达到燃点而燃烧，称为蒸发燃烧。其燃烧速度取决于液体的蒸发速度，而蒸发速度又取决于接受的热量，故接受热量愈多，气体蒸发量愈大，燃烧速度愈快。

液体蒸气欲形成可点燃的混合气，液体应当处在或高于它的闪点温度条件下。大多数液体即使在稍低于其闪点时，但由于引火源能够产生一个局部加热区，也可以引燃。雾化的液体或雾滴（具有大比表面积）更容易被引燃。

3. 固体物质的燃烧

（1）影响固体可燃物的引燃因素

①可燃物的密度。在其他条件相同时，密度大的物质难引燃，密度小的物质易引燃。

②可燃物的比表面积。物质的比表面积也对引燃需要的能量有着影响。比表面积大的可燃物质更容易燃烧。

③可燃物的厚度。薄材料比厚材料更容易燃烧。

（2）固体可燃物的燃烧方式

固体可燃物由于其分子结构的复杂性，物理性质的不同，其燃烧方式也不同。有蒸发燃烧、分解燃烧、表面燃烧和阴燃四种。

①蒸发燃烧。蒸发燃烧是指熔点较低的可燃固体，受热后熔融，然后像可燃液体一样蒸发成蒸气而燃烧。硫、磷、钾等单质固体物质先熔融而后燃烧；沥青、石蜡、松香等先熔融，后蒸发成蒸气，分解、氧化燃烧；高分子材料的热塑性塑料，受热后变形、熔融，由固体变为液体，继而蒸发燃烧，这类固体火灾类似于液体，会发生边流动、边燃烧的现象，易造成火灾蔓延；萘和樟脑这类具有升华性质的物质，则在受热后不经熔融，而直接变为可燃性蒸气燃烧。

②分解燃烧。分子结构复杂的固体可燃物，在受热分解出其组成成分及与加热温度相应的热分解产物，这些分解产物再氧化燃烧，称为分解燃烧。例如：天然高分子材料中的木材、纸张、棉、麻、毛、丝以及合成高分子的热固性塑料、合成橡胶、纤维等燃烧均属分解燃烧。

③表面燃烧。有些固体可燃物的蒸气压非常小或者难以发生热分解，不能发生蒸发燃烧或分解燃烧，当氧气包围物质的表层时，呈炽热状态，发生无火焰燃烧。它属于非均相燃烧，而是表面燃烧。其特点是表面发红而无火焰。木炭、焦炭以及铁、铜、钨的燃烧均属表面燃烧。

④阴燃。阴燃是指某些固体可燃物在空气不流通，加热温度较低或可燃物含水分较多等条件下发生的只冒烟、无火焰的燃烧现象。如成捆堆放的棉、麻、纸张及大量堆放的煤、杂草、湿木材等，受热后易发生阴燃。有焰燃烧和阴燃在一定条件下会相互转化。如在密闭或通风不良的场所发生火灾，由于燃烧消耗了氧，氧浓度降低，燃烧速度减慢，分解出的气体量减少，即由有焰燃烧转为阴燃。阴燃在一定条件下，如果改变通风条件，增加供氧量或可燃物中水分蒸发到一定程度，也可能转变为有焰燃烧。表2-1-1列出了一些固体可燃物、可燃液体和可燃气体引燃性能的数据。

表2-1-1　一些物质的引燃性能

物质		引燃温度（℃）	最小点火能（mJ）
固体	聚乙烯	488	—
	聚苯乙烯	573	—
	聚氯乙烯	507	—
	软木	320～350	—
	硬木	313～393	—
粉尘	铝	610	10
	煤	730	100
	谷物	430	30
液体	丙酮	465	1.15
	苯	498	0.22
	乙醇	363	—
	汽油	456	—
	煤油	210	—
	甲醇	464	0.14
	丁酮	404	0.53
	甲苯	480	2.5
气体	乙炔	305	0.02
	甲烷	537	0.28
	天然气	482～632	0.30
	丙烷	450	0.25

（二）完全燃烧和不完全燃烧

在燃烧反应过程中，如果生成的燃烧产物不能再燃烧，则称为完全燃烧，其燃烧产物为完全燃烧

产物。如果生成的燃烧产物还能继续燃烧，则这种燃烧称为不完全燃烧，其燃烧产物为不完全燃烧产物。燃烧完全与否不仅与空气供给量有关，而且还与其他可燃物扩散混合的均匀程度有关。如氧气供给量充足，并与可燃物混合非常均匀，则燃烧的反应近于完全燃烧。

（三）燃烧产物

燃烧产物是指物质在燃烧时生成的气体、蒸气和固体物质。其中能被人们看见的燃烧产物叫烟气，它实际上是燃烧产生的悬浮固体、液体粒子和气体的混合物。其粒径一般在 0.01～10 微米之间。

燃烧产物的数量、构成等随物质的化学组成以及温度、空气的供给等燃烧条件不同而有所不同。不同物质的燃烧产物如下：

1. 单质燃烧产物：一般单质在空气中完全燃烧，其产物为该单质元素的氧化物。例如：碳、氢、磷、硫等生成二氧化碳、水、五氧化二磷及二氧化硫等。这些产物不能再燃烧，称为完全燃烧产物。

2. 一般化合物的燃烧产物：一些化合物在空气中燃烧除生成完全燃烧产物外，还会生成不完全燃烧产物，特别是一些高分子化合物，受热后会产生热裂解，生成许多不同类型的有机化合物，并能进一步燃烧，最简单的不完全燃烧产物是一氧化碳，它能进一步燃烧生成二氧化碳。

3. 木材燃烧产物：木材主要是由碳、氢、氧元素组成的化合物，主要以纤维素 $[(C_6H_{10}O_5)_x]$ 分子形式存在，也有以糖、胶、酯、水等分子形式存在。木材在受热之后即产生热裂解反应，生成小分子产物，在 200℃ 左右，主要生成二氧化碳、水蒸气、甲酸、乙酸及各种易燃气体；在 200～280℃ 产生少量水汽及一氧化碳；在 280～500℃，产生可燃蒸气及颗粒；在 500℃ 以上则主要是碳，产生的游离基对燃烧有明显的加速作用。

4. 合成高分子材料燃烧产物：合成高分子材料在燃烧中也伴有热裂解，有的还含有氯元素、氮元素，因此会生成许多有毒或有刺激性的气体，如：氯化氢（HCl）、光气（COCl$_2$）、氰化氢（HCN）及氧化氮（NO$_x$）等。

（四）燃烧热值与燃烧温度

1. 燃烧热值

单位质量或体积的可燃物质与氧作用完全燃烧时所释放出的热量，称为燃烧热值。热值的单位是：千焦/千克或千焦/米^3。热值越高的物质燃烧时火势越猛，温度越高，辐射出的热量也越多。

2. 燃烧温度

（1）理论燃烧温度。理论燃烧温度是指可燃物与空气在绝热条件下完全燃烧时，燃烧释放出的热量全部用于加热燃烧产物或提高燃烧产物的内能，使燃烧产物达到的最高温度。不同物质的理论燃烧温度如表2-1-2所示。在同样条件下，可燃物质燃烧时，燃烧速度快的比燃烧速度慢的燃烧温度高；在同样大小的火焰下，燃烧温度越高，它向周围辐射出的热量就越多，火灾蔓延的速度就越快。

（2）实际燃烧温度。在火场或工业生产中，可燃物燃烧往往进行得并不完全，燃烧时放出的热量也有一部分损失于周围环境，这时燃烧产物达到的温度就称为实际燃烧温度，即火焰温度。实际燃烧温度都低于理论燃烧温度。

表 2 - 1 - 2　常见可燃物在空气中燃烧时理论燃烧温度

物质名称	燃烧温度（℃）	物质名称	燃烧温度（℃）	物质名称	燃烧温度（℃）	物质名称	燃烧温度（℃）
甲烷	1 963	1 - 戊烯	2 040	邻二甲苯	2 063	丙酮	1 847
乙烷	1 971	1 - 己烯	2 013	偏三甲苯	2 049	环氧己烷	2 138
丙烷	1 977	甲苯	2 071	煤油	700 ~ 1 030	环氧丙烷	2 043
丁烷	1 982	四氯化氖	2 046	重油	1 000	异丙胺	1 965
戊烷	1 977	乙炔	2 325	石蜡	1 427	丙烯腈	2 188
己烷	1 965	丙炔	2 199	氢	2 130	原油	1 100
庚烷	1 940	2 - 丁炔	2 140	一氧化碳	1 680	汽油	1 200
丁二烯	2 146	1 - 戊炔	2 096	二硫化碳	2 159	钠	1 400
1，2 - 戊二烯	2 107	1 - 己炔	2 060	氨	700	镁	3 000
癸烷	2 013	环丙烷	2 054	甲醇	1 100	硫	1 820
十六烷	2 013	环丁烷	2 035	乙醇	1 180	磷	900
乙烯	2 102	环戊烷	1 990	甲醚	1 954	木材	1 000 ~ 1 177
丙烯	2 065	环己烷	1 979	乙醚	1 979	烟煤	2 100 ~ 2 250
1 - 丁烯	2 046	苯	2 032	丙醛	1 868	褐煤	1 400 ~ 1 950

第二节　自燃及链锁反应理论

一、着火

着火是指可燃物与空气共存，在达到某一温度时，与引火源接触即能引起燃烧，并在引火源移去后仍能持续燃烧，这种持续燃烧的现象称为着火。

（一）着火的分类

可燃物的着火方式分为三类：化学自燃、热自燃和点燃（又称强迫着火）。

化学自燃是可燃物在常温常压下因化学反应产生的热量着火。常见的化学自燃如火柴受摩擦而着火，炸药受撞击而爆炸，金属钠在空气中自燃，烟煤因空气氧化反应自燃等。

热自燃是可燃物和氧化剂因被均匀加热，随着温度的升高，当混合物加热到某一温度而产生的自燃。

点燃是指可燃物的局部受到强烈的加热而着火，火焰首先在靠近点火源的地方被引发，然后再传播到可燃物的其他部分。

（二）着火条件

在一定的初始条件下，系统将不可能在整个时间区段保持低温水平的缓慢反应态，而将出现一个剧烈地加速的过渡过程，使系统在某个瞬间过渡到高温反应态（即燃烧态），那么，这个初始条件便称为着火条件。

理解着火条件时应注意：

1. 系统达到着火条件时，只是系统具备了着火的可能。

2. 着火这一现象是就系统的初态而言的，它的临界性质不能错误地解释为化学反应速度随温度的变化有突跃的性质。

3. 着火条件不是一个简单的初温条件，而是化学动力学参数和流体力学参数的综合体现。

二、自燃理论

（一）谢苗诺夫自燃理论

谢苗诺夫自燃理论认为，着火是反应放热因素与散热因素相互作用的结果。任何反应体系中的可燃混合气体，一方面它会进行缓慢氧化而放出热量，使体系温度升高，同时体系又会通过器壁向外散热，使体系温度下降。如果反应放热占优势，体系就会出现热量积累，温度升高，反应加速，发生自燃；相反，如果散热因素占优势，体系温度下降，则不能自燃。但临界点与许多因素有关，它不仅与可燃气体的性质相关，还与外界条件相关。即此临界点不是只由物质的性质决定的物化常数，它还应由体系的产热速率和散热速率所决定。即体系的产热速率和散热速率的影响因素决定着物质的自燃点。

（二）弗兰克－卡门涅茨基自燃理论

弗兰克－卡门涅茨基自燃理论的基本出发点是自燃体系能否着火取决于体系能否得到稳态温度分布。该理论以体系最终能否得到稳态温度分布作为自燃着火的判断准则，提出了热自燃的稳态分析方法。

弗兰克－卡门涅茨基自燃理论认为，可燃物在堆放的情况下，空气中的氧将与之发生缓慢的氧化反应，反应放出的热量一方面使物体内部温度升高，另一方面通过堆积体边界向环境散失。如果体系不具备自燃条件，则从物质堆积时开始，内部温度逐渐升高，经过一段时间后，物质内部温度趋于稳定，这时化学反应放出的热量与边界传热向外流失的热量相等，体系不能自燃。如果体系具备了自燃条件，则从物质堆积开始，经过一段时间后，体系放出的热量大于从边界向外散失的热量，体系温度逐渐升高，体系着火，在这种状况下，物质内部不可能出现不随时间变化的稳态温度分布。因此，体系能否获得稳态温度分布就成为了判断物质体系能否自燃的依据。

（三）链锁反应着火理论

链锁反应着火理论认为，反应自动加速不一定要依靠热量的积累，也可以通过链锁反应逐渐积累自由基的方法使反应自动加速，直到着火。系统自由基数目能否发生积累是链锁反应过程中自由基增长因素与自由基销毁因素相互作用的结果。自由基增长因素占优势，系统就会发生自由基积累。

链锁反应一般由链引发、链传递和链终止三个步骤组成。链锁反应分为直链反应和支链反应。

链锁反应的着火条件是：在链引发过程自由基生成速率很小，可以忽略；引起自由基数目变化的主要因素是链传递过程中链分支引起的自由基增长速度和链终止过程中自由基销毁速度。自由基增长速度与温度关系密切，而自由基销毁速度与温度关系不大。随着温度的升高，自由基增长速度越来越快，自由基更容易积累，系统更容易着火。体系能否着火取决于自由基增长速度和自由基销毁速度的相对大小。

三、点燃

点燃（强迫着火）是指当一个冷的反应体系被一个热源（如炽热的固体、加热的线圈或电火花、热气流、点火火焰等）迅速地局部加热时，在热源附近就会引发火焰，并且火焰会传播到邻近的冷反应混合物中去。这种引发火焰传播的过程中即定义为强迫着火或总引燃。

物质的自燃和点燃都具有依靠热反应和（或）链锁反应推动的自身加热和自动催化的共同特征，对于两种类型的着火都需要外部能量的初始激发。

强迫着火的特征：

1. 强迫着火仅在反应物局部（引火源周围）进行，所加入的能量快速在小范围引燃可燃物，所形成的火焰要能向反应物其余部分传播。

2. 强迫着火条件下的可燃物通常温度较低，为保证着火成功并使火焰能在较冷的混合物中传播，强迫着火的温度要远高于自燃温度。

3. 强迫着火的全部过程中包括在可燃物局部形成火焰中心，以及火焰在混合物中传播扩展两个阶段，其过程比自燃要复杂。

强迫着火与自燃一样，也有点火温度、着火感应期和着火浓度极限，但其影响因素更复杂，除可燃物的化学性质、浓度、温度、压力外，还有点火方式、点火能量和可燃物性质等。

第三节　燃烧类型

一、闪燃

易燃、可燃液体（包括能蒸发出蒸气的少量固体，如萘、樟脑、石蜡等）表面上产生的蒸气与空气混合后，当达到一定浓度时，遇引火源产生一闪即灭的燃烧现象，叫做闪燃。易燃与可燃液体表面能够发生闪燃的最低温度称为闪点。一些常见液体的闪点见表2-3-1。

表2-3-1　部分易燃和可燃液体的闪点

名称	闪点（℃）	名称	闪点（℃）	名称	闪点（℃）
汽油	-50	乙苯	23.5	丙烯檠	-5
煤油	37.8～73.9	丁苯	30.5	戊烯	-17.8
柴油	60～110	甲酸丙酯	-3	丁二烯	41
原油	-6.7～32.2	乙酸丙酯	13.5	氢氰酸	-17.5
甲醇	11.1	乙酸乙酯	-5	二硫化碳	-45
乙醇	12.78	乙酸丁酯	17	苯乙烯	38
正丙醇	23.5	乙酸戊酯	42	乙二醇	85
戊烷	<-40	乙醚	-45	丙酮	-10
乙烷	-20	乙醛	-17	松香水	6.2
庚烷	-4.5	丙醛	15	环乙烷	6.3
辛烷	16.5	甲酸	69	硝基苯	90
壬烷	33.5	乙酸	42.9	松节油	32
苯	-14	丁酸	77	环氧丙烷	-37
甲苯	5.5				

通常认为，液体的闪点就是可能引起火灾的最低温度。根据闪点将可燃液体分为四类：（1）闪点小于23℃和初沸点不大于35℃；（2）闪点小于23℃和初沸点大于35℃；（3）闪点不小于23℃和闪点不大于60℃；（4）闪点大于60℃和闪点不大于90℃。根据闪点可评定液体火灾危险性的大小，闪点

越低的液体其火灾危险性就越大。

二、引燃

可燃物质与空气氧化剂共存，达到某一温度时与火源接触即发生燃烧，将火源移去后，仍能继续燃烧，这种现象叫做引燃。可燃物质开始持续燃烧时所需要的最低温度叫做燃点。部分可燃物质的燃点见表2-3-2。

表2-3-2　部分可燃物质的燃点

物质名称	燃点（℃）	物质名称	燃点（℃）
豆油	220	布匹	200
松节油	53	松木粉	196
石蜡	158～195	赛璐珞	100
蜡烛	190	醋酸纤维	320
樟脑	70	涤纶纤维	390
萘	86	粘胶纤维	235
纸张	130	尼龙	6395
棉花	210～255	腈纶	355
麻绒	150	聚乙烯	341
麻	150～200	有机玻璃	260
蚕丝	250～300	聚丙烯	270
木材	250～300	聚苯乙烯	345～360
松木	250	聚氯乙烯	391

一切可燃液体的燃点都高于其闪点。一般的规律是，易燃液体的燃点比其闪点高出1～5℃，而且液体的闪点越低，这一差别越小。如汽油、丙酮的闪点低于0℃，这一差值仅为1℃。实际上在敞开的容器中很难把这些液体的闪燃和着火区别开。

闪点在100℃以上的可燃液体，这一差值可达30℃以上。对于闪点和燃点区别不大的易燃液体，在评定这类液体的危险性时，燃点没有实际意义。

三、自燃

自燃分为受热自燃和本身自燃，两种现象的本质是一样的，只是热的来源不同，前者是外部加热的作用，后者是物质本身的热效应。

受热自燃指可燃物质在空气中，连续均匀地加热到一定的温度，在没有外部火花、火焰等火源的作用下，能够发生自动燃烧的现象。

本身自燃指可燃物质在空气中，在远低于自燃点的温度下自然发热，并且这种热量经长时间的积蓄使物质达到自燃点而燃烧的现象。其发热的原因有物质氧化生热、分解生热、吸附生热、聚合生热和发酵生热。

（一）自燃点

可燃物质受热发生自燃的最低温度叫自燃点。在这一温度时，可燃物质与空气接触，不需要明火源的作用，就能自动发生燃烧。表2-3-3中列出了部分可燃物质在空气中的自燃点。

表2-3-3　部分可燃物质在空气中的自燃点

物质名称	自燃点（℃）	物质名称	自燃点（℃）
汽油	415～530	樟脑	466
煤油	210	二硫化碳	112
石油	350	木材	250～350
氢	572	褐煤	250～450
一氧化碳	609	木炭	350～400
乙烷	248	棉纤维	530
辛烷	218	木粉	430
丁烯	443	聚乙烯	520
乙炔	305	聚苯乙烯	560
苯	580	有机玻璃	440
甲醇	498	镁	520
乙醇	470	锌	680
丙酮	661	铝	645

（二）引起受热自燃的原因

1. 接触灼热物体：如可燃物质靠近烟囱、取暖设备、电热器具，或烘烤可燃物质时，若距离近或温度过高就有着火的危险。

2. 直接用火加热：主要是指熬炼和热处理过程中，由于温度失控，达到自燃点而着火。

3. 摩擦生热：如机器的轴承和摩擦部分缺乏润滑油或缠绕纤维物质，摩擦力增大，产生大量热而引起可燃物燃烧。

4. 化学反应：有些物质在化学反应中释放出大量热，使可燃物质受热升温而自燃。

5. 绝热压缩：物质在以很大的压力压缩时，会产生大量的热，若达到物质的自燃点则自行着火。柴油发动机的工作原理，就是由于绝热压缩空气的高温引起可燃物的燃烧。

6. 热辐射作用：除明火和灼热体发出的辐射热能引起周围可燃物质着火外，太阳的辐射能也能引起易燃物质发生自燃。

四、爆炸

爆炸是物质从一种状态迅速转变成另一种状态，并在瞬间放出大量能量，同时产生声响的现象。爆炸是由物理变化和化学变化引起的。一旦发生爆炸，将会对邻近的物体产生极大的破坏作用，这是由于构成爆炸体系的高压气体作用到周围物体上，使物体受力不平衡，从而遭到破坏。

（一）可燃气体和蒸气与空气混合物的爆炸

1. 爆炸反应的历程

如果可燃气体或蒸气预先按一定比例与空气均匀混合，遇火源即发生爆炸，这种混合物称为爆炸混合物。爆炸混合物被点燃后，热以及链锁载体都向外传播，促使邻近一层爆炸混合物发生化学反应，然后这一层又成为热和链锁载体的源泉而引起另一层爆炸混合物反应，这样循环地持续下去，直至全部爆炸混合物反应完为止。

2. 爆炸浓度极限

可燃气体和液体蒸气与空气的混合物，遇着火源能够发生爆炸的可燃物的最低浓度叫做爆炸浓度下限（也称为爆炸下限）；遇火源能发生爆炸的最高浓度叫爆炸浓度上限（也叫爆炸上限）。部分可燃气体和液体蒸气的爆炸极限见表2－3－4。

表2－3－4　部分可燃气体和蒸气的爆炸极限

物质名称	在空气中（%）		在氧气中（%）	
	下限	上限	下限	上限
氢气	4.0	75.0	4.7	94.0
乙炔	2.5	82.0	2.8	93.0
甲烷	5.0	15.0	5.4	60.0
乙烷	3.0	12.45	3.0	66.0
丙烷	2.1	9.5	2.3	55.0
乙烯	2.75	34.0	3.0	80.0
丙烯	2.0	11.0	2.1	53.0
氨	15.0	28.0	13.5	79.0
环丙烷	2.4	10.4	2.5	63.0
一氧化碳	12.5	74.0	15.5	94.0
乙醚	1.9	40.0	2.1	82.0
丁烷	1.5	8.5	1.8	49.0
二乙烯醚	1.7	27.0	1.85	85.5

随着爆炸性混合物中可燃气体或液体蒸气浓度的增加，爆炸产生的热量增多，压力增大。当混合物中可燃物质的浓度增加到稍高于化学计量浓度时，可燃物质与空气中的氧发生充分反应，爆炸放出的热量最多，产生的压力最大。当混合物中可燃物质浓度超过化学计量浓度时，爆炸放出的热量和爆炸压力随可燃物质浓度的增加而降低。

3. 最小点火能量

每一种气体爆炸混合物，都有起爆的最小点火能量，低于该能量，混合物就不爆炸，目前都采用mJ（毫焦耳）作为最小点火能量的单位。部分气体混合物在空气中的最小点火能量见表2－3－5。

表 2 - 3 - 5   部分可燃气体和蒸气在空气中的最小点火能量

物质名称	最小点火能量（mJ）	物质名称	最小点火能量（mJ）
乙烷	0.285	丁酮	0.68
丙烷	0.305	丙酮	1.15
甲烷	0.47	乙酸乙酯	1.42
庚烷	0.70	甲醚	0.33
乙炔	0.02	乙醚	0.49
乙烯	0.096	异丙醚	1.14
丙炔	0.152	三乙胺	0.75
丙烯	0.282	乙胺	2.4
丁二烯	0.175	呋喃	0.225
氯丙烷	1.08	苯	0.55
甲醇	0.215	环氧乙烷	0.087
异丙醇	0.65	二硫化碳	0.015
乙醛	0.325	氢	0.02

（二）可燃粉尘与空气混合物的爆炸

粉尘是指分散的固体物质。粉尘爆炸是指悬浮于空气中的可燃粉尘触及明火或电火花等火源时发生的爆炸现象。

可燃粉尘爆炸应具备三个条件，即粉尘本身具有可燃性，粉尘必须悬浮在空气中并与空气混合到爆炸浓度，有足以引起粉尘爆炸的火源。

能够发生爆炸的悬浮粉尘的浓度，也有一个浓度下限和一个浓度上限，通常用 g/m^3 来表示。可燃粉尘爆炸浓度上限，因为太大，以致在多数场合都不会达到，所以没有实际意义，通常只应用粉尘的爆炸下限。部分粉尘的爆炸下限见表 2 - 3 - 6。

表 2 - 3 - 6   部分粉尘的爆炸特性

物质名称	爆炸下限（g/m^3）	最大爆炸压力（10^5Pa）	自燃点（℃）	最低点火能量（mJ）
镁	20	5.0	520	80
铝	35 ~ 40	6.2	645	20
镁铝合金	50	4.3	535	80
钛	45	3.1	460	120
铁	120	2.5	316	100
锌	500	6.9	860	900
煤	35 ~ 45	3.2	610	40
硫	35	2.9	190	15

物质名称	爆炸下限 （g/m³）	最大爆炸压力 （10⁵Pa）	自燃点 （℃）	最低点火能量 （mJ）
玉米	45	5.0	470	40
黄豆	35	4.6	560	100
花生壳	85	2.9	570	370
砂糖	19	3.9	410～525	30
小麦	9.7～60	4.1～6.6	380～470	50～160
木粉	12.6～25	7.7	225～430	20
软木	30～35	7.0	815	45
纸浆	60	4.2	480	80
酚苯树脂	25	7.4	500	10
脲醛树脂	90	4.2	470	80
环氧树脂	20	6.0	540	15
聚乙烯树脂	30	6.0	410	10
聚丙烯树脂	20	5.3	420	30
聚苯乙烯制品	15	5.4	560	40
聚酯乙烯树脂	40	4.8	550	160
硬脂酸铝	15	4.3	400	15

第四节　固体可燃物的燃烧特性

一、热分解

大多数固体可燃物（木材、布料、塑料、纸张甚至煤炭等）受热时，是先发生热分解，产生可燃气体后被引燃。热分解指当温度高于常温，或只有在加热升温情况下才能发生的分解反应。热分解主要有以下几种方式：

1. 通过升华过程，有些固体可燃物能直接蒸发为蒸气。如：卫生球、萘是一种易燃固体，在室温下它们就能升华。

2. 先熔化后蒸发，热塑性材料要熔化、分解为小分子物质后，才开始蒸发。如：蜡烛。

3. 受热分解形成挥发性液体，然后液体蒸发。如：聚氨酯。

4. 材料受热时直接分解产生大量的挥发性产物。这类固体包括木材、纸张、其他纤维产品和大多数热固性树脂。

有机化合物（包括木材的成分）受热时，将发生复杂的热解，产生简单化合物。这些化合物比母体材料的挥发性更强，因而更容易燃烧。木材、涂料、塑料和煤炭等不能直接蒸发或升华成可燃物蒸气，它们是不能直接燃烧的。只有当它们受热分解为挥发性和燃烧性更强的小分子物质，才能燃烧。固体产生的可燃物蒸气被引燃，在固体可燃物表面上方有可见的火焰。从大的、不挥发的固体可燃物分子热解形成的气体物质，就是在火焰中燃烧的物质。

并非所有的固体可燃物在燃烧前，都要经历热解过程。钠、钾、磷和镁等活泼物质，通过在其表面上与氧直接化合而在空气中燃烧。燃烧放出的热量使可燃物蒸发，并产生高温气体和灼热氧化物

（灰），但可燃物并非首先热解产生简单化合物。很多"固体"可燃物（如沥青和石蜡），受热后熔化和蒸发，通过蒸气支持火焰。碳类物质（如木炭）能产生无焰燃烧（即灼热燃烧），它是在其表面上的氧气向里扩散时，固体/气体相互作用而发生的。

二、木材的燃烧特性

（一）木材的组成

木材的主要组成包括纤维素（约为50%）、半纤维素（约为25%）、木质素（约为25%）以及少量的含量不定的树脂、盐分和水分等。

木材中的水分含量、挥发性组分和其他化学物质千变万化。木制材料还会随着加工过程（如加工各种薄板和板材）变化而变化；并根据各种不同处理方法，形成不同材料。

（二）木材的引燃和燃烧

1. 木材的引燃

木材在被引燃之前，先发生热分解。木材作为复杂纤维素可燃物，其中的每一种主要组成发生热解的温度不同：半纤维素200～260℃；纤维素240～350℃；木质素280～500℃。

在不同方向上，木材的导热系数不同，顺着纹理方向的穿透率和导热系数明显高于垂直纹理方向。顺着纹理方向，挥发性油和树脂的产生也比垂直纹理方向时的快，更进一步增加了木材燃烧时的变化。在温度为200～250℃时，木材褪色和炭化得相当快，但如果长时间地受热，在120℃时，也能达到同样的效果。

木材在炭化时，因为表面较黑和炭层较低的热惯性，对入射热流通量的吸收率变得较快。因此，炭化一旦开始，其温度就开始更快地上升。木材受热时表面温度升高到一定温度时，就会产生足够多的挥发分，并能在引燃（外部）火焰的作用下被点燃；表面温度升到更高温度后，会发生自燃。

木材的燃点和自燃点随木材种类、试样本身的尺寸和形状以及加热的强度、方式和时间等因素变化。

干木材比含有较多水分的木材能更快地引燃。持续甚至反复间断处于高温环境，会烘干木材，结果使其引燃温度可能有所降低。

木材引燃性能主要与其中树脂及其他成分有关，有些木材（如松木）因为含有树脂材料，由于树脂受热更容易分解，比较容易引燃且燃烧猛烈。一般情况下，硬杂木（如柞木）比软杂木较难以引燃，但其热释放量较大、燃烧时间较长。

研究表明，当松木处于致密状态时，引燃温度约为205℃；而同样的木材腐烂后，这一温度下降到150℃左右。

2. 木材的燃烧

木材燃烧是一个渐进过程，其中包括了受热后从表面到内部不断发展的炭化和热解区域。如果炭能保留蓄积的热量，而且氧气供应充足，其温度就会上升到能使燃烧发生时的值（即引燃温度，约为300℃）。

当然，热量的蓄积取决于炭的有效隔热量和通过对流和导热过程损失的热量。如果炭的隔热性能太好，维持燃烧的氧气供应就会不足，尽管在很低的氧气浓度时能维持阴燃。

3. 木材引燃温度与时间的关系

木材的引燃温度和引燃时间之间存在复杂的关系。以长叶松为例，美国消防协会（NFPA）的数据表明，在157℃时，即使受热长达40min，它也不会被引燃；但温度分别为180℃、200℃、250℃和300℃时，它分别在14.3min、11.8min、2.4min和0.5min后就能被引燃。如果金属烟囱和炉膛的隔热效果不好，就可能使木质建筑构件受热而达到这样的温度；如果金属或砖石烟道上存在缝隙，可能使火焰或火花喷出，从而点燃木构件。新鲜木材自燃（不是点燃）需要的温度要高得多。在入射热通量、点燃温度及点燃时间之间，也存在某种关系。研究表明，入射热通量（15～32kW/m²）越高，观

察到的点燃温度越低，而点燃时间越短。

虽然木材本身在低温时不能引燃，但长时间（如若干年）暴露在温度低于120℃的环境时，通过前面描述的蒸发和热解过程，也会变质炭化。长时间地暴露在150℃的环境中，木材会分解为精细的纤维质，直到炭化，这种炭化物，被称为"引火炭"或引火木炭，意思是说即使在温度不太高的情况下，这种炭也能与室内空气发生氧化反应。在空气环境中，木材表面暴露在辐射热源时，热解产物将挥发出来，形成木炭。这样形成的炭，可能不容易自热，而且燃烧时不产生火焰，因为其中的挥发分已经散失。然而，如果木构件与高温烟道或管道接触，就可能炭化形成木炭，在温度足够高的情况下，这种木炭能自热并产生有焰燃烧。如果木材在隔绝空气状态下受热，就会形成还原气氛，突然与新鲜空气接触，就会导致有焰燃烧。在长时间受热时，即使温度低于120℃，木材也会发生分解反应并炭化，甚至发生自燃。如果未经处理的纤维素隔绝层（刨花、锯末或纸浆）与烟道、通风口和烟囱等热源接触，上述低温自燃可能发生的场所包括轻质卡具和壁炉周围的区域。在高压下，蒸汽管的温度能达到150℃以上，因此当它们经过木质建筑构件时，应该留有足够的空隙以保证良好通风。太阳能热水系统无论在其热能收集元件里还是在高压传输介质中，都会产生150℃以上的高温。如果这些热水器的循环管破坏，下面的木质构件就会炭化。木材燃烧火焰的实际温度随氧气含量、强制通风速度、树脂含量和炭化程度等因素有很大的变化，因为这些因素对其有显著影响。

（三）木制品燃烧特性

在建筑物中，存在种类繁多的人工木制产品。这些产品对火的敏感性并非都与单一木材一样。来源不同木材的燃烧特性有很大的差异，而且它们都能增加火灾可燃物荷载和引燃容易程度。

1. 木材切割得越细或越薄，就越容易引燃且燃烧越快，这是因为细薄的可燃物两面都暴露在热流中，且下部不存在其他物质而造成过多的热量传导损失。结果，这种可燃物能更快地达到表面引燃温度，进而被引燃。它燃烧比较快，是因为暴露于热流和空气的面积较大。

2. 木制品的燃烧行为与相同尺寸的木板比较相似，不过其中的黏合剂或涂料对燃烧行为有影响。如果黏合剂是在受热情况下软化的，各层之间就会像书本的页面那样分离和打开。这将使得薄层引燃容易得多，并且由于暴露于火焰的表面积大增加而引起更为猛烈的燃烧。因此，在这一点上，考虑黏合剂远比考虑其他问题重要。

3. 在燃烧特性上，最为常见的胶合板与其他同样厚度的木材并非十分不同。有些重要的贴面板，由于采用了不合适的黏合剂，可能会极大地加快火灾燃烧速度。因其致密的性能，木屑板通常更难以引燃，但其一旦被引燃，燃烧行为就同密集捆绑在一起的锯末一样，且其趋向于阴燃，因而难以识别。

4. 长时间暴露于潮湿环境，会引起这些复合材料碎裂，引燃和燃烧特性也会发生相应的变化。

5. 影响这些材料的另一个因素，是黏合剂本身的燃烧特性。在评估任何涉及这些材料的火灾时，对黏合剂进行特别关注是必需的。

三、纸张的燃烧特性

纸张的基本组分是纤维素，是一种易燃物质，它的引燃特性值不容易测得。大多数纸张的引燃温度都在218～246℃之间。在150℃时，大多数纸张不发生变化。很多纸张要上升到177℃时才变成褐色；在204℃左右时由褐色变成棕色；如果没有被引燃，在232℃左右时由棕色变成黑色。这样的变化受加热速率、引燃方式、接触热性质和通风量等因素影响，因此无法提出一个精确的引燃温度。

纸张比较容易引燃，是因为像木材一样，它的热惯性比较低，表面温度上升较快，而且它是热薄性的，能较快地在整个厚度里达到热饱和状态。

由于单层纸的表面积较大，燃烧速度较快，热释放速率较高而持续时间较短。如果是层垛，暴露表面较小，内部通风不畅，纸张隔热性能较好，能防止热量从周围火灾向内部传播，其中的部分纸张虽然炭化但不燃烧，因此要烧完一堆叠在一起的报纸是非常困难的。但是同样的纸张松散皱曲地叠放在一起时，不仅容易引燃，而且能快速地将邻近可燃物的温度提高到其引燃温度，从而引发快速发展的、破坏性很强的火灾。

应该记住的是，将易燃液体浇在纸堆上，是放火者的惯用伎俩。如果纸张紧密地捆在一起，易燃液体只在纸张表面燃烧，吸收液体后的纸张起到灯芯作用。如果纸堆内存在没有燃烧的纸张残留物，能保留液体助燃剂，是寻找液体助燃剂残留物的好地方。

四、塑料的燃烧特性

（一）塑料的组成

塑料是以高分子量合成树脂为主要成分，在一定条件下（如温度、压力等）可塑制成一定形状且在常温下保持形状不变的材料。塑料都以合成树脂为基本原料，并加入填料、增塑剂等各种辅助料而组成。塑料种类繁多，物理和化学性能复杂多变。

（二）塑料的引燃

有些塑料（如聚四氟乙烯）不可燃，只是在非常高的温度下才发生热破坏。其他一些塑料（如硝化棉），能够快速引燃和猛烈燃烧。多数常用的塑料介于这两种情况之间。在火灾中，有的塑料能燃烧完全，有的能快速燃烧直到接近完全。

所有塑料都是长链碳氢化合物通过各种方式链合而成的，吸收足够的热量后，其分子中的化学键将会破裂，发生分解而产生更易挥发的简单分子化合物。在热解产物中，有的极易燃烧，如 CH、CH_2 和 CO 等；有的容易进一步分解。另外，热塑性高聚物受热后会熔化和流淌，有时滴落到火焰上燃烧；有时聚积在一起形成大的池状燃烧，此时燃烧猛烈且难以扑灭。

常见的塑料在空气中的小试样有焰燃烧特性如表 2-4-1 所示。应该注意的是，合成品的火灾行为在很大程度上取决于其物理形态（片状、柱状、纤维状等）、试验条件以及无机填料和阻燃剂的存在状况。

表 2-4-1　常见高聚物塑料的小试样有焰燃烧特性

塑料	火焰颜色	气味	其他特性
尼龙	蓝色（顶部黄色）	类似烧草气味	趋于自熄、熔化时清晰
聚四氟乙烯	黄色	无味	炭化非常慢、燃烧困难
聚氯乙烯	黄色（底部绿色）	刺激性气味	趋于自熄、酸性烟雾
脲醛树脂	浅黄色	甲醛鱼腥气味	引燃非常困难
丁基橡胶	黄色、多烟	甜味	燃烧
丁腈橡胶	黄色、多烟	令人作呕甜味	燃烧
聚氨酯	黄色（底部蓝色）	刺激性气味	快速燃烧
硅橡胶	明亮黄白色	无味	燃烧带白烟、白色残留物
丁苯橡胶	黄色、很多烟	苯乙烯气味	燃烧
醇酸塑料	黄色、多烟	辛辣味	快速燃烧
聚酯（含苯乙烯）	黄色、很多烟	苯乙烯气味	燃烧
聚乙烯	黄色（底部蓝色）	类似烧蜡烛气味	快速燃烧、熔化时清晰
有机玻璃	黄色	特殊气味	燃烧
聚丙烯	黄色（底部蓝色）	类似烧蜡烛气味	快速燃烧、熔化时清晰
聚苯乙烯	黄色（底部蓝色）、很多烟	苯乙烯气味	快速燃烧

塑料在一般火灾中的行为与很多因素有关，在评估塑料对火灾的潜在作用时，应该记住所有的这些因素。

1. 乙烯树脂在实验室里以固体形态试验时，可能燃烧缓慢，但在实际火灾中发现，当其以薄膜状态覆盖在墙面上时，它能快速燃烧，并引起火焰快速传播。

2. PVC绝缘层受过负荷作用会软化和熔融；但如其暴露于火焰，它就会炭化。

3. 尼龙可燃物的火焰能自行熄灭，但在适当的火灾条件下，尼龙纤维地毯也能在一定程度上进行燃烧。

4. 未经阻燃处理的聚氨酯泡沫塑料很容易被敞开火焰作用下引燃，且燃烧产生的火焰温度高、烟雾浓，并逐渐分解出越来越多的泡沫，并在火焰底部与燃烧着的物质"融化"结合在一起。在建筑中通常用作隔热材料的刚性聚氨酯和聚氯乙烯泡沫塑料，是火灾中的主要致灾因素之一，如在临时和简易建筑中大量使用的，用聚氨酯做保温材料的"彩钢板"建筑火灾中，更容易出现这一情况。

5. 有些塑料和橡胶产生的热解产物为有毒气体，如：聚氯乙烯塑料会释放HCl（氢氯酸）；聚四氟乙烯会释放HF（氢氟酸），并在火灾中最终还能分解出游离的氟。有些橡胶在燃烧过程中能产生HCN（氢氰酸）。

6. 聚氨酯泡沫塑料能被敞开的火焰或外来的高强度辐射热源引燃，多数不能被与其直接接触的灼热烟头引燃（如图2-4-1所示），除非其表面覆盖一层易燃纤维织物。

图2-4-1 烟头对聚氨酯泡沫塑料的引燃情况

7. 胶乳泡沫塑料能被小型灼热点火源（如烟头）引燃，且其一旦被引燃，就会维持阴燃，并能在有焰燃烧被抑制很多个小时以后，再度发展成有焰燃烧，如图2-4-2所示。如果被适度预加热，胶乳泡沫塑料还能自热达到自燃点，但成品聚氨酯泡沫塑料是不能自热的。如聚氨酯泡沫塑料一样，胶乳泡沫塑料能被明火源引燃，且在燃烧时将产生有毒的浓烟，遇明火产生二次爆炸。

（a） 火灾熄灭接近24小时后重新燃起　（b） 火灾后沙发里的多孔胶乳泡沫塑料
图2-4-2 带胶乳泡沫塑料软垫的沙发火灾实验

在很多火灾现场发现，高聚物的燃烧能产生浓密的黑烟，能极大地促进多脂或黏性稠密的烟炱形成。只有聚乙烯和聚丙烯的燃烧一般带有明亮的火焰，且几乎不产生烟炱，聚乙烯分解的产物有些组分与蜡烛相同，它们在燃烧时，也产生类似烧蜡烛的气味。

常见塑料的自燃温度如表2-4-2所示，在塑料应用中，有可能达到自燃温度而自燃。

表2-4-2 常见塑料的自燃温度

塑料	最低引燃温度（℃）	塑料	最低引燃温度（℃）
聚乙烯	488	聚氨酯泡沫（柔性）	456~579
有机玻璃	467	聚氨酯泡沫（刚性）	498~565
聚丙烯	498	聚氯乙烯	507
聚苯乙烯	573		

在火灾现场中，塑料是一种常见可燃物，不但能引发初期火灾，还会促进火灾蔓延。热塑性塑料受热会熔化、流淌和滴落，如图2-4-3所示。如果燃烧的液滴滴落到地板上或下面的可燃物上，可能产生孤立、不连续的起火点。热塑性塑料受热熔化后形成的可燃物池，使其火焰能保持下去，并产生很高强度的火灾。许多塑料产生火焰的温度都相当高。如，在火灾试验过程中，测得的聚氨酯床垫的火焰温度高达1 300℃。因为塑料的化学性质类似于矿物油，且其在空气中燃烧时产生类似的黑烟火焰，所以它们燃烧产生的敞开火焰的温度与那些常见的矿物油的火焰温度相当。

聚氨酯泡沫填充物加上化纤织物很难被烟头引燃，但容易被火焰（哪怕小型火焰）引燃。一旦引燃，火焰会快速蔓延，而且会在10min将大椅子或沙发吞噬。热塑性室内装修材料熔点较低，燃烧时容易产生熔融燃烧的液滴。液滴落到家具表面上，就会在家具一侧快速引起垂直表面的火灾，就像液滴对下面的地板和地毯的损害一样。

中、低档的化纤地毯通常包括低熔点、易引燃的聚丙烯面纱、聚丙烯背衬和聚氨酯泡沫下衬。由于临界入射热流通量较低，这样的地毯更容易被辐射热、甚至一些距离较远大型火灾（如椅子火灾）的辐射热所引燃。当面纱燃烧时，聚丙烯背衬会熔化和收缩，使下面可燃的聚氨酯泡沫暴露出来，从而引起燃烧，并使火灾在地毯上传播。火灾传播的速率取决于地毯及其填充物之间的相互作用，并受到地毯是紧密铺设、安全固定还是松散铺设（此时地毯表面与填充物之间充满了空气）等情况影响。如图2-4-4所示。

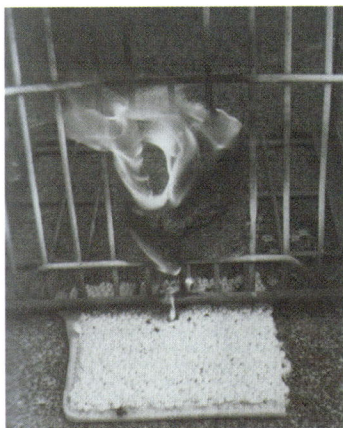

图2-4-3 合成室内装潢材料燃烧时的液滴滴落

图2-4-4 化纤地毯在短时间（<2min）暴露于火灾时的熔化现象

五、涂料的燃烧特性

涂料是由干性油（如亚麻籽油和桐油）组成的，其中含有矿物色素。利用松节油或石油蒸馏物使

这种混合物变稀。在使用后，其中更稀的部分蒸发出来，因此只有在涂料还是湿的时候，这部分物质在涂料的燃烧性能中起重要作用。即使涂料晾干了，其中的干性油和其他树脂也都是可燃的，而且它们是很多涂料的主要可燃物成分。更新的水基涂料，通常是使用时在水中形成的胶乳、聚醋酸乙烯或丙烯酸酯类的乳化液。当它们晾干后，就形成一层类似于塑料高聚物的涂层。它们的特性与形成它们的塑料基料类似。清漆、假漆和真漆可燃性更强，因为它们通常是由天然树脂或由等效的可燃塑料高聚物制成的。大多数涂料或表面涂层都会增加建筑物的火灾荷载，它们有助于火焰从房间的一部分向另一部分的蔓延。在有些情况下，发现涂层在引燃时变软，并从墙面或顶棚剥离出来，这样如果下面有易燃材料，就会引起火灾向下传播。特别是在多层涂料的情况下，即使是刷有涂料的钢板或石灰板的不可燃表面，也更容易出现这种情况。大量的涂料是用于防止基件遭受火灾危害，这些被称为膨胀剂的涂料，受热时会膨胀和发泡，形成不燃的隔热层，从而延缓热量向基件的传递。涂料或其他表面涂层是加强还是减弱小型发展火灾的火焰，不对产品进行测试，是不能得出结论的，但谨慎的火灾调查人员不能忽视多层涂料会增加普通建筑物的火灾荷载这一事实。

六、金属的燃烧特性

实际上，多数金属能够燃烧，而且很多金属以极细粉末状态存在时，能在空气中直接燃烧。一些金属以较大块状存在时，也能燃烧，但这种燃烧通常只在非常高的温度环境里发生。有些金属是具有自燃性的，即其以极细粉末状态存在时，能在空气中自燃。例如，极细金属铀粉末非常危险，这是因为它在空气中容易氧化，而且缓慢自行氧化释放的热量足以引燃大量储存的铀粉末。铁粉也是具有自燃性的。金属燃烧性与其分割状态有关，越细的金属粉末，越容易被引燃。除非以粉末状态（如切屑、锉屑或粉尘）存在，镁不太容易被引燃。在大型火灾中，大块的镁铸件如轮子、飞机构件等，燃烧非常猛烈，产生超高温度。应该注意，高温镁表面遇水后，会产生大量的氢气，可以极大提高火灾强度，甚至引发爆炸，这种现象在其他一些金属中很少遇到。

由于铝表面存在致密的氧化层，引燃起来比镁困难得多。多数情况下，建筑火灾的温度会超过铝的熔点（660℃），现场中常常发现很多熔化了的铝，但其并没有燃烧。在工业建筑或移动房屋中使用铝屋面或外壳，火灾中可以氧化成白色铝的氧化物灰分。

与金属燃烧相关的火灾危险几乎都存在于工业车间，特别是那些加工超细粉末金属的车间。已经在这种车间中发生过由金属可燃物引起的灾难性火灾事故。通常，这样的火灾温度高、火势猛烈，造成的建筑破坏远比以木材为可燃物的火灾严重。化学实验室或生产设备可能含有的钠、钾等活性金属足以引起火灾危险。

七、固体可燃物的火灾特性

（一）火焰颜色

在多数火灾中，木材之类的植物材料及其他一些建筑材料，如沥青、涂料和类似的辅助物质，其火焰或多或少呈现黄色或橙黄色，它们释放出烟的多少和颜色与可燃物的性质和氧气的供给情况有关。应该注意的是，如果没有混合特殊元素以产生不寻常的颜色，火焰颜色与其温度有关。反过来，火焰温度又与可燃物和氧气的混合情况有关。因此，火焰颜色是可燃物燃烧状况，同时也是火焰实际温度最明显的特征。

然而，有时火灾中火焰颜色不能用来判断火灾的燃烧状况。如：酒精引发的火灾。较纯酒精燃烧产生相当蓝或紫色的火焰。如果在火灾发生后立即就能观察到这样的火焰，就可以断定使用了酒精这样的助燃剂。由此，也可以排除碳氢化合物助燃剂的存在，因为所有碳氢化合物的燃烧通常产生黄色火焰。又如：天然气（如果没有预先混合）的燃烧通常也产生黄色火焰，但其边界趋于呈现蓝色。如果天然气与充足的空气混合，燃烧的火焰呈现无色到蓝色。碳氢化合物气体或蒸气的燃烧，随着重质成分的增加，蓝色火焰增多。如果空气供给不足，由于不完全燃烧，燃烧火焰变得色黄并多烟。

一氧化碳是一种易燃气体，多数情况下，它是燃烧不充分的产物。一氧化碳燃烧的火焰也呈蓝色。在封闭空间内，如果碳氢化合物在缺氧情况下燃烧，就会产生大量的一氧化碳。它可能流向空气充足的区域，进而可能被二次引燃，并在初始火灾周围产生蓝色火焰。这种情况，可以帮助我们研究初期火灾区域的富可燃物、贫氧气燃烧。

一些其他特殊的火焰颜色有时可能很重要。在多数可燃物中存在的微量钠，产生黄色火焰，很难与火焰中由灼热的碳微粒产生的黄色区分开来，锶盐产生的火焰呈鲜红色，卤化铜盐产生的火焰为深绿色，钾盐为紫色，钡盐为黄绿色。颜色的很多其他变化，既与添加的元素有关，也在一定程度上与其化合物有关。

（二）烟的产生

火灾中对烟的观察结果有助于找到确定可燃物种类的证据。在发生完全燃烧时，多数材料不产生或几乎不产生可见的烟。在这种理想条件下，所有的碳都燃烧形成二氧化碳气体，碳的不完全燃烧会形成一氧化碳。在多数火灾中，两种气体都会大量产生，而且相互混合在一起。含碳材料的不完全燃烧也会产生各种不透明的高碳化合物（如烟炱），它由大量的碳组成。

有机材料中的氢，燃烧时生成水蒸气，并不具有烟的特性。通常存在于有机材料中的元素，如氮、硫和卤素等，都会产生气体燃烧产物。在极特殊的条件下，这些产物能改变烟的颜色。

烟的颜色取决于可燃物的种类和性质以及氧气供应保证完全燃烧的情况。包括各种碳氢化合物的很多材料，只要不与空气预先混合，就是在空气过量的情况下，也不能完全燃烧。

随着碳氢化合物分子变大，可燃物燃烧所需的空气量就更多，而且可燃物与空气更难完全混合。大量浓密黑烟的存在，可能说明是类似石油产品（常用作助燃剂）的高碳材料在燃烧。然而，浓密黑烟通常更说明了火灾燃烧时通风量的大小和火灾发展的阶段。通风条件越好，产烟量越小。建筑火灾处于初期阶段时，燃烧不充分，发烟量较大。轰燃发生后，烟的颜色变淡，也更透明。如果原始可燃物是纤维质的，由于存在释放的水蒸气和不存在烟炱，烟从一开始就是淡的。

部分氧化了的有机材料（如纤维素质的）在空气中的燃烧，通常几乎不产生或根本不产生有色烟雾。例如，醇类就属于这类物质。如果用作助燃剂，通过观察烟雾是不能发现它们的。木材和多数纤维素类建筑材料也可归于这一种类。除非空气供应极其受限，它们燃烧产生的烟雾是白色或淡灰色的。在建筑施工中常用的沥青类材料，以及焦油纸、某些涂料、海绵橡胶装潢材料、黏合剂、密封剂和某些地板覆盖物等材料，燃烧时通常会产生黑烟。很多塑料（特别聚苯乙烯和聚氨酯）大量在空气中燃烧时，会产生浓密黑烟。

第五节　火灾的发展

一、热的传播

火灾发生、发展的整个过程始终伴随着热传播过程，热传播是影响火灾发展的决定性因素。热传播有三个基本途径：导热、对流和热辐射。

（一）导热

1. 导热又称热传导，是指物体各部分之间不发生相对位移时，依靠分子、原子及自由电子等微观粒子的热运动而产生的热量传递。热通过直接接触的物体从温度较高部位，传递到温度较低部位。

2. 影响导热的因素

（1）温度差。温度差是热量传导的推动力。在火场上，燃烧区温度愈高，传导出的热量愈多。

（2）导热系数。导热系数是材料导热能力大小的标志。不同物质的导热系数各不相同。固体物质是最强的热导体，液体物质次之，气体物质最弱。金属材料为热的优良导体，非金属固体多为热的不良导体。非金属固体的导热系数大小差距很大。

（3）导热物体的厚度和截面积。传导物体的厚度愈小，截面积愈大，传导的热量愈多。如通过较厚的墙壁传导的热量小于通过较薄的墙壁的热量；通过截面积较大物体传导的热量大于通过截面积较小物体传导的热量。

（4）时间。在其他条件相同时，时间越长，传导的热量越多。有些隔热材料虽然导热性能差，但经过长时间的热传导，也能引起与其接触的可燃物的燃烧。

3. 导热与火灾

热可以通过物体从一处传到另一处，有可能引起与其接触的可燃物燃烧。导热系数大的物体（如金属）更易成为火灾发展蔓延的途径。

（二）对流

对流是指流体各部分之间发生相对位移，冷热流体相互掺混所引起的热量传递方式。对流仅能发生在流体中，而且必然伴随有导热现象。工程上常遇到的不是单纯对流方式，而是流体流过另一物体表面时对流和导热联合起作用的热量传递过程。后者称为对流换热，以区别于单纯对流。

就引起对流原因而论，有自然对流和强制对流两种。根据流动介质的不同分为气体对流和液体对流。

1. 自然对流和强制对流

（1）自然对流是由于流体各部分的密度不同而引起的。如热设备附近空气受热膨胀向上流动及火灾中热烟气的上升流动；而冷（新鲜）空气则与其作相反方向流动。

（2）强制对流是通过鼓风机、压气机、泵，使气体、液体形成的对流。发生火灾时，使用防烟、排烟等强制对流设施就能抑制烟气扩散和自然对流。用强制对流改变风流方向，可控制煤矿火灾火势的发展方向。

2. 气体对流和液体对流

气体或液体受热后，受热部分体积膨胀，比重减小而上升；温度较低、比重较大的部分则下降，通过这种运动进行热传递。盛装在容器内的可燃气体或液体，局部受热后，通过对流能使整个气体或液体温度升高，压力增加。

轻质油品不易产生对流，而重质油品易产生对流。由于重质油品混有水分或水垫层，在加热时容易发生沸溢或喷溅。

3. 影响对流换热的因素

（1）通风孔洞面积和高度。热对流速度与通风口面积和高度成正比。通风孔洞愈多，各个通风孔洞的面积愈大、愈高，对流速度愈快。

（2）温度差。燃烧区的温度愈高，它与环境温度的温度差愈大，则燃烧区的热空气密度与非燃烧区的冷空气密度相差愈大，热对流的速度也愈快。

4. 对流换热与火灾

热对流是热传递的重要方式，它是影响早期火灾发展的最主要因素。高温热气流能加热可燃物，引起新的燃烧；热气流能够往任何方向传递热量，但一般总是向上传播，引起上层楼板、天花板燃烧；由起火房间延烧至楼梯间、走廊，主要是热对流的作用；通过通风孔口进行热对流，使新鲜空气不断流进燃烧区，供应持续燃烧。

（三）热辐射

物体通过电磁波来传递热量的方式称为热辐射。当火灾处于发展阶段，火灾温度高时，辐射热成为热传播的主要形式。

1. 热辐射的特点

任何物体都能把热量以电磁波的形式辐射出去，也能吸收别的物体辐射出来的热能。热辐射不需通过任何介质，通过真空也能辐射。热辐射可自由地通过对称的双原子分子，如 H_2、N_2、O_2。但当空气中存在大量固体粒子时，则将会对热辐射产生一定影响。当有两个物体并存时，温度较高的物体将向温度较低物体辐射热能，直至两个物体温度渐趋平衡。

2. 影响热辐射的因素

（1）辐射物体的温度及辐射面积

辐射热量与辐射物体温度的 4 次方、辐射面积成正比，其公式为：

$$Q = \varepsilon \sigma T^4 F$$

式中：Q——每秒放射出的热能（J）；

　　　　ε——物体表面积放射率，如辐射物体接近完全黑体，ε 接近于 1；

　　　　σ——常数 5.5×10^{-12}（J/cm^2·s·K^4）；

　　　　T——物体的绝对温度（K）；

　　　　F——物体的表面积（cm^2）。

辐射热量与距离的平方成反比，即距离增加一倍，受到的辐射热减少到四分之一。

（2）辐射物体与受辐射物体的相对位置

辐射物体辐射面与受辐射物体处于平行位置，即辐射角为 0°时，受辐射物体接受到的热量最高。受辐射热量随着辐射角的余弦而变化。

二、火灾的发展

（一）火灾的发展过程

发生在普通载荷房间内的火灾——广义的室内火灾，发展进程可以分为三个阶段，每个阶段都有不同的特征，且可燃物的作用在每一个阶段都不相同。每个阶段所用的时间随点燃环境、可燃物和通风条件而变化，但是在初始阶段或反应开始到阴燃阶段，本质上是相同的。

不同结构的建筑，火灾时其温度变化情况是不一样的。一般建筑火灾，温度变化过程如图 2 - 5 - 1 所示。

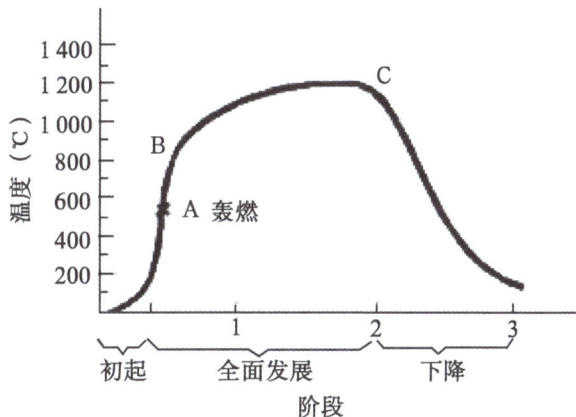

图 2 - 5 - 1　温度变化过程

1. 火灾初起阶段

火灾初起阶段，是火灾发展的第一阶段，火焰在起火点处呈现典型的敞开式自由燃烧特征。房间内氧气浓度处在正常值（21%），室温略有增加。来自火焰的热烟羽开始上升，将燃烧产物和热量携带到房间的上部，并从火焰的底部卷吸氧气以维持燃烧。如果在火焰之上有固体可燃物，对流和直接的火焰接触使得火焰向上、向外蔓延。如果火焰之上没有可燃物，烟羽中的气体将上升，通过辐射和对流将热量扩散到房间空气中。火灾初起阶段天花板下的热烟气层很薄（如图 2-5-2 所示），当烟气层进一步加厚，达到门、窗上部时，烟气通过通风口向外扩散。

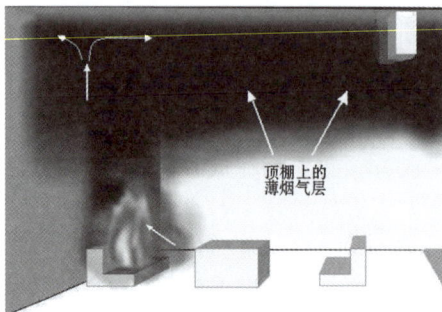

图 2-5-2　室内火灾的初起阶段

2. 火灾发展阶段

火灾发展阶段，也称为自由燃烧阶段。对流和辐射引燃周围可燃物，使火灾从起火点向上、向外蔓延，随着更多可燃物参与燃烧，火灾强度增大。火势横向蔓延的速度很大程度上取决于可燃物的分布，可燃物分布越密集，火灾蔓延和热释放速率的增加就越快。随着火灾持续进行和蔓延，热烟气层的温度不断上升（上升速率取决于火灾的热释放速率、房间大小以及顶棚和墙壁的绝热程度）。此时热烟气从门上部缝隙向外扩散，而冷空气从门底部缝隙补充进室内，形成典型的烟气蔓延模型（如图 2-5-3 所示）。

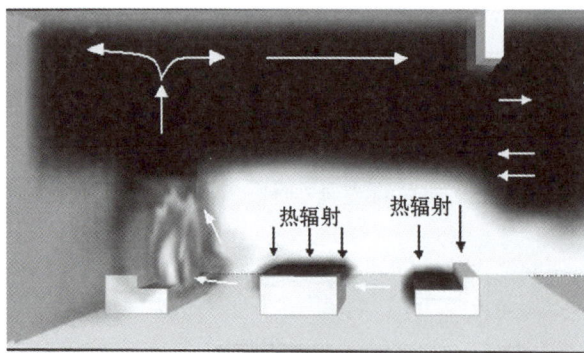

图 2-5-3　室内火灾轰燃前

如果房间的通风受到限制，火焰会产生更多的不完全燃烧产物，包括分解产物、一氧化碳及固体可燃物，存在于热烟气层中。由于火焰的辐射作用、也可能是敞开火焰的直接加热作用，热烟气层中的可燃物可能被点燃，且火焰扩展到整个房间的顶棚。在可燃物和空气形成的滚动烟气前端的火焰能达到 3~5m/s 的速度。随着烟气层燃烧的继续，顶棚层的温度上升得更快。

即使没有被火焰点燃，顶棚处热烟气层的辐射热量也会对房间内其他物质造成极大威胁，当热烟气层达到约 600℃ 的临界温度时，在正常比例的房间内，地板上辐射的热量约为 $20kW/m^2$（$2W/cm^2$），它足以使房间内的其他纤维质可燃物（如家具和地板覆盖物）达到燃点。此时，房间内所有的可燃物迅速转变为火焰燃烧，从而进入轰燃状态（如图2-5-4所示）。

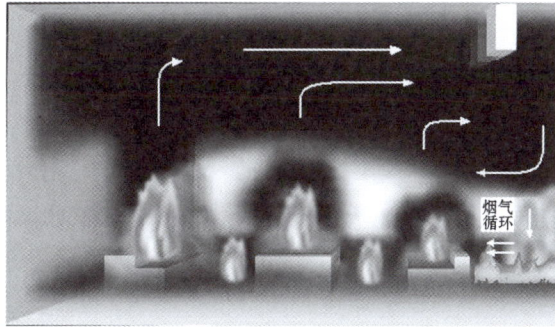

图2-5-4　室内火灾轰燃

火焰产生的巨大湍流使房间内充满热烟气，穿越房间热烟气层的喷出火焰迅速扩张。

轰燃后火灾达到全面发展阶段（如图2-5-5所示），此时火灾的发展情况取决于通风口的 A/H 值（A 为通风口的面积，H 为通风口的高度）及表面绝热性能因素。在大空间或高顶棚房间内或者可燃物很少时，不易发生轰燃。

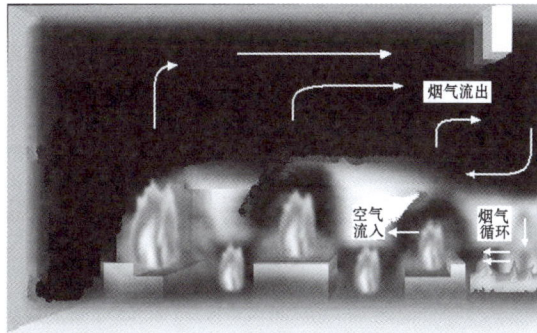

图2-5-5　轰燃后室内火灾燃烧情况

3. 火灾下降（衰减）阶段

随着燃烧的进行，可燃物减少；如果通风不良，有限空间内氧气被渐渐消耗，则可燃物不再发出火焰，呈阴燃状态，室内温度降至500℃左右。但是，这样的高温仍能使可燃物发生热分解。这时，如突然进入新鲜空气，则仍有发生爆燃的危险。如果火灾烧穿门窗、屋顶，则在可燃物全部燃尽后，才进入下降阶段。一旦燃烧进入轰燃后阶段，所有参与燃烧的可燃物将会随着氧气供应充足而快速燃烧，直到所有的可燃物烧尽。轰燃后的火灾可以被认为是通风控制火灾，因为暴露可燃物都已起火燃烧，火灾的热释放速率不再受暴露可燃物的数量所控制，火势的大小可能取决于进入房间空气的数量。

最终，可燃物被耗尽，敞开式的有焰燃烧逐渐变小。最后，阴燃成为燃烧的主要形式。只要可燃物满足一定条件，阴燃就会继续进行。房间内的高温可能会维持下去，一些可燃物继续发生热分解。如果房间通风不充分，这些热分解产物会形成可燃的气体混合物，当存在点火源并供有新鲜空气时，形成的蒸气云会爆燃并形成二次火灾，这种现象有时被称为回燃、回火或烟气爆炸。这种方式的点燃过程是以爆炸速度进行的，与爆燃相比，产生的压力较低，但这样的压力也足以造成结构损坏并威胁生命安全。尽管这种方式的烟气爆炸很少见，但当发烟量大的可燃物，如橡胶或聚氨酯泡沫等存在时，是有可能发生的。灭火中使用的正压通风会给高温、富含可燃物的环境带入足够新鲜的空气，从而也可能导致上述现象的发生。

室外火灾一般无明显发展阶段之分。室外火灾由于供氧充足，起火后很快便会发展到猛烈阶段。

（二）影响火灾的因素

1. 可燃物数量及含水量

（1）可燃物数量。可燃物越多，火灾荷载越高，则火势发展越猛烈；如果可燃物之间距离较远，则一处可燃物烧尽后，火灾可能熄灭。

（2）可燃物的含水量。湿可燃物在达到燃点前必须首先将过量的水分蒸发掉，点燃湿可燃物要消耗额外的热量，因此干可燃物更容易燃烧。露水和浓雾易使可燃物表面变湿并积水，使可燃物很难被点燃。吸水后内部潮湿的可燃物，比只是表面潮湿的可燃物更难点燃。调查表明：测量木材或火灾后木炭的含湿量，对于确定点燃前是否延长了加热时间提供了线索，也为不同湿度的可燃物是否能被弱火源（如香烟或热工工序等）引燃提供了线索。

2. 空气供给量

室内火灾初期阶段，燃烧所需的空气量足够时，只要有充足的可燃物，燃烧就会不断发展。但是，随着火势的逐步扩大，室内空气量逐渐减少。这时，只有不断从室外补充新鲜空气，即增大空气的流量，燃烧才能维持并不断扩大。如果空气供应不足，火灾会趋向下降阶段。

3. 可燃物的热分解、蒸发潜热

固体、液体需要吸收一定的热量才能热分解、蒸发，这一热量叫热分解、蒸发潜热。不同的可燃固体、可燃液体其热分解、蒸发潜热是不一样的。一般是固体大于液体，液体大于液化气体。热分解、蒸发潜热越大的物质，火灾发展速度较慢。热分解、蒸发潜热较小的物质，火灾发展速度较快。

4. 爆炸冲击波

爆炸产生的冲击波能将燃烧着的可燃物抛到空中，如落到其他可燃物上，会形成新的着火点，使火灾扩大。爆炸会破坏建筑结构，增加孔洞和敞露部分，使大量新鲜空气流入燃烧区，并将燃烧产物排出，加速气体对流，促使火势发展。

5. 环境条件的影响

（1）温度。温度对火灾的影响主要表现为：一是加热脱水作用，在高温环境中可燃物更干燥，更易点燃；二是随着火灾的发展，每升高10℃，燃烧反应速率增加约一倍。在全面发展的火灾中，初始条件下的温度因素常被忽略，这是因为火本身产生的热使其温度比周围环境的温度高得多。气温越高，可燃物的温度随之升高，与着火点的差距缩小，物质更易着火，火势发展愈加猛烈。气温越低，火源与环境温度的温度差越大，火场上空气对流速度加快，使燃烧速度加快。

（2）相对湿度。湿度对火灾的影响与几个基本因素有关。当物体长时间暴露在相对湿度较低的环境中，它们会干燥（失去内部水蒸气）并更容易燃烧。许多物质（如纸等）在通常的湿度变化范围内，水含量变化很小。

湿度对静电放电或用石头敲击金属（如钢等）物质产生火花的影响。相对湿度较高时，表面湿气漏电使火花消散，很少会产生可见电弧。干空气比湿空气导热性差，机械火花更易产生，因此火花粒子能较长时间维持其热量，火花也就更容易点燃与其相接触的干燥可燃物（与湿可燃物相比）。

湿度对燃烧很少或几乎没有影响。因为火灾产生了大量的热，即使可燃物在潮湿环境中暴露了相当长的时间，也能够被烘干，所以不需要考虑周围的湿度。

（3）风。风通常被认为是影响开阔地域火灾中火灾蔓延的主要因素，但强风也会影响建筑内火灾的发展，特别是在窗户破坏之后。敞开的门会使足够的风进入，随着窗户被破坏，更多的风进入火灾现场，促进火灾横向蔓延，使其速度比通常动力学预计的要快得多。在一个大的木结构建筑物火灾实验中，火灾被穿过门、窗等开口处的强风驱动，随后火势被加强，使起火点处烧毁程度反而较轻。

风对火势发展有决定性影响，尤其露天火灾受风的影响更大。风会带来大量新鲜空气，促使燃烧猛烈。随着风向的改变，火势蔓延方向会相应改变。大风天会形成飞火，迅速扩大燃烧范围。

（4）扩散。在很多燃烧现象中，燃烧速度是由物质的扩散速度决定的。气体、液体燃烧常呈扩散燃烧形式，此时，物质的扩散速度决定着燃烧速度。在单位时间内扩散出来的可燃物愈多，燃烧范围愈大。

在一个含有两种或两种以上组分的液体中，如果各组分的浓度不均匀，则每一种组分都有向低浓度方向转移，以减弱这种不均匀的趋势。火场中，盛放在容器中的可燃液体蒸气、气体，由于容器出现裂缝或开口，泄漏到空间后，它们就会向低浓度方向扩散，从而扩大燃烧范围。

三、火灾动力学基础

火灾动力学是关于研究火灾发展及蔓延规律的科学，其揭示了火烟羽与顶棚射流的特征规律，现今科学技术已可以测量火灾的特性参数，包括火灾热释放率、火焰高度、火场温度分布等，这些参数可对火灾特性进行定量描述，应用火灾动力学理论可对痕迹形成进行科学推理，是对火灾痕迹进行分析判断的基本科学知识。

（一）湍流轴对称火焰

图 2-5-6 所示是典型的湍流轴对称火焰，燃烧速率取决于燃料蒸气的供给，是扩散式火焰。从图中可看到，火焰形状呈轴对称形状，火焰上方的烟羽是未完全燃烧的炭黑粒子、燃烧产物及卷吸的空气，这些是构成烟羽的主要成分。

由图 2-5-7 湍流轴对称火焰流动示意图可看到，火焰烟羽在热浮升力作用下垂直向上流动，在水平断面上，速度呈高斯正态分布，中心速度最大，烟羽周围卷吸空气，火焰最高端与底部距离定义为火焰高度（图中 L）。火焰形状呈倒置的锥体。

图 2-5-6　轴对称火焰

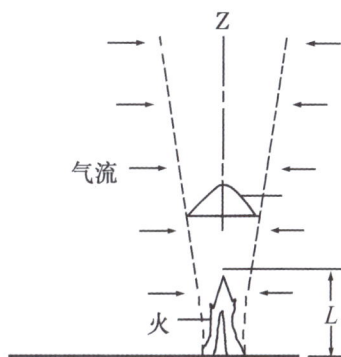

图 2-5-7　湍流轴对称火焰流动示意

在对称轴上，火焰温度（ΔT_0）与向上流动的速度 u_0 随高度的变化如图 2-5-8 所示，从图中可以看出，火焰温度与速度的变化趋势相同，最大值在火焰内部。室内建筑火灾燃烧基本上是扩散式火焰，是湍流轴对称火焰。

（二）顶棚射流

室内建筑火灾由于屋顶的阻挡作用，热烟羽到达屋顶与屋顶壁面发生非弹性碰撞，改变了烟羽的向上流动方向，变为顺着顶部向四周蔓延扩散，这种现象称为顶棚射流。

图 2-5-9 所示为顶棚射流示意图，从图中可以看出，当轴对称火焰形成的热烟羽流动达到顶棚

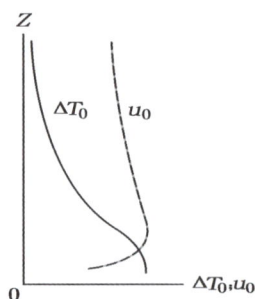

图 2-5-8　火焰对称轴上速度与温度随高度的变化

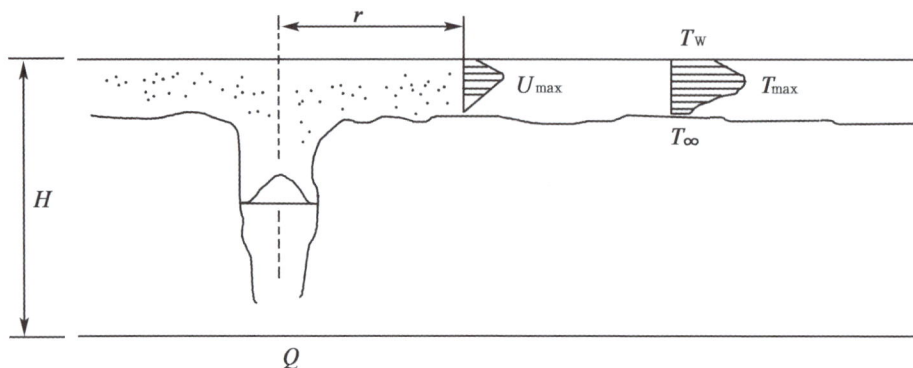

图 2-5-9　顶棚射流

时，方向改变，贴近壁面向四周水平流动。由于热烟气与温度较低的壁面发生热量交换，热烟气温度降低，热浮升力减弱，向下沉降，顶棚射流导致形成有一定厚度的烟气层。顶棚射流烟气层流动的速度 u 与温度 T 分布如图中所示，温度与速度的最大值在顶棚射流烟气层中部。

顶棚射流热烟气向四周扩散蔓延流动中遇到壁面阻挡，将向下沉降，顶棚射流烟气层厚度增加，这一现象称为烟气填充，烟气将建筑分割为两个区域，即烟气层区域和清洁层区域，在壁面将形成一线性分割线，当烟气的生成量与烟气向建筑外部扩散量达到稳态时，线性分割线标志是中性压力面。

顶棚射流热烟气向四周扩散蔓延流动中遇到开口，将通过开口向外流动，如外部没有顶棚约束，热烟气将贴着外墙壁面向上攀升，如图 2-5-10（a）所示。图 2-5-10（b）所示为开口外部烟气流动示意图，热烟羽将呈 U 形轮廓向上攀升，在外墙壁面形成洞口射流特征痕迹。

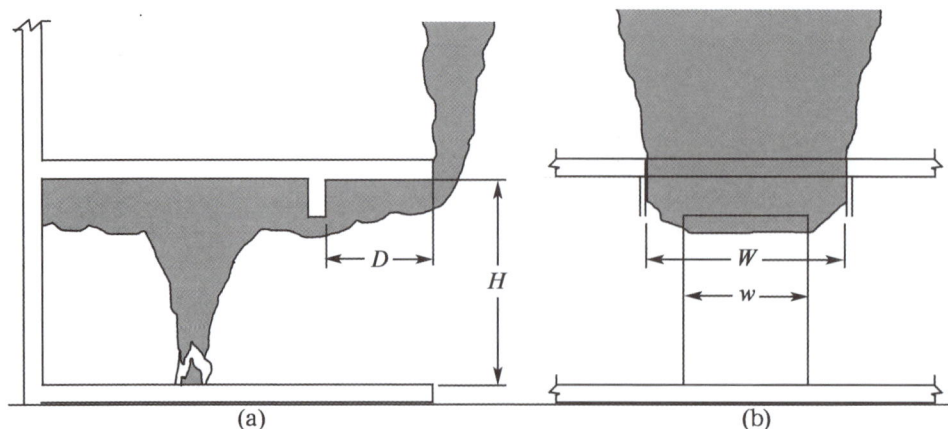

(a)　　　　　　　　　(b)

图 2-5-10　开口射流

（三）火灾特性参数

描述火灾特性主要有以下参数：

1. 火灾热释放率

火灾热释放率是可燃物在单位时间内释放的热量，单位为 kW。实验表明：单位质量氧气消耗所产生的能量是 13.1MJ/kg，利用这一理论，可以在火灾实验中在线快速测量火灾热释放率随时间的变化规律。

图 2 - 5 - 11 所示为火灾热释放率随时间变化曲线，从图中可以看到，从着火开始，火灾热释放率随时间不断增长，这一火灾发展区间定义为火灾发展增长区；随着时间的推移，火灾热释放率达到极大值后下降，然后火灾热释放率在一定区间保持相对稳定，这一区间定义为火灾发展稳定区；随着时间的推移，火灾热释放率逐渐减小，直到熄灭，这一区间定义为火灾发展衰减区。

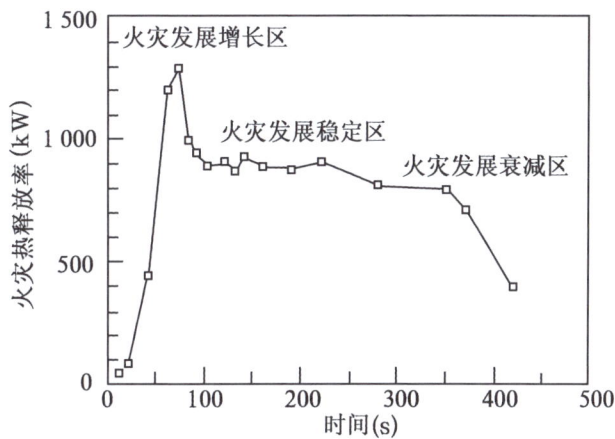

图 2 - 5 - 11 火灾热释放率随时间的变化

火灾发展过程中时间是一重要因素，在一定时间内热释放率（Hrr）大小与时间（t）的平方成比例关系：

$$Hrr = \alpha t^2$$

这种规律称为 t 平方火，根据这一规律，由于比例系数 α 大小不同，可将火灾分为超快火、快火、中火及慢火。放火火灾中，助燃剂的作用就是改变了常规物品的火灾增长规律，将中、慢火改变为超快火或快火。

过去应用火灾荷载对火灾发展过程的认识存在不足，现今用热释放率为指标评定火灾的危险性是消防安全设计评估中常用的方法。表 2 - 5 - 1 所示为常见物品的峰值热释放率值。

表 2 - 5 - 1　常见物品的峰值热释放率值

可燃物（kg）	峰值热释放率 Hrr（kW）
废纸篓，小（0.68 ~ 1.36）	4 ~ 28
垃圾袋，里面装有 11 加仑废纸、塑料和棉垫（11.79 ~ 13.15）	40 ~ 970
电视机（31.3 ~ 32.66）	120 ~ 290
塑料垃圾袋、纸质垃圾袋（1.18 ~ 14.06）	120 ~ 350
PVC 材质的休息座椅，金属架构（15.42）	270
棉质安乐椅（17.69 ~ 31.75）	290 ~ 370
汽油/煤油 0.61m^2 油盘	400
干燥圣诞树（6.35 ~ 7.26）	500 ~ 650
聚酯纤维垫子（3.18 ~ 14.06）	810 ~ 2 630
聚酯纤维安乐椅（12.25 ~ 27.67）	1 350 ~ 1 990
聚酯纤维沙发（51.26）	3 120

　　通过实验研究发现，单体独立的家具燃烧与组合一起燃烧，得到的热释放率变化情况有以下特点（如图 2 - 5 - 12 所示）：

　　（1）组合家具燃烧时间比任一单体家具燃烧时间短；

　　（2）组合家具燃烧稳定阶段比单体家具长，单体家具燃烧并没有明显的稳定阶段；

　　（3）组合家具 Hrr 峰值比单体家具单一燃烧时要大，但小于单体家具 Hrr 峰值的加和；

　　（4）组合家具出现双峰。

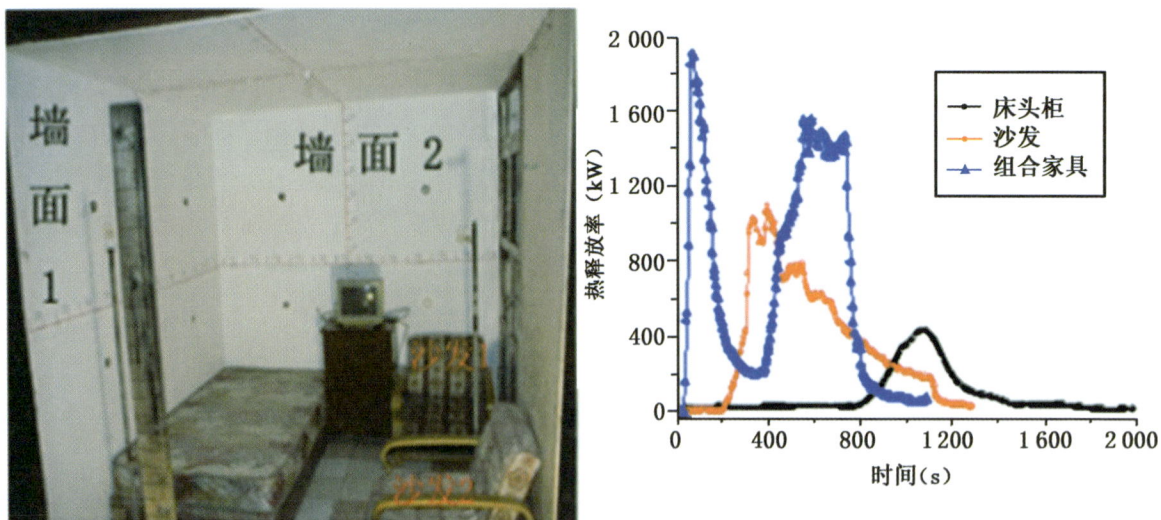

图 2 - 5 - 12　家具组合与单体燃烧对比

　　2. 火焰高度

　　火焰形状对痕迹形成有重要影响作用。火焰高度是火焰形状的重要指标，对于湍流轴对称火焰，由于脉动作用，火焰的高度总是由高到低呈周期变化，如图 2 - 5 - 13 所示。火焰向上流动中，由于氧的供给不足，燃烧不完全，火焰消失，烟羽中仍混有可燃气体，当上升一定高度遇有氧气又开始燃烧，效果如同火团一股一股地向上蠕动。

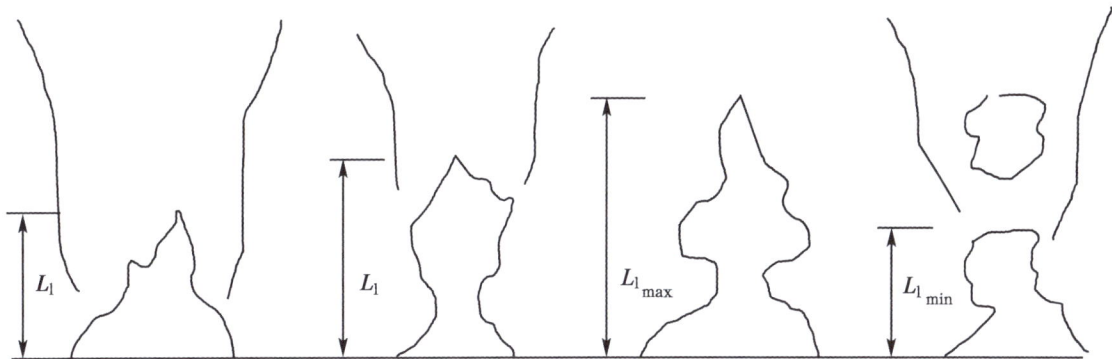

图2-5-13 火焰的高度脉动变化

由于火焰高度是一变化值，常用统计平均值表示，定义为火焰平均高度。图2-5-14所示为火焰平均高度的定义曲线，表征在一定时间内测到的火焰高度几率为0.5处为火焰平均高度。

火焰脉动纵向上导致火焰高度的变化，同时横向上也导致火焰宽度的变化。将红外热像仪测得的火焰温度统计平均，得到的火焰形状如图2-5-15所示，为一卵形，这就是卵形热蚀痕迹的形成原因。

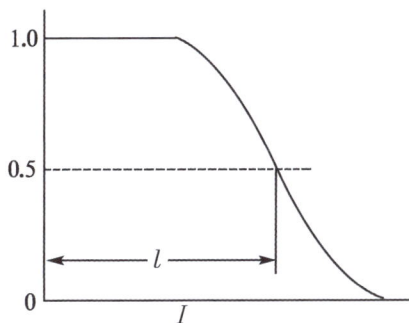

图2-5-14 火焰平均高度

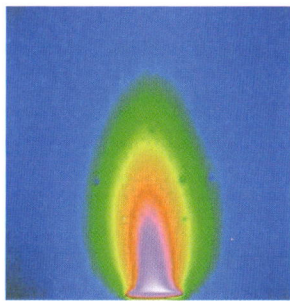

图2-5-15 热像仪火焰形状

湍流轴对称火焰高度与热释放率有关，热释放率越大，火焰高度越大。McCaffrey给出了火焰高度的经验公式：

$$\frac{L}{D} = -1.02 + 3.7Q^{\frac{2}{5}}$$

其中：L 为火焰高度（m），D 为火源直径（m），Q 为热释放率（kW）。

3. 火焰温度

木材、汽油、塑料、纤维制品燃烧温度相近，金属燃烧和有化学反应的燃烧温度可能较高。

图2-5-16所示为热像仪测得火焰温度图，实验条件为开敞环境下，直径0.3m的油盘火，达到稳态。从图中可以看到，火焰最高温度约900℃，最低温度约450℃。建筑火灾火焰温度通常不大于1 040℃。

按照《表面材料的实体房间火实验方法》，在实验中测得的温度变化曲线如图2-5-17所示。从图中可以看到，最高测点测得的最高温度不超过300℃。

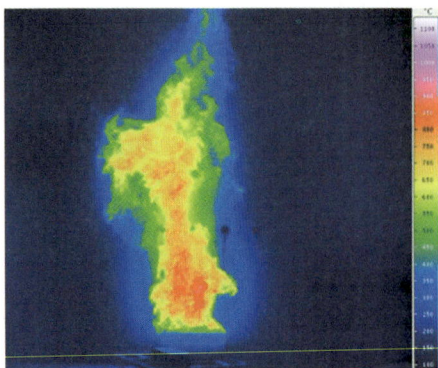

图 2 - 5 - 16　油盘火红外热像温度

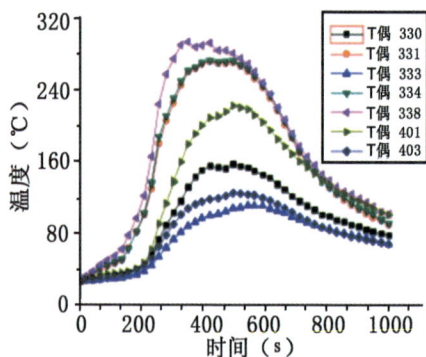

图 2 - 5 - 17　按《表面材料的实体房间火实验方法》测得的温度变化曲线

火灾特性参数可表征火灾发展规律，因而可用火灾特性参数辨识火灾。但由于火灾科学的复杂性，影响因素众多，如空间大小对火灾发展规律的影响等，人们还不能完全掌握火灾发展蔓延规律，还需要不断地探索。

第六节　危险化学品的分类与火灾危险性

一、危险化学品的分类

（一）危险化学品的定义

危险品系指有爆炸、易燃、毒害、腐蚀、放射性等性质，在运输、装卸和储存保管过程中，易造成人身伤亡和财产损毁而需要特别防护的物品。

（二）危险化学品的分类

依据《危险化学品名录（2012 版）》，危险化学品分为八类：

1. 爆炸品；
2. 压缩气体和液化气体；
3. 易燃液体；
4. 易燃固体、自燃物品、遇湿易燃物品；
5. 氧化剂和有机过氧化物；
6. 毒害感染性物品；
7. 放射性物品；
8. 腐蚀品。

二、危险化学品的火灾危险性

（一）爆炸品

1. 爆炸品系指在外界作用下（如受热、撞击等），能发生剧烈的化学反应，瞬时产生大量气体和热量，导致周围压力急剧上升，发生爆炸，从而对周围环境造成破坏的物品。

2. 爆炸品的火灾危险性主要表现于其受到摩擦、撞击、震动、高热或其他能量激发后，就能产生剧烈的化学反应，并在极短时间内释放大量热量和气体而发生爆炸性燃烧。

爆炸物品都具有化学不稳定性，在一定的作用下，能以极快的速度发生猛烈的化学反应，产生的大量气体和热量在短时间内无法逸散开去，致使周围的温度迅速上升和产生巨大的压力而引起爆炸。

（二）压缩气体和液化气体

1. 压缩气体和液化气体系指压缩、液化或加压溶解的气体，并应符合下述两种情况之一者：

（1）临界温度低于50℃或在50℃时，其蒸气压力大于294kPa的压缩气体和液化气体。

（2）温度在21.1℃，气体的绝对压力大于275kPa，或在54.4℃时，气体的绝对压力大于715kPa的压缩气体；或在37.8℃，雷德蒸气压大于275kPa的液化气体或加压溶解气体。该类物品受热、撞击或强烈震动会增大容器的内压力，使容器破裂爆炸或致气瓶阀门松动漏气导致中毒或火灾事故。

2. 压缩气体和液化气体的火灾危险特性

压缩气体和液化气体包括在周围环境温度下不能液化的永久性气体，在环境温度下经加压能变成液体的液化气体，以及经加压能溶解在溶剂中的溶解气体和液态空气、液态氧气等冷冻的永久性气体。其区分标准是指临界温度低于50℃或在50℃时蒸气压力大于300kPa的气体。

（1）易燃易爆性。可燃气体的主要危险性是易燃易爆，所有处于燃烧浓度范围之内的可燃气体，遇着火源都能发生着火或爆炸，有的可燃气体遇到微小能量着火源的作用即可发生爆炸。

（2）扩散性。处于气态的任何物质都没有固定的形状和体积，且能自发地充满任何容器。

可燃气体的扩散特点是：比空气轻的可燃气体逸散在空气中可以无限制地扩散，易与空气形成爆炸性混合物，而且能够顺风飘荡，致使可燃气体着火爆炸和蔓延扩散。比空气重的可燃气体泄漏出来，往往漂流于地表、沟渠、隧道、厂房死角处等，长时间聚集不散，易遇着火源发生着火或爆炸。同时，比重大的可燃气体，一般都有较大的发热量，在火灾条件下易于造成火势扩大。

（3）可缩性和膨胀性。气体的体积会随温度的升降而胀缩，其胀缩的幅度比液体要大得多。

气体的胀缩性主要是气体状态的变化，其特点是：当压强不变时，气体的温度与体积成正比，即：温度越高，体积越大。

当温度不变时，气体的体积与压力成反比，即：压力越大，体积越小。根据这一特性，气体在一定压力下可以压缩，甚至可以压缩成液态。所以气体通常都是经过压缩后存于钢瓶中。

在体积不变时，气体的温度与压力成正比，就是说，气体在固定容积的容器内被加热的温度越高，其膨胀后形成的压力就越大。如果盛装压缩或液化气体的容器（钢瓶）在储运过程中受到高温，暴晒等热源的作用，容器、钢瓶内的气体就会急剧膨胀，产生比原来更大的压力，当压力超过了容器的耐压强度时，就会引起容器的膨胀或爆炸，造成伤亡事故。

（4）带电性。静电产生的原理告诉我们，任何物体的摩擦都会产生静电，压缩气体或液化气体也不例外，如氢气、乙烯、乙炔、天然气、液化石油气等从管口或破损处喷射出时同样也能产生静电。其主要原因是气体中含有固体颗粒或液体杂质，在压力下高速喷出时与喷嘴产生了强烈的摩擦。静电荷产生的因素一是杂质，气体中所含的液体或固体杂质越多，多数情况下产生的静电荷也会越多；二是流速，气体的流速越快，产生的静电荷也越多。

带电性也是评定可燃气体火灾危险性的参数之一，掌握了可燃气体的带电性，可据此采取相应的防范措施，如设备接地、控制流速等。

（5）氧化性。可燃性物质与氧化性物质作用，遇着火源时才能发生燃烧。所以，氧化性气体是燃烧得以发生的最重要的要素之一。氧化性气体主要包括两类：一类是明确列为助燃物的气体，如氧气、压缩空气、一氧化二氮、三氟化氮等；一类是列为有毒气体的氯气、氟气等。这些气体本身都不可燃，但氧化性很强，与可燃气体混合时都能着火或爆炸。

（三）易燃液体

1. 易燃液体是指闭杯试验闪点≤93℃的液体、液体混合物或含有固体混合物的液体，但不包括由于存在其他危险已列入其他类别管理的液体。

2. 易燃液体的火灾危险性

（1）高度的易燃性。液体的燃烧是通过其挥发出的蒸气与空气形成的可燃性混合物，在一定的比例范围内遇明火源点燃而实现的，因而实质上是液体蒸气与氧化合的剧烈反应。

易燃液体燃烧的难易程度，即火灾危险的大小，主要取决于它们分子结构和分子量的大小。

（2）蒸气的爆炸性。由于任何液体在任一温度下都能蒸发。所以，易燃液体也具有这种性质，当挥发出的易燃蒸气与空气混合，达到爆炸浓度范围时，遇明火就发生爆炸。易燃液体的挥发性越强，这种爆炸危险就越大。

不同液体的蒸发速度随其所处状态的不同而变化，影响其蒸发速度的因素有：温度、沸点、暴露面、比重、压力、流速。

（3）受热膨胀性。易燃液体也和其他液体一样，有受热膨胀性，储存于密闭容器中的易燃液体受热后，本身体积膨胀的同时蒸气压力增加。若超过了容器所能承受的压力限度，就会造成容器膨胀，以至爆裂。夏季盛装易燃液体的桶，常出现鼓桶现象以及玻璃容器发生爆裂，就是由于受热膨胀所致。

（4）流动性。流动性是液体的通性，易燃液体的流动性增加了火灾危险性。如易燃液体渗漏会很快向四周扩散，能扩大其表面积，加快挥发速度，提高空气中的蒸气浓度，易于起火蔓延。如在火场上储罐（容器）一旦爆裂，液体会四处流散，造成火势蔓延，扩大着火面积，给施救工作带来一定困难。所以，为了防止液体泄漏、流散，在储存时应备事故槽（罐），构筑防火堤，设水封井等。液体着火时，应设法堵截流散的液体，防止其蔓延扩散。

（5）带电性。多数易燃液体在灌注、输送、喷流过程中能够产生静电，当静电荷聚集到一定程度，则放电发火，有引起着火或爆炸的危险。

（四）易燃固体

1. 易燃固体是指燃点低，对热、撞击、摩擦敏感，易被外部火源点燃，燃烧迅速，并可能散发出有毒烟雾或有毒气体的固体。但不包括已列入爆炸品的物质。

根据燃点的高低，燃烧物质可分为易燃固体和可燃固体，燃点高于300℃的称为可燃固体。农副产品及其制品叫做可燃货物，属于可燃固体。燃点低于300℃的为易燃固体。化工原料及其制品属于易燃固体，但合成橡胶、合成树脂、合成纤维属可燃固体。

2. 易燃固体的火灾危险性

（1）燃点低、易点燃。易燃固体的着火点都比较低，一般都在300℃以下，在常温下只要有能量很小的着火源与之作用即能引起燃烧。如镁粉、铝粉只要有20mJ的点火能即可点燃；硫磺kPa、生松香则只需15mJ的点火能即可点燃，有些易燃固体受到摩擦、撞击等外力作用时也可能引发燃烧。

（2）遇酸、氧化剂易燃易爆。绝大多数易燃固体与酸、氧化剂接触，尤其是强氧化剂，能够立即引起着火或爆炸。如发泡剂H与酸性物质接触能立即起火，萘与发烟硫酸接触反应非常剧烈，甚至引起爆炸。红磷与氯酸钾、硫磺kPa与过氧化钠或氯酸钾相遇，都会立即引起着火或爆炸。

（3）兼有遇湿易燃性。硫的磷化物类，不仅具有遇火受热的易燃性，还具有遇湿易燃性，如五硫化二磷、三硫化四氮等遇水能产生具有腐蚀性和毒性的可燃气体硫化氢。

（4）自燃危险性。易燃固体中的赛璐珞、硝化棉及其制品等在积热不散的条件下，都容易自燃起火，硝化棉在40℃的条件下就会分解。

（五）自燃物品

1. 自燃物品系指自燃点低（自燃点低于200℃），在空气中易于发生氧化反应，放出热量而自行燃烧的物品。

2. 自燃物品的火灾危险性

（1）遇空气自燃性。自燃物质大部分非常活泼，具有极强的还原性，接触空气后能迅速与空气中的氧化合，并产生大量的热，达到其自燃点而着火，接触氧化剂和其他氧化性物质反应更加强烈，甚至爆炸，如黄磷遇空气即自燃起火，生成有毒的五氧化二磷。故须存放于水中。

（2）遇湿易燃性。硼、锌、锑、铝的烷基化合物类自燃物品，化学性质非常活泼，具有极强的还原性，遇氧化剂、酸类反应剧烈，除在空气中能自燃外，遇水或受潮还能分解自燃或爆炸。故起火时不可用水或泡沫扑救。

（3）积热自燃性。硝化纤维胶片、废影片、X 光片等，在常温下就能缓慢分解，产生的热量，自动升温，达到其自燃点而引起自燃。

（六）遇湿易燃物品

1. 遇湿易燃物品系指遇水或受潮时，发生剧烈化学反应，放出大量易燃气体和热量的物品。遇水燃烧物质还能与酸或氧化剂发生反应，而且比遇水发生的反应更加剧烈，其着火爆炸的危险性更大。

2. 遇水燃烧物质的火灾危险性

遇水燃烧物质都具有遇水分解，产生可燃气体和热量，能引起火灾的危险性或爆炸性。这类物质引起着火有两种情况：一种是遇水发生剧烈的化学反应，释放出的热量能把反应产生的可燃气体加热到自燃点，不经点火也会着火燃烧，如金属钠、碳化钙等；另一种是遇水能发生化学反应，但释放出的热量较少，不足以把反应产生的可燃气体加热至自燃点，但当可燃气体一旦接触火源也会立即着火燃烧，如氢化钙、保险粉等。

遇水燃烧物质的类别多，遇水生成的可燃气体不同，因此其危险性也有所不同，其火灾危险性主要有：

（1）遇水或遇酸燃烧性。这是遇水燃烧物质的共同危险性。

（2）自燃性。有些遇水燃烧物质如碳金属、硼氢化合物，放置于空气中即具有自燃性，有的（如氢化钾）遇水能生成可燃气体放出热量而具有自燃性。

（3）爆炸性。有些遇水燃烧物质如电石等，由于和水作用生成可燃气体与空气形成爆炸性混合物。

（4）其他。遇外来火源还是有着火爆炸的危险性。

（七）氧化剂和有机过氧化物

1. 氧化剂系指处于高氧化态，具有强氧化性，易分解并放出氧和热量的氧化剂，包括含有过氧基的无机物。这类物品本身不一定可燃，但能导致可燃物的燃烧。与松软的粉末可燃物能组成爆炸性混合物，对热、震动或摩擦较敏感。有些氧化剂与易燃物、有机物、还原剂等接触，即能分解引起燃烧和爆炸。

少数氧化剂容易发生自动分解（不稳定性），从而其本身就可具有发生着火和爆炸所需所有成分。大多数氧化剂和强酸液体发生剧烈反应，放出剧毒性气体。某些氧化剂在卷入火中时，亦可放出这种气体。

2. 氧化剂的火灾危险性

（1）强烈的氧化性。氧化剂多为碱金属、碱土金属的盐或过氧基所组成的化合物。其特点是氧化价态高，金属活泼性强，易分解，有极强的氧化性，本身不燃烧，但与可燃物作用能发生着火和爆炸。

（2）受热、被撞分解性。在现行列入氧化剂管理的危险品中，除有机硝酸盐类外，都是不燃物质，但当受热、被撞击或摩擦时易分解出氧，若接触易燃物、有机物，特别是与木炭粉、硫磺 kPa 粉、淀粉等混合时，能引起着火和爆炸。

（3）可燃性。氧化剂绝大多数是不燃的，但也有少数具有可燃性。在氧化剂中，主要是有机硝酸

盐类，如硝酸胍、硝酸脲等，另外，还有过氧化氢尿素、高氯酸醋酐溶液、二氯或三氯异氰尿素、四硝基甲烷等。一些有机氧化剂不仅具有很强的氧化性，与可燃性物质相结合都可引起着火或爆炸，而且本身也燃烧，也就是说，这些氧化剂着火不需要外界的可燃物参与即可燃烧。

（4）与可燃液体作用自燃性。有些氧化剂与可燃液体接触能引起自燃。如高锰酸钾与甘油或乙二醇接触，过氧化钠与甲醇或醋酸接触，铬酸丙酮与香蕉水接触等，都能自燃起火。

（5）与酸作用分解性。氧化剂遇酸后，大多数能发生反应，而且反应常常是剧烈的，甚至引起爆炸。如高锰酸钾与硫酸，氯酸钾与硝酸接触都十分危险。

（6）与水作用分解性。有些氧化剂，特别是活泼金属的过氧化物，遇水或吸收空气中的水蒸气和二氧化碳能分解放出原子氧，致使可燃物质爆燃。漂白粉（主要成分是次氯酸钙）吸水后，不仅能放出氧，还能放出大量的氯。高锰酸钾吸水后形成的液体，接触纸张、棉布等有机物，能立即引起燃烧。

（7）强氧化剂与弱氧化剂作用分解性。在氧化剂中强氧化剂与弱氧化剂相互之间接触能发生复分解反应，产生高热而引起着火或爆炸，因为弱氧化剂虽然有较强的氧化性，但遇到比其氧化性强的氧化剂时，又呈还原性。如漂白粉、亚硝酸盐、亚氯酸盐、次氯酸盐等氧化剂，当遇到氯酸盐、硝酸盐等氧化剂时，即显示还原性，发生剧烈反应，引起着火或爆炸。

3. 有机过氧化物是一种含有 2 价的—O—O—结构的有机物质，也可能是过氧化氢的衍生物。如过蚁酸（$HCOOOH$）、过乙酸（CH_3COOOH）等。

4. 有机过氧化物的火灾危险特性

有机过氧化物是热稳定性较差的物质，并可发生放热的加速分解过程，其火灾危险特性可归纳如下：

（1）分解爆炸性。由于有机过氧化物都含有过氧基，而过氧基是极不稳定的结构，对热、震动、冲击和摩擦都极为敏感。所以当受到轻微的外力作用时即分解。如过氧化二乙酰，纯品制成后存放 24 小时就可能发生强烈的爆炸；过氧化二苯甲酰含水在 1% 以下时，稍有摩擦即能引起爆炸；过氧化二碳酸二异丙酯在 10℃ 以上时不稳定，达到 17.22℃ 时即分解爆炸；过氧乙酸（过醋酸）纯品极不稳定，在 -20℃ 时也会爆炸，浓度大于 45% 的过氧乙酸溶液，在存放过程中仍可分解出氧气，当加热至 110℃ 时即爆炸。这就不难看出，有机过氧化物对温度和外力作用是十分敏感的，其危险性和危害性比其他氧化剂更大。

（2）易燃性。有机过氧化物不仅极易分解爆炸，而且特别易燃，有的非常易燃。如过氧化叔丁醇的闪点为 26.67℃。

综上所述，有机过氧化物的火灾危险性主要取决于物质本身的过氧基含量和分解温度。有机过氧化物的过氧含量越多，其热分解温度越低，则火灾危险性就越大。

（八）毒害品

1. 毒害品是指进入肌体后，累积达到一定的量，能使体液组织发生生物化学作用或生物物理学变化，扰乱或破坏肌体的正常生理功能，引起暂时性或持久性的病理状态，甚至危及生命的物品。

2. 毒害品的火灾危险性

毒害品约 89% 具有火灾危险性。归纳如下：

（1）遇湿易燃性。无机毒害品中金属氰化物和硒化物大都本身不燃，但都有遇湿易燃性，如钾、钠、钙、锌、银、汞、钡、铜等金属的氰化物，遇水或受潮都能放出剧毒性且易燃的氰化氢气体；硒化镉遇酸或酸雾能放出易燃且有毒的硒化氢气体。

（2）氧化性。在无机毒害品中，锑、汞、铅等金属的氧化物大都本身不燃，但都具有氧化性，如五氧化二锑（锑酐）本身不燃，但氧化性强，380℃ 时即分解；四氧化铅（红丹）。红降汞（红色氧化汞），黄降汞（黄色氧化汞）等，本身都不燃，但都是弱氧化剂，它们 500℃ 时分解，当与可燃物接触后，易引起着火或爆炸，并产生毒性极强的气体。

（3）易燃性。在《危险化学品名录（2012版）》所列的966种毒害品中有很多是透明或油状的易燃液体，有的系低闪点或中闪点液体。如溴乙烷闪点低于－20℃，三氟丙酮闪点低于－1℃，三氟醋酸乙酯闪点为－1℃，异丁基腈闪点低于3℃，四羟基镍闪点低于4℃，卤代烷及其他卤代物如卤代醇、卤代酮、卤代醛、卤代酯类以及有机磷、硫、氯、砷、硅、腈、胺等都是甲、乙类或丙类液体及可燃粉剂，马拉硫磷、一六零五、一零五九等农药都是丙类液体，这些毒害品既有相当的毒害性，又有一定的易燃性。

（4）易爆性。毒害品当中的芳香族含2，4两个硝基的氯化物，萘酚、酚钠等化合物，遇高热、撞击等都可引起爆炸，并分解出有毒气体，如2，4二硝基氯化苯，毒性很高，遇明火或受热至150℃以上有引起爆炸或着火的危险性。

由此可以看出，毒害品的火灾危险性是不可低估的。

（九）放射性物品

1. 放射性物品系指放射性比活度大于$7.4 \times 10^4 Bg/kg$的物质或物品。

2. 放射性物品的火灾危险特性

（1）易燃性。放射性物品除具有放射性外，多数具有易燃性，有的燃烧十分强烈，甚至引起爆炸，如独居石遇明火能燃烧，硝酸铀、硝酸钍等，遇高温分解，遇有机物、易燃物都能引起燃烧，且燃烧后均可形成放射性灰尘，污染环境，危害人们健康。

（2）氧化性。有些放射性物品不仅具有易燃性，而且大部分兼有氧化性，如硝酸铀、硝酸钍都具有氧化剂性质。硝酸铀的醚溶液在阳光的照射下能引起爆炸。

（十）腐蚀性物品

1. 腐蚀性物品系指能灼伤人体组织，并对金属等物品造成损坏的固体或液体，其区分标准是：与皮肤接触在4h内出现可见坏死现象；或温度在55℃时，对20号钢的表面均匀腐蚀率超过6.25mm/年的固体或液体。

2. 腐蚀品的火灾危险特性

（1）氧化性。无机腐蚀品大都本身不燃，但都具有强氧化性，有的还是氧化性很强的氧化剂，与可燃物接触或遇高温时，都有着火或爆炸的危险。如：硫酸、浓硫酸、发烟硫酸、三氧化硫、硝酸、发烟硝酸、氯酸（浓度40%左右）等无机腐蚀品，氧化性都很强，与可燃物如甘油、乙醇、发泡剂H、木屑、纸张、稻草、纱布等接触，都能氧化自燃起火。

（2）易燃性。有机腐蚀品大都可燃，且有的非常易燃。如有机酸性腐蚀品中的溴乙酰闪点为1℃，硫代乙酰闪点低于1℃，甲酸、冰醋酸、甲基丙烯酸、苯甲酰氯、乙酰氯、遇火易燃，蒸气可形成爆炸性混合物；有机碱性腐蚀品甲基肼在空气中可燃，1，2－丙二胺遇热可分解出有毒的氧化氮气体，其他有机腐蚀品如苯酚、甲酚、甲醛、松焦油、焦油酸、苯硫酚、蒽等，不仅本身可燃，且都能蒸发出有刺激性或有毒的气体。

（3）遇水分解易燃性。有些腐蚀品，特别是多卤化合物如五氯化磷、五氯化锑、五溴化磷、四氯化硅、三溴化硼等，遇水分解、放热、冒烟，放出具有腐蚀性的气体，这些气体遇空气中的水蒸气可形成酸雾。氯磺酸遇水猛烈分解，可发生大量的热和浓烟，甚至爆炸，有的腐蚀品遇水能产生高热，接触可燃物时会引起着火，如无水溴化铝、氧化钙等；更加危险的是烷基醇钠类。异戊醇钠、氯化硫本身可燃，遇水分解，无水的硫化钠本身有可燃性且遇高热、撞击还有爆炸危险。

第三章　火灾调查证据

第一节　证据概述

一、证据的概念

证据，就是证明某个事实的依据。用已知的事实证明未知的事实，已知的事实就是证据，未知的事实就是被证明对象。火灾调查证据就是经过查证属实的用来证明火灾主要事实的依据。对于火灾调查人员来讲，已经发生的火灾是过去的不可能重复的事件，但客观事件的物质性决定了它在发生、发展的过程中必定伴随着与外界的物质、信息交换，而交换的结果是留下各种印记，引起场所的变化，为在场的人所耳闻目睹、有所感知，这一切为调查人员了解、认识火灾事实奠定了客观基础。

二、证据的基本特征

（一）客观性

证据的客观性是证据最本质的特征。作为证据的客观性，调查人员只能发现它、认识它，并加以收集、固定和保管，借以查明火灾事实，而不能主观猜测，随意捏造。作为证据的客观性，当火灾发生时，与周围的环境、物品发生作用就会留下相应的变化，如现场的物体受火灾的影响而产生的烟熏、炭化、灰化、熔融、熔化、变形、倒塌等物理性能或化学性质变化。与周围的人发生作用就会在有关人的头脑中留下反映印象，如火灾产生的声响、发光、气味等被现场的人们所感知和记忆。这些作为证据的痕迹、印象以及与火灾发生、发展之间的联系是客观存在的，并不以人们的主观意志为转移的。

（二）关联性

证据必须是客观事实，但并不是一切客观事实都可以作为证据，只有与火灾事实有关联的客观事实才可以作为火灾调查证据。因此，证据还必须具有关联性。证据的关联性，又称证据的相关性，是指证据必须与事件的待证事实存在某种客观的联系，并因此对证明事件事实具有实际意义。证据对于火灾事实有无证明力，证明力的大小，取决于证据与火灾事实有无联系，以及联系的强弱程度。

（三）合法性

证据的合法性，又称证据的法律性，是指证据从形式与来源上合乎法律规定，而没有不可采取的理由的特性。证据的合法性包含以下四个方面的内容：

1. 提供证据的主体合法

提供证据的主体合法就是提供证据的主体必须符合有关法律的规定。如不具备证人能力的人提供的证言即使具备了客观性和关联性，也不能被采用；不具备鉴定人资格的人作出的鉴定意见，当然不符合证据合法性标准，也不能被采用。

2. 证据的表现形式合法

证据的表现形式合法就是证据的外在表现形式应符合法律规定的种类。《中华人民共和国刑事诉讼法》《中华人民共和国民事诉讼法》《中华人民共和国行政诉讼法》均规定了证据的法定形式。

3. 证据的来源合法

证据的来源合法就是获得证据程序和方法符合法律法规的规定。例如，证人证言必须出自合格的证人；火灾肇事嫌疑人陈述必须出自火灾肇事嫌疑人本身等。获得证据的程序或方法不合法，证据不能被采用。

4. 证据必须经法定程序查证属实

证据必须经法定程序查证属实，未经法定程序查证属实，就无法确定该证据是否具备证据资格，也无法确定证据证明力的大小。

综上所述，证据具有客观性、关联性、合法性这三个基本属性。证据的这三个属性是互相联系、缺一不可的。客观性和关联性是证据的内容，合法性是证据的形式。证据的内容需要通过一定的程序加以审查、验证方可确认。

三、证据的属性

（一）证据力

所谓证据力是指证据材料在法律上作为定案根据的资格和条件。这里的法律上强调的是证据的合法性，具体表现为证据的形式合法、内容合法、收集的主体合法、收集的程序合法等。不具有合法性的证据不能成为定案的依据。

（二）证明力

所谓证明力是指证据对火灾事实的证明价值和证明作用。证明力是证据的固有属性，只要证据具有客观真实性，就一定具有证明力，但证明力的大小却有差异。因此就需要调查人员对证据的证明力加以判断，以确定证据的证明力大小。

证据力和证明力是证据的两个内在属性，证据力是证据的形式要件，而证明力是证据的内容要件，两者缺一不可。证据力的主要内容是证据的合法性，证明力的主要内容是证据的客观性和关联性。但这种区分是相对的，与火灾事实没有关联的材料当然不具备证据力，而证据的合法性也会影响证据的证明力强弱，比如，在来源上有瑕疵的证据，证明力较之也相对较弱，因此，在考查证据的证据力和证明力时，并不仅仅局限于证据的某一种特征，而是将其作为一个整体综合考虑。

四、证据的种类

证据种类是指根据证据事实的表现形式，在法律上对证据所进行的分类。由于每种证据都有其收集和固定的特有程序，审查和判断的重点和具体程序也有所区别，所以科学地划分证据种类，不仅有利于判断某一证据的证据力，确定证据的证明力，也规范了各种证据进入调查程序或诉讼程序的方式。

我国目前三大诉讼法中规定了证据的种类，如表3-1-1所示。

表 3-1-1 证据的种类

刑事诉讼	民事诉讼	行政诉讼
物证		
书证		
证人证言		
被害人陈述	当事人陈述	
犯罪嫌疑人、被告人的供述与辩解		
视听资料与电子数据		
鉴定意见	鉴定意见（检测结论）	
勘验、检查、辨认、侦查实验笔录	勘验笔录	勘验笔录、现场笔录

综合上述法律的规定，在证据种类的划分上有同有异，证据种类相同的有：物证、书证、证人证言、视听资料与电子数据。依据新修订的《中华人民共和国刑事诉讼法》规定，将鉴定意见改为鉴定意见，增加了辨认、侦查实验笔录，使得刑事诉讼程序中特有的证据种类增加为被害人陈述、犯罪嫌疑人、被告人供述和辩解、鉴定意见，以及辨认、侦查实验笔录。民事诉讼和行政诉讼程序的证据种类基本相同，但行政诉讼程序另在勘验笔录外增加了现场笔录这类证据，反映了行政诉讼审查具体行政行为的特点。火灾调查属于行政行为，是行政诉讼审查的对象，所以火灾调查证据的种类与行政诉讼证据的种类有天然的联系，只是审查对象不同，此外，在《火灾事故调查规定》中，"当事人陈述"进一步限定为"火灾肇事嫌疑人陈述"。

另外，根据新修订的《中华人民共和国刑事诉讼法》有关规定，公安机关消防机构火灾调查中收集的物证、书证、视听资料、电子数据等证据材料，在办理刑事案件中可作为刑事诉讼的证据使用。

五、证据的分类

证据的分类主要是在学理上从不同的角度、按不同的标准对证据所做的划分。按证据与案件主要事实之间的证明关系不同，将证据划分为直接证据和间接证据；按证据的表现形式和存在状况不同，将证据分为言词证据和实物证据；按证据的来源不同，将证据分为原始证据和传来证据；按证据对火灾事实主张的作用不同，将证据分为本证和反证。

（一）直接证据与间接证据

1. 直接证据

直接证据，是指能够单独、直接反映案件主要事实的证据。所谓单独，就是只凭一个证据，不需要其他证据配合就具有对案件主要事实的证明作用。所谓直接，就是不需要进行推理，根据人的直感作用就可证明案件主要事实。所谓案件主要事实，是指案件中的关键性事实，如火灾的发生、发展全过程和起火原因等事实。火灾调查实践中有可能成为直接证据的有：

（1）引起火灾发生的火灾肇事嫌疑人陈述；

（2）目击火灾发生全过程的证人证言；

（3）记录火灾发生主要经过的视听资料、电子数据。

2. 间接证据

间接证据，是指不能单独、直接反映事件主要事实，而只能反映某些相关事实、某一情节片段，或需要与其他证据结合起来才能证明事件主要事实的证据。间接证据虽然不能单独、直接反映案件主要事实，但对火灾事实中某个环节则可能具有直接证明性。一般来说，能够证明起火部位与起火点、起火物与引火源、起火原因部分事实要素或者情节片段的证据，都是间接证据。

（二）言词证据与实物证据

1. 言词证据

言词证据是以人的陈述为存在和表现形式的证据，又称为人证，如证人证言、当事人陈述、火灾肇事嫌疑人陈述、鉴定意见等。证人证言、当事人陈述、火灾肇事嫌疑人陈述等往往固定在一定的载体之中，如询问笔录。陈述人的陈述还可以提供书面的证词，必要时询问过程中可以进行录音、录像。但不论采取何种记载方式，其记载内容是陈述人所陈述的事实，所以仍然是属于言词证据。鉴定意见虽然是书面形式，但其实质是鉴定人就火灾中某些专门性问题进行鉴定后所做出的结论性意见、判断，实质上仍是一种人证。当对鉴定意见有争议，必要时鉴定人有义务就鉴定意见作出口头回答，以补充其鉴定意见。因此，鉴定意见是一种较为特殊的言词证据。

2. 实物证据

实物证据是以客观存在的物体作为存在和表现形式的证据，如物证、书证、勘验笔录、视听资料、电子数据等。勘验笔录是对有关现场、物品、痕迹等实物证据所作的书面记录，通常表现为一定的书面材料、照片、绘图等，但就其内容而言，它是对实物证据的内容的固定和反映，因而也应归入实物证据。

（三）原始证据与传来证据

1. 原始证据

原始证据是指直接来源于火灾事实或原始出处的证据，又称从第一来源获得的证据或原生证据。所谓直接来源于火灾事实是指在火灾事实的直接作用下形成的。所谓原始出处是指直接来源于证据生成的原始环境。当事人和证人关于火灾事实的亲身所为、亲自感受、亲见亲闻的陈述，物证的原物和书证、视听资料的原件以及鉴定意见、勘验笔录，火灾现场发现并提取的各种痕迹、物证等都是原始证据。

2. 传来证据

传来证据是指不是直接来源于火灾事实或原始出处，而是从间接的非第一来源获得的证据。所谓非第一来源是指经过传抄、复制、转述等中间环节而获得证据的来源。如证人转述他人告知的火灾事实，物证、书证、视听资料的副本、复制件等均为传来证据。

（四）本证与反证

1. 本证

本证是指能够认定某一起火原因和事实存在和成立的证据，又可称为肯定证据。

2. 反证

反证是指能够认定某一起火原因和事实不存在和不成立的证据，又可称为否定证据。

划分本证和反证的意义在于，对火灾的最终结论该由火灾中所有的本证和反证共同决定，本证增加了火灾认定结论的可靠性，而反证削弱了火灾认定结论的可靠性。此时就要考查支持本证和反证各自证据的可靠性和充分程度，火灾认定结论是由证据决定的，支持本证的证据越可靠、越充分，火灾认定结论就越可靠。

第二节　物证与书证

一、物证概述

（一）物证的概念

所谓物证，是以其内在属性、外部形态、空间位置等客观存在的特征证明火灾事实的实物物品和痕迹。

物证的内在属性，指的是物体的物理属性、化学成分、内部结构、质量功能等。在火灾现场中，金属物体的弹性、金相组织结构变化情况，金属表面氧化情况，物品的含量、成分等，这些物体的内在属性都有可能证明某种事实。物证的外部形态，指物证大小、形状、颜色、光泽、图案等。在火灾现场中，物体表面烟熏、颜色变化、可燃物被烧炭化的深度、燃烧痕迹形成的图形等，均可作为物证证明火灾蔓延方向的事实。物证的空间位置，指物证所处的位置、环境、状态及与其他物体的相互关系等。在火灾调查中，痕迹物证的空间位置对起火部位的证明作用是很重要的：火灾现场中某种燃烧痕迹本身并不能说明多少问题，还需确定这个痕迹在现场的空间位置，方可对确定火灾蔓延方向起证明作用。

（二）物证的分类

1. 根据物质形态分类

根据物质形态分类，物证可以分为固体物证、液体物证和气体物证。固体物证是火灾现场最重要、最常见的物证，如前所述的炭化痕迹、灰化痕迹、烟熏痕迹、变形变色痕迹、倒塌痕迹、电熔痕等等，都属于固体物证；放火现场中犯罪嫌疑人使用的易燃液体是液体物证；火灾现场上的气体含有可燃气体成分，或者燃烧物烟气的颜色、浓淡、气味等，均具有某种证明作用，都可以作为气体物证。

2. 根据物证的证明形式分类

根据物证的证明形式是基于自身特征还是反映客体的特征，物证可以分为实体物证和痕迹物证。实体物证是以自身的特征证明火灾事实的，如火灾现场上提取的导线电熔痕、火柴、打火机等，都是实体物证。痕迹物证是以自身的表面特征去反映客体特征，从而证明火灾事实的，如前述的附在墙壁上的烟熏痕迹，其起证明作用通过墙壁上烟熏形成浓淡的变化，反映出可燃物燃烧的某种特征。

二、物证的收集与提取

物证的收集与提取是指火灾调查人员通过法定的程序和方法发现、固定和提取与火灾事实有关物证的过程。

（一）物证的收集

1. 勘验、检查

通过对有关场所、人身等进行勘验、检查活动发现和提取物证。调查人员进行勘验、检查的主要目的，是发现和提取对案件有证明作用的物证。对其中无使用、保存价值的物品证据，依实际情况可以直接提取或用笔录、照相等方法提取。一般来说，证明引火源的物证或需要鉴定、检测的物证，应直接提取，如导线电熔痕、打火机、火柴、香烟、蜡烛、电焊熔渣、灯泡、镇流器等等。

2. 先行登记保存证据

先行登记保存证据，是指在证据可能灭失或者以后难以取得的情况下，经公安机关负责人批准，对需要保全的证据登记造册，暂时予以封存固定，责令当事人妥为保管，并不得动用、转移、损毁或者隐藏，等待公安机关进一步的调查的一种行政调查措施。

3. 扣押

在勘验、检查和搜查中，发现与案件有关，但当事人有使用、保存价值的物品，用先行登记保存不足以防止当事人销毁或者转移证据，才可以以扣押的手段收集证据。

4. 调取物证

调查人员通过各种方法得到证据线索，确知某单位或个人持有与案件有关的物品，可依法发函或上门向持有人索取。调取物证应办理好调取手续。

5. 抽样取证法

《行政处罚法》规定，"行政机关在收集证据时，可以采取抽样取证的方法。"据此，调查人员在

收集、调取证据时，如果证据数量很多，则可以采取抽样取证的方法，从成批的物证中选取其中个别的证据，以证明案件事实。

（二）物证的提取

1. 笔录提取法

笔录提取，即通过文字记录的形式来固定、提取物证。适用于不易实物提取的物证。其表现形式有现场勘验笔录。笔录提取除了用文字记录方式记载外，一般还配以照相、绘图等，使物证的特征得以更好地表现。

2. 照相、摄像提取法

照相、摄像提取，即通过照相、摄像的方法摄取物证的影像，对其进行固定。照相、摄像提取法适用于各种物证。

3. 实物提取法

实物提取，直接提取与案件有关的物品，适用于体积不大的物证、痕迹载体以及以物质的内在属性（如物体成分、内在结构等）为证明内容的物证。

4. 复制提取法

复制提取，即通过复制方式提取证据。对于物证，比较多地使用模型提取，即通过倒模成型等方式来复制、提取各种印压痕迹。

三、物证的审查与认定

（一）物证的关联性审查

关联性是物证可采信性的先决条件。没有关联性，就不可能具备证据资格。关联程度的不同，物证的证明力也有所不同。与言词证据相比，物证受记忆力、表达能力以及主观因素的影响较少，与火灾事实的客观联系稳定，易于审查判断。

需要注意的是，如果提供原始物证确有困难的，可以采用照片或录像等形式替代原件出示。物证的照片以及录像又被称为"示意证据"，不是"真正的原物"，而是一种辅助性材料，目的在于帮助调查人员及相关人员进一步对火灾事实的认识。只有在原物不便搬运或不易保存时，才可以提供反映原物外形或者内容的照片、录像等，但照片或录像必须能够如实反映物证的原貌，以确保物证与火灾待证事实具有关联性，否则不应采信。

（二）物证的合法性审查

物证的合法性具有两层含义：一是以刑讯逼供、威胁等严重侵犯火灾肇事嫌疑人、受害人、证人合法权益的非法手段收集到的物证不能采信；二是对于调查中采取引诱、欺骗火灾肇事嫌疑人等非法方式获取线索收集到的物证，则应当根据违法行为的严重程度、待证火灾事实的重要性，以及是否可能导致调查不公等情况，具体决定是否需要排除。这主要是因为物证的客观属性不易因程序的违法而改变，违法取证没有改变物证与火灾事实的关联性，在一定范围内采信该物证，有助于火灾事实的发现，所以，对于非法手段获取的物证通常不是一律排除，而是采用利益衡量的原则。

（三）物证的真实性审查

1. 对物证来源、提取、保存、流转等环节的审查

为了保障物证的客观真实性，一般制定了严格、细致的物证管理规定。物证的所有人、制作者、提取者和保管者通常都需要履行填表、签名等手续，确保物证的原始性与完整性，因此，在审查物证真实性时，通过对物证来源、提取、保存、流转等各个环节的审查，在一定程度上可以发现物证是否存在外形特征发生变化、内在属性被改变或者受到干扰，最大限度地保证物证的真实性。

2. 物证的辨认审查

辨认物证是一种重要的证据调查方法，通常由物证的所有者及其他的熟悉人员进行识别。通过辨认，可以确定获取的物证与原物的同一性，进一步明确与火灾事实之间的关联性。我国刑事诉讼法严格限制采信未经辨认的物证，规定不能采信未经辨认的物证。与刑事侦查相比较，火灾调查更注重查明火灾的全部事实，对物证审查的程序与标准不需要达到刑事诉讼的标准，因此，对物证的辨认和核查应根据物证的重要性来确定，通常，与起火原因相关联的引火源、起火物残体等物证有必要做辨认。

（四）物证证明力的认定

1. 瑕疵物证证明力的认定

物证来源、流转手续不完整的，该物证的证明力较低；相关人员补充证明材料，确保物证为真实的，证明力较高。物证本身不会因人的主观意志而改变，但在物证获取、保管和流转过程中，伪造、变造物证的可能性是存在的，为了确保物证获取、保管和流转过程中客观公正，对于证据的获取、保管和流转必须采用登记、签章措施。如果缺乏物证获取、保管和流转的证明手续，难以确定物证是否保持原始状态时，调查人员可以提供其他辅助材料来证明物证来源、流转的完整性，如果不能证明，则该物证的证明力较低。

2. 原始物证与照片、录像等形式证据证明力的认定

原始物证与照片、录像等形式证据证明力的认定存在两种情况：一是当物证的照片、录像经与原始物证核实无误或者经鉴定证明真实的，具有与原物同等的证明力。二是原始物证和照片、录像等证据存在矛盾时，前者的证明力一般大于后者。原始物证"直接"来自火灾事实，复制品等类型证据的产生具有间接性。因此，原始物证通常会保留火灾发生时的很多细节。但是，物证的复制与描绘并非百分之百精确地反映原始物证的特征。每次复制都会产生一定的误差，复制的次数越多，所包含的信息发生减损或扭曲的可能性越大，这是传递过程的一般规律。所以，不可避免地存在原始物证与复制品矛盾的现象。此时，根据经验法则，原始物证的证明力通常大于复制品等证据。

四、书证概述

（一）书证的概念

所谓书证，是以文字、符号、图画等方式所记载的内容或表达的思想来证明火灾事实的书面文件或其他物品。书证具有书面形式，这是书证在形式上的基本特征。如火灾调查中常见的现场值班人员的值班记录、工厂生产车间记录生产过程的各种数据、火灾自动报警系统的记录清单、指挥中心的接警记录、火灾单位研究消防问题的会议记录、业主与租户关于消防安全责任的合约、人员死亡证明材料、消防安全责任人任命文件、反映火灾肇事嫌疑人身份和年龄的身份证明材料等等，都属于书证。

（二）书证的分类

1. 根据书证内容分类

根据书证内容的表现方式，书证可分为文字书证、符号书证和图形书证。文字书证是以记载文字内容来证明火灾事实的书证，这类书证最为常见。符号书证是以符号作为内容来证明火灾事实的书证。图形书证是以图案、图画等形式作为内容来证明火灾事实的书证。

2. 根据书证的制作机关分类

根据书证的制作机关不同，书证分为公文书证和非公文书证。公文书证是指由国家机关或公共职能部门依职权制作的通知、通告、决议、证书等，如身份证、户口本等。除了公文书证外，其他的均属于非公文书证。显然，公文书证由于是依法制作，规范性较强，因而其证明力一般要大于非公文书证。

3. 根据书证的格式分类

根据书证的格式是否必须符合法律法规的规定，书证分为特别书证和一般书证。特别书证是必须按法律法规所规定的形式、格式、程序制作的文书，其他为一般书证。特别书证只要符合法律法规的规定，就具有较强的证明力。

4. 根据书证来源分类

根据书证来源的不同，书证分为原始书证和派生书证。原始书证是文书的初始文本，反映了书证的原始状态。原始书证包括文书的原件、原本、正本、底本。派生书证是在原始书证的基础上通过复制、抄录、描写等方法制作的文书。一般来讲，原始书证比派生书证证明力更强。

五、书证的收集与提取

书证的收集与提取是指调查人员通过勘验、检查、扣押、调取等方法发现、固定和提取与火灾事实有关书证的过程。书证的收集方法与物证收集的方法相同，可参考本节关于物证收集的内容。书证的收集应注意的是要尽可能收集原件，收集原件有困难的，还可采用以下方法：①将书证的内容采用照相、摄像的方法予以固定；②将不便提走的书证进行复印、抄录。收集的书证不是原件的，调查人员应当在收集书证清单上注明出处，并由该书证原件持有人核实并签名、盖章或者捺指印。

六、书证的审查与认定

（一）书证的合法性审查

书证的合法性审查包含两个方面的内容：一是非法获取的书证排除问题。非法获取的书证可区分为绝对排除的非法书证和相对排除的非法书证两种。前者主要指采用刑讯方法获得的书证，由于因其取证手段严重侵犯火灾肇事嫌疑人及其他有关公民合法权益，应当绝对排除；后者主要指依据非法取证的情节相对较轻，具有一定的证明价值，可自由裁量决定是否排除。二是书证的复制件合法性的问题。书证的复制件要具备合法性，应当附有制作过程及原物、原件存放何处的说明。有原物、原件持有人的，持有人应当签名或者盖章，否则复制件不具备合法性，不应采信。

（二）书证的最佳证据规则

所谓书证的最佳证据规则是指用来证明关键火灾事实的书证，除法定的例外情况外，必须出示书证原件，否则该书证不能采纳。一般适用于以下两种情况：第一，文件的内容是需要被证明的事实，如采购的发票、收据等。这类文件一般都具有法律意义，必须按照最佳证据规则的要求，通过出示原件的方式证明该购买行为发生的内容，这对火灾损失统计具有重要的证明价值。第二，文件本身的存在就是要证明的事实，如值班记录、巡查登记等，可以证明行为人有维护、保养、检查等相关行为等。上述两类书证必须出示原件，否则不应采信。

（三）复制件的有限采信

这是书证最佳证据规则的例外。在采用最佳证据规则的同时，也存在不适用最佳证据规则的某些例外情况。例如，官方文件、档案作为书证时，一般不适用最佳证据规则，主要是为防止官方文件、档案因为调查而丢失，也为避免因将原始的官方文件、档案从保存的地方拿走而给管理文件的官员及其他公众造成很大的不便。在这种情况下，可以出示官方文件、档案的复印件作为证据，但必须根据有关法律、法规的规定进行真实性和合法性的审查和认定后才可以采信。

（四）书证的真实性审查

一般情况下，审查书证的内容是否真实，要审查书证的来源，包括形成的时间、地点、制作过程，审查其是否有伪造、篡改的可能性等因素。如果没有相反的证据证明该书证不真实的，则认为该书证为真实。当书证的真伪认定较为复杂时，可以进行调查取证，也可委托或聘请专业人士或机关进行鉴定确定其真伪。只有具有真实性的书证才可以采信。当多份书证之间不能相互印证甚至相互矛盾、且无法认定各自的真实性时，应视为存疑书证，均不应采信。

（五）书证证明力的认定

1. 书证复制件证明力的认定

书证的副本、复制件、节录本、复印件、传真件，只有经过与原物或原件核对无误，或者经对方当事人确认，或者经过鉴定证明真实的，才与原始书证具有同样的证明力。

2. 公文书证和私文书证证明力的认定

书证一般可以分为公文书证和私文书证。国家机关、被授予公信力的单位或个人在其权限范围内制作的文书为公文书证。经公证机关公证的私文书证，视为公文书证。其他文书为私文书证，如私人写的借据、公司签订的合同、国家机关发出的与其职能无关的信函等。国家机关公文作为一种特殊形式的书证，是由国家机关为了维护国家或社会公共利益，依照其职权而制作的公务性文书，具有更强的法律约束力和强制力。这使得公文书证相对于普通书证据有天然的公信力，这种公信力在调查中可衍生为证明力上的优势。因此，根据有关证据制度及认证原则，国家机关等依据职权制作的公文书证与普通文书相比，具有更大的证明力。

3. 带有签名书证证明力的认定

带有签名的书证意味着书证内容的稳定性和确定性更高，也更能体现其真实性和合法性。因此，带有签名的书证证明力大于无签名的书证；使用的签名技术安全性更高的书证的证明力更大。

第三节 证人证言、火灾肇事嫌疑人陈述

一、证人证言概述

（一）证人的概念

《中华人民共和国刑事诉讼法》规定"凡是知道案件情况的人，都有作证的义务。"因此，证人就是知晓有关案件情况而向调查人员陈述案情的人。火灾调查中的证人，就是能够向火灾调查人员陈述所感知的火灾事实并符合作证条件的人。

证人应具有证人资格，才可以作出证言。证人资格包括：

1. 证人是了解火灾情况，且与火灾的发生无直接利害关系的人。与火灾的发生有直接利害关系的人如违法或犯罪嫌疑人，他们的陈述是火灾肇事嫌疑人的陈述和申辩或犯罪嫌疑人供述和辩解，不属证人证言。

2. 证人是能够正确陈述自己所了解的案件情况的人。证人必须具有正确感知和表达的能力。《中华人民共和国刑事诉讼法》规定："生理上、精神上有缺陷或者年幼，不能辨别是非、不能正确表达的人，不能作证人。"所以，证人必须以能够辨别是非并能正确表达为条件。

3. 公安机关消防机构的调查人员不得同时作为证人。调查人员不能为自己调查的案件作证，这体现了火灾调查的公正性。如果调查人员在案发时目击了案发的经过，则可以以证人身份作证人证言，但不得再参与案件调查工作。

（二）证人证言的概念

证人证言是知晓案件有关情况的证人就其感知的事实向调查人员所作的陈述。火灾中的证人证言，是知晓火灾事实有关情况的人就其感知向公安机关消防机构调查人员所作的陈述。

证人证言有口头和书面两种形式，一般是以口头陈述为主，必要时调查人员也可以要求证人提供

书面证词。调查人员在询问证人时应该制作笔录，或者录音、录像。证人提供书面证词一般应由证人自己书写。

二、证人证言的收集

公安机关消防机构调查人员收集证人证言一般是通过对证人进行口头询问，并以询问笔录予以固定。以口头询问的方式收集证言，主要是为了随时向证人提出问题，弄清证人了解了哪些火灾事实、情节及其感知的过程，还可以使证言中不清楚或矛盾的地方及时得到澄清。证人要求书写证言的，应当准许。必要时，调查人员也可以要求证人亲笔书写证言。对证人询问的程序和方法，可参考本书第五章的有关内容。

三、证人证言的审查与认定

（一）证人作证能力的审查

证人要具有合适的作证能力，否则其证言不能采信为证据使用。而对符合证人的一般法律要求是：第一，能正确表达意志；第二，能理解证人如实作证的义务。对于无民事行为能力的未成年人证人，只要求其能理解被询问问题的含义并能正确表达自己的意志即可，并非要求未成年人证人能完全理解证人如实作证义务的含义，但对此类证言一般应有其他证据予以佐证。就某个具体的火灾事实而言，调查人员、火灾肇事嫌疑人、鉴定人不能同时充当证人，若以上人员了解案情，应遵循证人优先原则，以证人身份而不再以其他身份参与火灾事实的调查。同时，证人只能是自然人，不应当包括法人和其他组织。

（二）证言合法性的审查

1. 非法获取的证人证言的审查

我国相关法律规定，凡经查实属于以威胁、引诱、欺骗等非法的方法取得的证人证言，不能作为定案的根据。另外，询问不满 16 周岁的证人，没有法定监护人在场，该证人证言一般不予采信。以侵犯他人合法权益或者违反法律禁止性规定的方法取得的证据，不能作为认定火灾事实的依据。因此，当严重违反法定程序取得的证人证言，一般不能作为认定的根据。但如果违法程度轻微并能及时补救时，例如询问笔录要由调查人、被调查人、记录人签名或盖章，但因某种原因未签名或盖章，后及时补充签名或盖章，并获得证人和其他人员认可的，可以作为定案的根据。

2. 意见证言的审查

在英、美等国家，通常将证人分为专家证人与普通证人，专家证人可以根据科学经验提供意见证言，而普通证人就他所经历的事实进行推测提供的意见证言，一般不予采信。对意见证言的审查本质是反对非专业人员以意见或推测的形式提供证言，证人的陈述应限于其所直接了解的事实，一般不得发表通过个人观察得出的意见和结论，因此，证言中证人猜测、推断或者评论性的内容属于意见证据，一般不应采信。

3. 传闻证言的审查

所谓"传闻"是指第三人对火灾知情人所了解情况的转述。一般认为，转述其他人陈述的证言一般不应采信，这是因为：首先，传闻证言的原始提供者并未直接接受调查人员询问，因此对其自身的感知、记忆、表述能力及其品格等条件无法审查，不利于判断其证言的真实性。其次，在传述的过程中，可能会产生误传，甚至断章取义的情况，使传闻证言不能真实地反映火灾真实情况，若依据该传闻证言认定火灾事实，可能会造成认定错误。最后，采信传闻证言实际上变相剥夺了火灾当事人对此证言的质证权。

4. 对某人品格证言的审查

所谓品格至少包括三种明确的含义：一是指某人在其生存的社区环境中所享有的声名；二是指某人为人处世的特定方式；三是指某人从前所发生的特定事件，如之前所受到相关处罚等。就证据而言，关于某人品格的证言一般不认为可以证明某人是否实施了某一具体行为。

（三）证言证明力的认定

就同一火灾事实的不同证言，可以参照下列原则比较证明力的大小：

1. 证人就同一事实先后做出不同的证言，顺序在先且及时作出的证明力一般较强。

2. 出庭作证的证人证言的证明力一般大于未出庭作证的证人证言。

3. 证人提供的对与其有亲属或者其他密切关系的当事人有利的证言，其证明力一般小于其他证人证言。

4. 内容稳定、前后一致的证人证言的证明力，一般大于内容不稳定、前后矛盾的证人证言。

5. 生理和心理状态正常、认知能力强、情绪稳定的证人所提供的证言，一般比生理上、精神上有缺陷的证人所作的证言的证明力更强。

四、火灾肇事嫌疑人陈述概述

（一）火灾肇事嫌疑人陈述的概念

火灾肇事嫌疑人是指因违反《消防法》的规定，在火灾发生、发展过程中负有某种责任，并拟追究其行政责任的人。火灾肇事嫌疑人陈述是指火灾肇事嫌疑人以口头或书面的形式就有关火灾事实和自己的行为向公安机关消防机构所作的说明、辩解。

（二）火灾肇事嫌疑人陈述的特点

1. 有可能全面反映火灾事实情况

一般来讲，火灾肇事嫌疑人是最了解案件情况的人，因而其对火灾发生过程的陈述或对调查人员质询的申辩对查明火灾发生、发展的经过具有重要价值。

2. 是一种内容复杂的证据

火灾肇事嫌疑人的行为与火灾责任有切身利害关系，基于人类趋利避害的特性，火灾肇事嫌疑人可能会避重就轻，作虚假陈述，或者真假混杂，所以火灾肇事嫌疑人陈述是内容复杂的一种证据。

五、火灾肇事嫌疑人陈述的收集

对火灾肇事嫌疑人陈述的收集可采取询问的方式进行。在询问过程中要注意询问的程序和方法，以使证据具有合法性，还要充分听取火灾肇事嫌疑人的申辩，可以使调查人员兼听则明，以利于查明案件事实。对火灾肇事嫌疑人询问的程序和方法，可参考本书第五章的有关内容。

六、火灾肇事嫌疑人陈述的审查与认定

（一）火灾肇事嫌疑人陈述合法性的审查

首先，以刑讯、威胁、引诱、欺骗、精神折磨等方式取得的火灾肇事嫌疑人陈述不应采信。我国法律和司法解释明文禁止刑讯逼供和以威胁、引诱、欺骗以及其他非法的方法收集证据。但对于以"引诱""欺骗"的方法取得的言词证据，在我国并不一律排除，而是有程度上的要求。一般认为，轻微的引诱、欺骗取得的违法嫌疑人供述，在未严重侵犯火灾肇事嫌疑人人权的基础上，可以采信。只有当引诱、欺骗达到比较严重的程度时，由于该方法严重侵犯火灾肇事嫌疑人的人权，违背正当程序，通常带有极强的虚假性，其陈述才不应采信。

其次，不合法询问主体取得的火灾肇事嫌疑人陈述，不应采信。火灾事故调查是公安机关消防机构的法定职责，只有公安机关消防机构的火灾调查人员调查收集的火灾肇事嫌疑人陈述，才可以作为认定火灾事实的依据。

最后，火灾肇事嫌疑人陈述不符合法定形式的，不应采信。

（二）对火灾肇事嫌疑人陈述中意见的审查

火灾肇事嫌疑人陈述中猜测、推断或者评论性的部分，一般不可以采信。但陈述中推断的部分，如果是建立在火灾肇事嫌疑人合理感觉上的，则可以采信。

（三）火灾肇事嫌疑人陈述证明力的认定

1. 仅有承认或否定表示的陈述证明力的认定

证明力的前提在于证据与待证事实之间存在着关联性。如果证据与待证事实之间没有关联性，则谈不上证明力的问题。如果火灾肇事嫌疑人仅仅承认其实施了某一行为，但缺乏对该行为的具体描述，或者仅仅否认其实施了某一行为，但提不出其在该行为发生时进行其他行为的具体性描述。那么在这两种情形下，无法认定陈述与待证事实之间存在关联性，这两种情形的陈述都没有证明力。

2. 得到印证的陈述证明力的认定

在火灾肇事嫌疑人存在多份陈述，并且先后不一致的情形下，如果某一次陈述的火灾事实与其他证据能够相互印证，相互一致，则该次陈述的证明力大于那些不能与其他证据相互印证的陈述。在多份陈述均有内容与其他证据相互印证的情况下，如果用来印证陈述的其他证据的可靠性越高，被印证的内容越详细、越丰富的陈述，其真实性越强，证明力越大。反之，没有得到印证的单个火灾肇事嫌疑人陈述，不能作为认定火灾事实的依据。

3. 发现新证据陈述证明力的认定

如果火灾肇事嫌疑人存在多份陈述，若以其中一份陈述的内容为线索而发现了新的证据，则说明该份陈述提供的线索应当是真实的，该份陈述的内容是真实的可能性较大，该份陈述的证明力大于其他陈述。

4. 同步录音、录像陈述证明力的认定

火灾肇事嫌疑人的陈述潜在地存在着不稳定性，为了更好地固定证据，调查人员在文字记录的同时通过同步录音、录像对火灾肇事嫌疑人陈述加以固定，这样在后续阶段，可以作为证明火灾肇事嫌疑人陈述是自愿作出的有力证据，因此，询问过程采用同步录音、录像的陈述具有较高的证明力。

第四节　勘验笔录、鉴定意见

一、勘验笔录概述

（一）勘验笔录的概念

所谓勘验是指调查人员对与火灾有关的场所、物品、尸体、人身等进行观察、检验，借以收集证据、了解案件情况的活动。勘验笔录就是这种活动的客观记录。

（二）勘验笔录的特点

1. 属于客观记录

勘验笔录是对有关场所、人、物的状况以及勘验活动情况的客观记载，是整个勘验过程的实况记录。其记录内容都是客观存在的与火灾事实有关的情况，它不记录勘验人员的主观意识活动的情况，也不能记录勘验人员对案件的分析、推断和判断。

2. 具有综合证明作用

勘验笔录既记载了勘验的过程，又记载了勘验的结果，能反映现场各种痕迹、物品存在或形成时的环境及相互关系。所以，火灾现场勘验笔录是一种具有综合证明作用的证据。

3. 证明火灾事实具有间接性

勘验笔录是对有关场所、人、物状况的客观记录，正如物证不能直接证明火灾事实一样，勘验笔录的记录内容也不能直接证明火灾事实，其对火灾事实的证明具有间接性特点。

二、勘验笔录的制作

公安机关消防机构调查人员对火灾现场进行勘验，应当制作勘验笔录。勘验笔录的制作要求和内容，参见本书第六章有关内容。

三、勘验笔录的审查与认定

（一）勘验笔录的合法性审查

1. 对见证人在场规定的审查

依据我国法律规定，勘验时应邀请两名与火灾无关的公民作为见证人，以保证或便于证明勘验的合法性和公正性。如果勘验中没有见证人在场，一般笔录不应采信。但在实践中，因急救生命、排除危险或者是在难以找到见证人的情况下实施勘验，也可以视具体情况审查判断该笔录是否可以采信。

2. 对勘验中有轻微违法或不当行为的审查

在勘验过程中，如存在对妇女身体的检查并非由女工作人员或医生进行，或对提取的物品未详细填写清单等轻微违法行为或不当行为时，通常认为，若该违法行为或不当行为并非出于故意，而是因情况紧急或客观条件限制而为之，或是为了国家安全、重大事故的调查、重大的社会利益，且该行为并未严重侵犯当事人的人格尊严和自由，并未造成严重后果，并未导致笔录的客观性、关联性丧失时，可裁量所制作的笔录可以采信。不具备上述条件的，勘验笔录不予采信。

3. 对勘验主体的审查

在火灾调查中，公安机关消防机构可依据《消防法》相关授权依法主持勘验活动，其他任何机关、单位、个人均不得进行勘验。如果相关勘验活动并非由法定主体实施的，则所制作的勘验笔录不应采信。

4. 对回避事由的审查

为了防止有关调查人员因同火灾事实或当事人有某种利害关系或其他感情、恩怨等特殊关系而影响执法公正，同时也为了切实维护当事人的利益，消除其思想顾虑，增加对调查人员的信任感，相关法律、法规明确规定实施勘验的人员应与火灾及当事人无利害关系，如果存在所规定的回避事由的，依据回避规定就不应该再承担勘验任务，不得参与笔录的制作。

（二）勘验笔录的真实性审查

勘验笔录真实性的审查应考虑以下几个方面：

1. 勘验等活动是否及时、全面。

2. 勘验方法是否妥当、科学。

3. 勘验笔录中，文字记录与绘图、照片、录像、录音等部分能否彼此相互印证，是否存在相互矛盾之处。

4. 勘验笔录与相关提取或扣押的实物证据是否相吻合。

如若上述某个方面出现问题，将对勘验笔录的证明力造成严重损害。

（三）勘验笔录证明力的认定

一般认为，勘验笔录具有优于非公证或者登记的一般书证、视听资料和证人证言的证明力。如果勘验笔录有瑕疵，应当有其他证据予以补强其证明力。这里的"瑕疵"是指因签章形式、收集程序或具体内容等具有微小缺点，不完全符合法律法规要求，而使其证明力降低的笔录。实践中，有瑕疵的勘验笔录因其存有"瑕疵"，一般不能单独作为定案的根据，但可以在其他佐证加以补强，并由笔录制作人制作附件给出合法合理的解释以弥补遗漏或排除矛盾的情况下，成为认定的依据。

四、鉴定意见概述

（一）鉴定意见的概念

在火灾调查过程中，经常会遇到一些自己不能解决的专门性问题，需要指派或聘请具有专门知识或技能的人进行鉴别和判断。因此，鉴定意见是指由鉴定人运用自己的专业知识对调查中某些专门技术性问题所做的分析、鉴别和判断。在火灾调查中，鉴定意见是公安机关消防机构调查火灾经常使用到的一种证据，它是认定起火原因、火灾性质的重要依据和手段。

（二）鉴定意见的特点

1. 具有科学性

鉴定意见是鉴定人或检测人员利用现代科学仪器和科学手段观察、分析检材，同时还运用自己的专门知识分析研究这些事实，并以此为基础提出结论性的意见或结果，所以鉴定意见具有很高的科学性。

2. 具有可替代性

《公安机关办理行政案件程序规定》规定："违法嫌疑人或者被侵害人对鉴定意见有异议的，在收到鉴定意见复印件之日起三日内提出重新鉴定的申请，经县级以上公安机关批准后，进行重新鉴定。""重新鉴定，公安机关应当另行指派或者聘请鉴定人。"显然，鉴定意见不一定是唯一的，重新鉴定后，其结论有可能不同。所以，鉴定意见具有可替代性。

3. 非法律性结论

鉴定意见的内容是鉴定人就调查中某些专门问题所作的判断性结论，不是对有关调查的事实作法律性结论，而法律性结论是调查主体的职权范围。如鉴定人可以判断送检的导线熔痕是火灾前熔痕，但他不能认定起火原因是否是该电线短路造成的，因为调查认定起火原因是公安机关消防机构的职权范围，是调查人员通过收集各种证据，也包括鉴定意见，综合分析后作出的认定。

五、鉴定意见的获取

在火灾调查中鉴定意见的获取，主要是公安机关消防机构调查人员通过勘验、检查、调取等收集的物证，委托有资质的鉴定机构进行检验鉴定后获取。调查人员所收集的物证没有必要都进行鉴定，只有认为它具有某种证明作用，而调查人员又限于技术和设备条件的限制无法了解其证明作用时，才需送有关专业技术部门进行鉴定或检测。鉴定程序的合法性对于鉴定、检测结论是否合法具有非常重要的作用，不合法的鉴定、检测意见不能作为定案的依据。物证鉴定的程序应包括一系列的物证从现场提取、送到鉴定部门、鉴定部门使用科学的方法得到鉴定意见的所有过程。有关物证的提取和送检程序，可参见本书第七章有关内容。

六、鉴定意见的审查与认定

（一）鉴定意见的审查

1. 对鉴定机构和鉴定人的审查

如果鉴定机构和鉴定人没有鉴定资格，则其制作的鉴定意见因鉴定主体不合法不应采信。即使鉴定机构和鉴定人具有鉴定资格，鉴定机构和鉴定人的执业范围也应当符合法律的规定，并且与委托事项相符合，否则，鉴定意见也不应采信。

2. 对检材提取、保管方法的审查

对于鉴定意见而言，结论是否正确，可靠的前提之一就在于检材从发现、提取到鉴定整个过程的证据保管链是否完整。对鉴定意见审查之前都要审查证据保管链是否完整，如果保管链发生断裂，或者检材的提取、包装、保存和送检不符合法律要求和相关的行业标准，则鉴定意见不可采信。

3. 对鉴定事项的审查

鉴定的根本目的是鉴定人根据超出一般常识范围之外的专门知识就专门问题作出专业性的判断和解释，以补充调查人员在专门问题上认识能力的不足。鉴定人没有权力对任何属于常识和普通经验层面的问题作出判断，因此鉴定事项并非专门性问题，调查人员根据常识即可作出判断的，鉴定意见不应采信。

此外，鉴定的目的是鉴定人利用专门知识补充事实调查者在事实认识能力上的不足。鉴定只应涉及事实问题，而对于是否故意或过失、责任能力、作证能力等法律问题，则应通过适用法律来解决，不应采用鉴定的方法。

4. 对鉴定意见其他事项的审查

对鉴定意见其他事项的审查还包括：当事人自行委托的鉴定，鉴定意见不应采信；鉴定人应当依法实行回避而未回避的，鉴定意见不应采信；对于某一鉴定事项，鉴定人数不符合相关法律法规规定的，鉴定意见不应采信。

（二）鉴定意见证明力的认定

在实践中，对鉴定意见证明力的认定主要考虑四个方面的问题：

首先，鉴定意见证明力的认定不能仅以鉴定距发案时间的远近、鉴定机构级别的高低或者鉴定人职称的高低作为依据，应当以鉴定过程的科学性为依据。鉴定既是法律行为，也是科学行为。因此，鉴定意见的审查应根据火灾事实具体情况，除了审查鉴定机构和鉴定人的能力、经验、可信度以外，还要重点审查鉴定的整个检验、论证过程是否科学、合理，以鉴定过程的科学性为依据。

其次，认定鉴定意见的证明力时，应当审查鉴定人的知识结构与鉴定事项要求的知识范围是否相一致；审查鉴定人受训练情况、工作经历、技术职称、从事鉴定的时间、以往鉴定的数量、鉴定意见被采信的情况、专业成就；审查鉴定人是否保持中立、是否存在偏见、鉴定人的动机等经验、能力和信任度等。

再次，认定鉴定意见的证明力时，应当审查鉴定的原理和方法是否已为相关领域普遍接受，或者是否有足够的基础研究资料支持。

最后，认定鉴定意见的证明力时，应当审查鉴定机构的实验室管理是否实行质量控制，或者其管理是否规范、是否可能存在导致样品污染的因素、试剂是否有效、仪器设备是否足够灵敏、操作是否符合规范等。获得实验室认可的鉴定机构出具的鉴定意见证明力较高。

第五节　视听资料、电子数据

一、视听资料概述

（一）视听资料的概念

视听资料，是指以录音带、录像带和其他科学技术设备储存的音像或者电子信息材料证明火灾事实的证据。

视听资料是一种独立的证据，其对火灾事实的证明方式具有不同于物证又不同于书证的特点。与物证比较，视听资料不是以物质的客观属性证明火灾事实，而是以特质载体中所反映的声音、图像和数据信息对案件起证明作用。与书证比较，视听资料并不仅仅以其文字、符号、图画等表达思想内容，而且还以声音、图像的连续性直观地反映火灾事实。

（二）视听资料的特点

1. 物质载体的特殊性。视听资料是以录音、录像磁带以及电脑磁盘、储存器作为其特殊载体，并通过一定的设备播放或者演示，才能显示其内容。

2. 信息内容的直观性和动态连续性。视听资料通过播放或演示，人们可直观地、生动逼真地、动态连续地了解证据的内容，这是其他证据所没有的。

3. 信息内容的准确性和逼真性。视听资料在形成（录制）过程中一般是与案件同步的，不受他人主观因素的影响，只要确认没有经过伪造、删节，其内容就可以准确、逼真地直接证明火灾事实。

4. 收集方式对技术手段的依赖性。视听资料的出现是科技进步的结果，所以对它的收集有时要有较先进的技术手段。

二、视听资料的收集

收集视听资料，调查人员可采取勘验、扣押、登记保存、调取等方法向有关单位或个人收集、保存有相关信息的录音、录像磁带等原始载体。收集视听资料证据的方法与收集物证的方法基本相同，可参见物证的收集。

收集、调取视听资料应当调取原始载体。取得原始载体确有困难的，可以调取副本或者复制件，并同时附有不能调取原始载体的原因、复制过程以及原始载体存放地点的说明，并由复制件制作人和原视听资料持有人签名、盖章或者捺指印。

对于可以作为证据使用的视听资料的载体，应当在有关笔录中记载火灾名称、案由、对象、内容，录取、复制的时间、地点、规格、类别、应用长度、文件格式及长度等，并妥善保管。由于载体的特殊性，调取到视听资料后，应妥善保存，防止被他人剪辑、删节或意外灭失等。

三、视听资料的审查与认定

（一）视听资料的关联性审查

视听资料容易造假，虚假的视听资料显然与火灾事实没有关联性。如果有些视听资料经过制作人简单说明或关系人辨认以后，仍存在着真伪方面的疑问，则应当进行鉴定。这种鉴定是解决视听资料真伪的最重要手段，也是最后的保障手段。因为这种鉴定是依据科学手段或原理而非基于经验作出的，而视听资料本身是科学性很强的证据，所以它对视听资料的真伪能起到决定性的判断作用。

（二）视听资料的全面性审查

对视听资料的全面性审查包括两个方面的内容：一是提供原件的，应审查是否注明制作者或收集人的姓名，制作或收集时间、地点、过程、见证人等。视听资料通常表现为高科技的录音、录像材料，它主要表现为各种磁性材料、光学材料与电脉冲材料等，必须借助一定方式转化才能够识别，通常的手段就是播放。但是，仅播放视听资料的内容有时并不够，还需要提交附件表明该视听资料的背景知识，如注明制作者或收集人的基本情况等，以表明该视听资料来源的合法、有效，进而确保能够被采信。二是提供复制件的，应审查其来源和复制经过。视听资料的复制件要想发挥应有的证明效力，既必须具有关联性和合法性，又要与原件一致。审查其关联性和合法性的方法，就是要从其来源着手，判断其与火灾事实的关系，判断其获得方式是否符合法律规定；审查视听资料的复制件是否与原件一致，则要从复制经过着手，判断复制过程中是否存在可能失真的情形等。

（三）视听资料的真实性审查

在判断一项视听资料的真实性时，应当着重审查以下内容：

1. 制作该视听资料的技术设备与软件。

2. 制作、存储或传递该视听资料的方法。

3. 制作该视听资料的过程。

4. 保管该视听资料的过程中，有无影响信息失真的不当情形。

5. 该视听资料的内容是否存在内在矛盾、与其他证据是否相矛盾。

6. 任何其他相关因素。

（四）视听资料的证明力认定

在实践中，若就同一事实存在若干份视听资料时，一般认为：

1. 经公证的视听资料的证明力最大，经鉴定的视听资料的证明力次之，普通制作的视听资料的证明力较差，存疑的视听资料的证明力最差。

2. 在正常业务活动中制作的视听资料的证明力最大，无意中拍摄的视听资料的证明力次之，为调查目的而制作的视听资料的证明力最小。

3. 国家机关依职权制作的视听资料的证明力，大于其他视听资料。

与其他证据相比，一般来说视听资料的证明力等同于普通书证、证人证言，低于物证、鉴定意见、历史档案、经公证或登记的书证等。

四、电子数据概述

（一）电子数据的概念

电子数据是指借助现代信息技术或电子设备而形成的一切证据，或者以电子形式表现出来的能够证明火灾事实的一切证据。电子数据通常包括：

1. 电子通信证据：电报、电话、传真资料、手机短信以及产生的电子文件、数据库等。

2. 计算机证据：计算机生成、存储的数据。

3. 网络证据：服务器及终端生成、存储的数据。

（二）电子数据的特点

1. 极易受到改变和破坏，而且可能不留痕迹。

2. 技术上具有复杂性，可能会涉及由各种软、硬件组成的计算机系统。

3. 存储量极大，可能与大量的无关信息混杂存储在一起。

五、电子数据取证步骤

（一）保护目标计算机系统

电子数据取证时，首先要冻结计算机系统，避免发生任何的更改系统设置、硬件损坏、数据破坏或病毒感染的情况，同时，制作现场检查笔录。

（二）电子数据的确定

根据系统的结构，确定相关电子数据存在哪里、是怎样存储的。

（三）电子数据的收集

1. 记录系统的硬件配置，各硬件之间的连接情况（移动介质），以便计算机系统移到安全的地方

保存和分析时能重新恢复到初始的状态。

2. 利用磁盘镜像工具对目标系统磁盘驱动中的所有数据进行字符流的镜像备份。镜像备份后就可对计算机储存的数据进行处理，万一对收集来的电子数据产生疑问时，可用镜像备份的数据恢复到系统的原始状态，作为分析数据的原始参考数据，使得分析的结果具有可信性。

3. 利用电子数据取证工具，例如 Encase 软件，把硬盘中的文件镜像成只读的证据文件，防止调查人员修改数据而使其成为无效的证据，还可以比对与分析获取的数据，复原被抹除的资料档案等。

（四）电子数据的保护

由于电子数据可能被不留痕迹地修改或破坏，应用适当的储存介质，如 CD – ROM 或 DVD – ROM，进行原始的镜像备份。不轻易删除或修改与证据无关的文件，以免引起有价值的证据文件的永久丢失。

六、电子数据的审查与认定

（一）电子数据的真实性审查

真实性是衡量电子数据真实程度的一项重要指标。要认定其真实性，除了从证据本身入手进行正面认定的方法外，还必须从电子系统入手进行侧面认定。

1. 电子数据的生成环节。主要考虑用作证据的电子数据是如何形成的。

2. 电子数据的存储环节。主要考虑电子数据是如何存储的，如存储电子数据的方法是否科学，存储电子数据的介质是否可靠等等。

3. 电子数据的传送环节。主要考虑传递、接收电子数据时所用的技术手段或方法是否科学、可靠，传递的过程中有无加密措施、有无可能被非法人员截获的可能等。

4. 电子数据的收集环节。主要考虑作为证据的电子数据是由调查人员在火灾调查中依职权取得的，还是由当事人提供的，还可能是由普通个人在无意中收集到的。不同来源的电子数据，其真实性往往不同。

5. 电子数据在上述环节是否被删改过。

（二）电子数据的完整性审查

在调查实践中，认定电子数据是否完整往往是比较困难的，为此，一般的做法是通过认定计算机系统的完整性或电子数据系由对方当事人、中立第三人保管等，来推定电子数据的完整性。因此，如果有证据证明该电子数据符合以下情形之一的，则可以推定其具有完整性：

1. 所依赖的计算机系统或其他类似设备，在所有关键时刻均处于正常运行状态。

2. 所依赖的计算机系统或其他类似设备，在所有关键时刻虽不处于正常运行状态，但其不正常运行的事实并不影响电子记录的完整性。

3. 由一方当事人记录或保存，而举出该电子数据对此人不利。

4. 由当事人以外的其他人在正常的业务活动中记录或保存，而此人行为不受任一方当事人的影响。

（三）电子数据的证明力认定

若就同一火灾事实存在若干份电子数据时，则应当遵守如下规则来判断其证明力：

1. 经公证获得的电子数据，其证明力一般大于非经公证获得的电子数据。

2. 在正常业务活动中留存的电子数据，其证明力一般大于为调查目的而制作的电子数据。

3. 由不利方保存的电子数据的证明力最大，由中立的第三方保存的电子数据的证明力次之，由有利方保存的电子数据的证明力最小。

第六节 证据调查的基本步骤

认定火灾事实需要收集证据予以证明。证据调查就是与证据收集、审查和运用有关的各种调查活动。虽然证据调查的具体方法会有所不同，但证据调查程序基本一致，主要包括：明确调查任务、分析已知证据、提出调查假设、收集保全证据、审查认定证据等步骤。

一、明确调查任务

火灾调查的基本任务是查明和证明火灾事实。调查人员要实现这些调查任务，则需要完成了解火灾已知情况、核查未知事实、全面收集各种证据，以及综合评断各种证据等具体任务。

（一）了解火灾事实已知情况

在任何时候，开始进行证据调查时并非一无所知，都有一些情况或证据是已知的。因此，调查人员首先要了解已知情况、核查已知案件要素，避免先入为主和偏听偏信，这是开始进行证据调查的首要任务。

（二）核查未知的火灾事实要素

火灾事实都是由一些基本要素构成的，如何事、何时、何地、何情、何故、何物与何人，这些要素都是证据调查要查明的内容。当然，在这些未知内容之中，往往只有一两项要素或内容是证据调查工作的关键，查明未知事实就应围绕这些关键要素来进行。

（三）全面收集各种证据

根据证据的作用或功能不同，需要调查人员收集的证据包括以下五种：

1. 主体证据，即直接证明起火原因成立或不成立的证据。
2. 背景证据，即通过相关事件来间接证明起火原因成立或不成立的证据。
3. 解说证据，即解释或说明该起火原因成立或不成立的证据。
4. 信用证据，即支持或削弱该起火原因成立或不成立的可信性或陈述人可信度的证据。
5. 情感证据，即能够唤起调查人员某种情感使之易于相信该起火原因成立或不成立的证据。

区分这五种证据有助于调查人员明确收集证据的具体任务，因而也有利于整个证据调查任务的圆满完成。

（四）综合评断各种证据

对已经收集到的各种证据进行综合评断也是证据调查的任务。其理由是：第一，证据调查的目的是查明和证明火灾事实，而对证据的综合评断既是查明和证明火灾事实的保障，也是查明和证明火灾事实的需要；第二，对证据的综合评断本身也需要通过一系列的调查行为来完成，如询问有关人员、检验有关物证等；第三，对证据的综合评断是每起火灾中证据调查活动的重要环节，这项任务的完成情况会直接影响到整个火灾调查工作的成效。

二、分析已知证据

（一）分析已知证据的内容

分析已知证据的内容包括四层含义：其一是分析已经掌握或知悉的能证明起火原因成立的证据有哪些，其中有哪些属于直接证据，哪些属于间接证据，有哪些属于原始证据，哪些属于传来证据；其二是分析这些证据能证明哪些火灾事实要素，或者哪些火灾事实要素中的哪些具体内容；其三是分析已经掌握或知悉的能证明起火原因不成立的证据有哪些；其四是分析这些反证能证明哪些火灾事实要素，或者哪些火灾事实要素中的哪些具体内容。

（二）分析已知证据的证明价值

调查人员分析已知证据的证明价值，就是为了正确把握每个证据的证明价值，并在此基础上收集新的证据，以期构成认定起火原因成立的最佳证据组合。

1. 分析每个证据的证明价值。调查人员要分析每个已知证据的证明价值。每个证据的证明价值，主要是由证据与火灾事实要素之间联系的性质所决定的。在同样条件下，由于直接证据与火灾事实要素之间的联系是直接的，而间接证据与火灾事实要素之间的联系是间接的，所以直接证据的证明价值要大于间接证据的证明价值。

2. 分析全部证据的证明价值。全部证据的证明价值，是证据组合对火灾事实要素的证明力所决定的。调查人员在开始进行证据调查时，就应分析已知的全部证据对火灾事实要素证明到什么程度，特别是要分析此前收集的全部证据还有什么缺陷、薄弱环节，以便收集证据进行弥补。

三、提出调查假设

（一）未知火灾事实的假设

调查人员了解了已知情况、分析了已知证据后，可根据日常生活的经验以及过去调查火灾的经验，假设可能的火灾事实。提出的火灾事实假设往往需要经过多次反复和不断修正的，最初的原因分析可以视为火灾事实假设的框架，调查人员根据这个框架的要求去推断火灾事实中的未知内容，然后再构建一整个火灾事实的假设。在此过程中，调查人员可能会修改原来的框架，也可能会推翻原来已经作出的某些推断，直到形成一个符合客观事实的结论。

（二）潜在证据的假设

调查人员在假设了火灾事实后，应进一步假设潜在存在的证据。当然，潜在的证据假设不是主观随意的猜想，是以一定的证据为基础。没有已经掌握的证据材料，脱离已知的火灾事实，任何人都无法提出科学合理的调查假设。已经掌握的证据越多，已知的事实越多，提出的潜在证据假设就越具体、越准确。

四、收集保全证据

（一）收集证据

火灾调查中的收集证据，是公安机关消防机构火灾调查人员依照法定的程序，发现证据、收取证据、固定证据的活动。收集证据包括发现证据和提取证据，它是证据调查工作的核心内容。收集证据的具体步骤包括：

1. 确定查找范围。调查人员可根据案情假设确定查找证据的范围，例如，到现场附近的民居中查找目击证人；到火灾发生单位查找知情人、寻找物证、书证；在现场勘验中收集物证等。

2. 发掘证据线索。实践中，调查人员有时候可以直接找到证据，有时候要通过许多环节才能发现证据。如在调查询问当中，一开始可能只是发现一些证据线索，调查人员要善于发掘这些线索，以便顺藤摸瓜获取新的证据。

3. 找出证据。调查人员发现证据线索后，应当用合法的手段去找出证据。调查人员发现了证据只能说明他自己知道了事实的某些情况，但这不是目的，他的目的是在将来需要时让证据向当事人或其他人员证明客观事实。所以他必须采取一定的方法把证据提取出来，以便将来有争议或行政诉讼时出示证据予以证明。

（二）保全证据

保全证据，包括证据的固定和保管，是指调查人员将已经发现的各种证据，用特定的方法固定、提取和妥善保管的活动。保全证据包括固定、提取证据和妥善保管证据两个方面的内容。

1. 固定、提取证据。固定、提取证据，是指运用某种方法和手段去固定、获得或提取已经发现的证据。常用固定、提取证据的方法有：

（1）笔录提取。笔录提取主要适用于证人证言、当事人陈述等言词证据及不易提取的实物物证（大件的物品、燃烧痕迹等）、书证等。其表现形式有询问笔录、讯问笔录、现场勘验笔录、检查笔录等。提取物证、书证，勘验、检查笔录除了用文字记录的形式外，还可以补充照相、录像、绘图等方式，使物证、书证的特征和内容得到更准确的反映。

（2）录像、照相提取。录像、照相提取即通过录像、录音、照相等手段来提取证据，主要适用于提取各种物证、书证以及以声音和形象为内容的证据。

（3）实物提取。实物提取，即直接提取与案件有关的物品、文书和痕迹载体，主要适用于体积不大的物证、痕迹载体以及各种书证、视听资料等证据。火灾调查中的实物提取，一般只提取重要的物证，如证明引火源的物证等，其他反映火灾蔓延的痕迹物证，可根据需要提取。

（4）复制提取。复制提取，即通过复印、转录、制作模型等方法固定、提取证据，主要适用于各种痕迹物证（特别是各种印压痕迹）、书证、视听资料、电子数据等形式的证据。

2. 妥善保管证据。收集证据的目的是使用这些证据证明火灾事实，从收集到证据到最后使用证据，无论是时间上或是在空间上，都有一个过程，所以调查人员应该妥善保管那些已经提取的证据。妥善保管证据包括三个方面内容：

（1）防止证据遗失或被替换。证据具有不可替代性，特别是实物证据，一旦遗失就不可再恢复。所以必须妥善保管已提取的物证，绝不能遗失或被替换。

（2）防止证据被损坏。证据是以其特征及内容证明火灾事实，若证据被损坏，就有可能失去其证明价值。

（3）防止证据失去法律效力。应防止证据因保管手续不全而失去法律效力。调查人员在提取证据时便应制作证据标签，证据标签上应记载有案件名称、提取日期和场所、提取人和见证人姓名、提取证据的数量及主要特征等。当该证据移交时，每位接管人应将自己的姓名和接管日期写在标签上。这一系列的提取、移交、保管等手续证明了该证据是如何合法地从火灾现场到达调查机关、直至法庭的过程。所以，证据保管手续的完备，是证据具有合法性的基础。

五、审查认定证据

审查认定已收集到的各种证据本身也需要通过一系列的调查活动来完成，所以，对证据的综合分析判断是证据调查活动的重要环节，也是证明火灾事实的保障。本章第二至五节中已经详细介绍了不同证据种类审查认定的内容，可参阅此部分内容。

第七节　证明

一、证明概述

在社会生活中，证明是指人们根据已知事实推断未知事实的活动。这种证明是常见的、普遍存在的。在火灾调查中，证明有自己特定的含义。所谓证明是指公安机关消防机构在火灾调查中，本着查明火灾真实情况的目的，依法运用证据来确定和阐明火灾事实情况的活动。

二、证明的方法

(一) 证据证明法

证据证明法是指在调查活动中对未知的火灾事实，运用有关的证据加以确认的方法。如导线电熔痕的鉴定意见可直接证明导线发生短路时的状态，是火灾前发生还是火灾后发生的；目击火灾发生过程的证人其证言可直接证明起火点和引火源等等。这些都是直接用证据证明的方法。正如之前所述，证据裁判主义是人类社会在摒弃了神明裁判和主观断案的证明方法之后确立的一项基本原则。因此在当今各国证据法中，证据证明法无疑是核心内容，其他证明方法则处于辅助与补充的地位。证据证明的环节如图 3－7－1 所示。

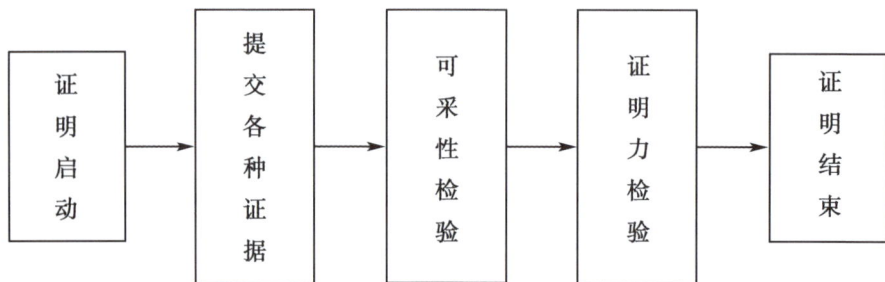

图 3－7－1　证据证明的环节

(二) 直接确认法

直接确认法是指对那些无需用证据来证明的未知火灾事实，凭借经验法则或逻辑规律等直接加以确认的方法，也称为免证方法。直接确认的方式主要包括司法认知和推定。

1. 司法认知。所谓司法认知是指对于待认定的事实，在调查机构无须举证，而直接以确认的证明方式。适用于人所共知的事实或当事人就其准确性不能提出合理争辩的事项，可以无须证明就认为存在。一般认为，司法认知的范围应当包括以下内容：

（1）公众周知的事实。公众周知的事实是指该事实为具有通常知识经验的一般人所通晓而且无可争议的。也就是说，众所周知的事实是指在一定的地域范围内为公众所普遍了解的事实。如果事实并非显著，或者尚有争议的，不能属于公众周知的事实，仍应当作为证明对象。

（2）职务上已知的事实。这是指因执行职务所已知的事实，无论是在本调查中得知，或者是在其他调查中得知，凡是在行使职务上所得知的一切事实都属于这个范围。

（3）自然科学定律。自然科学定律是指经科学研究证明的、为自然科学界普遍接受的原理和原则，例如勾股定理、万有引力定律、阿基米德定律等等。对自然科学定律的理解和审查，人民法院可以询问专家。

（4）国家机关公报的事实。国家机关公报的事实都经过内部的审查程序，具有较高的真实性和可信性。如果没有有力的反证，人民法院可以以司法认知的形式直接认定。

（5）生效裁判、公证文书和行政行为确认的事实。生效的裁判、公证文书和行政行为具有确认效力，对其认定的事实，除非出现新的证据或者理由，应当采取司法认知，予以直接确认。

（6）其他明显的、当事人不能提出合理争议的事实。

2. 推定。推定是指根据某一事实的存在而作出的与之相关的另一事实存在（或不存在）的假定。推定的存在依靠两部分事实：一是作为推断或者认定根据的事实，称为基础事实；二是根据基础事实认定其存在的事实，称为推定事实。只要能够证明基础事实存在，就无须再进一步举证证明推定事实的存在。推定的实质在于由基础事实推断出推定事实的这种推断是一而再、再而三的发生，由此造就了最终的推定。

（1）推定的特征

①无论在何时何地，当需要确定某一事实是否存在或不存在时，无非采取两种方法：一是通过获取证据推定；二是采取较为容易的然而也是不精确的方法，即依靠经验推定。因此推定本身并非证据，而是一种证明方法。

②推定既须有基础事实，又须有推定事实，因而推定是沟通二者关系的法律桥梁，倘若缺乏其一，则均不能构成推定。

③推定应允许提出反证推翻。对推定的反驳既可以从基础事实方面进行，也可以从推定事实方面进行。

④推定可依法律规定进行，也可按经验法则进行。前者称为法律上的推定，后者称为事实上的推定。在火灾调查中，由于法律法规并未涉及相关推定事由，因此，实际火灾调查工作中不存在法律推定的情况。

（2）事实推定的适用条件

①必须无法直接证明待证事实的存在与否，因而只能借助间接事实推断待证事实。这是事实推定的必要条件。反之，若能凭借直接证据加以证明，则无适用事实推定的必要。

②基础事实必须业已得到法律上的确认，这是事实推定的前提条件。

③基础事实与推定事实之间须有必然的联系。这种联系或互为因果，或互为主从，或互相排斥，或互相包容。除此而外，均不能成为必然联系。这是事实推定的逻辑条件，也是最为关键的条件。

④事实推定必须符合经验法则。在进行事实推定时，并不意味着调查人员可以随心所欲、主观臆断，而必须依循一定的准则，这个准则就是经验法则，是从人类生活中抽象出来的一种客观的普遍知识，是由基础事实推断出推定事实的这种推断是一而再、再而三的发生，由此造就了最终的推定。

（三）间接证明法

间接证明法，是通过证明与火灾事实相反或相斥的事实为假，否定假设的事实，然后间接地证明火灾事实真实性的证明方法。间接证明法不是用证据来直接证明火灾事实本身，而是用证据来否定与之相反或相斥的假设事实。注意间接证据与间接证明法的区别，前者是从理论上对证据的一种分类，而后者是一种证明火灾事实的方法。间接证明法完全不等同于用间接证据去证明所要认定的事实。

间接证明法有排除法和反证法两种。

1. 排除法。排除法就是首先提出关于该火灾事实的所有可能性的假设，而这些假设是互相排斥的，然后用证据逐个排除，直至剩下唯一可能的事实，从而证明该事实的真实性的方法。

运用排除法的要点是：

（1）应能穷尽所有的可能性的假设；

（2）排除假设所运用的证据必须是客观真实的。否则，利用排除法就可能得出谬论。

在火灾调查中认定起火原因时经常用到排除法，即将起火点中所有可能的引火源全部排列假设，然后用证据逐个排除，剩下唯一的一种引火源就是所要认定的起火原因。当然，用排除法证明起火原因除了要能穷尽所有的可能性假设外，剩下唯一的起火原因也应有证据证明其有发生的可能性，否则，就可能是某个环节出现了问题。

2. 反证法。反证法就是先假设一个与火灾事实相反的事实，然后再否定该事实的真实性，从而肯定了火灾事实真实性的方法。

排除法和反证法都属于间接证明法，但两者的运用是不同的：排除法用于多个假设的可能事实之间进行排除，然后认定其中一个；而反证法则用于两个可能事实之间排除其中一个，认定另一个。

（四）综合分析法

综合分析法是调查人员在采用证据证明法、直接证明法、间接证明法等证明方法的基础上，对证据调查的所有证据以及火灾事实的各个情节进行全面综合分析、判断，最终认定火灾事实的方法。综合分析法不是证据证明法、直接证明法、间接证明法的简单叠加，而是站在全案的角度对所收集的全部证据进行审查判断，在判定了证据真实、客观、相关性的基础上，进而查明火灾事实的各个情节，最终准确认定火灾事实。

由于火灾现场可燃物品燃烧的复杂、多变性，调查人员在运用证据认定火灾原因时，一般都应采用综合分析法分析判断证据，进而查明火灾事实的情节，准确认定火灾事实。

三、证明主体与证明对象

（一）证明主体

证明主体通常是指在诉讼活动中有权利和义务提出自己的诉讼主张，且提供证据证明主张，否则要承担败诉的机关或人员。在火灾调查中，根据《消防法》第五十一条规定："发生火灾的单位和相关人员应当按照公安机关消防机构的要求保护现场，接受事故调查，如实提供与火灾有关的情况。公安机关消防机构根据火灾现场勘验、调查情况和有关的检验、鉴定意见，及时制作火灾事故认定书，作为处理火灾事故的证据。"公安机关消防机构作为消防行政管理机关，调查火灾是它的法定职责，所以它是火灾调查的证明主体，它有权利和义务收集证据证明火灾调查的结论。

（二）证明对象

证明对象，是证明活动中需要运用证据证明的事实，又称待证事实或证明客体。证明客体具有如下特点：

1. 是与案件相关的诸事实。证明客体是与火灾事实有关的诸事实，如在火灾调查当中，起火时间、起火部位、起火点、起火原因等，这些与火灾有关的事实，都是待证事实、证明客体。

2. 是法律规定的要素事实。证明客体是法律规定的要素事实，如在消防刑事案件中，失火罪和消防责任事故罪的构成要素事实，都是证明客体。

3. 是需要运用证据加以证明才能确认的事实。证明客体是需要运用证据加以证明才能确认的事实，如果是属于众所周知、自然规律、定律、法则等，则不需要证明，因此不是证明客体。

（三）火灾调查的证明对象

公安机关消防机构在火灾调查中的主要任务是调查火灾原因，统计火灾损失，总结火灾教训。此外，公安机关消防机构还有职责对违反《消防法》，在火灾发生、发展过程中负有责任的违法嫌疑人进行行政处罚，所以，公安机关消防机构火灾调查的证明对象应是：

1. 火灾原因的主要事实。具体包括起火部位与起火点所处位置的事实；引火源是何物的事实；起火物是何物的事实；引火源、起火物与起火点位置关系的事实；引火源与起火物相互作用关系的事实；起火部位或者起火点具有蔓延条件的事实等，如图 3 - 7 - 2 所示。

2. 有关火灾损失的内容。

3. 火灾发生与肇事嫌疑人的行为有因果关系的事实。主要涉及肇事嫌疑人作为（使用、移动）或不作为（维护、保养、检查）引火源、起火物的事实。

4. 违法嫌疑人从重、从轻、减轻或不予处罚的事实。根据《公安机关办理行政案件程序规定》的有关规定，可以从轻或者减轻行政处罚的情形有：已满十四周岁不满十八周岁的人有违法行为的；尚未完全丧失辨认或者控制自己行为能力的精神病人有违法行为的；主动消除或者减轻违法行为危害后果的；受他人胁迫有违法行为的；配合公安机关查处违法犯罪行为有立功表现的；其他依法应当从轻或者减轻行政处罚的。应当从重处罚的情形有：造成严重后果的；胁迫、诱骗他人或者教唆未成年人实施违法行为的；传授违法行为方法、手段、技巧；对控告人、举报人、证人等打击报复的；一年

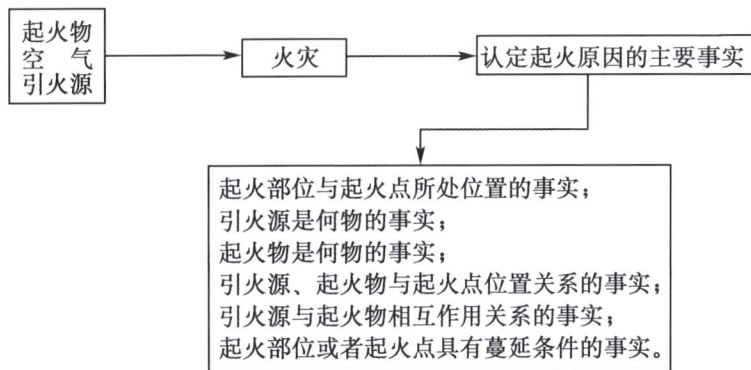

图 3 - 7 - 2   认定起火原因的主要事实

内因同一种违法行为受到两次以上处罚的。如果违法行为轻微并及时纠正，没有造成危害后果的，不予处罚。

5. 火灾调查程序合法事实。

6. 火灾肇事嫌疑人具有责任能力的事实。

四、火灾调查的证明标准

由于火灾原因复杂、影响因素众多，火灾发生条件、现场环境、引火源与起火物性质不同，造成不同火灾证明标准也存在具体的差异，如果仅仅将"事实清楚，证据确实充分"解释为"定案的证据均已查证属实，证据之间、证据与火灾事实之间的矛盾得到合理的排除"，而忽略每一类火灾具体的特点，并不利于对"事实清楚，证据确实充分"内涵的准确理解和正确运用，对实际火灾调查工作指导性有限。因此，有必要将"事实清楚，证据确实充分"与具体的火灾结合起来，确定明确而又具体的调查认定标准，以利于在调查实践中正确运用。

（一）"事实清楚"的具体内容

1. 有关火灾原因的主要事实已经查清。

2. 有关火灾损失的事实已经查清。

3. 有关火灾发生与火灾肇事嫌疑人的行为有因果关系的事实已经查清。

4. 有关火灾肇事嫌疑人从重、从轻、减轻或不予处罚的事实已经查清。

5. 有关火灾调查程序合法的事实已经查清。

6. 有关火灾肇事嫌疑人具有责任能力的事实已经查清。

（二）"证据确实充分"的具体内容

1. 火灾原因的主要事实已经查清的证据，其标准如表 3 - 7 - 1 所示。

表 3 - 7 - 1 起火原因的主要事实已经查清的证据标准

起火原因的主要事实已经查清的证据标准	起火部位与起火点	①现场物体受热面的指向； ②现场物体被烧轻重程度的指向； ③现场烟熏、燃烧痕迹的指向； ④现场烟熏痕迹和各种燃烧图痕； ⑤现场炭化、灰化痕迹； ⑥现场物体倒塌掉落痕迹； ⑦现场金属变形、变色、熔化痕迹及非金属变色、脱落、熔化痕迹； ⑧现场尸体的位置、姿势和烧损程度、部位； ⑨现场火灾自动报警、自动灭火系统和电气保护装置的动作顺序； ⑩现场视频监控系统、手机和其他视频资料； ⑪有关证言和其他证据。
	引火源	证明引火源是电气线路、用电设备、电热器具、电源等物品的引火源残留物、有关证言、勘验笔录。
	起火物	证明起火物是材质疏松的木制品、纸张、棉纺织物、可燃气体、粉尘等物品的物证、有关证言、勘验笔录。
	引火源、起火物与起火点的位置关系	①电气线路、用电设备、电热器具、电源在起火点处或与之相对应位置的证据； ②木材、纸张、棉纺织物、可燃气体、粉尘在起火点的证据； ③有关证言和其他证据。
	引火源与起火物相互作用关系	①证明电气线路、用电设备、电热器具、电源处于通电状态或带电状态的证据； ②证明电能转换为热能的证据； ③证明引火源与起火物的相互位置关系的证据； ④证明转换的热能能否引燃起火物的证据； ⑤证明起火后的燃烧特征的证据。
	有关起火部位或起火点具有蔓延条件事实的证据	①证明起火部位或起火点可燃物种类的证据； ②证明起火部位或起火点可燃物分布的证据； ③证明起火部位或起火点可燃物状态的证据； ④证明现场通风条件的证据； ⑤证明建筑物结构的证据； ⑥证明建筑物耐火等级的证据。

2. 有关火灾损失事实的证据，如表3-7-2所示。

表3-7-2　火灾损失事实的证据

有关火灾损失事实的证据	①烧损物品种类、数量、品牌的证据； ②烧损物品的价格鉴定意见； ③火灾损失的统计情况； ④受伤人员的伤情鉴定，死亡人员的法医鉴定。

3. 有关火灾发生与火灾肇事嫌疑人的行为有因果关系事实的证据，如表3-7-3所示。

表3-7-3　火灾发生与火灾肇事嫌疑人的行为有因果关系事实的证据

有关火灾发生与火灾肇事嫌疑人的行为有因果关系事实的证据	①火灾发生的空间和时间条件（确定起火时间前后行为人在起火点活动的证据）； ②行为活动证据（包括证明行为人有使用、移动引火源、起火物行为的相关证言、物证辨认照片或监控视频等；有维护、保养、检查引火源、起火物不到位的书证记录），同时排除其他行为人的证据； ③有关行为人的主观态度的证据。

4. 有关火灾肇事嫌疑人从重、从轻、减轻或不予处理事实的证据，如表3-7-4所示。

表3-7-4　火灾肇事嫌疑人从重、从轻、减轻或不予处理事实的证据

有关火灾肇事嫌疑人从重、从轻、减轻或不予处理事实的证据	①有关追诉时效的证据； ②有关法定责任年龄的证据； ③有关丧失责任能力的证据； ④有关火灾危害后果轻重的证据。

5. 有关火灾调查程序合法事实的证据，如表3-7-5所示。

表3-7-5　火灾调查程序合法事实的证据

有关火灾调查程序合法事实的证据	反映调查程序是否存在瑕疵或违法（管辖、回避）的调查案卷和法律依据。

6. 有关火灾肇事嫌疑人具有责任能力事实的证据，如表3-7-6所示。

表3-7-6　火灾肇事嫌疑人具有责任能力事实的证据

有关火灾肇事嫌疑人具有责任能力事实的证据	①证明火灾肇事嫌疑人的年龄、身份的证据； ②有关火灾肇事嫌疑人精神与智力的鉴定意见。

第四章 火灾痕迹

火灾痕迹是火灾发生、发展过程中形成的某种印记，是对火灾发生、发展的客观记录。具有某种证明作用的火灾痕迹可以证明一个或数个火灾事实，解读火灾痕迹中所隐含的信息，是火灾调查人员进行火灾现场勘验的主要目标，这对于分析、判断起火原因具有不可替代的重要作用。

第一节 火灾痕迹的概念、特征和种类

一、火灾痕迹的概念

所谓痕迹，是一个物体在一定力的作用下在另一个物体的表面留下的印记。这种印记是客观存在的，总是依附于一定的载体，也同样具有物质的性质。这种痕迹若能证明案件某种事实，就能成为一种证据，称为痕迹物证。

狭义的火灾痕迹，是指在火灾现场中，由于烟、热、火焰综合作用在物体上而形成的印记。美国《火灾和爆炸调查指南》（NFPA921—2011）中对火灾痕迹的定义分为两个部分，首先定义了火灾效应（Fire Effects）：火灾作用下导致物体表面或物体本身可观察到的或可测量的变化。由此定义火灾痕迹（Fire Patterns）：单个或一组火灾效应形成的可观察到的或可测量的物理变化或可识别的形状。广义的火灾痕迹，是指在火灾调查中，将火灾发生和发展的过程中，由于火灾或其他与火灾发生、发展相关因素的作用，在物体上所留下的印记。这些印记是指由于火灾中某种行为或事件所引起的一切宏观和微观的环境和物质变化，人们可以依据这种变化的事实以及客观物质内在的因果关系，分析火灾过程。在火灾调查中所指火灾痕迹，一般为广义的火灾痕迹。在火灾现场中，这种带有痕迹且对某种火灾事实具有证明作用的物体即为火灾痕迹物证，它是火灾发生、发展、熄灭过程的真实记录，是分析判断起火部位、起火点、起火原因的重要依据。

痕迹形成有三个主要因素，即造痕体、承痕体和作用力，三者缺一不可。而火灾痕迹的造痕体是与火灾相关的一些作用，如火焰与热烟羽、电气故障等；火灾痕迹的承痕体是在火灾作用下保留痕迹的客体，它们是痕迹的保存者；火灾痕迹的作用力是火灾发生发展过程中的能量质量传递。

二、火灾痕迹的特征

对于所有的火灾现场而言，总是存在大量的火灾痕迹。所有的火灾痕迹都具有以下几个特性：

（一）具有存在的普遍性

无论什么原因引发的火灾，也无论何种场所发生的火灾，在火灾发生和发展过程中，总能引起火灾现场中的物质和环境发生一些变化，留下这样那样的痕迹。在火灾现场中，总是存在大量的火灾痕迹，没有火灾痕迹的火灾现场是不存在的。

（二）具有物质的客观性

火灾痕迹是物质本身的变化，它以客观存在的物质为基础，是物质相互作用的客观反映。火灾痕迹的形成和遗留过程与作用方式、物质的性质有关，依据物质自身的规律进行，它形成后不易受到人的主观意识的影响。这同证人证言、受害人的陈述等主观性证据不同，具有更客观、可信的特性。由于火灾痕迹具有物质的客观性，其证明火灾事实的证明力更强，所以火灾痕迹物证是公安机关消防机构调查认定火灾原因和办理消防行政、刑事案件的重要证据。

（三）具有同火灾发生和发展过程密切的关联性

火灾现场的痕迹同火灾的发生和发展存在着直接的因果关系，火灾是产生火灾痕迹的原因，火灾痕迹是火灾所引起的结果。这种内在的因果关系使火灾痕迹可以成为证明火灾事实的重要证据。但是，火灾痕迹不能独立存在，必须依附在一定的物体上，故而称为火灾痕迹物证。单个火灾痕迹物证不能独立证明整个火灾事实，必须和其他证据结合起来才可证明。在火灾调查中，必须多个证据构成完整的证据链，才能准确证明火灾事实。

（四）可见性、可测性的特征

火灾痕迹具备可见性，是人的感官或者在仪器的帮助下能直接或者间接看得见、摸得着的客观实物。火灾痕迹还具备可测量性，可用特性参数描述，其中包括：外部特征，如形状、大小、数量、颜色、新旧、破损程度等；存在方式，如所处的空间位置、存在状态与其他物体的空间关系等；物质属性，如重量、质地、成分、结构、性能等。

（五）时序性的特征

火灾痕迹的形成与火灾发生、发展规律相关，痕迹的特征与火灾发展过程的时序性相关。同一燃烧物，与火源的位置、距离、时间交互作用不同，痕迹形成也不同。

三、火灾痕迹的种类

关于火灾痕迹的分类方法，目前尚无统一的标准。按照不同的标准，可以将痕迹物证分为不同的种类，常用的分类方法有以下几种：

按形成原因分类，可分为火灾作用痕迹、电气故障痕迹和人员活动痕迹等。火灾作用痕迹是指在火灾发生和发展过程中，由于燃烧、热辐射、烟气流动等形成的痕迹；电气故障痕迹是指由于电气系统的某种故障，由电能转变为热能，在相关部件上产生的痕迹；人员活动痕迹是指在火灾现场中由于人的行为所留下的痕迹。根据火灾科学理论，火灾作用痕迹可按火灾作用效果做以下分类：物质聚集态的改变、物质成分改变、颜色改变、爆裂、变形、表面热蚀、质量迁移等痕迹。

按物质的特性分类，可以分为可燃物燃烧痕迹、不燃物受热痕迹；按照表面特征分类，可分为燃烧图痕、变色痕迹、变形痕迹、开裂痕迹、分离移位痕迹等；按形成痕迹物质分类，可分为混凝土痕迹、金属痕迹、木材痕迹等。根据热量与质量传递的原理，以热量作用为主形成的痕迹可定义为热蚀痕迹；以烟气流动在物体表面形成质量吸附的痕迹可定义为烟熏痕迹；由于燃烧导致其他形式的能量转化形成的痕迹为间接痕迹，如倒塌、跌落等重力势能形成的痕迹。

由于火灾现场中的火灾痕迹种类繁多，在实际应用中，一般采用多种分类方法对痕迹物证进行分类。

四、影响火灾痕迹形成的客观因素

火灾痕迹的产生与火场的客观条件密切相关，同种、同类物质，在不同的火场其痕迹具有一定的差异性，所以在现场勘验中在考虑火灾痕迹共性的同时，必须充分考虑具体现场条件的差异，才能准确分析判断痕迹的形成原因。一般来讲，现场勘验火灾痕迹应考虑以下客观因素：

（一）建筑构件的耐火性能

建筑构件的耐火性能直接影响着火灾的发展、蔓延，从而对火灾痕迹的形成产生影响。如用可燃材料建造的隔墙与用不燃材料建造的隔墙相比，其对火灾蔓延的影响是显而易见的。

（二）建筑结构

建筑结构影响着火势的蔓延，同样对火灾痕迹产生影响。建筑物发生火灾的主要蔓延方式是：火焰通过门窗或孔洞开口向外发展；沿着走廊向相邻房间发展；向空间较大的房间或沿楼梯蔓延；在空心结构内部向四周蔓延等。

开口的位置、大小、状态直接影响火场中空气的流动，因此对于燃烧过程及蔓延路线都有重要的影响。

（三）可燃物的种类、数量、分布

可燃物种类不同，其燃烧性能大不相同，火场中其燃烧、蔓延情况都会有所差别，而可燃物的数量和分布很大程度决定了火场不同部位的烧毁程度，特别是火灾燃烧时间较长的现场更是如此，此时现场可燃物的多少往往决定了物体的烧毁程度。所以在现场勘验火灾痕迹时，应首先弄清楚现场可燃物的种类、数量及分布，只有火灾荷载大致相同的现场物品痕迹才有可比性。

（四）气象

气象因素影响火灾的燃烧过程，又影响着火势的蔓延方向，从而对火灾痕迹产生影响。风力适当时，可以加速火势蔓延，甚至造成跳跃式蔓延，形成多起火点的假象；当风向改变时，可能使火势蔓延方向跟着改变，对于现场中能证明火势蔓延方向的痕迹都会产生很大的影响，增加了判断火灾痕迹的难度。

（五）灭火战斗

灭火战斗就是为了阻止火灾的蔓延，所以灭火过程的先后顺序对判断现场物品燃烧轻重程度影响很大，后灭火的，物品燃烧时间长，烧毁程度重，可能会误判为起火点。灭火中的水流冲击，也会改变物品的位置，为判断火灾痕迹之间的相互关系带来影响。

第二节　燃烧图痕与烟熏痕迹

一、燃烧图痕

燃烧图痕（亦称燃烧图形）是火灾过程中火焰、高温等作用于各种物体，引起物体局部发生变化而形成的图形。它是火灾对各种物体影响破坏以及燃烧速度和燃烧时间所遗留的客观记录，且具有一定的形状特点。火灾现场的燃烧图痕直观、简便地指明火灾蔓延方向，是判定起火点、火灾蔓延方向的重要依据。

（一）燃烧图痕的形成机理

1. 壁面热蚀痕迹

火焰直接作用到壁面上形成的痕迹称为壁面热蚀痕迹，是火焰形状在壁面的投影，壁面与火焰的距离和方位关系影响痕迹的形成。

当火焰与壁面距离较近时，通过一定的作用时间，可导致壁面发生爆裂，而爆裂形状如同横卵，图4-2-1（a）所示为一实际火灾得到的壁面与火焰接触形成的横卵热蚀痕迹，图4-2-1（b）所示为实验研究得出的竖卵热蚀痕迹，在距离一定直径的油盘火放置薄铁板，在一定作用时间下形成的

热蚀痕迹。

当火灾热释放率达到一定规模，墙壁火不仅可以在壁面形成特征痕迹，同时在顶部也可形成特征痕迹。图4-2-2所示为一直径0.6m的油盘火灾实验在顶部形成的半圆形热蚀痕迹，在壁面形成一倒锥形热蚀痕迹。

(a)

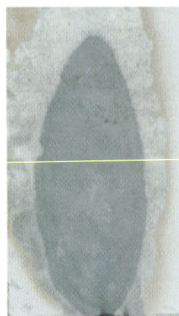
(b)

图4-2-1　卵形热蚀痕迹

图4-2-2　墙壁火顶部半圆形壁面倒锥形热蚀痕迹

2. 烟气和热共同作用形成痕迹

烟羽流动导致的表面附着沉积痕迹与火焰直接作用形成的壁面热蚀痕迹是从火灾能量与质量传递不同侧重点划分的，实际火灾发展过程中，能量和质量传递是不可分割的，总是同时存在的，两种痕迹原理的分析只是考虑哪种作用更强，便于解释其形成机理。

（1）沙漏痕迹。两种作用综合考虑，可以更全面地解释火灾发展蔓延规律。同时考虑火焰及烟羽流动两种作用，可解释称为沙漏痕迹的形成原理。如图4-2-3所示为沙漏痕迹示意，其形状像一沙漏，上部是U（或V）形痕迹，下部为倒锥形痕迹。沙漏痕迹喉部尺寸的大小与火源直径大小相关，火源直径越大，喉部尺寸越大，同时喉部位置越高。

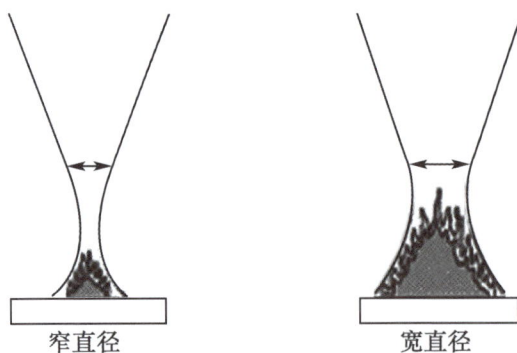

窄直径　　　　　宽直径

图4-2-3　沙漏痕迹

（2）点源模型。点源模型是将火焰与烟羽流动看成一个锥体，如图4-2-4所示，火源从一点向上生成一个圆锥体，可用圆锥体顶角表征火灾热释放率的大小，热释放率越高，圆锥体顶角越大。

从图4-2-4中可看到，壁面与顶面与圆锥体相交，在壁面与顶面形成了痕迹。点源模型对壁面U（或V）形痕迹的形成规律应用点源模型可得到很好的解释。

应用点源模型开展的实验研究表明，相同直径的油盘火，火源距壁面越远，壁面痕迹的顶点越高。如图4-2-5所示，其中L为火源与壁面的距离，D为油盘直径。实验表明，当L与D的比值较大时，没有在壁面形成明显的热蚀痕迹，痕迹主要表面附着沉积，痕迹的形状与点源模型相符。

（3）柱源模型。柱源模型是将火焰与烟羽流动看成一个下部为圆柱体与上部为锥体的组合，如图4-2-6所示，热释放率越高下部为圆柱体直径越大，上部圆锥体顶角也越大。与壁面与顶面相交，生成痕迹。在顶部的痕迹是圆形，而壁面的痕迹为一漏斗形。图4-2-7所示为利用柱源模型对墙角火痕迹的解释示意图。

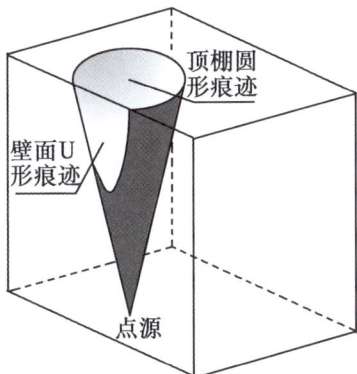

图 4 - 2 - 4　火灾点源模型痕迹形成原理

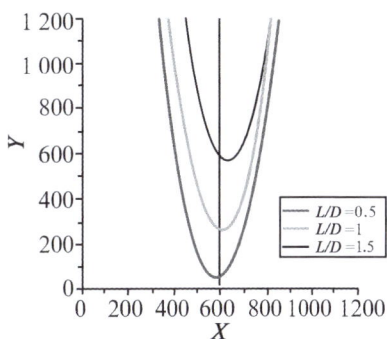

图 4 - 2 - 5　火源距壁面不同距离痕迹变化规律

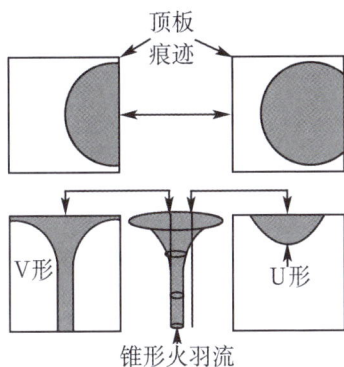

图 4 - 2 - 6　火灾柱源模型痕迹形成原理

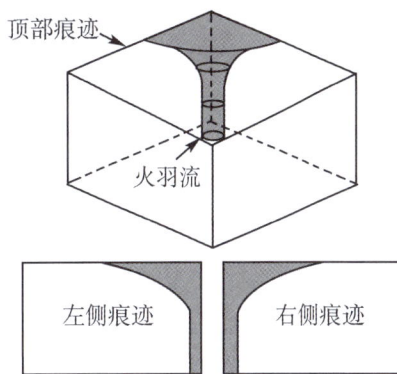

图 4 - 2 - 7　墙角火痕迹柱源模型示意图

（二）燃烧图痕种类

根据构成燃烧图痕的形式，可以将燃烧图痕分为以下几类：

1. 炭化图痕。炭化图痕是在火场温度较高或明燃起火的情况下，可燃物体表面燃烧炭化而形成的。图痕以炭化层形式表现出来，一般形成在可燃物体上。

2. 烧损图痕。烧损图痕是在可燃物受火焰和热气流加热的部位被烧掉后，或热作用下不燃物体被烧损而形成的。图痕以空间形式表现出来，可形成在可燃物体或不燃物体上，如图 4 - 2 - 8、图 4 - 2 - 9 所示。

图 4 - 2 - 8　可燃物烧损形成的 V 形图痕

图 4 - 2 - 9　瓷片脱落形成的 V 形痕迹

3. 变色图痕。变色图痕是在火场热作用下形成的，由于形成图痕物体的种类和性质不同，因此图痕以不同颜色表现出来。变色图痕一般形成在非金属不燃物体或金属物体上。

4. 熔化图痕。熔化图痕是在火场高温热作用下，金属或高分子材料熔化而形成的。熔化图痕一般形成在有色金属物体或高分子材料组成的物体上。

5. 混合痕迹图痕。在火灾的作用下，现场所有的物体都受到火灾的影响，由于物体种类的不同，物体所反映出来的火灾痕迹是各不相同的。混合痕迹图痕是由现场多个物体上不同的燃烧痕迹所共同形成的图痕，如图4-2-10所示。

图4-2-10　由木板烧损、金属变色、瓷片烟熏
等物体受热痕迹共同组成的V形图痕

（三）燃烧图痕的证明作用

在现场勘验中，可以利用火场中的燃烧图痕的形态证明火灾事实。

1. V字形图痕及证明作用

V字形燃烧图痕的形成与燃烧条件、燃烧时的火焰状态以及热传播的形式等因素有关。如建筑物火灾，在室内某一部位放置的一定数量的可燃物燃烧，初起时烟气流总是先向上流动，当升起的炽热烟气流遇到上方平面物体（如天棚）的阻力时，沿平面做水平流动。随着火势发展，火焰和烟气流继续从起火部位中心升起，受到上部平面阻力后，在向横向蔓延的同时均匀地向下蔓延，并向外辐射大量热能。结果在靠近起火部位的物体上（如垂直于地面的墙体、堆垛和家具等）对应形成一个V字形燃烧图痕。

V字形燃烧图痕有以下证明作用：

（1）证明起火部位、起火点。V字形燃烧图痕的形成，主要原因之一是火灾初起时，燃烧是从低点开始向上发展的。因此，通常起火部位、起火点在V字形燃烧图痕顶点的下部，或下部附近的位置。由于起火部位、起火点处环境条件不同，起火物的燃烧性能、起火方式的差别，V字形燃烧图痕有时也有一些变化，形成倒V字形图痕或对称形图痕。

（2）证明引火源种类、燃烧时间和速度。根据V字形燃烧图痕的角度大小可定性地判断引火源的种类和燃烧时间的长短。一般V字形成锐角时，为明火源，火势发展快，燃烧时间较短；成钝角时一般为微弱火源（如烟头、火星），火势发展迟缓，燃烧时间较长。

（3）证明起火方式。根据V字形燃烧图痕的表现形式，可判断起火特征。如房间内墙壁上形成的V字形燃烧图痕表现为烟熏图痕形式，则阴燃起火的可能性很大。

2. 斜坡形图痕及证明作用

斜坡形燃烧图痕是V字形燃烧图痕的变化图痕，即V字形的局部图痕，其形成的主要原因与该处的火灾蔓延条件有关。斜坡形燃烧图痕可以证明火灾蔓延方向，也是认定起火部位、起火点的依据：起火部位和起火点一般在斜坡的最低点部位，如图4-2-11、图4-2-12所示。

图 4 – 2 – 11　由烟迹形成的斜坡图痕，起火点在左侧

图 4 – 2 – 12　斜坡图痕，低点在图中左侧低点

3. 梯形图痕及证明作用

梯形燃烧图痕也是 V 字形燃烧图痕的变化图痕，即倒梯形图痕为正 V 字形图痕的变形，正梯形图痕是倒 V 字形图痕的变化图痕。梯形图痕多形成于与火源相距一定距离的物体上，起火部位、起火点一般在距梯形的底面一定距离范围内。见图 4 – 2 – 13。

4. 圆形图痕及证明作用

圆形燃烧图痕一般形成在火焰、烟气流流动的对应物体表面上。建筑物火灾中，当位于地面或天棚下方的可燃物燃烧时，升起的炽热烟气流遇到上方平面物体（如天棚）阻力形成蘑菇状烟云，由于烟气向上流动的速率大于水平流动速率，且火源上方的烟气对流强度大，因此在与火源对应的上部物体平面上形成近似圆形的燃烧图痕，起火点一般在与圆形图痕对应的下部，见图 4 – 2 – 14。

图 4 – 2 – 13　梯形图痕

图 4 – 2 – 14　在火焰上部的形成圆形图痕

5. 扇形图痕及证明作用

扇形燃烧图痕，一般形成于大面积火灾现场，如大型露天堆垛、仓库等大面积火灾。通常情况下，室外大风天的大面积火灾，常由风向决定火势蔓延的方向。燃烧图痕常呈扇形，起火点一般在上风方向的扇形顶端。

6. 与起火物形状相似的图痕及证明作用

一些引火源（电炉、电熨斗、电热垫和炽热金属块等）直接接触可燃物体，形成与起火物形状相似的图痕，这种燃烧图痕是引火源以热传导形式传播热能，直接引燃与之相接触的可燃物而形成的。这种图痕除了证明起火点外，还能证明引火源物证。

7. 可燃液体泼洒燃烧图痕及证明作用

可燃液体泼洒在地面上燃烧，可出现特有的燃烧痕迹。具体内容可参见本章第三节的有关内容。

二、烟熏痕迹

烟气是物质燃烧的产物，烟熏痕迹是指物质燃烧过程中产生的游离碳粒子，随烟气流动时吸附于物体表面或侵入物体空隙中形成的一种痕迹。

（一）烟熏痕迹的形成机理

1. 火场中热烟气流动规律

火灾发生后，烟气会产生流动，而驱动烟气流动的动力主要有：

（1）燃烧产生的浮力。燃烧产生的烟气温度高、密度小，在火源上方的气体与周围空气存在较大的密度差，由此产生浮力会造成烟气上升。

（2）建筑物内外温差所产生的浮力。在正常情况下，建筑物内外的温差就会造成建筑物内空气的流动，当建筑物内火灾时，内部温度比外部高，烟气向外流动。在高层建筑中，竖井、楼梯的存在，冷空气从底部进入，热烟气从上部流出，烟气流动的垂直流动速度可达 3 ~ 5m/s，很快就可能形成立体的火灾。

（3）建筑外部风力造成的压差。建筑物外部风的流动可在建筑物周围形成复杂的压力分布，从而影响建筑物内部气体流动，对建筑物内烟气流动产生较大的影响。

2. 烟熏痕迹形成

物质燃烧过程中，作为燃烧产物的热烟气，在热对流、外部风力等因素的共同作用下流动，烟气中的大量游离碳粒子也随烟气流动，由于固体表面的吸附等因素作用，使烟气中的微小颗粒在流动过程中黏附在接触的物体表面形成烟熏痕迹。烟熏痕迹的形成主要与可燃物性质、燃烧条件、燃烧时间和环境因素等有关。

烟气成分非常复杂，主要成分以碳微粒为主，根据燃烧条件不同还包含大量游离碳料及各种完全燃烧、不完全燃烧的产物。

烟熏程度由烟浓度和烟熏时间决定的。一般烟熏时间越长，烟熏痕迹就越浓重；而烟气浓度则与燃烧物质种类、数量、氧浓度、温度、湿度等多种因素有关。一般情况下，物质数量越多、物质湿度越高、燃烧时温度越低、氧气供给越不充分，则烟气浓度就越高。

3. 烟熏痕迹的基本特征

在火灾过程中，在对流、热压等因素作用下，烟气从低处向高处流动，竖直方向流动速率大于水平方向流动速率，其流动的方向一般与火势蔓延方向一致。

烟熏痕迹一般在距起火点近、面对烟气流动方向的部位（如墙壁）和处于烟气流顶部的物体上首先形成，而后在流向外部的通道上形成。烟熏痕迹浓密程度上有轻重之别，形成的时间上有先后之分，颜色一般呈黑色。烟气流动的连续性使物体表面上形成的烟熏痕迹也具有连续性，形成浑然一体的特征。烟熏浓密程度与可燃物的性质、数量、燃烧时的发烟量大小、通风条件、烟熏时间和火场温度等因素有关。

（二）烟熏痕迹的证明作用

烟熏痕迹是火场上常见的痕迹，具有以下多种证明作用：

1. 证明起火部位、起火点

（1）证明起火的房间

在起火房间的天棚、墙壁和门、窗、玻璃内侧上部以及排出烟气的孔洞上方会形成较为浓密的烟熏痕迹。在火灾初起阶段，其他房间的物体还没有燃烧，当火势突破起火房间蔓延到其他房间时，由于其他房间供氧相对充足，燃烧速度较快，门窗被迅速烧穿，排烟的孔洞多、面积大，不易形成浓密的烟熏痕迹，有时即使形成了一些烟熏痕迹，只是限于直接被熏的局部，烟熏面积较小，浓度比较小，与起火房间形成的大面积浓密烟熏痕迹有明显区别。图4-2-15所示为烟气往上流动痕迹，显示火势向上蔓延。图4-2-16所示为外墙上烟熏痕迹浓淡变化显示蔓延方向。

图4-2-15　烟气往上流动，证明起火房间

图4-2-16　外墙的烟迹

（2）证明起火部位

带有木阁楼的房间发生火灾后，判定起火部位在阁楼上还是阁楼下，可根据烟熏痕迹形成的部位和特征进行判定。若阁楼下起火，则没有烧穿阁楼的部位其阁楼上、下的烟熏痕迹分界明显，见图4-2-17的右侧墙壁；而烧穿阁楼的部位则形成连贯的烟熏痕迹，见图4-2-17左侧墙壁上的痕迹。若是阁楼上方先起火，则没有上述烟熏特征。

图4-2-17　起火部位在阁楼下方形成烟熏痕迹

（3）证明起火点

受燃烧条件和客观环境影响，起火点处形成的烟熏痕迹，具有不同的形状，而且有别于非起火点的烟熏痕迹。常见的V字形烟熏痕迹，一般在与火焰和烟气流平行的物体或与地面垂直的物体（如墙壁）上形成，其底部一般就是起火点。见图4-2-18、图4-2-19。

图4-2-18 烟熏形成的V形痕迹

图4-2-19 烟熏形成的大V形痕迹
（发白的部分为"白点"痕迹）

此外，还可以利用"白点"痕迹判断起火点。起火部位、起火点一般燃烧时间比较长，当火势发展后，燃烧条件良好时，在起火初期在起火部位形成的烟熏痕迹可能受到热辐射、火焰灼烧等，使得这些部位原黏附的碳粒重新燃烧，导致此处的烟熏痕迹颜色变淡而形成"白点"（清洁燃烧）。见图4-2-17、图4-2-19中发白的墙面。

2. 证明火势蔓延方向

火灾过程中，烟气的流动方向一般与火势蔓延方向一致，烟气流动具有方向性和连续性。可依据烟熏痕迹的方向判断火势蔓延方向，从而有助于确定起火部位和起火点。

在火灾中，一方面烟气流动的方向性使物体面向烟气流动方向的一面先形成烟熏痕迹，烟熏痕迹相对浓密，背面烟熏痕迹形成得晚，烟熏痕迹相对稀薄，这一特征表明火是由浓密烟熏痕迹一侧蔓延过来的；另一方面烟气流动具有连续性，处在不同空间的物体表面，将先后连续形成烟熏痕迹。对烟熏痕迹方向性的判定，要依据烟气流动规律和烟熏痕迹的形态特征来判定，关键问题是确定连续烟熏痕迹的起始点，火是由起始点向另外一些烟熏痕迹的部位蔓延过去的。

3. 证明起火方式

不同的可燃物与不同的引火源相互作用，在不同的环境条件下出现明火并持续稳定燃烧所需要的时间不同，由此形成的烟熏程度也不一样。一般情况下，可燃物被明火点燃，会立即燃烧，发烟量相对较少，形成的烟熏痕迹比较淡；可燃气体与空气混合物爆炸起火，则一般不易留下烟熏痕迹；而阴燃则需经过一个较长时间的缓慢燃烧过程，往往在周围物体的表面上形成浓密、均匀的烟熏痕迹。图4-2-20所示为阴燃起火的房间，房间墙壁内烟迹明显。

图4-2-20 阴燃起火房间墙壁上呈现较重烟迹

值得注意的是，利用烟熏痕迹的浓淡证明起火方式应充分考虑可燃物的数量、种类、通风情况等各种因素，并非所有烟熏痕迹淡的为明火燃烧、浓的为阴燃起火。

4. 证明燃烧物种类

烟尘中含有燃烧物的残留物和热分解产物，不同性质的可燃物在燃烧过程中，会产生不同成分和不同数量的产物，发烟量、烟的颜色上也有较大区别。现场勘验中，提取检测起火部位特定物体上形成的烟熏痕迹，理论上可判定出可燃物的种类。如将起火部位物体上（窗玻璃、墙壁和天棚）形成的烟尘提取检测，可鉴定出是否含有某种助燃剂成分。

5. 证明燃烧时间相对长短

对不同部位烟熏痕迹的厚度、密度及牢固程度进行比较分析，可得出燃烧时间的定性结论。如某处的烟熏痕迹尽管浓密，但容易擦掉，说明火灾作用时间较短；如果不易擦掉，则说明火灾作用时间较长。

6. 证明物体原始位置和状态

（1）证明电气控制装置闭合状态

现场勘验需要对刀型开关、插座等进行是否处在闭合状态的勘验时，可通过其部件表面颜色、烟熏痕迹情况判定。如刀型开关，闭合状态下闸刀动片与静片接触部分及静片内侧与其他部分的颜色有区别且界限分明；而在断开状态下，闸刀动片与静片接触部分和其他部分颜色、烟熏程度都基本一致，没有界限，见图4-2-21。判断空气开关的开、关状况也是同样道理，见图4-2-22。

图4-2-21　烟迹证明闸刀开关原始位置

图4-2-22　连续的烟迹证明空气开关原始的位置

（2）证明玻璃破坏原因和时间

火灾过程中炸裂落到窗台或地面上的玻璃，朝下的一面有烟熏痕迹。现场勘验时，收集这些碎片并将有烟熏一面拼接在一起观察，若烟熏痕迹是均匀、连续的，说明是火烧形成的；而起火前被打碎的玻璃，紧贴地面一侧没有烟熏痕迹。

（3）证明火灾现场物品的原始状态

现场勘验时，如果怀疑某件物品在火灾后被人移动，可通过这件物品表面因触摸被破坏的烟熏痕迹、浮尘，或者移开这个物品，观察与其接触的物件表面上是否有清晰的、和这个物品形状一致的、且没有烟熏痕迹的轮廓，就可以得到确认。见图4-2-22、图4-2-23。

7. 证明火场内尸体死亡原因

对火灾现场中发现的尸体进行检验，通过检验其气管、食道等部位有无烟尘、炭末，可判定死者是火前死亡还是火中死亡。一般火灾中死亡的人员其气管、食道留有烟尘或炭末，而火前死亡的则没有。对死亡人员食道、气管内的烟尘提取后检验，还能判定起火时是否有助燃剂成分。

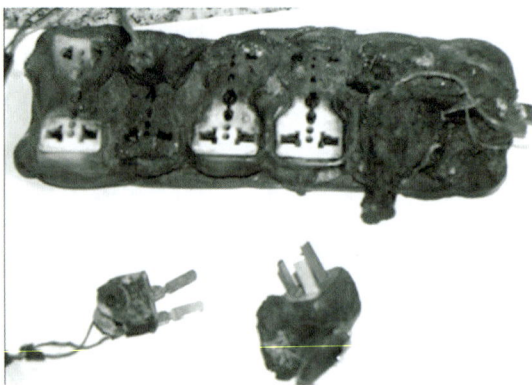

图 4-2-23　根据烟迹证明插头的原始位置

第三节　常见物体受热痕迹及证明作用

一、木材燃烧痕迹

木材燃烧痕迹是指木材在火灾作用下，发生形状和形态的变化而形成的痕迹。其表面形态变化，即炭化面的表现形式（如炭化裂纹形态等）称炭化痕迹。形状变化主要指长度、截面的变化和木质物体结构的变化，一般称被烧轻重痕迹。木材是常用的建筑材料和装修材料，火灾后现场一般会留下大量木材燃烧痕迹，火灾调查人员可以通过分析研究木材的燃烧痕迹，以此判定火灾蔓延方向。

（一）木材燃烧痕迹的形成机理和特征

1. 木材燃烧痕迹形成机理

木材受热后一般会经历干燥、热分解、炭化、燃烧等过程，常温时木材被逐渐加热，首先开始水分蒸发，当温度达到110℃以上时，木材已绝对干燥，再继续加热时木材开始热分解，分解出可燃性气体（如甲烷、氢气等）；150℃左右开始焦化变色，当温度超过200℃时颜色开始变黑、炭化；热分解速率从250℃开始急剧加快，失重速率显著增加，275℃最为明显；350℃热分解结束，木炭开始燃烧。经过燃烧过程，木材不仅表面形态发生了变化，形成炭化痕迹，而且整体形状也发生了变化，长度变短、截面变小，形成燃烧痕迹。一般来说，容重越大，木材的炭化速率越小，裂纹越细密。木材炭化速率在1~25.4cm/h。它受到通风条件、与火源的距离及朝向、比表面积、材质、密度、水含量、表面涂料、辐射热的大小及受热持续时间等因素影响。

在低温条件下，木材也能放出部分热量，因而也存在低温发热起火的危险。通常，260℃为木材着火的危险温度，在低于其燃点温度下长时间受热，木材也能发生低温自燃。

2. 木材燃烧痕迹的特征

木材的燃烧痕迹是在一定的燃烧条件下形成的，它不仅与受热温度有关，而且与受热的方式、传热方法和供氧条件等多种因素影响有关，因而木材燃烧痕迹形成过程和表现的特征均不同。

（1）明火燃烧痕迹的特征。热源是明火时，热能主要以热辐射和热对流的形式传播，木材受明火源加热燃烧后形成明火燃烧痕迹，其主要特征有：

①木材表面形成鱼鳞状炭化层，有光泽，炭化与未炭化部分界限分明。一般情况下，如燃烧时间短、火场温度低，燃烧速度快形成的炭化层就比较薄（炭化深度浅），裂纹少、裂沟浅。如燃烧时间长、火场温度高，炭化层增厚，裂纹变密、裂沟加深加宽、裂块数量增多。

②木材被明火加热时，热能主要以热辐射形式传播，致使形成明显的受热面。

（2）受热自燃痕迹的特征。在长时间且温度不高的受热过程中，木材热分解和炭化过程较长，使局部炭化的木材自燃点降低，最后发生自燃。木材受热自燃的主要特征是：

①木材表面形成的炭化层平坦，炭化深度深，呈小裂纹。

②木材炭化与未炭化部分界限不清，有过渡区。

③沿传热方向将木材剖开，可依次出现炭化坑、黑色的炭化层、发黄的焦化层。

（3）灼热体灼烧痕迹的特征。灼热体灼烧痕迹是指高温物体（如高温金属块）、电热器具（如通电的电烙铁、电熨斗和白炽灯）等物体直接接触木材，引起木材燃烧的痕迹。这种痕迹的主要特征是：

①根据灼热体的不同温度，形成不同深度的炭化层，炭化层有光泽。

②灼热体本身与木材直接接触平面的形状决定了燃烧后在接触部位形成与灼热体形状相似的炭化坑式孔洞。

（4）电弧灼烧痕迹的特征。这种痕迹是由于电弧直接作用于木材后形成的。电弧的作用时间很短，但温度很高，如果电弧灼烧后，木材没有出现明火或者产生火焰后很快熄灭，则灼烧处面积小，炭化层浅，炭化与未炭化部分界限分明。电弧作用下木材炭化的部分发生石墨化。石墨化的炭化表面有光泽，并有导电性。

（5）干馏着火痕迹的特征。干馏着火是在干燥室内严重缺氧和高温条件下，发生的分解、裂解反应，析出以木焦油为主的黑色黏稠液体，如果空气进入便立即着火。干馏着火痕迹的特征是炭化程度深，炭化层厚而均匀，在炭化木材的底部可发现以木焦油为主的黑色黏稠液体。

理论上木材燃烧有以上五种痕迹特征，但从火灾事故调查的实践中看，勘验木材的炭化痕迹要充分考虑到火灾时间的长短，如果起火后木材再经过一段时间的燃烧，则木材的燃烧痕迹就可能就只有明火燃烧特征了。

（二）木材燃烧痕迹的证明作用

木材燃烧痕迹的证明作用主要有以下几个方面：

1. 证明火势蔓延方向和起火部位

证明火势蔓延方向和起火部位可由三个方面进行：

（1）根据木材被烧轻重痕迹判定

通常距火源近的物体先被加热，被烧损程度重，距火源远的物体被加热得晚，烧损程度轻。物体上形成的这种被烧轻重痕迹表明燃烧的先后顺序，指明了火势蔓延方向和起火部位。图4－3－1、图4－3－2所示为木材燃烧在起火点处形成的凹坑。

图4－3－1 木质沙发长椅的炭化凹坑

图4－3－2 木板堆垛形成的炭化凹坑

（2）根据木材受热面判定

木材先受火的一面受热时间较长，因而炭化程度较重的一面为迎火面，由此可判断火势蔓延方向。

图4-3-3中木桩左侧炭化程度比右侧重，表明火势由左向右蔓延。

图4-3-3　木桩不同侧面炭化痕迹

（3）利用木材斜茬方向判断

木桩、木墙裙、木门窗框等木结构，先受火燃烧的一侧比后燃烧的一侧低，留下高低不同的斜茬面，其斜茬方向为迎火面。图4-3-4所示为一排木材炭化斜茬形成示意图；图4-3-5中多根木柱炭化的斜茬面证明火势蔓延方向；图4-3-6所示为单根木方其斜茬面的炭化痕迹，证明火势从右向左蔓延。

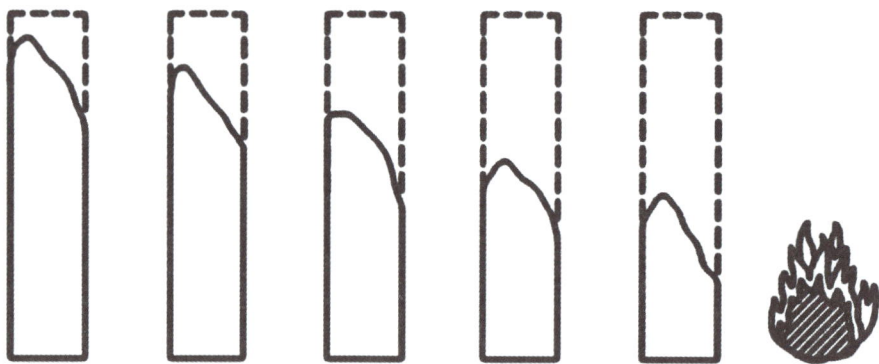

图4-3-4　木材斜茬炭化痕迹形成示意

图4-3-5　一排木柱炭化的斜茬痕迹

图4-3-6　单根木方的斜茬痕迹

2. 证明起火点

根据现场木结构构件由炭化痕迹、灰化痕迹所形成的V形燃烧图痕，可判定起火点。图4-3-7为V形燃烧图痕形成示意图，如火灾现场中有木栅栏、木货架、木质装饰品上被烧形成的V形的燃烧图痕，起火点在V形燃烧图痕底部或底部附近。图4-3-8所示装饰木龙骨炭化痕迹显示的V形痕迹，表明起火点在图中央的地板上。

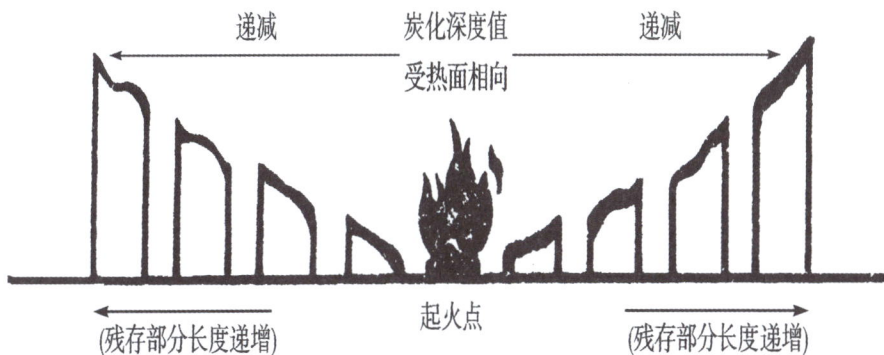

递减 ← 炭化深度值 受热面相向 → 递减

起火点

(残存部分长度递增) ← → (残存部分长度递增)

图 4 – 3 – 7 V 形燃烧图痕形成示意

图 4 – 3 – 8 装饰木龙骨 V 形炭化痕迹

3. 证明燃烧时间和火场温度

火场中不同种类的木材燃烧后,形成的炭化深度、炭化裂纹(裂纹长度、宽度和裂块数量)特征与燃烧时间和火场温度之间有对应关系。通过测量某一部位木材的炭化深度、炭化裂纹长度,将数值代入公式中,计算出相对的燃烧时间和温度,或用图表法直接查出对应的数据。

4. 证明起火方式

在不同热源的作用下,木材燃烧形成的炭化痕迹的特征不同。木材表面形成波浪状的炭化裂纹,是明火起火的特征。木材表面炭化层平坦,炭化深,裂纹细小甚至无裂隙纹,说明是受热自燃或阴燃起火。因此,通过勘验木材表面的炭化痕迹特征,可判断起火方式和引火源。

二、混凝土受热痕迹

混凝土受热痕迹是指混凝土在火场热作用下发生物理、化学变化,遭到一定程度的破坏,形成的受热痕迹。火灾后在混凝土制成的物体上(如梁、柱、墙和地面等)主要以变色痕迹、开裂痕迹和变形痕迹表现出来,这些痕迹是判定起火部位、起火点的依据。

(一)混凝土受热痕迹的形成机理和特征

1. 混凝土受热痕迹的形成机理

混凝土主要的化学成分为:水化硅酸钙、水化铝酸钙、水化铁酸钙、氢氧化钙、碳酸钙等。混凝土在火场热作用下,其化学成分会发生变化,并导致其机械性能的改变,在受热、冷却过程中产生的膨胀应力和收缩应力的作用下,致使在混凝土上形成变色、开裂、脱落、变弯和折断等外观变化。

实验研究表明，混凝土加热到100℃以后，混凝土毛细孔中游离的水分蒸发；100～150℃时，由于混凝土中的水蒸气在孔隙中扩散，促使水泥熟料进一步熟化，其抗压强度反而增大；200～300℃时，由于排除了硅酸二钙、硅酸三钙凝体吸收的水分，导致组织硬化；300℃以上时，由于脱水增加，混凝土收缩而骨料膨胀，开始出现裂纹，强度开始下降，随着温度上升，破坏加剧，水泥骨架破裂成块状；在537℃时，骨料中的石英晶体发生晶型转变，体积膨胀，混凝土裂缝增大；575℃时，氢氧化钙分解，水泥组织被破坏；900℃时，碳酸钙分解，游离水、结晶水及水化物的脱水基本完成，混凝土强度几乎丧失。

2. 混凝土受热痕迹的特征

混凝土受热后，由于其含水分及成分的改变，火场中反映其痕迹的基本特征主要表现在颜色变化、结构变化、强度变化。

（1）颜色变化特征。在火灾过程中，混凝土颜色发生变化，是火灾过程中混凝土发生物理、化学变化的结果，与火灾持续时间和温度之间有着密切联系。表4-3-1所示为混凝土受热温度与外观颜色对应表。

表4-3-1　三种混凝土在不同加热条件下颜色变化

加热条件		普通水泥	矿渣水泥	火山灰水泥
时间（min）	温度（℃）	颜色		
0	25	浅灰	深灰	浅粉红
10	658	微红	红	红
20	761	粉红	粉红	粉红
30	822	灰红	深灰白	黄红
40～60	865～925	灰白黄	灰白	灰红白
70～80	948～968	浅黄白	浅黄	浅黄
>90	>986	浅黄	浅黄	浅黄

（2）外形变化特征。火灾现场中的混凝土外形变化主要表现为开裂、脱落、露筋、变形、断裂，图4-3-9所示为天花板上混凝土受热脱落、露筋痕迹。

图4-3-9　天花板混凝土受热脱落露筋痕迹

（3）强度变化特征。混凝土受热温度超过300℃后，强度开始下降；570℃后强度迅速下降；到了900℃，强度基本丧失。图4-3-10所示为高温后混凝土剩余强度与温度的关系曲线。

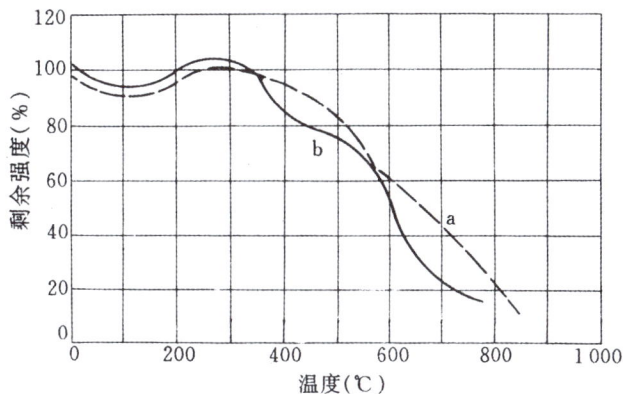

图4-3-10 高温后混凝土剩余强度—温度关系（a—石灰岩骨料，b—卵石骨料）

（二）混凝土受热痕迹的证明作用

1. 证明起火部位

利用混凝土受热痕迹证明起火部位，主要有四个判据：

（1）根据变色痕迹判定

根据不同部位混凝土物体的颜色特征，判断该部位在火灾过程中曾受到的温度和持续时间，通过对比找出受热温度最高、持续时间最长的部位。

（2）根据开裂痕迹判定

在不同温度的作用下，混凝土出现起鼓→裂纹→裂缝→脱落等痕迹，这是混凝土受火灾热作用后破坏程度的不同表现。在火场各处火灾荷载相对均等的情况下，破坏程度重的部位靠近起火部位。

（3）根据混凝土变形痕迹判定

混凝土受热温度高、受热时间长的部位会出现弯曲和折断痕迹，在火场各处火灾荷载相对均等的情况下，形成这种痕迹最重的部位是起火部位。

（4）根据强度、成分变化判定

有时混凝土受热后外观变化不明显，此种情况可通过检测混凝土强度、成分变化的方法，判断不同部位受热情况的差异，进而推断起火部位的位置。如使用回弹仪测量混凝土的弹性，通过比较不同部位的回弹数值推断起火部位：数值低的表示强度低、受热时间长，是起火部位附近。

2. 证明火场温度和起火时间

可以根据混凝土、钢筋混凝土构件外观特征或测定混凝土回弹值，推算出其受到的最高温度和持续时间。

三、玻璃破坏痕迹

玻璃破坏痕迹是指玻璃在火场热作用或外力作用下，其形态发生变化而形成的痕迹。

（一）玻璃破坏痕迹的形成机理和特征

1. 玻璃破坏痕迹的形成机理

玻璃的成分主要是由二氧化硅、氧化钙、氧化钠、氧化铝等物质组成。一般玻璃的特点是硬而脆，且没有固定的熔点，只有软化、熔融变形的温度范围。火灾现场中，玻璃破坏痕迹主要有热炸裂痕迹、热变形痕迹和机械力破坏痕迹。

火灾过程中，玻璃受热炸裂是由于玻璃热传导系数小，各部分受热不均匀，玻璃两面及不同部位存在温度差，从而产生热应力导致破坏的结果。普通平板玻璃温差达到60～70℃就会产生裂纹，在470～740℃开始变形、软化。软化的玻璃不流淌，随着温度继续升高，其黏度降低，到一定温度后出现流淌，大约1 300℃时完全熔化成液体。一般火场的温度不能使玻璃完全熔化成液体。但是只要温度达到其软化点时，玻璃就会出现不同程度的形变，超过软化点的玻璃在表面张力等因素作用下，体积趋于变小，成为瘤状、球状体，表面光滑。距地面一定高度的玻璃，有时还会有熔流滴落，形状呈条状、球状。玻璃制品在发生软化变态温度如表4-3-2所示。

表4-3-2　玻璃的软化温度

名称	代表制品	形态	温度（℃）
模制玻璃	玻璃砖、杯、缸、瓶、玻璃装饰物	软化或黏着	700～750
		变圆	750
		流动	800
片状玻璃	门窗玻璃、玻璃板、增强玻璃	软化或黏着	700～750
		变圆	750
		流动	800

在常温下，当玻璃的一侧受到机械力的作用时，玻璃产生弹性变形，受力面一侧受压应力、非受力面一侧受拉应力，应力超过玻璃强度极限后开裂。玻璃受机械力作用产生的裂纹主要有两种：放射状裂纹和切向裂纹，放射状裂纹是以受力点为中心、向四周呈辐射状分布的裂纹；切向裂纹是以受力点为中心，以某一长度为半径的圆环状或弧状裂纹。火场中玻璃受机械力破坏的原因主要是火灾扑救、人为强行进入、爆炸冲击波等。

2. 玻璃破坏痕迹的特征

（1）热炸裂痕迹特征

热炸裂痕迹特征主要表现在其裂纹和碎块上，裂纹从固定边框的边角开始形成，裂纹呈树枝状或相互交联呈龟背纹状，碎块没有固定形状，表面平直、边缘不齐，很少有锐角，有的边缘呈圆形、曲度大，用手触摸易被割伤，有烟熏痕迹。若受火焰和高温烟气流冲击形成的炸裂痕迹，玻璃碎片细碎分散，很少有锐角，如图4-3-11所示。

图4-3-11　玻璃受热炸裂产生裂纹

（2）热变形痕迹特征

热变形痕迹分为软化痕迹和熔化痕迹，软化变形痕迹表面呈曲线，碎块卷起，凸凹不平、边缘光滑，如图4-3-12所示。熔化痕迹完全失去原来形状，呈不规则球状体、条状形态，有多层黏结，边缘呈现一定弧度，无锐角，表面光滑发亮。

（3）机械力破坏痕迹特征

外力打击的玻璃裂纹一般呈放射状，碎块呈尖刀形，边缘平直锐利、曲度小，如图 4 - 3 - 13 所示。火灾前打碎的玻璃碎片朝地一面无烟熏痕迹，火灾中打碎的有烟熏痕迹。

图 4 - 3 - 12　玻璃受热后软化，挂在窗框上

图 4 - 3 - 13　玻璃受机械力作用而破坏，
有放射状裂纹

（4）跌落状况痕迹特征

①在热炸裂情况下，玻璃块一般情况下散落在玻璃框（窗）的两侧，每侧碎片数量相近；而冲击波破坏的玻璃碎片往往沿着冲击波方向散落的偏多，有些碎片落地距离较远；人为打击破坏的碎片多掉落在打击面的另一侧。

②玻璃在火场热作用下炸裂，大部分脱落后，其残留在玻璃柜上的部分附着不牢，冷却后一般会自行脱落；而爆炸冲击波、人为打击破坏时，残留在框（窗）上的玻璃若没经过火焰作用，一般附着比较牢固。

（二）玻璃破坏痕迹的证明作用

1. 证明玻璃破坏的直接原因

根据玻璃破坏的裂纹、碎块、形状和碎块落地点和位置差别，以及有无烟熏痕迹和残留在原来物体（门、窗框）上的状态，证明是火灾热作用还是机械力作用。

2. 证明受机械力作用方向

（1）根据弓形线判定。破裂玻璃的断面上有弓形线，弓形线以一定的角度和断面的两个棱边相交。相邻的弓形线一端在一个棱边上汇集，另一端在另一个棱边上分开，放射状裂纹断面弓形线汇集的一面是受力面。

（2）根据碎痕判定。断面与玻璃平面形成的两个棱边中，一个棱边上会形成细小的齿状碎痕，另一个棱边上没有齿状碎痕，没有碎痕的一面是受力面。

（3）根据放射状裂纹判定。在外力作用下产生的放射状裂纹，有时没有延伸到玻璃的边缘，裂纹端部有一小部分没有穿透玻璃的厚度，没有裂透的那一面是受力面。

（4）根据凹纹状痕迹判定。当打击力集中时，会使该集中点非受力面玻璃碎屑剥离，形成凹纹。

3. 证明受机械力作用时间

（1）根据堆积层判定。火灾前被打破的玻璃，其碎片大部分紧贴地面，上面是杂物余烬和灰尘；起火后被打破的玻璃一般在杂物余烬的上面。

（2）根据烟熏面判定。起火前被打破的玻璃，其碎片贴地一面均没有烟熏痕迹；起火后被打碎的玻璃，一般贴地的一面也有烟熏痕迹。

（3）根据断面烟熏痕迹判定。火灾前被打破的玻璃，其断面有烟熏痕迹；火灾后打破的玻璃，其

断面清洁或烟尘少。

4. 证明火势猛烈程度

玻璃破坏痕迹特征表明，玻璃的炸裂并不取决于其整体温度高低，而主要取决于其不同点或两平面的温度差值，也就是取决于玻璃的加热速度和冷却速度。因此，可以根据玻璃的炸裂程度判断燃烧的猛烈程度。一般玻璃炸裂细碎、飞散，说明燃烧速度快，火势猛烈、蔓延快。玻璃产生裂纹、还留在玻璃框架上，说明燃烧速度和火势中等。玻璃软化，说明燃烧速度和火势发展慢。

5. 证明火场温度

根据玻璃热炸裂痕迹、软化和熔化痕迹特征估算火场温度。如玻璃已经熔化，说明温度曾达到 1 100 ~ 1 300℃。

6. 证明起火部位

火灾现场中常见的受热破坏痕迹有热炸裂痕、软化痕和熔化流淌痕，在三种痕迹中炸裂痕受热温度最低，熔化流淌痕受热温度最高，同种玻璃受热温度越高，作用时间越长，破坏变形程度就越大。通过勘验现场不同部位的玻璃的受热破坏痕迹，在同等条件下，起火部位应在玻璃受热破坏最重的部位。

7. 证明火势蔓延方向

（1）根据玻璃制品受热面判定。由于玻璃热传导系数小，本身不燃烧，因此，距火源近，或面向火源的一面热变形大，现场勘验可根据玻璃制品上形成的这种受热痕迹特征，可判定受热面或迎火面。

（2）根据玻璃碎块掉落方向判定。建筑物门、窗玻璃和固定在其他部位上的玻璃，受热后首先炸裂，脱离原来位置掉落。实践经验证明，一般情况下多数碎熔块落于受热面一侧，即向着火源方向掉落。现场勘验时，可根据掉落的方向和数量来初步判定火源方向。

四、金属受热痕迹

金属材料可用于建筑构件，也用于各种用具的零部件。火灾现场上一般都存在多种金属材料，所以金属在火场上的各种受热痕迹常常是判断火灾蔓延方向、起火点的依据。金属受热痕迹，是指金属在火场热作用下，发生的变色、变形、弹性丧失、熔化、金相组织变化等所形成的痕迹。

（一）金属受热痕迹的形成机理

1. 颜色变化

金属表面颜色发生变化，是金属表面在火场热作用下氧化反应速度加快，生成成分不同、数量不等的金属氧化物的结果。金属氧化变色痕迹与受热温度之间存在相应的对应关系，如铁的氧化物大多是红褐色，所以锈层也呈红褐色，而烧红后受到水流的冲击，则其表面发青色；铜的氧化物主要是氧化铜，呈黑色，而超过 1 000℃时氧化铜分解，失去部分氧生成氧化亚铜，则呈现褐红色。

一般情况下，黑色金属受热温度高、作用时间长的部位形成的颜色呈各种红色，颜色层次变化明显，特别是在温度超过800℃以上的部位，其表面还会出现发亮的铁鳞薄片。表4-3-3所示是黑色薄金属表面颜色变化与温度的关系。

表 4 - 3 - 3　黑色薄金属表面颜色变化与温度关系

表面颜色	温度（℃）	表面特征
黄　色	230	
棕紫色	290	
蓝　色	320	
淡红色	480	
黑红色	590	
鲜红色	760	
橙红色	870	
淡黄色	980	800～1 200℃时表面出现发亮的铁磷
白色	1 200	
白色闪光	1 320	1 300～1 800℃时表面熔化，生成蓝灰色或黑色硬而脆的薄膜

　　镀锌钢受热作用会使镀层氧化变得灰暗发白，锌的氧化使钢失去了保护，无保护的钢受潮后会发生氧化而生锈，于是就有了和不生锈的镀锌钢相比较的生锈痕迹，如图 4 - 3 - 14 所示。

图 4 - 3 - 14　镀锌钢受热生锈痕迹

　　钢在受热氧化时，表面会变成无光泽的蓝灰色。在不锈钢表面上，中等氧化程度会形成色纹，严重氧化将形成无光泽的灰色。

　　对于有涂层的金属，在火场受热后金属表面涂层被烧会发生变色、裂痕、起泡、脱落等变化层次，可以据此判断受热方向。图 4 - 3 - 15 所示为送风机金属外壳表面涂层变色、脱落，表明火势是从图中右上角向左下角蔓延。

图 4 - 3 - 15　送风机金属外壳表面涂层变色、脱落痕迹

　　2. 强度变化

　　金属材料的强度是指材料抵抗变形和断裂的能力。火灾中金属强度的变化，主要与火场温度、热作用时间、作用力等因素有关。

（1）温度的影响。温度对金属的强度变化影响很大。当金属受热达到一定温度之后，金属的强度随受热温度的升高而降低。有色金属在火灾中很快失去强度，铝、铝合金构件的稳定性在 100～225℃就会受到影响；对于钢材构件，一般温度越过 300℃时其强度开始降低，大约在 600℃时会降低 2/3 的强度，对荷载已无支持力，开始下垂变形，如图 4-3-16 所示。

图 4-3-16　铁架在火场中受热变形痕迹

（2）热作用时间的影响。常温下，金属的变形主要与外力有关，与时间没有多大关系。但是，在高温下金属的变形不仅与作用力大小有关，而且和作用时间有密切关系。在外力（如重力、压力）大小保持不变时，随着受热时间的增加，变形也相应地变大。

（3）作用力的影响。金属变形痕迹还与受到外力的大小有直接关系，在同一火场热作用下，受到的外力越大，变形越严重，甚至发生断裂。

3. 热膨胀

金属物体受热膨胀主要与温度、热膨胀系数大小有关，同种金属受热温度越高，其膨胀系数越大，热膨胀幅度就越大。在热膨胀的作用下，受限的金属构件、物体会发生变形，一些金属容器也会发生鼓胀、开裂。

4. 熔化

金属受热温度达到其熔点时会发生熔化而形成熔化痕迹，面向火源、火势蔓延方向一侧先被加热熔化，熔化程度重，形成明显的受热面。熔化过程中，生成金属熔滴、熔瘤，冷却后形成不同形状的熔化痕迹。图 4-3-17 所示为金属铝煲受热熔化痕迹，表面火势从左上向右下蔓延。

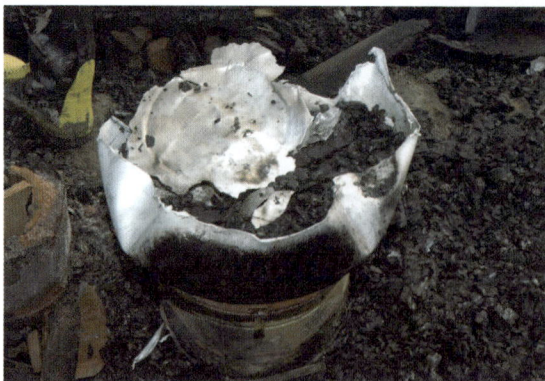

图 4-3-17　铝煲受热熔化痕迹

5. 弹性丧失

有的金属零部件有一定的弹性，如开关、插座、席梦思床垫等，金属弹性的产生主要是热处理加工的结果，热处理时将金属加热到该金属相变以上的温度，然后快速冷却到室温后再低温回火，即可使部件产生了弹性。在火灾现场中，有弹性的金属受热作用达到一定的温度后，然后缓慢冷却（即金属退火），金属弹性就会丧失。图4－3－18所示为床垫弹簧弹性丧失照片。

图4－3－18　床垫处弹簧弹性丧失

6．金相组织变化机理

金属在不同的加温、保温和冷却条件下会形成不同的金相组织，因此通过已知的金相组织可以分析受热过程、温度。

（二）金属受热痕迹的证明作用

1．证明起火部位

金属受热痕迹证明起火部位可通过以下方式判定：

（1）通过查明现场最高温度判定。一般认为，起火部位温度最高、受热时间最长，因而在火灾现场中，比较不同部位的金属表面颜色梯度变化痕迹、强度变化痕迹、受限膨胀痕迹、变形痕迹、熔化痕迹、弹性变化痕迹、金相组织痕迹等，可以分析判断火灾现场受热温度最高的部位，进而可以判定起火部位。图4－3－19所示为金属彩钢瓦变色、变形痕迹，可以证明起火部位。

图4－3－19　金属彩钢瓦变色、变形痕迹

（2）通过金属构件的受热图痕判定。火场上的金属构件，在火灾热的作用下形成各种受热痕迹，根据金属受热所形成的 V 形燃烧图痕，可以判定起火部位。如图4－3－20、图4－3－21、图4－3－22所示。

图 4-3-20　由铁架、星铁瓦弯曲变形共同组成的 V 形痕迹

图 4-3-21　彩钢板隔断受热变形、变色痕迹形成 V 形图痕

图 4-3-22　钢立柱的变形、变色、烟熏痕迹

2. 证明火场温度

不同的金属有不同的熔点，熔化的金属在火场中起到温度指示器的作用，证明该处曾经历了致使金属熔化的温度。此外，在不同的温度下金属金相组织会发生不同的变化，也可以根据这一特征来判定火场曾经历的最高温度。

3. 证明火灾蔓延方向

通过勘验比较火灾现场不同部位同类金属的各种受热痕迹（如变形、变色、熔化等痕迹），确定它们形成该痕迹时的温度，由此可以判定火灾现场的温度梯度，进而可以证明火灾蔓延方向。还可以比较火场某位置的单个金属物件不同方向的受热痕迹，判断受热温度的高低，进而判定火灾蔓延方向。如图 4-3-16、图 4-3-23、图 4-3-24、图 4-3-25 中痕迹，均可证明火灾蔓延方向。

图 4-3-23　铁罐斜面变色痕迹

图 4-3-24　空调铁质外壳的斜面变色痕迹

图 4 - 3 - 25   汽车铝合金轮圈的熔化痕迹

五、可燃液体燃烧痕迹

可燃液体燃烧痕迹，是指可燃液体泼洒在地面或物体上，在静止或流动状态下发生燃烧，在地面或物体上形成的燃烧痕迹。

（一）可燃液体燃烧痕迹的形成机理和特征

1. 可燃液体燃烧痕迹的形成机理

可燃液体燃烧痕迹的形成机理不仅和液体本身的性质、成分有关，而且与液体接触物体的耐火性能、形状和所处的位置、环境条件等有关。可燃液体一般都具有较强的挥发性、流动性和渗透性。可燃液体泼洒到一个平面上，如果没有被接触面上的物体完全吸收，则总会形成一定的厚度，相当于一个小的油池，遇到火源能引起燃烧，形成液体燃烧痕迹；而易燃液体蒸气与空气混合达到爆炸浓度，遇火源可以引发爆炸，此时现场可能同时有可燃液体燃烧痕迹和爆炸痕迹。

2. 可燃液体燃烧痕迹的特征

火灾现场中可燃液体泼洒燃烧后形成的痕迹，其表现形式、形状依液体接触物体的耐火性能和所处状态（与地面平行或垂直）、形状不同，会形成不同特征的燃烧痕迹。

（1）在不燃物体上的燃烧痕迹特征

当可燃液体泼洒在水泥、瓷砖、水磨石和大理石等不燃地面，发生燃烧时形成不规则燃烧图痕（痕迹），而图痕形状符合液体在平面上（见图 4 - 3 - 26）或斜面上（见图 4 - 3 - 27）自然流淌的轮廓特征。由于地面是不燃物质，在火场热作用下，图痕内表现为颜色变化和鼓起、变形、开裂、炸裂等形式，见图 4 - 3 - 27。汽油、柴油、天拿水等液体燃烧时其重质组分可分解出游离碳，同时由于液体的渗透性，烧余的残渣和少量碳粒会牢固地吸附在地面上，可通过把地面清洗干净后将这些碳迹显现出来；而对于挥发性、水溶性较强的液体，如酒精、乙醚等，则一般不易在地面留下碳迹。

图 4 - 3 - 26   不燃地面上的燃烧痕迹

图 4 - 3 - 27   地面上形成流淌燃烧痕迹

（2）在可燃物体上的燃烧痕迹特征

可燃液体泼洒在铺设地毯、人造革、木质地板和塑胶等材料的地面上，燃烧后形成不规则的烧坑或烧洞图痕，其以炭化、烧毁的形式表现；可燃液体洒在水平放置的木材上，由于木材本身就存在纹理，其中木质疏松的地方容易渗入液体，因此燃烧以后，这部分将燃烧得较深，使木材留下清晰的凹凸炭化纹理，见图4-3-28；可燃液体倒在棉被、床铺和棉质沙发上，会渗入、浸润其内部，由于液体不易在其内产生流动，致使燃烧后易形成孤立的坑或洞。

（3）形成于低位和泼洒方向的流淌燃烧痕迹

由于液体的自由流动性、渗透性，泼洒液体后从高处向低处流淌和渗透，在通常情况下不易形成痕迹的低处，火灾后却形成了明显的液体流淌燃烧痕迹，见图4-3-29。顺着泼洒可燃液体的方向，也会形成液体流淌的燃烧痕迹。

此外，在门外泼洒可燃液体，可燃液体燃烧后可在门外与门里形成连续的、跨越门槛的流淌燃烧痕迹。见图4-3-30。

图4-3-28　在不燃地面上形成炸裂痕迹

图4-3-29　木地面燃烧后留下炭化坑

图4-3-30　可燃液体在门口处泼洒燃烧，形成跨越门槛的流淌燃烧痕迹

在垂直于地面的物体上泼洒可燃液体，燃烧后垂直物体的燃烧痕迹与地面上的流淌燃烧痕迹形成连续的不规则图痕，底部烧得重，图痕上部有向上蔓延的痕迹。

（二）可燃液体燃烧痕迹的证明作用

1. 证明起火部位和起火点

可燃液体燃烧属于明火燃烧，火焰明亮、辐射强度大，因此，可燃液体燃烧部位周围的物体受到辐射热的作用，形成明显的受热面，受热面朝向都指向火源处。此外，液体流动性和渗透性所形成的痕迹中，低位燃烧的痕迹和局部烧出的坑、洞痕迹处一般都是起火点。

2. 证明火灾性质

现场勘验时如发现起火部位、起火点处有可燃液体泼洒燃烧痕迹，并经现场提取物证鉴定确认含有某种可燃液体成分，而调查证实该处起火前没有此类可燃液体存在，就可作为认定放火嫌疑的重要依据。

（三）与其他低位燃烧痕迹的区别

由于火灾现场的复杂性，在以下条件下也可能形成类似于可燃液体燃烧特征，在现场勘验中应注意区分：

1. 正在燃烧的可燃物掉落

现场室内如有窗帘、衣物、壁毯等可燃的悬挂物，在火灾过程中被点燃后掉落地面继续燃烧，可能会形成类似于可燃液体的燃烧特征。

2. 地板上的可燃纺织物燃烧

现场地面如有可燃纺织物，在室内发生猛烈燃烧时也会被引燃，形成熔坑或不规则的破坏痕迹，有可能被误判为可燃液体燃烧痕迹。

3. 起火点在地面上

如起火点在地面上，由于该处地面受热时间长、温度高，因而可能会在起火点位置的地面上形成严重的烧损痕迹，产生类似于可燃液体的低位燃烧痕迹。

4. 轰燃后燃烧

发生轰燃后的室内火灾处于自由燃烧阶段，热辐射强度非常高，燃烧变得特别猛烈并且不稳定。在强烈的热辐射作用下，低位的物品如可燃地板、覆盖物等也可形成猛烈燃烧。轰燃后的地面破坏痕迹也可形成类似于可燃液体的低位燃烧痕迹。

第四节　电气线路故障痕迹

一、短路痕迹

（一）短路痕迹的形成机理和表现形式

短路，是指电气线路中相线之间，或相线与中性线或保护线之间在电阻很小的情况下相接触，造成电流突然增大而产生的故障。短路时，在短路点可产生高温电弧，不但可以使金属导线熔化，引燃绝缘材料，还可以引燃导线周围的可燃物。

短路熔痕是指导线在短路电流、高温电弧作用下，接触点熔化，冷却后形成不同特征的熔化痕迹。短路电弧温度可达 2 000～3 000℃，使金属迅速熔化、气化，发生喷溅，形成不同形状的短路熔痕。

短路熔痕按其外观特征一般分为以下几种：

1. 短路熔珠

短路熔珠是指导线在短路瞬间被熔断后留在熔断导线端部的圆珠状熔痕。短路熔珠的形成与导线材质、短路电流、接触程度和短路时间等多种因素有关，其熔珠的大小和形状也不尽相同。见图 4-4-1、图 4-4-2。

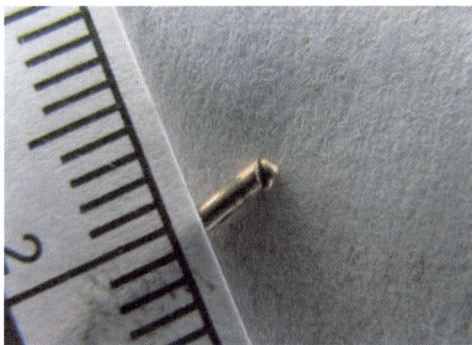

图 4-4-1　铜导线的短路熔珠

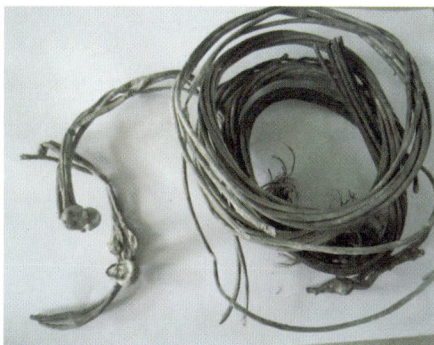

图 4-4-2　铝导线的短路熔珠

2. 熔断熔痕

短路熔断熔痕是在发生短路时，电弧或电流热效应的高温足以引起导线熔断，但这种熔断并不是每次都能在导线的端部形成熔珠，或只在多股线中的若干股形成熔珠。见图4-4-3。

3. 凹坑状熔痕

这种熔痕常出现在两根导线的对应位置上，它是在导线接触又迅速离开情况下，电弧作用时间短，来不及将导线熔断，只在短路点处形成凹坑状熔痕。这种熔痕的特点是凹坑表面有光泽，但不光滑，有一些小毛刺，有时在凹面上还有微小的金属颗粒。见图4-4-4。

图4-4-3　铜导线的熔断痕迹

图4-4-4　凹坑状的熔痕

4. 尖状熔痕

尖状熔痕是在导线接触很紧，短路电流很大，全线过热情况下形成的。此时，由于电流的趋肤效应，熔断处附近导线的表面层熔化，在导线上留下尖细的非熔化芯而形成尖状熔痕。这种熔痕的特点通常是失去光泽而呈灰黑色，但有的仍保留其金属光泽。熔化部分与导线之间有一个比较明显的熔化与未熔化的分界线。见图4-4-5。

图4-4-5　尖状熔痕

5. 多股铜芯线短路熔痕

多股铜芯导线的短路熔痕，基本上与单股铜、铝线相似，都有熔珠。多股短路熔痕的重要特点，除短路点多股线熔化成一个较大熔珠外，熔珠相连的多股线仍然是分散的，没有过渡区。见图4-4-6。

6. 喷溅熔珠

喷溅熔珠是导线短路时，从短路点飞出的金属液滴在运动中冷却而形成小圆珠状熔痕。熔珠形状基本上以球形颗粒为主，大小不等。见图4-4-7。

图 4 - 4 - 6　多股线短路熔痕

图 4 - 4 - 7　喷溅熔珠

（二）短路痕迹的现场鉴别

对于短路熔痕，存在着火灾前形成（称一次短路熔痕）和火灾中形成（称二次短路熔痕）之分，而且短路熔痕与由于火灾热作用导致的导线熔化痕迹（称火烧熔痕）又有相似之处。在火灾现场勘验中需提取短路熔痕时应对这些熔痕进行初步的鉴别。

1. 短路熔痕与火烧熔痕的鉴别

（1）短路熔痕与导线本体之间有明显的熔化与非熔化的分界线；火烧熔痕与导线本体则有明显的过渡区。见图 4 - 4 - 8。

（2）短路可形成喷溅熔珠，且分布较广；火烧熔痕一般不能形成喷溅熔珠，且熔珠只能垂直滴落。

（3）短路除短路点熔痕外，金属变形小；火烧熔痕变形范围大，甚至会出现多处变形。见图 4 - 4 -9。

（4）短路熔痕在另一对应导线上有对应点；火烧熔痕则无对应点。

（5）多股导线短路时，熔珠附近的多股线是分散的；火烧的多股线，多股成熔化粘连的痕迹。

图 4 - 4 - 8　铝导线火烧熔痕

图 4 - 4 - 9　铜导线火烧熔痕

2. 一次短路熔痕与二次短路熔痕的区别

（1）一次短路熔痕一般只有一个短路点；二次短路熔痕可能有多个短路点。

（2）一次短路熔痕熔珠表面烟熏痕迹较轻；二次短路熔痕熔珠表面烟熏痕迹较重。

（3）一次短路熔痕的铜熔珠表面有光泽；二次短路熔痕的铜熔珠表面有凹坑，光泽度差。一次短路熔痕铝熔珠表面有氧化膜、麻点和毛刺，二次短路铝熔珠表面有也氧化铝膜，有小凹坑、裂纹及塌陷，导线上有微熔变细的痕迹。

（三）短路熔痕的证明作用

短路熔痕在起火原因认定过程中，能够证明起火原因、火势蔓延方向和起火部位。

1. 证明起火原因

在现场勘验中发现的短路熔痕，经鉴定确认为一次短路熔痕，且该熔痕位于起火点处，短路时间与起火时间相对应，短路电弧能够引燃起火物，并排除起火点处其他火源引起火灾的因素，就能认定

起火原因是短路引起的。

2. 证明火势蔓延方向和起火点

二次短路熔痕的数量及时间与起火部位或火势蔓延的先后顺序、方向之间存在着内在联系，即二次短路熔痕形成的先后顺序与火势蔓延的顺序相同，最早接触火源的部位最先发生短路，因此，通过鉴别短路熔痕与火烧熔痕之间、短路熔痕与短路熔痕之间形成的先后顺序，就能为确定火势蔓延方向和起火点提供依据。

正常情况下，电路中总路控制分路，总闸控制分闸，分闸控制负荷，其对应的电路保护装置也都有一定的保护范围。总路、总闸断开，分路、分闸、负荷就没有电通过；而分路、分闸、负荷断开，总路、总闸仍在通电。这一规律决定了带电的电路在火灾过程中，在一个回路或几个回路上按一定的顺序形成电熔痕。其顺序是分路—总路，负荷侧—分闸，总闸—电源侧。上述规律决定了火灾中电熔痕形成的顺序与火势蔓延的顺序相同，起火点在最早形成电熔痕部位的附近，距该回路控制装置最远。

二、过负荷痕迹

（一）过负荷熔痕形成机理和外观特征

导线允许连续通过而不致使导线过热的电流量，称为导线的安全载流量或导线的安全电流。当导线中通过的电流超过了安全电流值，就叫导线过负荷。如果超过安全载流量，导线的温度就会升高，当导线温度超过最高允许工作温度时，导线的绝缘层就会加速老化，严重过负荷时会引起导线的绝缘层燃烧并造成火灾。当然，过负荷程度的大小和时间长短是决定其是否可能成为引火源的因素。

过负荷痕迹外观特征主要表现在两个方面：

1. 过负荷时，全回路导线绝缘层从内层向外层老化或烧焦，与线芯脱离，在导线经过的对应地面上可以见到绝缘层被烧后熔化滴落的痕迹。图4-4-10中导线发生过负荷，绝缘松弛，但未过热起火。如果是火烧电线引起的，则绝缘层紧紧地粘在线芯上，不会有上述特征。

图4-4-10　电线绝缘层松弛痕迹

2. 铜导线严重过负荷时线芯可形成均匀分布过负荷熔痕和结疤，甚至"断节"。而铝由于其熔点较低，铝导线过负荷一般都会产生"断节"。过负荷产生的结疤或断节可沿整根电线均匀分布，而火烧电线产生的结疤或断节只能形成于火烧严重的部位。

（二）过负荷物证的提取

一般引火源（如短路等）物证的提取都应在起火点、起火部位或在它们的附近提取，但当怀疑是导线过负荷引起火灾时，除提取起火部位处的导线外，还应提取同一回路、且未受火灾热作用的导线作为物证送检。因为火场中的过负荷导线在受火灾热作用后，过负荷形成的金相组织就会受到破坏，失去原有的鉴定价值，而同一回路且未受火灾作用的导线能说明该导线是否发生过负荷。

三、接触不良熔痕

（一）接触不良熔痕形成机理

在电气连接的地方，如开关、电源线与母线、电线与开关、保护装置与用电器连接处等，在接触面上会形成一定的电阻，称为接触电阻。接触不良是当这些电气系统的连接处接触不紧密，导致接触电阻过大的一种故障。

当电气回路中有较大电流通过，在电气连接处接触电阻过大时，其接触处局部范围会产生热量，热量会加速接触面上的金属氧化，使接触电阻进一步增大，如此恶性循环，使金属变色甚至熔化，并引起电气线路的绝缘层或附近的可燃物着火。由于接触不良引起导线金属变色、熔化的痕迹就是接触不良熔痕。图4-4-11所示为电气接触器因接触不良形成的金属熔化痕迹。图4-4-12所示为一插头因与插座连接松动，接触不良造成插头插脚金属熔化的痕迹。

图4-4-11　电气接触器因接触不良形成的金属熔化痕迹　图4-4-12　插头与插座接触不良形成的金属熔化痕迹

电气系统造成接触不良的原因主要有：

1. 违反电气接线规范和连接方式，接线质量差。
2. 铜铝导线混接，接头处理不当。
3. 由于金属蠕变作用导致电气连接松动。
4. 电气设备振动或开关、插头插座频繁操作导致接触不紧密。

（二）接触不良熔痕的特征

接触不良熔痕的特征主要有以下几点：

1. 接头处出现局部变色，表面形成凹痕，严重时有烧蚀甚至局部熔断形成熔珠。
2. 由于接头处的高温，导致接头处的绝缘层受热损坏，形成绝缘层内部烧焦、炭化的熔痕。
3. 接头处接触松动产生电火花，造成接头处出现烧蚀痕迹。
4. 接触不良过热，引起接触点的金属熔化，形成熔化痕迹。

第五节　其他痕迹

一、倒塌痕迹

倒塌，是本来平衡的物体体系，某种原因使之失衡，从而产生部分或整体重心在空间位置上向下改变的一种物理现象。火灾现场中的倒塌痕迹是指建筑物、建筑构件、堆垛、家具等物体在火灾发生、发展过程中失去平衡，由原位置向失去支撑的方向发生移动、转动、倾倒、坍塌等，而后在新的位置上重新形成稳定状态的一种痕迹。

（一）倒塌痕迹的形成机理

在火灾现场中，引起倒塌的最根本原因是平衡体系的破坏，即力失衡。力失衡的原因有多种，有的是火灾直接作用于物体使其力学性能降低所致，有的是由于初始倒塌引起平衡体系内物体受力的变化而引起次倒塌或连锁倒塌。例如建筑物起火，木屋架倒塌的原因是距火源最近的屋架（特别是下弦）首先受热被烧，截面变细，超过其承重极限时，在屋架自重和其上方屋面重力作用下，折断下落，造成屋顶局部塌落。同时与其相邻的屋架受到水平拉力和其上部的重力作用，失去平衡向折断屋架方向倾斜倒塌，倒塌的原因是由于火场热作用破坏了物体的平衡条件。

按照倒塌的形式，倒塌可分为倾倒、塌落和掉落。按照造成倒塌的原因，倒塌分为：砸塌、压塌、拉塌、失稳倒塌和失去支撑力、拉力等的掉落。

对倒塌痕迹进行勘验，应在复原火灾前原貌的基础上，将火灾前后研究对象的位置、状态、结构等方面发生的变化加以对比，然后从力学平衡的角度来分析、解释这种变化，就可找到倒塌的原因了。影响倒塌的因素与火灾作用强度、作用的先后时间、作用时间的长短及构成平衡体系的各物体在火场中的相对位置、暴露状态、耐火性能、平衡形式等有关。在不同条件、因素影响下，倒塌方向、倒塌形式也就不同。

（二）倒塌痕迹的证明作用

1. 倒塌形态的证明作用

火灾现场中倒塌痕迹的表现形式多种多样，将其总结归纳为以下三种形式：交叉形倒塌痕迹、斜面形倒塌痕迹和一面倒形倒塌痕迹。

（1）交叉形倒塌痕迹的证明作用

交叉形倒塌痕迹是指一个物体中心某部位被烧成几部分后，都向该中心倾斜倒塌，或多个物体中某一物体先被烧塌，使相邻的物体都向着首先被烧倒塌物体的方向倒塌形成的痕迹，起火部位一般在倒塌重合的相交处。例如"人"字形屋架，以某一个烧断塌落的屋架为中心，两侧屋架相向倒塌，形成交叉倒塌痕迹，起火部位一般在两侧屋架倒塌重合的相交线附近，火势由此处向两侧蔓延。图4-5-1所示为木材堆垛相向交叉倒塌。

图4-5-1　木材堆垛相向交叉倒塌

（2）斜面形倒塌痕迹的证明作用

斜面形倒塌痕迹是指一个或多个物体在火场热作用下，以某条线为轴心线，发生倾斜或倒塌而形成的痕迹，起火点在倒塌位置的最低点。轴心线一般在未倒塌（倾斜）与倒塌（倾斜）物体的连接处，倒塌面呈斜面形。起火部位一般在斜面的低点处。例如，屋架以某一墙体或支柱为轴发生倒塌，起火部位在屋架的下端处。图4-5-2是某火场天花板金属龙骨斜面倒塌痕迹，起火点在斜面的最低点处。

（3）一面倒形倒塌痕迹的证明作用

一面倒形倒塌痕迹是指多个物体中某个物体的侧面首先被烧倒塌，其他物体被烧失去平衡后，都向着这个方向，一个压一个地倒塌的形式，起火部位一般在最先被烧物体或压在最下面一个物体的前方。例如屋架呈一面倒形倒塌痕迹，一般是在靠近建筑物某一侧山墙或间墙附近的屋架先起火被烧的情况下形成的。当这一部位的屋架先被烧断后，使该屋顶局部先行倒塌，造成相邻的屋架失去平衡，而朝着这个方向一个压一个地倒塌，起火部位在最下层的屋架前方。图4-5-3所示为钢结构金字架一面倒形倒塌痕迹，起火部位在图中右下角。

图4-5-2 天花板金属龙骨斜面倒塌痕迹

图4-5-3 钢结构金字架一面倒形倒塌痕迹

斜面形倒塌痕迹与一面倒形倒塌痕迹十分类似，区别在于后者一般指多个物体，都朝着一个方向一个压一个地倒塌，同时其轴心线发生移位。

2. 塌落层次的证明作用

物体被烧发生倒塌掉落有一定的顺序，会形成一定形状并具有明显的层次，这种形状和层次往往反映出火灾蔓延的信息和起火的先后顺序，可以指明起火部位。塌落层次有以下证明作用：

（1）证明火势蔓延的先后顺序

火灾过程中，起火部位物体首先被烧掉落，形成炭化物（灰化物）；火势蔓延时，相邻的物体开始燃烧并发生倒塌掉落，将先期被烧的物体覆盖或压埋。一些物体失去平衡塌落到地面，随着火势发展，附近物体燃烧后的残体又压在其上部形成堆积物。现场勘验时应对不同部位的堆积物作剖面勘验，结合调查收集到的该部位火灾前物体种类、摆放部位和形式等情况，综合分析、判定物体塌落先后顺序。

（2）证明起火部位

火灾中物体倒塌掉落后，它们的残体一般都堆积在地面上，起火点和非起火点部位物体倒塌掉落层次有很大区别。查明堆积物的层次和每层物体起火前的种类、位置，对判定起火点具有重要意义。最典型的倒塌掉落层次是单层木结构建筑火灾，其倒塌掉落层次由下向上分别是：地面—炭化、灰化物—瓦砾（起火点部位）、地面—瓦砾—炭化、灰化物（非起火点部位）。见图4-5-4、图4-5-5。

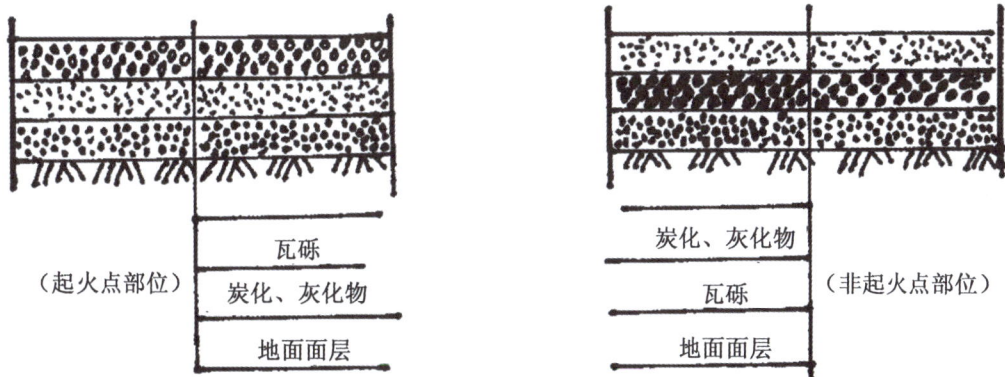

图4-5-4 起火点、非起火点倒塌层次示意

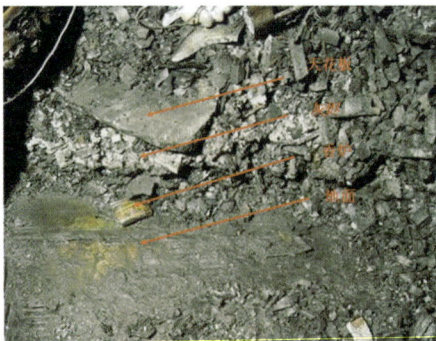

图4-5-5　某火灾现场起火点处倒塌层次：地面—香炉—灰烬—天花板

3. 悬挂掉落痕迹的证明作用

悬挂掉落痕迹是指某些悬挂物体平衡体系受火灾作用后，推动维持平衡的向上拉力而使物体失重向下发生移位，直至在新的平衡条件下重新静止的一种形态。物体掉落后，有可能在物体本身或其他障碍物上产生刮擦、变形、损坏等痕迹。将悬挂掉落痕迹研究清楚，有时有意想不到的证明作用。如某火灾现场的地面残骸中发生了白炽灯残体，经调查该白炽灯火灾前悬挂在顶棚上，但掉落位置却不在重心线正下方，经勘验现场连接白炽灯电线的长度、电线走向和布线方式，确认了该落点的合理性，进一步勘验证实白炽灯处于通电状态，其落点处恰好放置了低自燃点可燃物，最后确认该起火原因是白炽灯固定处失效，白炽灯掉落下方的可燃物上造成可燃物阴燃起火。

4. 特殊倒塌痕迹的证明作用

在一些严重烧毁、很难直接判断物体倒塌状况的火灾现场，可以根据平衡物体迎火面先被燃烧倒塌的特点，再通过其他相关痕迹来间接推断和证明物体的倒塌情况，判定火势蔓延方向。

（1）家具不燃物掉落痕迹的证明作用

烧毁严重的可燃性材料的家具，往往很难根据其自身的残留物判断迎火面，这时可根据受其支撑的不燃物体掉落位置，判断火势蔓延方向。

对于非平面支撑类家具，如独脚木制圆桌等，其在火灾时很容易在迎火面方向倒塌，要注意对家具自身的平衡特点以及受火作用的具体情况进行分析。

（2）人字形木房架残体的证明作用

人字形木房架的火场，可根据木材的倒塌方向判断火灾蔓延方向，但如果现场烧毁严重，就需要寻找能证明屋架倒塌状态的其他残留物证了。上弦、下弦和立人是木屋架的主体，截面较大，一般不易被完全烧毁，且火灾后其位置较明显，此时可寻找它们的掉落位置及其相互关系，就可分析屋架倒塌状态，进而判断火势蔓延方向。

（3）房架倒塌引起墙、柱破坏痕迹的证明作用

房架倒塌时，通常是屋架下弦首先被烧断，受力矩的作用，烧断后下弦长的一侧力矩大，其对墙或柱支座产生的扭力就大，连接处破坏痕迹就越明显；反之，烧断后下弦短的一侧力矩小，对墙或柱支座产生的扭力也小，破坏痕迹就轻微。因此，起火点或起火部位通常处于墙、柱支座被下弦扭力破坏较轻的一侧。

二、炭化痕迹和灰化痕迹

（一）炭化痕迹的形成机理

炭化痕迹是指固体可燃物（木材、纸张、棉、麻、化纤织物、稻草、塑料等）在火场热作用下，未经充分燃烧形成的含碳残留物。木材炭化痕迹在木材燃烧痕迹中已有介绍，本部分主要介绍其他可

燃物的炭化痕迹。

虽然各种固体可燃物质的性质、状态不同，受热火源和受热方式不一样，燃烧过程也不尽相同，但是各种物体在火场热作用下形成炭化痕迹的机理是一致的，即火灾后都是未被充分燃烧并以含碳残留物残体形式保留下来。固体可燃物燃烧后炭化痕迹的轻重程度与物质的种类、形状、摆放状态、火场热作用温度高低及作用时间长短等因素有关。影响固体可燃物炭化程度的因素很多，现场勘验要注意只有同类、同形的固体可燃物其炭化痕迹才具有可比性。

（二）炭化痕迹的证明作用

1. 证明火势蔓延方向

根据炭化痕迹的轻重程度可以用来分析判断可燃物发生燃烧的先后顺序。燃烧的物体对不同距离的物体所产生的热作用是不同的，一般情况下距火源近的可燃物先受热燃烧，距火源远的可燃物后燃烧，先燃烧的可燃物因受热燃烧时间长，其炭化程度也重于后燃烧的可燃物。炭化痕迹有明显的受热面，也可根据受热面的朝向判定火势蔓延方向。

2. 证明起火点

有的炭化痕迹表现为可燃物的局部炭化区。现场中常见这种以局部炭化区为中心并向外蔓延的痕迹，一般情况下，这个炭化区就可确定为起火点。如固体可燃物阴燃引起的火灾，在起火点处其固体可燃物可形成明显的炭化区域，有这种特征的炭化区域也可确定为起火点。图4-5-6所示为药材堆垛内的炭化区，说明此处为自燃起火的起火点。

图4-5-6　药材堆垛发生自燃的炭化区

3. 证明起火特征

根据炭化痕迹可以分析起火特征，起火部位处有明显的炭化区域的，可判断为阴燃引起的火灾。例如草垛自燃的火源不是明火源，它是由于草垛水分过高，发酵生热引起自燃，起火点处形成过渡的炭化区域，表现出阴燃起火的特征。

（三）灰化痕迹的形成及证明作用

灰是可燃物完全燃烧后残存的不燃固体成分，是可燃物充分燃烧的结果。可燃物经过充分燃烧变成灰的过程称为灰化。灰化痕迹是指可燃物完全燃烧后，以灰的形式堆积成某种形状的痕迹。灰化痕迹的主要表现是燃烧残留物呈粉末状，其颜色与可燃物的成分和性质有关。木质材料、纸张等燃烧后，其灰化痕迹呈灰白色，形状一般与火灾前可燃物的堆积状况有关，火灾后往往形成一定面积和厚度的灰化区。

灰化痕迹主要是用来证明起火点：可燃物燃烧后形成灰化痕迹的部位是局部烧得"重"的标志。火灾中，由于不同位置可燃物燃烧的先后顺序不同，火灾现场中往往会留下不同的燃烧痕迹，形成灰化→未充分燃烧残留物→未燃烧部分的顺序。这种顺序表明火灾发展蔓延的过程，灰化往往是可燃物

最先发生燃烧后留下的痕迹，灰化区往往是起火点所在的部位。图 4 - 5 - 7 所示为废纸堆垛中间出现的灰化痕迹，证明该处为起火点。

三、熔融流淌痕迹

（一）熔融流淌痕迹的形成机理

火灾中的热塑性高分子材料受热后，会发生软化、熔融，冷却后保留下来，形成具有不同外观特征的熔化痕迹。例如聚氯乙烯热变形温度为 55～75℃，受热后很快软化变形，受热面熔化，为判定火势蔓延方向的提供依据。

（二）熔融流淌痕迹的证明作用

熔融流淌痕迹能证明火势蔓延方向和起火部位。

火场中，物体若距火源近，则面向火源方向一面先受热熔化，被烧程度重，形成明显的受热面。现场勘验时，可通过分析对比轻重程度和判别受热面，确定火势蔓延方向或起火部位。高分子材料制成的物体（如塑料制品、沥青等）软化、熔化温度较低，受火场热作用后，很快发生软化变形、熔化滴落形成流淌痕迹和受热面特征，具有指明起火部位的作用。见图 4 - 5 - 8、图 4 - 5 - 9、图 4 - 5 - 10。再如沥青熔点约为 55℃，一些建筑屋顶铺油毛毡或涂沥青作防水层，这类建筑一旦发生火灾，起火房间屋顶首先被加热，使温度升高，并且热气流、火焰从门窗开口处窜出，致使屋顶和房间开口上方屋檐处沥青首先熔化流淌、滴落，在墙面和对应的地面上形成熔化滴落的痕迹。当火势猛烈发展时，在屋顶其他部位的沥青来不及熔化时与屋顶结构（屋面、屋架等）一同塌落到地面，不会形成流淌痕迹。

图 4 - 5 - 7　废纸堆垛中间底部出现的灰化区

图 4 - 5 - 8　塑料桶底半圆形的熔化痕迹

图 4 - 5 - 9　塑料面料受热形成斜面面向起火点的熔融痕迹

图 4 - 5 - 10　橡胶原料堆垛燃烧后形成的熔化凹坑痕迹

四、分离痕迹

分离痕迹是指火灾现场中原来连接在一起的统一体在外力作用下分离所形成的状态或某种状态的

改变而留下的痕迹。在火灾现场中，部分分离痕迹是火灾爆炸造成的，如爆炸冲击波引起物体分离、火灾中的倒塌导致物体分离等；部分分离痕迹是人为造成的，可以反映当事人的活动。

（一）分离痕迹的形成

整体分离痕迹是具备整体条件的物体在外力作用下被分离成若干部分，有破坏分离和分解分离两类。破坏分离是指物体在外力作用下由于破碎、断裂而分离；分解分离即组合物体在外力作用下，通过拆卸，解除组合物体内部的宏观约束，使之分解成相互独立的物体。两种分离痕迹可以在多种因素作用下形成，按照分离方式或手段分为徒手分离、器械分离和其他因素分离。徒手分离是以人力直接作用于物体并使之分离；器械分离是指人利用工具或器械作用于物体使之分离，可以分为器械破坏分离和器械拆卸分离；另外，物体还可能在风力、爆炸、雷电、腐蚀等因素下发生分离。有时虽然组合物体没有完全分解成相互独立的物体，但是原有的约束被解除时，也称为分离痕迹，例如阀门开关的分离痕迹。

（二）分离痕迹的证明作用

在火灾现场中，常见的分离痕迹主要有阀门开关、容器盖、建筑物出入口上以及机械零部件分离痕迹四种，不同的分离痕迹具有不同的证明作用。

1. 阀门开关的分离痕迹

在石油化工企业中，存在大量的阀门，这些阀门控制各种物料的输送。另外，民用燃气系统，如煤气（天然气）管道、液化气罐等上的阀门直接决定燃气的开关。如果这类场所发生火灾爆炸事故，认定阀门的开关状态，对于认定火灾原因，判断阀门所控制物质是否在火灾初期参与燃烧将非常重要。一般来说，如果阀门本身没有受到严重破坏，可以根据阀门的姿态判断其开关状态，如扳手的位置、阀门的松紧等都可以帮助判断阀门的状态。

2. 容器盖分离痕迹

一些盛装易燃液体的容器，如桶、瓶、箱等的盖子分离痕迹，可能能够反映发生火灾的过程以及火灾原因。例如，是否发生了易燃液体泄漏、是否为易燃液体蒸气产生爆炸等。汽车或车库发生火灾，如果汽车的油箱盖子打开，或下部放油螺母被拧开脱离，都可以证明有过加油或放油行为，有可能是这种行为引发火灾。图4-5-11所示为油箱螺母分离痕迹。

图4-5-11　汽车油箱下部螺母分离痕迹

3. 建筑物出入口上的分离痕迹

在火灾现场的建筑物出入口处，如果发现插销、门锁、铁栏杆等分离痕迹，而且不是消防队员救火时破拆的，则可以作为认定放火嫌疑的重要物证。

4. 机械零部件的分离痕迹

机械设备发生火灾时，需要判断设备的状态。一些零部件的分离痕迹可以证明设备运行中曾发生的故障，或者设备是否正在检修，进而判断这种故障是否与火灾原因有关。

（三）分离痕迹的勘验

分离体通常都具有一定的体积和形状，因此比较明显直观。但是有时分离体可能很小，需要仔细观察、认真寻找才能发现。现场勘验时，应该根据现场的特点，可能存在的分离痕迹的种类，有针对性地到相关部位寻找分离痕迹。对现场发现的分离痕迹，应该立即进行拍照记录，固定其原始形态和位置。提取时应该注意保护其原始形态，避免受到破坏或变形。

勘验分离痕迹时，首先应该确定分离体是否具备构成整体物质的宏观条件，其外观形态是否连续。对于单一物体，应该分析分离体的材质、表面色泽、外观形态和尺寸是否一致；对于组合体，应该分析其结构是否相关以及整体结构是否具备特定的功能。其次，应该确定分离痕迹的比对特征，是否具有同一认定的主要特征：有无明显的凹凸结构的分离面和分离缘；分离面和分离体原始表面上是否有固有的花纹、图案特征；是否存在附加痕迹或附着物痕迹特征等。勘验这些特征，确定分离体的整体对应关系。最后，对分离痕迹进行比对检验，常用的方法是利用特征对接法，将分离体的断口对接，观察分离面和分离缘的凹凸结构是否能够完全吻合。也可以使用特征对照法，观察相邻分离面的几何形状、尺寸是否一致；凹凸结构是否相互对应，断面上的花纹结构是否一致等。

第五章 询 问

火灾事故调查中，询问是指火灾事故调查人员依照法定程序，以言词方式对与火灾事故有关的知情人员进行问询，收集火灾事故相关证据的调查活动。询问是公安机关消防机构收集火灾证据的主要方法之一，对及时发现火灾肇事嫌疑人、确定和调整现场勘验重点、查明火灾事实具有重要作用。

第一节 询问的一般要求

一、及时

火灾事故调查中的询问是一项涉及面广、时间性强和要求严格的工作。火灾发生后，凡是亲身经历过火灾现场的人，以及参与救火、疏散、抢救物资的人员，大都处于一种紧张的状态中，对于火灾初期或者逃生、灭火、抢救物资中发现的情况，其记忆和印象往往被这种紧张心理干扰，时间稍长就容易淡化。及时进行询问，可以使火灾肇事嫌疑人来不及对火灾见证人实施影响，同样也使见证人没有时间为保护某一方利益而相互串通，从而有效避免证人因为本身或他人的利益及影响而不提供有关火灾的真实情况，有助于快速查清火灾主要事实。同时，有的火灾肇事嫌疑人为了躲避法律责任，可能逃逸。因此，火灾事故调查人员应该抓住人们对火场情况记忆犹新的时机，及时开展调查询问，以保证获取比较准确的火灾情况，及时发现火灾知情人员，必要时，对火灾肇事嫌疑人进行控制，并对其进行询问。

二、合法

火灾事故调查询问工作的法律性、政策性很强，需要严格按照有关法律法规规定的程序进行。我国相关法律法规对询问的适用对象、时间、地点以及询问的形式等都作出了明确规定。如：《公安机关办理行政案件程序规定》第五十五条规定："对被传唤的违法嫌疑人，应当及时询问查证，询问查证的时间不得超过八小时；案情复杂，违法行为依法可能适用行政拘留处罚的，询问查证的时间不得超过二十四小时。不得以连续传唤的形式变相拘禁违法嫌疑人。"因此，询问必须依法进行，符合法定的程序要求；否则，取得的证据材料没有法律效力，不能作为认定火灾事故的依据。

三、全面

火灾事故调查询问中，对所有了解火灾情况的人，对所有能够证明火灾主要事实的情况、物品等，都应当全面地进行询问查证核实，保证既有直接证据，也有间接证据；既有正面意见，也有反面意见证明来火灾事实或案件情况。

四、客观

火灾事故调查，就是按照客观事物的本来面目去认识和揭示火灾发生、发展的过程和引发火灾行为的实施经过。询问查证中，火灾事故调查人员对被询问人的陈述应当持客观的态度，切忌先入为主、主观臆断。那种仅凭个人的理解擅自对被询问人的陈述进行语言加工，扩大或者缩小事实的做法都是违背客观原则的。

五、细致

火灾事故调查询问中，不仅要注意那些明显情节，而且要善于发现与火灾事故有关的细微环节，考虑到询问工作的方方面面，使调查的各种情况，包括时间、地点、情节都有完整性、联系性和逻辑性。

第二节　询问前的准备

一、研究被询问人的特点

研究被询问人的特点，有助于火灾事故调查人员在询问中主动灵活地选用询问策略，提高询问工作效率。被询问人的特点主要包括：

（一）火灾中的身份角色

根据《公安机关办理行政案件程序规定》（公安部令第 125 号，下同），对于火灾知情人、证人，以及可能受到行政处罚的火灾肇事嫌疑人等，只能采取询问方式而不能采取讯问方式进行查问。通常，被询问人在火灾中的身份角色主要有以下几类：

1. 最先发现起火的人和报警人。
2. 最后离开起火部位或在场的人员。
3. 最先到达火灾现场救火的人。
4. 熟悉现场周围情况的人。
5. 熟悉生产工艺过程和设施的人。
6. 发现起火的围观群众。
7. 起火单位的值班人员。
8. 参加火灾扑救的消防队员。
9. 火灾受害人。
10. 火灾肇事嫌疑人。
11. 起火单位的消防安全管理人员或者户主。

（二）身体状况

身体状况包括被询问人是成年人还是未成年人，是老年人还是青年人；生理上、精神上有无缺陷或障碍，是否是聋哑人或精神病人。

（三）社会经历

社会经历包括被询问人的学习经历、工作经历和生活经历，是否受到过表彰奖励或者刑罚、行政处罚，家庭关系、社会关系情况，以及与火灾、当事人的关系等。

（四）个性心理特征

个性心理特征包括被询问人尤其是火灾肇事嫌疑人的性格是内向型还是外向型；是吃"软"还是

吃"硬"，或是"软""硬"都不吃；生活中有什么好习惯或者不良习惯；脾气暴躁还是温和；等等。

二、了解火灾情况

火灾事故调查人员只有在正式询问前熟悉案情和证据，才能掌握火灾现场的基本情况、火灾发生的经过和调查方向、已经查明和尚待查明的事实等。

询问前应当重点了解的火灾情况包括：

1. 最先发现火灾的人和发现时间。

2. 最先报警的人和报警时间。

3. 起火单位（建筑）的基本情况。

4. 初起火灾扑救情况，消防队扑救情况。

5. 火灾中人员伤亡、物品受损情况。

6. 起火前有无异常情况。

7. 周围群众对火灾的看法。

8. 其他有关情况。

三、组织询问力量

询问是火灾事故调查人员与被询问人，尤其是火灾肇事嫌疑人斗智斗勇、比拼耐心和毅力的一场心理战。因此，应当根据火灾性质、被询问人的经历特点等，选配具备一定基本技能和询问技巧的调查人员，而且一旦选定，中途不宜换人。

火灾事故调查中的询问人员，一般由公安机关消防机构取得公安消防岗位资格的消防监督人员或者火灾事故调查人员担任。根据工作需要，公安派出所民警可以协助调查询问。

对于重大、复杂疑难火灾事故调查，应当在询问人员中确定一人负责对所有的询问情况进行汇总研究分析，并根据调查询问进展情况，及时调整询问的范围和重点。

四、拟定询问计划

在火灾事故调查中，调查人员在正式询问前，应当制定缜密周全的询问计划，用以指导询问工作有计划、有步骤、有重点地进行。

一般来讲，询问计划应当主要包括以下内容：

1. 询问的目的、要求、步骤、重点。

2. 询问采取的策略和方法。

3. 询问中可能出现的紧急情况和处理方法。

询问计划不是一成不变的，应当根据火灾事故调查工作进展、火灾事实的清晰明朗情况、被询问人的思想表现和交代问题的态度等，随时加以调整和完善。

五、采取安全防范措施

必要时，火灾事故调查人员可以对被询问人特别是火灾肇事嫌疑人进行安全检查，发现带有管制刀具、易燃易爆危险品等，应当立即予以扣押或者暂时保管，防止询问期间发生被询问人行凶、自伤、自杀等安全事故。

发现被询问人有伤的，应当在询问笔录中注明，并由被询问人签字确认。

发现被询问人患有精神疾病，可能危害公共安全或者他人人身安全的，可以采取保护性措施；需要进行鉴定的，应当及时鉴定；需要送指定的单位、场所加以监护的，应当报请县级以上公安机关负

责人批准，并及时通知被询问人的监护人。

六、其他准备工作

（一）确定询问的时间和地点

1. 询问时间

（1）火灾发生后，火灾事故调查人员应当尽快找到火灾报警人、最先发现起火的人员、最先达到火场救火的人员、火灾肇事嫌疑人等知情人员，并及时进行询问。

（2）一般情况下，询问查证的时间不得超过八小时；对火灾情况复杂，对火灾肇事嫌疑人依法可能适用行政拘留处罚的，询问查证的时间也不得超过二十四小时。

2. 询问地点

（1）询问火灾证人，应当从方便证人作证，有利于查明火灾事实出发，根据实际情况和询问需要确定询问地点，原则上应当在证人住所或单位进行询问；当火灾涉及国家秘密、商业秘密、个人隐私，证人的单位或其家庭及住处周围的人与火灾有利害关系，或者证人不愿公开自己的姓名和作证行为时，可以通知其到公安机关消防机构的办公场所或者办案场所接受询问。

（2）询问火灾肇事嫌疑人，可以到肇事嫌疑人住处或单位进行，必要时，也可以将肇事嫌疑人传唤到其所在市、县公安机关消防机构的办公场所或者办案场所接受询问。

（二）通知被询问人及监护人、翻译人员到场

1. 通知被询问人

（1）对于火灾证人，一般采取当场或电话方式，通知其在本人单位、学校、住所、其居住地居（村）民委员会或者其提出的地点接受询问查证。

（2）对于火灾肇事嫌疑人，必要时，可以《传唤证》方式通知其到公安机关消防机构的办案场所、办公场所或者其他地点接受询问；对现场发现的火灾肇事嫌疑人，调查人员经出示工作证件，可以口头传唤。

2. 通知监护人

询问未成年人时，应当通知其父母或者其他监护人到场。其父母或者其他监护人不能当场的，也可以通知未成年人的其他成年家属，所在学校、单位、居住地基层组织或者未成年人保护组织的代表到场，并将有关情况记录在案。确实无法通知或者通知后未到场的，应当在询问笔录中注明。

3. 通知翻译人员

（1）询问聋哑的火灾证人、火灾肇事嫌疑人时，应当事先邀请通晓手语的人提供帮助，并在询问笔录中注明被询问人的聋哑情况以及翻译人员的姓名、住址、工作单位和联系方式。

（2）询问不通晓当地语言文字的火灾证人、火灾肇事嫌疑人时，应当事先为其配备翻译人员，并在询问笔录中注明翻译人员的姓名、住址、工作单位和联系方式。

（三）准备录音、录像设备

对调查询问过程进行录音、录像，有利于固定被询问人的陈述，弥补手工记录可能存在的错漏；有利于保护被询问人的合法权益，防止出现刑讯逼供；有利于保护火灾事故调查人员的合法权益，防止受到诬告陷害。

询问中是否使用需要录音、录像设备，应当根据火灾事故调查工作实际情况而定。询问火灾证人、火灾肇事嫌疑人，公安机关消防机构可以根据需要，对重大、复杂疑难火灾的询问过程进行录音、录像。

第三节 询问的方法和策略

一、询问的方法

(一) 自由陈述法

自由陈述法，是指在询问中，调查人员对需要询问的问题作出重点提示后，让被询问人就所知道的火灾情况作详细叙述。这种询问方法一般在调查人员不了解被询问人对火灾的知情程度，或者对火灾情况还未掌握确实证据的情况下采用。被询问人在自由陈述中，往往能够无拘无束地陈述自己所知道的火灾情况，内容广泛、具体、详细。

在运用自由陈述方法时，调查人员应当注意以下问题：

1. 让被询问人自由陈述的问题，主旨要明确、简单明了，最好能激发被询问人对问题的兴趣，以便能够准确如实地回答问题。

2. 要耐心听取被询问人的陈述，即使陈述过程中暂时不得要领或者脱离主题较远，也不要随意打断其陈述。

3. 自由陈述过程中，被询问人如果出现记忆暂时中断、遗漏重要情节或者陈述的内容完全与调查内容无关的情况，调查人员应当根据已经掌握的确凿情况，采取巧妙灵活的方法帮助其回忆，或者把话题引到正题上来。

4. 在被询问人自由陈述的过程中，调查人员要对其陈述进行整理、分析，使陈述更为系统。要注意从被询问人的陈述中发现有价值的、与火灾关系密切的事实和情节。

(二) 提问法

提问法，是指调查人员对要询问的重点问题以合理的逻辑思维顺序提出，让被询问人一一作答的询问方法。这种方法一般在调查人员对火灾案件情况和事实证据掌握得比较清楚的时候才采用。

在运用提问方法进行询问时，调查人员应当注意以下问题：

1. 对被询问人陈述事实不清的情况要进行透彻的分析，只有排除被询问人的不良动机后，才能针对陈述中的具体问题再进行提问。

2. 在向被询问人提问时，态度要诚恳，不要让被询问人感觉到自己的人格尊严受到损害，切忌挖苦和讽刺。这样，才能使被询问人配合调查人员的询问，如实地回答问题。

3. 提问时，可以让被询问人复述过去的陈述，或者提供原来的陈述材料，请被询问人复核，也可以直接提出问题让其作针对性回答。

(三) 联想刺激法

联想刺激法，是指在询问过程中，在被询问人不能回忆某一个问题时，调查人员通过向被询问人提醒或提示某一事件或事物，启发被询问人回忆并陈述情况的一种询问方法。

常见的刺激联想法主要有以下几种：

1. 接近联想

接近联想，是指由一件事物的感知或回忆，引起在空间或时间上接近事物的回忆。这种方法经常在被询问人记不清火灾的地点、时间及用火用电等情节时使用。比如，被询问人不能回忆看到火灾具体发生在哪一段时间，而调查这一时间对查明火灾极其重要，调查人员就可以向被询问人询问与该时间段接近的其他时间，如出门时间、吃饭时间或与其他人分开的时间等，以使被询问人能够回忆起这些事件的发生与所查询的时间中间的间隔时间。

2. 相似联想

相似联想，是指由一件事物的感知或回忆引起与它在性质上接近或相似的事物的回忆。比如，被询问人听到劈劈啪啪的火烧响声，可以大致判断火势发展情况。

3. 对比联想

对比联想，是指由某一事物的感知或回忆引起与它具有相反特点事物的回忆。利用这种方法进行询问，可以从要查证问题的反面唤起被询问人对该问题的回忆。比如，被询问人看到起火场所平常一般什么时间关门，起火当晚是什么时间关门等，通过询问，可以大致了解起火场所人员的活动情况。

4. 关系联想

当被询问人不能回忆起某一问题或事物时，可以从这一问题或事物的多方面联系中提醒被询问人进行回忆。比如，通过提醒被询问人近期是否与其他人有矛盾纠纷、平时的邻里关系如何等，可以大致了解有无人为放火的可能。

二、询问的策略

火灾事故调查中的询问工作，是一种言语交往活动，有着特定的话语关系，询问人员处于话语的强势地位，以攻为主，被询问人处于话语的弱势地位，以守为主，这就形成了双方思想和言语的对抗。询问人员如何在对抗中掌握主动权，就需要掌握一定的策略。询问工作中常见的策略有以下几种：

（一）攻其不备、先发制人

火灾肇事嫌疑人可能在火灾过程中或多或少地存在一些违法违规行为或不当行为，因此，在其心理感到比较慌乱时可以出其不意、先声夺人，迫使其交代过失引起火灾的经过。

（二）迂回前进、择机突破

一些火灾肇事嫌疑人、火灾证人具有一定的反询问经验，有的态度比较顽固，心理承受能力较强，直接发问达不到预期目的。因此，询问人员可以采取迂回的方法进行。首先，可以让其陈述引起火灾经过，从中找出破绽，指出其漏洞，再根据破绽结合实际情况提问。其次，可以提出一些与常理相悖的问题，通过驳斥其狡辩、堵死其退路而使其回答问题。

（三）运用证据、打破僵局

一般情况下，火灾肇事嫌疑人对自己过失引起火灾的行为抱着较强的侥幸心理，总想不交代或少交代；有的证人不想得罪火灾事故当事人或者故意包庇火灾肇事嫌疑人，认为多一事不如少一事，总想不作证或少作证。在询问中出现僵局时，询问人员可以适当抛出一些已经掌握的证据，使其感觉真相大白、事实已被调查人员掌握而不得不说出相关火灾情况。

（四）不断重复、不厌其烦

由于时间具有不可逆转性，只存在唯一的真相。对于火灾肇事嫌疑人、证人来说，只要在关键的地方说了一句假话，那么就必须用更多假话来证明其第一句假话的"正确性"。因此，不断重复、不厌其烦地反复发问，常常会给询问工作带来意想不到的效果。

（五）因人而异、对症下药

由于火灾肇事嫌疑人、证人的个性差异和他们与火灾的不同利害关系，使得他们在接受询问时心理状态各有差异。因此，对不同的对象应有不同的询问策略和方法，因人而异，采取不同的方法和策略进行询问，才能收到预期的效果。

第四节 询问的内容

一、询问的一般内容

火灾事故调查询问的内容，主要围绕查明起火时间、起火部位、起火特征、火灾蔓延过程，火场异常气味、声响，火灾发生时现场人员活动情况以及是否发现有可疑人员，用火、用气、用电、用油情况，机器、设备运行情况，物品及摆放情况，消防安全管理情况等进行。

首次询问时，应当问明被询问人的姓名、出生日期、户籍所在地、现住址、身份证件种类及号码，是否为各级人民代表大会代表，是否接受过刑事处罚或者行政拘留、劳动教养、收容教育、强制隔离戒毒、社区戒毒、收容教养等情况。必要时，还应当问明其家庭主要成员、工作单位、文化程度、民族、身体状况等情况。

二、不同对象的询问内容

具体询问工作中，针对不同的被询问人，询问的内容各有侧重。

（一）最先发现起火的人和报警人

1. 发现起火的时间、地点，最初起火的部位及证实起火时间和部位的依据。
2. 发现起火的详细经过。
3. 发现时火场的变化情况，火势蔓延的方向、燃烧范围、火焰和烟雾颜色变化情况。
4. 发现火情后采取过哪些灭火措施，现场有无发生变动，变动的原因和情况。
5. 发现起火时还有何人在场，是否发现有可疑人员出入火场，以及其他异常情况。
6. 发现起火时电源情况，电灯是否亮，用电设备是否运转。
7. 发现起火时的风向、风力等天气情况。
8. 报警时间、地点及报警过程。

（二）最后离开起火部位或在场的人员

1. 在场时的活动情况，离开起火部位之前是否吸烟，是否使用电器具，是否使用明火；生产设备运转情况，本人具体作业或其他活动内容及活动的位置。
2. 离开之前火源、电源处理情况，是否关闭气源、电源；附近有否可燃、易燃物品及物品的种类、性质、数量。
3. 工作期间有无违章操作行为，机械设备是否发生过故障或异常现象，采取过何种措施。
4. 其他在场人员的具体位置和活动内容，其他人员何时离开现场，有无其他人到过起火部位，到此目的、具体的活动内容及来往的时间、路线。
5. 离开之前是否进行过检查，是否有异常行为和声响，门窗关闭情况。
6. 最后离开起火部位的具体时间、路线、先后顺序，有无其他人员证明。
7. 得知发生火灾的时间和经过，对起火原因的见解及依据。

（三）最先到达火灾现场救火的人

1. 到达火场时，火灾发展的形势和特点；冒火、冒烟的具体部位；火焰、烟雾的颜色、气味。
2. 到达火场时，火势蔓延到的具体位置和扑救过程。
3. 进入火场、起火部位的具体路线。
4. 扑救过程中是否发现了可疑物件、痕迹及可疑人员出入。

5. 起火单位的消防器材和设施是否遭到了破坏。

6. 起火部位附近在扑救过程中的火势如何，是否经过破拆和破坏，原来的状态情况。

7. 采用何种灭火方式，用什么灭火剂，灭火效果如何。

（四）熟悉现场周围情况的人

1. 起火建筑物的平面布置，建筑物的结构、面积、耐火性能；各个车间、房间的使用功能；车间内的设备及室内物品、设备摆设情况。

2. 火源、电源情况。火源分布的部位及与可燃材料、物体的距离，有无不正常的情况，是否采取过防火措施；架设电气线路的部位，电线是否合乎规格，使用年限，有无破坏漏电现象，负荷是否正常；近期检查、修理、改造情况；机械设备的性能、使用情况，是否发生过故障。

3. 储存物资的情况。起火部位存放、使用的物资种类、数量、相互位置；起火房间或库房内是否有性能互相抵触的化学物品和自燃性物品；可燃性物品与电源、火源的位置关系；室内的通风是否良好，温度、湿度是否适当，是否漏雨。

4. 有无火灾史。起火场所曾在什么时间、部位，什么原因发生过火灾或其他事故，事后采取过什么措施。

（五）熟悉生产工艺过程和设施的人

1. 设备及工艺情况，以往生产及设备运转情况。

2. 有无防火安全规定、制度、操作规程，实际执行情况；有关制度和规程是否与新工艺、新设备相适应。

3. 设施设备有哪些异常现象，如设备、控制装置及灯光是否出现过闪动、异响、异味等。

4. 有无火灾史及发生火灾的原因、经过。

（六）发现起火的围观群众

1. 起火前后看到的有关情况，是否发现有可疑情况。

2. 谈论与火灾相关的情况。

3. 火灾当事人在火灾前后的表现，家庭关系、社会关系和邻里关系情况。

4. 围观群众流露出的心理，是同情惋惜还是幸灾乐祸。

5. 以往是否发生过火灾或其他异常情况。

（七）起火单位的值班人员

1. 交接班时间、记录及内容。

2. 防火巡查、检查情况，包括检查时间、部位、路线、频次，有无发现反常情况及处理情况等。

3. 用火、用电情况，有无吸烟、使用明火和用电器具等；

4. 发现起火经过、火势情况和采取的处理措施。

5. 本单位值班巡查制度及落实情况。

6. 有无人员进出起火场所及具体时间。

（八）参加火灾扑救的消防队员

1. 火灾现场情况，如最先冒烟冒火部位，最先塌落倒塌部位，燃烧最猛烈和终止的部位等。

2. 燃烧特征，如现场的烟雾、火焰、颜色、气味、声响等。

3. 扑救情况，采取的扑救措施、实施破拆情况等。

4. 现场出现的异常反应，异常的气味、声响等，到达火灾现场时，门、窗关闭情况，有无人员强行进入的痕迹。

5. 现场设备、设施工作状况、损坏情况等。

6. 起火部位的情况。

7. 是否发现非现场的火源或放火遗留物。

8. 现场其他人员活动情况。

9. 现场抢救人员的情况。

10. 现场人员向其反映的其他有关情况。

11. 接到火警的时间，到达火灾现场的时间。

12. 起火现场的天气情况，如风力、风向等。

（九）火灾受害人

1. 用火、用电、用气、用油及操作使用的详细过程。

2. 火灾发生前起火部位的情况，包括起火部位的基本情况，可燃物的种类、数量和堆放状况，以及与火源或热源的位置关系等情况。

3. 起火过程及扑救情况。

4. 火灾中受伤的身体部位及受伤原因，火灾中被烧损物品的名称、数量、购进价格、使用年限、烧损程度等，本人的人身和财产是否投保。

5. 受害人与外围其他人之间的人际关系，有无矛盾纠纷。

（十）火灾肇事嫌疑人

1. 用火用电、操作作业的详细过程，有无因本人生产、生活用火、用电不慎，疏忽大意或违反安全操作规程引起火灾的可能。

2. 火灾当时及火灾前当事人、受害人在什么位置，在做什么；肇事前或受灾后的主要活动。

3. 起火部位物品堆放情况，物品的品种、数量及与火源的距离等。

4. 起火过程及扑救情况。

5. 对于居民火灾，还要了解与邻居的关系，有无矛盾纠纷。

（十一）起火单位的消防安全管理人员或户主

1. 火灾的基本情况，包括起火时间、起火部位、火灾扑救情况。

2. 起火场所的建筑结构，办理消防手续的情况，建筑消防设施的安装设置、运行及维护保养情况。

3. 单位消防安全管理措施的落实情况，起火前是否存在火灾隐患及整改情况。

4. 对起火原因的看法，单位与员工之间、员工与员工之间有无矛盾，并提供可疑人员、重点人员。

5. 火灾造成损失情况，起火建筑及有关财物是否投保。

第五节　询问笔录制作

一、询问笔录的格式

询问笔录属于叙述性文书，由首部、正文和尾部三部分组成。

（一）首部

询问笔录首部记载以下内容：

1. 笔录的名称，询问笔录。

2. 询问时间，询问开始和结束的时间，应当精确到分。

3. 询问人员的姓名、工作单位。

4. 询问地点，应当准确具体。

5. 询问次数及总页码。

6. 被询问人的简况，包括姓名、性别、出生日期、民族、文化程度、工作单位、职业、职务、户籍所在地、现住址和联系电话。口头传唤火灾肇事嫌疑人的，应当在笔录上注明到案经过、到案时间和离开时间，并经本人签名确认。

（二）正文

询问笔录正文主要记载下列内容：

1. 询问人应当表明身份，告知被询问人依法享有的权利和义务。

2. 口头传唤火灾肇事嫌疑人的，应当注明通知家属的情况。

3. 首次询问火灾肇事嫌疑人，要询问其是否曾受过刑事处罚、行政拘留等情况。

4. 记载被询问人对火灾发生、发展、蔓延和烧损等情况的陈述，对不同的被询问人，询问内容应当各有侧重。

（三）尾部

询问结束后，被询问人应当对笔录进行核对，提出补充意见，对错漏部分进行修改，注明"以上笔录我看过，与我说的相符"，并签名或捺指印。被询问人无阅读能力的，询问人员应当向其宣读。被询问人拒绝签名的，询问人员应当在笔录中注明。

二、询问笔录的制作要求

在火灾事故调查工作中，询问的结果以询问笔录的形式体现，询问笔录是主要的法定证据之一，对于认定火灾原因、处理火灾事故具有重要意义，必须按照规定依法制作。具体要求如下：

1. 询问必须有两名或者两名以上火灾事故调查人员参加，一人负责提问，一人负责记录。询问笔录应当当场制作，不得事前制作或者事后补作。

2. 询问采取一"问"一"答"的方式进行，对于询问时的问答，应当逐句记录，每句问话和答话均应另起一行，独立记录为一段。对被询问人的陈述要按照其本人的语气记录，不能做修饰、概括和修改。

3. 询问结束后，询问笔录必须交由被询问人核对或向其宣读，并由被询问人签名或捺指印。如记录有错误或者遗漏，应当允许被询问人更正或者补充。询问笔录如有修改，应当由被询问人在修改处捺指印进行确认。

4. 被询问人请求自行书写陈述的，应当准许。必要时，火灾事故调查人员可以要求火灾肇事嫌疑人、证人自行书写。被询问人应当在其提供的书面材料的末页上注明时间并签名、捺指印。火灾事故调查人员收到书面材料后，应当在首页右上方写明收到日期，并签名。

5. 询问笔录按顺序逐页编号，被询问人应当逐页签名或捺指印并注明时间，询问人、翻译人、监护人等也应在笔录中签名并注明时间。

6. 询问应当分别进行，对每一个被询问人的笔录都必须单独制作，不能把几个被询问人的询问内容写在同一份询问笔录里。

7. 询问笔录字迹必须工整、清晰，必须使用钢笔、签字笔或毛笔书写，有条件的，可以打印，但不得使用铅笔或圆珠笔记录。

8. 有条件的地方，在制作笔录时，可以同步录音录像；录音录像应当全程进行，保持完整性。录音录像资料可作为询问笔录的附件存档。

火灾事故调查询问笔录制作见范例 5 - 5 - 1。

范例 5 - 5 - 1:

询 问 笔 录

时间 __2013__ 年 _2_ 月 _4_ 日 _8_ 时 _30_ 分至 __2013__ 年 _2_ 月 _4_ 日 _9_ 时 _55_ 分

地点 __××市××科技发展有限公司办公室__

询问人（签名） __王××__ 、 __刘××__ 工作单位 __××区公安消防支队__

记录人（签名） __刘××__ 工作单位 __××区公安消防支队__

被询问人 __鲁×__ 性别 _女_ 年龄 _38_ 出生日期 _1975 年 2 月 5 日_

身份证件种类及号码 __身份证：51021419750205×××__ 是□否☑人大代表

现住址 __××市××区古楼二村 8 号 1 单元 8 - 1__ 联系方式 __1390831×××__

户籍所在地 __××市××区古楼二村 8 号 1 单元 8 - 1__

（口头传唤的被询问人 _/_ 月 _/_ 日 _/_ 时 _/_ 分到达， _/_ 月 _/_ 日 _/_ 时 _/_ 分离开，本人签名： ____/____ ）。

问：我们是××市××区公安消防支队的工作人员（出示警官证），现依法向你询问有关于××区×××大厦"2·3"火灾事故案的相关情况，你应当如实回答提问，陈述事实，对与案件无关的问题，你有拒绝回答的权利，你有要求办案人员或者公安机关负责人回避的权利，有陈述和申辩的权利，诬告或者作伪证要负法律责任，以上权利义务，你听明白了吗？

答：听明白了，不提出回避。

问：这是《公安机关消防机构权利义务告知书》，请你自己看，看后请签名、捺指印；如果不识字，我们可以向你宣读。

答：看清楚了。

问：你在什么单位工作？具体岗位是什么？

答：我在××市××科技发展有限公司工作，在单位任办公室主任，负责安全工作。

问：请简述你单位的基本情况？

答：××科技发展有限公司主要是从事安防设备销售、安装、维护。我们的老板是孙××。

问：你知道今天通知你来消防支队是因何事吗？

答：知道。是因为公司在××区×××大厦 25 楼的库房在 2 月 3 日下午发生了火灾事故，我来接受调查的。

问：发生火灾时你在现场吗？

答：我不在现场。

问：请你讲一下你了解的当天的情况和发生火灾的经过？

答：2 月 3 日上午，因为工作比较轻松，我在 25 楼的库房兼维修办公室里和余×一起看电脑，11 点 20 分左右，26 楼办公室给我打电话叫我上楼去了，大约中午 12 点半左右余×也上来吃饭，1 点 40 分左右余×下楼去，过了一会儿他上来说楼下着火了，我们就下去救火，下去后发现火很大，人不敢进去，我们就报警。后来消防队到了才把火扑灭的。

问：你知道火灾是因为什么原因引起的吗？

答：不清楚。

问：余×在发生火灾前他在干什么？

被询问人签名：鲁×

答：当天上午，因为快到春节了，没有什么事情，我和余×一起在25楼的库房里的电脑上看电影，后来有事我就先走了，余×一个人继续看。

问：余×平时有什么爱好，与什么样的社会人员交往？

答：余×是搞技术的，是我们单位的维修工程师，他平时喜欢上网、看书，没有什么恶习，他的朋友不是很多，主要是和办公室的同事一起玩。

问：2月3日上午，你和余×是否在库房内吸过烟？

答：上午，我们在看电影的时候抽了几支，余×也抽了，具体几支记不清楚了，烟是余×发给我的，平时我们抽完的烟头都掐灭了丢在一个易拉罐里，当天是丢在电脑桌旁边的塑料垃圾桶里。

问：公司老板孙××是否有仇人或经济纠纷？

答：老板为人很好，公司的经营也比较好，没听说与别人有仇或财务上有纠纷。

问：2月3日上午，除了你和余×以外，还有没有人到过库房？

答：这几天事情很少，没有其他人来过，我走之后就不知道了。

问：库房内有什么电器？

答：库房里面有日光灯、电脑，还有电焊机，当天上午在用的只有日光灯和电脑。

问：平时是否在库房内使用取暖器等电热设备？

答：没有，公司不准在库房用取暖器。

问：你们单位有没有制定消防安全管理制度？

答：我们单位有消防安全制度，单位也定期组织我们学习消防安全管理知识。

问：你还有什么要补充的吗？

答：没有了。

问：以上笔录是否与你所说相符，请阅后签名。

答：以上笔录我看过，记录的与我说的相符。

鲁×　　2013年2月4日（签名并捺指印）

第六节 审查验证言词证据

一、审查验证的内容

1. 审查被询问人的身份、年龄、性别、职业、学习经历、工作经历、社会经历等基本信息，以判断其有无作证能力，是否有提供虚假证据的可能等。

2. 审查火灾发现人发现起火的时间及其当时的位置与动作，以判断所提供的证言是否符合客观要求。

3. 审查火灾报警人的报警动机，报警前后的时间、位置和行动。

4. 审查火灾现场人员感知、观察火场当时的环境条件。如所处的具体场所，与起火建筑的距离，天气情况、光线，有无影响视线的障碍物，精神是否紧张等。若发现起火的位置在室外，还要审查发现人当时的站立位置，根据当时他的行为动作，判断其能否发现他所讲看见的情况。

5. 审查被询问人的身体和生理状况，判断其记忆力、理解力是否正常。

6. 审查某一事实和现象的来源，是被询问人自己亲眼见到的，还是听别人转述的。

7. 审查被询问人陈述交代的态度，是主动陈述的，还是在反复追问下被迫交代的。

8. 审查证人与火灾受害人、火灾肇事嫌疑人的关系，分析有无诬陷或者包庇火灾肇事嫌疑人、有无故意扩大或者缩小火灾损失的可能。

9. 审查被询问人的一贯表现和陈述的具体内容，分析是否符合客观事物火灾发展的规律。

10. 审查被询问人前后几次询问笔录对同一问题的表述，判断各个被询问人之间的具体情节内容与其他证据之间是否有矛盾，当存在矛盾时要根据具体情况合理进行分析。

11. 审查被询问人的陈述与火灾现场蔓延痕迹和残留物品是否一致。

二、审查验证的方法

（一）审查验证言词证据的一般方法

1. 情理判断法

情理判断法，是指通过火灾发生、发展、变化的一般规律和常识，对言词证据本身进行审查，鉴别其真伪和证明力的一种方法。证据是否符合情理，需要与发生火灾时的环境、条件联系起来比较分析。如，室外地面上的人无法看到二楼以上楼层的地板，而只能看到其顶部，对于室内地面上开始燃烧起火的情况看不清楚，只能看到上部的火焰、火光或烟。在调查中，应注意收集火场中不同位置人的陈述，以鉴别证据的真伪。

2. 实验法

为了判断某一现场或事实在一定的时间内或一定的条件下能否发生或怎样发生，按现场原有条件将该现象或事实进行重建，得出可能或不可能的结论，这种方法称为实验法。

必要时，可以将被询问人带到火灾现场，对其陈述交代的事实和情况进行指认、质证。

3. 比较印证法

比较印证法，是指火灾事故调查人员对于证明同一问题或实施的几个言词证据进行对照分析，发现和区分异同，进而确定其中证据真伪和证明力的一种方法。将各个证据加以对照比较，在联系中考虑其是否一致，就比较容易发现矛盾，然后通过深入调查，鉴别其中的真伪，并在基本内容真实的证据中去除水分。比较印证的过程就是去伪存真、去粗取精的过程，在没有最后判明之前，不可带有主观上的倾向性，更不可盲目相信单方面的证据材料。

运用比较印证法审查判断言词证据需要注意以下几个问题：

（1）进行比较印证的言词证据必须具有可比性，即这些证据都是用来证明火灾中的某一个事实或有因果关系的事实。

（2）否定的证据必须有足够的根据和理由，认定的证据彼此之间在本质上一致、存在客观上的联系。

（3）证明同一事实，证明方向相反的证据，必须弄清各自的真伪及其与火灾的联系。

4. 逻辑证明法

逻辑证明法，是指运用形式逻辑审查验证言词证据的方法。主要有以下几种：

（1）直接证明法。即从已知言词证据按照推理的规则直接得出火灾事实结论的证明方法。

（2）反证法。即通过确定某项言词证据为虚假来证明与之相反的证据为真实的一种证明方法。

（3）排除法。即把被证明的事实同其他可能成立的全部事实放在一起，通过证明其他事实不能成立来确认或推论被证明的事实成立的一种方法。

5. 心理测试法

心理测试法即"测谎"，它是运用心理学、神经生理学和生物电子学的原理，通过专用心理测试和智能计算机（测谎仪），同步记录被测试人的多项心理反应指标，评断被测试人心理痕迹的一种技术方法。

心理测试是调查询问的一种辅助措施，不能完全控制和解决被测试人复杂的心理问题，而且被测试人即使出现心理异常也有多方面的原因。因此，测试结果只能作为分析火灾案情的参考，不能作为定案的依据。

（二）对各种言词证据的审查验证

1. 对证人证言的审查验证

证人，是指知道火灾情况，并提供证言的人。根据规定，除因生理上、精神上有缺陷或者年幼而不能辨别是非、不能正确表达意志的人以外，凡是知道案件情况的人，都有作证的义务。证人应当如实地提供证言，如果作伪证或隐匿罪证，要负法律责任。由于受主、客观因素影响，证人证言有可能失真。因此必须对证人证言进行审查验证：

（1）审查证人是否具备证人资格，是否与起火原因和火灾事故处理结果有利害关系，证人提供证言是否受到威胁、利诱、欺骗、指使、收买等外界因素的影响。

（2）审查证人证言形成的主、客观因素是否影响其提供证言的客观性。从主观方面要审查证人的思想品质、文化水平和平时表现等，是否对证人证言的客观真实性有影响；从客观方面，审查证人感觉事物时的客观环境，以及记忆时间、表述的环境条件，是否影响其证言的客观真实性。

（3）审查证人证言的来源。审查判断证人陈述的有关情况是直接看到的，还是听别人转述或者主观臆想的，对来源不清、主观推断的，不得作为证据使用。

（4）审查证人证言的收集方式是否合法。审查调查办案人员是否有逼供、诱供情况，询问时是否存在"一人询问"的情况，证人证言是否经被询问人确认并签名。

（5）审查证人证言的内容是否明确、具体，是否符合情理，前后有无矛盾，与同一案件其他证据或有关常识有无矛盾。

2. 对火灾受害人陈述的审查验证

火灾受害人陈述，是指在火灾中本人的财产、身体或精神受到伤害的人向公安机关消防机构火灾事故调查人员就火灾有关情况所作的陈述。由于受各种因素的影响，其陈述也有可能失真，因此必须对其进行审查验证：

（1）审查火灾受害人与火灾肇事嫌疑人的关系，特别是有无利害关系。主要审查火灾受害人有无诬告、陷害、故意夸大火灾事实的情况，或者火灾受害人隐瞒火灾的真实情况，为火灾肇事嫌疑人开脱责任的情况。

（2）审查火灾受害人陈述的来源，主要审查火灾受害人提供的情况是怎样得到的，是直接见到的，还是听他人转述或主观推断的。如果是直接见到的，还要了解感知、记忆、表达等因素对其陈述真实性的影响；如果是他人转述的，要查清来源及可靠程度。

（3）审查火灾受害人陈述的内容前后是否一致，是否合情合理，有无夸大或者缩小的情形。如果发现火灾受害人陈述前后矛盾或不合情理，应有针对性地进一步询问有关情况，让其作出具体解释，或进行调查核对。

（4）审查火灾受害人陈述时的精神状态，有无思想顾虑。查明火灾受害人有无受到威胁、引诱或欺骗，或者考虑自身的利益，而不敢或不愿意陈述真实情况。一旦发现可疑情况，应及时做好思想工作，解除其顾虑，如实提供火灾案件情况。

（5）审查火灾受害人的思想品质、文化水平和平时表现。这是判断其陈述真实可靠性的一个重要因素，但应当结合其陈述来源和内容以及火灾案件具体情况进行具体分析。

3. 对火灾肇事嫌疑人陈述的审查验证

由于火灾的特殊性，有的火灾肇事嫌疑人了解火灾发生的情况，也有的不了解火灾发生的情况，但是火灾事故调查的最终结果对其都有利害关系，因此，在调查中，火灾肇事嫌疑人所作陈述有可能失真，必须对其言词证据进行审查验证：

（1）审查火灾肇事嫌疑人陈述动机。火灾肇事嫌疑人陈述有各种各样的动机，处于何种动机进行陈述，对其真实性有一定的影响。查明火灾肇事嫌疑人的动机，是正确判断肇事嫌疑人陈述内容真实性的一个重要方面。

（2）审查获取火灾肇事嫌疑人陈述的程序、方法是否合法。主要审查调查人员在询问火灾嫌疑人时，是否严格依法进行，火灾肇事嫌疑人的正当权利是否得到保障，在询问中是否采用刑讯逼供、威胁、引诱、欺骗等非法方法。凡是用刑讯逼供等违法手段获取的口供，不能作为定案的依据。

（3）审查火灾肇事嫌疑人陈述的内容是否合情合理。对于火灾肇事嫌疑人的陈述，要根据火灾的具体情况，从火灾发生的时间、起火部位、火灾肇事嫌疑人在火灾中的行为、火灾发展蔓延情况等方面，分析肇事嫌疑人的陈述是否符合逻辑，是否合情合理，有无矛盾。对不符合逻辑和存在矛盾的陈述，应进一步询问，以便揭露矛盾，去伪存真。对火灾肇事嫌疑人的辩解也应当审查其是否可信，依据是否可靠，有无矛盾。

（4）审查火灾肇事嫌疑人的陈述与其他证据有无矛盾。对于火灾肇事嫌疑人陈述本身进行审查，有时难以辨明真伪，如果将其与其他证据联系起来比较，就能发现矛盾、鉴别真伪。当发现陈述与其他证据有矛盾时，一定要分析产生矛盾的原因，通过进一步查证，排除不真实的陈述。

（5）审查火灾肇事嫌疑人的陈述是否一致。对同一火灾肇事嫌疑人，主要审查其前后的陈述是否一致；对两个以上的火灾肇事嫌疑人，要分析彼此陈述是否一致，如果完全一致，应当调查其是否存在串供的情况，如果不一致，互相矛盾很多，则在其中必有虚假陈述。

第六章　火灾现场勘验

火灾现场勘验是火灾调查人员通过对火灾现场、痕迹、物品和尸体等进行的实地勘验，挖掘、收集、检验与火灾事实有关的各种物证，是火灾调查中收集证据的重要手段。火灾现场勘验包含着现场保护、现场询问、实地勘验、物证提取、现场分析、现场记录等环节。

第一节　概　述

一、火灾现场的特点

火灾现场是发生火灾的地点和留有与火灾有关的痕迹物品的场所。火灾的发生必然与时间、空间、人、物、事发生联系，形成一定的因果关系。这些与火灾相关联的地点、人、物、事关系的总和，就构成了火灾现场。总的来说，火灾现场包括发生火灾引起燃烧的场所、火灾波及的场所以及虽未发生燃烧但与火灾原因有关联的场所。

火灾现场的主要特点有：

（一）火灾现场的破坏性和暴露性

由于火灾本身具有的破坏作用（燃烧、爆炸等）和人为破坏作用（灭火救援或可能的伪造现场）等原因，使火灾现场具有破坏性特点。火灾不仅改变了建筑、物体原有的形状，还使可燃物由于燃烧发生不可逆转的变化，甚至完全消失等，这就是火灾现场的破坏性。

此外，火灾中发出的火焰、浓烟、声音和光等物理现象，可以很容易为人们所感知，火场周边的人凭直观就能发现火灾，了解火灾发生的情况。如可以通过视觉观察到火灾的燃烧过程；通过听觉听到燃烧、倒塌及爆炸的声响；通过嗅觉闻到不同物质燃烧的气味；等等。所以，火灾现场又具有明显的暴露性特点。

火灾现场的破坏性，要求在灭火时和火灾后必须及时记录和保护火灾现场；火灾现场的暴露性，为火灾调查人员在火灾调查过程中通过再现火场周围群众记忆中的"痕迹"，而查明火灾发生的经过创造了条件。

（二）火灾现场的复杂性和因果关系的隐蔽性

由于火灾及可能的人为破坏作用，往往使现场能反映起火部位、起火点、起火物、引火源和起火原因的痕迹与物品遭到破坏，或者在原来的痕迹物证上又留下了新的破坏性痕迹，使火灾现场复杂化。火灾原因调查就是要查明火灾发生的经过，"再现"火灾的发生发展过程是一个逆推理过程，需要根据现场一定的痕迹物品去推断，如果痕迹物品被破坏，推理过程可能因缺乏某个环节而中断。火灾调查中这种现象与本质之间、现象与因果关系之间以及本质与因果关系之间的复杂性，反映了因果关系的隐蔽性。

（三）同类现场的共同性和具体现场的特殊性

火灾现场十分复杂，表现形式也是多种多样，但同类火灾现场具有某些相同的现象，这些相同的现象反映着同类火灾现场相似的特征，也就是同类现场的共同性。火灾调查工作正是基于这种共性来研究火灾的一般规律和特点。但就每一起火灾来讲，其火灾现场具体的现象显然是各不相同的，这种各不相同的现象反映了具体每一起火灾现场的特殊性。这种特殊性是每一个火灾现场特殊规律的反映。正是这种特殊性，就要求火灾调查人员针对具体现场的情况进行具体分析，采取不同的方法去解决现场不同的问题。

二、火灾现场勘验的任务、内容

火灾现场勘验的主要任务是：发现、收集与火灾事实有关的证据、调查线索和其他信息，分析火灾发生及发展过程，为火灾认定，办理行政案件、刑事诉讼提供证据。

火灾现场勘验的主要内容包括：现场保护、实地勘验、现场询问、物证提取、现场分析、现场处理，以及根据调查需要进行的现场实验。

三、现场勘验的基本原则

火灾现场勘验是一种收集证据的活动，所以应当遵循及时、全面、客观、公正、合法、缜密的原则。

1. 所谓及时，是指发生火灾后，要及时开展现场勘验活动。火灾现场有价值的证据本来就有限，而且随着时间的推移，各种能反映火灾事实的痕迹物品的特征，受到自然因素和人为因素破坏的可能性就越大，物证本身也可能发生某种变化。所以，及时、迅速开展现场勘验，有利于发现、获取有用的证据，为尽快认定火灾性质，查明火灾事实打下良好的基础。

2. 所谓全面，就是在现场勘验时要全面收集所有与认定火灾事实有关的痕迹物品，符合调查人员假设的火灾事实的物证固然要收集，不符合调查人员假设的物证同样要收集；能证明某个事件发生的物证固然要收集，反之能证明某个事件不可能发生的物证同样也要收集。只有全面收集了现场的各种证据，才能准确分析、认定火灾事实。

3. 所谓客观、公正，就是要求火灾调查人员在现场勘验中，要采取实事求是、客观公正的态度，不能先入为主，更不能弄虚作假、歪曲事实，制造假痕迹、假证据。

4. 所谓合法，是勘验活动必须遵守有关法律、法规的规定，使勘验活动具有合法性，使收集的物证、制作的勘验笔录具有证据效力。现场勘验的目的，是在现场收集证明火灾事实的证据，勘验活动不合法，由勘验活动产生的一切证据就失去了证据效力。

5. 所谓缜密，是在进行勘验活动时必须认真、仔细和周密，不放过任何蛛丝马迹。火灾现场勘验工作辛苦、环境恶劣、责任重大，火灾调查人员要有勇于面对挑战、勇于克服困难的精神，以强烈的责任感认真做好现场勘验工作，该收集的证据要尽可能地予以全部收集，这样才能圆满完成勘验工作。

第二节　现场勘验人员职责

一、现场勘验的管辖

按照《火灾事故调查规定》，火灾现场勘验由具有管辖权的公安机关消防机构组织实施，上级公安机关消防机构可以根据需要指导、协助下级进行现场勘验，必要时也可以邀请火灾调查专家或其他有关部门的专业技术人员协助。

有人员死亡的火灾现场，应当通知公安机关刑侦部门参加现场勘验，由公安机关消防机构现场勘验负责人统一指挥勘验工作；发现放火线索，确认为放火嫌疑案件的，由刑侦部门组织指挥现场勘验，公安机关消防机构火灾调查人员协助。火灾事故经确认为治安案件的，消防机构也应协助治安部门进行现场勘验。

军事设施发生火灾，需要公安机关消防机构协助并出具邀请函的，有关公安机关消防机构应当予以协助。

二、现场勘验负责人的职责

火灾现场勘验涉及人员分工、配合以及勘验过程遇到的具体问题，所以必须统一领导，统一指挥。现场勘验开始前，由负责火灾调查管辖的公安机关消防机构负责人指定现场勘验负责人统一指挥现场勘验工作。火灾现场勘验负责人应具有一定的火灾调查经验和组织、协调能力。

在现场勘验中，现场勘验负责人应履行下列职责：

1. 组织、指挥、协调现场勘验具体工作。

2. 根据火灾情况及调查需要确定现场保护的范围。

3. 确定实地勘验及现场询问人员的分工。

4. 根据现场的实际情况决定现场勘验方法和步骤。

5. 决定提取火灾痕迹、物品及检材。

6. 审核、确定现场勘验见证人。

7. 组织进行现场分析，提出现场勘验、现场询问重点。

8. 审核现场勘验记录、现场询问、现场实验等材料。

9. 决定对现场的处理。

三、现场勘验人员的职责

火灾调查是公安机关消防机构的一项重要、严谨的执法活动，进行现场勘验的人员应当是公安机关消防机构的工作人员，且应具有消防执法岗位资格以及一定的火灾现场勘验经验。火灾现场勘验人员应履行下列职责：

1. 按照分工进行实地勘验、现场询问。

2. 进行现场照相、录像，绘制现场图。

3. 制作现场勘验记录，提取火灾物证及检材。

4. 向现场勘验负责人提出现场勘验工作建议。

5. 参与现场分析。

第三节　现场保护

一、火灾现场保护的要求、范围和时间

火灾现场保护是指在火灾发生后，公安机关消防机构、公安派出所、火灾单位或其他有关人员，及时采取必要、有效的措施，防止火灾现场由于自然因素或人为因素而遭受破坏，使火灾现场保持在燃烧终止时的状态的一项重要工作。

火灾现场存在着能够证明各种火灾事实的痕迹物品，若保护现场不及时，可能导致火灾现场遭到破坏，重要的火灾痕迹物品被毁坏或灭失，最终导致缺乏足够的证据来准确认定火灾原因。因此，保护好火灾现场，有利于查明火灾发生、蔓延的过程，有利于收集火灾物证，有利于查明起火原因和责

任，是做好火灾现场勘验工作的重要前提。

（一）现场保护要求

1. 火灾调查人员应及时赶赴现场协调现场保护工作。公安机关消防机构在接到火灾报警后，应及时调派火灾调查人员赶赴现场开展火灾调查。火灾调查人员到达现场后，应立即协调辖区公安派出所、火灾单位等开展现场保护工作。

2. 必要时尽快成立火灾调查组并指定现场勘验负责人，由现场勘验负责人根据现场情况决定现场保护的范围和方法。

3. 现场保护人员应明确责任、明确分工。现场勘验人员应对现场保护人员进行现场保护的要求和纪律教育，并严格落实交接班制度。

4. 现场勘验时所有人员不得携带与现场勘验无关的物品进入现场，严禁在火灾现场内做与火灾调查无关的事情，特别应禁止在中心现场内吸烟、吃东西等。勘验过程中使用的手套、鞋套、帽套和其他包装物，以及用过的矿泉水瓶等，应集中处理，严禁随便丢弃。

5. 决定封闭火灾现场时，公安机关消防机构应制作《封闭火灾现场公告》，对封闭的范围、时间和要求等直接在火灾现场张贴予以公告；当撤销警戒时，同时解除现场封闭。

（二）现场保护范围

凡与火灾有关的、留有火灾物证的场所都应列入现场保护范围，但在保证能够查清火灾原因的条件下，尽量把保护现场的范围缩小到最小限度，以减小对周边区域的影响。有下列情形时，应根据需要扩大保护范围：

1. 起火点位置未能确定，起火部位不明显，调查人员对起火点位置看法有分歧，证人初步指认的起火点与火灾现场痕迹不一致等现场。

2. 怀疑起火原因与电气故障有关时，凡与火灾现场用电器具有关的线路、设备，如进户线、总配电盘、开关、插头插座等通过或安装的场所，都应列入保护范围。

3. 爆炸起火的现场，不论抛出物体飞出的距离有多远，应把抛出物着地点列入保护范围，同时把受爆炸破坏或影响到的建筑物、构筑物等也列入现场保护的范围。

4. 对大面积坍塌的火灾现场，由于起火部位及各种重要的证据可能被埋压，应该适当扩大现场保护范围。

5. 对易燃液体或易燃气体火灾现场，由于易燃液体蒸气和易燃气体极易流动，往往泄漏点与起火点位置不一致，此时应扩大现场保护范围，将可能的泄漏点列入现场保护范围。

6. 有放火嫌疑的火灾现场，因放火嫌疑人会在现场周围遗留下某些痕迹物证，此时不能只限于保护着火的现场，必须视情况扩大现场保护范围，以保护重要的物证不被破坏。

7. 怀疑是飞火引起的火灾现场，也应扩大现场保护的范围，把可能产生飞火的火源与火灾现场之间的区域列入保护范围，以便收集飞火的证据。

（三）现场保护时间

现场保护的时间应从公安机关消防机构扑救火灾时起，到整个火灾调查工作结束为止。在保护时间内，对确需解封或部分解封现场以及时恢复生产，且对现场不会造成严重破坏，不影响火灾调查的，现场勘验负责人可视情况予以批准。

当事人对火灾事故认定不服，应当延长现场保护时间。延长期间的火灾现场保护工作可视情况由当事人自行负责，并告知当事人保护好现场以备复勘。

为了尽可能减少火灾间接损失，恢复正常的生产和生活秩序，公安机关消防机构应及时勘验现场，开展火灾调查，尽早解除火灾现场的警戒。

二、火灾现场保护的方法

火灾现场的保护从火灾的发生持续到整个火灾调查工作的结束，在这段时间内，各个阶段及对各类场所的保护方法和侧重点有所不同。

（一）灭火中的现场保护方法

消防指战员在灭火战斗展开之前进行火情侦察时，应该注意发现和保护起火部位和起火点。在灭火时，特别是消灭残火时不要轻易破坏或变动这些部位物品的位置，应尽量保持物体燃烧后的自然状态。在拆除某些构件和清理火灾现场时，应该注意保护好起火点、起火部位的原状。如必须拆除，应通知到场的火灾调查人员进行照相或自行照相后，再行拆除。

（二）实地勘验前的现场保护方法

在火灾被扑灭至现场勘验工作开展前的时间内，是火灾现场最容易受到破坏的时段，受灾户、当事人及其他人员会寻找一切机会进入现场搜寻、查找物品，有意无意地破坏了现场。因此，火灾调查人员应该在消防队撤离现场前抓紧实施现场保护工作。勘验前的现场保护，可根据具体情况采取相应的措施。

1. 对一般现场的保护方法

（1）露天火灾现场的保护方法。露天火灾现场很容易受到各种自然因素和人为因素的破坏，所以火灾扑灭后应及时将火灾现场及发现有物证的地点用警用绳（带）、铁丝或利用现场自然屏障等警戒起来，必要时布置警力警戒。对已经发现的痕迹物证应采取有效的保护措施，并尽快对证据进行固定、保全。

（2）室内火灾现场的保护方法。对室内火灾现场的保护，主要是在室外布置专人看守，起火房间则加锁加封；对现场的室外和院落也应划出一定的禁入范围，防止无关人员进入现场；对于私人住宅要做好业主的安抚工作，讲清道理，告知其不得擅自进入现场。

（3）爆炸抛出物的保护方法。对于爆炸抛出物的保护，可在其落地点用警绳围拦或用粉笔在地上作出标记，以警示他人注意，同时还应派专人看守。爆炸抛出物一般离开中心现场有一定的距离，容易被人为毁坏或灭失，所以火灾调查人员应尽快进行证据保全。

（4）大型火灾现场的保护方法。对于大型的火灾现场，可利用原有的围墙、栅栏等进行封锁隔离，尽量不要阻塞交通和影响居民生活，必要时应加强现场保护人员的力量，待正式勘验时，再酌情缩小现场保护范围。

2. 对重大火灾现场的保护方法

发生了重大以上或对社会政治、经济、生活造成重要影响的火灾，必定会引起各级领导及新闻媒体的注意。因此，除必须禁止无关人员进入现场外，对进入现场察看灾情的各级领导、新闻媒体工作者也应作出一定的限制。对于此类火灾现场的保护，应采用多层次的现场保护方法。

（1）第一层次的保护。第一层次的保护，是在现场最外围或周边区域设置警戒线，对火灾现场进行整体的保护。现场保护人员应当在这一层次上重点进行保卫，其职责是限制无关的车辆和人员进入现场。

（2）第二层次的保护。第二层次的保护，是在靠近现场一定距离的周围设置保护区域。在这一区域内，只有火灾善后处理小组的人员、火灾调查人员以及察看现场灾情的各级领导可以进入。

（3）第三层次的保护。第三层次的保护，是在靠近起火部位（或者在中心现场）的区域内，设置中心现场保护区域。中心现场保护是现场保护的重中之重，是防止现场重要证据灭失的关键。在中心现场保护区域内，除现场勘验人员，所有其他人（包括各级领导、调查询问小组的人员等）未经同意不得擅自进入。

（三）实地勘验中的现场保护

实地勘验中也应注意现场保护。在现场勘验过程中，勘验人员应有保护现场、保全物证的意识。在清理堆积物品、移动物品或者取下物证时，动手之前应从不同方向拍照，以照片的形式保存和记录现场。对已经发现的痕迹物品，应尽快予以固定、提取。

三、现场保护中的应急措施

在现场保护的过程中，对发生的异常情况应采取恰当的应急措施。

1. 火灾现场"死灰"复燃时，应迅速、有效地实施扑救或报警。现场发现有易燃液体或者可燃气体泄漏，应关闭阀门；发现电气设备、电气线路带电时，应及时切断电源。

2. 火灾现场有危险物品且可能危及人身安全时，应对危险区域加强监测，必要时实行隔离，并设置警示标志，禁止所有人员进入。

3. 现场的建筑物、构筑物有倒塌危险或有高空坠物危险，应采取措施将其固定。如无法固定只能推倒排险时，应用照相、录像等进行固定并做好记录。

第四节　实地勘验

一、勘验准备

火灾现场勘验的中心任务是收集证明火灾事实的证据。由于火灾现场的复杂性，火灾调查人员必须充分做好各项准备工作。

（一）平时的准备

对火灾现场进行实地勘验时，火灾调查人员要利用自己的感官和仪器，对现场可能存在的物证进行搜寻、收集。火灾调查人员的业务素质对实地勘验的成功与否关系很大，所以火灾调查人员平时应做好必要的准备，才能胜任现场勘验工作。

1. 有关知识的储备。火灾现场勘验不但需要火灾科学方面的专业知识，也需要物理、化学、力学、数学、建筑和医学等自然科学知识和社会科学知识，以及工作经验。因此，火灾调查人员平时应多学习，注意知识的储备和积累。

2. 培养观察和思考的能力。实地勘验能否得到预期的效果，很大程度上取决于勘验人员观察、分析问题的能力，所以火灾调查人员在平时要有意识地不断提高自己的分析和判断能力。

3. 熟悉勘验器材。现场勘验需要凭借火灾调查人员的感官，也需要使用勘验器材。火灾调查人员提高认识火灾事实的能力，必须熟练掌握各种勘验器材的使用方法。

（二）临场的准备

火灾调查人员从接到调查任务、到达火灾现场、正式对火灾现场进行勘验前，应当做好必要的临场准备。

1. 出发准备。火灾调查人员应随时待命，并备妥相关的装备（询问笔录纸、录音笔、相机、摄像机、勘验工具以及各种个人防护装备等）。接到调查任务时及时出动。

2. 观察现场。火灾调查人员在到达火灾现场时，应记录到达时间，同时观察火灾现场的燃烧状况，并记录起火燃烧的部位、冒出烟火的部位、燃烧面积及蔓延情况等。此后，对各阶段燃烧变化的状况，建筑物门、窗、电源和气源等的开闭状况，以及灭火救援情况等也应记录下来。

3. 了解基本情况。火灾调查人员到达火灾现场后要及时了解以下情况：

（1）了解现场保护情况。要与现场负责人取得联系，了解火灾现场保护，特别是可能的起火部位的保护情况，发现现场保护有疏漏的，或者灭火救援作战行动可能破坏起火部位的，应迅速采取各种补救措施。

（2）了解火灾基本情况。要向火灾的发现人、报警人、救火人、现场保护人或周围群众等了解火灾的基本情况及火灾现场的内部情况。主要内容有：

①了解火灾发生、发展的简要经过及扑救情况，以及火灾后现场人员的进出情况。

②了解火灾现场内部情况。要了解起火建筑物的布局、用途，现场内有无化学危险品，有无带电线路，现场内设备、管道和物品的位置，电源、火源和热源的位置及使用状况等。

③了解围观群众的反映。要善于在现场围观群众中发现谈论火灾发生经过者、火灾发现者、参与扑救者和行迹可疑者等，立即查询其姓名、住址和来历，并视情况请其协助调查，或予以留置。

④了解火灾现场或附近安装的监控设施。了解监控设施的位置，查看相关信息，及时提取相关电子数据。

4. 成立现场勘验小组。对于较大以上的火灾现场，应成立现场勘验小组，由现场勘验负责人决定现场勘验小组的组成人员及任务分工。此外，还可以根据火灾现场的具体情况及复杂程度，决定是否聘请相关的专家协助调查。

5. 邀请现场勘验见证人。为了确保现场勘验的客观性、公正性和合法性，应该邀请两名与火灾无直接利害关系、为人公正、正直的公民作为现场勘验的见证人。必要时也可请火灾当事人作见证人。见证人应自始至终参加现场的勘验，见证整个勘验过程，并在勘验结束时在勘验笔录、物品提取清单上签字。进入现场前，火灾调查人员应当向见证人讲清楚见证人的职责和现场勘验纪律。

6. 准备现场勘验器材和装备。在现场勘验前应准备好现场勘验器材和装备，以及个人防护装备。常用的勘验器材有：勘查仪器箱、勘查工具箱、摄录器材等。

7. 排除险情。进入现场勘验前，应排除所有可能危及人员安全的各种隐患，进入火灾现场应选择最安全的通道，并佩戴头盔、手套等个人防护装备。

8. 确定实地勘验的顺序。现场实地勘验前，现场勘验指挥员应该根据火灾现场特点和实际情况，确定进入现场的路线、勘验的步骤和方法。现场勘验的顺序有以下几种：

（1）离心法。离心法是由划定的现场中心向外围进行勘验的方法。这种勘验方法适用于现场范围不大，痕迹、物证比较集中，中心处所比较明显的火灾现场。勘验时，勘验人员将现场中心部位勘验完毕后，再逐步向外围扩展。

（2）向心法。向心法是由现场外围向中心进行勘验的方法。这种方法适用于现场范围较大，痕迹、物证分散，物质燃烧均匀，中心不突出的火灾现场。有的现场虽然范围不大，痕迹、物证也比较集中，但由于过往、围观的人员较多，如不及时对现场进行勘验，痕迹、物品就可能遭到毁坏，也适用于向心勘验法。

（3）分片分段法。分片分段法是根据现场的情况进行分片分段勘验的方法。如果现场范围较大，或者现场较长，环境十分复杂，为了寻觅痕迹、物证，特别是微小物证，可以分片分段进行勘验。

（4）循线法。循线法是根据行为人引发火灾时进出现场的路线进行勘验的方法。循线法主要适用于对过失引起火灾或放火嫌疑现场的勘验，通过调查询问查清失火行为人的活动范围或放火嫌疑人行走的路线，或在现场发现有怀疑放火的痕迹，即可沿着当事人或放火嫌疑人进出现场的路线进行勘验。

9. 现场勘验程序。一般情况下，对于火灾现场范围较小、破坏较轻、起火部位和原因比较容易认定的火灾现场，其勘验的过程可简单些；而对于复杂的火灾现场，为了使勘验工作有序进行，应该按照程序进行现场勘验，以免遗漏重要的物证。火灾调查程序为：4项勘验前的准备（观察燃烧状况、勘验前的询问、组成勘验组、准备勘验器材）、4个勘验步骤（环境勘验、初步勘验、细项勘验、专项

勘验）、3 种现场勘验记录（整理勘验笔录、制作照片、绘制现场图）、1 份火灾事故认定书，简称"4431"程序。根据"4431"程序，现场实地勘验的程序依次为环境勘验、初步勘验、细项勘验和专项勘验。如图 6 - 4 - 1 所示。

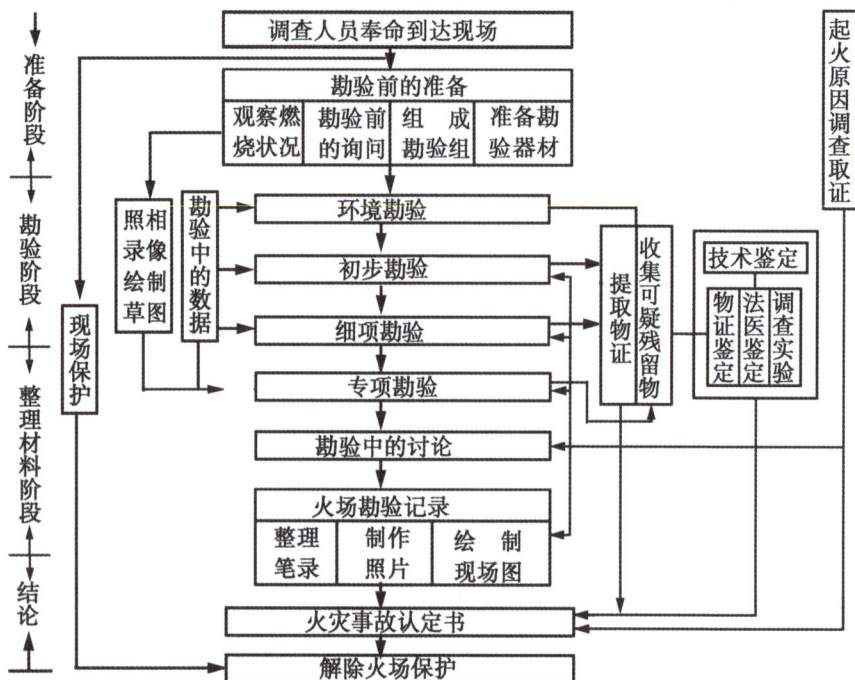

图 6 - 4 - 1 "4431"程序

（三）现场勘验的安全问题

由于火灾破坏了建筑物、物品原有的安全性和稳定性，进入现场勘验之前，应当彻底查明、了解可能危害人身安全的险情，并予以排除。因客观条件限制无法排除但又必须进行的现场勘验活动时，应当采取各种有效的措施确保安全。

现场实地勘验中必须随时关注以下险情：

1. 建筑物、构筑物是否可能发生的倒塌、坍塌；上方高空中是否可能发生的坠物，如砖块、玻璃和其他物体等。

2. 现场周围是否存在运行时可能引发建筑物倒塌的机器设备。

3. 电气设备、电气线路、金属物体是否可能还带电。现场勘验时应对现场物体可能带电的情况或可能突然恢复供电的情况进行检查，必要时（如高压电）应把电气线路配电柜开关推出，或将总开关上的电线拆除。

4. 对居民、饭馆厨房等有可燃气体的燃烧、爆炸现场，是否关闭了气体阀门，燃气瓶、罐是否有泄漏现象。

5. 工厂、仓库的火灾现场有无存放可燃、有毒、腐蚀性等物体，它们在火灾中有否产生泄漏。

6. 医疗、科研等单位的火灾现场是否存在放射性物质、传染性疾病和具有生化性危害等物质。

7. 在灭火救援进行当中进入现场进行勘验时，有否可能会被水枪、水炮及由它们激起的或打落的物品击中。

8. 在道路上勘验车辆火灾现场，应当注意来往的车辆，设置警戒线、警示标志或者隔离障碍设施，必要时也可以通知公安交通管理部门实行交通管制。

此外，火灾现场情况复杂，未知危险很多，而且燃烧残留物还散发着有害的气体，调查人员进入现场时，应当佩戴个人安全防护装备。

二、实地勘验的原则和方法

（一）现场实地勘验的原则

现场实地勘验就是要收集能证明火灾事实的一切证据，为了保证所收集的痕迹、物品的原始性、完整性，确保它们的证明作用，在现场勘验过程中必须遵循以下原则：

1. 先静观后动手。现场勘验时不要急于移动、扒掘现场物品，而是应该首先查清现场情况，仔细观察各种痕迹、物证所处的位置、状态及相互关系，这样才能避免痕迹、物品遭到不应有的破坏。

2. 先固定后提取。对于现场勘验中发现的各种痕迹、物证，不应立即提取，而是应该使它保持在原始的位置和状态，用笔录、照相或录像的方法予以固定，并经见证人（或当事人）见证才予以提取，确保证据的真实性和合法性。

3. 先表面后内层。对物体进行勘验时，应先对物体的表面进行勘验，然后才对物体的内部进行勘验。在扒掘现场残留堆积物时，应先从表面开始清理，边清理边观察塌落层次以及清理出来的物品，这样才可能发现物证和减少对物证可能造成的破坏。

4. 先上部后下部。对现场进行勘验，应先勘验现场上部的部位和物体，后勘验现场下部的部位和物体；先勘验现场的上空，后勘验现场的地面；先勘验现场的地面，后勘验现场的地下。这也是为了不遗漏现场的痕迹、物证以及尽可能减少对物证的破坏。

5. 先重点后一般。在现场勘验中，为了确保不遗漏、不破坏重要的物证，以及尽快查明火灾事实，每一阶段的勘验工作都应先从重点部位开始，然后再到一般部位；先勘验重要的物证，再勘验一般的物证。

（二）现场实地勘验的方法

火灾调查人员进行现场实地勘验的方法有静态勘验和动态勘验。

静态勘验是勘验人员不加触动地观察现场物体由于火灾的发生、蔓延和扩大而引起的变动、变化，观察各种痕迹、物品的特征、所在位置及相互关系，并对其进行固定、记录。

动态勘验是勘验人员在静态勘验的基础上，对怀疑与火灾事实有关的痕迹、物证等进行翻转、移动的全面勘验、检查，其目的是更深入地分析、研究该痕迹、物证的形成原因及证明作用。动态勘验由于有可能对原始现场产生破坏，所以在进行动态勘验时应注意准确确定挖掘的范围，明确挖掘目标，确定寻找对象，还要耐心细致，并注意物品与痕迹的原始位置和方向。

在现场勘验实践中，静态勘验法和动态勘验法不是截然分开的方法，在静态勘验中可以采取动态勘验的方法，在动态勘验中也可采取静态勘验的方法，勘验过程只是方法，不是目的，现场勘验人员在勘验中应灵活运用这两种方法，"动""静"结合，以最佳的方法去发现、收集物证。

三、环境勘验

环境勘验是指现场勘验人员在火灾现场的外围进行巡视，观察和记录火灾现场外围和周边环境的一种勘验活动。环境勘验过程中，一般采用静态勘验的方法，主要是进行观察，不触动现场的物品，然后通过绘图、文字记录、照相或录像的方式记录现场及其周边环境。

（一）环境勘验的目的

1. 查明火灾现场方位及与周边环境的联系。察看火灾现场周边环境，明确其他建筑物、构筑物（如配电房、锅炉房以及其他生产、生活场所）与火灾现场的联系。

2. 判定由外部引入引火源的可能性。通过环境勘验，判断火灾有无外来火源、电源故障引燃的可能性；判断有无可能是外部人为的因素引发的火灾，有无可疑的痕迹。

3. 确定火灾范围和火灾现场外部的燃烧特点。通过环境勘验，确定火灾现场范围和火灾现场外部的燃烧特点，从整体上初步判断火灾现场各部位燃烧的轻重情况、火灾蔓延的大致方向，为下一步的勘验划定区域，确定勘验方法。

4. 验证、核实有关火灾现场情况的证言。火灾调查人员通过环境勘验，可以初步验证、核实在现场访问中获得的关于起火部位的证言。

（二）环境勘验的内容

进行环境勘验主要是观察火灾现场周边环境和从火灾现场周边向现场内部观察。

1. 观察火灾现场周边环境

（1）火灾现场围墙、栏杆、门窗及周围道路有无可疑人员出入现场的痕迹（如可疑的脚印、车印痕、攀登痕迹等），有无可疑的遗留物（如起火物残体、容器）以及其他各种痕迹，以判断有无放火的可能。

（2）火灾现场周围烟囱的高度及与火灾现场的距离；锅炉使用的燃料及燃料燃烧的情况；火灾现场周围是否有灰坑、灰堆等。结合起火时的风力风向判断有无飞火引起火灾的可能性。

（3）察看进入火灾现场（通过空中或电缆沟进入）的电源线路、通讯线路和广播线路等，结合火灾现场中的供电情况，判断是否是外部的导线短路、漏电等引起火灾而蔓延到中心现场的可能性。

（4）察看起火建筑物周围或直接通入现场的可燃性气体及易燃液体管道及阀门等情况，以判断有无泄漏的可能，是否由此泄漏引起火灾。

（5）若怀疑雷击火灾，应观察火灾现场地形、地貌特征，起火建筑物的高度（是否为现场四周最高的建筑物），是否安装避雷针或其他天线，分析有无雷击的可能性并注意查找雷击痕迹。

（6）火灾现场周围的建筑、构件和可燃物堆垛与现场的关系，判断是否由这些部位起火蔓延至中心现场。

（7）察看火灾现场四周生产、生活场所（如变、配电房、厨房、值班室和员工宿舍等）与火灾现场的距离，它们的用电、用火是否引起火灾后蔓延到中心现场。

（8）察看火灾现场四周是否有证明价值的视频监控，并予以提取。

2. 从火灾现场周边向火灾现场内部观察，其主要内容有：

（1）火灾建筑物结构的特点：是单层建筑、多层建筑，还是高层建筑；是钢筋混凝土结构、砖木结构，还是其他简易的临时建筑物、构筑物等。

（2）火灾现场的燃烧范围，燃烧终止的部位，借以确定火灾的燃烧范围，火灾现场的面积。

（3）火灾现场的破坏程度、破坏规律，哪一部分破坏最严重。

（4）建筑物整体倒塌的形式和方向。察看建筑物是墙壁倒塌、楼板坍塌，还是屋顶倒塌；倒塌的部位和方向等。

（5）火灾现场外部表面的烟熏痕迹。察看建筑物外表面、外窗玻璃及门窗上方的烟熏痕迹，从烟熏痕迹的浓淡变化判断火灾蔓延方向。

（6）火灾现场外部表面的低熔点固体熔化、滴落痕迹，如外墙上的沥青流淌痕迹等。低熔点的固体熔化、滴落痕迹，隐含着火灾蔓延的某种信息。

（7）察看火灾现场的通道、开口部位的痕迹。如建筑物的门窗扇、阳台铁围栏有无撬压变形等可疑痕迹；碎玻璃的散落方向，抛出物的分布等。

四、初步勘验

初步勘验是在环境勘验的基础上，观察现场各部位、各种物体被火烧毁、烧损的情况，是现场勘验人员在不触动现场物体和不变动现场物体原来位置的情况下，对火灾现场内部进行的初步和静态的勘验活动。

（一）初步勘验的目的

1. 查清火灾现场的全貌，查清现场的建筑结构、内部平面布局、物品设备放置的位置以及它们被火烧毁、烧损的情况，印证在环境勘验中观察到的初步结论。

2. 查清现场内部火源、热源、电源、气源、可燃物品和设备的摆放位置和使用状态。

3. 收集能证明火灾蔓延方向、起火物和引火源的各种物证。

4. 查清火势蔓延方向、路线，确定起火部位。

5. 初步验证当事人或证人提供的有关起火部位、起火物和引火源的情况。

（二）初步勘验的内容

1. 勘验现场有无放火痕迹物证，如门和窗被破坏的痕迹、物品被偷窃和不正常翻动的痕迹以及可疑的引火源、起火物的物证等。

2. 查清现场建筑内部门、窗、过道、通风口和竖向管道情况。这些部位良好的通风情况会对可燃物的燃烧产生很大的影响。

3. 从整体上查清现场不同方向、不同高度和不同位置的燃烧终止位置。通过查清这些终止位置可初步判断火势蔓延的方向。

4. 比较物品燃烧情况：不同部位各种物质的烧毁、烧损情况；同一物体不同方向的烧毁、烧损情况；同类物体在不同部位的烧毁、烧损情况。

5. 倒塌的部位、方向以及造成倒塌的原因。物件倒塌的原因有：被火烧毁失去支撑倒塌，或在周边物体倒塌的牵引力作用下倒塌，或在上部倒塌物体的重压下倒塌等。

6. 金属物体上形成的变形、变色、熔化和弹性变化等痕迹。

7. 玻璃、混凝土等不燃物体的变色、变形、炸裂、熔融和脱落痕迹。

8. 物体上形成（包括数个物体上共同形成）的各种火灾燃烧图形痕迹的位置及形状特征。

9. 各种火源、热源的位置及状态。查明现场上的火源、热源，如炉灶、烟囱、电热设备和电气焊设备的位置和使用情况。

10. 电气控制装置、线路和用电设备的位置、使用状态以及被烧毁、烧损的情况。

11. 现场存放（或通过管道输送）易燃液体、可燃气体的数量、位置，以及现场存放易燃、自燃性化学物品的情况。

12. 各种生产设备、生产线被烧毁、烧损的情况及它们在起火前的使用状况。

13. 察看现场内部有否有证明作用的视频监控，并予以提取。

通过以上初步勘验，能够判定火灾蔓延方向，从而推断出起火部位，同时也查明了火灾现场热源、电源的使用位置和使用情况以及现场存放的物品的种类、数量和特性等。

五、细项勘验

细项勘验可以使用动态勘验的方式，对初步勘验过程中所发现的各种痕迹物证，在不破坏的原则下，通过扒掘、清理等手段逐个仔细地翻转、移动，详细观察和研究它们的特征，分析它们形成的原因以及与火灾事实之间的联系，判断它们的证明作用。细项勘验中还可以使用各种仪器、采用各种技术手段去挖掘、发现和收集各种痕迹、物品。

（一）细项勘验的目的

1. 进一步印证初步勘验的结论，缩小起火部位范围，确定起火点位置。

2. 解决初步勘验中的疑点。由于火灾现场的复杂性，初步勘验发现、收集的各种痕迹，其证明作用有时会互相矛盾，这些矛盾可通过细项勘验去解决。

3. 在起火部位处收集、保全证明起火物、引火源、起火原因以及其他火灾事实的物证。

4. 验证证人证言或当事人陈述中有关起火点、引火源和起火经过的火灾事实，以及现场访问中获得的有关起火物、起火点的情况。

5. 确定下一步专项勘验的对象。

（二）细项勘验的内容

1. 察看可燃物烧毁、烧损的具体状态。通过详细勘验可燃物的位置、形态、燃烧特征和燃烧痕迹，可进一步分析其受热或燃烧的方向。根据可燃物燃烧炭化程度或烧损程度，分析其燃烧蔓延的过程，进一步缩小起火部位区域，推断起火点。

2. 比较起火部位不燃物的破坏情况，确定破坏最为严重的区域，从中推断出起火点。

3. 起火部位建筑物和物品塌落的层次和方向。

4. 起火部位的低位燃烧区域和燃烧物。对于起火部位的低位燃烧区域要分析判断其形成的原因。

5. 人员烧死、烧伤情况。

6. 详细勘验并确认各种燃烧图痕的底部。

7. 准确确定起火点或附近存在可能的引火源的种类、数量和特性；测量现场火源、热源、电气故障点与起火点之间的距离，分析它们与起火原因的关系。

8. 提取能证明为起火物的物证。在已判断为起火点处收集、提取燃烧残留物（灰化、炭化物，放火物等），由外观判断或当事人指认或鉴定、检测以确定是否为起火物的物证。

9. 提取疑似引火源的物证。提取起火点或起火点附近所有可能的火源，用来作下一步的专项勘验或鉴定。

10. 提取证明其他火灾事实的证据。在细项勘验中，除了上述提取起火物物证和引火源物证外，还应提取所有与火灾事实有关的所有痕迹物证，如证明起火时间、证明火灾蔓延方向、证明起火经过和证明当事人违法行为等的一切事实，都应作为证据予以提取。

（三）细项勘验的方法

细项勘验一般可采取动态勘验的方法，具体有：

1. 剖面勘验法。剖面勘验法是在拟定的起火部位或勘验部位处，将地面上的燃烧残留物和灰烬分开一个或多个剖面，仔细观察残留物每层燃烧的状况，辨别每层物质的种类、烧损情况、炭化层次等。

2. 逐层勘验法。逐层勘验法是对火灾现场上燃烧残留物的堆积层由上到下逐层剥离，观察每一层物体的烧损的程度和烧毁的状态。

3. 筛选勘验法。筛选勘验法，是对可能隐藏有小型物证的火灾现场的残留，通过适当的手段除去杂物，找出痕迹物证的方法。使用筛选勘验法，常用于在现场残留物中收集短路喷溅熔珠、金属小零件、电焊熔珠、毛发和纤维等。

4. 复原勘验法。复原勘验法是在询问证人的基础上，将残存的建筑构件、家具等物品恢复到原来位置和形状，以便于观察分析火灾发生、发展过程。复原勘验法具体有：残骸复原法，将残骸复原到原始位置，再根据燃烧痕迹来分析研究燃烧过程、蔓延方向；绘图复原法，根据证人证言或当事人陈述的现场情况，利用绘图的方式将起火部位的物体原始摆放情况按原貌复原。

5. 水洗勘验法。水洗勘验法，就是用水清洗起火点所在的表面或其他一些特定的物体和部位，以便于发现和收集痕迹物证。水洗勘验法的步骤是，首先用逐层勘验法清理待勘验部位上部的堆积层和残留物，到达待勘验部位的表面时，用清水冲洗，再用扫帚、毛刷等工具轻刷，使待勘验部位的表面显露出来。水洗勘验法可以显示出待勘验部位的表面痕迹。

6. 网格勘验法。网格勘验法，是对一些特定的区域（如起火部位等）用绳索划分成若干网格，将每个网格编号，并对每一个网格内的火灾残留物分别进行筛选、水洗，寻找物证。网格勘验法适用于需要对物证的空间位置进行精确定位时的勘验。

六、专项勘验

专项勘验，是对火灾现场收集到的起火物、发热体以及其他能够产生火源能量的物体、设备和设施等或其他特定对象所进行的勘验。通过专项勘验，可以判断被勘验对象的性能、用途、使用和存放状态、变化特征等，证明待证的火灾事实。

（一）专项勘验的目的

专项勘验是对火灾现场特定的物体或事物进行的勘验，其主要目的是：

1. 勘验、鉴别引火源、起火物的物证。

2. 勘验引火源与起火点、起火物的关系。引火源与起火点、起火物是否形成一个有机的整体。

3. 对其他特定物品或事物的勘验以证明待证的火灾事实。

（二）专项勘验的内容

专项勘验的内容有：

1. 各种疑似的引火源，根据其特征分析其来源。

2. 电气线路有无存在电熔痕，有无短路点、过负荷等现象，根据其特有的痕迹特征，分析其故障的原因。

3. 电热装置、设备及用电设备有无过热现象及内部故障，分析过热和故障的原因。

4. 检查机械设备有无摩擦痕迹，分析造成摩擦的原因。

5. 生产设备产生着火源的可能，如输送易燃液体的管道是否产生静电，电动机内部是否有摩擦等机械故障。

6. 化工生产反应容器，检查其内部物料性质、数量和生产工艺流程，判定其发生冲料的可能。

7. 易燃液体、可燃气体的储存容器，检查其泄漏原因及形成爆炸混合气体的条件。

8. 自燃物质的特性及其放置方式、形成自燃的各种条件。

9. 各种热固体（如电焊熔渣等）表面的温度、产生的时间、与可燃物的距离和可燃物的有关燃烧性能等。

10. 雷电进入建筑物的通道，雷击的部位与起火点的联系。

11. 勘验其他特定的专项勘验对象，收集能证明待证火灾事实的证据。

（三）专项勘验的方法

由于专项勘验主要是对引火源物证或某些特定的物体、事件进行专门勘验，所以在专项勘验中可根据现场情况采用以下的方法：

1. 直观鉴别法。直观鉴别法是火灾调查人员根据自己掌握的科学知识、工作经验等，用人体的感官（眼睛、鼻子等）对物证进行鉴别的方法。直观鉴别法适用于判断比较简单的物体，如电熔痕和火烧熔痕的外观判别等。

2. 物理检测法。物理检测法就是用物理学的方法对待勘验的物品进行勘验检查的方法。现场勘验中常用的物理学检测有：

（1）电量参数检测。使用万用表等对被勘验对象的电压、电流、电阻等电量参数进行的检测。

（2）剩磁检测。使用特斯拉计来测定火灾现场上铁磁性物件的磁性变化，以判断该物体附近火灾前是否有大电流通过。

（3）弹性检测。使用混凝土回弹仪测量混凝土的弹性，判断混凝土被烧损的程度。

（4）温度测量。使用数字温度表、红外温度计等，测量物体的温度，判断其作为火灾引火源的可能。

（5）炭化深度测定。使用炭化深度测定仪，测量可燃物的炭化深度，借以判断物体被火烧损的程度。

3. 化学分析法。化学分析法是火灾调查人员在现场使用便携的化学分析仪器对待勘验物体的化学性质进行简单的识别、判断的方法。现场勘验中常用的化学分析法仪器有可燃性气体探测仪、易燃液体探测仪、直读式气体检测管和便携式气相色谱仪等。

4. 调查实验法。调查实验法，是火灾调查人员为了查明或验证火灾事实的某个情节，按照火灾发生时的条件，对该情节进行模拟的方法。现场的调查实验可以帮助调查人员验证对某些火灾痕迹物证的判断或对火灾事实某些情节的推断。

第五节　尸体表面的勘验

一、火灾现场尸体的证明作用

火灾现场的尸体，有可能承载着大量的重要火灾信息，是重要痕迹物证载体，具有其他火灾物证不可替代的证明作用。火灾现场上的尸体有如下证明作用：

（一）证明火灾性质

火灾现场上的尸体，如发现有火灾前外力致伤、致死的痕迹，或有受外来因素（如捆绑等）约束而无法逃生的痕迹，或有死后焚尸的痕迹等，可判断火灾具有放火的因素。

（二）证明起火部位、起火点

在火灾中受烟火威胁时，人的本能作用和求生欲望使大多数人都向背离起火点的方向逃难。利用这一特征，根据火灾现场尸体的背向，可推断起火部位和起火点。此外，也可以根据尸体上烧伤轻重的痕迹、部位，判断火灾蔓延方向。

（三）证明火场的温度

根据尸体烧伤痕迹可判断尸体所处火场的温度：如四度烧伤（炭化），需在火焰中长时间烧灼后方形成，此时组织水分丧失，蛋白质破坏，变黑，质硬而脆，通常炭化需400℃以上，灰化需1 000℃以上等。

（四）证明起火经过或起火原因

尸体及其衣着情况可证明起火经过或起火原因：

1. 尸体裸露部分的皮肤，均匀烧脱，形成"人皮手套"或"人皮面罩"等，说明是因为易燃液体起火时造成的。

2. 尸体上发现"天文"状烧伤痕，身体局部烧伤或者穿孔，或者大脑与心脏有电击麻痹状，很可能是雷击火灾。

3. 尸体与他生前位置发生机械力作用下的位移，衣服部分或全部撕破剥离，尸体某一方向的皮下充血，内脏器官被破坏，说明是爆炸冲击波所致，说明发生了爆炸或爆燃。

4. 尸体衣服和暴露的皮肤被烧状况均匀，没有机械性外力损伤，呼吸道有灼伤痕迹，说明是因气体爆炸燃烧致死。一般固体火灾不能使尸体各部均匀被烧。

5. 尸体衣服兜内或手里抓有香烟和火柴，或尸体附近地面有点燃过的火柴头以及没点燃的香烟，说明死者可能用火不慎或玩火引起火灾。

6. 根据尸体衣着以及附近的工具，可以判断死者生前的活动是否会引发火灾的因素。

（五）证明火灾发生的时间

根据死者到达火灾现场的时间、进行某种操作所需要的时间、被损坏手表停摆的位置以及尸体的死亡时间，可以借此推断火灾发生的时间。

二、尸体勘验步骤

（一）火灾现场尸体的寻找

通常情况下，在调查火灾前，必须首先核实死亡人数以及尸体所在的位置，一般通过现场搜索、清点就可实现。在大型或者遭到严重破坏的火灾现场，如发现有失踪人员，则必须采取各种方法去搜寻失踪者，包括在火灾现场搜寻可能的死亡人员。在现场寻找尸体的主要方法有：

1. 通过现场询问了解现场死亡人员的有关情况，然后根据死者的工作任务、工种、当班、待班、睡眠及生前位置等确定查找范围，按其火灾前的位置进行查找，一般重点查找床底下、卫生间、楼梯走道、电梯内等。

2. 根据尸体气味进行查找。火灾现场的尸体因受热作用和尸体本身自然腐败的变化，均会产生难闻的气味，此时可根据尸臭气味查找。

3. 根据夏季嗜味昆虫聚集的特性查找。一般蝇、蚊和蚂蚁等嗜味性昆虫常出没、聚集在尸体附近，在这些昆虫的出没处查找尸体也是一种很好的方法。

4. 利用警犬进行搜寻、查找。

（二）尸体的个体识别

火场上发现有尸体，火灾调查人员应尽可能在现场就对尸体进行个体识别，特别是位于起火点、起火部位上的尸体要尽早予以识别，这有助于确定起火经过及火灾性质。一般火场尸体可根据其外观特征、衣着、携带的证件、物品来进行个体识别，也可请其亲属、知情人等辨认，还可以根据现场情况利用 DNA 进行个体识别。

在火场上对尸体进行勘验的一个重要内容是准确确定死亡人数。对爆炸、重大事故引起的火灾现场，常遇破碎的尸块，此时对死亡人员的统计，应以人的头颅数为准，以免漏报、错报。

（三）尸表的勘验

火灾现场勘验人员对现场中的尸体进行表面观察的主要内容有：

1. 尸体的位置。勘验尸体所在位置，有否异常情况，有否逃生的迹象（与生前是否同一位置），倒卧的方向与火灾蔓延方向的关系，尸体与周围物品的关系、相互距离，特别是与起火点、起火部位、起火物、火源或电源的关系。如果尸体被物体埋压，勘验时应逐层清除堆积物，并注意观察倒塌压迫在尸体上的物体的倒塌方向、重量、压迫尸体的部位，以及是否自然倒塌，倒塌物能否直接造成被害人死亡等。

2. 尸体周围的物品。观察尸体周围有无凶器、可疑致伤物、引火源、起火物及其他可疑物品，同时翻看尸体下面有何异常现象、异常物品。对尸体身上及附近的各种物证应进行标记、保护，以便专业人员进行全面勘验、提取。

3. 尸体的姿态。观察尸体是仰卧、俯卧还是侧卧，以及肢体伸展、屈曲的情况，有无逃生迹象，有无躲避火焰动作，如用手抱头、遮挡脸部等。

4. 尸体的烧伤特征。观察尸体烧伤的部位、烧伤的程度。烧伤的程度一般分为四度：一度为红斑形成；二度为水疱形成，其中伤及真皮浅层者为浅二度烧伤，伤及真皮深层者为深二度烧伤；三度伤及皮肤及皮下组织，表皮层完全被破坏消失，其下组织发生坏死和凝固；四度为组织烧焦炭化。尸体

上较重的烧伤部位一般是迎火面。

5. 尸体的外表征象。观察尸体外表征象主要是观察其有无外来损伤，有无生活反应等。所谓生活反应，是活体对各种外来因素所致损伤或致病因子所产生的反应，火场上尸体常见的生活反应有：出血（包括皮下出血）、炎症（表现为水疱、肿胀等，如图6-5-1所示）、创伤哆绽开（皮肤、肌肉等活体组织皆有一定的紧张度，形成创伤时，创缘的皮肤、肌肉等发生收缩，使创口绽开），死后人体组织再受到损伤，则没有生活反应，称为死后伤。

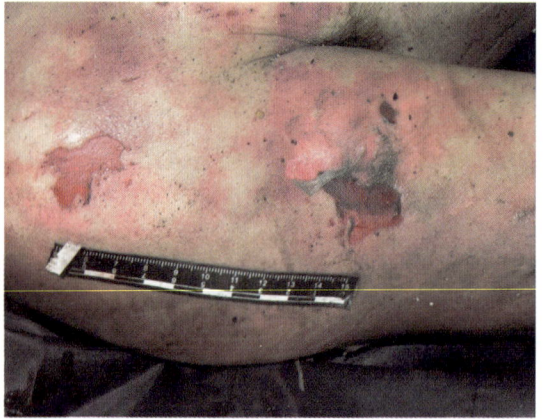

图6-5-1 二度烧伤：皮肤红斑及表皮松解
（有水肿、皮下出血等生活反应）

6. 尸体的衣着。观察尸体衣着或尸身上织物残片，判断死者生前状态，如是否在睡眠、工作等；观察衣着是否完整，有无撕裂、燃烧痕迹，纽扣是否脱落等，以此推测受伤当时的体位；观察衣着上有无擦拭喷溅的血迹、油污和灰尘等，特别是应当注意发现衣着上不易清除的部位，如衣服的皱褶、袖口、裤脚和鞋边等处是否有血痕；尸体身上无衣物的，注意观察是烧失还是没穿衣服抑或由于爆炸冲击波剥离所致。

（四）尸体的处理

火灾调查人员对现场尸体表面进行勘验时应作好记录，勘验结束后，应立即通知本级公安机关刑事科学技术部门进行尸体检验。尸体需搬运出现场，运送时尽量保持尸体的原始姿势，同时将尸体和遗留的衣物等，一并运出，防止遗失，并详细标明运出的地点、时间，遗留物品的名称、数量，同时记录参与勘验人员的姓名、工作单位等，以便办案时核对情况。

三、火场人员火灾致死的征象

火场中，由火焰或高温、烟气引起的死亡称为火灾致死。火场尸体的死亡原因可以通过尸体表面及内部的征象来判断：

（一）尸体外表征象

1. 毛发、指甲被烧。受火焰或热辐射作用，150~200℃时毛发尖端破坏，出现卷曲，见图6-5-2，200~230℃时开始炭化，240℃以上时毛发变硬、变脆、变黄，直到呈白色；140℃时指甲边缘出现空泡，250℃时波及整个指甲，400℃时指甲炭化。

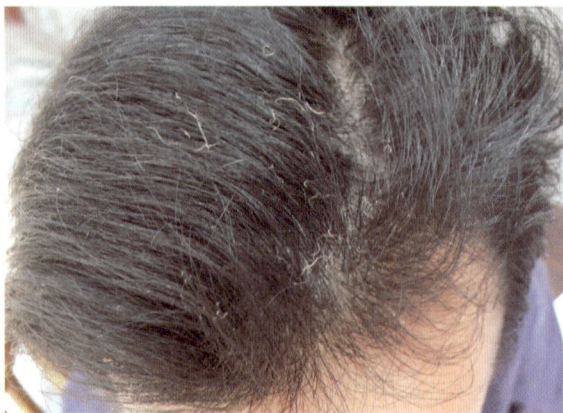

图6-5-2 毛发卷曲

2. 烧伤。烧死尸体的主要外表象征是烧伤，人在火场内很容易在体表裸露部位造成烧灼损伤，烧灼伤处皮肤表现明显的充血反应，可出现不同程度烧伤，一般分为四度，即一度形成红斑；二度形成水疱，见图6-5-1，其中伤及真皮浅层者为浅二度烧伤，伤及真皮深层者为深二度烧伤；三度伤及皮肤及皮下组织，见图6-5-3，表皮层完全被破坏消失，其下组织发生坏死和凝固；四度为组织烧焦炭化，见图6-5-4。烧伤面积的大小对人体的影响比烧伤深度的影响更大，大面积的浅度烧伤亦可使人休克死亡，一般认为，二度烧伤面积达体表的50%或三度烧伤面积达体表的30%即可引起死亡。此外，接触可燃液体烧伤，经水浸泡后，可见到所谓的"人皮脚套"和"人皮手套"现象，见图6-5-5、图6-5-6。

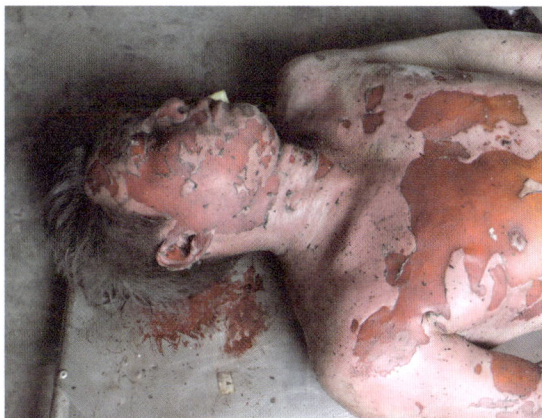

图6-5-3　三度烧伤：伤及皮下组织和肌肉（有水肿、皮下出血等生活反应）

图6-5-4　四度烧伤：全身炭化

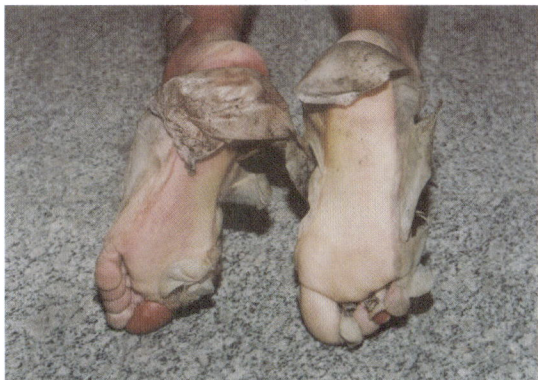

图6-5-5　人皮脚套

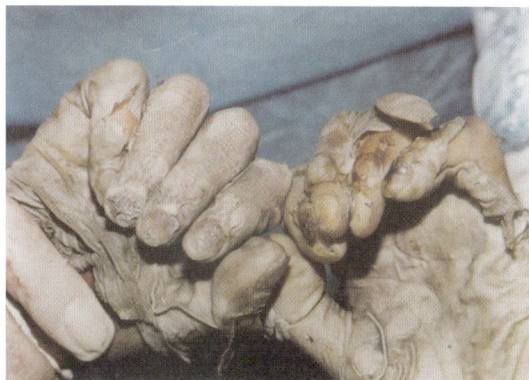

图6-5-6　人皮手套

3. 外眼角皱褶。当受害人生前被火烧时，反射性紧闭双眼，在外眼角处形成皱褶，皱褶内皮肤不被烟熏或烧伤，亦无烟灰炭末黏附，角膜和结膜囊内亦无烟灰。

4. 皮肤皲裂。高温使皮肤凝固收缩，形成与皮下组织分离的绽裂，多呈直线或弧形，表浅，裂纹走向多与皮纹一致，没有生活反应，见图6-5-7。

5. 拳击样姿势。高温使骨骼肌凝固收缩，由于屈肌强于伸肌，使尸体四肢弯曲呈拳击样姿势，又称斗拳状，见图6-5-8。生前烧死或死后焚尸，均能形成拳击样姿势，故不能作为生前烧死的依据，但火烧之后没有拳击样姿势的则一定是死后焚尸。

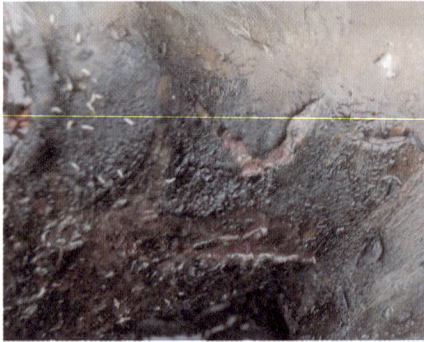

图6-5-7　皮肤皲裂

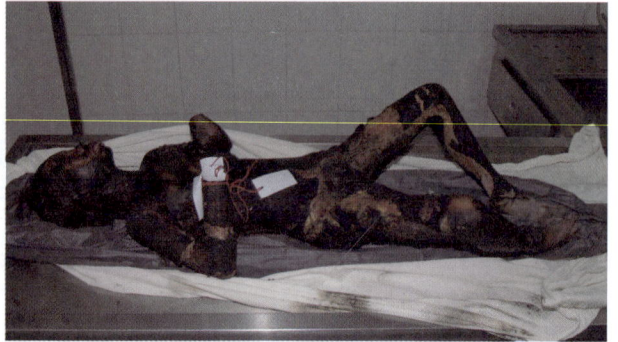

图6-5-8　斗拳状

6. 骨破裂。高温破坏骨内有机质使其收缩松脆，受热的骨质又出现气泡，两者共同作用造成骨破裂。破裂形状呈皱裂状或星芒状，骨破裂处必定先存在软组织坏死炭化。见图6-5-9。

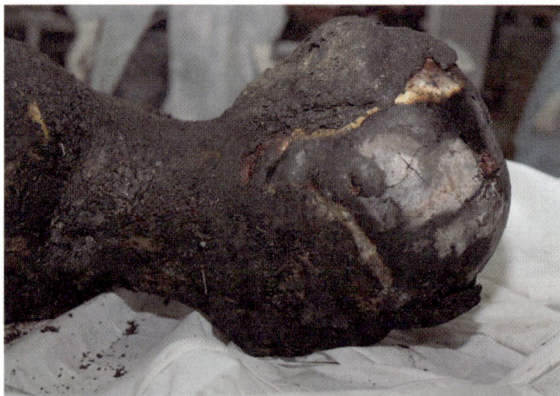

图6-5-9　头骨破裂

（二）尸体内部征象

尸体内部征象要通过法医对尸体解剖和进行一系列检验才能显现出来。

1. 呼吸道内有烟灰炭末

活着的人在火场中呼吸挣扎，将悬浮于空气中的烟灰、炭末吸入呼吸道。尸检时，在口鼻腔、气管、支气管、食道甚至胃内发现烟灰、炭末，这是认定生前烧死的重要依据。见图6-5-10、图6-5-11、图6-5-12。

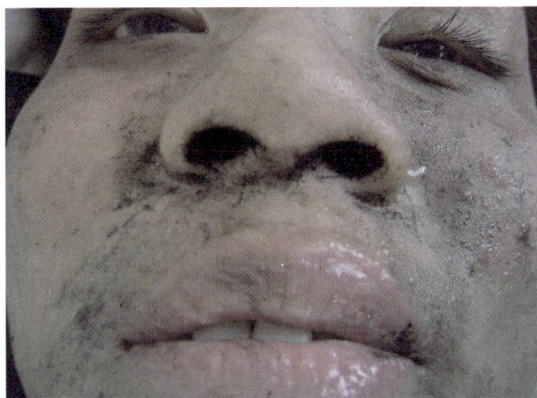

图 6 - 5 - 10　鼻孔有烟迹，表明有呼吸

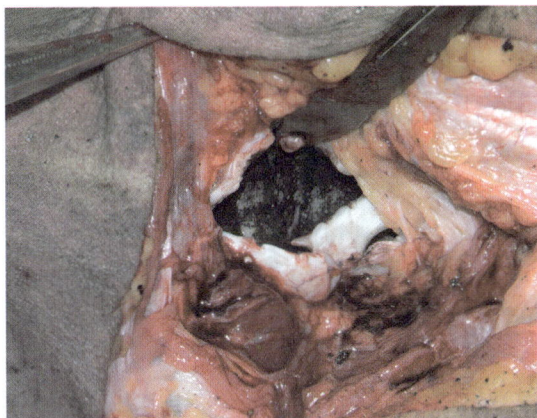

图 6 - 5 - 11　气管内的炭末

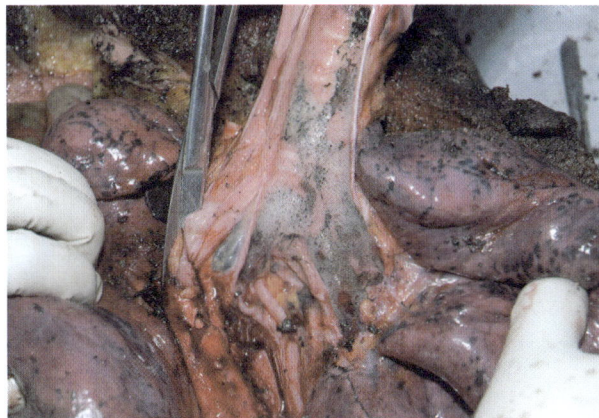

图 6 - 5 - 12　气管内的烟尘

2. 呼吸道烧伤

由于死者吸入火焰和高温气体，刺激咽喉、气管、支气管黏膜，使其呈高度灰白色，内含纤维蛋白、白细胞和坏死的黏膜上皮细胞，这些呼吸道烧伤征象也是认定生前烧死的可靠依据。见图 6 - 5 - 13。

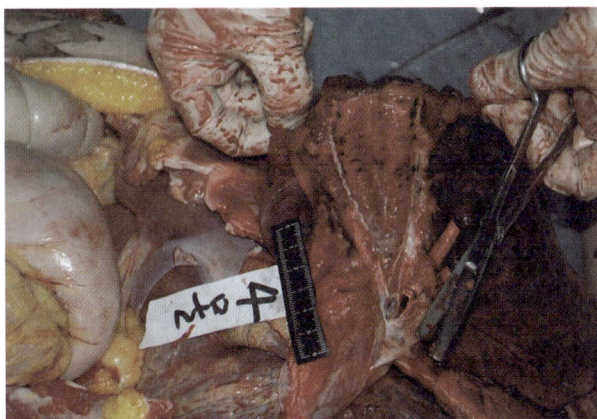

图 6 - 5 - 13　肺部被烧伤，表现为血性肺水肿

3. 心脏和大血管血液碳氧血红蛋白增高

火灾现场产生大量一氧化碳，活体于死前吸入一氧化碳，实验室能检出其心脏和大血管内的血液中高浓度的碳氧血红蛋白，这也是认定生前烧死的可靠依据。另外，空气中的一氧化碳也可以透过皮肤，与皮肤和皮下组织血管内的红细胞血红蛋白结合，生成碳氧血红蛋白。因此为准确确定一氧化碳中毒情况，抽血检验时须抽心包血作检材。

4. 硬脑膜热血肿

高温能使脑组织、硬脑膜收缩，硬脑膜与颅骨内板分离，并引起血管破裂出血，血液聚积在颅骨内板与硬脑膜之间，形成热血肿。见图6-5-14、图6-5-15。生前烧死与死后焚尸均能形成热血肿，与生前受伤所致硬脑膜外血肿两者的区别见表6-5-1。

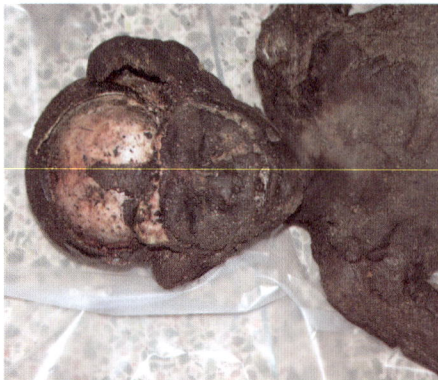

图6-5-14 砖红色热血肿

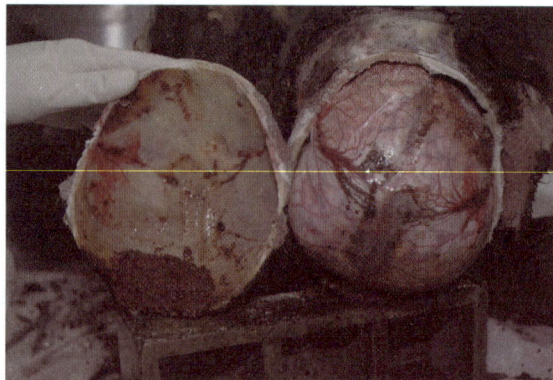

图6-5-15 硬脑膜外热血肿

表6-5-1 硬脑膜外热血肿与外伤性硬脑膜外血肿的鉴别要点

	硬脑膜外热血肿	外伤性硬脑膜外血肿
形成原因	高温作用，为死后形成	外力作用，均为生前形成
血肿部位	多在颅顶部	不一定，双颞部多见
范围	较大，重可达100克以上	血肿常局限
质地	脆	软，有弹性
形态	新月形，边缘锐利	多为纺锤形
血肿颜色	砖红色或暗红色	均为暗红色
血肿结构	松软，内含脂肪及气泡，蜂窝状	血肿致密而坚硬
与颅骨关系	与颅骨相贴，与硬脑膜粘连不紧密	挤压颅骨，与硬脑膜紧密粘连
血肿 HbCO 含量	升高	无
伴发情况	头部无外伤，颅骨有烧焦、炭化、颅骨骨折为外凸或星芒状	头部相应部位有外伤痕迹，常伴有颅骨骨折

5. 其他内脏改变

烧死前若发生休克，内脏可出现退行性改变，如心、肝、肾、肾上腺及中枢神经等的变性或坏死，迅速烧死者，可无上述改变。

四、火灾致死的机理

（一）窒息致死

火场人员缺氧、吸入热的或刺激性气体、火焰、高温气流、烟雾等引起呼吸道黏膜充血、水肿、坏死、脱落和分泌物增加及支气管痉挛，加之燃烧不完全的烟灰、炭末堵塞呼吸道，均可引起窒息死亡。

（二）休克致死

高温引起人体大面积烧伤，神经末梢受到外界强烈刺激引起剧烈疼痛，引起疼痛性休克；此外，由于烧伤创面水分大量蒸发致血液浓缩、有效血管容量降低，从而引发低血容性休克。休克是一组急性循环衰竭的综合征，主要症状为血压下降、脉搏细微、呼吸急促、颜面苍白，严重者意识丧失，甚至迅速死亡，烧伤休克是火灾现场尸体常见的死因之一。

（三）中毒致死

火场死亡人员中毒分为一氧化碳中毒和其他有毒气体中毒。

1. 一氧化碳中毒。火灾现场物质燃烧不完全，会产生大量的一氧化碳气体，火灾现场死亡人员当中，有相当一部分是死于一氧化碳中毒。一氧化碳中毒是建筑物火灾、空难火灾、车辆交通事故火灾等重要的死亡原因之一。一般情况下，血液中 HbCO（碳氧血红蛋白）达到50％以上即可死亡，但由于年龄、体质等个体差异，HbCO 饱和度低于50％，甚至20％，也可引起中毒甚至死亡。此外，火场尸体血液中含有高浓度的 HbCO，也说明死者当时呼吸功能和循环功能均存在，是生前烧死的佐证。因此，血液中 HbCO 的测定，应当列为尸体检验的常规项目。

2. 有毒气体中毒。建筑物室内装修和日常生活用品燃烧时会产生大量的一氧化氮、氰化氢、二氧化硫、硫化氢等有毒气体，当火场中的人员吸入一定量时，就会中毒昏迷甚至死亡。

五、火灾致死与死后焚尸的鉴别

火场尸体检验的任务之一是查清死者是火灾致死，还是死后焚尸，二者的主要区别见表6-5-2。

表6-5-2 火灾致死与死后焚尸的尸体征象

	生前烧死	死后焚尸
逃生状态	一般有逃生状态	无逃生状态
皮肤	皮肤烧伤伴有生活反应（红斑、水疱等）	皮肤烧伤一般无生活反应
眼睛	眼睛有睫毛征候与眼角鸡爪样改变	无此改变
呼吸道	气管、大支气管内可见烟灰、炭末沉着，有热作用呼吸道综合征存在	烟灰、炭末仅在口鼻部、呼吸道无高温作用的表现
胃	胃内可查见炭末	胃内无炭末
HbCO	心血及深部大血管内检出高浓度的 HbCO	无或含量极低（吸烟者）
死亡原因	烧死、窒息或压砸等	机械性损伤、中毒或机械性窒息

六、依据尸表征象认定火灾性质

1. 尸体与地面接触部分没有烧伤，说明火灾时受害人没有挣扎、滚动，证明可能是死后焚尸或者先中毒（他人投毒或烟气中毒），失去意识后被火烧，此种情况应由法医作尸体检验才能认定死因。

2. 尸体全身都有烧伤，说明火灾时受害人滚动、挣扎，有站立逃生行为，尸体一般停留在卫生间、墙角、楼梯间、桌子底下等，可以认定是生前烧死。

3. 尸体四肢没有弯曲呈斗拳状，说明火灾时已经有尸僵发生，证明是死后焚尸。

4. 床上停放的尸体，头扭向火焰来向或面部朝向火焰来向，证明是死后焚尸。

5. 双眼无反射性紧闭，在外眼角处无皱褶形成证明是死后焚尸（失去意识和反应者例外）。

6. 尸体表面无红斑、水疱出现，有时出现水气泡，周围无红斑，说明无生活反应，证明是死后焚尸。

7. 气管内没有炭末、烟灰，说明火灾时受害人已经没有呼吸功能，证明是死后焚尸或是先吸入有毒气体中毒致死。

8. 尸体表面有暴力致死征象或受约束（如捆绑）等痕迹，如颅骨大面积塌陷，锐器伤和用来捆绑的金属丝、绳索等，则有重大放火嫌疑。

七、根据尸表征象认定火灾性质应注意的问题

1. 皮肤皲裂也是烧死的征象之一。表现为高温使皮肤凝固收缩（轰然），形成与皮下组织分离绽裂，多呈直线或弧线，走向多与皮纹一致，没有生活反应，不要将此种皮肤开裂现象误认为切伤或砍伤。

2. 尸体表面呈樱桃红色的尸斑，不能作为认定一氧化碳中毒死亡的原因，因为火场空气中的一氧化碳可以透过皮肤，与皮肤和皮下组织血管内的血液形成碳氧血红蛋白，进而形成樱桃红色的尸斑，检测心脏或大血管的血液，才能据以认定一氧化碳中毒的死因。

3. 尸体四肢弯曲呈斗拳状不能说明是生前烧死还是焚尸。因为高温使骨骼肌凝固收缩，由于屈肌强于伸肌，使尸体四肢呈拳击样姿势，烧死或焚尸均能形成拳击样姿势（无斗拳状则是死后焚尸）。

4. 尸体脑壳爆裂不能简单认为是机械作用所致，因在高温作用下，尸体脑骨也可能会产生破裂，导致脑浆迸出，这时就要通过解剖进行判断。

5. 尸体头部的地面有血迹也不能简单认为他人机械作用所致，死者在逃生时的摔、碰等均可能造成出血，要通过尸检进行鉴定。

6. 通过尸表检验认定是烧死的，并不能排除刑事案件的可能，因为诸如通过麻醉、投毒等手段，可以致人失去逃生能力，尸体完全呈现烧死征象。所以经尸表检验的尸体，仍然需要按照程序由法医作尸体检验并出具尸检报告。

由于火场尸体的死亡性质比较复杂，尸体被严重烧焚又会破坏生前烧死和其他暴力损伤征象，有时单从尸体的死因和损伤难以确定其性质，应当与现场勘验、起火物种类和来源、起火点位置、起火原因和火灾性质结合起来综合分析、判断，才能得出准确可靠的结论。

第六节　现场物证提取和委托鉴定

一、现场物证提取的原则和基本程序

对现场痕迹物证的发现、提取是实地勘验工作的核心。现场物证的提取不合法、不科学，就会使得整个现场勘验活动功亏一篑，所以火灾调查人员必须重视对现场痕迹物证的提取。

（一）物证提取的原则

1. 收集的物证要准确。收集的物证要准确，是指拟收集的物证必须经现场勘验人员初步判断可能具有一定证明作用的物品。

2. 提取程序要合法。火灾调查人员必须按照物证提取程序提取火灾现场的物证，才可使提取的物证具有合法性。

3. 提取方法要正确。物证提取的正确性包括物证提取的部位要准确、提取的方法和手段要合理等。

4. 先固定再提取。在提取物证前应通过照相、录像、绘图及勘验笔录等方式对所要提取的物证进行固定，详细、客观和准确地记录物证的原始部位和形貌。

5. 不同的物证应当单独封装，封装物证的封装袋、罐、瓶等容器不能破坏物证的特征，不能与物

证产生化学反应等。

6. 提取物证要完整。现场勘验人员提取的物证要完整，不要有遗漏，物证尽量要整体提取，物证过大不能整体提取时，应提取能代表该物证特征、特点的部分或局部。

（二）现场物证提取的程序

现场提取火灾痕迹、物品，火灾现场勘验人员不得少于两人并应当有见证人或当事人在场，而且应当按照下列程序实施：

1. 量取痕迹、物品相对于现场的位置及外观尺寸，并进行照相或者录像。需要时还可绘制平面或立面图，详细描述其外部特征，归入现场勘验笔录。

2. 填写火灾痕迹、物品提取清单，由提取人、见证人或者当事人签名；见证人、当事人拒绝签名或者无法签名的，应当在提取清单上注明。

3. 封装痕迹、物品，粘贴标签，标明火灾名称和封装痕迹、物品的名称、编号及其提取时间，由封装人、见证人或者当事人签名；见证人、当事人拒绝签名或者无法签名的，应当在标签上注明。

4. 妥善保管所提取的痕迹、物品。

二、固态物证的提取

火灾现场勘验中，常见的固体实物物证有电气痕迹物品、混凝土、自燃性物品等。

（一）电气痕迹物品的提取

电气痕迹物品应在起火点、起火部位或与起火原因有关的场所提取，具体要求是：

1. 提取检材时不能采用热切割方法。热切割的方法会改变物品的金相组织，可能造成对物证鉴定的误判。

2. 电气开关、插座、热电偶、继电器、接线盒、配电盘以及其他的电子仪器和部件，应尽量保持物证的原始状态，将其整体作为物证进行提取，尽量不破坏其整体结构。

3. 提取金属短路熔痕时应注意查找对应点，在距离熔痕 10cm 处截取。如果导体、金属构件等不足 10cm 时，应整体提取。

4. 提取导体接触不良痕迹时，应重点检查电线、电缆接头处、铜铝接头、电气设备、仪表、接线盒和插头、插座等并按有关要求提取。

5. 提取短路迸溅熔痕时采用筛选法和水洗法。提取时还应注意查看金属构件、导线表面上的熔痕。

6. 提取金属熔融痕迹时应对其所在位置和有关情况进行说明。

7. 提取绝缘放电痕迹时应将导体和绝缘层一并提取，绝缘已经炭化的尽量完整提取。

8. 提取过负荷痕迹，应在靠近火场边缘截取未被火烧的导线 2~5m 处提取。

9. 对其他家用电器火灾物证的提取，能够确定故障点的，可提取故障点处的物品；未能确定故障点的，可把该家用电器整体提取。

（二）混凝土物品的提取

取样时，首先从外观上判断构件哪个部位受到火烧作用，然后在被烧严重的部位和被烧轻微的部位各选一个采样点，每个采样点凿取长、宽各 5cm、厚 2.5cm 的混凝土块作为检材，装于塑料袋或玻璃瓶内，编号封装。同时在同一建筑构件上找一未受火灾作用的部位，在上面凿取相同大小的混凝土块作为空白比对样品。

（三）自燃性物品的提取

稻草、麦草和烟叶等植物堆垛发生自燃的火灾现场，在堆垛内部能发现明显的不同程度的炭结块，

从起火部位的中心处向周围延伸呈炭化、霉烂、原物的状态，颜色呈黑色、黄色和不变色的层次。在火灾现场上对此类物品的提取，应从起火点处往外的各个层次分别提取一部分残留物作为物证。

低自燃点物质如磷、还原铁粉和三乙基铝等一旦发生自燃火灾，自燃性物质几乎会全部烧光。在勘验此类火灾现场时，除要仔细寻找残留的低自燃点物质外，还要提取燃烧产物作为样品送检，以确定是否为低自燃点物质。

其他自燃性物质如硝化棉、赛璐珞和浸润着动植物油的纤维等发生自燃火灾时，要注意提取未燃烧的自燃性物质，以便检验它们的燃烧特性和理化性质，如找不到未烧的自燃性物质，则要仔细寻找未烧尽的残留物送检。

（四）其他物品的提取

对于火灾现场上其他有证明作用的物品，提取时应整体提取。对于不便提取的大件物品或痕迹物品，如烟熏痕迹、倒塌痕迹、攀爬痕迹、撬压痕迹等，可采取拍照、画图、笔录等方式进行固定和提取。

对于视频监控资料的收集，应采取登记保存和调取等方法向有关单位或个人收集、保存硬盘储存器等原始载体，取得原始载体确有困难的，可以调取副本或者复制件，并同时附有不能调取原始载体的原因、复制过程以及原始载体存放地点的说明，由复制件制作人和原视听资料持有人签名、盖章或者捺指印。对于可以作为证据使用的视听资料的载体，应当在提取笔录或清单中记载火灾名称、案由、对象、内容、录取、复制的时间、地点、规格、类别、应用长度、文件格式及长度等信息，并妥为保管，不得进行删减、剪接等编辑。

三、液态物证的提取

提取的液态物证一般要用干净、干燥、具有良好密封效果的取样瓶盛装。需要鉴定时，要及时送检，尽可能避免液体的挥发。根据火灾案情不同，对液体物证具体提取方法有：

（一）助燃剂物证的提取

在调查放火嫌疑案件中，常常需要对现场是否存在液体助燃剂进行鉴定。一般情况下，应该在起火点、起火部位处或周围可疑地点提取助燃剂物证，提取的地点数和分量应足够，同时在远离起火部位提取适量物品作比对检材。

由于液体助燃剂自身的特性，在火灾现场中往往被存留于地面、室内家具和火灾现场残留物所吸收，或被多孔物质所吸附，或遇水漂在水面上（醇类除外）等等，提取助燃剂物证的方法应根据其可能的存留形式进行提取：

1. 提取吸收有助燃剂的固体样品

（1）泥土、沙石等固体物品可以通过挖、砍、锯或敲等方法直接提取。

（2）在木材、瓷砖、立柱底部的边缘、接缝、钉眼、缝隙等位置提取固体物品。对于土壤和沙子等固体物质，液体助燃剂可以渗透到较深的位置，因此在提取时要挖到较深处。

（3）对于吸附性强的多孔材料如水泥地板等，除常用的敲碎提取法外，还可以用石灰，硅藻土或未加发酵粉的面粉等吸收材料吸附。操作方法是将吸收材料撒在水泥地面上，保持 20～30min 后，将这些吸收材料密封于干净的容器内。

（4）剪取当事人（包括尸体）的毛发（头发、鼻毛等）、指甲、衣物等。

2. 提取漂浮在水面上的助燃剂物品

（1）用干净的注射器、点滴器、胶管、虹吸装置或者物证容器抽取含有助燃剂的液体。

（2）用医用脱脂棉球或棉纱吸收水面上漂浮的液体助燃剂，并将其放入密封容器。

3. 通过分析烟尘成分来确定原来的可燃物或者助燃剂种类时，要提取烟尘作为检材。提取烟尘样品可直接提取附着烟尘的物体，或用脱脂棉擦拭提取。提取烟尘样品的部位有：

（1）起火部位处的门、窗、柜上的玻璃碎片附着烟尘。

（2）起火点上方的墙壁、陶瓷和金属架或者其他固体上附着烟尘。

（3）尸体鼻腔、气管和肺腔表面上的烟尘。

由于客观条件的限制，通过分析烟尘来鉴定助燃剂的方法有一定的局限性，其鉴定意见只作为调查人员对案情判断的参考。

4. 发现有嫌疑人使用过盛装易燃液体的容器等，要整体提取，封装在密封的取证袋内，防止泄漏和挥发。提取过程中应戴上手套，避免留下自己的手印。

（二）较大容器内液体物证的提取

对于较大容器内不便全部提取的液态物证，为保证提取的样品有代表性，可用移液管吸取上、中、下三层的样品，分别盛装，并对容器内底部的沉淀物和内壁的附着物进行观察、记录和提取。从容器外壳底部阀门处取样时，应先将容器底部的液体放出一部分，借以冲洗掉液体出口处的污垢，然后取样。

对于管道内的液体，视情况提取管道中间样品，或提取管道前部、中部、后部的样品并分别盛装。

（三）腐蚀性液体物证的提取

对具有腐蚀性的液体要用特定容器盛装，如强酸性液体要用玻璃瓶盛装，强碱性液体要用塑料瓶盛装。提取腐蚀性的液体的过程中要小心操作，防止造成意外伤害。

四、气态物证的提取

火灾现场空气常见的气态物证主要是：易燃性气体（如泄漏的天然气、煤气、液化石油气和乙炔等），易燃性液体蒸气（如汽油蒸气、酒精蒸气等）。气态物证的提取有以下要求及方法：

（一）气态物证的提取要求

在现场提取气态物证时，要根据火灾现场的温度、压力、风向、破坏情况和生产工艺等具体情况以及气态物证的物理化学性质确定提取位置。要选择具有代表性的提取点，以减少采样盲目性，达到提取点少，提取准确的目的。

1. 根据密度提取

（1）密度比空气大的气态物证易聚集在低洼区域，对这种气体要在靠近地面的位置提取。

（2）密度比空气小的气态物证易聚集在房间的最高处或天花板下面，对这种气体要在较高的位置提取。

2. 根据气源位置提取

（1）管道中的气体泄漏爆炸后，有时泄漏弥散到空气中的气体不容易提取，而管道中往往还会残留一些气体。此时可用气体取样微量装置吸取管道中的空气，会有良好的效果。

（2）管道井、管道沟中泄漏的气体往往会积聚在管道井或管道沟的死角中，从而得以保留。在这些部位可以提取到有关的气体成分。

（3）由于气体具有一定的流动性，某一个部位泄漏或产生的气体，可以通过土壤、建筑缝隙等位置向四周传播。这些位置的气体在爆炸或火灾中往往不会受到破坏，从而具备提取的价值。提取时可以直接提取土壤，密封包装，也可以用气体取样器抽取缝隙中的空气。

（二）气态物证的提取方法

提取气态物证时要根据气态物证在空气中的存在状态、浓度以及所用分析方法的灵敏度来选择不

同的方法。气态物证的提取方法可分为两大类：

1. 吸收管提取法。吸收管提取法是将大量的现场气体通过液体吸收剂和固体吸收剂，将气体中的被测物质吸收或阻留，并使原来气体中浓度很小的被测物质得到浓缩的采集方法。吸收管提取法所用仪器主要有真空采样器、气泡吸收管、多孔玻板吸收管、滤纸采样夹和滤膜采样夹等。

2. 直接采集法。空气中被测物质浓度较高或测定方法灵敏度较高时，只需提取少量的空气。此时可将空气直接提取，提取的方法有真空瓶采气法、置换采气法、静电沉降法和气囊采样法等。这些方法也适用于提取不易被液体吸收或固体吸附的气态物质。

此外，在有可燃气体发生过燃烧、爆炸的区域，也可以通过分析烟尘成分来确定可燃气体的种类。方法是提取起火部位处的门、窗、柜上的玻璃碎片附着烟尘以及墙壁、陶瓷和金属架或者其他固体上附着烟尘（具体方法可参见液态物证提取方法中收集烟尘的方法），通过物证鉴定可确定参与燃烧的可燃气体种类。

五、物证的委托鉴定

在现场勘验中提取的痕迹物品，无法或者难以判断其证明价值的，应当进行技术鉴定。技术鉴定应由公安机关消防机构委托依法设立的物证鉴定机构进行，并与物证鉴定机构约定鉴定期限和鉴定检材的保管期限。物证委托鉴定的主要流程是选择鉴定机构、送交检材和材料。

（一）选择鉴定机构

目前，公安部所属的有关火灾物证鉴定机构分别为天津火灾物证鉴定中心、沈阳火灾物证鉴定中心、上海火灾物证鉴定中心、四川火灾物证鉴定中心和武警学院火灾物证鉴定中心，此外还有部分省、直辖市也建立了火灾物证鉴定中心。由于各火灾物证鉴定机构的类型、技术特点和地域分布不同，公安机关消防机构可根据如下原则选择合适的鉴定机构：

1. 根据鉴定的形式选择。鉴定分为首次鉴定、补充鉴定和重新鉴定三种形式，公安机关消防机构在选择鉴定机构时，可以根据不同的鉴定形式选择相应的鉴定机构：

（1）首次鉴定时的选择。首次鉴定是公安机关消防机构对火灾现场提取的物证进行的第一次委托鉴定。首次鉴定如没有特别要求的，可就近选择依法设立的物证鉴定机构进行委托鉴定。

（2）补充鉴定时的选择。补充鉴定是当公安机关消防机构发现鉴定内容有明显遗漏，或在调查时又发现了新的痕迹物证等情况下而提出的鉴定。补充鉴定时适宜在原鉴定机构进行鉴定，这样可以保障鉴定的完整性和连续性。

（3）重新鉴定时的选择。重新鉴定是当火灾调查人员或火灾当事人发现鉴定意见与现场事实不符、鉴定人依法应当回避而未回避、鉴定意见不明确或鉴定人意见不同等情况下而提出的鉴定。重新鉴定应当选择其他鉴定机构进行鉴定，以保障鉴定的公正性。

2. 根据鉴定机构的业务范围选择。火灾物证的类型很多，公安机关消防机构对物证鉴定的项目和鉴定目的也各不相同。另外，各个鉴定机构的鉴定范围和鉴定特长也不相同。因此，在选择鉴定机构时，应该根据各鉴定机构所从事的鉴定范围、特长来选择与检材类型和检测目的相关的鉴定机构，这样才能更好地保障鉴定的准确性。

3. 根据火灾性质选择。当火灾起火原因有放火嫌疑时，对物证的鉴定应该选择公安机关内部的鉴定机构，这样才可能最大限度地保证鉴定意见的可靠性和保密性。

（二）送交检材和材料

将检材送达鉴定机构实验室的方式可以由相关人员亲自递送，也可以邮寄或托运。一般来说，重要的检材由火灾调查人员亲自递送为宜，一方面确保检材不会丢失，另一方面也可以当面向鉴定人详细介绍情况。具体委托鉴定时还应完成以下工作：

1. 向鉴定人员详细介绍火灾现场的情况。包括检材提取的部位、物品种类、数量及烧毁状况、干扰物的影响情况、起火部位和起火点的位置、建筑结构的形式、电气线路和设备的使用情况及可能存在的故障原因、火灾发现和扑救的情况、勘验和调查的情况等信息，帮助鉴定人员对委托的检材进行初步的筛选、甄别和判断，以便使鉴定人确定是否可以对委托检材进行鉴定，以及鉴定的数量和进行鉴定所采取的方法。

2. 交接资料。委托人需要向鉴定人提交如下资料：

（1）《委托鉴定书》。《委托鉴定书》上要明确填写委托单位名称，送检人姓名、职务、工作单位、有效证件、联系电话、通讯地址和邮政编码，火灾概况，送检检材的名称、数量、性状等情况，鉴定的目的，需要保存的检材的保存时间以及无法保存的检材的处理约定等。

（2）委托鉴定的检材及比对检材。送检人员要将需要鉴定的检材完全提交给鉴定人员，由鉴定人员根据鉴定的需要和火灾现场的情况进行筛选，确定鉴定所需检材的数量。比对检材是已知的物质，用来和鉴定检材进行对比，以确定未知的鉴定检材和已知的比对检材是否是相同的物质，或为了排除对鉴定检材的干扰和影响。由于火灾现场千差万别，可燃材料又多种多样，因此，为了更加准确地判断鉴定检材的性质，从现场中提取比对检材一并委托鉴定是非常有必要的。

（3）鉴定人要求提供的与鉴定有关的其他材料，包括照片、录像、现场图、生产工艺流程及生产原料、电气设备原理图或现场电气线路布置图等。

第七节　现场询问

一、现场询问的作用、对象

现场询问，是指现场勘验人员为查清某一火灾事实，挖掘、收集调查证据线索，在进行实地勘验的过程中邀请有关人员进入火灾现场，并就火灾某一事实向相关人员进行查访，或由相关人员对某一火灾事实进行指认的一种调查活动。

1. 现场询问的作用

现场询问与一般的调查询问不同之处主要就在于现场询问通常都是在火灾现场进行的，其重点是向有关人员了解与火灾现场的有关情况，为实地勘验提供有效的支持和帮助，解决在实地勘验中无法或难以解决的问题。现场询问的具体作用主要体现于以下几个方面：

（1）指认起火点、起火部位等火灾事实。现场询问最先发现火灾或起火时在现场的有关人员，可以具体地指认起火点、起火部位、起火方位、燃烧轻重部位、火灾蔓延方向等，还可以根据证人所掌握的情况指证与火灾现场相关的其他火灾事实。此外，在现场询问中，通过现场环境的刺激、联想，还可以激起被询问人更多的回忆，提供更多的证据线索。

（2）辨认相关事物、人员。现场询问熟知现场情况的有关人员，可以帮助勘验人员辨认起火物、引火源物品以及其他可疑物品、可疑痕迹、可疑人员等。

（3）协助复原现场。对火灾痕迹的判断需要确切知道现场物品的种类、数量、位置、摆放等，由于火灾本身及扑救火灾时的破坏，仅根据火灾现场的残留物品，火灾现场勘验人员往往很难还原火灾前的现场情况，而通过现场询问熟知现场情况的有关人员，可以较为准确地掌握现场物品的摆放、种类、数量等情况，协助复原现场。

（4）协助掌握现场情况。现场询问熟悉火灾现场电气线路的敷设、机器设备的运行、视频监控及存储设备的放置、感烟报警探头、自动喷水灭火喷头的位置、仓库储存的物品、生产工艺流程等情况的有关人员，可以协助勘验人员全面掌握现场情况，确定实地勘验的重点。

此外，通过现场询问，还可以为分析、判断证人证言的证据力、证明力提供物质的依据。

现场询问与实地勘验是进行现场勘验的两个重要组成部分，两者相辅相成，互相补充。现场勘验人员只有把两者有机地结合起来，才能有效提高勘验的效率，确保勘验的质量。

2. 现场询问的对象

根据实地勘验的需要，现场询问可以有选择地在现场询问火灾发现人、报警人、最先到场扑救人、消防员、火灾发生前最后离开起火部位人、熟悉现场周围情况和生产工艺人、值班人、火灾肇事人、火灾受害人、火灾蔓延情况知情人及其他知情人等。

二、现场询问对象的寻找

火灾调查人员到达现场后，应该立即开展寻找现场询问对象的工作。现场询问对象的寻找应当根据火灾场所的情况来进行：

1. 火灾场所是机关、团体、企事业单位的，可以通过现场指挥救援的非公安消防人员，或火场参与扑救的群众，或火场周边群众中寻找火灾单位的负责人，根据现场情况要求通知有关人员到指定地点配合火灾调查。

2. 火灾场所是居（村）民住宅或小经营场所的，可以通过当地公安派出所、居（村）委会、街道办或火场周边群众中寻找火灾当事人或火灾受害者、火灾场所产权人、经营人等。

3. 在现场周边工作、生活的人中寻找相关的知情人。

4. 通过在现场询问过程中了解、掌握证人方面的证据线索、信息，再根据其线索、信息寻找其他相关的知情人。

三、现场询问的形式

现场询问主要是配合现场实地勘验，对某事、某物，或者某个与火灾事实有关的情节进行指认，是现场勘验的组成部分，所以现场询问一般在现场进行。

现场询问的形式，一般是由勘验人员根据所需了解的情况向询问对象发问，再由询问对象回答或指认。现场询问过程没有必要都制作笔录，只有询问对象提供了有价值的证言或进行了火灾物证的指认，才在现场询问完毕后制作询问笔录或指认笔录。

制作询问笔录的程序可参见第五章的有关内容。

现场询问过程还可以根据需要进行摄像、照相、录音等，以固定证人证言。

四、现场询问的注意事项

现场询问由于是现场勘验人员带着有关人员进入现场进行的询问或指认活动，因而在现场询问过程中应注意以下问题：

1. 询问前应拟定现场询问的内容。现场询问前应拟定好询问的内容及要解决的问题的提纲，争取一次完成现场询问的工作，极力避免反复多次要求询问对象进入现场进行询问或指认。

2. 火灾现场的人身安全问题。调查人员应对进入现场协助调查的询问对象的人身安全负责，所以邀请询问对象进入火灾现场时，应为其提供必要的安全防护用品，并尽可能选择安全进入火灾现场的线路，防止询问对象遭受意外的伤害。

3. 防止受害人亲属情绪过于激动。除非很有必要，实地勘验过程中一般不宜邀请火灾死亡人员的至亲到现场进行询问或指认，以免他（她）触景生情，过于悲伤而出现意外。如确实需要其到火灾现场进行指认、辨认的，应预先做好安抚工作，并安排其亲友陪同。现场询问时还应尽可能回避敏感话题，以免刺激当事人。

4. 慎带火灾肇事嫌疑人进入现场。不随意带嫌疑人进入火灾现场，一是防止现场环境复杂，嫌疑人乘机逃脱；二是防止嫌疑人进入现场后，了解到调查人员还有未掌握证据的情况，或看到有关物证已被烧毁，助长其侥幸心理，增加之后询问或讯问的难度；三是防止嫌疑人到场看见火灾造成重大的财产损失或人员伤亡后，感到自己责任重大，一时想不开而自杀。所以带嫌疑人进入现场前，必须有防止其乘机走脱或可能自杀的措施，其次是嫌疑人在询问或讯问中必须是作了充分的、客观的陈述，时机成熟了才可带其进入现场进行指认、辨认，固定相关证据。

第八节　现场实验

一、现场实验的作用与规则

（一）现场实验的作用

火灾事故调查是一项综合、系统的工作过程，火灾认定需要多方面的证据和信息来支撑，有时某个火灾事实很难依靠一两个证据材料予以认定，或某个有疑义的火灾事实难以否定，这时火灾调查人员就可以通过来现场实验确认或否认某种事实，为分析判断火灾事实提供参考依据。

现场实验的主要作用是：

1. 验证有关证据材料

火灾调查的过程是通过多种证据相互印证、共同证明以认定事实的过程，证据确实是认定火灾事实的基础，而现场实验是验证证据确实的一种方法。现场实验可以验证如下证据材料：

（1）验证火灾现场的物证是否确实，验证火灾现场中痕迹的形成机理和证明效力。由于火灾现场的复杂性，调查人员有时很难解释某些火灾痕迹形成原因和形成机理，导致了对痕迹理解、解释和运用的偏差。通过现场实验就可以解决或部分解决这些问题。

（2）验证言词证据是否准确、真实。调查询问中获得的证人证言由于各种原因存在着误导或不明确的可能，通过现场实验，可以验证证人证言是否准确，是否符合客观事实。

（3）验证物证鉴定的结论。通过现场实验，可以验证鉴定意见是否符合火灾现场的客观事实。

2. 提供调查方向

火灾调查人员需要对获得的各种证据和信息进行分析和判断，以修订调查思路和调查方向。通过现场实验获得的信息，不但可以验证各种证据的真实性和可靠性，还能进一步明确调查的方向。此外，当对现场某种现象形成的原因和过程一时难以作出判断时，还可以利用现场实验查明，并正确判定火灾事实。

3. 增强直观认识

火灾调查人员对火灾痕迹的认识主要是靠自身的业务知识和经验，可能带有局限性和片面性，特别是对特殊、异常的痕迹特征，不同的人可能有不同的理解和解释。通过现场实验，可以比较真实和直观地反映出所要认识的火灾事实，有助于提高火灾调查人员对火灾现场痕迹的理解。

值得注意的是，由于火灾的复杂性及多因性，在现场实验中是无法完全重现火灾时的一切客观条件，所以现场实验不一定能达到预期的目的，这就需要对现场实验的结论进行客观的、实事求是的评判。

（二）现场实验的规则

1. 同一性规则

同一性规则是指现场实验的各种实验条件要和火灾现场尽量相同或相似，以保证实验的证明效果。同一性规则主要包括：

（1）实验场地的同一性。现场实验的场地应当尽量选择在原来起火的地点，或原事件的发生地进行，如果不具备在原地进行实验的条件，可另选相似条件的地点或实验室进行。

（2）实验材料的同一性。应使用火场上原来未烧的物品和与现场相同的引火源进行实验。如果现场不存在可供实验的材料，可以选用同批次、同类型的材料。如条件不具备，也要尽量选用相似的物品、引火源和起火物。

（3）实验条件的同一性。实验条件的同一性是指自然条件要和实际现场相同或相似，主要包括时间、光线、温度、湿度、风速和风向等自然条件。

2. 反复多次实验规则

同一现场实验应反复多次进行，以防止实验结果的偶然性，保证实验的准确性和稳定性。同样，还可以根据需要有意改变实验条件，以观察实验结果的变化规律，探究事件原因与结果的内在联系。

3. 合法性规则

为使现场实验合法、公正、可信，进行现场实验应遵守如下规则：

（1）禁止一切足以造成危险、不计后果、胡乱进行的现场实验。

（2）现场实验应在火灾调查负责人的统一领导下进行。

（3）应当邀请两名以上证人参加并签字，实验参加人员不能随意泄露实验情况和结果。

（4）认真做好实验记录，为分析、判断案情提供依据。实验记录包括实验报告、照相、摄像、录音和绘图等。

二、现场实验的内容

一般来讲，火灾调查中的现场实验主要是验证如下内容：

1. 某种引火源能否引燃某种可燃物。不同类型的火源有不同的温度持续方式及能量，对不同可燃材料的点燃能力和点燃时间是不尽相同的，且火灾现场的环境条件各不相同，可以通过现场实验判断某种引火源能否引燃某种可燃物。

2. 某种可燃物、易燃物在一定条件下燃烧所留下的某种痕迹。影响燃烧过程的因素很多，物体在发生燃烧后遗留的形态（痕迹）是千变万化的，虽然已经掌握了火灾痕迹形成的普遍规律，对于在特定条件下物体燃烧形成的痕迹可以通过现场实验来验证。

3. 某种可燃物、易燃物的燃烧特征。可燃、易燃物的燃烧特征千差万别，在需要了解时只能通过现场实验来确定。

4. 某一位置能否看到或听到某种情形或声音。对于证人提供的一些感知某些事实的证据线索，在难以判断其真伪时，可以通过现场实验加以验证。

5. 当事人在某一条件下能否完成某一行为。当事人有时对某一行为事实的辩解没有旁证，真假难辨，这时就可以通过现场实验来验证。

6. 一定时间内，能否完成某一行为。任何人完成某一行为是需要一定的时间的，通过现场实验，可以判断在一定时间内完成某一行为的确实性。

7. 其他与火灾有关的事实。在火灾调查中，有许多意想不到的事件，在无法判断真伪时，也可以通过现场实验来判断该事件的确实性。

三、现场实验的实施

（一）现场实验的组织

现场实验是火灾调查中的一种手段，由火灾现场勘验负责人根据调查需要决定是否进行。一般情况下，现场实验由现场勘验负责人担任指挥，由两名以上的现场勘验人员具体进行。应当邀请两名或两名以上与本火灾无利害关系的公民作见证人，还可以根据需要邀请有关方面的专家参加。如有必要，也可以邀请有关证人、当事人等参加现场实验。

（二）现场实验的准备

1. 明确现场实验的目的。首先要明确实验的目的，不同的实验目的，决定了不同的实验方法和实验方案。因此，明确实验目的是做好现场实验的前提。

2. 拟定实验方案。由于在实验过程中往往会出现一些偶然的因素而影响实验的结果，因此，在实验前要充分分析和预测实验过程中可能出现的问题，防止不必要的重复，减少实验结果的偶然性。现场实验方案主要包括以下内容：

（1）实验目的，即通过实验要解决或验证什么问题。

（2）实验时间、实验条件。实验应尽量选择在与火灾发生时的环境、光线、温度、湿度、风向、风速等条件相似的场所。

（3）实验器材。现场实验应当尽量使用与被验证的引火源、起火物相同的物品。

（4）实验步骤、次数，以及变换实验条件下不同的实验方案。

3. 准备实验器材和材料。备好实验器材和材料是现场实验的物质保证，调查人员应根据需要准备好实验所需的各种器材和材料。实验材料应采用与现场相同或相近的各种物品。

4. 选择实验场地。实验场地可以选择火灾现场或与火灾现场相似的场所，或某个事件发生时的场所。实验场地尽量选在比较安全和安静的地方，并实施封闭，以减少周围人员的干扰和影响。

（三）现场实验的具体实施

现场实验中，所有人员要明确各自所担负的实验项目及职责，分头开展工作。现场勘验负责人一般也作为现场实验的指挥员，负责现场实验工作的组织开展，把握实验进程，协调各方人员，及时处理实验中出现的问题。

实验现场应封闭并采取安全防护措施，禁止无关人员进入，确保实验安全、有序地进行。

（四）做好现场实验记录

对现场实验的过程和结果，应完整、细致地进行记录。记录的方式主要包括文字记录、拍照、录像、录音和绘图等。现场实验笔录应单独制作，即使是在现场勘验过程进行的现场实验，也不要合并在现场勘验笔录之中。

现场实验笔录中只能记载实验的客观情况，而不应记入实验人员根据调查实验结果所作的任何分析判断。调查实验过程中所拍照片和绘图，可酌情穿插于实验记录中，或附在实验笔录后。

《现场实验笔录》的内容主要分为三个部分：

1. 首部。首部内容应写明实验目的、实验设备、仪器、实验材料、实验地点、实验的起止时间、实验环境以及气象条件等。

2. 正文。正文应写明实验过程，包括实验步骤、实验次数、实验现象、实验数据、实验结论以及与现场实验相关的事项等，必要时也可以用图表等方式表述。

3. 尾部。尾部应有实验人员签名，并写明单位、职务及实验记录制作日期。

（五）实验场地的清理

实验结束后应及时清理实验场所，收拾实验器材及标志性物品，未用完的实验材料也要全部撤走。

四、现场实验结论的评判以及实验报告

（一）实验结论的评判

一般来说，现场实验的结果只有两种可能：肯定或否定。能肯定或验证所设想的事实，当然达到了预期的目的；但由于火灾发生的多因性及偶然性，而且客观上现场实验条件不可能与火灾或事件发生时的条件完全吻合，所以现场实验结果与预想相违的事情也是屡见不鲜的。当遇到现场实验是否定性的结果时，也不要轻易就否定所需验证的事实，而是要认真分析实验结论，或适当改变实验条件，找出规律性的事实，同样可以达到验证的目的。

随着科学技术的发展及火灾燃烧、蔓延理论的成熟，通过计算机数值模拟，设定符合现场情况的火灾场景，进行火灾的模拟重现，验证调查结论，已逐步成为一种调查实验的辅助手段。但就目前的技术手段而言，进行计算机模拟受人为设定的因素影响很大，还远不能代替现场实验。

（二）现场实验报告

现场实验报告不同于现场实验笔录，现场实验笔录只客观地记录现场实验的情况及结果，不记录实验人员对实验结果的分析、评判，它是一种证据；而现场实验报告不仅记载现场实验情况及结果，还应对实验结论进行相应的评判，以便让他人了解实验结果验证或否定了哪些结论，对火灾事实有哪些证明或否定作用等。现场实验报告应当载明下列事项：

1. 实验的目的。
2. 实验时间、气象、环境、地点及参加人员。
3. 实验使用的仪器或者物品。
4. 实验过程。
5. 实验结果。
6. 其他与现场实验有关的事项。
7. 实验结果的评判。

第九节　现场分析

一、现场分析的内容和方法

所谓现场分析，就是指在火灾调查过程中对获取的各种证据材料、证据线索等进行分析、讨论和研究，排除无关、虚假证据和线索，纠正调查工作中的偏差，明确调查方向，认定某个事实或情节，最终获取正确的调查结论的分析过程。

（一）现场分析的内容

在火灾调查中，现场分析主要有以下内容：

1. 有无放火嫌疑。
2. 火灾损失、火灾类别、火灾性质、火灾名称等的确定。
3. 报警时间、起火时间、火灾蔓延方向、起火部位、起火点、起火原因、灾害成因等的认定。
4. 下一步调查方向，需要排查的线索，调查的重点对象和重点问题。
5. 是否需要复勘现场。
6. 提出是否聘请专家协助调查的意见。
7. 现场处理意见。
8. 火灾责任人的责任。
9. 其他需要分析、认定的问题。

（二）现场分析的方法

现场分析的方法主要是使用比较、分析、综合、假设和推理等逻辑方法。

1. 比较。比较是根据一定的标准，把彼此有某种联系的事物加以对照，经过分析、判断，然后得出结论的方法。

比较的目的就是认识比较对象之间的相同点和不同点。比较既可以在同类对象之间进行，也可以在不同对象之间进行，还可以在同一对象的不同方面、不同部位之间进行。现场分析中的比较方法主要有：

（1）判断火灾蔓延方向时的比较。找出火灾现场中同类痕迹及其相同点和不同点，或同一物体上不同部位燃烧痕迹的不同点；从垂直空间和水平空间内找出各部分痕迹物证的相同点、不同点。通过各种燃烧痕迹的比较，推断火灾蔓延方向，进而判定起火点。

（2）言词证据之间的比较。如通过证人证言与当事人陈述之间的比较、印证，可以判断证人证言、当事人陈述的真实性。

（3）言词证据与实物证据之间的比较。现场的物证可靠性较高，通过证人证言、当事人陈述与物证的比较、印证，可以判断证人证言、当事人陈述的真实性。

2. 分析。所谓分析，就是将被研究的对象分解为各个部分、方面、属性、因素和层次，并分别加以考察的认识活动。

现场火灾分析中常用的分析方法有：

（1）定性分析。定性分析是确定研究对象具有某种性质的分析方法。定性分析主要解决"是与否"的问题。例如，现场火灾分析中常对起火点是否有易燃液体进行确定，此时并不需要了解易燃液体含量的多少，只需确定"有或没有"即可，这就是定性分析。

（2）定量分析。定量分析是确定研究对象各种成分数量的分析方法，主要是为了解决量的多少的问题。例如，火灾前现场进行过某种操作可能产生静电，就要对静电火花的能量进行定量分析，以确定其能量能否足以引燃现场的可燃气体、蒸气等。

（3）因果分析。因果分析是确定某种原因与结果之间关系的分析方法，主要解决引发某一结果的原因问题。

（4）可逆分析。可逆，是指事物的运动变化过程具有倒返性，这就是平常所说的互为因果关系。可逆分析是指对作为结果的某一现象又可能反过来作为原因的情况进行分析的方法。

（5）系统分析。系统分析是指将由起火时间、起火点、起火物和引火源等火灾要素组成的火灾事实作为一个系统，对系统内的各要素分别进行研究、考察的分析方法。

3. 综合。综合就是将火灾过程中的各个事实连贯起来，从火灾现场这个统一的整体来加以研究、考察的方法。火灾的起火时间、起火点、起火物和引火源等各个事实都不是孤立的，它们都是火灾现场整体的一部分。这些火灾事实在火灾发生蔓延的过程中相互联系、相互依存和相互作用，组成了火灾事实的全部。因此，从火灾事实整体上来分析研究各个事实，连贯地研究它们之间的关系，使调查中已查明的各部分事实与火灾现场整体有机地联系起来，达到认识火灾事实整体的目的。

4. 假设。火灾调查过程中的假设是对未知的火灾事实的推测。现场火灾分析可以根据调查事实对某些痕迹物证形成的原因作出假设；也可对火灾性质进行假设或对可能的起火原因进行假设等。

进行假设要注意如下几个问题：

（1）假设必须以事实为依据。进行假设时要以火灾调查中获取的客观事实（即证据）为依据，任何无中生有的假设都是没有意义的。

（2）假设是对未知事实的推测，不是结论。假设只是为火灾调查中收集证据的方向服务的。假设必须在收集到证据予以验证后，才能成为结论。

（3）现场火灾分析中既要提出假设、分析假设，又要修正假设、否定或肯定假设。假设不是最终结论，原来的假设可能在收集了新的证据后被证明是错误的，则应在新的证据的基础上提出新的假设。

5. 推理。推理是从已知推断未知、从结果推断原因的思维过程。如根据燃烧痕迹推断火灾蔓延方向，根据火灾蔓延方向推断起火点等，就是推理的思维过程。推理过程的中间环节依赖于科学原理和实践经验，如根据燃烧痕迹推断火灾蔓延方向是依赖热能传播的基本理论。现场火灾分析中通常采用以下推理方法：

（1）排除法。排除法是根据客观存在的可能性，先提出所有可能的、互相排斥的假设，然后运用所掌握的证据逐一进行排除，最后剩下的一个不能排除的假设即是最终可能认定的结论。在火灾调查中就经常用到排除法来分析认定火灾事实。

（2）归纳法。归纳法是由特殊到一般的推理方法。在现场火灾分析中，归纳推理是十分有效的推理方法，如在火灾调查中，火灾调查人员询问了若干证人，现场证人均指证发生火灾时是某一时间，于是就可推断某一时间就是起火时间。这就是利用了归纳推理的方法。

（3）演绎法。演绎法是由一般到特殊、由一般原理到个别结论的推理方法。例如，根据认定电气火灾应具备的条件，认定某火灾是否是电气火灾需要查清下列情况：起火点是否有电气线路经过；电气线路是否处于带电状态；经过起火点的电气线路是否发生故障；起火点处的可燃物能否被电气故障的热源引燃等。当这一系列情况逐一得到证实后，就可以认定某火灾是电气火灾。

（4）类比推理法。类比推理法是一种从个别到个别，或从特殊到特殊的推理方法，就是从两个或两类事物某些属性的相似点或相异点出发，根据其中某个或某类事物有或没有某一属性，进而推出另一个或另一类事物也有或没有某一属性的思维过程。

二、现场分析的形式

现场分析应贯穿于整个火灾调查工作的始末。调查中每一个环节、每一个步骤，都离不开分析、研究和讨论，通过对调查材料的分析、研究，去粗取精、去伪存真，方可得到有价值的证据材料，方可查明火灾事实的真相。

现场分析由火灾调查负责人或现场勘验负责人根据调查需要决定并主持。根据火灾调查过程中的不同情况，现场分析有随机分析、阶段分析和结论分析。

（一）随机分析

随机分析是在调查过程中根据需要随时对所收集的证据信息进行的分析、研究。现场火灾分析中的随机分析主要是对现场痕迹、物证特征与火灾发生、蔓延的关系以及言词证据的真实性和完整性等的分析研究。随机分析在时间、地点上没有特别要求，调查人员可根据调查中出现的情况随机进行。

1. 调查询问中的随机分析。火灾调查人员在对证人、当事人进行询问时，不但要求细心听取证人、当事人的陈述，而且还应随机分析证人、当事人是否作了如实的陈述。调查询问中的随机分析，包括两个方面的内容：

（1）分析证人、当事人陈述的真实性。火灾调查人员在询问中一般无法从证人、当事人陈述的事实中直接判断其真伪，但可以从其陈述内容的合理性、前后一致性等予以判断。

（2）分析证人、当事人陈述的完整性。证人、当事人一般是不知道火灾调查人员要了解什么内容，其陈述有一定的盲目性。所以，火灾调查人员在调查询问时，应随机分析证人、当事人陈述内容的完整性，陈述不完整的，应随机提问，及时弥补缺陷。

2. 现场勘验中的随机分析。现场勘验中的随机分析，是指在现场勘验中，随时分析现场情况；对发现的每一个痕迹物品，都要分析其形成这种燃烧特征的原因，比较其被烧轻重程度，它与整个现场有什么联系，有什么证明作用等。

火灾现场往往严重破坏、情况复杂，不对现场状况进行随机分析，就无法确定勘验的范围、顺序；

现场存在着大量被烧毁、烧损的物体，勘验中不对痕迹、物品进行随机分析，就无法从大量的物体燃烧痕迹中发现对火灾事实有证明作用的痕迹物证。

（二）阶段分析

阶段分析是火灾调查进行到一定的程度时，需要将收集的证据材料进行汇总、综合，交换现场勘验和调查询问情况，以便相互印证火灾事实，并理清思路，纠正证据调查工作出现的偏向与错误，确定证据收集的重点和方向而进行的分析。阶段分析有调查询问的阶段分析、现场勘验的阶段分析和阶段性的综合分析。

1. 调查询问的阶段分析。调查询问的阶段分析，是在调查询问工作进行到某一阶段，到达一定程度时，火灾调查人员应对询问工作进行的阶段性分析：具体的方法是由一两名火灾调查人员全面掌握询问材料，并按其证明的事实内容分类，把每个询问对象的姓名、单位、职业、陈述内容要点和存在问题等重要内容用表格反映出来，用以分析、判断调查询问工作的进展情况及存在问题。此外，调查询问的阶段分析还可用于对个别询问对象多次询问后的分析：对某些重要的证人或当事人，调查人员已反复询问并做过多次笔录，在一定的时候，火灾调查人员应对该证人或当事人的所有询问笔录进行分析，分析他们对同一事实陈述的连贯性和完整性，以判断它们的真实性及证明价值。

2. 现场勘验的阶段分析。现场勘验进行到一定程度，收集到了一些痕迹、物品。就每个痕迹、物品的个体特征、证明作用，勘验人员在发现它时已进行了随机分析，但若干痕迹、物品在空间上的相互关系，以及它们组合形成共同的证明作用（即所谓的证据链），则需要进行现场勘验的阶段分析，其主要作用是分析确定火灾性质、起火特征、起火点和引火源等重要的火灾事实、纠正勘验中的偏向与错误以及确定下一步勘验的重点方向。

3. 阶段性的综合分析。现场勘验和调查询问是火灾调查取证的必要手段，但两者所收集的证据特点各不相同，所以它们既需要相互补充又需要相互印证。此外，火灾情况错综复杂，调查收集到的大量证据、信息也需要进行分析、提炼和综合，这就需要组织进行阶段性的综合分析。

阶段性的综合分析，是火灾调查进行到一定的程度，将现场勘验和调查询问收集的证据材料进行汇总，交换调查信息，相互印证火灾事实，理清思路，纠正证据调查工作出现的偏向与错误，确定下步证据收集的重点和方向而进行的分析工作。

进行阶段性的综合分析时应做好记录，同时把握好以下几个方面：

（1）时间。阶段性综合分析的时间，应根据火灾的性质及实际的调查情况而定。

（2）参加人员。阶段性综合分析的参加人员一般是火灾调查组的全体成员。如果火灾性质未能确定，或有亡人火灾的，应当有公安机关的刑侦部门、治安部门和派出所等人员参加。此外，还可以视情况邀请安监、质监和电力等有关政府部门的技术人员或其他有关的专家参加。

（3）步骤。阶段性综合分析一般是在火灾调查组负责人的主持下，以会议的形式进行。步骤大致如下：

①汇报调查情况。由调查询问小组、现场勘验小组等分别汇报各自调查的情况。

②组织分析。火灾调查组负责人在听取各小组关于调查情况的汇报后，组织对调查情况进行分析、讨论：

A. 对汇总情况的分析。各调查小组收集了各种大量的信息材料后，对于其真实性、客观性、证明作用、虚假和失真情况等，都需要在阶段性的综合分析、讨论中予以判定。通过对汇报事实内容的分析、讨论，可以逐一判定火灾事实的各要素。对火灾事实的分析、推断一般按照起火时间、起火部位、火灾性质、起火点、起火物、引火源、火灾经过、起火原因、灾害成因和当事人的违法行为等顺序进行。

B. 对未知火灾事实的假设。分析、讨论了汇总的情况，调查组负责人应该引导火灾调查人员对未知的火灾事实进行分析。对未知火灾事实的认识过程，就是不断地收集证据验证假设的过程。

C. 对有怀疑（或有争议、矛盾）的事实的分析。在所汇总的情况当中，总会有一些火灾事实在不同的调查材料中有不同的反映，或发现一些异常现象，如发现火灾的时间，调查询问不同的证人可能有不同的说法；对起火部位，询问小组调查的起火部位与现场勘验小组收集的痕迹物证有矛盾等。对于这些存在的问题和矛盾，绝不能回避、视而不见，必须分析、讨论存在矛盾的原因，如存在的矛盾、问题在讨论中不能解释或解决的，必须作为下一步收集更多的证据予以解决的工作内容。

③确定下一步工作。火灾调查组负责人听取各小组汇报、分析案情后，应将所有情况进行归纳、综合，并在此基础上明确下一步的调查工作：

A. 确定调查取证的方向、重点以及需要排查的重要线索等。

B. 调查询问小组协助查清、核实现场勘验小组提出的需要查清的有关情况和问题。

C. 现场勘验小组从现场痕迹物证的角度上核实、印证证人、当事人提供的有关火灾事实情况，或解决调查询问小组提出的需要解决的问题。

D. 对现有证据还不足以推断、认定的火灾事实，确定收集证据的方向、范围，收集、补充新证据予以确定。

E. 对证据材料中存在的矛盾无法解决的，应重新确定收集证据的范围，收集新的证据予以解决。

F. 根据在案情分析、讨论中对火灾主要事实的假设，确定下一阶段收集证据的方向、范围。

（三）结论分析

结论分析，是在调查询问和现场勘验基本完成后，依据已在随机分析、阶段分析中讨论过的证据材料，对火灾事实进行的结论性的分析。结论分析是从个别到整体、从现象至本质、从片面到全面地对调查收集的证据材料进行分析推理，从而达到对火灾事实全面的认识。

为了对火灾主要事实进行结论分析，由火灾调查组的负责人主持，组织调查组全体人员，对火灾调查询问中收集的证人证言、当事人陈述以及现场勘验收集的痕迹物证、实物物证、视听资料、鉴定、检测意见等各种证据进行全面的综合分析，以判断这些证据组成的证据体系是否能充分地证明火灾主要事实，是否达到"事实清楚，证据确实、充分"的证明要求。证据的证明体系一般有两种：

1. 当收集有直接证据和间接证据时，证据体系的组成是以直接证据为主，以间接证据为补充，直接证据与间接证据能够互相印证、互相补充，形成完整、严密的证据体系，共同证明火灾事实。

2. 当只收集到间接证据而没有直接证据时，依靠大量间接证据相互组合，形成一个相互印证、相互联结的严密的证据体系（即证据链），共同证明火灾事实。

第十节 常用现场检测方法和仪器使用

一、木材炭化深度的测定

木材炭化痕迹经常被调查人员用于判断火灾的蔓延方向，其判断的主要依据是根据炭化深度，可以确定木材受热时间的相对长短和受热温度的相对高低，并通过比较各部位或同一部位不同方向的炭化深度，可以据此判断火势蔓延的方向。

（一）炭化深度测量的工具及使用方法

测量炭化深度应选择专用的炭化深度测量工具，常用的测量工具是炭化深度测定仪，如图6-10-1所示；炭化深度测定仪是通过探针来实现对木材炭化层深度的测定。

使用时应将炭化深度测定仪调好零点，使内芯拉回针尖刚好与下盖外面同一平面。将探针拉回零

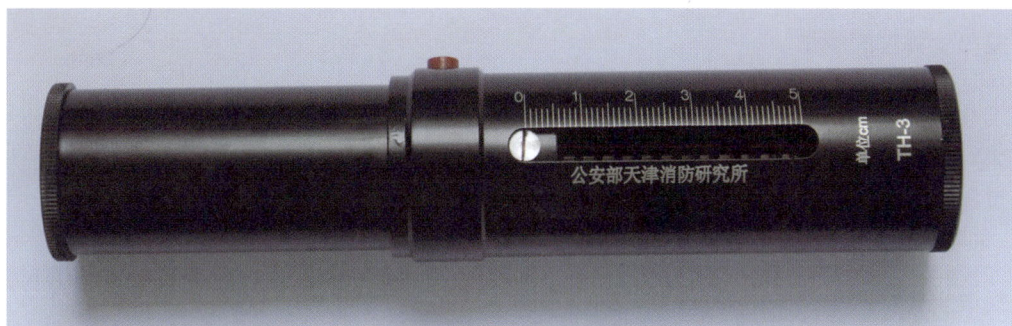

图 6 - 10 - 1 炭化深度测定仪

点，下盖顶住被测炭化面，用拇指按动手柄使探针插入炭化层，直至按不动。此时可从外芯刻度上读取以毫米为单位的残留炭化层厚度。

（二）测量炭化深度的注意事项

测定炭化深度时应注意以下事项：

1. 在使用炭化深度测定仪对各测定对象进行实测时，拇指用力大小应尽量相同。

2. 测量的位置应当选取炭化隆起部分的中心处，不能在隆起部分之间的裂缝处（如图 6 - 10 - 2 所示）。

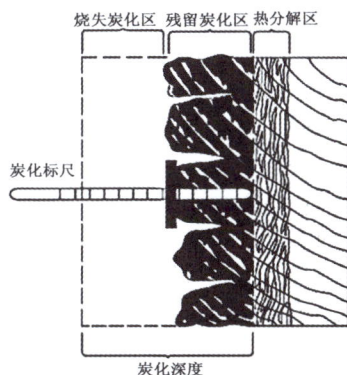

图 6 - 10 - 2 炭化层深度示意图

3. 确定炭化深度时，应考虑到被火烧失掉的部分，并将该部分的深度加到测量的深度上，总和为实际炭化深度值。

4. 应选择相同材质和形状的测量对象进行比较，材质和形状不同时，炭化深度没有可比性。

5. 要注意迎火面及背火面，同一方向比较才有意义。

6. 应考虑到通风因素对燃烧速率的影响。靠近通风口或热气体逸出缝隙的木材可能出现较深的炭化痕迹。

（三）制作炭化深度示意图

测量现场木材炭化深度后，绘制被测物体的平面图（或立体图），然后将炭化深度测量数值标在被测的部位上，再将所有炭化深度值相同（或近似）的点连起来画线，就可以得出炭化分界线（也称为等同炭化线），运用炭化分界线可判断现场被烧轻重的部位。炭化分界线比较适合对平面材料的炭化深度的分析。

二、混凝土弹性的测量

混凝土在火灾现场燃烧热的作用下，会发生化学变化和物理变化，其力学性能也会遭到相应的破坏。混凝土强度越高，弹性就越好；混凝土弹性越低，表明受热温度越高、受热时间越长。调查人员就可以通过测量混凝土的弹性来比较火场温度的高低，进而判断起火部位。

（一）混凝土弹性的测量工具及使用方法

测量混凝土弹性的工具是回弹仪，如图 6 - 10 - 3 所示。

图 6 - 10 - 3　回弹仪

使用时，选择好测量点，让回弹仪探测杆伸直并垂直对准测量点，缓缓、平稳地推动回弹仪的底部压缩探测杆，直到听到冲击锤的撞击声，便可从指针滑块的示值上读取回弹读数。回弹仪上读数值越大，表明混凝土弹性越好，强度越高。

（二）混凝土弹性测量中的注意事项

1. 回弹仪可以测量地面、梁、板、柱等混凝土构件的弹性，但只有同类型构件的弹性才可以进行比较，即柱与柱比较、梁与梁比较等。

2. 由于燃烧时热气流上升的关系，混凝土同类构件在水平方向具有可比性，在垂直方向不具可比性，如：通过对混凝土梁不同部位、不同方向位置处的弹性测定，可判断燃烧轻重部位；但对混凝土柱弹性的测定，只有在相同高度处选取测量点，测量结果才有可比性。

3. 选择测量点时，要避开混凝土上的石块及混凝土在浇注时的疏松之处，测量时每个测量点测量3 次以上，取得平均值，以保证测量结果的稳定性。

（三）制作混凝土弹性变化示意图

将回弹仪的读数在现场平面图上标示出来，将同类构件相同（或相近）读数的点用线段连接起来，就可得出混凝土弹性变化等梯度线，通过梯度线可以判断火场温度的高低，为分析起火部位提供参考依据。

三、物体表面温度的测量

（一）物体表面温度的测量工具及使用方法

温度测量仪器按工作原理可分为热膨胀型，如水银温度计；热电效应型，如热电偶温度计；热辐射型，如红外测温仪，红外热成像仪等。按与被测物体表面接触与否，测温仪有接触式和非接触式两种，接触式有水银温度计、热电偶温度计等；非接触式有红外测温仪、红外热成像仪等。两类仪器各有优缺点：前者优点是仪器价格便宜、操作简单，缺点是需接触物体表面，且不能测量高温物体；后者优点是操作安全（不需接近被测物体）、测量快捷，可以测量高温物体，且测量具有连续性，红外热成像仪还可测量物体表面温度的二维分布，为现场勘验或现场实验的结论分析带来极大的便利，缺点是价格偏贵，操作较复杂。图6-10-4所示为热电偶温度计，图6-10-5所示为红外热测温仪。

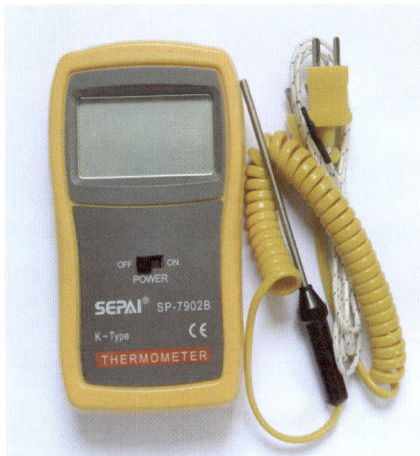

图6-10-4　热电偶温度计

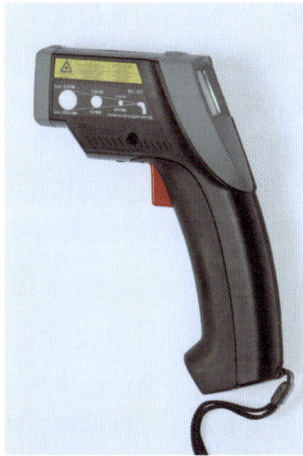

图6-10-5　红外测温仪

使用接触式的温度计时，需要将测温探头直接接触到被测物体；使用非接触式温度计时，应将感温器直接对准被测物体。

（二）注意事项

测温操作时应注意以下事项：

1. 实测时应先行判断物体表面大致的温度范围，以便选择不同的测温挡位。使用水银温度计时应特别注意物体温度不能超过温度计的最高测量温度。

2. 使用红外测温仪时应注意感温器与物体被测表面尽可能保持平行状态，以保证读数的准确。

四、剩磁检测

根据电磁感应定律，电流经路的四周会产生磁场，磁场的大小与电流强度有关。电流产生的磁场可以将电流经路周围铁磁性物质磁化，这种磁性在电流消失后仍能在相当长时间保留在被磁化的物质上。根据这些特点，通过测量特定部位、区域铁磁性物质的磁性，就可相应判断有否较大电流通过，从而为认定雷击、短路等起火因素提供依据。

（一）剩磁检测的适用范围

剩磁检测对象是现场有可能发生短路的导线周围或雷击通道上铁磁性物质，一般是：

1. 导线附近的铁丝、铁钉一类的铁磁性材料。

2. 穿线铁管。

3. 拉线开关内铁质弹簧等铁磁性材料。

4. 灯具的铁质部分或日光灯的垂吊铁质拉链及镇流器外壳。

5. 检测配电箱，如铁壳配电箱上的铁板、螺丝、铁钉和折页等。

6. 人字房架上的金属拉筋以及钉在房架上的铁钉、瓷瓶上的铁绑线等。

7. 电气线路或电气设备附近的杂散铁磁性材料、构件等。

8. 雷击火灾现场中的一切铁磁性材料。

（二）试样的提取要求

1. 作为检测用的试样，应取自现场中经确认为经过起火点或起火部位的电气线路周围。试样与电气线路的距离以不超过20mm为宜，但对有雷击可能的现场，可以根据实际情况进行提取，不受部位限制。

2. 在提取试样之前应对试样所在位置、所处状态及所呈现的形态特征用拍照等方法进行记录。

3. 对固定在墙壁或其他物体上的试样，提取时不应弯折、敲打和摔落。

4. 宜提取受火场温度较低的试样。

5. 对位于磁性材料附近的试样不应提取。

6. 经证实该线路过去曾发生短路时，不应提取。

7. 如不便提取时可以在试样的原位置进行检测。

8. 对提取的试样，应装入采样袋内妥善保管，并注明试样名称与提取位置，不应与磁性材料或其他物件混放在一起。

（三）剩磁的测量工具及使用方法

剩磁测量采用特斯拉计（又称剩磁测试仪），如图 6 - 10 - 6 所示，其测试原理是利用特斯拉计检测探头靠近被测物体时，被磁化物体上的磁场经探头上霍尔元件探测，转化为电信号放大后由显示屏显示出来。常用剩磁的单位是毫特斯拉（mT）。

实地剩磁检测时应进行如下操作：

1. 调节调零旋钮，使显示值为零。

2. 将特斯拉计设在 mT 挡，打开探头帽，将探头（霍尔元件）轻触、平贴在样品上，缓慢改变探头的位置和角度进行搜索式测量，直到仪表显示稳定的最大值为止。

3. 根据物质磁场尖端效应的特点，应选择样品的尖端部位作测量点，如铁钉、铁管、钢筋的两端，铁板的角部、杂散铁件的棱角或尖端部位等。

4. 测量后按样品分别做好记录。

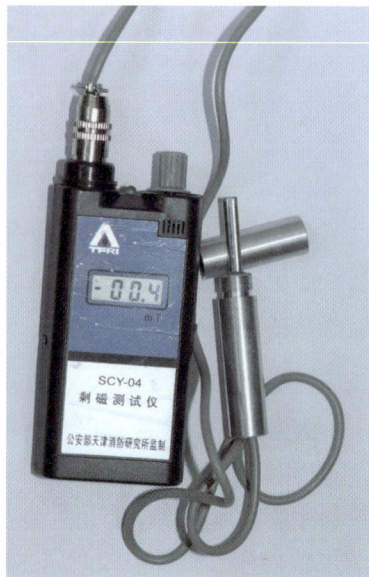

图 6 - 10 - 6 剩磁测试仪

（四）剩磁测量中的注意事项

对物体的剩磁测量过程中应注意以下事项：

1. 提取铁磁性物体时不能敲击，否则物体可能失磁。

2. 对物品进行剩磁测量应在勘验的现场直接进行，不应提取后在别的场所如实验室或办公室处测量，以免样品受其他磁场影响。

3. 不应提取靠近磁性材料及附近的样品。

4. 每个样品应单独放置，不能混放，以免样品之间相互磁化。

（五）剩磁检测数据的运用

剩磁数据一般都是毫特斯拉级的，运用剩磁数据判断雷击、短路有以下方法：

1. 剩磁数据法。剩磁数据法是根据被测样品的种类、大小来确定可以作为判据的剩磁数值：

（1）对于铁钉和铁丝等小件样品，剩磁数据大于 0.5mT 而小于 1.0mT，可作为判定短路或雷击的参考值；剩磁数据大于 1.0mT 作为确定短路或雷击的判据。

（2）对于铁管和钢筋等大件样品，剩磁数据大于 0.5mT 而小于 1.0mT 作为判断短路或雷击发生的参考值；剩磁数据大于 1.5mT，作为发生短路或雷击的判据。

（3）对于导线附近的铁棒、角铁、金属框架、工具等杂散铁件，一般体积较大，被磁化不明显，应以剩磁值大于 1.0mT 作为发生短路或雷击的判据。

（4）雷电流剩磁数据一般较大：当避雷线上流过 20kA 电流时，避雷线上的预埋支架、U 形卡子的剩磁数据为 2.0 ~ 3.0mT。雷电流垂直通过 1m × 2m 铁板时，铁板四角的剩磁数据为 2.0 ~ 3.0mT。避雷针尖端剩磁数据并不大，为 0.6 ~ 1.0mT。处于雷电通道的杂散铁件、钉类、钢筋、金属管道的剩磁均在 1.5~10.0mT 之间。

2. 剩磁比较法。剩磁比较法，是在实地现场勘验中，将怀疑有过短路和没有短路的电气线路或电气设备，通过对它们周围铁磁性物质进行剩磁检测，然后比较其数值，有剩磁的则可能发生过短路。

3. 剩磁规律法。剩磁规律法是运用剩磁由强到弱的衰减规律，确定短路火灾的一种方法。一般来讲，铁磁体磁性的强弱与其距导线（短路点）的距离有关，距导线越近其磁性越强，测量时如能发现剩磁值由强到弱的变化规律，再结合所测的数据，可进一步判定导线是否曾发生过短路。

五、电气参数的测量

在现场勘验或现场实验时，有时需要对现场有关电气问题进行电阻、电流、电压等电气的测量。使用万用表（如图 6 - 10 - 7 所示）、钳形多用表（如图 6 - 10 - 8 所示）等均可以对普通电气参数的进行测量。钳形多用表在测量电流时还具有不用拆解电气线路而直接进行测量的优势。

图 6 - 10 - 7　万用表

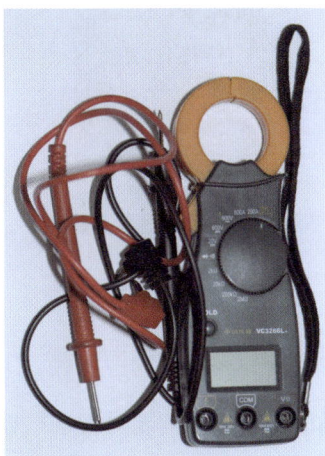

图 6 - 10 - 8　钳形多用表

使用万用表、钳形多用表进行电气参数测量时应注意以下问题：

1. 必须注意测量不同的电气参数选用不同的挡位。测电压的用电压挡，测电流的用电流挡，测电阻的用电阻挡，而且还应区分交流电与直流电。绝对禁止用电流挡位测电气线路的电压。

2. 普通万用表绝对禁止测量高压电气参数。

3. 测量电流、电压参数时应从最高量程向下选取。如测电压时应先打向最高量程，读不出数值时再打向下一级挡位，以此类推，一直到最低挡位止。

六、漏电及绝缘电阻的测量

在现场勘验或现场实验时，通过对被检测物品的绝缘电阻大小进行测量，可以为判断是否产生漏电或可能引发短路提供一定的依据。

（一）绝缘电阻的测量工具及使用方法

由于线路或电气设备的绝缘电阻一般都很大，达到兆欧（MΩ）级，而且绝缘电阻还会随着电压大小而变化，因此只能使用兆欧表（见图 6 - 10 - 9）测量绝缘电阻。

使用兆欧表时要注意选择合适的量程，测量额定电压在 500V 以下的设备或线路的绝缘电阻时，可选用 500V 或 1 000V 兆欧表，测量低压电气设备绝缘电阻时可选用 0~200MΩ 量程的兆欧表。

（二）使用兆欧表的注意事项

1. 测量前要先切断被测设备的电源，并将设备的导电部分与大地接通，进行充分放电，以保证安全。

2. 用数字兆欧表测量过的电气设备，也要及时接地放电，方可进行再次测量。

3. 测量前要先检查数字兆欧表是否完好，在数字兆欧表未接上被测物之前，打开电源开关，检测数字兆欧表电池情况，如果数字兆欧表电池欠压应及时更换电池，否则测量数据不可取。

七、接地电阻的测量

在现场勘验及现场实验中，有时需要对物体接地电阻进行检测，为判断雷击、漏电、静电火灾提供依据。对物体接地电阻进行检测的仪器是接地电阻测量仪，图 6 - 10 - 10 所示为数字式接地电阻表。

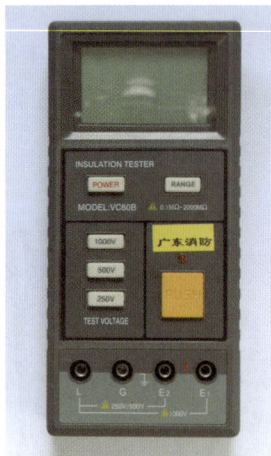

图 6 - 10 - 9　兆欧表

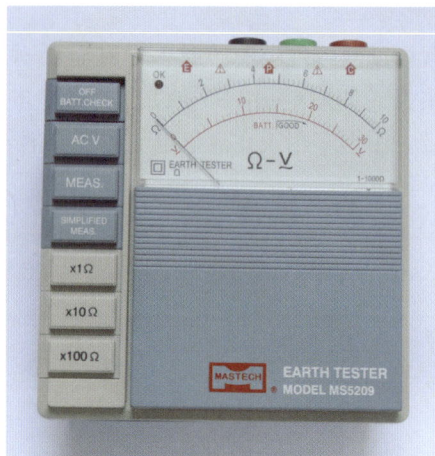

图 6 - 10 - 10　数字式接地电阻表

八、可燃气体、易燃液体的探测

在现场勘验中，经常需要对现场是否存在可燃气体或易燃液体进行快速、定性的判断，一方面是保证勘验人员的人身安全，另一方面是可以及时判断火灾的性质。

（一）可燃气体、易燃液体的探测方法

使用可燃气体检测管（见图 6 - 10 - 11）、可燃气体探测仪（见图 6 - 10 - 12）和易燃液体探测仪等简易的仪器可以对现场是否存在可燃气体或易燃液体进行定性的探测，为勘验人员及时了解现场的安全情况及判断火灾调查方向提供参考依据。

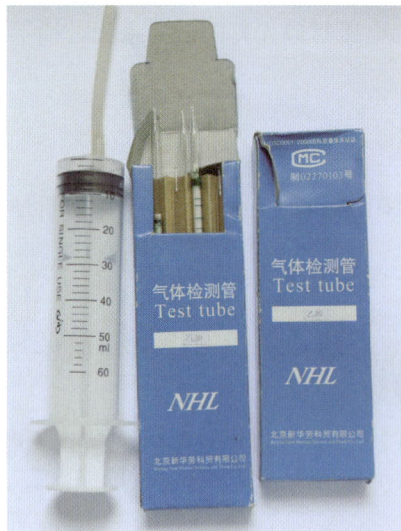

图 6 - 10 - 11　可燃气体检测管

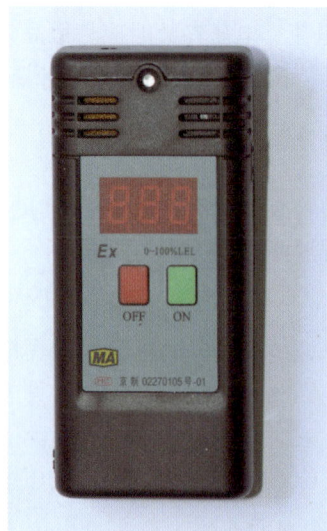

图 6 - 10 - 12　可燃气体探测仪

可燃气体检测管是一种内填显色指示剂的小玻璃管，当可燃气体或易燃液体蒸气通过时，管内的指示剂便发生化学反应，并显示出颜色，其变色长度和空气中所含被测气体的浓度成正比。根据管内填充的显色指示剂的不同，可以测量不同的气体或液体蒸气。

可燃气体探测仪是利用可燃气体在气敏元件表面催化燃烧引起的电阻变化而测量其浓度的，仪器显示的数值是所测气体爆炸下限的百分比。

易燃液体探测仪是一种探测现场残存易燃液体的专用仪器，灵敏度很高，可用于探测汽油、柴油等有机溶剂，但不能确定何种物质，而且也只能定性不能定量。

（二）使用可燃气体、易燃液体探测仪的注意事项

使用可燃气体、易燃液体探测仪应注意以下问题：

1. 上述的仪器只能对可燃气体、易燃液体进行初步的、定性的检测，而且这些仪器的读数还不能作为判断案情的证据，准确的鉴定应该取样委托鉴定。

2. 可燃气体检测管只能检测特定某种成分的可燃气体或易燃液体蒸气，对其他成分的不起作用。

3. 可燃气体探测仪使用寿命较短，不用时应随时关闭电源。

九、静电电压的检测

在现场勘验或现场实验中，常常有时需要对有关的物体、工艺流程是否产生静电及静电电压大小进行检测，为认定静电火灾提供依据。

检测静电电压的仪器是静电电压表，如图 6 - 10 - 13 所示，该防爆型静电电压表是袖珍非接触式静电电压表，能用于各种易燃、易爆场所的静电检测，还能用于物体带电情况的测试。使用时打开开关，先使仪表读数清零，然后将静电电压表表头部位靠近被测物体，待读数达最大值后，按下"数字保持"按钮，便可读出被测物体以千伏（kV）为单位的静电电压。

十、现场大空间尺寸的测量

在火灾现场勘验中，需要对现场空间尺度进行测量，以绘制平面图、方位图等。使用激光测距仪可以比较方便地对现场大空间尺寸进行测量。图 6 - 10 - 14 所示为常用的激光测距仪，使用时打开电源，按下激光发射按钮，激光测距仪发出一束激光束，让激光束射向被测物，或通过测距仪上的望远镜瞄准被测物，再按一下发射按钮，就可以读出被测物到测距仪之间的距离。

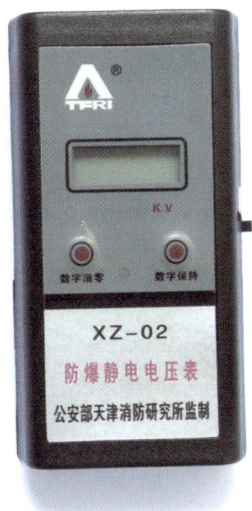

图 6 - 10 - 13　静电电压表　　　　图 6 - 10 - 14　激光测距仪

调节激光测距仪的功能按钮，可以很方便地测量被测物的距离、垂直高度等尺寸以及被测场所的面积、体积等空间参数。

使用激光测距仪时应注意：

1. 被测物与测距仪之间距离不要过远，过远就看不到激光测距仪射出的光点。
2. 测距仪的基准面有底面和顶面，使用时要注意确定基准面的位置。

第十一节　现场处置

一、对一般火灾现场的处理

对一般火灾的现场，在调查工作结束、发出法律文书后，可同时告相关知当事人不需保留现场的决定，同时应提醒当事人如果对火灾认定有异议，应自行保护好现场以便于复核。对不需要保留的现场，公安机关消防机构应及时清理现场，撤销警戒线和现场保护公告，把现场交还有关当事人。

二、对特殊情形火灾现场的处理

为了使在实地勘验过程中的失误得到有效的补救，对以下情形的火灾现场应予保留：

1. 造成重大人员伤亡的火灾现场。
2. 可能发生民事争议的火灾现场。
3. 当事人对起火原因认定提出异议，公安机关消防机构认为有必要保留的现场。
4. 具有其他需要保留现场情形的。

对需要保留的现场，可以整体保留或者局部保留，同时通知有关单位或个人采取妥善措施进行保护。

三、放火嫌疑案件现场的移交

对放火嫌疑案件，在火灾调查之初，是由公安机关消防机构和刑侦部门共同勘验现场，所以现场保护由公安机关消防机构组织。经调查火灾涉嫌放火犯罪的，经公安机关消防机构负责人批准，制作案件移送通知书，将全部调查、检验鉴定等案卷材料连同火灾现场一并移交刑侦部门，并根据需要协助刑侦部门开展工作。

如果火灾案件涉嫌其他犯罪，火灾现场应交由有管辖权的司法机关处理。

四、安全生产事故现场的移交

经查实，如火灾属于安全生产事故，则将火灾现场移交给安全生产监督管理部门处理。

第十二节　火灾现场照相和摄像

一、火灾现场照相

火灾现场照相是火灾调查人员运用照相技术，按照火灾调查工作的要求和现场勘验的规定，拍摄火灾现场以及与火灾事实有关的物证，全面准确地把火灾现场再现出来的一种技术手段。

（一）火灾现场照相的任务

1. 记录和固定整个现场状况和调查活动

拍照火灾扑救中、扑救后以及勘验过程中火灾的整体和各个部位情况，将火灾发生发展到熄灭的整个过程全部完整地记录和固定下来。

另外，还应将调查过程中的人员的活动情况拍照下来，如对有关人员的询问、现场指认、现场物证的提取过程等。

2. 记录现场中与火灾原因有关的痕迹、物品所处的位置及状态

在勘验过程中，随时都会发现各种痕迹物证，在提取之前必须用照相的方法一一记录下来，以证明其来源。即便经过后期确认不是痕迹物证，也要按照痕迹物证的要求拍照，以便于后期的取舍。拍照时，应将各种痕迹物证在现场的位置、状态以及与周边事物的关系拍照固定下来。

3. 记录和固定物证，反映其特征

现场提取物证时，除应将其在现场的原始位置和状态拍照下来，还应对物证本身进行拍照，反映其形状、大小、颜色、光泽等本身所固有的特征，以便于个体识别。

（二）火灾现场照相的作用

1. 为研究火灾原因、现场复原提供依据

火灾现场照相客观、真实地记录了火灾现场及物品的状态，可以为分析案情，确认起火部位、起火点，认定起火原因和致灾原因提供客观依据。

2. 为火灾引发的法律诉讼提供法庭证据

火灾现场照相以影视资料的形式记录火灾现场及相关证据，是法定证据形式之一，可以为火灾引发的法律诉讼提供证据。

3. 为研究火灾发展蔓延规律、总结消防工作经验，提供背景资料

人类与火灾斗争是一个长期的过程，需要不断总结经验教训。通过照相所记录和积累的火灾信息，可以为消防工作者研究火灾特点、总结火灾发展规律提供原始资料，有利于有针对性地开展消防工作。

（三）火灾现场照相的要求

1. 目的明确

现场勘验人员在拍照过程中，必须清楚地知道拍照画面所要说明的问题以及拍照要求。为此，现场勘验人员在拍照前，应仔细观察现场，选取合适的角度，认真构思，以最具有说服力的镜头（画面）反映出火灾现场的特点。

2. 拍照及时

火灾发生后，随着火势蔓延和扑救工作的展开，火灾现场情况瞬息万变。为了将现场每一时刻的状况记录下来，调查人员必须及时赶赴现场并进行拍照。

3. 客观真实

客观真实是指所拍照的影像必须是现场及痕迹物证真实情况的反映，影像与实际场景、实际物体具有完全的对应关系，符合人们的视觉习惯。只有将现场及有关的痕迹物证准确地记录下来，才能客观地反映出现场的实际。为此，所拍照的内容必须是火灾现场的客观存在。不同的对象和表现内容，应采取不同的拍照方法，不能采取夸张的表现手法，影像不能有变形、严重偏色等失真现象。

4. 反映特征

特征是用于区分和识别各个事物的标志。不同的火灾现场因为发生的时间、地点、起火建筑物、起火原因等的不同而具有各自不同的特征。拍照时，应在认识该场景或物体特征的基础上，充分考虑现场的光线、背景等构图要素，选择合适的拍照角度，充分反映出现场的特征。例如，不同的可燃气体因其比重不同，爆炸后在墙壁上所形成的烟熏痕迹的位置高低、烟熏程度轻重等具有差别，因此，拍照时必须在画面上将其充分反映出来。

5. 具有整体性

火灾现场照相所拍照的每个画面都不是彼此孤立的，而是具有内在联系的。所有照片的有机组合，

完整地反映出了一个现场的整体状况和特点。通过这些照片的编排，完整地展示出现场的全貌和细节特征。拍照时，不仅要考虑到单个画面中景物的布局，还要考虑到各个画面的衔接和联系。

6. 影像清晰

影像清晰是指像与物符合透镜成像关系并曝光正确的影像。清晰的影像才能使人观察到物体的本来面貌，表现出其特征。为了使影像清晰，拍照时一是要对焦准确，二是要曝光正确，三是在按快门过程中照相机不能颤动。

（四）火灾现场照相器材

火灾现场照相器材是指现场照相所用的照相机及其辅助器材，包括照相机、镜头、照明光源、三脚架、近摄装置等。

1. 照相机

一般应选择专业级单镜头反光式照相机，以便于更换镜头满足不同拍照的需求。

对于数码照相机，应选择成像器件为电荷耦合器件（CCD）或互补金属氧化物半导体器件（CMOS）的画幅尺寸相当于 36mm×24mm 或 60mm×45mm 以上的小型专业级单镜头反光式照相机，成像器件的几何尺寸不应小于 23.7mm×15.6mm，色位深度大于 24bit 且蓝、绿、红三基色的每种颜色的色位深度不小于 12bit，应具备档案标记功能。

2. 照相镜头

照相机应配备与其口径匹配的标准镜头、广角镜头、望远镜头、微距镜头和变焦距镜头，镜头的相对孔径应尽可能大一些，以适应暗视场的照相需要。

3. 照相光源

常用的照相光源主要为自然光和闪光灯。闪光灯的闪光指数应不小于 28（当 ISO100 时），闪光灯头部可以在上下、左右方向转动并可伸缩改变光照角度，以适应反射照相和不同焦距镜头的需要；变焦型闪光灯应具备手动挡和自动挡。环形闪光灯闪光指数不应小于 16（当 ISO100 时），环形闪光灯用于一些小物体的脱影照相。

4. 三脚架

应根据现场情况配备照相机三脚架。三脚架应选择坚固的金属质三脚架，三脚架的云台能在三维方向上自由转动。

5. 滤光镜

应配备与镜头口径匹配的各种滤光镜片，包括彩色和黑白照相用滤光镜、UV 镜、偏光镜、红外滤光镜等。

6. 其他附件

如：指南针、手电筒、比例尺、快门线、遮光罩、镜头纸、摄影包、备用电池、充电器等。

（五）火灾现场照相的内容

拍照时，为了使火灾现场的整体情况与具体痕迹物品的信息都能完整地记录下来，必须按照现场勘验的程序和要求，必须反映出现场及痕迹物品的位置、范围以及与周围事物的联系，既要反映整体现场的状态，又要反映出具体痕迹物品的特征。按照拍照内容及反映的问题，将火灾现场照相分为方位照相、概貌照相、重点部位照相和细目照相。

1. 火灾现场方位照相

火灾现场方位照相是以火灾现场及周围环境为拍照对象，反映火灾现场所处的位置及与周围事物关系的专门照相。

火灾现场方位照相中火灾现场是构图的主体，应放在画面的主要位置；周边环境是陪体，应置于次要位置。选择拍照角度时，应体现出现场与周围环境的关系。由于拍照的范围较大和避免物体的遮挡，需要在较远、较高的位置拍照。另外，应选择现场上突出的标志物并将其安排在画面一定的位置，一是用以说明现场位置，二是便于对各个画面中物体相对位置关系的比较。

根据现场范围大小、拍照距离的远近及周边具体情况，可以使用广角镜头拍照或采用回转连续拍照法拍照。拍照时，需要记录拍照的方向并在照片中标明。

对于建筑内的火灾，为了表现火灾现场的位置，应将起火建筑的门、窗通道等火灾暴露出来的部位作为火灾现场的一部分，将其与周围的建筑、街道、广告牌等一并拍照，反映出该起火灾发生的地点。

总之，火灾现场方位照相是反映现场方向和位置的，不论现场范围多大，室内还是室外，通过照片（有时辅以简单的绘图）应该让人知道现场在哪里以及周边环境如何。如果现场周边环境比较复杂，可以从几个方向分别拍照火灾现场的方位，并在照片编排时分别标明拍照的方向。

2. 火灾现场概貌照相

火灾现场概貌照相又称火灾现场概览照相，是以整个火灾现场或现场主要区域为拍照对象，反映火灾现场的全貌以及现场内各部分关系的专门照相。

这种照相应反映出现场的范围大小以及现场各部分的联系，体现出火灾蔓延方向、各部位破坏轻重程度等现场的整体面貌。拍照时，宜选择现场内或周边近处较高的位置向下拍照，拍照方向则以各部位前后遮挡最少为佳。

若火灾现场范围较大，且现场内部比较复杂时，可以将火灾现场分为几个区域，分区域拍照。拍照时，注意照相机的拍照位置和移动路线，必要时，可辅以简单绘图说明每张照片的拍照位置，以便于后期照片的编排和其他人对照片内容的理解。需要注意的是，如果每个画面中存在同一个目标，则更有利于反映出各画面之间的关系。

3. 火灾现场重点部位照相

火灾现场重点部位照相是以火灾现场重点部位为拍照内容，反映重点部位状态和特点的专门照相。火灾现场重点部位包括起火部位、起火点、留有各种有证明作用的痕迹的部位、尸体位置、起火物和引火源等重要物品所在部位等。如果起火点和起火部位尚未查清，应该将火灾现场上燃烧严重部位、破坏严重部位作为疑似起火点（部位）拍照。重点部位照相只拍照现场的某些局部，拍照距离较近、取景范围较小，应将重点部位本身的状态和特点充分反映出来。例如，拍照起火部位（点），不仅要反映起火部位的状态，同时也要反映出由此向周边蔓延的迹象；对于现场上尸体及各种痕迹物品部位的拍照，既要反映尸体及痕迹物品本身的状态，也要反映出与周围物体的联系，以便于分析其现场形成条件。

在拍照火灾现场重点部位照相时，应准确反映重点部位与周围物体之间的关系。由于拍照距离较近，应注意增加照片的景深，防止身体阴影遮挡，避免物体的影像变形。

因火灾现场重点部位照相与概貌照相之间的关系是局部与整体的关系，在现场概貌照相中可以看出重点部位在火场中所处的位置，在重点部位照片中才能清楚反映其具体形貌及特征。将火灾现场概貌照相与现场重点部位照相有机地联系在一起，才能清楚地观察到火灾现场的全部状况及特点。重点部位照片的多少应根据现场的复杂情况而定，某些范围较小的现场通过概貌就可以看到重点部位特征，就不必刻意区分概貌与重点部位照相。

4. 火灾现场细目照相

火灾现场细目照相，又称火灾痕迹物证照相，是以火灾现场痕迹物品为拍照对象，反映其大小、形状、颜色、光泽等本身特征的专门照相。这种照相是对现场痕迹和提取的物证本身的拍照，可以在现场或光线条件较好的地方进行。需要反映痕迹物证范围和大小时，应采取测量照相法，或放置比例标尺等。

火灾现场会有许多需要拍照的痕迹物品，不同的痕迹物品，所证明的问题各有侧重，拍照时应根据痕迹物证本身所说明的问题，一一拍照并充分反映其特征。

（六）火灾现场照相的步骤与记录

1. 火灾现场照相的步骤

火灾现场照相依照现场勘验的程序和步骤进行。火灾调查人员到达现场后，应先围绕火灾现场进行巡视观察，了解火灾现场相关情况，根据现场勘验的路线和程序，制定具体拍照方案。为了使现场不再遭受更大的破坏，一般拍照原则是：先拍原始的，后拍移动的；先拍地面的，后拍高处的；先拍容易破坏或容易消失的，后拍不容易破坏或不易消失的；先拍容易的，后拍较难的。

通常情况下，先拍照火灾现场方位，随着勘验工作的深入，然后拍照火灾现场概貌、重点部位和细目，具体的应根据现场实际情况而定。如果在火灾扑救过程中，调查人员已经到达火灾现场，在确保安全的情况下，应对现场火势情况进行拍照，这样便于在现场勘验阶段对现场情况进行比对。

拍照后应及时观看图片，必要时进行补充拍照。必须在现场拍照结束后并确保拍照成功的条件下才能解除对现场的保护。

2. 记录

为了后期照片的制作和编排，火灾现场照相需进行必要的文字记录，记录随拍照进行，主要内容有：

（1）拍照的对象，拍照地点及方向。

（2）所用的照相器材（照相相机的型号、镜头种类和规格、滤色镜颜色和牌号）。

（3）拍照条件和程序、照明光源、拍照时间。

以上文字记录应反映在照片卷或现场笔录中。

（七）火灾现场照相的方法

火灾现场照相的方法主要有：单向拍照法、相向拍照法、多向拍照法、十字交叉拍照法、回转连续拍照法、直线连续拍照法、测量拍照法、比例拍照法等。

1. 单向拍照法

从一个方向对目标（现场或物体）进行拍照，反映目标某一个侧面信息的照相方法。这种照相方法多用于比较简单、范围较小的现场。

单向拍照法可以拍照前后景物没有遮挡的目标，既可以拍照场景，也可以拍照某一平面。单向拍照法是现场照相中应用最多的一种照相方法。

2. 相向拍照法

从相对的两个方向对中心目标进行拍照，反映中心目标及其前景和背景的相互关系的照相方法。这种照相法经常应用于现场方位照相和现场概貌照相。

拍照时，所选择的相对的两个拍照点应能够观察到中心目标及环境的主要特征。两个方向拍照的影像大小、色调深浅、景深范围、曝光程度等应该基本一致，以便于相互印证。为此，拍照时应尽量做到以下几点：

（1）每个拍照点到目标的距离（对焦距离）应该相等。

（2）镜头焦距应该相同，以保证相同的取景范围。

（3）所设置的照相镜头光圈相同，可以设置为光圈优先快门自动方式。

如此，可以确保两张照片的取景范围、景深、曝光量基本一致。

如果某个方向为逆光，可以在照相镜头前加装遮光罩，防止光晕现象的出现。

3. 多向拍照法

从三个或三个以上方向对中心目标进行拍照，反映中心目标及与各个侧面关系的照相方法。如果选择四个方向，即两组相对方向对中心目标拍照，又称十字交叉拍照法。多向拍照法可以用于中心目标周围环境比较复杂的现场。

多向拍照法所获得的每一张照片的影像大小、色调深浅、景深范围、曝光程度等应该基本一致，编排时按序编排在一起，起到互相补充印证的作用。多向拍照法中每个画面的拍照注意事项与相向拍照法相同。

4. 回转连续拍照法

将照相机固定在某一位置，水平或垂直转动镜头，将被摄体分段连续拍照成若干个画面的照相方法。回转连续拍照法主要适用于现场面积较大，拍照位置受到客观环境限制无法后退的现场方位或概貌照相。在照片制作时，将几张照片按序拼接成一张完整的现场照片。

回转连续拍照的步骤及方法如下：

（1）选择合适的拍照距离、高度和角度，确定拍照点。拍照点应能够看到现场的全貌，并正对中心部位，现场的主要目标显示在画面的显著位置上，现场两端到拍照点的距离大体相等。

（2）根据拍摄对象，选择水平或垂直回转连续拍照法。水平回转连续拍照时，应将照相机固定在三脚架上并保持水平状态，以镜头的节点为轴心，自现场的左端至右端徐徐转动照相机镜头视角，依次向另一端观察每幅画面构图。垂直回转连续拍照时，将照相机固定在三脚架上，依次自下而上徐徐转动照相机镜头观察取景构图。如使用变焦镜头进行回转连续拍照法，应将照相镜头焦距固定在标准镜头位置。

（3）确定拍照张数及每张照片的拼接点。根据现场范围大小和每次拍照的视角范围确定需拍照画面的张数。为使照片顺利拼接，相邻画面的景物应有一定的重叠，重叠部分占每幅画面1/5左右。拼接点应避开现场的重点目标。

（4）对焦距离、镜头光圈的确定。为确保每张照片的景深、色彩及明暗一致，对焦距离（点）的选择十分关键，应将现场的最远点和最近点置于景深之内，所有画面的对焦距离应该完全一致；光圈也应该一致。对于自动曝光模式的照相机宜选择光圈优先快门自动模式。

（5）按照预先设定的拍照张数、拍照参数，自左向右拍照。

（6）每张照片的制作条件相同，保证每张照片的放大尺寸、明暗、颜色一致，以便于拼接。

5. 直线连续拍照法

照相机镜头光轴与被拍物平面保持垂直，等距离沿着直线移动，将被拍物分段拍照成若干个画面的照相方法。这种照相方法适于拍照狭长平面上的痕迹，且照相机与被拍物之间无其他物体遮挡的情况。在制作照片时，将照片依序拼接在一起形成一张完整的照片。

拍照时，每幅画面之间要有1/5左右的重叠，各张照片的对焦距离、光圈、镜头视角完全一致，宜采用标准镜头拍照防止画面变形，照片的制作条件与回转连续法的要求一样，以便于后期照片的制作。

6. 测量拍照法

将带有刻度的特制的测量标尺放置在被拍物体的平面上，使其与被拍物一同摄入画面，以供测量被拍物体实际大小的照相方法。这种照相有时又称比例照相法。

测量标尺有很多种，一般为非金属质的带有厘米（或毫米）刻度的直尺，商业出售的多为成卷的纸尺，有白底黑格、黑底白格、黑白相间和彩色标尺，可根据被拍物的颜色及深浅选择标尺，原则是能与被拍物形成一定的反差且不影响被拍物体的外观。尺子的长度根据物体的大小选择，以尽量减少测量误差为宜，小的物体最好选择与其长度相近的标尺。

在被拍物体所在平面放置测量标尺。标尺应沿着物体的长度方向平行放置，标尺的刻度侧朝向物体。若被拍体为立体状，沿镜头光轴方向有一定的纵深时，测量标尺应置于与其主要拍照面的平面位置上，以保证尺子刻度清晰。

拍照时，镜头的光轴应该垂直测量标尺及物体平面，不得倾斜，以防止影像变形。

（八）现场照相的用光要求

火灾现场照相尽可能选择晴天下的自然光。若现场条件不允许，可先在现场现有的光源下拍照，如果不理想，待自然光条件好转时再进行补拍。现场照相的用光要求主要有：

1. 客观真实

一般情况下所拍照的现场景物与痕迹物品的影像都是客观真实的。但是，如果用光不当，则不能真实地反映现场景物面貌和痕迹物品的细微特征。

这里特别要注意光源的色温与用光方向和角度。不同的光源，色温不同，即使同一光源色温也有变化，例如，太阳光会随着天气、时间等条件而变。如果光源色温与数码照相机光源设置不合适，则影像会偏色，这对现场上变色痕迹的表现是非常不利的。使用数码照相机拍照时，光源类型的设置一定要与实际的光源条件相同。当光源条件变化时，适时调整设置。尤其是在现场室内、室外拍照场景变化频繁时，随时注意照相机拍照参数的调整。

光源照射方向和角度也非常重要，不同光照方向和角度表现景物的效果不同，立体感、透视效果、质感等都受到光照方向和角度的影响。拍照时尽量避免光线照射方向和角度不合适所产生的影像错觉。例如，一截烧残的木柱，通过残余部分不同大小的截面，可以反映火势来源方向、受火作用时间长短等，如果光照方向不当，把拍照的痕迹（黑色）淹没在其黑色阴影中，则拍照的画面就失去价值。现场照相和物证照相配光的关键是能够反映出景物或物证的本身的真实状态和特点，不得有任何的夸张感。光线运用所产生的效果，一定要符合人们平时的视觉习惯。

2. 光照均匀

为了真实记录火灾痕迹的特征信息，现场用光必须保证均匀一致，在均匀的光照度下才能显示出物体本身的亮度、色彩等差异对比。不能因光照不均匀而影响现场痕迹特征的体现，更不许因用光不适而掩盖原有的信息特征。

现场照相中，画面上应防止大面积反光和大面积无光的现象。物体处于过暗或过亮处都会失去细部结构层次，都会影响到画面质感的体现，进而影响照片的表现力、证明力。在现场内地面有积水时，应注意选择拍照方向，避免水面反光对画面的干扰。实在无法改变拍照方向时，可在照相机镜头前加偏光镜减弱反光影响。在拍照重点部位时，因拍摄距离较近，注意勘验人员身体阴影对拍照目标的影响，并防止出现其他原因的局部阴影。拍照具有反光现象的目标时，注意选择光照或拍照方向，避免产生强烈的反射光光斑。

室内火灾现场照相，一般采用卤钨灯、闪光灯等人工光源，光照范围有限，拍照前，应注意检查光照范围大小与拍照范围是否一致，拍照范围可以等于或小于光照范围，而不能相反。如不合适，可通过调整光照距离改变光斑大小或调整拍照距离或镜头视角（焦距）而实现。

拍照火灾物证时，应注意调整光照方向、角度（高度），既要保证光照均匀，同时也要注意脱除阴影。对物证和样品进行对比照相时，光源的种类、数量、配光的方向、角度、距离应该一致，保证光照条件相同。

3. 逆光拍照时注意防止光晕现象

火灾现场情况复杂，拍照目标和内容多，难免出现逆光拍照情况。例如，相向、多向拍照法中，经常遇到逆光拍照情况。为了保证在逆光条件下，画面中不出现光晕现象，应使用镜头遮光罩并尽量压低镜头，避免光线直射镜头。夜间或室内火灾现场，当现场光源较多时，应尽量避免对面出现较强的光源，以减轻或防止光晕现象对画面的干扰。

（九）火灾现场照片的制作

火灾现场照相结束后，需及时制作照片，并按照一定要求对照片进行编排。

1. 选择画面

现场照相结束后，在现场解除保护前，应对所拍照的画面进行检查。如果漏拍或者影像质量有问题应及时进行补拍。

按照画面内容及各幅画面之间的关系，确定印放照片样式和尺寸大小，并初步确定编排顺序。

2. 制作现场照片

照片应曝光均匀、反差适中、层次丰富。数码影像可用彩色打印机按照设定的尺寸直接打印在照片级的白纸上。

3. 现场照片的编排

火灾现场照片编排是把反映现场不同内容的画面有机连贯地编排在一起，系统完整地再现火灾现场真实状况的一项工作。现场照片编排非常重要，编排合理有序，使人看后就如亲临现场一般，给观者留下清晰的、完整的印象。

编排的顺序一般按照现场勘验或照相内容排列，从现场外围到重点部位以及相关的物体、尸体、痕迹物品，连贯并有层次地划分若干组合，层层展开步步深入进行编排。以清楚地反映火灾发生地点、火灾现场范围、现场状态、烧损或主要破坏对象、起火部位和起火点、主要痕迹物品所在部位与特征为主旨，有条理、有层次地进行展开。

比较简单的、范围较小的火灾现场，照片数量较少，可以按照现场方位、现场概貌、现场重点部位的顺序并穿插细目照片的方法进行编排。比较复杂的现场，拍照的内容及照片的数量较多，可以按照照片的内容与类别分层次编排。

4. 现场照片的标引与文字说明

（1）现场照片的标引。现场照片标引是为了重点突出物体与物体之间相互关系，强调某一主体的位置、方向、范围，说明特写镜头与现场重点部位的关系以及主画面与若干附属画面的关系，等等。主要用标引线或标注符号、代号对其进行必要的标引。

标引线应为连续的平直大单线条，线条宽度不宜超过0.7mm；线条以红色或黑色为宜；标引线不得相互交叉；标引线的线端指向要准确，既不能离被标引位置太远，也不得将线端画在较小的被标引物上；当标引线通过与线条颜色相近的照片影像部位时，应将线条改为便于识别的颜色。

现场照片的标注符号、代号应以红色、黑色或白色标画。符号、代号清晰醒目，标注位置准确。不宜在照片上标注时，可用标引线引至画面外标注。

（2）现场照片的文字说明。文字说明是画面内容的延伸和补充，好的文字说明可以增强照片的表现力。照片内容必须用文字表述的，经标引后仍不能清楚地反映照片内容时，均应附注文字说明。凡在画面上标注符号、代号的照片，应对符号、代号所示内容附注文字说明。用相向、多向等方法拍摄的照片和通过特征光源、技术手段拍摄的痕迹、物证照片，要对拍摄方法、手段附注文字说明。

文字说明内容要通俗简练、严密准确，不能用分析、判断、方言、模棱两可的语言。

文字说明要与现场勘验笔录一致，否则，会影响现场记录的真实性和可靠性。

现场照片的文字说明一般分为以下三个部分：

封面说明。主要说明火灾名称、拍摄单位、制卷日期。

综合说明。包括火灾性质、发生时间及地点，简要案情，拍摄照片的数量、拍摄者姓名等。

具体说明。包括每张现场照片的拍摄内容或要反映的问题的文字说明。例如，时间、名称、方向、距离、高度、相互间的内在联系等，画面上标注的符号、代号，拍摄方法或手段等均应有文字说明。

二、火灾现场摄像

（一）现场摄像的作用

1. 为调查火灾提供可靠的依据和资料

摄像技术具有记录客观事物的真实性和图像的逼真、连续、完整性，同时还具有储存声像和重放

的特点。使没有到过现场的人看到录像后，如亲临其境一般，知道在什么时间和地点、发生了什么事情。由于火灾现场情况较为混乱，火灾调查人员有时难以准确地观察和正确地判断现场所发生的情况，火灾现场摄像也为火灾调查人员回忆现场情景提供了可靠的备忘录。火灾调查人员可以通过录像画面观察火焰、烟雾的颜色及移动方向，判明燃烧的物质及部位、现场的风向、风速等天气情况和外界因素的影响。还可以从中了解消防队员在扑救过程中破拆部位和水枪设置等情况来研究火灾后形成的各种复杂痕迹，找出形成火灾痕迹的各种因素，揭示起火时间和起火点，为下一步火灾调查工作奠定坚实的基础。

2. 可以弥补现场照相的缺陷和不足

火灾现场复杂多变，由于客观条件的限制，有些痕迹物品及现场状态采用照相技术有时难以拍摄下来，如瞬间爆炸、房屋倒塌、异常声响、人员坠落及调查实验中的短路过程等。在这种情况下，若采用摄像技术就可以将整个动态过程的声像全部记录下来，为分析火灾原因提供更加真实的图像资料。

3. 为复查和恢复火灾现场提供参考

火灾扑救时往往会破坏现场，在这之前及时记录下整个火场状况，为以后重新恢复现场起到可靠的依据作用。在一些一时难以查清或长期未查清的火灾案件中，有时需要复查现场。有的复杂案件需要半年乃至一年以上的时间，现场保留这么长的时间往往客观上达不到。如果将其全部录像资料进行保存，随时可以为调查人员提供参考，就能真实、准确地再现现场原貌。

4. 可以作为诉讼证据使用

由于摄像机镜头的纪实功能和摄像画面的运动性，可以把火灾现场原样再现在电视屏幕中。火灾调查人员在现场的勘验活动，发现、提取痕迹物品的方法、过程，见证人的见证活动等都记录在案。为而后的研究分析火灾原因和应对法律诉讼，起着不可忽视的证据作用。

（二）现场录像的内容及要求

1. 火灾现场方位摄像

火灾现场方位摄像反映火灾现场及环境特点，表现现场所处的方向、位置及其与周围事物的联系。摄像时，宜选视野较为开阔的地点，把能够说明现场位置和环境特点的景物、标志摄录下来。可以采用摇摄的方法，即从有明显特征的标志或方位摇向火灾现场，并停留数秒钟，摇摄速度以适应人们正常观察的速度为宜；也可以用变焦的方法，即先用广角镜头摄录包括周边环境的大范围的场景，使火灾现场置于其中，然后慢慢地增加镜头焦距，使火灾现场在画面中逐渐突出出来。有时，火场周围建筑物较多，遮挡严重，需要从几个不同的方向拍摄，才能反映出现场的位置和周围环境。

2. 火灾现场概貌摄像

火灾现场概貌摄像是以整个火灾现场为拍摄内容，反映现场的基本状况。这部分内容一般分为两部分：一是拍摄火灾扑救过程，如燃烧范围、火势大小、抢救物资和疏散人员、破拆、灭火活动的镜头；二是拍摄勘验活动的过程，如火场范围及破坏程度、蔓延方向、火场内各部位之间的关系等。拍摄时，多采用中景镜头来表现现场整体与局部的关系，借以反映现场全貌。可以用摇摄，也可以用推拉摄的方法，或兼而有之。

3. 火灾现场重点部位摄像

火灾现场重点部位摄像是以起火部位、起火点、炭化严重部位、燃烧严重部位和遗留火灾痕迹物品的部位为拍摄内容，反映其位置、状态及相互关系的。不同性质和类型的火灾，重点部位摄像的具体内容不同。如爆炸火灾，应拍摄爆炸中心点的位置形态、爆炸抛出物的特征及抛出距离、残留物所处的位置及其特征、爆炸后建筑物震动破坏程度和被炸尸体状态。电气火灾应拍摄用电设备、器具、线路在火灾现场的位置状态，配电盘开关所处的状态等。火灾现场重点部位摄像是整个现场摄像中的重要部分，常采用中景和近景来表现。分"静拍摄"和"动拍摄"两部分，"静拍摄"是对现场的原貌进行客观记录；"动拍摄"是在勘验过程中，连同现场挖掘过程和提取物证的过程一同拍摄下来。

4. 火灾现场细目摄像

火灾现场细目摄像是以火灾痕迹物证为拍摄内容，反映火灾痕迹物证的大小、形态、颜色、质地、光泽等特征。经常采用近景和特写的方法拍摄。拍摄时，应选择适宜的方向、角度和距离，充分表现痕迹物证的本质特征，借以达到其证明作用。对每种痕迹物证的拍摄都要做到特征明显、清楚、完整、不变形，并在痕迹物品的边缘位置放置比例尺，以显示其实际大小或距离。

5. 火灾现场相关摄像

火灾现场相关摄像包括拍摄现场访问、现场分析会和对痕迹物证进行检验分析、调查实验等活动的过程，可根据火灾调查的具体情况而定。

（三）现场摄像的方法

现场录像人员到达现场后，在听取火灾有关的情况介绍和实地观察的基础上，制订拍摄计划，确定拍摄内容、方法和步骤。

1. 光线的运用

光线是勾画物体轮廓，反映物体细节、质感和色泽的物质条件。光线的运用关键在于把握光线的强度、照射方向、光比和光源的色温。

2. 画面构图

摄像画面构图的原则是突出主体、色调统一、画面均衡、图像连续。影响摄像构图的因素较多，拍摄时，主要通过改变拍摄距离、拍摄角度和方向、镜头焦距以及正确地运用光线，有机地将这些因素组合在一起。

3. 摄像技法

在现场摄像中，主要采取的摄像技法有摇摄、推摄、拉摄、模拟推拉摄、横向移动拍摄。

4. 录制时间的长短

每个镜头录制时间的长短对于画面的表现效果有极大的影响，它的确定应以看清画面内容为依据。根据景别、画面的明暗、动与静和节奏快慢，确定具体的时间长度。一般固定镜头能看清楚的最短时间长度为：全景6s、中景3s、近景1s、特写2s。拍摄时，必须保证足够的录制时间长度，以便于后期的制作。

（四）现场录像的编辑制作

现场录像的编辑是根据一定的思维逻辑，把现场拍摄的零星画面组成一个情节完整的有机整体的过程。火灾调查结束后应将所录制的素材及时进行编辑。编辑时，镜头组接要客观真实、合乎规律，表达的中心思想要明确，应按静接静、动接动的原则，使人感到画面连续完整、层次清楚、易于理解。

编辑主要使用电子编辑机进行，它的编辑速度快、精度高。但在没有编辑设备的情况下，也可以使用两台录像机通过暂停键控制进行简单的组合编辑。编辑制作中，常以顺叙、分叙等形式来表达火灾案件的发生、发现、发展、调查、认定过程，内容之间要分段落，片头、片尾要有标题字幕及录制人员姓名、审核人姓名及录制日期。编辑制作中还须配音，配音主要以解说词和音乐为主。解说词和画面有着密不可分的关系，有时画面展示的内容需要解说来揭示和总结。因此，解说词本身也是对画面的补充。解说词一般以现场勘验笔录、火灾认定书为内容，对现场的原始面貌加以客观的解说，不能有倾向性意见和主观判断，并通过承上启下的语句同步配合画面，使画面接转过渡自然流畅。解说词要准确简练、同画面和谐一致、鲜明生动、通俗易懂、富有概括力。音乐配音必须为主题服务，并与画面中的情节紧密吻合。

第十三节　火灾现场制图

一、火灾现场制图的主要特点

火灾现场图利用图示方法将火灾发生的地点、环境、建筑、物品陈设和一些痕迹物证等作出客观

准确的反映，是分析火灾现场情况的重要依据之一。火灾现场图的主要特点如下：

（一）直接反映现场及其各物品间的几何形状和位置关系

火灾现场图可以借助各种符号和文字以适当的比例将火场上的客体放大或缩小，排除现场几何形状、体积和面积大小的制约，将现场的建筑布局、建筑结构、周边环境以及现场上与火灾有关的物品和痕迹的尺寸、形状、位置关系等完整、准确、形象地反映出来。这个特点可以形象地表达出现场勘验笔录中难以表达的几何关系，也可以弥补照相、录像中难以反映出的距离关系。

（二）反映现场及物体间内部结构

在现场制图中采用投影、剖视等绘图方法，可以排除各种屏障物的遮挡和视线的限制，将人们无法用肉眼直接看到的建筑物和物品内部结构反映出来。对于发生在建筑物内部的火灾，需要反映室内外、各楼层和各房间联系的复杂现场，很难用文字给予准确的描述，而用透视、剖视、截面等制图方法能将遮蔽物的遮挡作用去掉或选择一个角度进行空间透视，使得在全面反映位置关系的同时又将复杂结构现场或物品上需要侧重反映的局部表现出来，达到简明、准确地反映现场及现场中物体内部情况的目的。

（三）真实直观地记录和反映现场情况

通过实际测量将现场及痕迹和物品的空间体积大小、形状等按照比例绘图，可将其间的相互位置关系和距离真实、具体地再现出来，排除了将文字记录转化成脑海里的画面既费时又费力的联想过程，可以直观地反映现场情况。

二、火灾现场制图的种类

火灾现场制图主要包括火灾现场方位图、火灾现场全貌平面图。根据现场需要，选择制作现场示意图、建筑物立面图、局部剖面图、物品复原图、电气复原图、火场人员定位图、尸体位置图、生产工艺流程图、现场痕迹图和物证提取位置图等。

（一）火灾现场方位图

火灾现场方位图主要反映火灾现场区域所处的位置及周边环境情况，一般以平面图的形式表现，所以又称火灾现场方位平面图。其基本内容为：

1. 标明受灾区域的范围及四邻情况。

2. 标明该区域的建（构）筑物的平面位置及轮廓，并标记名称。

3. 标明区域内的交通情况，如街道、公路、铁路、河流等。

4. 用图例符号表明火灾范围、起火点、痕迹物品、尸体等的位置。

5. 标明受灾区的朝向及发生火灾时的风向和风力等级。

（二）火灾现场全貌平面图

火灾现场全貌平面图主要反映火灾现场内部平面布局、有关痕迹、物品的形状以及它们之间的相互关系。现场平面布局是以发生火灾的建筑物或场所的建筑平面图为基础，将起火范围、起火部位（起火点）、痕迹物品、尸体等在该图上表示出来。对于楼房火灾现场，可以绘制每一层的平面图，表现各层情况。

绘制现场全貌平面图应标明现场方位照相、概貌照相的照相机位置，统一编号并和现场照片对应。

（三）火灾现场示意图

火灾现场示意图是根据现场勘验所观察到的各种物体的形状、位置及相互关系，不按比例和实际物体尺寸大小关系绘图，又称草图。这种图重在表示图中各项之间的关系，如：表示焊枪、气瓶、起火点在现场内平面（或空间）的位置等。

（四）建筑物立面图

建筑物立面图是在与建筑物立面平行的投影面上所作的正投影图，主要用于表现建筑物的外部造型、门窗、阳台位置、形式、尺寸。利用该图可以表示起火（爆炸）所在的楼层位置等。

（五）局部剖面图

局部剖面图是以假想的平面将现场上的建筑物、生产设备、物品等局部切开，表现其内部状况的现场局部图的一种，可以反映封闭空间的内部情况。

（六）物品复原图

物品复原图有时也称现场复原图，主要用来反映建（构）筑物及其他类型火灾发生前的原有状态。对于较大和复杂的火灾现场（爆炸现场），物品复原图对确定起火部位、分析火灾（爆炸）原因、寻找案情线索具有一定意义。火灾现场复原图包括现场平面复原图、现场立体复原图、现场平面展开复原图等组成。

1. 现场平面复原图。现场平面复原图是根据现场勘验和现场询问的结果，用平面图的形式把烧毁或炸毁的建筑物及室内的物品恢复到原貌，再现事故发生前的平面布局。平面复原图是其他形式复原图的基础和依据。

现场平面复原图的基本内容及要求是：

（1）屋内的设备和物品种类、数量及摆放位置按收集到的情况绘出，如果有堆垛形式的物品，应加以编号并列表说明。

（2）标明起火部位及起火点。

（3）绘制平面复原图应尽量索取到原有的建筑平面图，否则应现场勘验绘制。对于面积较大的火场，绘图要抓住重点，起火部位等重要部分要画得详细，对于烧毁不重的部分可简明画出。

2. 现场立体复原图。立体复原一般采用正等测图，主要反映建筑物原貌。立体剖面复原图是在立体复原图的基础上，假想用几个剖切平面切去遮挡观者观看室内布局的部分前墙和屋盖，把室内的结构及物品摆放情况展现出来。绘制立体剖面图时，如室内的物品种类及数量繁多时，应进行编号和说明。

3. 现场平面展开复原图。平面展开图是假想将现场空间沿着各面的交线部位切开，然后展开成为一个平面，并按照空间的对应关系在各个平面上绘制出家具、物品所在位置、形状等，反映现场空间信息的现场复原图。

（七）电气复原图

根据现场勘验情况，结合电气安装施工图纸和相关技术人员、知情人员等提供的信息，将火灾现场上的配电设施、线路、用电设备等绘制在现场平面图上，反映布线方式、用电设备、控制线路关系的现场图或线路图。

（八）现场人员定位图及逃生路线图

在火灾调查过程中，经调查询问确定某时间段在火灾现场或有关区域内人员的具体分布及火灾后的逃生路线，通过人员定位图或人员逃生路线图的形式表现出来，可用于排查相关人员的位置及活动情况，对于分析人、事、物相互联系具有重要作用。

（九）尸体位置图

尸体位置图是在现场平面图的基础上表明尸体所在位置的图，可以反映火灾后人员死亡的位置。

（十）生产工艺流程图

生产工艺流程图反映产品制造过程中从原料到产品的生产流程图，包括主要原料、产品、设备、生产流程和操作条件。

（十一）火灾现场痕迹图

火灾现场痕迹图反映在现场平面内各种火灾痕迹相对位置的图。

（十二）火灾物证提取位置图

火灾物证提取位置图反映提取火灾物证在现场平面位置的图。

三、火灾现场制图的方法和步骤

现场制图是现场勘验中的一项工作内容，是根据现场勘验和调查询问情况，以及调查工作的需要，依据现场勘验规则的要求绘制而成的。制作火灾现场图，有条件的，应使用火灾现场制图软件来绘制现场图。

（一）制图准备

在绘制现场图之前，必须充分掌握相应的资料。一方面，在现场勘验时要勘验和测绘现场情况，了解现场的情况，对火灾发生和发展有一个初步的认识。测量时，可采用尺测、目测、步测、仪器测量等方法，并利用草图或文字记录下来，作为绘制现场图的依据。另一方面，应该在现场收集有关图纸，包括单位的总平面图、建筑平面图、建筑立面图、建筑剖面图等，作为绘制现场图的参考。

（二）制图的格式

1. 画幅

画幅是指图纸幅面的大小。现场图的大小应该是在满足图面清晰、布图合理的前提下，尽量采用小号图纸（如3、4号图纸），以便于存档。

在图纸上应该用粗实线画出限制图画范围的最大边框，这个边框称为画框。现场图因为需要存档，所以在画图框时应该留出装订边。

2. 图线

画在图纸上的线条统称为图线，图线有粗、中、细之分。每个图应该根据形体的复杂程度和比例的大小，确定基本线宽，中线的宽度为基本线宽的50%，细线的宽度为基本线宽的35%。在同一张图纸中，相同比例的各图样，应采用相同的线宽组。虚线的线段和间距应保持长短一致，其中线段长约3~6mm，间距约为0.5~1mm。点画线的线段长为15~20mm。虚线与虚线、点画线与点画线、虚线或点画线与其他线段相交时，应交于线段处。点画线和双点画线的两端不应是点。图线不得与文字、数字、点符号重叠、相交，不可避免时，应首先保证文字等的清晰。

3. 尺寸标注

有些现场图需要标注尺寸。标注的尺寸由尺寸线、尺寸界线、尺寸起止符号、尺寸数字等几个基本要素组成，如图6-13-1所示。标注尺寸时应该注意：

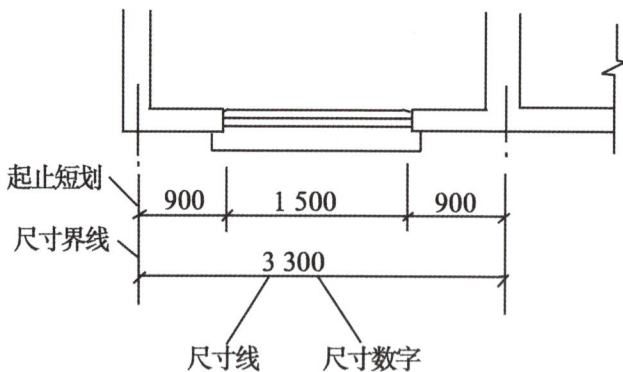

图6-13-1 尺寸的标注

（1）尺寸线用来标注尺寸，应画成细实线，且与被标注的轮廓线平行。

（2）尺寸界线应画成细实线，一般情况下垂直于尺寸线，并超出尺寸线约2mm，特殊情况下允许斜着从图中引出尺寸界线来标注。应尽量将尺寸标注在图形轮廓线的外面，避免尺寸界线与尺寸线交叉。

（3）尺寸起止符号。表示尺寸起点和终点的符号称为尺寸起止符号。尺寸起止符号一般为中粗实线短划，其方向为尺寸界线按顺时针旋转45°。当标注半径、直径或球的尺寸时，起止符号应画成箭头。当相邻尺寸界线间隔很小时，起止符号可以画成黑点。

（4）尺寸数字。图上标注的尺寸数字为物体的实际尺寸，和绘制比例无关。尺寸数字应尽量标注在尺寸线的上方中部，离尺寸线应不大于1mm。当尺寸界线间隔较小时，最外边的尺寸数字可以注写在尺寸界线外侧，必要时可引出注写。任何图线不能穿交尺寸数字，当不能避免时，必须将此线断开。

4. 图例

图例是实际物体的简化和缩写。在火灾现场制图时，需要将现场各种复杂的物体表现出来，这些物体需要用图例来表现。现场制图时使用的图例，应该尽可能使用通用图例，并具有简单好画、直观形象的特点。根据现场制图的特点，常见的图例如表6-13-1所示。

表6-13-1　火灾现场绘图常见图例

序号	图例	图例名称	序号	图例	图例名称
1		室内火灾	16		烟道
2		风力和风向标志	17		尸体
3		起火建筑	18		爆炸点
4		火灾突破外壳	19		沙发
5		燃烧蔓延方向	20		床
6		外部烤着部分	21		椅凳
7		砖石金属围墙	22		桌
8		钢丝网、篱笆围墙	23		煤气灶
9		起火点	24		液化气罐
10		炭化区	25		低压线
11		进出路线	26		高压线
12		楼梯	27		配电盘（箱）
13		未起火建筑	28		白炽罩灯
14		街道	29		插座（明装、暗装）
15		指北针	30		开关（明装、暗装）

5. 字体

现场图上有各种符号、字母代号、尺寸数字及文字说明，各种字体必须书写端正，排列整齐，笔画清晰，标点符号要清楚正确。其中，汉字要用国家公布的简化汉字，采用仿宋字体。拉丁字母和数字都可以用竖笔铅垂的正体字或竖笔与水平线成75°的斜体字。

6. 标题栏

标题栏一般设置在图纸的右下角，用来标注图纸的一些重要信息，如绘图人、审核人、日期、图名等。

（三）绘制现场图的要求

1. 在绘制现场图之前，应先了解火灾发生、发展和蔓延的情况，熟悉现场环境，防止遗漏重要情况。不能将与火灾无关的内容绘入图内。绘图要有重点，要明确绘制的内容说明什么问题。

2. 绘图时可根据不同的情况，灵活采取不同方法。

3. 图上应明确地标明起火点以及物体、痕迹的原始位置，同时要与勘查笔录记载的内容相吻合。

4. 现场图上应注明某些人的位置和行动的痕迹等。对尸体要注意标明位置和姿态。

5. 现场图的符号应采用标准图例。绘制线条清晰，粗线、细线分明，实线、虚线使用得当，要注明图的名称、测量方法、比例尺、方向、风向、图例、说明及绘制日期。图面要整洁，字迹工整。

6. 现场绘图应由绘图人签字。

（四）现场图的绘制方法

1. 平面图

现场平面图是最基本的、最常用的一种图。绘制现场平面图时，首先用指北针确定现场方位，一般应按照比例将现场上的地形和实物绘在图纸上，比例尺大小应根据现场范围大小确定；现场上的实物应采用通用的标准图例和符号表现出来。现场平面图按其所表示的范围大小可分为现场方位图、现场全貌平面图和现场局部平面图。

（1）现场方位平面图。因为现场方位平面图反映的空间范围较大，为方便计，一般可参照城市规划图、住宅小区平面图、工厂（车间）平面图等现有的规划图，根据需要进行增补修改；也可通过直接观测绘图法。主要方法如下：

熟悉现场情况，确定现场中心位置及现场范围大小。

测量距离。利用测距仪，将图中所表现的地形、实物一一测出。

测绘方法。现场方位图主要是反映出各种实物在图上的具体方位，即要测量出各种实物相互之间的距离。

绘制草图。根据现场大小及中心位置设计草图布局，现场的中心应尽可能出现在现场图的中心部位，这样才能充分地利用画面将现场周围的地形地物实际状态比较完整地表现出来。画面尽可能用通用的图例，做到清楚易懂。

审核修订现场方位平面草图，检查实物对应关系及测量数据，绘出正式的现场方位平面图。

（2）现场全貌平面图。现场平面图重点反映出现场的范围及起火点、痕迹物证、尸体等在现场中的位置。绘制方法如下：

为绘图方便，一般可根据起火建筑物的大小、朝向或火灾场所形状或人们的习惯视角来确定所绘现场的范围和方向，并标示出指北针的方向。

图面布局。绘图前，要有计划地拟定图面结构、内容和设计的范围，重点突出主要的物证。根据实际现场范围和所选图幅的大小适当地确定比例尺。

测量获取数据，绘制草图并修订。

2. 立面图

绘制现场立面图时，先测量立面长、高尺寸，然后测量立面上有关物品和痕迹大小尺寸、位置；根据测得数据和已有的平面图绘制立面图；指向标用箭头标明立面图反映实际物体的位置，如用箭头标明东南西北方向；最后，标注标题、图号、比例尺、图例、说明栏。

3. 展开图

绘制展开图时，应将现场建筑空间的几个面绘在同一个平面上，在立面上反映出门、窗、阳台的位置和尺寸，同一物体在不同面上反映的形状、尺寸应满足一定的对应关系。具体方法如下：

（1）测绘现场平面图。先测量房屋墙基线，画出室内形状大小，然后测绘门、窗在墙壁的位置，按比例用标准符号在墙基上画出门窗。

（2）测绘地面上的物体、痕迹。大的物体需测出尺寸和形状，然后确定其在地面上的位置；小的物体直接测出其空间位置，在图上用符号表示其形态。

（3）测绘建筑物几个立面。在现场平面图绘好后，以墙基线为基准，分别绘出几个立面上的情况，最后将房顶面图与其中一个立面图相连接。

4. 示意图

绘制示意图时，应先观察现场情况，确定现场范围；画出现场上有关物体和物证的形状、位置及它们之间相互关系；对于重要的痕迹物品的大小和它们之间的相互距离要进行测量，并用数据标注说明。在绘制示意图时，虽然没有比例要求，但也要避免将大物画小、小物画大，造成失真。

第十四节　火灾现场勘验笔录

一、火灾现场勘验笔录的格式和内容

1．"勘验时间"：填写每次勘验开始到结束的时间，具体到分钟。

2．"勘验地点"：填写勘验现场的具体位置。

3．"气象条件"：是指勘验时现场当地的气象状况。

4．"勘验情况"：应当如实反映现场勘验的过程和事实，主要载明以下内容：发现火灾的时间、地点；发生火灾单位名称、地址；现场保护情况；现场勘验过程和勘验方法；现场变动变化的情况以及反常现象；现场的周围环境、建筑结构；燃烧面积、人员伤亡情况，现场主要存放物品、设备及其烧损情况；尸体、重要痕迹物品的位置、状态、数量和燃烧特征；提取痕迹物品的名称、具体位置、尺寸、规格、数量、特征等；现场照片、现场图以及录像、录音的种类、内容和数量。

现场勘验结束后，相关人员应当在笔录上签名。有多个证人、当事人的，应当分别签名。同一现场进行多次勘验的，应当在制作首次勘验笔录后，逐次制作补充勘验笔录，并在笔录右上角用阿拉伯数字填写勘验次序号。

二、制作现场勘验笔录的要求及应注意的问题

（一）笔录记载的内容要客观准确

笔录中所记载的内容必须是勘验人员在现场凭视觉、触觉、嗅觉、味觉亲自感知或通过勘验仪器直接感知的客观事实，其他人的议论和自己的分析均不得记入现场勘验笔录。笔录中的用语必须准确，是即是，非即非，不应使用"大约""大概""也许""可能""估计"等模棱两可的词语。要使用本专业的术语或通用语言，对于痕迹物品大小的记述，必须使用国家统一规定的计量单位，如"米""千克"等，不得使用市制单位；对于客体位置的记述，应按两个标志物进行准确测量，不应使用

"较远""较近""不远"等让人无法准确判定的词。对于客体名称应该按其标准名称记录。

（二）笔录记载的顺序要合理

笔录记载的顺序应当与现场勘验的实际顺序一致，笔录记载的内容要有逻辑性，先勘验的部分要先记录，后勘验的部分要后记录，以避免记载出现紊乱、重复或遗漏。为了便于制作和了解笔录的内容，可按房间（室）、按部位、按方向等分段描述，或在笔录中加入提示性的小标题，例如："对厨房的勘验""对配电盘的勘验"等，以标明各部分的内容等。

（三）笔录的文字记述要简繁适当、通俗易懂

凡是现场上与查清火灾事实有关的火灾痕迹物品，必须一一详细记录，不能省略，不能过于简单。应该做到即使没有到过现场的人看到笔录后，也能够对现场情况一目了然。必要时，能够根据记载的内容，再现火灾现场情况。而对于与火灾事实无关的现场情况，则需尽量概括一些，不必对现场所有情况都进行详细的描述，以免笔录文字过于冗长、失去中心，使人看后不得要领。有时需要详细记录的，也可用照片和绘图来补充。

笔录的语言应通俗易懂，应使用规范的文字，不能使用方言、土语、外来语，也不应出现错别字。

三、现场勘验笔录的制作方法

为了保证现场勘验笔录的制作质量，最好在现场勘验过程中，一边勘验一边随手记录，待勘验工作结束后再将其整理，也可以使用录音笔或现场执法记录仪随时记录勘验情况，事后再根据其进行整理。整理后现场勘验笔录应经现场勘验负责人审核后再打印出正式笔录。现场勘验笔录应该由参加勘验的人员、证人或当事人当场签名或盖章。

在现场勘验过程中所记录的笔录草稿是现场勘验的原始记录，也要妥善保管，以便将来查证核实。

多次勘验的现场，每次勘验都应制作补充笔录，但是最重要的还是第一次的笔录，因为离火灾发生的时间越短越接近真实，遭到破坏的可能性越小。

笔录一经有关人员签字盖章后，原则上不能再改动。如果发现笔录中有错误或遗漏之处，可另作更正或补充笔录。

现场勘验笔录的后面应说明现场绘图的张数、种类，现场照片张数，现场录像的情况，勘验笔录中凡与绘图或照片配合说明问题的应在括弧中注明绘图或照片的编号。

火灾现场勘验笔录的制作见范例6-14-1。

范例 6 - 14 - 1：

火灾现场勘验笔录

勘验时间：_____年___月___日___时___分至___月___日___时___分

勘验地点：_____

勘验人员姓名、单位、职务（含技术职务）：_____

_____

_____

勘验气象条件（天气、风力、温度）：_____

勘验情况：_____

_____

_____

_____

_____

_____

_____

现场勘验负责人（签名）：_____记录人（签名）：_____

勘验人（签名）：_____

证人或者当事人（签名）：_____ _____年___月___日 身份证件号码：_____

单位或住址：_____

证人或者当事人（签名）：_____ _____年___月___日 身份证件号码：_____

单位或住址：_____

第七章 火灾物证鉴定

火灾物证鉴定是鉴定机构中具有鉴定资质的鉴定人员利用专业知识和专门仪器对火灾物证的理化性能进行的检验和测试。火灾物证鉴定得出的鉴定意见是认定起火原因的重要证据之一，在火灾调查中具有重要作用。

第一节 火灾物证鉴定意见

一、鉴定意见的概念

火灾物证鉴定意见是有鉴定资格的专业人员就火灾调查中的专门问题向消防机构提供的结论性意见。鉴定意见都与火灾事实有关系，是消防机构查明火灾事实的重要依据。但是，鉴定意见不是对火灾事实的客观记录或者描述，而是鉴定人在观察、检验、分析等科学技术活动的基础上得出的主观认识结论。这也是鉴定意见与证人证言和勘验笔录的重要区别。证人讲述的是自己以看、听等方式感知的火灾事实，勘验检查人员记录的是自己观察到的火灾事实，而鉴定人提供的是自己关于火灾事实的意见。

二、鉴定意见的特点

（一）鉴定意见属于"科学证据"

任何鉴定意见都必须以一定的科学技术为基础，因此，鉴定意见属于"科学证据"的范畴。不过，鉴定意见的科学性并不等于说所有鉴定意见都是科学可靠的。任何科学仪器都是由人操作的，任何鉴定意见最终都是人做出的，因此鉴定活动不可避免地还要受到鉴定人的鉴定水平、专业经验和职业道德等因素的影响。

（二）鉴定意见属于"意见证据"

第一，鉴定意见是鉴定人对火灾中的专门问题提出的理性意见，不是感性认识。鉴定人不能只报告鉴定中观察到的事实，必须在观察或检验的基础上做出理性的分析判断，即意见。第二，鉴定意见是鉴定人就火灾中的事实问题提供的意见，只解答事实认定问题，不解答法律争议问题，因为后者属于司法人员的职责范围。例如，在刑事案件中，鉴定人不应就行为人的杀人行为究竟是故意还是过失，是正当防卫还是防卫过当等问题提供意见。

三、鉴定意见的属性

鉴定意见是鉴定人认识活动的结果，必须由人来完成，所以，鉴定意见的给出不可避免地将会受到鉴定人主观认识能力及其拥有客观认识条件的影响。从这个意义上来讲，鉴定意见并不一定是科学的、正确的意见。由于主客观原因的影响，鉴定意见不排除出错的可能。如鉴定设备、仪器是否先进、鉴定方法是否科学、送检材料是否符合要求、鉴定人的责任心和业务水平、鉴定过程是否受到外界干扰以及鉴定人的职业道德等等。

火灾物证鉴定不同于 DNA 鉴定等同一性鉴定，也不同于法医的伤情鉴定，鉴定意见即可确定犯罪嫌疑人或者确定是否达到立案标准，是证明案件事实的必要条件。而火灾调查中，物证鉴定意见仅仅是认定火灾性质、起火原因的众多证据之一。《公安机关办理行政案件程序规定》中明确规定公安机关应当及时将鉴定意见告知违法嫌疑人和被侵害人，而且违法嫌疑人或者被害人对鉴定意见有异议的，可以提出重新鉴定的申请，而《火灾事故调查规定》则没有此规定。

第二节　火灾物证鉴定方法

一、电气火灾物证鉴定

（一）电气火灾物证分类

电气火灾是由电气故障的发生及其传播所引起的，电气故障痕迹一般以金属的熔化、变形、变色等状态的改变所呈现。

电气火灾物证是指对电气火灾的发生具有认定或排除作用的变配电设备、电气线路、用电器具、用电设备及各类元器件等物品。主要包括以下几类：

1. 电线电缆类：包括各类铜、铝导线、电缆等。
2. 接插件类：包括插头、插座、接线端子、线路连接件和线路接头等。
3. 电气开关类：包括闸刀开关、空气开关、电动开关等。
4. 照明灯具类：包括白炽灯、日光灯和卤素灯等。
5. 电热器具类：包括电熨斗、电炉、电饭锅、电热毯和各种电热水器等。
6. 音像设备类：包括电视机、音响、DVD 播放机等。
7. 空调冰箱类：包括冰箱、空调机、冰柜等。
8. 电磁设备类：包括电动机、压缩机、变压器等。
9. 电工仪表类：包括电压表、电流表、电度表等。
10. 电子元器件类：包括电路板、电容、电阻、晶体管等。
11. 剩磁物质类：指短路电流和雷击电流通路附近的铁磁性物质。
12. 其他金属类：包括火灾现场中其他金属物品等。

电气火灾物证因其形成的性质不同，主要分为电热作用形成的物证和非电热作用形成的物证。电热作用形成的物证是在发生电气故障时因电流高温作用所形成的物证，主要包括：短路、过电流、接触不良、漏电和线圈内部过热等故障所形成的痕迹物证；非电热作用形成的物证主要包括火烧（火焰直接作用或高温辐射作用）和外力作用（挤压、拉伸和剪切等）等形成的痕迹物证。

（二）电气火灾物证鉴定方法

鉴定火灾现场中提取的电气火灾物证主要采用物理检测手段，检测的对象以各种金属物品为主，其他部分非金属物品为辅。国内采用的电气火灾物证鉴定技术方法主要包括宏观分析、微观形貌分析、成分分析、金相分析、热分析、剩磁检测和模拟试验等，在现有的这些方法中，以金相分析法应用最为广泛。

1. 宏观法

宏观分析是指利用肉眼或简单仪器完成的外观形态特征的分析判断。导线熔痕宏观鉴别法，主要是依据导线熔痕的宏观状态，初步判定熔痕的熔化性质，即是短路形成还是火烧形成。一般是经过初步鉴别，然后再经其他技术分析方法，最后得出确切结论。

宏观分析方法应用十分广泛，火灾现场和实验室均可使用，是对火灾现场中提取的金属熔痕，借助体视显微镜或大景深视频显微镜等仪器设备，依据其外观特征，初步鉴别其熔化性质，即初步确定是否为电热作用形成的熔痕；应用本方法，可以从若干个遗留痕迹中，筛选出供其他方法分析的试样，达到预选的目的。对于铜导线上熔痕的识别方法，可参照《电气火灾痕迹物证技术鉴定方法　第1部分：宏观法》（GB16840.1—2008）。采用的分析仪器如图7-2-1和图7-2-2所示。

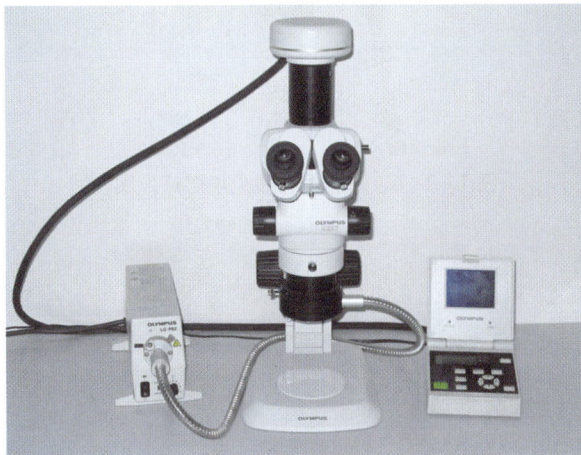

图7-2-1　高分辨率数码体视显微镜

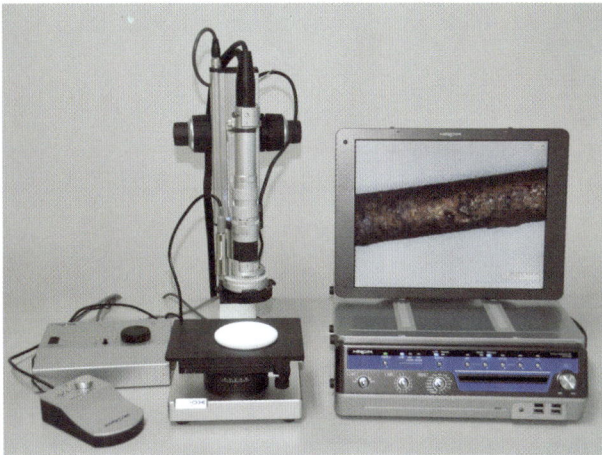

图7-2-2　超景深三维视频显微镜

各种熔痕的宏观特征如下：

（1）火烧熔痕的特征：①火烧形成的熔珠较大，通常是线径的1~3倍，尤其是铝线形成的熔珠更大一些，位置有凝结在线端上的，也有出现在导线中部的。②在整根导线上若干部位因熔化而变细，若干部位因熔化增殖而变粗，无固定形状的熔化痕迹。③导线端部形成尖形熔痕。④在导线的某一段上因火烧而出现许多干瘪状熔坑，几乎整个导线都被蚀空，残留半个线壳，称为干瘪状熔痕。坑内比较光滑，无光泽，并夹杂有一些炭灰。⑤导线上凝结许多带光泽的小熔珠，导线本身被烧熔变细。⑥在铜质多股软线的线端部形成熔珠或尖状熔痕，熔痕附近的细铜线熔化并黏结在一起，很难分开。

（2）短路熔痕的特征：①短路熔珠的大小一般是线径的1.5~2.5倍，有些小熔珠还不足1.5倍。熔珠的状态也不尽一致，有的较大且凝结在导线端的正当中。有的歪在线端的一侧。②尖状熔痕是指在导线上留下尖细的非熔化芯而形成尖状熔痕。熔痕的特点通常是失去光泽而呈灰黑色，但有的仍保留其金属光泽。整个熔化部分与导线之间有明显的过渡区。③凹坑状熔痕常出现在两根导线相对应的位置上。这种熔痕的特点是凹坑表面有光泽，但不光滑，有一些小毛刺，有扎手感，有时在凹面上还沾有微小的金属颗粒。④点状熔痕是指导线表面形成空腔的小结疤分布在导线表面，并且其间距比较均匀出现在线上的点状熔化金属。突出在铜导线上的小结疤大部分呈带黑色的小半球状，个别的也有光泽，导线的大部分变成黑色，少部分仍具有金属本色。⑤多股铜芯线短路熔痕有圆珠状、尖状，以及细丝上的微小熔珠，它们共同特点是熔痕后面的导线是疏松状，没有粘连在一处。⑥进溅熔珠形状基本上都是球形（圆珠状），只不过大小不同。飞溅熔珠的大小与线径和熔融的程度有关。短路时电弧大温度高导线熔化范围多，飞溅的颗粒也大，一般铜线短路飞溅熔珠小，铝线较大。飞溅熔珠有的表面变黑，有的仍保持原金属的本色。

铜导线和铝导线的宏观特征如图7-2-3~图7-2-8所示。

图 7 - 2 - 3　多股铜导线短路熔痕外观

图 7 - 2 - 4　单股铜导线短路熔痕外观

图 7 - 2 - 5　多股铜导线火烧熔痕外观

图 7 - 2 - 6　单股铜导线火烧熔痕外观

图 7 - 2 - 7　铝导线短路熔痕外观

图 7 - 2 - 8　铝导线火烧熔痕外观

2. 金相分析法

金相分析是研究金属结构的一门科学，在材料、冶金、机械制造等领域中早已广泛应用。应用金相分析方法鉴定电气火灾物证，主要是根据电热作用所形成熔痕的金相组织和受火灾高温作用形成熔痕的金相组织不同的原理，按照不同的金相组织特征确定熔痕的熔化性质。

金相分析法应用范围较广，技术也较为成熟。但应用起来应注意与实际火灾现场情况结合，有时还要考虑与其他分析方法的结合。

应用金相分析方法主要观察电气部件（导线、接插件等）在电热作用和非电热作用下金相组织的区别，主要用于鉴别铜铝材质导线的短路熔痕（一次短路熔痕和二次短路熔痕）、火烧熔痕和其他性质痕迹（包括电热作用痕迹和非电热作用痕迹）等；还可以对其他金属材质的熔痕鉴别是否为电热作用形成或其他作用形成，也可以分析推断金属材料在火灾现场中的受热程度等等。对于该技术鉴定方法，可参照《电气火灾原因技术鉴定方法　第 4 部分：金相法》（GB16840.4—1997），所使用的仪器设备主要包括：数码照相机、金相磨抛机（如图 7 - 2 - 9 所示）、金相显微镜（如图 7 - 2 - 10 所示）等。其典型熔痕金相组织，如图 7 - 2 - 11 ~ 图 7 - 2 - 18 所示。

图 7 - 2 - 9　全自动金相磨抛机

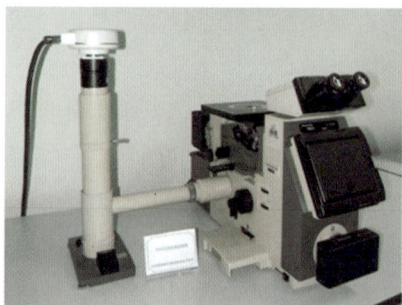

图 7 - 2 - 10　金相显微镜

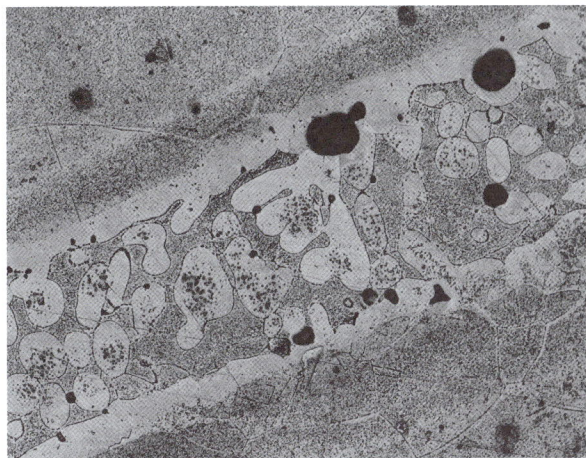

图 7 - 2 - 11 铜导线火烧熔痕金相组织

图 7 - 2 - 12 铝导线火烧熔痕金相组织

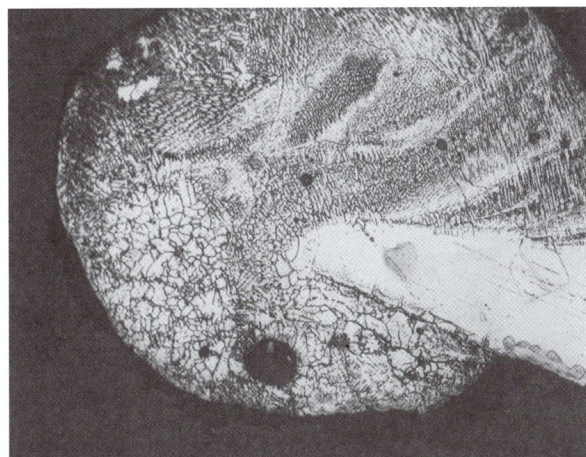

图 7 - 2 - 13 单股铜导线一次短路熔痕金相组织

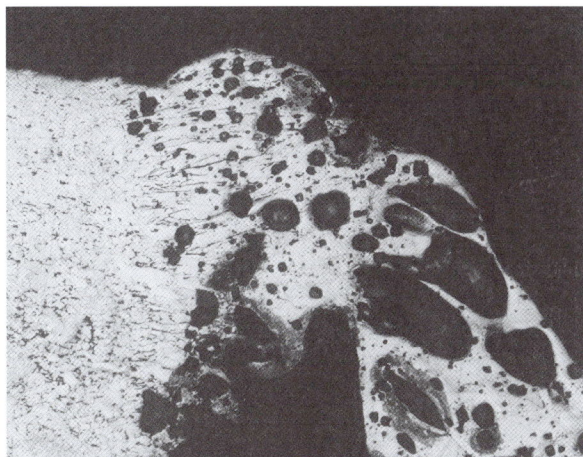

图 7 - 2 - 14 单股铜导线二次短路熔痕金相组织

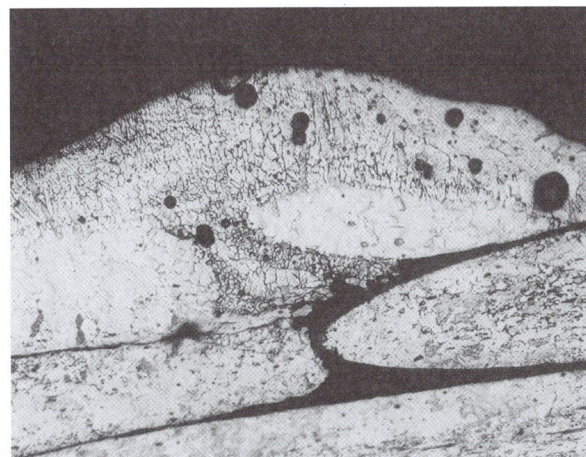

图 7 - 2 - 15 多股铜导线一次短路熔痕金相组织

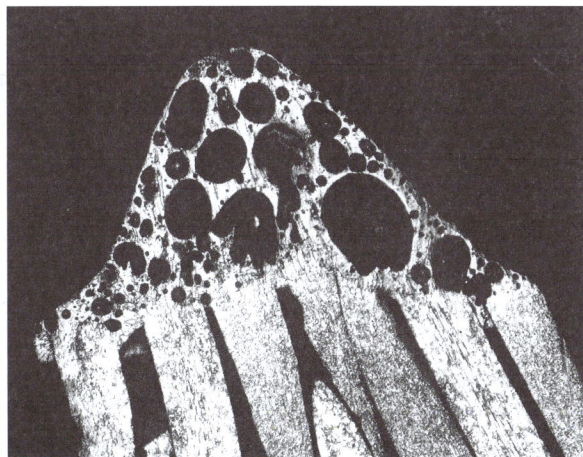

图 7 - 2 - 16 多股铜导线二次短路熔痕金相组织

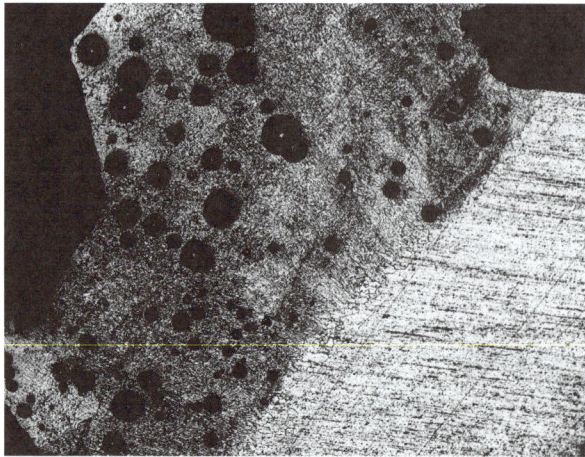

图 7 - 2 - 17　铝导线一次短路熔痕金相组织

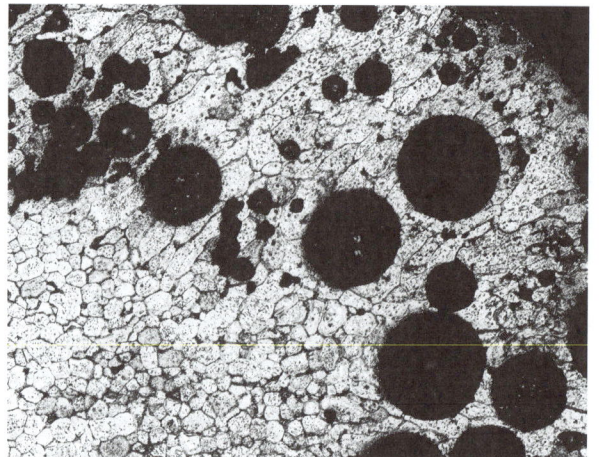

图 7 - 2 - 18　铝导线二次短路熔痕金相组织

3. 微观形貌法

微观形貌分析是利用扫描电子显微镜，对火灾现场残留物的痕迹进行检验、观察和分析，根据其微观形貌特征，鉴别火场中残留物的熔化性质和形成原因。

对电气火灾物证的微观形貌分析是利用扫描电子显微镜放大倍数高且连续可调、景深大、不破坏检材等特点，观察分析不便制取金相样品的微小痕迹、喷溅痕迹等表面微区的形貌，根据其呈现的微观形貌特征，判断熔痕或痕迹形成的性质，为认定起火原因提供科学依据。该方法所用仪器为扫描电子显微镜，如图 7 - 2 - 19 所示，辅助仪器有离子溅射仪、超声波清洗机等。

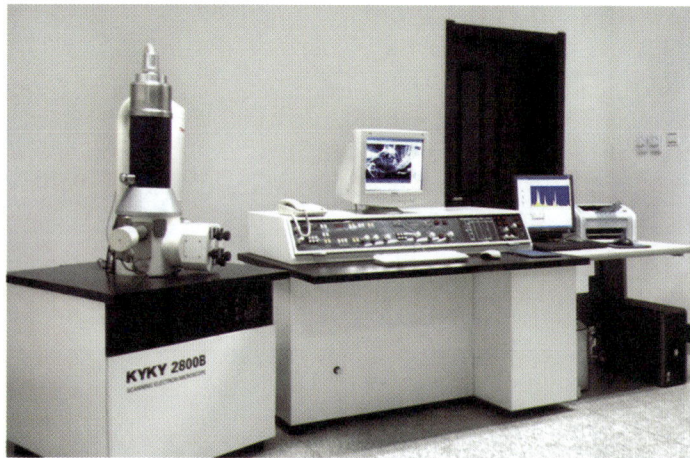

图 7 - 2 - 19　扫描电子显微镜（SEM）和 X 射线能谱仪（EDS）

在样品提取与选择中，应注意如下事项：

对提取的电气火灾物证进行检查，选择具有熔化痕迹、弧光放电痕迹、金属喷溅痕迹、电子器件熔化痕迹的试样进行分析。对要求分析的火灾物证，必须注意保护尚存的表面特征。首先，样品要保持干燥，一般来说，暴露在空气中的表面特征，都会受到损害。其次，应避免对表面进行腐蚀，因为这样会破坏原来的表面结构。第三，不可用机械的办法清洗表面等，这样会抹去样品表面原有的微观特征。总之，在样品的送检过程中，务必使样品表面不受影响。

4. 成分分析法

成分分析是对电气火灾物证中金属熔化痕迹的特定区域或部位进行元素组成及含量的定性定量分析的方法。该方法是将 X 射线能谱仪（EDS）、俄歇能谱仪（AES）和电子探针（EMPA）等设备，与扫描电子显微镜（SEM）配合使用，应用 SEM 在样品上选择特定区域，再进行定性和定量成分分析，进行物证同一性确定和元素溯源性的分析，结合其他分析方法和火灾现场的实际情况，可为技术鉴定和火因认定提供重要的支持作用。

5. 剩磁检测法

剩磁检测是在无短路熔痕或雷击痕迹的情况下，根据对物证剩磁的检测，鉴别线路是否发生过短路以及是否有雷电流经过的方法。它主要依据短路异常大电流所产生的磁场，对导线附近铁磁性物质磁化所留有剩磁的原理，根据剩磁量的大小，被磁化的规律性，相同物体磁化情况的比较，再结合现场实际，经过综合分析，最后确定火灾是否由电气线路短路或雷电引起。

（1）应用的范围。适用于在火灾现场中，当怀疑火灾是由于电气线路短路或雷击引起，而又无短路熔痕或雷击痕迹可供鉴定时，利用特斯拉计对电气线路及雷击区（点）周围铁磁性物质的剩磁检测，依据剩磁数据的有无和大小判定是否出现过短路或雷击现象，为认定火灾原因提供技术依据。

（2）应用的技术要求。短路或雷击的判据见国家标准《电气火灾原因技术鉴定方法　第2部分：剩磁检测法》（GB16840.4—1997），剩磁检测仪器及现场检测方法见本书第六章《火灾现场勘验》第十节"常用现场检测方法和仪器使用"。

6. 导线绝缘层分析法

本方法主要利用热分析技术对PVC绝缘进行分析。根据PVC绝缘内外层特性差异，判别其烧损特征是受外部火烧或高温热辐射还是因自身发生过电流故障所致。应用的主要仪器设备有同步热分析仪和差动热分析仪，如图7－2－20和图7－2－21所示。

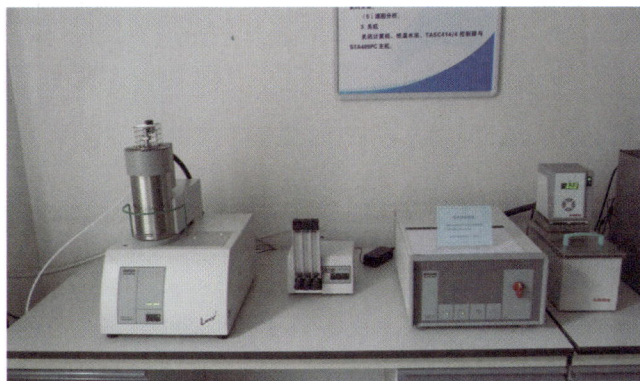

图7－2－20　同步热分析仪

图7－2－21　差动热分析仪

取样方法为用刀片在导线中间位置截取长约3cm的绝缘层样品，如图7－2－22所示。然后用刀片在绝缘层的内层切取几片薄薄的样品作为绝缘层内层分析样品，用刀片在绝缘层的外层切取几片薄薄的样品作为绝缘层外层分析样品，切取内、外层样品的量不应少于3mg。

图7－2－22　导线绝缘层外观

7. 其他分析方法和手段

除上述常用的技术鉴定分析方法外,随着各种高尖端设备的广泛应用,还衍生出许多适用于在火灾现场勘验和物证鉴定机构进行物证检查和提取的好方法和手段。

(1) X 射线透视分析

该方法与人体进行检查时拍摄 X 光片相似,是利用 X 射线在透过不同密度物质时,造成 X 光的穿透量不同,当剩余的 X 光照射到感光胶片上就会对穿透量少的构件形成清晰的图像。该方法利用 X 射线透视系统(如图 7-2-23 所示)可对火灾现场提取的电器产品熔融物进行透视检查,发现或找到金属残留物,确定痕迹物证的位置及其所处状态。由于高分子材料的广泛应用,现在很多电器产品外壳均由 PVC、PC 等材料制成,其在发生故障引发火灾或在火灾现场受高温作用后,熔融、流淌、凝结成块状物体,往往将有证明价值的金属构件残留物包覆其中,如果贸然进行破坏或拆解,有可能造成物证的损坏或移位,如空气开关残留物(如图 7-2-24 所示),通过 X 射线透视分析后,可对开关外壳熔融物内包覆的触点进行观察,可确定其处于分断或闭合状态,故可对排除或认定电气火灾提供技术支持。

图 7-2-23　便携式 X 射线透视系统

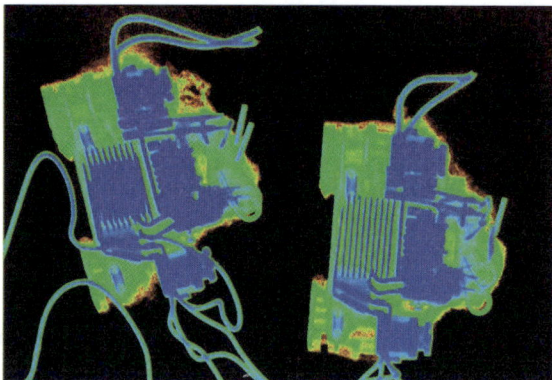

图 7-2-24　开关的透视图

(2) 内窥镜分析

在进行火灾现场勘验时,往往需要对狭小空间范围、无法触及到的、非可视部位的物证进行检查和提取,发现并确定痕迹物证的位置及其所处状态,因此,需要能够进入该狭小空间并将其内部物证的状态反映出来。随着科技的进步,应用便携式工业内窥镜(如图 7-2-25 所示)现在已经可实现对直径 3.5mm 孔洞、管路和线槽等物件内部导线等物证进行观察、测量等(如图 7-2-26 所示)。

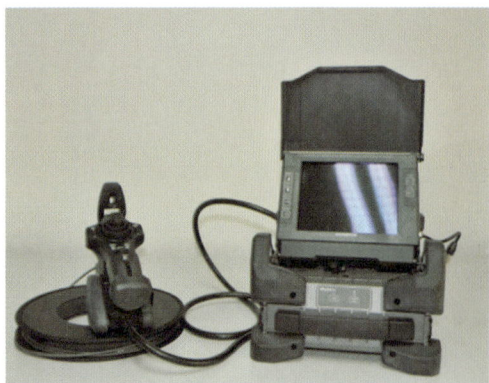

图 7-2-25　内窥镜

图 7-2-26　金属管内壁及管内多股铜导线熔痕

二、助燃剂火灾物证鉴定

在放火案件中，犯罪分子为了达到破坏的目的，往往要借助助燃剂来实施犯罪。通常意义的助燃剂是指易燃烧的液体、液体混合物或含有固体物质的液体，其闭杯试验闪点不高于61℃。本节所涉及到的助燃剂不但包括这类液体，还包括闪点较高的其他可燃液体，如机油等。由于犯罪分子在实施放火时要经常使用助燃剂来加速火灾的扩大，从而达到破坏的目的。因此，判定火灾性质是否有放火嫌疑的一个重要方法是不但要确定火灾现场中是否存在助燃剂成分，还要确定犯罪分子实施放火的助燃剂的种类。多年来，为了准确鉴定火场中的助燃剂成分，国内外火灾物证鉴定的相关机构进行了长期的研究，找出了常见助燃剂在火灾现场中的燃烧规律，并建立了多种鉴定方法。通过这些方法，为认定火灾性质和放火嫌疑人提供了重要的技术支持。

（一）实验室物证处理方法

火灾现场提取的物证往往混杂了很多干扰物质，这些物质的存在会影响对物证的鉴定，因此在分析鉴定之前，必须除去各种泥土、炭化物、灰烬、烟尘中的碳粒、水分等干扰物。

在实验室中主要采用以下五种方法处理物证：

1. 溶剂提取法。溶剂提取法是用溶剂将检材中的待测成分溶解出，并对溶剂进行再处理的方法，主要包括两种方法：

（1）溶剂抽提法。溶剂抽提法是将检材用定性滤纸装好，放入500mL的脂肪抽提器中，再加入200mL的溶剂反复回流，使得检材中的待测组分完全溶解到溶剂中，然后再将溶剂加热浓缩，制备成可以鉴定的浓度试样。

（2）溶剂溶解法。溶剂溶解法是将检材放入烧杯中，再用适量的溶剂浸泡，并用玻璃棒搅拌。然后将溶剂用定性滤纸过滤，去除杂质，将过滤后的溶剂中加入沸石并用水浴中加热，使其缓慢蒸发浓缩到约1mL，将溶液放入小磨口试管中密封保存待用。

选择溶剂时要考虑溶剂的毒性、着火危险性、可挥发性、可溶性等因素。一般多采用脱芳、烯烃石油醚（30~60℃），也可用氯仿、二硫化碳、乙醚等溶剂。

2. 活性炭片吸附法。活性炭片吸附法为目前鉴定未燃烧助燃剂的常用方法。该方法可以减少干扰物的影响，较完整地提取物证中的助燃剂成分。

3. 热脱附法。热脱附法是通过加热使挥发性分析物脱离物证的分离方法。对于沸点较高的助燃剂，由于高温解吸时可能造成待测成分发生热解，从而影响鉴定。因此，该方法不适用于热不稳定性物质成分的提取。

4. 顶空进样法。顶空进样法是将样品直接放入顶空采样瓶中，由加热炉按照一定程序升温后，将样品中残留的挥发性成分，由氮气流直接送入气相色谱仪进行分析。此方法不需要对样品提取、脱水、过滤、浓缩等前处理。顶空进样法使用简单、灵敏度高，还可以避免水分、高沸点物和非挥发性物质造成色谱柱的超载和污染等问题。但该方法的局限性是使用温度不高，因此无法提取助燃剂燃烧残留物中的多环化合物和其他高沸点成分。

5. 固相微萃取法（SPME）。SPME是集采样、萃取、浓缩、进样于一体的提取方法。SPME的操作步骤是将SPME针管穿透样品瓶隔垫，插入瓶中。推手柄杆使纤维头伸出针管，纤维头可以浸入水溶液中（浸入方式）或置于样品上部空间（顶空方式），缩回纤维头，然后将针管退出样品瓶萃取2~30min。将SPME针管插入气相色谱、液相色谱仪进样口。推手柄杆，伸出纤维头，使热脱附样品进入色谱柱。缩回纤维头，移去针管即完成进样过程。

（二）助燃剂鉴定方法

对火灾现场助燃剂的鉴定，主要采用薄层色谱法、紫外光谱法、红外光谱法、液相色谱法、气相色谱法和气相色谱—质谱法等六种方法。实验室在鉴定火灾现场中未燃烧与燃烧残留的助燃剂时往往通过以上多种鉴定方法联合使用、相互补充，才能使鉴定结果更准确可靠。

1. 薄层色谱法（TLC）。TLC是六种助燃剂鉴定方法中最简单、最快速的方法。一次可以同时对多个物证进行分析，可在20min内得出鉴定结果，具体过程如下：

（1）薄板点样。将被测试样的石油醚或正己烷溶液用毛细管直接点在距离薄层板一端1.5～2.0cm处（此板需经烘干处理），点样量多少由分离效果好坏而定，一般用1～5μL。

（2）展开试验。将点好试样的薄层板快速晾干后放入层析缸的展开液中，密封展开，待展开液上升到距板上端1.5cm处时将板取出晾干。

（3）显色。显色过程：先荧光显色、后碘显色、再水显色，不可逆顺序显色。

①荧光显色。未燃烧汽油、煤油、柴油无荧光斑点出现。燃烧残留物的荧光斑点特征由原点依次向上得到浅黄色、浅蓝色、深蓝色、浅橘黄、浅绿蓝色、浅黄色、暗橘黄色。

②碘显色。未燃烧汽油碘显色出现三个黄色斑点。燃烧残留物碘显色由原点依次向上将得到棕黄色、黄色、深棕黑色共5～8个斑点。斑点颜色深浅与斑点中物质含量多少有关。

③水显色。将薄层板用碘显色后全部浸入水中，并立即取出后晾干，观察其斑点颜色变化过程。

未燃烧的汽油为两个白色斑点。燃烧残留物将出现2～3个小红色斑点（汽油型号不同小红色斑点数量不同，R_f值也不同），随晾干时间延长小红色斑点将变成蓝色、绿色、紫色或无色，这种现象根据汽油型号不同而不同。

（4）R_f值测定。通过和同一块板上的标准样品进行比对，可以判定待测样品和标准样品是否相同。

2. 紫外吸收光谱法（UV）。紫外吸收光谱法，亦称紫外分光光度法，是根据分子或离子对紫外光区的吸收情况来研究物质的组成和结构的方法。根据助燃剂或其燃烧残留物的特征紫外光谱进行鉴定。该方法抗干扰性强，火灾现场中各种材料的燃烧分解产物对其干扰小，但此方法不能测定助燃剂中的烷烃成分。

3. 气相色谱法（GC）。气相色谱法是采用气体作为流动相的一种色谱法。它采用高分离度毛细管色谱柱将未燃烧助燃剂或其燃烧残留物的组分进行分离，但不能将分离开的各组分进行结构定性。这种方法不受质谱鉴定器的制约且使用温度较高、抗污染性强，可对助燃剂燃烧时生成的高馏分多芳香环化合物进行定性分析。图7-2-27所示为90#未燃烧汽油的毛细管气相色谱图。

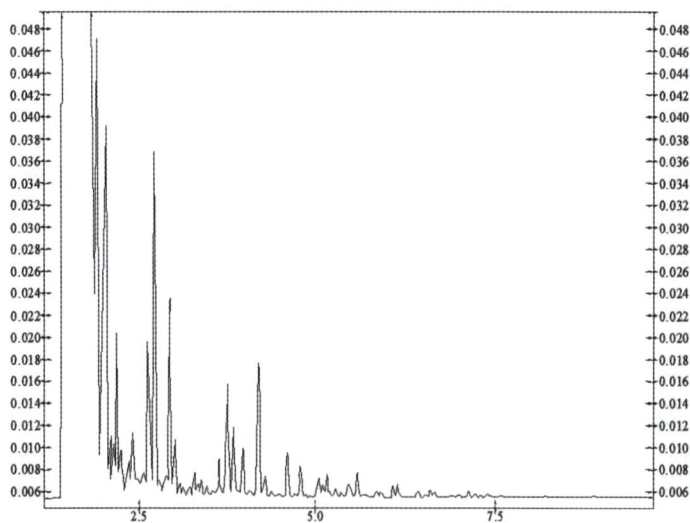

图7-2-27　90#未燃烧汽油的毛细管气相色谱图

4. 高效液相色谱法（HPLC）。HPLC 是指流动相为液体的色谱技术。它无须将物证试样加热气化，只要试样可溶于洗脱液中，便可进行高效液相色谱法分析。该仪器配有多种检测器。紫外检测器只对试样中含芳香环化合物产生特征吸收，所以可以排除很多非芳香化合物的干扰（鉴定助燃剂或其燃烧残留物存在与否主要就是检测是否存在芳香环物质的特征），抗干扰能力较强。

（1）汽油的色谱特征。鉴定未燃烧汽油主要是鉴定其含有的芳烃和多环芳烃等物质，包括苯、甲苯、二甲苯、乙苯、C3 苯和 C4 苯等芳烃和萘、甲萘、二甲基萘、蒽、芴等多环芳烃。新鲜汽油中这些成分的大小比例是一定的，但经挥发或过火后，苯、甲苯、二甲苯、乙苯等轻组分会有所损失，而 C3 苯和 C4 苯、芳烃和萘、甲基萘、二甲基萘、芴等重组分比较稳定。此外汽油还有一些酯类添加剂成分。这些物质都是鉴定汽油存在的特征物质。图 7-2-28 所示为未燃烧汽油的液相色谱图。

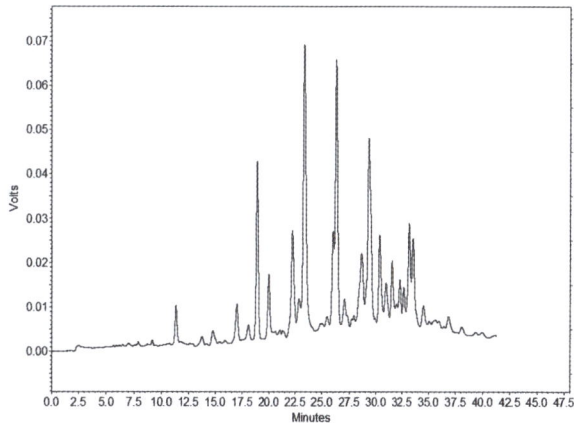

汽油燃烧残留物主要特征物质为苊烯、苊、芴、菲、蒽、荧蒽、芘、苯并（a）蒽、䓛、苯并（b）荧蒽、苯并（k）荧蒽、苯并（a）芘、二苯并（a，h）蒽、苯并（ghi）芘、茚并（1，2，3-cd）芘等多核芳烃及其氧、氮取代物等衍生物。这些特征物质存在并且含量之比基本成一定比例。图 7-2-29 所示为汽油燃烧残留物的标准谱图。

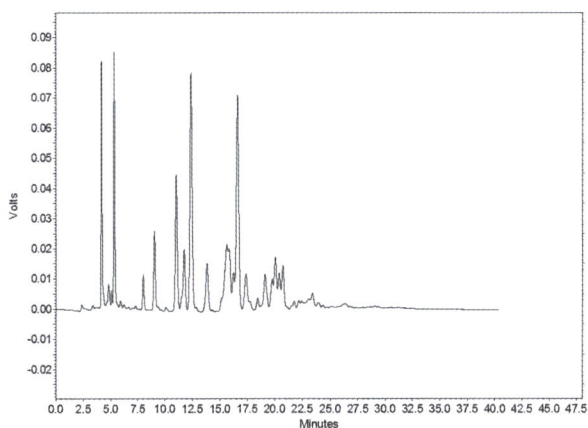

图 7-2-28　未燃烧汽油的液相色谱图

图 7-2-29　汽油燃烧残留物的液相色谱图

（2）柴油的色谱特征。鉴定未燃烧柴油主要是鉴定其含有的芳香烃和多核芳烃等特征物质。柴油的萘、甲基萘、二甲基萘、蒽、菲、芴以其他更高沸点的多核芳烃含量比汽油中的含量要高，它们都是主要的特征物质，且各特征成分相对大小比较固定。柴油由于沸点较高，燃烧不完全，燃烧残留物中还含有一些未燃烧柴油的特征物质，生成的多核芳烃和汽油燃烧残留物相比，有些相似的成分，但生成的多环芳烃成分要多，相对大小也不一样。

（3）油漆稀释剂的色谱特征。油漆稀释剂种类很多，但它主要都含有苯、甲苯、二甲苯和三甲苯等芳烃以及一些醛类、酮类和酯类物质。对这些特征物质进行鉴定，并与对应的标准油漆稀释剂进行比对，可确定该油漆稀释剂的种类。油漆稀释剂燃烧残留物的特征物质也主要是一些多核芳烃，但不同油漆稀释剂燃烧残留物的特征物质不一样，相互大小也有其各自的规律性，另外还可能含有一些燃烧生成的醛类、酮类、酯类等特征成分。

5. 红外光谱法（IR）。红光吸收光谱又称为分子振动转动光谱。IR 是一种对物质结构定性的方法。每一种物质在红外光谱区都有自己的特征吸收，助燃剂也不例外。对试样进行红外光谱测定，通过与已知标准助燃剂物证的未燃烧以及燃烧残留物的红外光谱图进行对比，可确定试样中是否存在易燃液体助燃剂。该方法简单、快速，但检出限较高。

助燃剂在红外光谱的指纹区内，都有自己的特征指纹吸收峰，利用这些特征指纹吸收峰，便可对其进行定性鉴定。图 7-2-30 和图 7-2-31 所示分别为未燃烧汽油和汽油燃烧烟尘的红外光谱图。

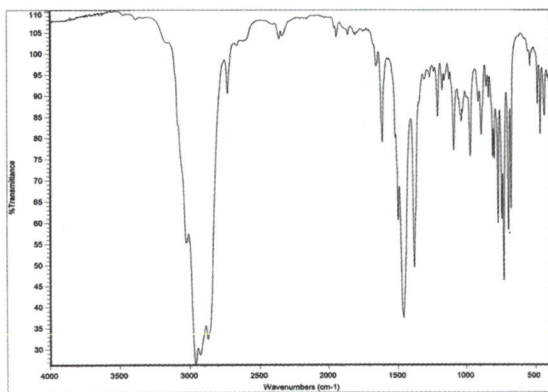

图 7 - 2 - 30　未燃烧汽油红外光谱图　　　　　图 7 - 2 - 31　汽油燃烧烟尘的红外光谱图

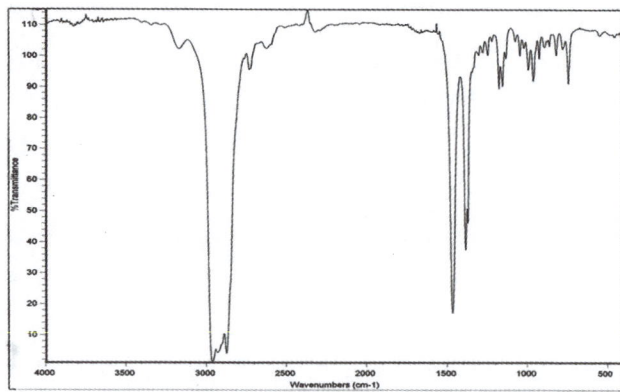

6. 气相色谱—质谱法（GC/MS）。气相色谱—质谱法目前主要通过高分离度的毛细管气相色谱柱将未燃烧的助燃剂或其燃烧残留物进行分离，再由质谱仪对分离出的每一种单一组分进行结构定性检测，从而可以知道火灾现场物证试样中是否含有未燃烧助燃剂或其燃烧残留物。由于该方法的灵敏度较高，而且能够确定各组分的分子结构，是目前助燃剂鉴定中最常使用的方法之一。

（1）汽油的 GC/MS 谱图

①新鲜汽油的 GC/MS 谱图。新鲜汽油 GC/MS 谱图如图 7 - 2 - 32 所示，不同型号或者不同产地的新鲜汽油，其组成成分基本一致。

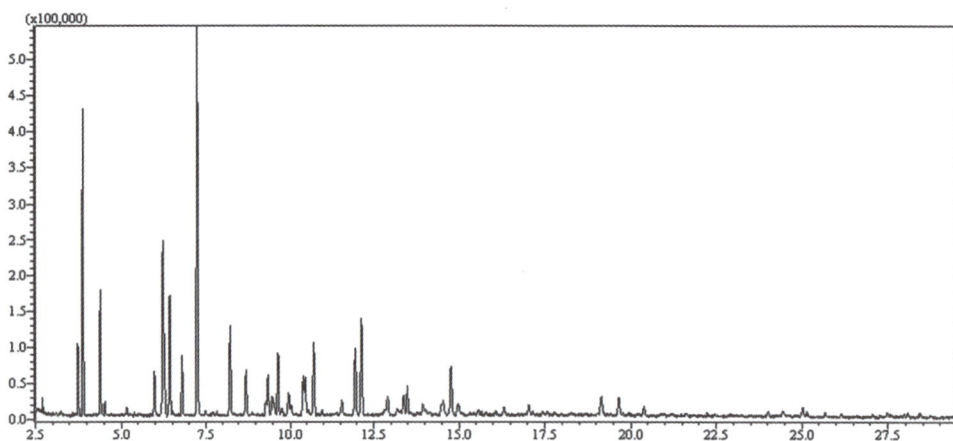

图 7 - 2 - 32　新鲜汽油 GC/MS 谱图

②置后汽油的特征谱图。汽油在经过放置后其成分要发生一些变化，低沸点物质要减少，同时根据放置地点的不同，其内部成分的改变情况也不相同，但无论怎样放置，在汽油没有全部挥发干净的情况下，其内部成分即使发生一些变化，也不会影响对汽油各谱峰的识别。放置 5 天的汽油 GC/MS 谱图如图 7 - 2 - 33 所示。

③汽油燃烧残留物的特征谱图。由于汽油在燃烧后大部分生成的多环化合物，主要成分包括苊烯、苊、芴、菲、蒽、荧蒽、芘、苯并（a）蒽、䓛、苯并（b）荧蒽、苯并（k）荧蒽、苯并（a）芘、二苯并（a，h）蒽、苯并（ghi）苝、茚并（1，2，3 - cd）芘等，同时还存在这些物质的一些同分异构体。这些物质中的有些成分稳定，并且重复性强，无论燃烧情况如何，不管放置时间如何，其组分都保持不变，这些组分就成了汽油燃烧残留物鉴定的目标化合物，在烟尘的分析过程中主要是通过寻找这些目标化合物组分，在来判定其是否含有汽油成分。及时提取的汽油燃烧残留物谱图如图 7 - 2 - 34 所示。

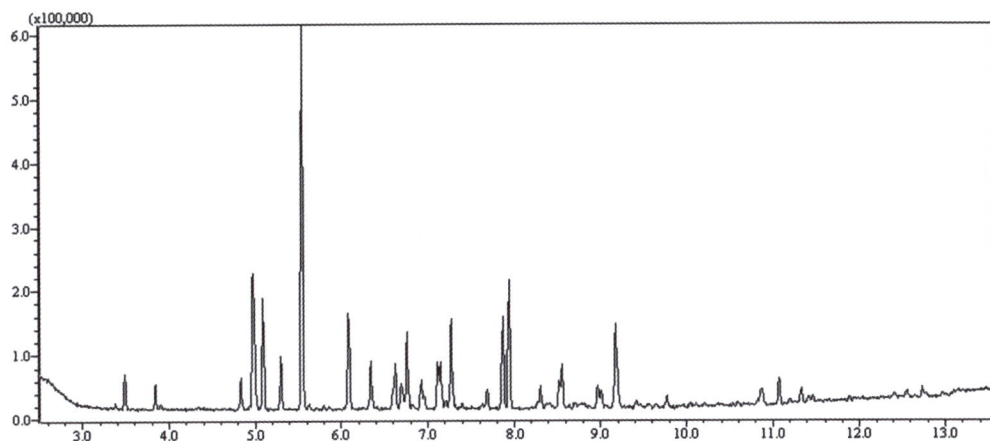

图 7 - 2 - 33 放置 5 天的汽油 GC/MS 谱图

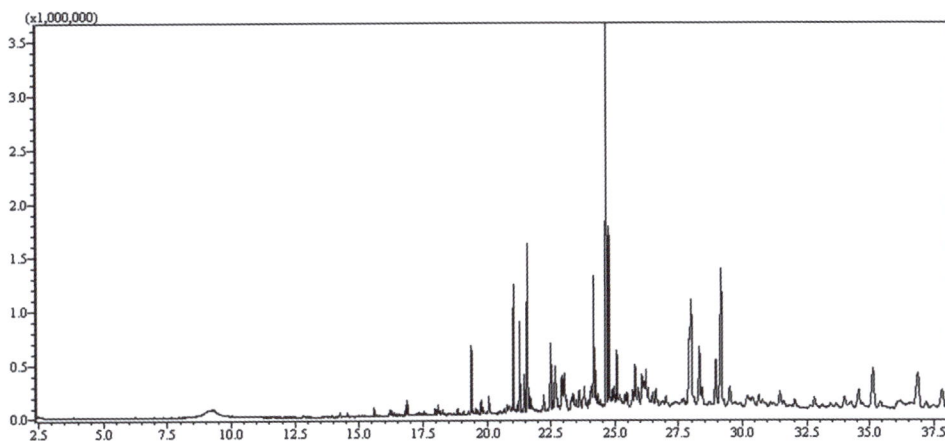

图 7 - 2 - 34 及时提取的汽油燃烧残留物 GC/MS 谱图

（2）柴油的 GC/MS 谱图

①未燃烧柴油的 GC/MS 谱图。柴油的主要成分是 C15～C24 烷烃和一些芳烃，不同型号的柴油其组成可能会发生略微的变化。图 7 - 2 - 35 所示为 0#柴油 GC/MS 谱图。

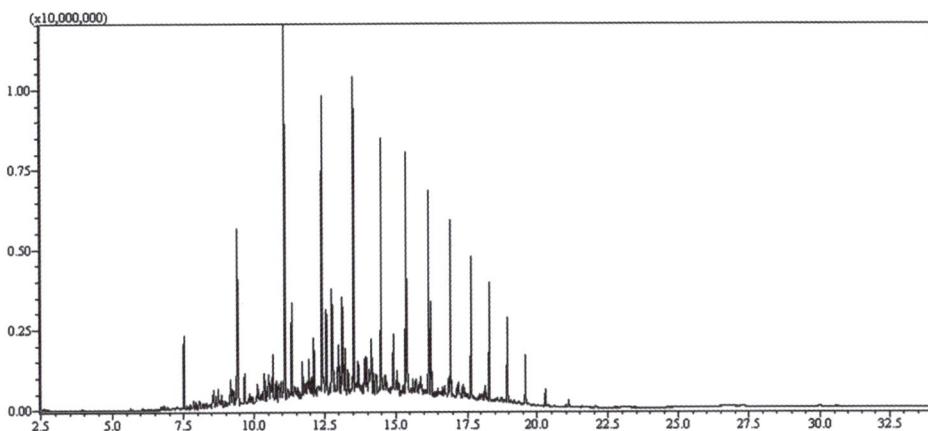

图 7 - 2 - 35 0#柴油 GC/MS 谱图

②柴油燃烧残留物的 GC/MS 谱图。柴油燃烧残留物中的主要成分也是菲、荧蒽、芘、苯并蒽、苯

并（k）荧蒽、苯并（b）荧蒽、苯并（a）、二苯并（a，h）蒽、二苯并（ghi）芘、茚并（1，2，3-cd）芘等物质，但在各成分的比例上同汽油差别很大，因为在燃烧的过程中发生热分解和热聚合的机理不同，虽然生成物大部分相似，但在发生反应的过程中各分子之间发生断链和聚合的方式及时间发生改变。图7-2-36所示为柴油燃烧残留物谱图。

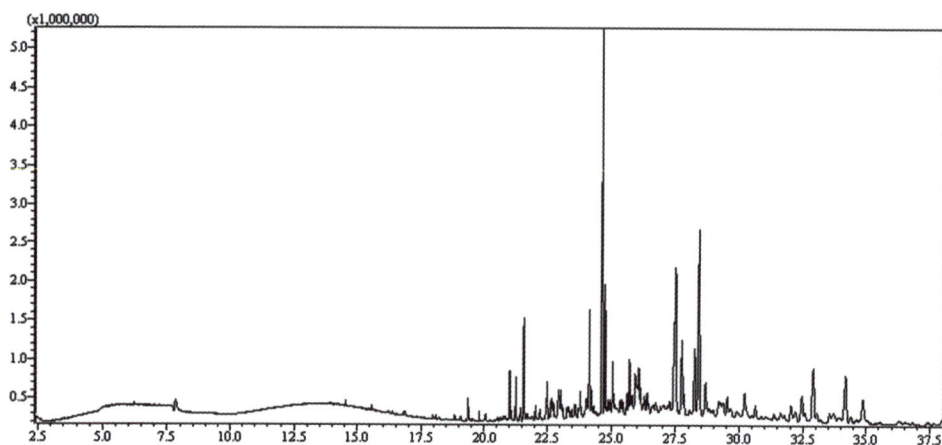

图7-2-36　柴油燃烧残留物 GC/MS 谱图

（3）煤油的 GC/MS 谱图

①未烧煤油的 GC/MS 谱图。煤油的主要成分为 C12～C16 烷烃（呈现高斯曲线形态），同时也有少量的芳烃。图7-2-37所示为煤油的 GC/MS 谱图。

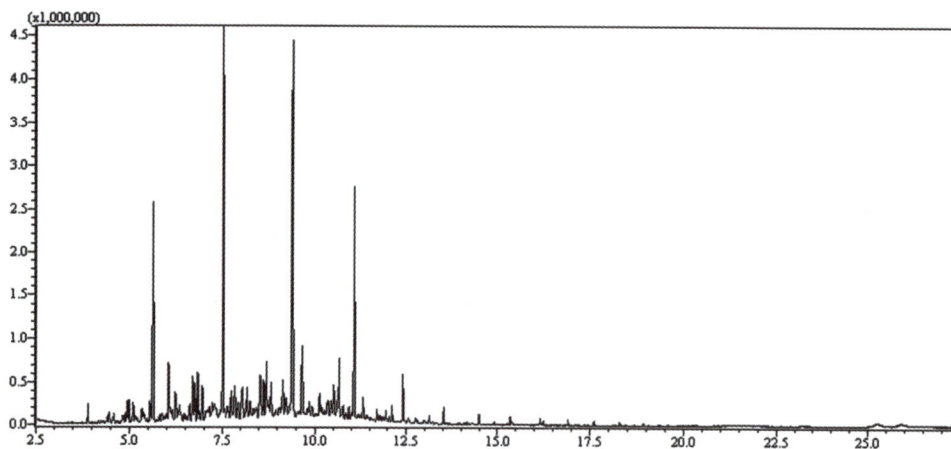

图7-2-37　煤油的 GC/MS 谱图

②煤油燃烧残留物的 GC/MS 谱图。煤油燃烧残留物的特征与柴油的相似，但各成分的比例有所差别，因为煤油成分较为纯净，其他物质含量少，因此在燃烧后所生成的成分较柴油也比较干净，一些杂质峰的含量很少。图7-2-38所示为煤油燃烧残留物的 GC/MS 谱图。

（4）机油的 GC/MS 谱图

①未燃烧机油的 GC/MS 谱图。机油在谱图上表现出大量高沸点的长链的正构烷烃、异构烷烃与环烷烃，各组分的出峰时间靠后，且比较集中。图7-2-39所示为机油 GC/MS 谱图。

②机油燃烧残留物的 GC/MS 谱图。机油燃烧后生成一些多环的大分子物质，但是由于机油的沸点很高，不易点燃也不易燃烧，故燃烧不彻底。图7-2-40所示为机油燃烧残留物 GC/MS 谱图。

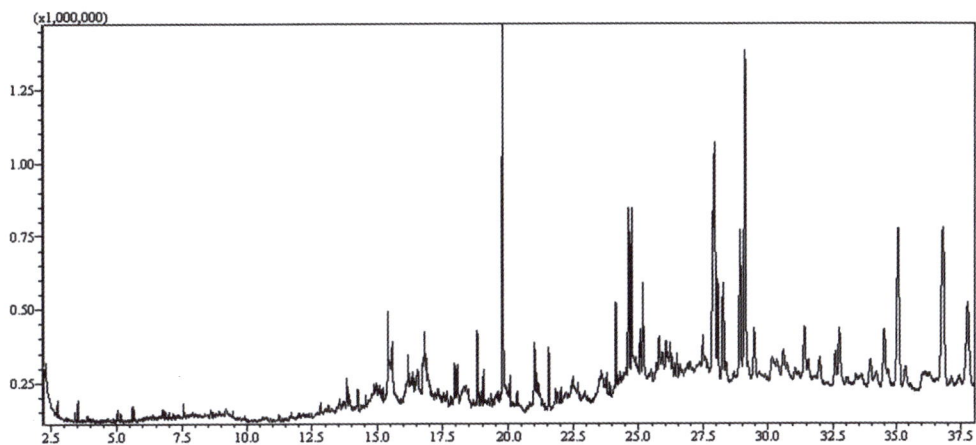

图 7 - 2 - 38　煤油燃烧残留物的 GC/MS 谱图

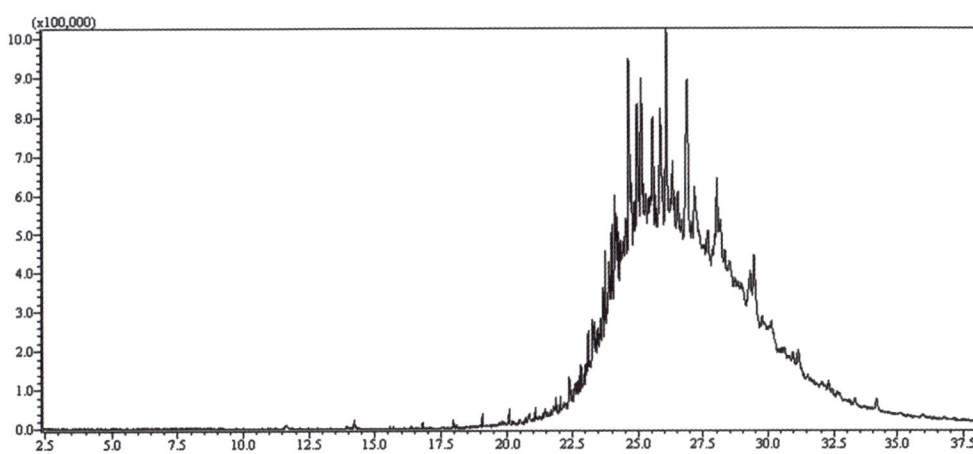

图 7 - 2 - 39　机油 GC/MS 谱图

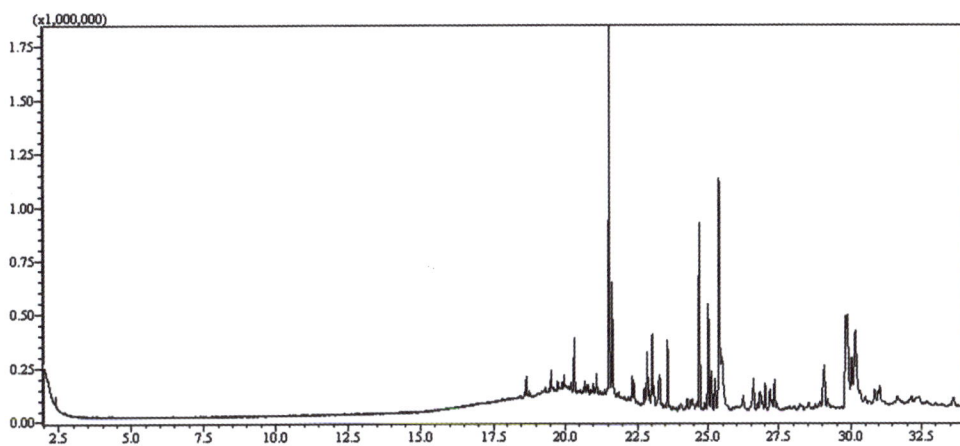

图 7 - 2 - 40　机油燃烧残留物 GC/MS 谱图

（5）油漆稀释剂的 GC/MS 谱图

①未燃烧油漆稀释剂的 GC/MS 谱图。从质谱分析结果可以看出，大部分的油漆稀释剂在未燃烧以

前其主要成分为芳香烃类物质，不同型号油漆稀释剂的极性不同，在成分、比例上也有所不同，且各自加入的一些添加剂不同。图7-2-41所示为硝基漆稀释剂的GC/MS谱图。

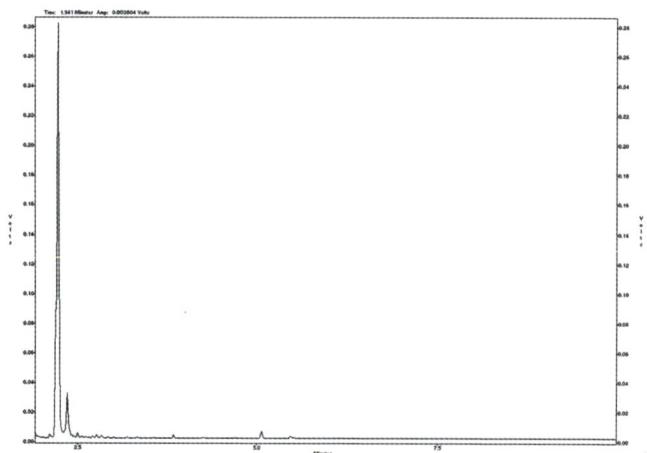

图7-2-41 X-1/X-2硝基漆稀释剂的GC/MS谱图

②油漆稀释剂燃烧残留物的GC/MS谱图。油漆稀释剂燃烧残留物的主要成分也是一些多环芳香烃类的物质，其主要成分为芴、蒽、菲、荧蒽、芘、苯并蒽、苯并芘、二苯并蒽、茚并芘等。其中荧蒽、芘、苯并蒽、苯并荧蒽、苯并芘的成分的比例更大。并且各成分总离子流色谱峰的相对比例都有独特的特征。这些物质大部分都是稀释剂中的苯类物质在燃烧的过程中氧化、分解、聚合的产物。无论是充分燃烧还是不充分燃烧，其变化情况也同汽油类似，在实际火灾现场中可以根据这些特征峰来判断火灾现场中是否有油漆稀释剂燃烧残留物的存在。油漆稀释剂燃烧残留物的GC/MS谱图见图7-2-42。

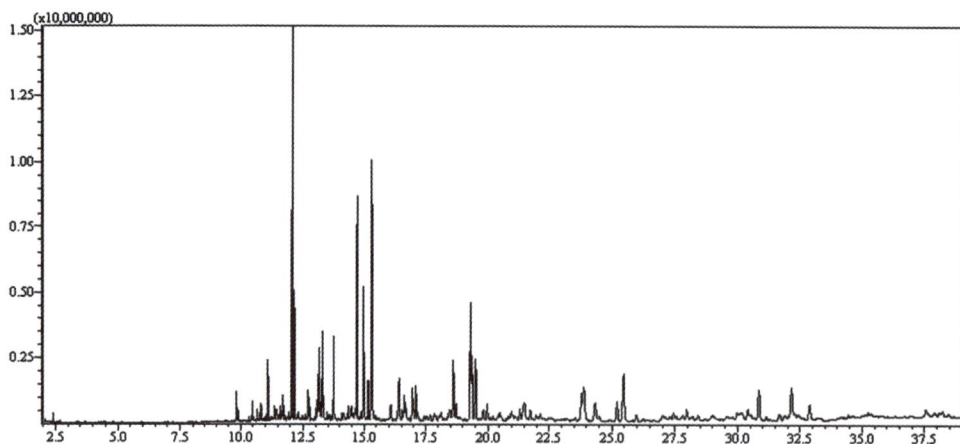

图7-2-42 油漆稀释剂燃烧残留物的GC/MS谱图

三、热不稳定性物质的鉴定

热不稳定性物质是指在一定的环境条件下，由于自身或外来热作用而发生物理化学变化，这种变化产生的热可以引起自燃或爆炸的物质。评价物质的热不稳定性的主要特征常数是闪点、自燃点、吸热、放热、起始发热温度、着火诱导期等，这些特征常数可以通过仪器来测定。通过对这些常数进行综合评定，可以判断其在什么情况下发生自燃。测定仪器主要采用热分析仪及自燃着火模拟试验装置。

（一）热分析法

热分析法是在程序温度下，测量物质的物理性质与温度关系的一种分析测试技术。它可以分为差热分析（DTA）、差示扫描量热分析（DSC）、热重分析（TG）以及其他分析仪器联用的方法如差热分析与气相色谱联用（DTA – GC）、差热分析与质谱联用（DTA – MS）等，其中 DTA – TG 联用比较常见，它方便直观，可同时将被测定物质的温度变化曲线（放热与吸热情况）与质量变化情况测定出来。

1. 差热分析。差热分析（DTA）是在程序控制温度下，测量试样与参比物（一种在测量温度范围内不发生任何热效应的物质）之间的温度差与温度关系的一种技术，在实验过程中，可将试样与参比物的温差作为温度或时间的函数连续记录下来。图 7 – 2 – 43 所示为高聚物的典型 DTA 曲线，它反映了高聚物随温度升高所产生的玻璃化转变、结晶、熔融、氧化和分解等过程。

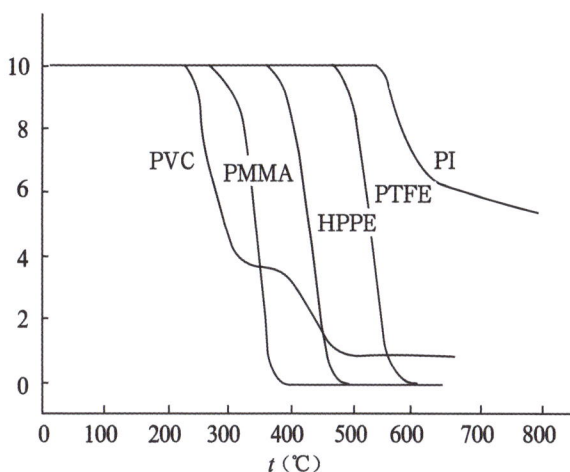

在热分析中，差热分析是使用得较早、应用较广、研究得较多的一种方法。其主要应用可归纳成以下几方面：

（1）研究结晶转变，二级转变。

（2）追踪熔融，蒸发等相变过程。

（3）用于分解、氧化还原、固相反应等的研究。

2. 热重法。热重法（TG）是在程序控制温度下，测量物质的质量与温度关系的一种技术。热重法记录的是热重曲线（TG 曲线），它是以质量作纵坐标，从上向下表示质量减少；以温度（T）或时间（t）作横坐标，自左向右表示增加。

近年来，热重法在研究高聚物性质上已获得大量应用，图 7 – 2 – 44 所示为在相同实验条件下测得的聚氯乙烯（PVC）、聚甲基丙烯酸甲酯（PMMA）、高压聚乙烯（HPPE）、聚四氟乙烯（PTFE）和芳香聚四酰亚胺（PI）的热重曲线，它们不仅提供了高聚物分解温度的信息，也很简便地比较了高聚物的热稳定性。

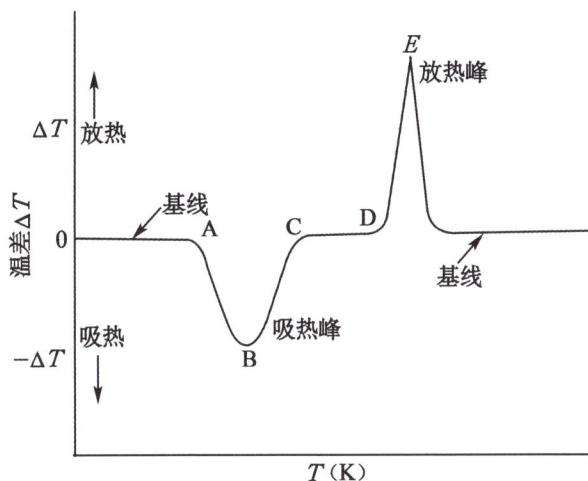

图 7 – 2 – 43　高聚物的典型 DTA 曲线　　图 7 – 2 – 44　五种高聚物热稳定性的 TG 曲线

3. 差示扫描量热法。差示扫描量热法（DSC）是在程序控制温度下，测量输给物质与参比物的功率差与温度关系的一种技术，在这种方法中，试样在加热过程中发生的热量变化，由于及时输入电能而得到补偿，所以只要记录电功率的大小，就可以知道吸收（或放出）多少热量，这种记录补偿能量所得到的曲线称为 DSC 曲线。

典型的 DSC 曲线以热流率 dH/dt 为纵坐标，以 t（时间）或 T（温度）为横坐标，如图 7 – 2 – 45 所示，曲线离开基线的位移，代表样品吸热或放热的速率，常以 mJ/s 表示，而曲线中的峰或谷所包围的面积，代表热量的变化，因此，差示扫描热法可以直接测量试样在发生变化时的热效应。

4. 热分析检验对象。热分析被广泛应用在对火灾现场中热不稳定性物质的热不稳定性常数的检验测定，包括对某一物质的吸热、放热、热氧化、热分解度及其吸热放热量大小、闪点、燃点、自燃点和起始发热温度等参数的测定。主要检验的对象具体包括如下：

（1）高分子材料。这类物质主要包括高分子塑料、高分子纤维、化纤织物、橡胶、黏合剂等。测试参数包括玻璃化温度、闪点、自燃点、起始发热温度等。

（2）木材。木材长期处于100℃以下温度作用时，会大大降低其自燃点。热分析方法可以测量其燃点等危险性参数。

（3）过氧化物。过氧化苯甲酰、过硫酸铵等过氧化物遇到还原性物质时可以发生火灾。热分析方法可以对这类物质的危险性进行评价测定。

（4）含热材料。对含热材料的危险性评价测定，如对煤粉的杂质危险性评价。

（5）油脂。油脂是易发生氧化的物质，通过对其放热、起始发热温度与自燃点的测定可以评价油脂的危险性。

（二）自燃着火模拟试验方法（SIT）

利用自燃着火试验装置可以在不同测试温度下了解着火诱导期的规律，从而对一些固体物质进行自燃着火可能性的分析与评价。如图7-2-46所示，着火诱导期是从发热（放热）开始至着火时所需的时间。图中横坐标为试验时间（min），纵坐标为试样放热量，样品放热量越大越危险。样品危险性评价是由试样在不同温度下着火诱导期大小来评价的，同一温度下着火诱导期越小，其危险性越大。此外自燃着火的模拟试验方法（SIT）还可以测定危险性物质的多种参数，如活化能（E）、着火限度、物质存储界限、直径推定等。

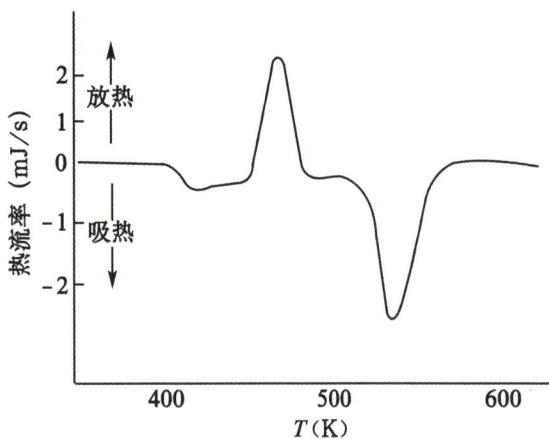

图7-2-45 典型的DSC曲线　　　　图7-2-46 着火诱导期试验曲线

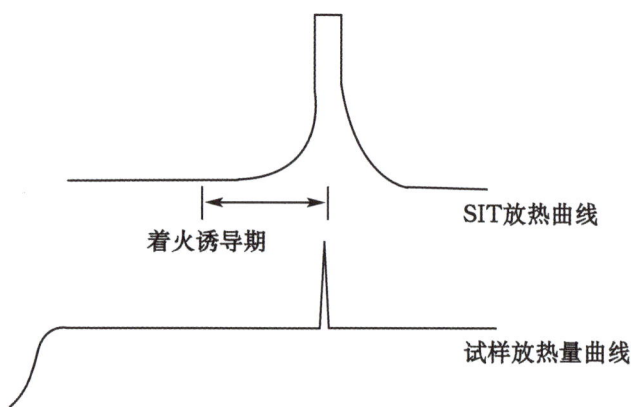

1. 自燃着火模拟试验的条件和步骤

（1）试验的条件。样品量一般不超过1g，以0.5~0.6g为最佳；检测温度可以根据试验样品种类不同而进行选择，但不能低于室温，也不可高于200℃；测时升温速度可以选择10~40℃/min，但以30℃/min为佳；样品状态：对固体、粉、颗粒物质要尽量保持颗粒均匀，不要有结块，对于纤维板、膜、棒类物质还可能剪、磨成较均匀的大小块状，然后再进行测定；样品密度：试样填充密度在0.4~1.08/cm³范围内均可根据需要可在其范围内选择；氧气压力选49~58.8kPa为宜。

（2）实验步骤。首先将固体试样按规定粉碎，放入样品池内，压实，将热电偶插入试样中间部位，并将装好样品的池放入自燃着火试验装置内，通N₂（98.1kPa）。绝热升温至正常温度，恒定1.5~2h，待仪器稳定后，换通O₂（49kPa），记录试样放热过程。

2. 几种易燃物质的着火诱导期如表7-2-1~表7-2-3所示。

表 7 - 2 - 1　聚氨酯泡沫塑料的着火诱导期测定数据

t（℃）	180	186	194	202	210
T（K）	453	459	467	475	483
着火诱导期（min）	117.6	105	82.4	65.6	52

表 7 - 2 - 2　过氧化苯甲酰的着火诱导期测定数据

t（℃）	84	86	88	90
T（K）	357	359	361	363
着火诱导期（min）	270	170	97.8	65.9

表 7 - 2 -3　二氧化硫脲的着火诱导期测定数据

t（℃）	69	72	74	77	78	80
T（K）	342	345	347	350	351	353
着火诱导期（min）	250	196	188.8	100	52	36

第三节　各种物证鉴定意见的证明作用

一、电气火灾物证鉴定意见的证明作用

电气火灾物证的形成，除了证明起火原因的痕迹外，其余都是火灾作用形成的结果。从各种故障痕迹形成的机理看，在不同电气故障形式形成痕迹时，主要靠电流的热作用，由于其在形成痕迹时作用形式、作用部位的不同，形成痕迹物证的宏观、微观特征也就不同。因此，根据不同故障痕迹所呈现的痕迹特征，可以识别痕迹物证的性质，进而判断形成痕迹的电气故障形式。根据痕迹形成的机理不同，可将电气火灾物证痕迹分为电热作用痕迹和非电热作用痕迹两大类，如图 7 - 3 - 1 所示。

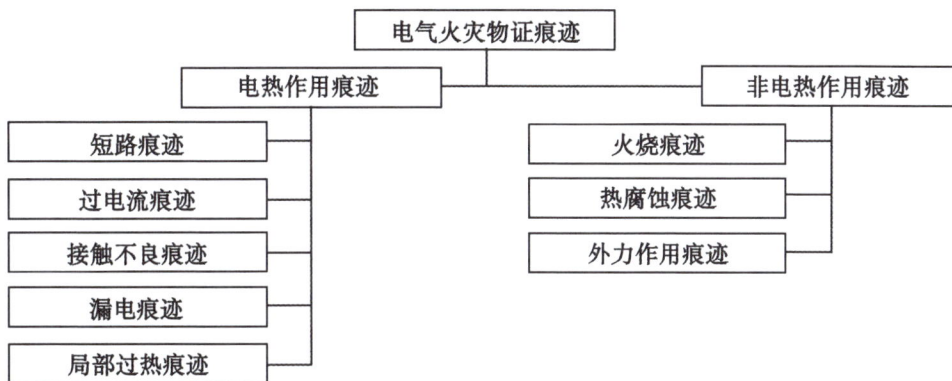

图 7 - 3 - 1　电气火灾物证痕迹分类

由于电气火灾物证的多样性和复杂性，鉴定机构出具的鉴定意见，除了针对铜铝导线、接线端子、线圈绕组、插接件以及其他金属熔痕等，给出电热作用熔痕、非电热作用熔痕、短路熔痕、一次短路熔痕、二次短路熔痕、火烧熔痕外，还有针对如电熨斗的底板和前后螺栓、电饭锅的金属内外壁、电热水器具加热管套管及其他电气火灾物证等，给出受热程度的对比关系，具体熔点数据、是否处于带电状态等，以及根据火灾的实际鉴定需要，给出某些电气物证的宏观分析意见，这部分又可能不能够通过仪器分析得出的，同时又是鉴定意见十分重要的部分。这里仅对常用的电气物证鉴定意见进行重点论述，而简单地介绍其他鉴定意见的证明作用。

（一）电热熔痕

1. 证明带电状态。电热熔痕即电热作用形成的熔化痕迹。电热熔痕不仅适用铜铝导线熔痕，更适用于接插件熔痕、动静触片熔痕、接线端子熔痕和其他金属熔痕等。证明这个熔化痕迹形成时线路或设备处于带电状态。

2. 证明有异常电流或电弧的存在。熔化痕迹形成时曾有如短路、漏电、过载、过电压、接触不良等产生的异常电流或电弧等，证明该痕迹物证形成时曾经发生过电气故障。

3. 证明可能是引起火灾时形成的痕迹。对于导线熔痕较少使用电热熔痕结论，一般都为一次短路熔痕或二次短路熔痕。但有些情况下，比如电气线路可能发生漏电，有时痕迹特征的区分不是很明显时，或者只需证明电气线路处于带电状态时，可以只给出电热熔痕，这样就需要现场调查人员根据实际情况判断使用。

着重提及的事项是接点通过故障产生的大电流，短时作用也会形成接点电热作用熔化痕迹。对于这类痕迹主要根据火灾现场蔓延方向、燃烧规律和火流方向，缩小起火点的范围，并通过检查接点所带的负荷工作状态和线路情况等现场认定或排除接点过热引起火灾的可能性。当现场调查可以排除其他原因引起火灾的可能，这样就可以证明是引起火灾时形成的痕迹。

（二）一次短路熔痕

1. 证明电气线路发生了短路故障。该痕迹物证的形成是由于短路故障原因，不去探究短路故障形成的原因。

2. 证明熔痕形成时在一定区域内处于非火灾环境（自然环境）。该痕迹物证所呈现的宏观或微观特征，可以显示出熔痕形成时处于一定区域内的非火灾环境（自然环境）中，这里说的一定区域可大可小，大到所处的整个空间，小到所处的很小的局部空间。

3. 证明痕迹形成产生较高的热量。发生短路时释放的热能使导线产生了熔化和结晶过程。

4. 证明有引发电气火灾的可能。经现场调查证实在起火灾前一段时间内，电气线路或设备没有发生过故障，或发生故障后已经维修好，没有将故障残留物遗留在起火部位或起火点处。同时证实着火灾前电气有异常情况，包括烟雾、气味、声光、电压波动等。如电气绝缘烧损伴随着较强的刺激味道，短路是线路之间的放电过程，发生短路时有一定的声响和弧光等。满足以上条件时，就可以证明该物证是引起火灾时形成的物证。

应注意是否有利用电气设施进行放火的可能性，用电气设施短路放火是人为地使不等电位的带电导体发生短路引燃可燃物起火。所以这要通过查清起火点处是否留有可疑物品，是否有助燃剂的存在，并结合其他调查询问相关材料来综合确定。

5. 证明可能是引起火灾时形成的物证。如果长距离悬挂带电导体，如架空线等在已着火情况下被烧断后，又在重力拉动下其电源侧线路向支撑点方向移位而脱离最先着火部位，这时发生对地或其他金属短路，则痕迹鉴定结果表现为一次短路熔痕特征。应查清整个线路有无短缺，痕迹发生的具体位置，与搭接地面或金属物质痕迹是否重合，痕迹下面有无可疑物品等，这种情况下大多会给出短路熔痕的鉴定意见。否则，有可能会影响火灾原因认定的准确性。

对于瞬间多点短路，电气回路有时因高压或过流，会发生沿电源方向移动的多点短路，引起火灾的短路点不一定发生在供电线路末端，也就是第一次短路的位置，这与火灾现场中电气线路沿线周围可燃物的情况有关。

（三）二次短路熔痕

1. 证明电气线路处于带电状态并且发生了短路。该痕迹物证证明在火焰或高温作用下电气线路因绝缘破坏发生诱发性短路。

2. 证明熔痕形成时处于火灾环境气氛中或较高温度分布区域。该痕迹物证所呈现的宏观或微观特征，可以显示出熔痕形成时处于火灾环境气氛中或较高温度区域。

3. 证明具备了较高的能量。发生短路时释放的热能和高温热能共同作用使导线发生熔化和凝固的过程。

4. 排除电气火灾的可能性。在起火原因认定过程中，如鉴定意见为二次短路熔痕，又找不到其他电气熔化痕迹，大多数可以排除电气火灾的可能性。

5. 证明电气火灾的可能性。

（1）证明电热器具和照明器具的电源线在起火灾前处于带电状态，具有烤燃可燃物的可能性。

（2）证明电磁式电气设备如变压器、镇流器、接触器等的绕组（线圈）发生了匝间或层间短路，这时的短路熔痕应为线圈（绕组）内部过热形成的短路熔痕，用以区分火烧短路痕迹。

（3）对于取自电气设备（或用电器具）等物品内部的、经技术鉴定确认为二次短路熔痕，根据火灾现场实际情况，有些可作为认定电气火灾的依据。

（四）非电热作用熔痕（火烧熔痕）

1. 证明痕迹形成时处于非带电状态。

2. 排除电气火灾的可能性。

（五）其他结论

在实际火灾物证鉴定工作中也会经常遇到怀疑某些用电器具如电饭锅、电热水器具、电熨斗、小型变压器、镇流器等可能引起火灾的案例，但在火灾现场调查过程中既没有任何口供，也没有在与其相连的电源线上发现有熔化痕迹等等，这时需要根据实际情况制定火灾物证鉴定的实验的方案，应用综合技术分析手段，选取特定部位进行诸如受热程度的对比分析等，得出在起火灾前是否处于通电状态等结论，从而证明该物证有引起火灾的可能性，为最终认定电气火灾提供重要的技术支持。

二、助燃剂鉴定意见的证明作用

对于这类火灾物证的鉴定，通常会得出三种形式的鉴定意见：一是明确地检出助燃剂成分；二是明确地未检出助燃剂成分；三是不能肯定是否含有助燃剂成分。每种形式的鉴定意见都会对起火原因认定产生相应的证明作用。

（一）未检出助燃剂的鉴定意见的证明作用

对于得出明确地未检出助燃剂的鉴定结果，可以从如下几个方面证明火灾调查的工作：

1. 排除使用助燃剂放火。起火原因认定不但要有直接证据证明，同时还要有间接的证据排除其他原因。通过对现场多个部位的检材提取鉴定，如果还没有检测出助燃剂成分，通常可以排除用助燃剂放火的因素，此时火灾调查人员需要考虑其他的火灾因素。

2. 起火部位认定不准确。如果火灾现场勘查与调查工作不细，就有可能造成认定的起火部位不准

确，而在不准确的起火部位处提取的物证就会得出不具备证明作用的结论。尤其是对于用助燃剂放火的火灾，如果起火部位认定不准确，在没有助燃剂存在的部位提取的物证肯定不会鉴定出助燃剂成分。这种情况有可能导致火灾认定的性质发生变化，或得出错误的起火原因认定结论。因此，在物证鉴定得出未检测出助燃剂的结论时，现场勘查人员需要重新对现场进行论证，以确定提取物证的部位是否是真正的起火点。

3. 未用助燃剂放火。对于有些放火火灾，犯罪嫌疑人也可以不用助燃剂进行放火，而是直接用明火点燃现场的可燃材料引起火灾。尤其是现场的可燃材料容易被点燃的情况，如纸张、塑料、织物、油棉纱等材料，可以不用助燃剂点燃。如果可以证明放火嫌疑的证据很多，即使从检材中没有检测出助燃剂成分，也同样可以认定是放火嫌疑。

4. 使用特殊物质放火。当放火嫌疑人采用的助燃剂是特殊物质时，如丙酮、乙酸乙酯等，现在的技术手段是不能检测出来的。这种情况下也会得出未检出助燃剂的结论。如果放火时使用的是醇类液体，如酒精或甲醇，因这类物质水溶性特强，在救火时的大量水会使其溶于水流失掉，也会得出未检出助燃剂的结论。此时就需要根据现场勘查和调查情况认定起火原因，而不能完全只依靠鉴定的结论。

5. 放火时助燃剂的用量很少。放火嫌疑人实施放火时如果使用的助燃剂很少，且火场燃烧时间又很长时，就很难从提取的物证中检出这些微量的助燃剂。此时也不能根据鉴定意见认定不是放火嫌疑。

（二）检出助燃剂结论的证明作用

1. 确定是放火。通常情况下，如果从检材中鉴定出助燃剂成分，就可以认定是用助燃剂放火的火灾性质。但前提是需要通过调查，确定着火前火场中没有存放与助燃剂相同的易燃液体，或没有存放使用易燃液体的设备。如机动车、用汽油作溶剂的罐装杀虫剂等。当排除火灾前现场中没有与助燃剂同类的易燃液体成分时，火灾调查人员就需要非常重视鉴定意见。

2. 证明起火点认定准确。如果委托鉴定的很多检材中，有的检材中鉴定出助燃剂，而有的未检测出，说明检测出助燃剂的检材是处在起火点。如火灾现场中的水泥地面上有多处爆裂痕迹，分别提取这些部位的检材鉴定，检测出助燃剂成分的位置往往就是最初的起火点。

3. 证明火灾初期的燃烧状况。如果从检材中检测出了未燃烧的助燃剂成分，说明放火嫌疑人用了较多助燃剂，而且火灾燃烧的时间不长，还保留下未烧状态的助燃剂成分。如果检测出的助燃剂是燃烧残留物成分，说明火灾燃烧时间长，助燃剂全部参与燃烧。

4. 证明起火点的数量。如果在火场不同部位提取的多个炭化物检材中均检测出助燃剂成分，说明火灾现场可能有多个起火点，这就可以肯定是放火。

5. 证明人员死亡的原因。如果在火灾现场尸体气管、肺叶附着物中，检测出大量未烧汽油及少量汽油烧残物，说明死者为火后死亡，也说明他在着火之前就处在火灾现场中。如果火灾现场中有多具尸体，通过对这些尸体的气管、肺叶、头发、鼻毛、尸体炭化物分别鉴定，还可以确定几具尸体之间的关系，判断谁是放火嫌疑人、谁是被害人、谁距起火点更近等情况。

（三）鉴定结果不明确的证明作用

1. 证明检材提取部位不准确。检材提取时要首先确定起火部位和起火点，围绕起火点提取检材，如果没有在起火点中心提取检材，就可能导致鉴定结果不明确，既不能肯定，也不能否定。此时火调人员需要重新分析现场，进一步明确起火部位，提取检材进行补充鉴定。

2. 证明检材提取的种类不适合。对于助燃剂鉴定，最理想的检材应该是起火点处的地面，如水泥地面、瓷砖、泥土、地毯、木地板等。如果没有发现地面有流淌痕迹时，可以提取起火点附近的玻璃附着烟尘或墙皮烟尘，尽量少提取炭化物。因为火场中的可燃材料燃烧后形成的炭化物中，对鉴定的干扰最大。因此，如果提取的检材种类不适合鉴定的要求，就有可能得不到明确的鉴定意见。

3. 证明检材提取的量不够。每种仪器设备都有各自的灵敏度，如果提取的检材的量不够，达不到仪器灵敏度的规定要求，就可能导致不明确的鉴定意见。

三、热不稳定性常数鉴定意见的证明作用

对热不稳定性物质的各种热特性常数的检验，能从不同角度证明其危险性大小，更准确、更全面地综合评价该物质潜在的危险性和起火原因。

（一）起始发热温度的证明作用

起始发热温度是指热不稳定性物质在某一温度下开始自身发热的温度，是评价热不稳定物质危险性的关键数据。起始发热温度低，表示这种物质在较低温度下自燃危险性大。当某一物质起始发热温度较低，周围环境又易达到起始发热温度条件时，这种物质极易发生自燃，但是如果周围环境温度很低或者这种物质本身在存储过程中不具备蓄热条件，不能发生自燃。

周围环境条件不易达到某种物质起始发热温度，但这种物质在高温高湿下易发生霉变，在微生物的作用下，使该物质发热，达到其起始发热温度。如果不能及时发现采取通风、倒垛等处理措施，就会引起自燃。

1. 含有油脂的棉纱。由于棉纱上的油脂与空气接触比表面积大，蓄热性好，更容易与空气中的氧气接触发生氧化放热反应。植物油脂如豆油、芝麻油、亚麻油中的脂肪酸是由硬脂酸、油酸、亚油酸和亚麻酸组成。这些不饱和脂肪酸含不饱和键较多，更易与空气中的氧发生氧化放热反应。氧化反应一般在40℃左右就开始了，在阳光暴晒下，易达到该温度而发生自燃。

2. 胶背地毯。地毯背面的合成胶中含有较多不饱和键成分，易发生氧化放热反应，从而导致自燃。胶背的起始发热温度一般在46℃以上，仓库内环境温度很难达到，但是胶背地毯在高湿条件下（仓库潮湿、空气又不流通）易发生霉变，由于微生物的作用产生大量热，使胶背地毯的温度可升至70～80℃，超过了其起始发热温度，从而引起胶背地毯自燃。

（二）闪点的证明作用

闪点是指在规定条件下，液体（固体）表面能产生闪燃的最低温度。闪点证明了某种液体（固体）的着火危险性，在同系物中异构体比正构体的闪点低；同系物的闪点随其质量分数的增加而升高，随其沸点升高而升高。各种混合液如汽油、煤油、柴油等，其闪点随沸程的增加而升高；低闪点液体与高闪点的混合物，其闪点低于这两种液体闪点的平均值。木材闪点一般在260℃左右。闪点越低，着火危险性越大。

（三）自燃点的证明作用

自燃点是指在特定的条件下，可燃物质产生自燃的最低温度。对检材检测得到的自燃点数据可以对如下方面起到证明作用：

1. 热量来源。可燃物质发生自燃，主要热量来源有：
（1）氧化发热。
（2）分解放热。
（3）聚合放热。
（4）吸附放热。
（5）发酵放热。
（6）活性物质遇水放热。
（7）可燃物与强氧化剂混合发热。
任何一种发热形式都有可能造成热不稳定性物质自燃起火。

2. 物质自燃危险性。自燃点的测定结果证明被测物质的自燃危险性大小，自燃点低的物质自燃危险性大，自燃点高的物质自燃危险性小。但是如果这种物质放出的热量不能够很好积蓄，自燃点再低引起自燃火灾的可能性也不大。反之，这种物质蓄热条件较好，自燃点较高也易引起自燃。

（四）着火诱导期的证明作用

着火诱导期是指热不稳定性物质在某一固定温度下，该物质从自身开始发热升温至引起自燃起火的时间。着火诱导期也是评价热不稳定性物质着火危险性的重要参数。

对于热不稳定性物质来讲，在某一固定温度条件下，着火诱导期越短，越危险，则越容易发生自燃起火。反之，着火诱导期越长，越稳定，越不易自燃起火。通过着火诱导期的测定可以模拟某一种自燃着火物质，在存储条件下，多长时期可以自燃起火，这个数据对起火原因判断有指导意义。对不同物质在同一温度条件下进行着火诱导期测定，以便确定哪一种物质比较危险，对认定起火原因提供重要线索。

第四节　火灾物证鉴定意见的审查与运用

火灾物证鉴定意见和其他证据一样，在运用前必须经过审查。对火灾物证鉴定意见进行审查，杜绝盲目的采纳和运用，对于提高火灾调查质量和水平，避免错案发生及造成严重后果会起到非常重要的作用。

一、火灾物证鉴定意见的审查

（一）审查的内容

1. 审查火灾物证的提取和送检

（1）审查提取物证时，现场勘验人员是否少于两人，有无见证人或者当事人在场。提取人员少于两人，没有见证人或者当事人在场的，提取物程序不符合规定，鉴定意见不予审查，更不能采用。

（2）审查是否从起火点或者起火部位提取，对于过负荷痕迹，有无从靠近火场边缘截取未被火烧的导线 2~5m。除过负荷痕迹外，不是在起火点或者起火部位提取的火灾物证做出的鉴定意见不予继续审查和采纳。

（3）审查提取时填没填写《提取火灾痕迹、物品清单》，清单上有没有提取人和见证人或者当事人签名。提取时没有填写清单或签名不符合法定程序，鉴定意见不可采用。

（4）审查物证送检单位是否为公安机关消防机构，由企事业单位和个人送检不符合法律要求，得出的鉴定意见也不能采用。

2. 审查物证鉴定意见的合法性

鉴定意见的合法性包括主体合法、形式合法、内容合法以及取得的手段和方式合法。

（1）鉴定主体合法。具体应当审查公安机关消防机构委托的物证鉴定机构，是否经公安部或省级司法行政机关登记、取得鉴定许可证、鉴定项目是否在核准的范围之内、鉴定人是否经过审核登记，取得鉴定资格证书。

（2）鉴定报告形式合法。一个鉴定项目由两名以上鉴定人进行、由鉴定机构内具有高级技术职务的鉴定人复核、鉴定机构主管鉴定业务的负责人或指定代行签发权的人签发、司法鉴定机构在鉴定文书上加盖物证鉴定专用章。

（3）鉴定意见内容合法。鉴定意见内容是否火灾调查需要解决的专门性问题，而不是对火灾事实的评价和判断，例如时有出现的涉及起火原因的意见和判断等。

（4）鉴定意见取得的手段和方式合法。有正规的鉴定委托手续，如实填写了鉴定委托书，鉴定过程和鉴定意见没有受到人为的干扰。

（二）审查的方法

鉴定意见是认定火灾事实的证据之一，并不是唯一证据，它必须与其他证据联系起来进行对照分析，才能作为证明火灾事实的依据。具体审查时应当结合火灾调查过程中获取的所有证据，对鉴定意见进行对比、分析，从而查明鉴定意见与其他证据之间、与火灾事实之间有无矛盾，查明鉴定意见有无其他证据印证，是否孤证，与火灾其他证据能否形成证据链，从而发现鉴定意见本身是否存在问题。

二、火灾物证鉴定意见的运用

鉴定意见能否作为证据使用，关键是依据鉴定内容的客观性、科学性、可靠性与准确性来决定。火灾物证鉴定意见是认定火灾事实的充分条件，但不是必要条件。认定火灾事实的证据确实充分，即使在现场提取不到火灾物证，没有物证鉴定意见也可以认定火灾事实。物证鉴定意见与火灾众证据矛盾，可以不予采纳。但火灾物证鉴定不是可有可无，如果现场能够提取到具有鉴定价值的物证，都应当提取送检，物证鉴定意见经过审查后，用以印证火灾事实，补强认定证据。

1. 用于证明起火物、引火源的物证应当在起火点内，无法确定起火点的要在起火部位内提取，否则，做出的鉴定意见不予采纳。

2. 对调查获取的全部火灾证据进行综合分析，假如某一火灾事实有诸多证据形成的证据链支持，火灾物证鉴定意见与诸多证据相一致的，予以采纳。例如，有确实充分的证据证明某建筑内供电正常，配电盘电源开关闭合、某房间的照明灯开关闭合，提取导线熔痕鉴定意见是电热熔痕，则可以采纳该鉴定意见，证明房间电气线路带电；如果物证鉴定意见是火烧熔痕，则不可依此否定某房间电线带电的事实，该鉴定意见就不能采纳。

3. 没有其他证据印证，物证鉴定意见为孤证的，不予采纳。因为，仅用火灾物证鉴定意见证明火灾事实存在不确定性。例如：鉴定意见有易燃液体成分，但不能证明一定是放火嫌疑，因为火灾发生前，现场可能存有该易燃液体。鉴定意见没有易燃液体成分，不能证明排除放火嫌疑，因为犯罪分子可能就地取材，没有使用或使用了少量易燃液体实施放火，目前的鉴定技术也不是所有的易燃液体都能够检测出来；鉴定意见不是一次短路熔痕，不能排除电气短路火灾可能，因为无法排除一次短路熔痕未被发现并提取。另外，一次短路熔痕形成后，在火场高温环境下，其形态、性质还会发生变化。检测结果是一次短路熔痕，不一定是电气短路火灾，因为理论上还存在火灾发生前的短路熔痕。除此之外，还有检测结果都是火烧熔痕，也不一定排除电气火灾，因为调查人员是否将所用的金属熔痕包括电热熔痕都找到并提取了，并且都通过筛选，无一遗漏地送检等等。因此，不能以一纸鉴定意见逆向推定和否定火灾事实，更不能认定起火原因。

4. 不同的物证鉴定机构作出的不同鉴定意见，要审查各鉴定意见采用的鉴定程序、鉴定方法、鉴定所使用的仪器、设备和鉴定人的经验等，确定各鉴定意见证明力的大小或有无。经过全部火灾证据综合分析，与众多证据相互印证，一致的予以采纳，其余的不予采纳。运用物证鉴定意见时应当注意，我国物证鉴定机构设置中，各鉴定机构之间没有隶属关系，不是领导和被领导、监督和被监督的关系，对级别较低的物证鉴定机构做出的鉴定意见有异议，不可以向级别较高的鉴定机构申请复核或复查。不能以鉴定机构的高低来确定鉴定意见证明力的强弱。

总之，运用火灾物证鉴定意见要以有证据证明的火灾事实为基准，火灾物证鉴定意见与众多证据证明的火灾事实相一致的予以采纳；反之，火灾物证鉴定意见与众多证据证明的火灾事实相矛盾的不予采纳。

三、物证鉴定意见审查、运用时的注意事项

1. 火灾物证鉴定意见具有科学性，是法定的证据种类之一，在火灾调查中发挥着重要作用。但是，与其他鉴定意见一样，火灾物证鉴定意见因其属性和诸多因素的影响和限制，同样存在真实和失真的两重性。因此，火灾物证鉴定意见必须经过证据审查，才能作为认定火灾事实的依据。

2. 审查火灾物证鉴定意见，首先要审查物证提取的地点，然后审查物证鉴定意见的形式是否合法，因为形式不合法的鉴定意见不能保证其结论真实可靠。

第八章　火灾原因认定和处理

火灾原因认定和处理是公安机关消防机构在调查取证基础上，逐一认定起火时间、起火部位、起火点、引火源、起火物等要素，依法制作、送达火灾事故认定书，并对火灾事故责任者依法查处或提出处理意见，这是公安机关消防机构的一项重要职责。

第一节　起火原因认定

一、火灾性质的分析认定

根据火灾中人的因素对火灾发生发展的影响，以及火灾责任，将火灾性质分为放火、失火和自然火灾。不同性质的火灾，其社会危害性不同，参与调查的主体、调查的法律依据及处理方法也不同。根据所获得的线索和证据来分析判定火灾的性质，这有助于缩小下一步火灾调查的范围、明确调查的主要方向、有目的地进行分析研究。

（一）放火嫌疑的分析认定

放火是指为达到一定个人目的，在明知自己的行为会发生火灾的情况下，希望或放任火灾发生的行为。放火嫌疑的具体分析认定参见相关章节。

（二）自然起火的分析与认定

自然火灾是指由于不可抗拒的原因所引起的火灾，如地震、海啸、雷击等不可抗拒的自然灾害引起的火灾等。这些火灾都有比较明显的特征，那就是与人的具体行为没有直接的关系，即不是人为过失造成的。

（三）失火的分析与认定

除了放火和自然起火以外的火灾性质为失火。分析认定时，一般是利用剩余法（排除法）来确定。当排除放火和自然起火的可能性后，火灾的性质就属于失火。

在实际工作中，常会遇到放火者利用假象制造意外起火或失火的某些特征，以迷惑火灾调查人员的情况。因此，要注意发现和搜集具有不同特征痕迹物证，并配合细致的调查询问，在掌握一定的可靠材料的基础上进行火灾性质的分析，得出正确的结论。

二、起火方式的分析认定

起火方式是指引火源与可燃物接触后至刚刚起火时，或者自燃性物质从发热至出现明火时的这一段时间内的燃烧特点。不同的可燃物质与火源作用，或者不同的引火源作用于起火物，有不同的起火方式。分析起火方式也是为了进一步缩小现场勘验工作的范围，明确下一步的调查询问方向。

按形式分类，起火方式可分为阴燃起火、明火引燃、爆炸起火。

（一）阴燃起火的分析与认定

这种起火的形式是从引火源接触可燃物质开始，到出现火苗为止，其经历时间从十多分钟至几个小时，甚至十几个小时，个别的能达到几十个小时。

1. 发生阴燃起火的情况

（1）弱小火源的缓慢引燃可燃物

弱小火源主要指那些非明火的引火源，即人们通常称为死火、暗火及温度不太高的赤热体，如燃着的烟头、烟囱火星、热煤渣、热柴炭、炉火烘烤等可直接或间接将可燃物引燃的火源。由于这些火源的能量较小，引燃能力较弱，与可燃物作用时，往往只能使可燃物发生阴燃，无法直接产生明火燃烧。

（2）不易发生明火的物质燃烧

有些物质，不易产生明火燃烧，如锯末、胶末、谷糠、成捆的棉麻及其制品等。这种物质受到火源作用后，一般经过缓慢过程才能够发出明火，即存在一个明显的阴燃过程。

（3）物质的自燃

自燃性物质处于自燃条件下会发生自燃，如植物产品、油布、鱼粉、骨粉等处于闷热、潮湿的环境中发生的自燃。自燃的过程包括发热、热量的积蓄、升温、引燃等过程，其中物质被引燃时一般从阴燃开始。

2. 阴燃起火的特征

（1）火灾现场有明显的烟熏痕迹

由于阴燃起火时，物质燃烧不充分，发烟量大，在现场往往能够形成浓重的烟熏痕迹。

应该注意的是，一些可燃物在燃烧时，即使是明火燃烧，也会产生大量的烟尘，在现场形成浓重的烟熏痕迹。例如石油化工产品，包括汽油、柴油、煤油、塑料等，分析认定起火方式时应该考虑到这一点。

（2）形成以起火点为中心的炭化区

阴燃起火时，起火点处经历了长时间的阴燃过程，受热时间较长，但是由于燃烧不充分，容易形成炭化区。这种炭化区因燃烧物和环境条件的不同，大小会不同。

（3）阴燃期间存在异常现象

由于阴燃时存在燃烧和发热，阴燃物质会产生烟气，或者是水分蒸发产生白气，部分物质阴燃时会产生一些味道。这些现象容易被人发现，是阴燃起火的重要特征之一。

（二）明火引燃的分析与认定

明火引燃是可燃物在火源作用下，迅速产生明火燃烧的一种起火形式，由于燃烧速度快，其现场具有鲜明的特征，可以根据这些特征分析认定。

1. 火场的烟熏程度轻

在明火引燃条件下，可燃物迅速进入明火燃烧状态，燃烧比较完全，发烟量比较少，相对于阴燃起火来说，火灾现场的烟熏程度较轻，有的甚至没有烟熏。

由于不同物质燃烧时的发烟量不同，同一种物质在不同的环境条件下的发烟量也不一样，所以在分析认定起火方式时，应该考虑到可燃物种类和环境条件。

2. 物质烧得比较均匀

由于明火引燃火灾中火势发展较快，不同部位受热时间差别不大，所以在总体上看，物质的烧毁程度相对比较均匀。

3. 起火点处炭化区不明显

在明火点燃状态下，起火物被迅速引燃后，火势开始向四周蔓延。与此同时，起火物继续有焰燃烧，造成起火点处可燃物炭化程度与四周相差不明显，在起火点处形成较小的炭化区，往往难以辨认。

4. 火灾现场有较明显的燃烧蔓延迹象

明火引燃火灾蔓延较快，容易产生明显的蔓延痕迹，如物质不同方向上的受热痕迹、物质残留量的变化等。根据这些痕迹，可以分析认定火势蔓延方向，以及起火部位起火点的位置。

（三）爆炸起火的分析与认定

爆炸引起火灾或火灾引起爆炸是由于爆炸性物质爆炸、爆燃，或设备爆炸释放的热能引燃周围可燃物或设备内容物形成火灾的一种起火形式。因为爆炸起火与阴燃起火、明火引燃具有明显的区别，其特征也很明显，比较容易判断。

1. 爆炸起火时易被人感知

在爆炸起火时，由于能量释放，起火时往往伴随着爆炸的声音，同时迅速形成猛烈的火势，所以一般在爆炸的瞬间即被人发现，存在目击证人。

2. 现场破坏严重

爆炸起火中，除了燃烧造成的破坏之外，还有冲击波的破坏作用，所以具有较强的破坏力，常常导致设备和建筑物被摧毁，产生破损、坍塌等，其现场破坏程度比起一般火灾要严重。

3. 现场存在比较明显的中心

由于爆炸冲击波在传播的过程中迅速衰减，其破坏作用逐渐减少，所以爆炸中心处的破坏程度较重，形成明显的爆炸中心，有的爆炸（如固体爆炸物爆炸）还能形成明显的炸点或炸坑。在爆炸中心周围，可能存在爆炸抛出物，距中心越远，抛出物越少。根据破坏程度、抛出物的分布以及设备或建筑物的倒塌方向等，可以判断爆炸中心的位置。

三、起火时间的分析与认定

起火时间一般是指起火点处可燃物被引火源点燃而开始持续燃烧的时间，对于自燃来说，则是发烟发热量突变的时间。准确地分析和认定起火时间是分析起火原因的重要条件。查明起火时间有易有难，在起火现场中有当事人和见证人，他们证实的起火时间比较明确，一般来说是可信的。然而更多的火灾，往往不能及时被发现。由于可燃物的性质不同，物质燃烧的速度有快慢之分，因而发现起火时间也有早有晚。所以，这就需要火灾调查人员根据火灾现场勘验和调查询问所获取的线索和证据，进行综合分析，才能得出比较符合实际情况的起火时间。

起火时间一般应是火灾调查分析中首先进行认定的内容，但是有的火灾现场破坏严重，又无准确的证人证言，不能首先确定较准确的起火时间，可在分析起火原因之后再分析或反推起火时间。

（一）分析认定起火时间的目的

准确认定起火时间是正确认定起火原因的重要条件之一。根据起火时间，可以查清发生火灾时现场的各种条件与火灾的发生之间必然存在的因果关系，在火灾发生之前的时间范围内与火灾发生有关的因素，如现场的火源、起火物、氧化剂、温度、湿度、风速、风向等。另外，根据起火时间，可以缩小调查范围，查清与火灾发生有关的人员，调查分析在此时间内有关人员的活动范围及活动内容，以及与火灾发生有关事物的情况，如有关设备运行状况及相关现象、有关物质的储存状况等，并可以分析判定出起火点处的火源作用于起火物可能性大小。

（二）分析和认定起火时间的根据

1. 根据证人证言分析认定

起火时间通常首先从最先发现起火的人、报警人、接警人、当事人、扑救人员等提供的发现时间、报警时间、开始灭火时间、火场周围群众发现火灾的时间及当时的火势情况来分析和判断的。发现人

和报警人因为当时急于报警或进行扑救，往往忽视记下发现时间，在这种情况下，可以根据他们的日常生产和生活活动，以及其他有关现象和情节中的时间作为参照时间进行推算。

2. 根据相关事物的反应分析认定

若火灾的发生与某些相关事物的变化有关，或者火灾发生时引起一些事物发生相应的变化，那么这些事物的变化情况可用来分析起火时间。因此，可以通过了解有关人员，查阅有关生产记录，根据火灾前后某些事物的变化特征来判定起火时间。

如现场安装的自动报警、自动灭火装置，在火灾发生时，正常情况下都能以声响、灯光显示等形式立即报警，并将报警时间自动记录，可以根据这些记录分析起火时间。

3. 根据火灾发展程度分析认定

不同类型的建筑物起火，经过发展、猛烈、倒塌、衰减，到熄灭的全过程是不同的。根据实验，木屋火灾的持续时间，在风力不大于 0.3m/s 时，从起火到倒塌为 13 ~ 24min。其中从起火到火势发展至猛烈阶段所需时间为 4 ~ 14min，由猛烈至倒塌为 6 ~ 9min。砖木结构建筑火灾的全过程所需时间要比木质建筑火灾的时间长一些；不燃结构的建筑火灾全过程的时间则更长一些。根据不燃结构室内的可燃物品的数量及分布不同，从起火到其猛烈阶段需 15 ~ 20min，若倒塌则需更长的时间。普通钢筋混凝土楼板从建筑全面燃烧时起约在 2h 后塌落；预应力钢筋混凝土楼板约在 45min 后塌落；钢屋架则不如木屋架，约在 0.25h 后塌落。

4. 根据建筑构件烧损程度分析认定

不同的建筑构件有不同的耐火极限，当超过此极限时，便会失去支撑能力，或发生穿透裂缝，或背火面温度会达到或超过 220℃，而失去机械强度或阻挡火灾蔓延的作用。例如普通砖墙（厚 12cm）、板条抹灰墙的耐火极限分别为 2.5h 和 0.7h；无保护层钢柱、石膏板贴面（厚 1.0cm）的实心木柱（截面 30 × 30cm²）的耐火极限分别为 0.25h 和 0.75h；板条抹灰的木楼板、钢筋混凝土楼板的耐火极限分别为 0.25h 和 1.5h。根据建筑构件的烧损程度，结合其耐火极限，可以判断这种构件的受热时间，进而分析起火时间。

5. 根据物质燃烧速度分析认定

不同的物质燃烧速度不相同，同一种物质燃烧时的条件不同其燃烧速度也不同。根据不同物质燃烧速度推算出其燃烧时间，可进一步推算出起火时间。例如，可以根据木材的燃烧速度，利用其烧损量计算燃烧时间。汽油、柴油等可燃液体贮罐火灾，在考虑了扑救时射入罐内水的体积的同时，通过可燃液体的燃烧速度和罐内烧掉液体的深度可推算出燃烧时间。其他物质火灾的起火时间也可采用此法推算。常见的一些物质的燃烧速度见表 8 – 1 – 1。

表 8 – 1 – 1   一些常用物质的燃烧速度

燃烧物质及燃烧条件	燃烧速率 （mm/min）	燃烧物质及燃烧条件	燃烧速率 （mm/min）
红松，径向	0.65	煤油，向下	1.10
硬木，径向	0.50	棉花粉尘，水平	100
锯末，水平	0.90	香烟，水平	3.00
汽油，向下	1.73	管中电线，橡胶绝缘，填充率20%，水平	0.37

建筑火灾中，室内装饰材料的着火时间和燃烧速度可用于推测起火时间。根据实验，在天花板高3m 的室内一角放置标准热源（50mm × 50mm × 350mm 木条 78 根，置放在角铁支架上共 13 层，从底部点燃），室内装饰材料被引燃时间和着火后火焰达到天花板的时间如表 8 – 1 – 2 所示。

表 8 - 1 - 2　室内装饰材料燃烧时间实验数据

室内装饰材料	厚度（mm）	着火时间（s）	着火后达到天花板的时间（s）
涂有清漆的胶合板	5	392	16
软木板	13	225	29
涂有亮漆的软木板	13	120	30
涂有亮漆的硬木板	5	210	77
硬木板	5	423	103
粗纸板	10	380	135
涂发泡防火涂料的硬木板	5	607	165
经防火处理的胶合板	5	465	中途熄火
涂发泡防火涂料的软木板	13	1 260	中途熄火

在实际火场上，物质燃烧的条件可能与上述的实验条件不同，其燃烧速度也因此有所不同。因而，应注意在推算起火时间时不能仅用现成的数据，还要考虑到现场的其他影响因素。例如，电线管中填充率为 20% 的电线水平燃烧速度为 0.37mm/s；若其内部含填充物不同时，其燃烧速度会有变化；当有锯末时为 0.66mm/s，有变压器油时为 1.33mm/s，有棉花时为 100mm/s。此外，电线填充率变化时其燃烧速度也会变化。因此在必要时，应根据火灾现场的情况进行模拟试验，测定某些物质的燃烧速度，以便更准确地推算起火时间。

6. 根据通电时间或点火时间分析认定

由电热器具引起的火灾，其起火时间可以通过通电时间、电热器种类、被烤着物种类来分析判定。例如，普通电熨斗通电引燃松木桌面导致的火灾，可根据松木的自燃点和电熨斗的通电时间与温度的关系推测起火时间。

如果火灾是火炉、火坑等烤燃可燃物造成的，可以根据火炉、火坑等点火时间和被烤着物质的种类作为基础，分析起火时间。如果火灾是蜡烛引燃的，则可以根据点着时间分析起火时间。

7. 根据起火物所受辐射热强度推算起火时间

由热辐射引起的火灾，可根据热源的温度、热源与可燃物的距离，计算被引燃物所受的辐射热强度来推算引燃的时间。例如，在无风条件下，一般干燥木材在热辐射作用下起火时间与辐射热强度的关系为：在热辐射强度为 $4.6 \sim 10.5 \text{kW/m}^2$ 时，12min 起火；在热辐射强度为 $10.5 \sim 12.8 \text{kW/m}^2$ 时，8min 起火；在热辐射强度为 $15.1 \sim 24.4 \text{kW/m}^2$ 时，4min 起火。

8. 根据中心现场尸体死亡时间分析认定

如果中心现场存在尸体，可以利用死者死亡的时间分析起火时间。例如根据死者到达事故现场的时间，进行某些工作或活动的时间，所戴手表停摆的时间，或其胃中内容物消化程度分析死亡时间，进而分析判定起火时间。

（三）分析认定起火时间应注意的问题

在认定起火时间时，应该充分考虑各种相关因素，全面分析各因素的影响作用，准确认定起火时间。为了保证起火时间分析与认定的准确性，必须注意如下几个问题：

1. 要进行全面分析

认定起火时间后，应该对其进行全面分析，注意与火灾现场其他事实之间是否相互吻合。尤其要善于将起火时间与引火源、起火物及现场的燃烧条件综合起来加以分析。

2. 注意起火物和环境条件对起火时间的影响

在分析起火时间时，应该注意起火物的性质、形态，以及起火时的环境条件。在同样的火源作用下，因为不同的物质的燃点、自燃点、最低点火能量和燃烧速率不同，所以点燃的难易程度和起火的时间也不相同。同一种起火物由于其形态不同，其最小点火能量、导热率、保温性也不同，所以点燃的难易程度和起火的时间也不相同。例如，同一种木材，其形态为锯末、木刨花、木块时，用同种火源点燃时，引燃时间具有明显的差别。

火灾现场条件也影响起火时间，例如，现场中引火源与起火物的距离不同，在一火源作用下引燃的时间就不一样，距离火源越近，引燃所需时间越短。同时，现场的通风条件、散热条件、氧浓度、温度、湿度等都影响引燃时间。所以，在分析认定起火时间时，应该根据现场的具体情况，充分考虑各种影响因素。

四、起火点的分析认定

起火点是火灾发生和发展蔓延的初始部位。在火灾现场中，可能有一个起火点，也可能有两个或更多的起火点。在火灾调查过程中，只有找到了起火点，才有可能找到真正的起火原因。

（一）认定的起火点的根据

通常根据火势蔓延痕迹、证人证言、引火源物证、起火物灰化、炭化痕迹等分析认定起火点。

1. 火势蔓延痕迹

火势蔓延痕迹就是火势从起火点处开始向外部空间扩展过程中，在不同部位的不同物体上形成的，这些痕迹的基本特征反映出火灾当时其受热的温度、受热时间及所处状态方向的信息。

（1）根据被烧轻重程度分析判定

火灾现场残留物的烧损程度、炭化程度、熔化变形程度、变色程度、表面形态变化程度、组成成分变化程度等往往能反映出火场物体被烧轻重程度。在火灾现场的残留物中，它们被烧的轻重往往具有明显的方向性，这种方向性与火源和起火点有密切的关系，即离起火点或引火源近的物体烧毁破坏，对着它的一面被烧严重。物体被烧轻重程度都是相对的，在一般情况下与物质的性质、燃烧条件、燃烧时间和温度等条件有关。在火灾初起阶段，由于火势较弱，蔓延较慢，起火点处燃烧时间较长，所以火灾初起阶段只有起火点处烧得重一些，这种局部烧得重的痕迹在火灾终止后仍保留着，这是起火点的重要特征，成为火灾后确定起火点重要依据。将火场中局部烧得重、在其附近并有向四周蔓延火势痕迹的部位确定为起火点，目前国内外火灾调查人员都能接受这一观点，并在实践中普遍应用。

（2）根据受热面分析判定

热辐射是造成火灾蔓延的重要因素之一。由于热辐射是以直线形式传播热能的，所以在火灾过程中，物体上形成了表明火势蔓延的痕迹——受热面，这种痕迹的特征主要表现在形成明显的方向性，使物体总是朝向火源的一面比背向火源的一面烧得重，形成明显的受热面和非受热面的区别。因此，物体上形成的受热面痕迹是判断火势蔓延方向最可靠的证据之一，是确定起火点的重要依据。

用同一物体的受热面来判断火灾中火势蔓延方向有一定的局限性，一般应将火场中不同部位物体上形成的受热面综合起来观察，若与现场条件吻合，朝向一致，就可以确定为火势蔓延方向。再通过各个物体上形成的受热面进行对比，确定燃烧破坏最重的物体，找出该物体受热面痕迹，起火点一般就在该物体受热面一侧。一般多个物体上形成受热面有两种情况：如果受热面都在同一侧，起火点在该侧烧得重的物体处；如果受热面相向对应，则起火点在其中间。

（3）根据倒塌掉落痕迹分析判定

火灾调查人员在现场勘验中，参照物体火灾前后的位置和状态变化事实，通过对比判断出倒塌方向，然后逆着这个方向逐步寻找和分析判断起火点（倒塌方向的逆方向就是火势蔓延方向）；其次，还可以通过分析判别掉落层次和顺序认定起火点的位置。

（4）根据二次短路熔痕分析判定

在火灾的过程中，二次短路的产生顺序以及电气保护装置的动作顺序是与火势蔓延顺序是一致的，起火点在最早形成的短路熔痕部位附近。特别是对燃烧充分、破坏严重、残留痕迹物证比较少的火灾现场，这一方法非常适用。

（5）根据热烟气的流动痕迹分析判定

火势蔓延的规律表明，高温热烟气的流动方向往往与火势蔓延方向相同。热烟气流动过程产生的阶梯性的烟或热的破坏痕迹，可以用来判断火灾的蔓延方向。另外，热烟气扩散过程中，留下的烟熏痕迹，可以用来判断火灾蔓延方向，进而判断起火点的位置。

（6）根据燃烧图痕分析判定

燃烧图痕是火灾过程中燃烧的温度、时间和燃烧速率以及其他因素对不同物体的作用而形成的破坏遗留的客观"记录"。这些图痕直观简便地指明了起火部位和火势蔓延的方向，是认定起火点的重要根据。

（7）根据温度变化梯度分析判定

可以通过可燃物体和不燃物体上形成的痕迹（如炭化痕迹、变色痕迹、炸裂脱落痕迹、变形痕迹等），比较各部位实际的受热温度的高低，找出全场温度变化梯度，进而分析判断起火点的位置。

2. 证人证言

（1）根据最早出现烟、火的部位分析判定

由于起火点处可燃物首先接触火源而开始燃烧，所以该部位一般最早产生火光和烟气，这一基本特征就是证明起火点位置的最直接、最可信的根据。因此，在进行现场勘验前必须把最先发现起火的人、报警人、扑救人、当事人等作为现场询问的重点，详细查明最早发现火光、冒烟的部位和时间、燃烧的范围和燃烧的特点，以及火焰、烟气的颜色、气味及冒出的先后顺序，并进行验证核实，而后作为现场勘验的参考和分析认定起火点的证据。

（2）根据出现异常响声和气味部位分析判定

火灾初期一些平稳物体被烧发生掉落时与地面或其他物体撞击而发出的一些响声；电气设备控制装置动作时响声（如跳闸声）；线路遇火发生短路时的爆炸声；还有一些物质燃烧时，本身也发出独特的响声，如木材及其制品燃烧时发出"丝丝拍拍"响声，颗粒状粮食燃烧时发出"啪啪"响声等。这些不同的声音都表明火灾发生部位的方向或指明火势蔓延的方向。不同物质燃烧初起时产生的不同气味，如烧布味、烧塑料味等，根据这些气味的来向，可以分析判断起火部位的方向或火势的来向。因此，向当事人了解有关听到的响声的时间和部位，发生异常气味的部位，就可以得到起火部位的线索和信息。在查明响声的部位、物体和原因后，再验明现场中实际物证，如果一致，则证人提供的证言是正确的，可以认定起火部位就在发出响声部位附近。

（3）根据有关热感觉方向分析判定

发现火灾的人、救火的人、在火灾现场的人等提供的有关皮肤有发热、发烫感觉的部位，很可能反映出起火部位的信息。例如，发现人听到响声或嗅到异常气味后开始检查，当检查到某一房间爬窗观察或用手拉门的金属把手时前额和手有热感或发烫，而其他房间没有热感，那么证明这个房间先起火。因此，证人提供有关不同部位一些物体温度变化情况的证言，可作为分析判定起火部位的证据。

（4）根据电气系统反常情况分析判定

电气设备、电气控制装置、电气线路、照明灯具等发生短路故障，控制装置动作（跳闸、熔丝熔断）断电，使该回路中的一切电气设备停止运行，这些停电而产生的现象，能传递故障信息，反映出起火部位的范围。

因此，通过电工、岗位工人及起火前在现场的人了解有关起火前电气系统的反常现象，可以查明断电和未断电回路及断电回路之间的顺序。有时一些证人提供起火前某一回路中（如外露线路），局部电线剧烈摆动（风力吹动除外）的情况，这些现象是线路发生短路、电流增大的信息，也应引起火灾调查人员的注意。由于短路回路中电流突然增大，导线周围产生很大的交变磁场，在磁场力的作用下导线就会摆动。因此，火灾调查人员将这一回路进行重点检查，就可能找到短路点和其他有关起火部位的线索。

（5）根据发现火灾的时间差分析判定

火灾的发生和发展需一定的时间，距起火点距离不同的地方和物体，发生燃烧的时间不同，火势大小也存在一定的差异，这就产生了起火部位和非起火部位之间燃烧的时间差。这种时间差，反映出燃烧的先后顺序，有时指明起火点的部位。因此，不同部位的人员提供有关发现火情的时间和当时火势的大小情况与起火部位有联系。把他们发现起火的时间按早晚顺序排列起来，并把火势大小情况和现场环境、建筑特征结合起来，综合分析比较，就能判断出燃烧的先后，初步判断出起火点所在部位。

3. 引火源物证

在有些火灾现场中，还存在引火源的残骸，如果在现场勘验时找到它，确定其原始位置，搞清其使用原始状态和火势蔓延方向等情况，就可以确认其所在的位置就是起火点。这里指的引火源物证，是指直接引起火灾的发火物或其他热源，例如，电熨斗、电炉子、电暖器、电褥子、电热杯等电热器具，以及烟囱、炉灶等。

用火源物证判定起火点的重点是：一是确定其火灾前的原始位置和使用状态；二是其周围物体燃烧状态。如果证明火源处于使用状态，且周围又有一些证明以此为中心向四周蔓延火势的燃烧痕迹，一般情况下，其所在的位置就是起火点。

还有些物证不能直接作为引火源的证据，但是它们能间接地反映起火点的位置和起火原因。在现场勘验中认真寻找这种物证，查清其位置和状态，对分析认定起火点有着重要的作用。例如，与现场无关的物体如盛装易燃液体的容器、油桶、瓶子等的残体，在汽车油箱附近发现的铁盒、扳手等物体，往往与火灾当事人（或肇事者）起火前取油、明火照明等行为有直接联系。

4. 灰化、炭化痕迹

一般来说，阴燃起火时，由于起火点处阴燃时间比较长，所以能形成较大的炭化区和炭化结块；而明火点燃起火的起火点处，由于燃烧的温度高、时间长，所以此处炭化和灰化都比较严重，残留的炭化结块比较少而小。由于物质的性质、存放的数量、存在状态的不同以及扑救等方面的因素影响，有时不是起火点的地方被烧破坏程度更严重，出现的灰化区和炭化区面积更大。因此不能一概而论，要具体问题具体分析，但最重要区别在于起火点处周围物体上形成显示火势蔓延方向的痕迹，而非起火点处虽然烧毁破坏严重，但是此处没有向四周蔓延火势的痕迹。

起火物明火燃烧时，由于起火点处燃烧时间比较长，容易形成灰化痕迹，可以作为判断起火点位置的依据。如果现场发现易燃液体燃烧痕迹，很可能为起火点。在分析判定时，同样应该判断是否有向周围蔓延的痕迹。

5. 其他证据

（1）根据现场人员死、伤情况分析认定

如果火灾中发生了人员伤亡，烧死、烧伤人员的具体情况，如死者在现场的姿态、伤者受伤的部位、死者遇难前的行为等，这对于分析判断起火点的方向、火势蔓延方向有着重要的证明作用。

对于爆炸现场，可从尸体位置和爆炸前他的工作常处位置判断被爆炸冲击波的方向，从而分析判断爆炸中心的位置。

（2）根据自动消防系统动作顺序分析认定

一些建筑物内安装的火灾自动报警、自动灭火装置。当火灾发生时，正常情况下都会动作，这些装置动作的次序，往往都能指明起火的大致位置和方向。

（二）分析认定起火点应注意的问题

1. 认真分析烧毁严重的原因

在分析起火点时，应该全面分析这一部位烧毁严重的原因及影响因素，才能得出正确的结论。一般应该分析以下问题：

（1）可燃物的种类和分布

在火灾中，可燃物的种类和分布直接影响现场的烧毁程度。如果可燃物的着火点比较低，或者说比较易燃，在火灾中就容易被引燃，而且燃烧比较充分，释放的热量就多，其所在部位烧毁就比较严重，甚至超过起火点。

（2）现场的通风情况

由于火灾中消耗大量的氧气，现场的通风情况直接影响可燃物的燃烧。如果起火点处于通风不畅的部位，氧气供给困难，则物质燃烧不充分。而处于通风口处的部位，不断有新鲜空气进入，使物质的燃烧速度加快，则这一部位的烧毁程度可能比起火点还严重。

（3）火灾扑救顺序

灭火行为实际就是干预火灾蔓延的行为。先行扑救的部位，燃烧被终止，相对于扑救晚的部位来说，其燃烧时间较短，则烧毁较轻，因此应该查明火灾扑救的顺序。

（4）气象条件

火灾时的气象条件，特别是风力和风向会影响火势的蔓延，同时也影响现场的烧毁程度。如果在火灾中发生了风向转变，则可能导致火灾蔓延方向的转变，在分析现场烧毁情况时，应该注意这一因素。

2. 分析起火点的数量

一般火灾只有一个起火点，但是一些特殊火灾，由于受燃烧条件的差异、人的故意行为及一些其他客观因素的影响作用，有时也形成多个起火点，因此火灾调查人员在分析认定起火点时绝不能一成不变地对待现场，要具体问题具体分析。一般易形成多个起火点的火灾有：放火、电气线路过负荷火灾、自燃火灾、大风天引起火灾、飞火引起火灾等。

3. 起火点的位置没有特定的地点

虽然火灾的发生有一定的规律性，但是具体到一起火灾，火灾的发生没有特定的地点，只要起火条件具备的地方都有可能发生火灾，所以起火点的位置也没有特定的地点。就建筑物起火来说，起火点可能在地面，也可能在天花板上，也可能在空间任何高度的位置上出现。当在地面、天花板上没有找到起火点时，特别要注意空间部位的可能性。有些起火点也可能形成在设备、堆垛等的内部，因此既要从物体的外部寻找，也要注意从物体的内部寻找。

4. 起火点、引火源和起火物应互相验证

初步认定的起火点、引火源和起火物，应与起火时现场影响起火的因素和火灾后的火灾现场特征进行对比验证，找出它们之间内在规律和联系，并重点研究分析燃烧由起火点处向四周蔓延的各种类型的痕迹，是否与现场实际总体蔓延方向一致，起火物与引火源作用而起火的条件是否与现场的条件相一致等，避免认定错误。

只要认定起火点的证据充分，即使是一时在起火点处找不出引火源的证据，也不要轻易否定起火点，应把工作的重点放在找引火源的证据上。若一起火灾经反复查证，在起火点处及其附近确实找不到引火源的证据，即使一些弱火源的证据也找不到，就应该重新研究，查核认定的起火点的证据是否可靠，或是否有放火嫌疑。

五、起火原因的分析认定

分析与认定起火原因，是在现场勘验、调查询问、物证鉴定和调查试验等一系列调查工作的基础上，依据所获得的各种证据、线索、事实，对能够证明起火原因的因素和条件进行科学的分析与推理，进而确定起火原因结论的过程。

只有准确分析和认定引火源和起火物，客观地分析起火前现场客观因素对起火的影响，才能为起火原因的认定提供有力的依据。

（一）引火源的分析与认定

1. 引火源的分类

引火源在起火时作用在起火物上，使起火物升温并使其燃烧。据不完全统计，现在常见的引火源大约有400多种，随着科学技术和经济的发展，引火源的种类也在不断地增加。常见的引火源如表8-1-3所示。

表8-1-3　常见的引火源

火源种类	举　　例
电气设施	电线、配电盘、变压器、开关、仪表等
用电器具	电热器、音像设备、家用电器、焊接设备、电熨斗等
炉具、炉灶	普通火炉、柴草炉、木炭炉、露天临时炉灶、锅炉等
燃气燃油炉具	液化石油气炉具、煤气炉具、天然气炉、沼气炉、燃油炉具等
灯具	白炽灯、高压钠灯、碘钨灯、燃气灯、燃油灯、提灯、喷灯、酒精灯、电石灯、蜡烛、灯笼等
发热、高温固体	烟筒、烟囱、机械轴承、机械加工后的零件、热钢渣、熔融金属等
火种	柴草火、炭火、香火、火柴、烟头、烟囱火星、焊割火花等
自燃物品	黄磷、煤、赛璐珞、硝化棉、植油饼、棉籽皮、金属粉、活性炭等
易燃可燃物品	油纸、油布、油棉纱、油污品、油浸金属屑等
易复燃物品	柴草灰、纸灰、煤渣、炭黑、烧过的棉和布、再生橡胶等
危险物品	炸药、雷管、导火索、烟花爆竹、氧气、硫酸、硝酸、液氯、三氧化铬、高锰酸钾、过氧化物等
自然火源	雷电、太阳射线等

2. 认定引火源的证据

一般情况下，在火灾现场勘验中能查到的证明引火源的证据，通常有两种：一种是直接证据，另一种是间接证据。

（1）证明引火源的直接证据

能够直接证明引火源种类的证据，主要是在起火点处发现的火源的残体。例如，引火源属于电气故障方面时，在火灾现场中就要找到电源开关、发生短路的导线、发生过负荷的导线、电热器具等的残体；引火源是雷击时，就要找到遭雷击烧损的物质、设备、器具及其他电气设备上的熔化、燃烧、中性化等一切能证明雷击发生的痕迹；引火源属于化学物品方面的，就要找到化学物质的残留物和反应产物；引火源属于机械方面的，就要找到金属的变色、变形、破损的残体作为证据。

（2）证明引火源的间接证据

间接证据是指能够证明某种过程或行为的结果能产生引火源的证据。对于有些火源如烟头、火柴杆、飞火火星、静电放电、自燃等，无法取得物证，就要靠取得间接证据来证明引火源引起起火物着火。例如，静电放电火灾、只能通过查明物质的电阻率、生产操作工艺过程、产生放电的条件、放电场所爆炸性气态混合物浓度、环境温度、湿度等作为间接证据；吸烟火灾，只能通过查明环境温度、空气温度、湿度、物质存贮方式、物质性质、吸烟的时间地点、吸烟者的习惯等作为间接证据。

3. 对引火源的分析判定

分析认定引火源是认定起火原因的重要内容和依据，对于引火源应从如下几个方面进行分析判定。

（1）分析引火源的位置

起火点是火灾的发源地，准确认定起火点是准确查明引火源的基础。一般情况下，引火源应位于起火点处，个别情况下，引火源的位置与起火点的位置可以不一致，但是必须存在一定的对应关系。例如，热辐射引起火灾，热源与起火点有位置差；短路火花引起着火，短路点和起火点有一定的位置差。

（2）分析引火源的来源

分析引火源的来源对于分析火灾性质非常重要，有的引火源原来就在起火点处，有的引火源是被放火者从火场内的另一个位置移到起火点处，有的火源是外来火源（或者是放火者带进火场的、或者是飞火、或者是雷电波侵入等）。在认定引火源时，应该根据火灾前后现场情况，判断火源的来源。

（3）分析引火源与起火物的相互关系

在分析研究一种火源能否成为引火源时，首先要分析该火源周围有无可燃物，要分析研究该火源的火焰、火星或热辐射能否引燃这些可燃物。在有些火灾现场中，虽然调查时找不到引火源，但起火物遗留的痕迹特征，常常也可证明或说明是由于何种火源的作用而引起火灾的。

（4）分析引火源的使用状态

一般引火源在起火前应处于通电、使用、高温等状态才有引起起火物着火的可能性。所以，分析火源的使用状态对于认定引火源是非常重要的。

（5）分析引火源的能量

一般来说，火源的温度要达到或超过起火物的自燃温度，起火物才能起火，但是个别情况不是这样，例如烟头的表面温度一般低于棉布、草类物质的自燃温度，但是在烟头火源作用下，棉布、草类物质能发生热分解、炭化、吸氧生热，所以会自动升温，达到自燃温度而起火。

引火源释放的能量大于起火物的最小点火能量时才能起火，这是作为引火源的基本条件之一。不同物质的最小点火能量不相同，物质的不同形态（如块状、片状、粉状等）其最小点火能量也不相同，环境温度的高低和空气中的氧浓度对最小点能量也有不小的影响，所以分析引火源释放的能量时这些因素都要考虑到。

（6）分析引火源的作用时间

作为引火源，其对起火物作用的时间应该与起火时间相吻合。引火源的作用时间与起火时间可以基本相同，也可以有一定的时间差。引火源作用于起火物后，起火一般滞后一段时间，这个时间有长有短，明火作用于可燃物一般情况下立即起火，而有的弱火源如烟头作用于纤维类物质、自燃等，起火滞后的时间比较长。所以说，在分析时，火源作用时间和起火时间之间差值的大小，应得到合理的解释。

（7）分析引火源种类与现场起火方式是否相吻合

对于认定的引火源，应该与现场的起火方式相吻合。一般情况下弱火源（如烟头、烟道火星、自燃等）作用于纤维类可燃物（如棉花、布、纸、草等）、各种火源作用于不易发生明火燃烧的物质（如锯末、胶末、成捆的棉麻等），现场一般呈阴燃起火方式；强火源（如明火、电弧等）作用于一般起火物，现场呈明火点燃特征；火源作用于爆炸性物质，现场呈爆炸或爆燃起火方式。

（8）调查实验

对于难以确定在一定条件下能否引起起火物着火的火源，可以做调查实验。模拟起火前现场条件，分析火源引燃起火物的条件、起火方式、现场残留物特征等，判断该种火源在起火前的现场条件下能否引起着火、与起火方式和现场的残留物特征是否相符等。

（二）分析和认定起火物

起火物是指在起火点处，由于某种火源的作用下最先发生燃烧的可燃物。在起火点处可能存在多种可燃物质，哪一种是起火物，要根据火源的性质、起火点处不同物质的性质、起火方式、起火前现场影响起火的因素等去分析判定。

1. 起火物的分类

起火物有如下几种分类方法：

按起火物的化学组成可分类为无机起火物和有机起火物两大类，从数量上讲，绝大多数是有机起火物，少部分为无机起火物。

按起火物起火前的状态可分类为固态起火物、液态起火物和气态起火物三大类。不同状态的起火物点燃性能是不同的，一般来说气体比较容易点燃，其次是液体，最后是固体。同一状态的物质由于组成不同其点燃性能也不相同，同一状态同种物质由于形态不同其点燃性能也有区别，木柱用火柴不容易点燃，木刨花用火柴比较容易点燃，木粉尘在合适条件下遇火柴火焰立即发生爆炸。

根据火灾调查的需要可把起火物分为七类，如表 8 - 1 - 4 所示。

表 8 - 1 - 4　常见的起火物类别

种　类	举　例
建筑物件、材料	草屋顶、油毡屋顶、木屋架、木板隔壁、沥青、装饰材料等
家具、电器、设备	木制家具、床上用品、塑料用品、家用电器、舞台道具、电工器材等
竹、木制品	木船、木料、竹制品、棕藤制品等；
易燃、易爆物品	火药、自燃物品、易燃易爆物品等
农副产品	柴草、粮食、棉花、饲料等
轻工产品	布、化纤、毛织品、纸、塑料等
山林野外易燃物品	露天可燃物堆垛、荒草、树林、芦苇、庄稼等

2. 认定起火物的条件

在认定起火物时，必须注意应满足如下条件：

（1）起火物必须在起火点处

只有起火点处的可燃物才有可能成为起火物，所以不能在没有确定起火点的情况下，只根据一些可燃物的烧毁程度来分析和认定起火物。

（2）起火物必须与引火源相互验证

引火源的温度一般应等于或大于起火物的自燃点，引火源供出的能量大于等于起火物的最小点火能量，起火物浓度在其爆炸极限范围内。

（3）起火物一般被烧或破坏程度更严重

一般情况下起火点或起火部位处，可燃物燃烧的时间比较长，温度比较高，所以被烧或破坏程度比其他部位更严重，即起火物被破坏最严重。但是，也有一些例外，个别的火灾现场中由于不在起火部位的某位置放有比较多的燃烧性能更强的物质，所以那里燃烧更猛烈，被烧或破坏程度更严重。

3. 起火物的分析认定方法

起火点处的可燃物质是否为起火物，一般可从以下几个方面分析和判定：

（1）起火物的种类和数量

通过现场勘查，应查明起火点处或起火部位处所有可燃物的种类及数量，并分析判断这些可燃物是属于一般可燃物、易燃液体、自燃性物质、混触着火（或爆炸）性物质等。

（2）起火物的燃烧特性

对于可能的起火物要查明它的自燃点、闪点、最小点火能量、沸点、电阻率（带电性能）、燃烧速率、氧化性、还原性、遇水燃烧性、自燃性、爆炸极限等性质，并分析判断在认定的火源作用下能否起火。应该注意的是现场中起火物的形态，因为可燃物的形态不同，其燃烧特性也不一样。例如：同样一种木材，刨花状态下就比木板状态下易燃得多。

（3）起火物的来源

分析起火物是否为起火点处原有的物品，如果发现是有人从火灾现场内的另一个地方移到起火点处的，或是有人从火场外带进火灾现场内的，还要进一步分析判定是什么人、为什么原因将起火物放到起火点处，是否为放火。

（4）分析起火物燃烧后的痕迹特征

不同的可燃物燃烧后残留在火灾现场痕迹的特征是不相同的，它们对于分析鉴定起火物种类和起火时间等有着重要作用。

（5）起火物的运输、储存和使用情况

查明并分析起火物在运输、储存和使用时被晃动、碰撞、日照、受潮、摩擦、挤压等情况，对于分析是否增加了其危险性或破坏了其热稳定性，进而分析起火物是否能发生自燃、或产生静电放电而起火等具有重要作用。

（三）分析起火时现场的环境因素

燃烧的发生，可燃物、氧化剂和温度是基本条件，是决定性的因素，起火时火灾现场各种影响起火的因素也对能否起火起着非常重要的作用。

1. 氧浓度或其他氧化剂

现场氧浓度的高低直接影响起火物起火的难易及燃烧猛烈程度。在氧气厂的某些部位，氧气瓶泄漏处氧气浓度大提高，此处可燃物的自燃点、最小点火能量降低，可燃性液体的闪点降低，可燃性气体的爆炸下限降低，这就说明在这种情况下可燃物更容易起火和燃烧。

2. 温度和通风条件

现场温度的高低直接影响起火物起火的难易程度及燃烧猛烈程度。现场温度越高，物质的最小点火能量降低，起火物更容易起火，自燃性物质更容易发生自燃。现场通风条件好，散热好，现场不容易升温，不易于起火。但是良好的通风条件有时可以提供充足的氧气，促进燃烧，所以应该根据现场的情况具体分析。

3. 保温条件

现场保温条件好，利于起火体系升温，更有利于起火和燃烧。例如，自燃性物质的堆垛越大，保温越好，升温越快，越易发生自燃。

4. 湿度或雨、雪情况

如果湿度适宜、温度适宜有利于植物产品发酵生热，有利于自燃的发生，但是水分太多，不易升温和保温，也不利于发酵；仓库漏雨、雪，增加了储存物资的湿度，容易引起发酵生热；空气的相对湿度小于30%，容易导致静电聚集和放电，可能引起静电火灾；煤含有适量的水分更容易发生自燃。

5. 阳光、振动、摩擦、流动情况

阳光的照射有利于物质的升温，对于一些光敏性的物质易引发化学反应。注意阳光的热效应，可使油罐、液化气石油气罐等内部温度升高、蒸汽压升高，爆炸和着火的危险性增大。

机械摩擦易生热升温，引起可燃物质起火；振动和摩擦易引起爆炸性的物品（如火药）着火或爆炸；流动和摩擦又容易产生静电，若聚集后放电，有可能引起爆炸性的气体混合物或粉尘发生爆炸。

6. 催化剂

现场有某种催化剂存在，往往加速着火或爆炸化学反应的进行，例如，酸和碱能加速硝化棉水解反应和氧化反应的进行，更加容易发生自燃事故；适量的水分对黄磷和干性油的自燃有很大的催化作用。

7. 气体压力

压力的大小对爆炸性的气体混合物的性质有重要影响，如果压力增大，爆炸性的气体混合物自燃点降低、最小点火能量降低、爆炸极限范围变大。

8. 现场避雷设施、防静电措施

避雷设施如果不能将全部建筑物或设备保护，那么该建筑物或设备就可能遭到雷击；如果避雷设施发生故障，该建筑物或设备也可能遭雷击。同样在有易燃易爆气体或液体的场所，防静电措施（如接地线、防静电地板、防静电服等）出问题，就容易聚集静电荷，就有因静电放电引起爆炸的危险性。

（四）分析认定起火原因的基本方法

在分析认定了起火点、起火时间、引火源、起火物、影响起火的环境因素后，火灾调查人员已经掌握了大量证明起火原因的直接证据和间接证据，可以开始认定起火原因。起火原因认定方法通常有两种，即直接认定法和间接认定法。对一起火灾起火原因的认定来说，采用何种方法，应根据火灾调查的实际情况和需要来决定，可以运用其中一种方法，也可以两种方法结合起来使用。

1. 直接认定法

直接认定法就是在现场勘验、调查询问和物证鉴定中所获得的证据比较充分，起火点、起火时间、引火源、起火物与现场影响起火的客观条件相吻合的情况下，直接分析判定起火原因的方法。利用此法认定起火原因前，应该用演绎推理法进行推理，符合哪种起火原因的认定条件，就判断为哪种起火原因。直接认定法适用于火灾调查中获取的证据比较充分的火灾事故原因的认定。

直接认定起火原因的方法由于简便易行，在起火原因的认定中应用比较广泛。

这种方法的运用是在对火灾事故进行全面调查的情况下进行的，一切都要以调查的证据、事实为依据，要对起火点内的引火源、起火物、影响起火的环境因素有了全面了解，并进行了全面分析之后才能进行认定。

2. 间接认定法

如果在现场勘验中无法找到证明引火源的物证，可采用间接认定的方法确定起火原因。所谓间接认定法就是将起火点范围内的所有可能引起火灾的火源依次列出，根据调查到的证据和事实进行分析研究，逐个加以否定排除，最终认定一种能够引起火灾的引火源。这种方法的运用正体现了排除推理法的应用，对于每一种引火源用演绎法进行推理判断。

运用间接认定法的关键，是将起火点处所有可能引起火灾的火源排列出来，这就要求在调查过程中充分发现和了解火灾现场中存在的一些火灾隐患，保证在分析可能原因时没有遗漏。依据现场的实际情况，比较假定的起火原因与现场是否符合，运用科学原理，进行分析推理，找出真正的起火原因。

（1）分析的内容

对于可能的起火原因，应该采用以下方法进行分析：

①将假定起火原因与现场调查事实作比较。这些事实就是调查所获取的人证、物证、线索、鉴定意见，以及火灾前存在的火险隐患、火源、可燃物的特性等。假定的引火源与它们相比较，去发现是否与现场情况相符。

②运用科学原理进行分析判断。根据现场的实际情况，运用燃烧学、电学、传热学、逻辑理论等科学理论对假定的起火原因进行分析，排除不符合科学原理的火源，验证认定的引火源。

③与以前的同种火灾案例比较。某类火灾起火原因的认定可以与在此之前曾出现过的同种类的起火原因的认定进行比较，比较起火点、引火源、起火物、影响起火的现场因素等，如果各方面都相同或相近，该起火灾的起火原因也应与以前同种类的起火原因认定相同，这就是类比推理法的实际应用。但是应该注意的是，所使用的案例必须与这场火灾的起火点、火源、环境条件等相同或基本相似，并且以事实为依据。

④调查实验。对于有些火灾，可以用调查实验的方法判断一些火灾事实，进而认定起火原因。现场实验时，必须忠实于火场实际情况，最好在原火灾现场选取同种类、同型号的火源和起火物，模拟起火当时影响起火的现场条件进行试验，从能否起火、起火方式、现场残留物的特征上，去分析假设的起火原因是否符合实际情况。

（2）运用间接认定法应注意的问题

①将起火点范围内的所有能引起火灾的火源列出时必须将真正的引火源列入，在逐个加以否定排除时不能将真正的引火源排除掉。

②在运用排除法时，必须对于每一种引火源用演绎法进行判断和验证后再决定取舍。

③间接认定都是在现场中引火源残体或某一起火因素不复存在的情况下进行的，所以，现场勘查中获取的其他证据和调查询问证据材料更为重要。

④最后认定的起火原因，必须在该火灾现场中存在着由于该种原因引起火灾的可能性，并且具备起火的客观条件。例如，认定因吸烟引起火灾时，在存在由于吸烟引起火灾的可能性的情况下，还要查清楚是谁吸的烟；在什么时间吸的烟，相隔多长时间起火；在什么位置吸的烟，移动范围多大；火柴杆和烟头的处理情况，周围有什么可燃物，这些可燃物有无被烟头引燃的可能性等都要查清。如果其中某一条件出现任何矛盾，都不能轻易认定起火原因。

⑤对最后剩余的起火原因要进行反复验证，验证正确后才能正式认定。

⑥一旦发现认定错误要立即进行重新分析认定。

（五）对初步认定的起火原因的验证

虽然进行了认真细致的现场勘验和调查询问，同时取得的证据比较充分，但由于火灾现场具有破坏性、复杂性、因果关系的隐蔽性和火灾发生的偶然性，对于认定的起火原因往往不能保证万无一失，尤其是对于那些大而复杂的火灾事故更是这样。所以，火灾的起火原因初步认定后一般要进行验证，才能保证认定错误率少一些。

1. 对初步认定的起火原因与现场调查事实作比较

这些事实就是调查所获取的人证、物证、线索、鉴定意见，以及火灾前存在的火险隐患、火源、

可燃物的特征等，与它们相比较，去发现有无矛盾之处。

2. 从理论上进行验证

可以运用燃烧学、电学、传热学、逻辑理论等科学理论对初步认定的起火原因进行分析和验证。

3. 用调查实验进行验证

对于那些不常见的起火原因的初步认定结论，最好在原火灾现场选取同种类、同型号的火源和起火物，模拟起火当时影响起火的现场条件进行试验，从能否起火、起火方式、现场残留物的特征上，去分析初步认定的起火原因是否符合实际情况。

4. 与以前的同种火灾进行比较

起火原因的认定还可以与在此之前曾出现过的同种类的起火原因的认定进行比较，比较起火点、引火源、起火物、影响起火的现场因素等，如果各方面都相同或相近，该起火灾的起火原因也应与以前同种类的起火原因认定相同，这就是类比推理法的实际应用。

5. 听取行家和专家的看法

可聘请多方面的行家和专家，请他们帮助分析起火原因，并对已经初步认定的起火原因的可能性做出评价。

（六）认定起火原因的基本要求

对起火原因认定总的要求是：认定有据、否定有理、正面能认定、反面推不倒。

1. 从实际出发，尊重客观事实

火灾调查人员在认定起火原因前，应对现场进行认真的勘验，并细致地进行调查询问和讯问，全面掌握证据和材料。认定起火原因的过程就是对火灾事故情况进行调查研究的过程，对掌握的证据和材料要进行审查和验证，确保证据和材料的真实性和客观性，切忌主观臆断、搞假证据和假材料。

2. 抓住本质性问题

所谓本质的问题就是指能够说明火灾发生、发展的有关证据和材料。火灾现场上各种现象的表现形态千差万别、错综复杂，说不定哪一个个别现象或哪一个细小痕迹就能反映出火灾的本质问题。因此，火灾调查人员要善于研究与火灾本质有关系的每一个问题，即便是细小的痕迹和点滴情况，都应认真分析研究，并把这些情况联系起来，研究它们与火灾本质的关系。

3. 把握共性和个性的辩证关系

火灾案件与社会现象一样，同种类型的火灾都有其共同的规律和特点，火灾调查人员应掌握这些规律和特点。同时，同种类型的火灾，在具体情节上也都存在着差异，火灾调查人员千万不能忽视这些差异。因此，火灾调查人员在调查火灾的过程中注意发现具体火灾现场的不同特点，结合火灾发生当时的具体情况和现场条件，进行具体问题具体分析。在抓住普遍规律的基础上，重点找出它的特殊因素，并科学地分析这些特殊因素与火灾发生的本质联系，对火灾事故中的特殊因素做出科学和合理的解释，准确地认定起火点和起火原因。

4. 注意分析火灾的因果关系

任何一场火灾的发生都有一定的因果关系，只不过有的比较明显，有的比较隐蔽。因此，分析任何一场火灾的原因时，一般都要先查明失火场所火灾前存在哪些火灾隐患，分析这些火灾隐患，也能为认定起火原因提供有力的依据和线索。

5. 分析火灾发生的必然性和偶然性

由于失火场所存在着这样或那样的火灾隐患，所以必然会导致火灾，之所以现在还未发生，是因为发生火灾的客观条件暂时还不具备。但是火灾的发生，也有很大的偶然性，认真地分析和研究火灾现场上出现的各种偶然现象，对于分析认定起火原因将起到重要作用。

6. 注意抓住重点

在分析认定起火原因时，往往证据和材料众多，起火原因有多种可能，所以要进行深入细致的多方面分析，找出主要矛盾，抓住关键性的问题。在抓住重点突破口时，还要兼顾其他可能性的存在，一旦发现重点确定不准确，就要灵活而又不失时机地改变调查方向，不至于顾此失彼，贻误时机。

第二节　火灾复核

一、火灾复核概述

火灾事故认定之后，如果当事人对火灾事故认定有异议，并提出书面复核申请，公安机关消防机构应当按规定受理并开展火灾复核。火灾复核是上一级公安机关消防机构或省级人民政府公安机关，根据火灾当事人的书面申请，对下一级公安机关消防机构或省级人民政府公安机关消防机构作出的火灾事故认定进行重新审查，并作出裁决的一种行政行为。

火灾复核是公安机关自身纠正错误或不当的认定结论，保障公民权利的救济方式，属于火灾事故调查工作内部监督机制的重要组成部分。做好火灾复核工作，有着非常重要的作用和意义：

（一）保护当事人的合法权益

复核机构通过对原认定的火灾事故调查案卷进行书面审查，对有关人员开展调查访问，对有条件的现场进行复勘，查明原火灾事故认定的主要事实是否清楚，调查程序是否合法，证据是否确实充分，起火部位、起火点和起火原因认定是否准确，从而达到及时发现问题、纠正错误，保护当事人合法权益的目的。

（二）提高公安机关消防机构火灾事故调查的能力

火灾复核的过程是对公安机关消防机构火灾事故调查工作检验的过程，通过对原火灾事故认定的全面审查，发现并总结火灾事故调查中出现的普遍性问题，帮助原认定机构纠正错误，同时制定相应措施，避免同类情况再次发生，提高火灾事故调查的整体水平。

（三）体现公安机关消防机构执法为民的思想

火灾复核是公安机关消防机构严格执法、依法行政的一种体现；对于工作中由于各种原因造成的失误或错误敢于面对并及时指出，体现出公安机关消防机构有错必纠、执法为民的思想。

（四）维护社会的和谐稳定

公安机关消防机构对火灾事故认定进行复核，与火灾当事人近距离接触，有助于倾听民意，做好相关的解释工作，及时掌握并向有关政府职能部门传递信息，化解火灾事故及善后处置等引发的纠纷，防止矛盾积累深化，避免恶性事件的发生，有效维护社会的和谐稳定。

二、火灾复核的申请

当事人对火灾事故认定有异议的，可以自火灾事故认定书送达之日起十五日内，向上一级公安机关消防机构提出书面复核申请；对省级人民政府公安机关消防机构作出的火灾事故认定有异议的，向省级人民政府公安机关提出书面复核申请。

复核申请应当载明申请人的基本情况，被申请人的名称，复核请求，申请复核的主要事实、理由和证据，申请人的签名或者盖章，申请复核的日期。

复核申请人直接到复核机构所在地或对外公开的办事大厅（窗口）提出申请的，复核机构应当审查书面申请材料是否符合要求，并出具《火灾事故认定复核申请材料收取凭证》。

复核申请人的书面申请以邮寄形式递交的，复核机构收到邮件之日作为收到申请的时间。复核机

构应当在收到邮件后，及时审查，对属于本机构复核的，应及时出具《火灾事故认定复核申请材料收取凭证》；对不属于本机构复核的，应当退回邮件，并告知其退回理由。

考虑到后期审查及办理案件的需要，复核机构在收到申请材料时，应当请申请人及其代理人提供身份证件复印件、授权委托书；单位或组织作为申请主体的，应当提供单位或组织的身份资格证明材料，由法定代表人、单位主要负责人办理或授权委托他人办理，办理人也应当提供本人身份证件复印件、授权委托书等。

三、火灾复核的受理

根据《火灾事故调查规定》第三十六条规定，复核机构应当自收到复核申请之日起七日内作出是否受理的决定并书面通知申请人。

（一）审查的主要内容

1. 申请人必须是火灾当事人。"当事人"，是指与火灾发生、蔓延和损失有直接利害关系的单位和个人。当事人未满18周岁、无民事行为能力或限制民事行为能力的，可以由其法定监护人提出申请。

2. 不超过规定时限。当事人对火灾事故认定有异议的，自收到《火灾事故认定书》之日起十五日内，向上一级公安机关消防机构提出书面复核申请。这里的"十五日"指工作日，不含法定节假日。起算日期应当从申请人收到《火灾事故认定书》之日起计算。

3. 复核以一次为限。已经提出过复核，且由复核机构维持原火灾事故认定或者直接作出火灾事故复核认定的，不再受理复核；复核机构要求原认定机构重新作出火灾事故认定，其他当事人对重新作出的火灾事故认定提出复核申请，应当予以受理。

4. 不属于简易调查程序作出的火灾事故认定。适用简易调查程序作出的火灾事故认定不属于复核受理范围。但复核机构在审查时，应当注意审查原简易调查办理中是否符合程序要求，如是否存在超越范围使用简易调查程序、相关当事人未签字或签字时注明有异议等情况，发现存在不符合程序要求的，复核机构虽然作出不予受理复核的决定，但应当通过内部纠错机制，责成原认定机构自行纠错。

5. 申请事项非火灾事故认定复核范围。有些申请人提出的复核请求事项既不提出对原因认定的异议，也不涉及火灾事故基本情况的修改，而是要求在《火灾事故认定书》中认定火灾事故责任、分析灾害成因或者要求出具火灾事故责任认定书等，复核机构可以不予受理。

（二）受理或不予受理决定

1. 复核机构作出受理复核决定后，应当出具《火灾事故认定复核申请受理通知书》。公安机关消防机构受理复核申请的，应当书面通知其他当事人，同时通知原认定机构。

2. 复核机构作出不予受理复核决定后，应当出具《火灾事故认定复核申请不予受理通知书》。

四、复核审查

原认定机构应当自接到复核申请受理通知之日起十日内，向复核机构作出书面说明，并提交火灾事故调查案卷。书面说明应当包括火灾事故调查认定的主要依据，以及针对申请人所提异议、主要事实、理由和证据的解释、说明等，书面说明应当由原认定机构主要负责人审批后报复核机构。原认定机构接到通知后，应当立即对火灾现场情况进行确认，对火灾现场尚存且未变动的，应尽量采取保护措施，以保持原貌，有条件的重新予以封闭，以便复核勘验。

复核机构应当对复核申请和原火灾事故认定进行书面审查，必要时，可以向有关人员进行调查；火灾现场尚存且未被破坏的，可以进行复核勘验。最后根据对原火灾事故认定的主要事实、证据、程序、起火原因认定的审查结果，作出复核结论。

五、复核终止

复核审查期间，复核申请人撤回复核申请的，复核机构应当终止复核。多人申请的，必须所有申请人全部撤回复核申请，复核机构才能终止复核。复核机构决定终止复核的，应当出具《火灾事故认定复核终止通知书》，在送达申请人的同时，应当书面通知所有当事人。

六、复核决定

复核机构应当自受理复核申请之日起三十日内，作出复核决定，制作《火灾事故认定复核决定书》，并参照《火灾事故认定书》规定的送达时限送达申请人、其他当事人以及原认定机构。对需要向有关人员进行调查或者火灾现场复核勘验的，经复核机构负责人批准，复核期限可以延长三十日。对需要进行检验、鉴定的，检验、鉴定时间不计入复核期限。

经审查，原火灾事故认定主要事实清楚、证据确实充分、程序合法，起火原因认定正确的，复核机构应当维持原火灾事故认定。

原火灾事故认定具有下列情形之一的，复核机构应当直接作出火灾事故复核认定或者责令原认定机构重新作出火灾事故认定，并撤销原认定机构作出的火灾事故认定：①主要事实不清，或者证据不确实充分的；②违反法定程序，影响结果公正的；③认定行为存在明显不当，或者起火原因认定错误的；④超越或者滥用职权的。

复核机构直接作出火灾事故认定前，应当召集申请人、其他当事人到场，说明复核认定情况，听取当事人意见，填写《复核认定说明记录》，当事人不到场的，应当记录在案。

七、火灾事故的重新认定

原认定机构接到重新作出火灾事故认定的复核决定后，应当重新调查，在十五日内重新作出火灾事故认定。原认定机构重新作出火灾事故认定前，应当召集申请人、其他当事人到场，说明重新认定情况，听取当事人意见，填写《重新认定说明记录》，当事人不到场的，应当记录在案。

原认定机构作出的《火灾事故重新认定书》，参照《火灾事故认定书》规定的送达时限送达申请人、其他当事人，并报复核机构备案。

八、火灾复核与信访的区别和联系

实际工作中，各级公安机关消防机构会收到许多与火灾事故调查相关的投诉、举报，其中有的属于正在复核期间的案件，有的属于首次收到相关材料，还有的属于已经复核终结的案件。

火灾复核制度是一种内部监督机制，是上级公安机关消防机构对下级公安机关消防机构在火灾事故调查中，存在的违法或不当的具体行为实行纠错的一种机制。而信访则是老百姓采用书信、电话、走访等形式，向有关部门反映情况，提出意见、建议和要求，进行投诉等活动。这其中不乏信访人认为自己的或他人的合法权益，或者社会公共利益受到了不法侵害，要求公安机关消防机构予以处理或纠正。因此，火灾复核案件的受理范围与信访案件有一部分是交叉的。

火灾复核与信访工作二者的共同点：一是二者都是国家设立的解决群众与消防机构之间矛盾的一种机制，对群众而言是一种行政救济手段，对消防机构起到的则是监督作用；二是其发生的方式都是通过群众主动投诉，从而启动机制的运行；三是受理后都要给群众一个合法合理的说法；四是最终目的都是为了维护群众的合法权益，督促公安机关消防机构依法行政，为社会稳定和经济发展创造良好的氛围和秩序。

二者的不同点：一是受理投诉的范围不同。信访受理的投诉面较广，无论是对火灾事故调查的认

定不服，还是检举、揭发火灾调查人员的违法失职行为，以及要求处理事故责任人或要求解决事故赔偿事宜；无论是历史遗留问题，还是现实中正在发生的问题或纠纷，均可以信访的形式向有关部门提出。而火灾复核的受案范围是法定的，凡不在《火灾事故调查规定》的复核范围内的申请，复核机构不予受理。二是案件处理的程序不一样。信访部门对案件的处理主要是协调，批转或组织职能部门重新审查、办理；而审理火灾复核案件则是按明确规定的程序进行。三是处理结果的形式及效力不同。对信访部门做出的处理结果或答复不服，可以请求上一级行政机关复查；而火灾复核案件审结后，复核机构要做出维持原火灾事故认定、直接作出火灾事故复核认定或责令原认定机构重新作出火灾事故认定的决定，并由复核机构制作《火灾事故认定复核决定书》送达当事人，复核决定书一经送达即发生法律效力。

因此，在处理火灾复核和信访工作中，应注意以下两个方面：

1. 对于复核办理阶段的信访案件，或已经信访受理再申请复核的案件，应当同时按复核、信访程序办理，并分别在规定的期限内，按照规定的程序答复。

2. 对于超出复核受理范围的复核申请，应当及时启动内部督查、自查机制，做好复核申请转变为信访案件的应对准备工作。

第三节　火灾处理

火灾处理，是火灾事故调查的一项重要工作任务，《火灾事故调查规定》第三条对火灾事故调查的主要任务做了明确规定，其中之一就是依法对火灾事故作出处理。火灾处理的重点在于对火灾事故责任的追究，依法严肃追究火灾事故有关责任单位或人员的法律责任，对于惩罚和教育责任者本人、促使有关人员提高责任心，保证有关消防安全的法律、法规得到遵守，预防和减少火灾事故的发生，降低火灾造成的损失，具有十分重要的意义。

火灾事故的责任人员，既包括直接引发火灾事故的人员，也包括生产经营单位中对消防安全负有领导责任的单位负责人，还包括相关地方人民政府、部门对火灾事故的发生负有领导责任或者有失职、渎职情形的人员。单位具有违反消防法律法规的行为，且与火灾事故的发生、蔓延扩大存在直接因果关系的，公安机关消防机构应当依法对单位作出行政处罚的决定。

当然，强调追究责任的重要性并不等于可以任意追究责任，想追究谁的责任就追究谁的责任，想追究什么责任就追究什么责任。相反，追究责任必须依法进行，必须严格按照法律、法规规定的程序，责任的种类和后果的严重程度执行，该重则重，该轻则轻。在法律责任种类上，根据责任人的行为与火灾事故之间的因果关系，以及火灾所造成的后果等具体情况，火灾事故责任人可能承担以下四种责任：刑事责任、行政责任、纪律责任和民事责任。公安机关消防机构应当针对刑事责任、行政责任和纪律责任部分，提出处理意见。

《火灾事故调查规定》第四十一条，规定了公安机关消防机构在火灾事故调查过程中，应当根据不同情况分别作出处理的具体方式。

一、涉嫌犯罪的处理

《火灾事故调查规定》第四十一条第一款第一项规定，"涉嫌失火罪、消防责任事故罪的，按照《公安机关办理刑事案件程序规定》立案侦查；涉嫌其他犯罪的，及时移送有关主管部门办理"。

（一）火灾事故调查发现涉嫌犯罪的主要类别

火灾事故调查发现涉嫌犯罪的主要有放火罪，失火罪，消防责任事故罪，重大责任事故罪，强令违章冒险作业罪，危险物品肇事罪，大型群众性活动重大安全事故罪，生产、销售不符合安全标准产品罪，滥用职权罪，玩忽职守罪等。按照公安部有关通知要求，公安机关消防机构可以办理失火罪和消防责任事故罪。

1. 失火罪

失火罪是指行为人过失引起火灾，造成致人重伤、死亡或者使公私财产遭受重大损失的严重后果，危害公共安全的行为。本罪构成要件如下：

（1）本罪的客观方面表现为，引起火灾，造成他人重伤、死亡或者使公私财产遭受重大损失的行为。失火行为必须是造成严重后果。如果行为人仅仅实施了导致失火的行为，但未引起危害后果，或者造成的危害后果不严重，则不构成本罪。

（2）本罪的主体为一般主体，即年满16周岁且具有刑事责任能力的自然人。

（3）本罪的主观方面为过失，即应当预见自己的行为可能引起火灾并造成公共安全的结果，因为疏忽大意没有预见或者已经预见而轻信能够避免，以致发生这一后果。这里的疏忽大意、轻信能够避免，是指行为人对火灾危害结果的心理态度，而不是对导致火灾的行为的心理态度。实践中有的案件行为人对导致火灾的行为是明知故犯的，如明知在特定区域内禁止吸烟却禁而不止等，但对火灾危害结果既不希望，也不放任其发生，这种案件应定为失火罪。行为人对于火灾的发生，主观上具有犯罪的过失，是其负刑事责任的主观根据。如果查明火灾是由于人不可抗拒或不能预见的原因所引起，如雷击、地震等引起的火灾，则属于意外事故，不涉及犯罪问题。

（4）本罪的客体为公共安全。根据《刑法》第一百一十五条第二款的规定，对犯失火罪的，处三年以上七年以下有期徒刑；情节较轻的，处三年以下有期徒刑或者拘役。

根据《最高人民检察院、公安部关于印发〈最高人民检察院、公安部关于公安机关管辖的刑事案件立案追诉标准的规定（一）〉的通知》（公通字〔2008〕36号）第一条规定："〔失火案（刑法第一百一十五条第二款）〕过失引起火灾，涉嫌下列情形之一的，应予立案追诉：（一）导致死亡一人以上，或者重伤三人以上的；（二）造成公共财产或者他人财产直接经济损失五十万元以上的；（三）造成十户以上家庭的房屋以及其他基本生活资料烧毁的；（四）造成森林火灾，过火有林地面积二公顷以上，或者过火疏林地、灌木林地、未成林地、苗圃地面积四公顷以上的；（五）其他造成严重后果的情形。"

失火罪与放火罪的区别在于：第一，放火罪由故意构成；失火罪只能由过失构成，这是两罪最本质的区别。第二，失火罪以造成严重后果为法定构成要件；而放火罪并不要求发生严重后果，只要行为人实施了足以危害公共安全的放火行为，即构成放火罪。第三，放火罪有既遂和未遂之分；失火罪是结果犯，以发生严重后果作为法定构成要件，不存在犯罪未遂问题。

2. 消防责任事故罪

消防责任事故罪是指违反消防管理法规，经公安机关消防机构通知采取改正措施而拒绝执行，造成严重后果的行为。本罪的构成要件如下：

（1）本罪的客观方面表现为，违反消防管理法规，经公安机关消防机构通知采取改正措施而拒绝执行，造成严重后果的行为。

（2）本罪的主体为负有防火安全职责的直接责任人员。

（3）本罪的主观方面为过失，但是对拒不执行公安机关消防机构通知的行为则是故意而为的。

（4）本罪的客体为公共安全和国家消防监督管理秩序。

根据《刑法》第一百三十九条的规定，消防责任事故罪的量刑是"造成严重后果的，对直接责任人员，处三年以下有期徒刑或者拘役；后果特别严重的，处三年以上七年以下有期徒刑"。

根据《最高人民检察院、公安部关于印发〈最高人民检察院、公安部关于公安机关管辖的刑事案

件立案追诉标准的规定（一）》的通知》（公通字〔2008〕36号）第十五条规定："〔消防责任事故案（刑法第一百三十九条）〕违反消防管理法规，经消防监督机构通知采取改正措施而拒绝执行，涉嫌下列情形之一的，应予立案追诉：（一）造成死亡一人以上，或者重伤三人以上；（二）造成直接经济损失五十万元以上的；（三）造成森林火灾，过火有林地面积二公顷以上，或者过火疏林地、灌木林地、未成林地、苗圃地面积四公顷以上的；（四）其他造成严重后果的情形。"

（二）涉嫌不同犯罪的处理方式

1. 公安机关消防机构办理的刑事案件

失火罪、消防责任事故罪按照《公安机关办理刑事案件程序规定》由公安机关消防机构立案侦查（消防机构内部常简称"两案"）。

2. 涉嫌放火案件的处理

构成放火罪需要移送公安机关刑侦部门处理的，火灾现场应当一并移交。火灾现场的移交，是放火案件移交的重要内容之一。因此，双方形成书面的移交记录，一方面利于完善移交手续，另一方面利于现场保护责任的进一步落实。

对公安机关刑侦部门依法决定立案的放火案件，公安机关消防机构应当及时告知当事人办理案件的主管部门，并将告知情况记录在案，告知记录应当由被告知人签字确认。

对公安机关刑侦部门依法不予立案的，公安机关消防机构应当重新开展调查，并根据调查情况出具《火灾事故认定书》。消防机构与刑侦部门对火灾性质认定存在分歧的，可以报请共同的主管公安机关负责人协调解决，或者申请上一级公安机关消防、刑侦部门指导调查。

上一级公安机关消防、刑侦部门接到申请后，应当共同派员指导调查，达成一致意见的，申请部门应当采纳。对死亡三人以上的火灾，经上一级公安机关消防、刑侦部门派员指导调查仍未达成一致意见的，省级人民政府公安机关可以向公安部消防局、刑事侦查局申请调派专家指导调查。

3. 涉嫌其他犯罪的案件

涉嫌其他犯罪的，应当由主办调查人员起草《呈请案件移送报告》，报本级消防机构负责人批准后，制作《案件移送通知书》，及时移送有关主管部门办理。《案件移送通知书》是公安机关消防机构在火灾事故调查过程中发现涉嫌犯罪的，依法向有关主管部门移送案件的文书。

由于火灾事故调查人员发现涉嫌犯罪的行为很多是从现场痕迹、物证等方面确认的，并不能明确指向某一犯罪嫌疑人，因此在填写涉嫌犯罪人员姓名时，可采取填写火灾案件名称代替。有时，针对现场勘验、技术鉴定、调查访问综合分析为放火嫌疑的案件，即使通过调查访问发现某人放火嫌疑较大，但从顺利移送案件立案的角度考虑，还是用发现某起火灾案件中涉嫌放火犯罪比使用发现某人涉嫌放火犯罪好，以避免刑事部门审查后，所指嫌疑人被排除，进而导致案件被刑侦部门退回的情况发生。

公安机关消防机构向有关主管部门移送案件的，应当在本级公安机关消防机构负责人批准后的二十四小时内移送，并根据案件需要附下列材料：①案件移送通知书；②案件调查情况；③涉案物品清单；④询问笔录，现场勘验笔录，检验、鉴定意见以及照相、录像、录音等资料；⑤其他相关材料。

相关主管部门应当自接受公安机关消防机构移送的涉嫌犯罪案件之日起十日内，进行审查并作出决定。依法决定立案的，应当书面通知移送案件的公安机关消防机构；依法不予立案的，应当说明理由，并书面通知移送案件的公安机关消防机构，退回案卷材料。

二、涉嫌违法的处理

《火灾事故调查规定》第四十一条第一款第二项规定，"涉嫌消防安全违法行为的，按照《公安机关办理行政案件程序规定》调查处理；涉嫌其他违法行为的，及时移送有关主管部门调查处理"。

对消防行政相对人违法的行政责任通常是由消防行政执法主体给予行政处罚。如某市一个公共场所发生火灾时，该公共场所的现场工作人员李某、杨某没有组织、引导在场群众疏散，在发现起火时即溜之大吉，造成在场群众因烟熏和挤踏致多人轻微伤，公安机关消防机构根据《消防法》第六十八条的规定，对李某、杨某分别处 7 日和 10 日拘留。又如某单位负责人违反规定，要求操作工无证电焊作业，导致火灾发生，造成直接经济损失 30 万元，因直接经济损失未达到刑事立案标准，尚不构成犯罪，公安机关消防机构根据《消防法》第六十四条第一项的规定，对该负责人处 10 日拘留。

对火灾调查中发现涉嫌其他违法行为的，如发现未经规划、建设、房地等部门许可建造违法建筑，无证或超出工商许可范围经营，生产、销售假冒伪劣灭火器等行为，应当及时移送相关的主管部门调查处理。

三、党纪和政纪处分

《火灾事故调查规定》第四十一条第一款第三项规定，"依照有关规定应当给予处分的，移交有关主管部门处理"。

火灾事故责任人违法行为轻微，尚不构成行政责任的，应视情节由相关组织、单位给予纪律处分，如行政处分、党纪处分、企业内部处分等。对应当给予党纪、行政处分的火灾事故责任人，公安机关消防机构可向有权作出处分决定的党组织或单位提出建议，在责任人受到处分后，可将处分决定材料复印件装入火灾档案。

四、对不属于火灾事故的处理

火灾发生后，是属于火灾事故还是案件或其他事故、事件，有些不经过调查是难以确定的。比如，炸药爆炸引起的火灾、交通事故引起的火灾、公安刑侦部门立案侦查的放火案件，就不属于火灾事故。而对于这类事故，群众最初通常是按照火灾报警的。公安机关消防机构经过调查，一旦发现不属于《火灾事故调查规定》第二条所称的"火灾事故"，就应当向有管辖权的有关主管机关报告，或者由负责调查的公安机关消防机构移送、抄告有关主管部门，同时应当告知当事人处理的途径，并记录在案。公安机关消防机构在移送、抄告有关主管部门前，应当注意收集固定调查中发现不属于火灾事故的相关证据。

第四节　火灾事故调查报告

一、火灾事故调查报告的报送要求

根据《火灾事故调查规定》第三十三条的规定，对较大以上的火灾事故或者特殊的火灾事故，公安机关消防机构应当开展消防技术调查，形成消防技术调查报告，逐级上报至省级人民政府公安机关消防机构，重大以上的火灾事故调查报告报公安部消防局备案。一般来说，公安机关消防机构在参加由各级政府组织的火灾事故调查中，主要侧重于对火灾起火原因以及灾害成因进行技术性调查，调查结论应写成火灾消防技术调查报告（其内容可参见本书第十一章）。而消防机构独自开展的火灾事故（一般是亡人火灾或特殊火灾）调查，则调查内容更加全面，具体包括下列内容：

（1）起火场所概况；

（2）起火经过和火灾扑救情况；

（3）火灾造成的人员伤亡、直接经济损失统计情况；

（4）起火原因和灾害成因分析；

（5）防范措施；

（6）火灾事故及相关责任人处理意见。

二、火灾事故调查报告的主要内容

火灾事故调查报告主要由首部、正文、尾部三部分组成。首部：须填清发文机构所在地的简称、发文的字、年号，写明报告标题，抄报单位名称。尾部：写明日期并加盖公安机关消防机构印章。

正文部分内容主要包括以下内容：

（一）火灾基本情况

1. 火灾发生的时间、地点、单位或场所名称，如有必要应写明起火的具体建筑或部位名称。

2. 火灾烧毁、烧损的主要物品、建筑情况，燃烧面积，受烟熏、水渍、污染等影响的物品情况，直接经济损失情况，人员伤亡情况。

3. 调查组的组成及简要的调查工作情况。

（二）起火场所概况

1. 起火单位（场所）的名称、道路门牌号码、周边相邻道路或建筑等情况。

2. 起火单位（场所）的组织形态、主要业态、规模和职工人数、成立时间或场所投入使用的时间等情况。

3. 起火单位（场所）建筑布局、建筑结构、用途、建造时间及许可等情况。

4. 起火建筑的消防设施情况。

5. 起火单位（场所）消防安全责任制的情况、消防安全状况等。

部分火灾涉及多家单位，且单位与单位之间存在上下级、租赁、发包、代仓储等多种关系，对与火灾事故调查相关的都需要在概况中介绍清楚。

（三）起火经过和火灾扑救情况

1. 最早发现起火的人员、发现时间及发现经过。

2. 第一报警人、报警时间及发现和报警的过程。

3. 发现人参与前期扑救火灾、采取各类处置措施以及人员疏散的情况。

4. 出动警力及人员扑救火灾的情况。

（四）火灾直接经济损失及人员死、伤情况

1. 死亡人员清单：包括姓名、性别、籍贯、户籍、身份证件号码、死亡原因等。

2. 受伤人员清单：包括姓名、性别、籍贯、户籍、身份证件号码，受伤情况应当包括轻重伤分类、伤情分类等。

3. 直接经济损失情况：包括按照直接财产损失统计分大类列出各类数据，医疗救治、火场处置等项的费用，直接经济损失总额。

（五）调查、认定起火原因的情况

1. 起火时间的认定

认定的起火时间及具体证据或推理依据，如发现人确认的时间、报警时间、监控视频时间、现场物证反映的时间，以及推理所获得的时间等。

2. 起火部位（起火点）的认定

起火部位（起火点）的调查情况，应当从现场勘验、调查访问等多角度进行介绍：

（1）运用现场勘验发现的燃烧痕迹以及相关物证，证明火势的蔓延方向；

（2）通过调查访问笔录及现场指认情况，介绍证人最早发现的起火情况，引用证人证言时，应尽量引用两名以上证人的证词，尽可能选用不同方位、不同单位的发现人证词；

（3）物证及技术鉴定意见，或调查实验的结论，证明起火部位（起火点）的情况；

（4）照片、监控录像或视频等资料证明起火部位（起火点）的情况。

在多角度调查情况的基础上，分析、认定起火部位（起火点）。

3. 起火原因的认定

起火原因的认定包括现场询问、现场勘验、技术鉴定及现场实验的情况。

在书写起火原因部分时，不仅要详细介绍与原因认定相关的各类证据，还要阐述相关证据的关系。

对直接认定的起火原因，应从现场勘验、调查访问以及技术鉴定等多方面进行详细论述：一是火源分布情况、火灾前的使用情况；二是起火物的情况；三是引火源与起火物的相互作用关系；最后是起火原因的综合认定结论。在论述中要抓住本质的、有特征的、系统的痕迹物证及客观事实，形成对火灾发生、发展过程的完整描述。

用排除法认定起火原因的，要对可能引起火灾的种种原因分门别类进行论述，详细论述排除某一类起火原因的具体依据和相关证据。对通过排除法认定的起火原因或无法排除的起火原因，应当详细介绍该原因引发火灾的间接证据，无法排除其引发火灾可能性的理由、依据。

4. 爆燃（爆炸）事故

爆燃（爆炸）现场的勘验与燃烧现场的勘验有所区别，应当从以下几个方面介绍：

（1）爆燃（爆炸）的范围，爆燃（爆炸）中心部位及认定依据；

（2）爆燃（爆炸）性质的认定，是气相爆炸、容器爆炸还是粉尘爆炸，认定的相关依据；

（3）引起爆燃（爆炸）的物质是如何泄漏或产生的；

（4）引火源的具体情况；

（5）爆燃（爆炸）物与引火源的关系。

（六）火灾造成人员伤亡或直接财产损失较大的成因分析

灾害成因分析应当围绕火灾现场显现的火势发展、蔓延途径和造成人员伤亡、财产损失的情况，根据火灾实际，从火灾控制和火灾扑救方面进行分析：

1. 建筑物、堆垛、罐区等的防火间距，消防车道、公共消防设施、消防水源。

2. 建筑物耐火等级、建筑构件、装饰装修，安全疏散设施、防火分隔设施、防排烟设施、消防通讯设施，火灾自动报警系统、自动灭火系统、室内外消防给水系统、通风空调系统，消防电源。

3. 火灾荷载、可燃物品、材料性质。

4. 建筑物开口、未封堵的孔洞情况。

5. 火灾报警、初起火灾扑救和人员疏散情况。

6. 消防队接警、出动、扑救情况。

7. 参与初期火灾处置的单位员工、社会群众的灭火常识和火场自救逃生能力。

8. 单位消防安全自我管理情况。

9. 其他导致火灾失控、人员伤亡、财产损失的事实。

（七）火灾责任处理情况

火灾责任处理情况包括对火灾有关责任人员实施的行政处罚、刑事处罚、党纪政纪处分等处理情况。

（八）事故防范和整改建议

根据起火原因和灾害成因分析，有针对性地提出事故防范和整改的具体措施建议，一方面为加强和改进建设工程消防设计审核和消防验收、消防监督检查工作以及修订完善消防技术标准服务；另一方面为行业、单位加强自身消防安全管理能力提供参考性的建议。

第九章 火灾损失统计

火灾损失是描述火灾的重要指标，是火灾统计的重要内容。火灾损失统计是分析揭示火灾发展规律的重要依据之一。

第一节 概 述

一、火灾损失统计的法律依据

我国目前用以指导火灾损失统计工作的法律、法规、标准主要有三个，分别是：《消防法》《火灾事故调查规定》和《火灾损失统计方法》。

《消防法》第五十一条规定："公安机关消防机构有权根据需要封闭火灾现场，负责调查火灾原因，统计火灾损失。"它确定了公安机关消防机构在火灾损失统计工作中的法律地位和法律责任。

《火灾事故调查规定》第二十八条规定："公安机关消防机构应当根据受损单位和个人的申报、依法设立的价格鉴证机构出具的火灾直接财产损失鉴定意见以及调查核实情况，按照有关规定，对火灾直接经济损失和人员伤亡进行如实统计。"它指出了公安机关消防机构火灾损失统计工作的方向和内容。

《火灾损失统计方法》具体规定了单起火灾损失统计的术语定义、分类界定、损失物识别、统计原则、统计方法等，它是进行火灾损失统计的指南和依据。

二、火灾损失统计操作流程

火灾发生后，公安机关消防机构在火灾调查过程中，依据火灾事故当事人申报的火灾直接财产损失和现场核实情况，对火灾直接经济损失进行统计，同时对人员伤亡情况进行统计。火灾损失统计的具体操作流程见图9－1－1。

三、火灾损失统计的范围

依据《火灾事故调查规定》的要求，火灾损失统计范围包括火灾直接经济损失和人员伤亡情况。火灾直接经济损失按类别统计；人员伤亡情况依据《人体损伤程度鉴定标准》，以检验鉴定机构出具的尸体检验、人身伤害医学鉴定结果，统计死亡、重伤、轻伤人数。

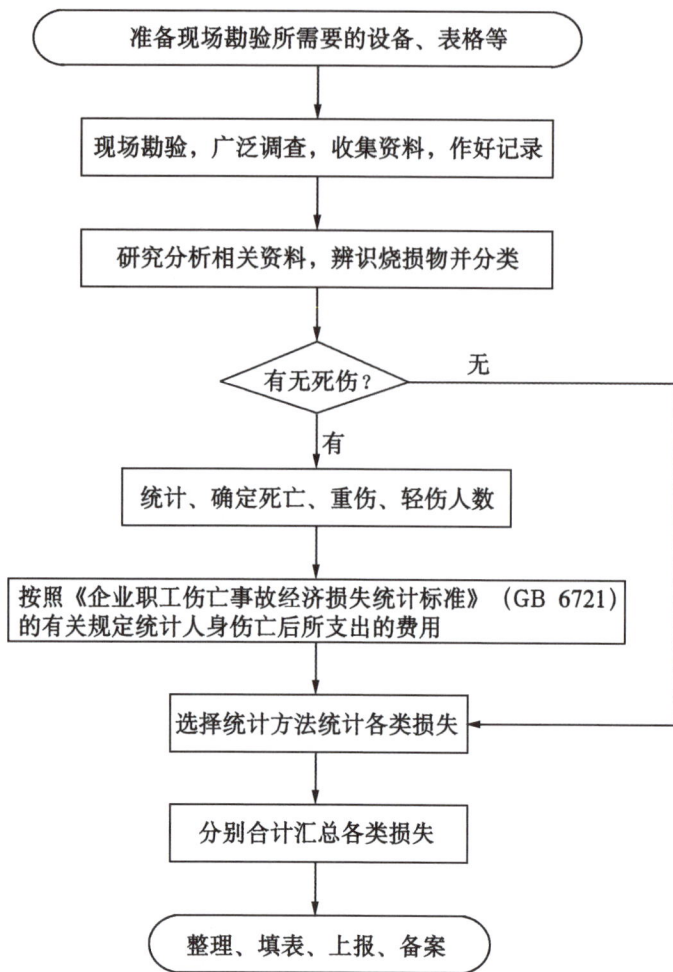

图 9-1-1 火灾损失统计操作流程

第二节 火灾损失统计的分类

一、火灾直接经济损失分类

分类是按照事物的性质、特点、用途等作为区分的原则，将符合同一标准的事物聚类，将不同的事物分开的一种认识事物的方法。不同的用途、不同的目的，分类的原则会有所不同。火灾直接经济损失统计分类的原则是：依据损失（物）的性质、特点，结合火灾直接经济损失统计方法，将符合同一性质、同一统计方法的损失（物）划归同一类，以便于损失统计。它包括 3 大类、14 中类、12 小类，详见表 9-2-1。

表 9 - 2 - 1 火灾直接经济损失统计分级类目

大类	中类	小类
火灾直接经济损失	1. 火灾直接财产损失	1.1 建筑类损失	1.1.1 建筑构配件损失
			1.1.2 房屋装修损失
		1.2 设备类损失	—
		1.3 家庭物品类损失	1.3.1 家电家具等物品损失
			1.3.2 衣物杂品损失
		1.4 汽车类损失	—
		1.5 产品类损失	—
		1.6 商品类损失	—
		1.7 保护类财产损失	1.7.1 文物建筑损失
			1.7.2 珍贵文物损失
			1.7.3 保护动植物损失
		1.8 其他财产损失	1.8.1 贵重物品损失
			1.8.2 图书期刊损失
			1.8.3 低值易耗品损失
			1.8.4 城市绿化损失
			1.8.5 农村堆垛损失
	2. 火灾现场处置费用	2.1 灭火耗材费	
		2.2 现场清理费	—
	3. 人身伤亡后所支出的费用	3.1 医疗费（含护理费用）	—
		3.2 丧葬及抚恤费	
		3.3 补助及救济费	—
		3.4 歇工工资	—

二、火灾直接经济损失分类界定

为了使统计人员更准确、更快捷地将损失（物）归类，《火灾损失统计方法》给出了火灾直接经济损失分类界定表，以帮助统计人员界定损失类别的范围。见表 9 - 2 - 2。

表 9 - 2 - 2　火灾直接经济损失分类界定表

损失类别	界定范围
1. 火灾直接财产损失	建筑类、设备类、家庭物品类、汽车类、产品类、商品类、保护类财产、其他财产等八种损失。
1.1　建筑类损失	在建、在用房屋、建筑物、构筑物的建筑构配件、房屋装修等损失。不包括建筑内设施设备等损失。
1.1.1　建筑构配件损失	建筑主体（梁、柱、楼板、墙板等）、建筑装修（门、窗等）损失。
1.1.2　房屋装修损失	室内吊顶、墙面、地面及玻璃隔断等装修装饰和室外装修装饰损失。
1.2　设备类损失	各种生产线、机械设备、特种设备（如：厂区内使用的叉车、吊车、搬运车）、化工设备、电子设备、医疗设备、机电设备、建筑内设施设备、大型农机具、轨道车等损失。不包括家用电器和汽车损失。
1.3　家庭物品类损失	家电家具等物品、衣物杂品等损失。不包括家庭住宅、家用汽车、家庭贵重物品、农村家庭小粮仓及秸秆堆垛财产损失。家庭住宅损失按建筑类损失统计，家用汽车损失按汽车类损失统计，家庭贵重物品损失按贵重物品类损失统计，农村家庭小粮仓及秸秆堆垛损失按农村堆垛损失统计。
1.3.1　家电家具等物品损失	家用电器、家具、乐器、健身器械等较大件的家庭财产损失。不包括红木家具、乐器收藏品等贵重物品损失。红木家具等物品损失归贵重物品类损失。
1.3.2　衣物杂品损失	家庭中使用的衣裤鞋帽、炊具餐具、挂件摆件、文具玩具、粮油食品、化妆品、床上用品等家庭日常生活用品的损失。
1.4　汽车类损失	公路用汽车损失，如轿车、客车、载货汽车、牵引车等损失。不包括非公路用汽车损失，如矿山、机场、工地、厂区等用汽车损失。
1.5　产品类损失	农业类（养殖、种植、畜牧、林木、草原等）和工业类（重工业、轻工业、化工工业、手工业等）在生产过程中的成品、半成品、在产品、原材料等财产（含企业库存）以及汽车制造厂成品车等损失。不包括建筑产品，建筑产品按建筑类损失统计。
1.6　商品类损失	商业流通领域的物品（含商业库存）损失。包括零售百货、装修材料、原材料、燃料、4S店仓储车辆等损失。不包括商品房损失。
1.7　保护类财产损失	保护类文物建筑、珍贵文物和国家级保护动植物等损失。
1.7.1　文物建筑损失	被县、市级以上（含县、市级）人民政府列为文物保护单位的古建筑、古建筑组、群，纪念建筑等损失。
1.7.2　珍贵文物损失	国家规定的三级以上（含三级）可移动的珍贵文物等损失。
1.7.3　保护动植物损失	国家级保护的动物、植物等损失。
1.8　其他财产损失	贵重物品、图书期刊、低值易耗品、城市绿化、农村堆垛等损失。
1.8.1　贵重物品损失	古玩等收藏品、金银制品、珠宝、红木家具、美术工艺品等贵重物品损失。
1.8.2　图书期刊损失	图书、期刊、资料等损失。
1.8.3　低值易耗品损失	不能作为固定资产的各种用具物品，如工具、管理用具、玻璃器皿、劳动保护用品，以及在经营过程中周转使用的容器等损失。

损失类别	界定范围
1.8.4　城市绿化损失	城市中的苗圃、草圃、花圃等苗木及公园、道路绿化用树木、花草等财产损失。
1.8.5　农村堆垛损失	农村家庭小粮仓及存放的麦秸、高粱秸、玉米秸等秸秆堆垛损失。
2.火灾现场处置费用	灭火耗材费及清理现场费，即施救费和清理费。
2.1　灭火耗材费	公安消防部队、企事业消防队在救援抢险过程中使用的消防药剂、动力能源（汽油、柴油、电池用电量）、灭火用水等消耗材料费用。
2.2　现场清理费	对火灾扑灭后的现场进行清理的全部费用，包括人工、设备租赁等费用。
3.人身伤亡后所支出的费用	因火灾引起的人身伤亡后所支出的医疗费（含护理费用）、丧葬及抚恤费、补助及救济费、歇工工资等。参照 GB 6721 的有关规定。
3.1　医疗费（含护理费用）	统计之日前的医疗费和统计之日后估算的医疗费。参照 GB 6721 的有关规定。
3.2　丧葬及抚恤费	丧葬补助金、供养亲属抚恤金和一次性死亡补助金。参照 GB 6721 的有关规定。
3.3　补助及救济费	一次性伤残补助金、伤残津贴、一次性医疗补助金、伤残就业补助金和伤者医疗的交通食宿费。参照 GB 6721 的有关规定。
3.4　歇工工资	统计之日前的歇工工资和统计之日后估算的歇工工资。参照 GB 6721 的有关规定。

对表 9-2-2 中部分容易混淆的类别说明如下：

1. 火灾直接财产损失：是指财产（不包括货币、有价证券、银行储蓄卡等）在火灾中直接被烧毁、烧损、烟熏、砸压以及在救援抢险中因破拆、水渍、碰撞等所造成的损失。

2. 建筑类损失：只包括建筑成本和室内外装修的损失。是纯粹的工料损失，与房屋的市场价值无关。不存在土地损失。不包括文物建筑损失，包括家庭住宅损失。

3. 汽车类损失：汽车类的损失归类要看它的用途、性质、使用范围而定。汽车生产厂家存放在库房、库场或某场地的临时存车场，应归为产品类。存放在 4S 店或车行的库房、库场，可归为商品类。展览馆（场）的展车可视为商品，展览馆（场）停车场参观（展）人的车失火应归为汽车类火灾损失。

4. 产品类损失："产销一体"化的产品，如：已经销售出去了（有订单）的生产环节的产品，或厂家直销的产品。虽然此类产品已经具有商品的性质，建议没有出厂或没有出库前仍视为产品类。

5. 保护类财产损失：有关"级别"的界定和划分参见国家和地方有关保护文物和动植物的名录。

6. 贵重物品损失：贵重物品是指价值较高的或有升值可能的或鉴定真伪有一定技术的物品。可聘请专家鉴定。

7. 城市绿化损失：城市绿化树木、花草不同于种植业的花卉、树木。

8. 火灾现场处理费：火灾现场处理费用涉及很多方面，从出警、灭火、救援到现场清理，所有人力、物力的付出都应该归在这个范畴。但是，现场的情况太复杂，牵扯的方面太多，有的大火场，政府领导出面，有关部门参加，全社会动员起来，公安消防队、专职消防队、企业消防队、义务消防队、医院、急救中心、单位职工、周围群众等都参加抢险。要想把这些人力、物力统计清楚是比较困难的。为了便于操作，重点统计公安消防队和政府专职消防队在灭火过程中所消耗的材料和清理现场的费用。

9. 人身伤亡后所支出的费用：参照《企业职工伤亡事故经济损失统计标准》（GB 6721）进行分类界定。人身伤亡，是指当事人在火灾扑灭之日起七日内因火灾及救援抢险引起的烧灼、烟熏、建筑物倒塌、坠落等原因死亡的或因上述原因达到《人体损伤程度鉴定标准》规定的轻伤、重伤的。

第三节　火灾损失物辨识

火灾损失统计大多是在物证湮灭的情况下进行的，与其他统计最大的区别和难点就在于对损失物的类别、名称、数量、灾前价值（成新率）、损失程度（烧损率）等的辨识。损失物的辨识需要较高的技术手段、勘验工具和评判能力。在火灾直接财产损失统计中要权衡统计成本和统计目的之间的关系，尽量找到一个平衡点。火灾损失统计需要把握三个关键点：一是损失物类别、名称、数量的辨识；二是损失物灾前价值的辨识；三是损失程度的辨识。

一、损失物类别、名称、数量辨识

确认损失物的类别、名称和数量是火灾损失统计的第一步。只有先确定损失物类别、名称和数量，才能确定损失物在受损前的新旧程度，进而才能确定其受灾前的价值，才能进一步确定损失物的损失程度，计算受损部分的损失。

《火灾损失统计方法》在总结以往火灾损失统计工作中识别损失物经验的基础上，归纳了几种损失物类别、名称和数量的识别方法。

（一）直观判定法

统计人员到现场进行勘验，通过直观辨识、清点，确定因火灾及救援抢险引起的烧灼、烟熏、砸压、水渍、尘土、辐射等受损的物品类别、名称及数量，并将识别出来的损失物有关信息记录在事前制定好的表格中。表9－3－1给出的是一个样表，供参考。

表9－3－1　损失物辨识记录表

序号	类别	名称	数量	品牌	型号

直观判定法是一种简单有效的损失物识别方法，特别是那些占火灾次数比例较大的小火灾，往往损坏不太严重，可以将损失物基本查清。

值得提醒的是，采取直观判定法时，可能会遇到辨认不清、数量模糊等问题。可以采取一些辅助办法，比如询问当事人、多人判断等办法，辅助辨识。

（二）证据推定法

借助账本等书证、监控等视频，结合现场调查，确定损失物类别、名称及数量。如查看有效票据、账本、税票、报关单、银行票据等。

例如：某仓库失火，库房内物品被烧的难以辨识，通过火灾前的监控录像可以得知库存大致情况，再结合调查询问或是其他方式，确定损失物类别、名称及数量等。

（三）现场核对法

用受损单位或个人户提供的有效证明材料与其填报的《火灾直接财产损失申报统计表》中损失物类别、名称、数量进行复核性验证。如果受损单位或个人提供的《火灾直接财产损失申报统计表》中主要损失物或大部分损失物有证明材料证明的，统计人员就可以采信这些数据，即使还有一小部分没有被验证。一般验证比例可掌握在70%以上。如果这起火灾的严重程度和影响程度特别重大，那么就要一一验证。

（四）同类比对法

同类比对法是估算损失物总量或估算损失物总价值的方法。例如：一家小服装店失火，对面也有一家服装店，经调查了解到，这两家服装店经营规模差不多，情况相仿。统计人员可以以对面那家服装店为参考，结合现场情况，大致估算损失物总量或总价值。

（五）最大量识别法

依据损失物数量不能超过库房最大储量的原则，确定储存物品最大量。再根据现场残留痕迹，推断损失物占最大量的比例，估算出损失物总量。

这种方法可以单独使用也可以结合其他方法使用。例如：一个存放鞋子的库房起火后，现场一片狼藉，烧损的、水渍的损失物无法清点。受灾户上报了数据，经统计人员计算，库房全部存满鞋子也没有受灾户上报的数据多，否定了上报的数据。再结合录像，灾前库存量约占总库存量的80%，由此算得实际库存鞋子总量。再根据现场判定损失比例，估算出损失数量。

（六）案例比照法

案例比照法和同类比对法相类似，只是换成案例。如上例：受灾的服装店经营规模和受损情况与某一案例相类似，统计人员就可以参考以前案例的统计情况做出此次火灾损失的统计。

二、损失物灾前价值辨识

损失物灾前价值辨识的关键在于确认其灾前成新率。灾前成新率一旦确定，与其全新状态重置价值相乘，即得到损失物灾前价值。

（一）成新率概念

"成新率"是描述评估对象（设备、建筑物等）的新旧程度，是现行价值与全新状态重置价值的比率。影响成新率的因素较多，涉及设计、制造（建造）、使用（磨损）、维护、修理（大修、翻修）、改造和物理寿命等因素。

成新率的评估思路主要有三种：时间价值的考虑、功能损失的考虑、使用状况的考虑。成新率不仅由其使用时间长短所决定，还应通过现场对设备的观察和检测，判定其现时的技术状态，综合考虑有形损耗和无形损耗多种因素，科学合理地测定。

目前成新率评估方法叫法很多，如：使用年限法、平均年限法、直线折旧法、耐用年限法、剩余年限法、折旧法、工作量比例法、观察法、成新折扣法、综合法、价值法、使用年限比率法、修复费用法等。这些叫法大体可归为两大类：会计折旧法和观察法。下面主要介绍两种评估方法：

1. 使用年限法

使用年限法、平均年限法、直线折旧法、耐用年限法、剩余年限法等是一样的，都是将评估对象（设备、建筑物等）的损耗建立在总使用年限（耐用年限）、已使用年限基础上的方法。即：

$$成新率 = \frac{总使用年限 - 已使用年限}{总使用年限} \times 100\% \qquad (9-1)$$

这种方法是典型的会计折旧法，是从固定资财按年平均折旧摊销的财会体系演变而来的。只是结果不是折旧率而是剩余比率，即成新率。这种算法算得的成新率被广泛称为"基本成新率"。因为有很多算法都是在此基础上修正和衍生出来的。

2. k 值修正法

k 值修正法是在基本成新率上乘以一个（或多个）修正系数 k。这个修正系数 k，可以包括对评估对象（设备、建筑物等）的原始制造质量、维护保养情况、使用环境、使用强度等的修正。反映评估人员对评估对象具体情况的观察与评定。k 值修正法是折旧法和观察法的结合，是综合法的一种，其

公式如下：

$$成新率 = k \times \frac{总使用年限 - 已使用年限}{总使用年限} \times 100\% \qquad (9-2)$$

这个 k 也可以表现为加上或减去一个值，即将 k 换成（$1 \pm g$）。则：

$$成新率 = （1 \pm g） \times \frac{总使用年限 - 已使用年限}{总使用年限} \times 100\% \qquad (9-3)$$

k 取 1 或 g 取 0，实际上就还原成了原来的"使用年限法"公式。因此将"使用年限法"的公式后乘以一个或多个 k（或者将 k 换成 $1 \pm g$），既能使评估人员对评估对象的个别性能状况的评价有所表达，又能使评价人员对大多数使用状况正常的评价对象进行表达。所以，公式（9-2）、公式（9-3）涵盖了公式（9-1）。

（二）火灾损失统计中成新率的确定

《火灾损失统计方法》中成新率的确定，引用了上述公式（9-2）。为了使统计人员逐渐地掌握 k 值修正法，《火灾损失统计方法》只规定了少数几种物品用 k 值修正，而且给出了 k 参考取值，除此之外，其他物品的 k 值均取 1。规定 k 值的物品只涉及手机和电脑（计算机），它们有一个共同特点：即它们的价值折减不是按年平均折减的（非线性），而是随着新技术新产品的推出，其价值突降，随即达到一定值时，趋于平缓。

据了解，这两种物品的价格一般在半年内降幅较慢，随着新的产品上市，其价格会大幅度下降，这种降价趋势一般会在两年左右，其价格降至只有物品的使用价值时，就会平稳。所以，我们将该类物品在使用 0.5~3 年中加以调整，取 k 值 0.9，其他时间段 k 取 1。图 9-3-1 给出了 k 值修正前后成新率对比图。

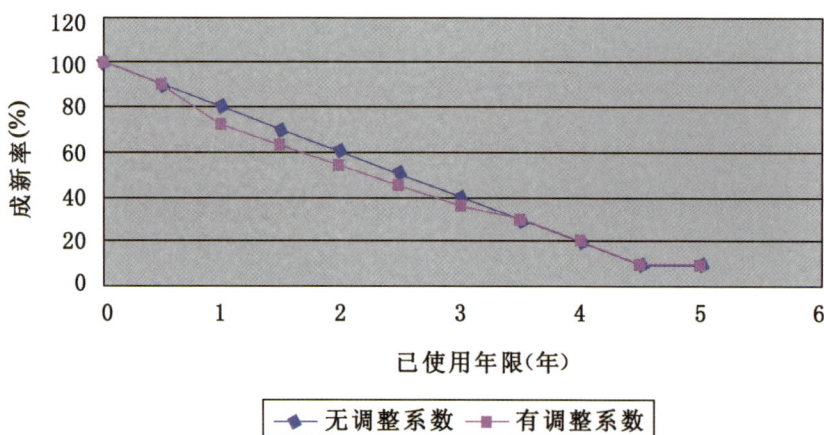

图 9-3-1 成新率比对图

从图 9-3-1 中可以看出，0.5~3 年时间段，用 k 值调整后，使其成新率比基本成新率加速了贬值。

建筑、设备总使用年限参考值分别见表 9-3-2、表 9-3-3。

表 9 - 3 - 2　建筑类总使用年限参考表

单位：年

工程结构类型	示例	总使用年限参考值（L_t）
1. 房屋建筑结构（包括生产、经营用房、居民住宅、公共建筑、构筑物等各类建筑）	1.1 临时性建筑结构	5
	1.2 易于替换的结构构件	25
	1.3 普通房屋和构筑物	50
	1.4 标志性建筑和特别重要的建筑结构	100
2. 房屋装修	2.1 办公、居民用房装修	10
	2.2 宾馆、饭店、商场、公共娱乐场所及其他场所装修	5
3. 铁路桥涵结构		100
4. 公路桥涵结构	4.1 小桥、涵洞	30
	4.2 中桥、重要小桥	50
	4.3 特大桥、大桥、重要中桥	100
5. 港口工程结构	5.1 临时性港口建筑物	5 - 10
	5.2 永久性港口建筑物	50
6. 水电站大坝，水库		50
7. 机场跑道、停机坪基础设施		35
8. 其他构筑物		参照类似构筑物

表 9 - 3 - 3　设备类总使用年限参考表

单位：年

设备名称	总使用年限参考值（L_t）
1. 动力设备、传导设备、非生产设备及器具设备工具	18
2. 复印机、文字处理机、打字设备、电子计算机及系统设备、笔记本电脑、传真机、电话机、手机	5
3. 运输设备，机械设备，自动化控制及仪器仪表自动化、半自动化控制设备通用测试仪器设备，工业炉窑，工具及其他生产用具等通用设备	10
4. 电力工业专用输电线路	32
5. 电力工业专用配电线路	15
6. 电力工业专用发电及供热设备、变电配电设备	20
7. 造船工业专用设备	18
8. 核工业专用设备、核能发电设备	22
9. 公用事业企业专用自来水、燃气设备	20
10. 机械工业，石油工业，化学工业，医药工业，电子仪表电讯工业，冶金工业，矿山、煤炭及森林工业，建材工业，纺织工业，轻工业等专用设备	10
11. 微型载货汽车（含越野车）、带拖挂载货汽车、矿山作业专用车及各类出租汽车	8

设备名称	总使用年限参考值（L_t）
12. 轻、重型载货汽车、大型客车、中型客车	10
13. 私家车、小轿车	15
14. 飞机	10
15. 专用运钞车	7
16. 摩托车、电动自行车	5
17. 电气化铁路供电系统	10
18. 港口装卸机械及设备、运输船舶及辅助船舶、铁路机车车辆和通信线路	16
19. 铁路通信信号设备、通信导航设备、邮电通信电信机械及电源设备	7
20. 邮电通信线路、邮政机械设备	10
21. 集装箱	7
22. 供电系统设备、供热系统设备、中央空调设备	18
23. 电梯、自动扶梯	10
24. 消防安全设施、设备	6
25. 经营柜台、货架	4
26. 酱醋类腐蚀性严重的加工设备及器具、粮油原料整理筛选设备、烘干设备、油池、油罐	8
27. 音响设备、电冰箱、空调器、电视机	10
28. 化纤地毯、混织地毯	6
29. 纯毛地毯	8
30. 办公用家具设备	15
31. 洗涤设备、厨房用具设备、营业用家具设备、游乐场设备、健身房设备	8
32. 拖拉机、机械农具及渔业、牧业机械	6
33. 农用飞机及作业设备、谷物联合收获机、排灌机械及大型喷灌机、粮食处理机械、农田基本建设机械、农机修理专用设备及测试设备	12
34. 起重机械、挖掘机械、基础及凿井机械，皮带螺旋运输机械、土方铲运机械、钢筋及混凝土机械	10
35. 单转电动起重机、内燃凿岩机、风动凿岩机、电动凿岩机、等离子切割机、磁力氧气切割机、混凝土输送泵	5
36. 材料试验设备、测量仪器、计量仪器、探伤仪器、测绘仪器	8
37. 编采设备、专业用录音设备、组合音像设备、盒式音带加工设备、录像设备、生产用复印设备、激光照排设备、远程数据传输设备	6
38. 唱机生产设备、电子分色设备、电影制片设备、电影放映机、幻灯机、照相机、相片冲印设备、闭路电视播放设备、安全监控设备	10
39. 唱片加工设备、印刷设备	12
40. 乐器　　40.1 钢琴	16
40.2 电子乐器	7
40.3 其他乐器	8
41. 其他设备	参照类似设备

三、损失物损坏程度辨识与烧损率的确定

火灾损失物烧损率的确定是一件复杂的工作。它不仅是火灾烧灼造成的损失，还包括因火灾导致的烟熏、砸压、热辐射和因灭火导致的破拆、水渍、尘污染等损失。

烧损率是指物品、设备或建筑其功能及外观因火灾造成的损坏与火灾前功能、外观的比率。

确定烧损率首先需要判定损坏程度，判定损坏程度需要极强的技术和专业。比如，对建筑物烧损等级进行评判，建筑工程师参照《火灾后建筑结构鉴定标准》（CECS 252：2009），并利用专用勘测工具，对建筑物各部位逐一进行探伤，然后再进行复杂的计算，算得每个部位的损伤程度及对其他部位和整个建筑物的影响。判定出损失物的损坏程度后，根据损坏程度大小确定烧损率。损坏程度一般划分几个等级，相对应的是烧损率，或给出一段烧损率区间值或给出几个参考值。

《火灾损失统计方法》遵循了上述原则，并根据不同损坏程度给出了相对应的烧损率取值范围（0～20%、20%～50%、50%～80%、80%～100%）。

表9-3-4、表9-3-5给出了《火灾损失统计方法》规定的建筑类、设备类、汽车类烧损率评定方法和取值范围。

表9-3-4　建筑类烧损率评定方法和取值表

损坏等级（烧损率取值范围）	评定方法				
	混凝土结构	砖木结构	钢结构	砌体结构	室内装修
轻度损坏Ⅰ（0～20%）	1. 油烟和烟灰：无或局部有。 2. 混凝土颜色改变：基本未变或被黑色覆盖。 3. 火灾裂缝宽度：无火灾裂缝或表面轻微缝网。 4. 锤击反应：声音响亮，混凝土表面不留下痕迹。 5. 混凝土脱落：无。 6. 受力钢筋漏筋：无。 7. 受力钢筋黏结性能：无影响。 8. 变形：无明显变形。	1. 承重砖墙、柱面层酥松、裂缝：局部出现酥松，无裂缝或表面轻微裂缝。 2. 木承重构件（柱、梁、板、屋架）炭化、变形：局部出现轻微炭化，轻微变形。 3. 非承重墙：砖墙局部出现酥松、隆起，木板墙、板条、胶合板墙、纤维板墙等局部出现炭化，个别构件出现轻微变形。 4. 屋面：木基层无影响，轻微炭化。	1. 涂装与防火保护层：基本无损；防火保护层有细微裂纹，但无脱落。 2. 残余变形与撕裂：无。 3. 局部屈曲与扭曲：无。 4. 焊缝撕裂与螺栓滑移及变形断裂：无。	1. 外观损坏：无损坏、墙面或抹灰层有烟黑。 2. 墙、壁柱墙变形裂缝：无裂缝，略有灼烤痕迹。 3. 独立柱变形裂缝：无裂缝，无灼烤痕迹。 4. 墙、壁柱墙受压裂缝：无裂缝，略有灼烤痕迹。 5. 独立柱受压裂缝：无裂缝，略有灼烤痕迹。	壁纸等外观损坏；表面略有烟熏、水淋，但简单清扫可以恢复原样。

损坏等级（烧损率取值范围）	评定方法				
	混凝土结构	砖木结构	钢结构	砌体结构	室内装修
中度损坏Ⅱ（20%~50%）	1. 油烟和烟灰：多处有或局部烧光。 2. 混凝土颜色改变：粉红。 3. 火灾裂缝宽度：轻微裂缝网。 4. 锤击反应：声音较响或较闷，混凝土表面留下较明显痕迹或局部混凝土粉碎。 5. 混凝土脱落：部分混凝土脱落。 6. 受力钢筋漏筋：轻微露筋。 7. 受力钢筋粘结性能：略有降低，但锚固区无影响。 8. 变形：略有变形。	1. 承重砖墙、柱面层酥松、裂缝：局部出现酥松隆起，轻微裂缝。 2. 木承重构件（柱、梁、板、屋架）炭化、变形：中度炭化，较大变形。 3. 非承重墙：砖墙局部出现酥松、开裂，木板墙、板条、胶合板墙、纤维板墙等出现中度炭化，个别构件出现较大变形。 4. 屋面：木基层局部炭化或部分烧损。	1. 涂装与防火保护层：防腐涂装完好；防火涂装或防火保护层开裂但无脱落。 2. 残余变形与撕裂：局部轻度残余变形，对承载力无明显影响。 3. 局部屈曲与扭曲：轻度局部屈曲与扭曲，对承载力无明显影响。 4. 焊缝撕裂与螺栓滑移及变形断裂：个别连接螺栓松动。	1. 外观损坏：抹灰层有局部脱落或脱落，灰缝砂浆无明显烧伤。 2. 墙、壁柱墙变形裂缝：有裂痕显示。 3. 独立柱变形裂缝：无裂缝，有灼烤痕迹。 4. 墙、壁柱墙受压裂缝：个别块材有裂缝。 5. 独立柱受压裂缝：个别块材有裂缝。	壁纸壁布地板吊顶等有烟熏水渍等损坏；局部有变形破裂；但经简单修复可以继续使用。
重度损坏Ⅲ（50%~80%）	1. 油烟和烟灰：大面积烧光。 2. 混凝土颜色改变：土黄色或灰白色。 3. 火灾裂缝宽度：粗裂缝网。 4. 锤击反应：声音发闷，混凝土粉碎或塌落。 5. 混凝土脱落：大部分混凝土脱落。 6. 受力钢筋漏筋：大面积露筋。 7. 受力钢筋黏结性能：降低严重。 8. 变形：较大变形。	1. 承重砖墙、柱面层酥松、裂缝：面层出现严重酥松隆起，较大裂缝。 2. 木承重构件（柱、梁、板、屋架）炭化、变形：严重炭化，倾斜或倒塌。 3. 非承重墙：砖墙大部分出现酥松隆起，个别部位出现变形、倾斜、倒塌；木板墙、板条、胶合板墙、纤维板墙等大部分出现严重炭化、翘裂或烧损后倒塌。 4. 屋面：木基层大部分炭化或大部分烧损。	1. 涂装与防火保护层：防腐涂装炭化；防火涂装或防火保护层局部范围脱落。 2. 残余变形与撕裂：局部残余变形，对承载力有一定影响。 3. 局部屈曲与扭曲：主要受力截面有局部屈曲与扭曲，对承载力无明显影响，非主要受力截面有明显局部屈曲或扭曲。 4. 焊缝撕裂与螺栓滑移及变形断裂：螺栓松动，有滑移；受拉区连接板之间脱开；个别焊缝撕裂。	1. 外观损坏：抹灰层有局部脱落或脱落部位砂浆烧伤在15mm以内，块材表面尚未开裂变形。 2. 墙、壁柱墙变形裂缝：有裂缝，最大宽度≤0.6mm。 3. 独立柱变形裂缝：有裂缝。 4. 墙、壁柱墙受压裂缝：裂缝贯通3皮块材。 5. 独立柱受压裂缝：有裂缝贯通块材。	壁纸壁布地板吊顶等严重受烟熏水渍等损坏；装修龙骨等严重变形；但经局部装修可以修复使用。

损坏等级（烧损率取值范围）	评定方法				
	混凝土结构	砖木结构	钢结构	砌体结构	室内装修
完全损坏Ⅳ（80%~100%）	火灾中或火灾后结构倒塌或构件塌落。梁、柱、墙、板等承重构件及非承重构件保护层，大部分或全部严重剥落、露筋或断裂，主体结构严重损坏，丧失使用功能，有倒塌危险。门，窗，室内、外装修等大部分或全部烧毁脱落。				

注：1. 轻度损坏——轻微或未直接遭受烧灼作用，结构材料及结构性能未受或仅受轻微影响，没有降低构件的承载能力的缺陷和损伤，但影响外观质量，可不采取措施或仅采取提高耐久性的措施。

2. 中度损坏——中度烧伤未对结构材料及结构性能产生明显影响，没有明显降低构件承载力的缺陷和损伤，尚不影响结构安全，应采取提高耐久性或局部处理和外观修复措施。

3. 重度损坏——重度烧伤尚未完全破坏，显著影响结构材料或结构性能，明显变形或开裂，已产生严重影响构件承载能力和耐久性的缺陷和损伤，对结构安全或正常使用产生不利影响，应采取加固或局部更换措施。

4. 完全损坏——火灾中或火灾后结构倒塌或构件塌落；结构严重烧灼损坏、变形损坏或开裂损坏，结构承载能力丧失或大部分丧失，危及结构安全，必须立即采取安全支护、彻底加固或拆除更换措施。已无修复价值，需采用翻修工程，拆除重建。

表9-3-5 设备类、汽车类损坏等级评定方法

损坏评定等级（烧损率取值范围）	评定办法（符合下列条件之一）
轻度损坏Ⅰ（0~20%）	1. 仅外观受损，使用功能和精确度未受影响，通过一般的维护、保养，即可修复。 2. 少量零部件、附属件受损，使用功能和精确度基本未受影响，通过小修，进行简单的修理或更换，即可修复。 3. 建筑内水卫、电照、暖气、煤气具与特种设备（消火栓和避雷装置等公共设施）稍有变形或局部烧损。采用小修工程修复，即可恢复正常使用功能。
中度损坏Ⅱ（20%~50%）	1. 部分零部件、附属件损坏，导致部分使用功能和精确度降低或丧失，需通过项修，部分拆卸分解，修理或更换烧损件，才能修复。 2. 建筑内水卫、电照、暖气、煤气具与特种设备（消火栓和避雷装置等公共设施）局部变形或烧损。修缮时需牵动或拆除少量主体结构，采用中修工程修复，方能恢复正常使用功能。
重度损伤Ⅲ（50%~80%）	1. 大部分零部件、附属件或关键零部件损坏，导致大部分使用功能和精确度降低或丧失，必须通过大修，全部拆卸分解，修理或更换烧损件，才能修复。 2. 部分使用功能或精确度虽不能修复到火灾前的使用状态，但能满足使用要求，尚可使用。 3. 建筑内水卫、电照、暖气、煤气具与特种设备（消火栓和避雷装置等公共设施）大部分严重变形或烧损，修缮时需牵动或拆除部分主体结构，采用大修工程修复，方能恢复正常使用功能。
完全烧损Ⅳ（80%~100%）	1. 烧损后无法修复使用。 2. 大部分零部件、附属件或关键零部件损坏、失去了原有的全部使用价值。 3. 修复费达到国家有关部门规定的报废标准。 4. 建筑内水卫、电照、暖气、煤气具与特种设备（消火栓和避雷装置等公共设施）大部分或全部烧毁脱落。已无修复价值，需采用翻修工程，拆除重建。

第四节　火灾损失统计原则与方法

一、火灾损失统计原则

（一）货币计量原则

以人民币作为损失计量货币，单位：元。

在我国境内的外资、中外合资、中外合作经营的企业，发生火灾后，其财产损失以外币核算的，外币一律按失火当日中国人民银行兑换人民币牌价的现钞买入价折算成人民币。在各计算过程中，不足一元的一律四舍五入。

（二）委托原则

随着社会的发展，社会分工越来越细，越来越专业。火灾损失的核定、鉴定、认定，也会朝着专业机构或中介机构发展。《火灾事故调查规定》第二十八条"公安机关消防机构应当根据……依法设立的价格鉴证机构出具的火灾直接财产损失鉴定意见……，对火灾直接经济损失和人员伤亡进行如实统计"，就留有这个发展空间。

《火灾损失统计方法》规定了一条原则：部分或全部损失鉴定可以委托能出具法律效力鉴定文本的部门或具有法定资质的社会中介。如：

1. 地方政府价格主管部门设立的价格认证机构。
2. 文物主管部门设立的文物鉴定机构。
3. 建设主管部门设立的房屋质量安全鉴定检测机构。
4. 园林主管部门设立的园林工程预算机构。
5. 依法设立的伤残鉴定机构。
6. 古玩珠宝评估机构。
7. 会计师事务所、律师事务所。
8. 保险公司。
9. 各类公估机构等。

（三）数据采信原则

火灾损失统计重点是采信数据。《火灾损失统计方法》给出一个原则：采信一切有效数据。如：

1. 安全生产监督管理部门有关火灾"人身伤亡后所支出的费用"。
2. 医疗机构有关医疗费、延长医疗天数。
3. 有关部门的有关丧葬及抚恤费、补助及救济费。
4. 当事人提供的证明材料。
5. 当事人提供的依法设立的有关机构出具的损失数据。

（四）价格取值原则

烧损物灾前的价值如何判定与其价格取值方式有直接关系。不同的价格取值方式会严重影响其灾前价值的判定。所以有必要约定价格取值原则。

《火灾损失统计方法》规定："对实行政府定价（包括工程定额）的商品、货物或其他财产，按政府定价计算。对实行政府指导价的商品、货物或其他财产，按照规定的基准价及其浮动幅度来确定价格。对实行市场调节价的商品、货物或其他财产，可参照同类物品市场中间价格计算。"

对于生产领域中的物品，如成品、半成品、原材料等，可按成本价取值；对于流通领域中的商品，可按进货价取其价格；对于使用领域中的物品，可按市场价取其价格。

价值取向原则规定得越细对于统计人员越有帮助。比如，对于使用过的东西能够参考二手市场价格取值。

（五）统计方法选择原则

每一种损失计算方法，能计算多种损失物；同样，每一种损失物不是只有一种计算方法计算其损失值。当我们面对要计算一类损失时，会出现多种方法供统计人员选择。

每个统计人员可以按照自己的喜好以及掌握的能力选择统计方法。统计方法与损失类型没有一一对应关系，只有比较适合的关系。《火灾损失统计方法》给出了如下的选择原则：

1. 建筑构配件损失、设备类损失、城市绿化损失宜选择重置价值法。

2. 房屋装修损失、汽车类损失宜选择修复价值法。

3. 产品商品类损失宜选择成本—残值法。

4. 贵重物品损失、图书期刊损失、农村堆垛损失宜选择市值—残值法。

5. 家庭物品类损失宜选择简易估算方法。

6. 保护类财产损失宜委托专门机构评估或文字描述。

7. 低值易耗品损失宜选择总量估算的方法。

（六）其他原则

没有列入的损失物品参照类似财产统计。

二、火灾损失统计方法

（一）调查验证简易统计方法

调查验证的方法是处理简单火灾损失统计的最通常、最有效的方法。分为两种情形：

1. 采取"简易调查程序"的火灾，询问当事人后，经现场核实，确定火灾直接财产损失。

2. 采取"一般调查程序"的火灾，对受损单位（个人）申报的火灾直接财产损失进行调查验证。验证方式有：

（1）有效证明材料（包括各种票据）复核；

（2）询问当事人、旁观者（如：税务部门、业务方、单位职工、邻里、亲属、同事、友人等）；

（3）现场勘验等。

经验证，申报数据中主要烧损物（贵重的、大件的）基本符合事实的，按申报数据统计。

（二）总量估算法

对于不能分类统计的或是统计成本过大的、总量价值相对不高的、杂乱零散的损失物（如：家庭衣物杂品、低值易耗品等），可以不分类别、不分件数地进行总体估算。如：先估算损失物烧损前财产总量价值，再通过损失程度估算一个百分比，两者相乘结果即为这些损失物的损失值。

例如：一间办公室失火，纸张、文具、墨盒等低值易耗品估计烧损前其价值大致约 1 000 元，火灾后，这些物品被火烧坏、被水污染，估计有九成不能再使用。则：实际损失值 = 1 000 元 × 90% = 900 元。

（三）专家评估法

对社会影响大的火灾及文物建筑、珍贵文物、国家保护动植物等真伪鉴别难度较大、损失价值计算较难的、专业性强的火灾损失统计，可以组织专家组，对其损失进行专题评估论证。

（四）文字描述方法

对文物建筑、珍贵文物、国家保护动植物、私人纪念物以及特殊贵重物品等，其真伪鉴别难度较

大、损失价值计算较难的，可以用文字描述的方式，统计其名称、类别（保护级别）、数量等。

文字描述也是统计的一种形式。能用数字统计的尽量用数字统计。

（五）放弃统计法

对有些无法统计的损失物不做损失价值统计或只做文字描述。如：

1. 因火灾湮灭的物品，没有证据证明其存在的；

2. 因火灾烧损、烟熏、砸压、水渍等作用，致使损失物无法辨认或无法区分的，且没有证据证明其存在的。

（六）家庭物品类损失简易估算方法

估算公式：

$$L_h = V_h \times P \tag{9-4}$$

式中：L_h——家庭物品类损失；

V_h——家庭物品总量价值；

P——损失百分比，指实际损失值占家庭物品总量价值的比率。

例如：一个受灾家庭，家具家电、衣物被褥、餐具厨具、挂件摆件等物品总量价值约为 30 000 元，据现场勘查，损失百分比约为 30% 。则：

家庭物品损失 = 30 000 元 × 30% = 9 000 元。

（七）灭火耗材费统计方法

$$C_m = P_p \times Q \tag{9-5}$$

式中：C_m——灭火耗材费；

P_p——耗材购进单价；

Q——耗材数量，是实际消耗的灭火药剂、燃油、灭火用水等材料数量。

（八）清理现场费统计方法

$$C_c = C_a \tag{9-6}$$

式中：C_c——清理现场费；

C_a——实际发生的费用，可以按委托合同预算统计。

（九）重置价值法

重置价值法是基于在重新建造或重新购置财产时所需的全部费用上，去除因使用、磨损、老化等因素使其价值减损，得到受灾前的价值；再考虑火灾使其灾前价值的减损。其计算公式：

$$L_r = V_r \times R_r \times R_d \tag{9-7}$$

式中：L_r——损失额；

V_r——重置价值；

R_r——灾前成新率；

R_d——烧损率。

重置价值是指现在重新购置同样资产或重新制造同样产品所需的全部成本。重置价值是一种现行成本，它和原始成本在资产取得当时是一致的。之后，由于物价的变动，同一资产或其等价物就可能需要用较多的或较少的交换价格才能获得。因此，重置成本表示当时取得同一资产或其等价物需要的交换价格。

重置价值属性的主要缺点是重置价值的确定缺乏客观性。由于计量重置价值之日在市场上所销售的商品，价格可能并不完全一致，加之销售条件等可能不完全相同，因此，在重置价值数额确定过程中，不可避免地会带有一些主观因素。再者，在计量重置成本之日，由于技术进步等原因，企业有些资产也可能在市场上很难找到与之相同甚至相似的资产，对于这些资产的重置价值只能依靠估计，重置价值的确定由此更带有主观的成分。

《火灾损失统计方法》中提供了几种简易的重置价值确定方法：

1. 在用的建筑，其重置价值是受灾时该建筑在当地重新建造的单位面积工程造价与受灾面积的乘积。正在建造的建筑，其重置价值是受灾时该建筑已经投入的单位面积工程造价与烧损面积的乘积。在建房屋也可以结合建筑工地合同进度和拨款情况进行评定其重置价值。

2. 室内装修重置价值按当地失火时实际投工投料的现行市场价格计算。

3. 设备和家电家具等物品的重置价值按当地当时相同商品的市场购置价格取值；市场没有相同商品，按相类似商品的市场购置价格取值；在市场上找不到相同或相类似的产品，按原值作为重置价值。

4. 城市绿化重置价值按当地当时城市绿化工程预算计算。

重置价值法是我国火灾损失统计的核心方法。它适用于计算大部分类型的损失，如：建筑类损失、设备类（包括大型农机具）损失、汽车类损失、城市绿化类损失以及家庭中家电家具等物品损失。

（十）修复价值法

修复价值法是采用恢复损失物灾前功能价值的一种方法。修复价值法最关键的是修复费的确定。按公式（9-8）计算：

$$L_v = C_r \qquad\qquad (9-8)$$

式中：L_v——损失额；

C_r——修复费。

修复价值法适用于计算建筑类损失、设备类（包括大型农机具）损失、汽车类损失、贵重物品及家电家具等损失。

建筑装修修复费可以按工程造价计算，汽车修复费可以借鉴保险理赔定损的方法，家电的修复费可以从维修网点获得。

（十一）成本—残值法

成本—残值法按公式（9-9）计算：

$$L_C = C - V_c \qquad\qquad (9-9)$$

式中：L_C——损失额；

C——成本；

V_c——残值。

这种方法适用于计算产品类和商品类损失。商品的成本只计算购进价、税金、运输费、仓储费等。残值的获取可以参考二手市场、维修部门、物资回收部门的价格。

（十二）市值—残值法

市值—残值法按公式（9-10）计算：

$$L_m = M - V_c \qquad\qquad (9-10)$$

式中：L_m——损失额；

M——市值；

V_c——残值。

这种方法适用于计算金银首饰等贵重物品、图书期刊、家具家电、农村堆垛以及家庭粮仓等损失。

（十三）文物建筑重建价值法

文物建筑重建价值法是重置价值法的一种特例。所不同的是考虑到文物建筑因历史价值、文化价值而使建筑增值的因素，用大于 1 的系数取代小于 1 的成新率。其计算公式如下：

$$L_b = C_b \times (k_p + k_a) \times R_d \qquad\qquad (9-11)$$

式中：L_b——文物建筑损失；

C_b——文物建筑重建费，按国家有关部门颁布的古建筑修缮概（预）算定额取值；

k_p——保护级别系数；

k_a——调节系数；

R_d——烧损率，参照表 9-3-4 中"砌体结构"的规定确定。

文物建筑重建费是指文物建筑在火灾中受损后，基于原来的建筑形制（包括原址）、结构、材料、工艺技术等原则，进行重建时所需的费用。保护级别系数和调节系数参照表 9-4-1 和表 9-4-2 取值。

表 9-4-1　文物建筑保护级别系数表

文物建筑保护级别	级别系数 k_p
全国重点文物保护单位	4.0
省、自治区、直辖市级文物保护单位	3.0
县、自治县、市级文物保护单位	2.0
待定文物保护单位	2.0 ~ 4.0

表 9-4-2　单座文物建筑保护级别调整系数表

文物建筑保护级别	一般情况	增值情况	
	调整系数取值 k_a	调整系数取值 k_a	取值说明
全国重点文物保护单位	0	0.5, 1.0, 1.5, 2.0	依其文物价值高低取值。 属下列情况之一者，取值不得小于 1.0： 1. 在国际、国内仅有，有极高文物价值的； 2. 有极高文物价值的典型实物； 3. 有极高文物价值，在建筑史上有创造发明的； 4. 有极高文物价值并与重大科学发明或重大科学成就有关的。
省级和县市级文物保护单位	0	0.5, 1.0	依其文物价值高低取值。

注：1. 文物建筑中现代纪念建筑调整系数均取 0。

2. 文物建筑典型实物是指由许多相同古建筑中挑选出的概括性强、设计完善、规划完备、保存完整的古建筑实物；对尚存不多或仅存一座的古建筑，即使残缺也按典型实物对待。

3. 依文物价值高低取值，需组织专家评判。

（十四）人身伤亡后所支出的费用统计方法

人身伤亡后所支出的费用按照《企业职工伤亡事故经济损失统计标准》（GB 6721）的有关规定统计。它包括医疗费、生活护理费、丧葬及抚恤费、补助及救济费以及歇工工资。这里重点介绍一下"人身伤亡后所支出的费用"统计方法。

1. 医疗费。计算医疗费分为两部分，一部分是（统计之日算起）已发生的医疗费，一部分是未发生的以后还会发生的医疗费，用已发生的日均医疗费乘以以后还需要治疗的天数，这部分是估算。见公式（9－12）：

$$M = M_{\mathrm{b}} + \frac{M_{\mathrm{b}}}{P} \cdot D_{\mathrm{c}} \qquad\qquad (9-12)$$

式中：M——被伤害从业人员的医疗费，万元；

M_{b}——事故调查终结日前的医疗费，万元；

P——事故发生之日至事故调查终结日的天数，日；

D_{c}——延续医疗天数，日。指事故调查终结日后还需继续医治的时间，一般不超过 12 个月；伤情严重或情况特殊，经设区的市级劳动能力鉴定委员会确认，可以适当延长，但延长不得超过 12 个月。延续医疗天数由生产经营单位劳资、安全、工会等按医生诊断意见确定延长日期。

上述公式是测算一名被伤害从业人员的医疗费，一次事故中多名被伤害从业人员的医疗费应累计计算。

2. 生活护理费用。首先，经有关部门审定确定护理费支付时间和停发时间，再按表 9－4－3 给出的标准支付生活护理费用。

表 9－4－3　护理费用等级表

护理等级	护理费用
生活完全不能自理	上年度月平均工资的 50%
生活大部分不能自理	上年度月平均工资的 40%
生活部分不能自理	上年度月平均工资的 30%

3. 丧葬及抚恤费用。包括丧葬补助金、供养亲属抚恤金和一次性工亡补助金。按表 9－4－4 给出的标准分项支付。

表 9－4－4　丧葬及抚恤金支付标准

支付项目	支付标准
丧葬补助金	6 个月的统筹地区上年度职工月平均工资
供养亲属抚恤金	配偶每月 40%
	其他亲属每人每月 30%
	孤寡老人或者孤儿每人每月在上述标准的基础上增加 10%
一次性工亡补助金	全国上一年度城镇居民人均可支配收入的 20 倍

注：死亡人员供养未成年直系亲属抚恤费累计统计到 16 周岁（普通中学在校生累计到 18 周岁），死亡人员供养成年直系亲属抚恤费累计统计到我国人口的平均寿命 73 周岁。

统筹地区也叫统筹单位。根据《国务院关于建立城镇职工基本医疗保险制度的决定》（国发〔1998〕44 号）规定，原则上确定地级以上行政区（包括地、市、州、盟）为统筹单位，达到一定人口数的县（市）也可以作为统筹单位。所有单位和职工都要按照属地原则参加所在统筹地区的基本医疗保险，执行统一政策，实行基本医疗保险基金的统一筹集、管理和使用。铁路、电力、远洋运输等跨地区、生产流动性比较大的企业及职工，可以以相对集中的方式异地参加统筹地区的基本医疗保险。北京、天津、上海、重庆 4 个直辖市原则上在全市范围内实行统筹。

4. 补助及救济费用。包括一次性伤残补助金、伤残津贴、一次性医疗补助金、伤残就业补助金和伤者医疗的交通食宿费等。按表 9－4－5 计算一次性伤残补助金（一级至十级伤残）的支付。

表 9 – 4 – 5　一次性伤残补助金等级表

因工致残等级	一次性伤残补助金
一级	24 个月的本人工资
二级	22 个月的本人工资
三级	20 个月的本人工资
四级	18 个月的本人工资
五级	16 个月的本人工资
六级	14 个月的本人工资
七级	12 个月的本人工资
八级	10 个月的本人工资
九级	8 个月的本人工资
十级	6 个月的本人工资

按表 9 – 4 – 6 计算伤残津贴（一级至六级伤残）的支付。

表 9 – 4 – 6　伤残津贴等级表

因工致残等级	伤残津贴
一级	本人工资的 90%
二级	本人工资的 85%
三级	本人工资的 80%
四级	本人工资的 75%
五级	本人工资的 70%
六级	本人工资的 60%

一次性医疗补助金和伤残就业补助金（五级至十级伤残），根据各省、自治区、直辖市人民政府规定的具体标准统计。

伤者医疗的交通食宿费、住院伙食补助费由所在单位按照本单位因公出差伙食补助标准的 70% 统计；受伤者到统筹地区以外就医的，其交通、食宿费用按所在单位从业人员因公出差标准统计。

分期支付的补助及救济费用，按审定支出的费用，从开始支付日期累计到停发日期。

5. 歇工工资。计算歇工工资分两部分计算：已歇工日和还需要歇的工日乘以日工资。其计算公式如下：

$$L = L_q \times (D_a + D_k) \tag{9 – 13}$$

式中：L——被伤害从业人员的歇工工资，元；

L_q——被伤害从业人员日工资，元；

D_a——事故调查终结日前的歇工日，日；

D_k——延续歇工日。指事故调查终结后被伤害从业人员还需继续歇工的时间，一般不超过 12 个月；伤情严重或者情况特殊，经设区的市级劳动能力鉴定委员会确认，可以适当延长，但延长不得超过12个月。延续歇工日由生产经营单位劳资、安全、工会等按医生诊断意见确定延长日期。

上述公式是测算一名被伤害从业人员的歇工工资，一次事故中多名被伤害从业人员的歇工工资应累计计算。

（十五）人员伤亡人数统计方法

依据《人体损伤程度鉴定标准》，以检验鉴定机构出具的尸体检验、人身伤害医学鉴定结果，统计死亡、重伤、轻伤人数。

第十章　常见起火原因认定

常见起火原因认定，就是对不同类型常见火灾的起火原因进行专门研究，总结其火灾现场具有规律性的痕迹特征及其起火原因认定方法，以便于准确、及时地查明此类火灾的起火原因。

第一节　电气类火灾起火原因认定

一、概述

电气火灾是指因为电气设备、线路故障或其安装、使用、维护不当造成的火灾。这类火灾的共同特点是由电能转换为热能，由热能引燃可燃物蔓延成灾。由于这种共同特点，电气火灾认定也有一些共性的基本条件。

（一）电气类火灾起火原因的认定条件

电气火灾的具体起火原因有多种，但根本的是由电能引发了热能，由热能引燃了可燃物。总结电气火灾的一般规律，认定电气火灾，应具备以下条件：

1. 起火时或者起火前的有效时间内，电气线路、电气设备处于通电状态

所谓通电，是指电流从电源通过负载又回到电源，形成了回路。认定电气火灾时，首先应该确认电气系统的通电情况，线路或设备通电才可能引起火灾。电气线路或设备如果不带电，一般认为火灾与电无关。认定电气线路或设备的通电状态时，应注意以下三种情况：

一是开关控制在零线的照明线路，在开关关闭状态下，开关后端线路仍可发生相线对地短路火灾和漏电火灾。

二是已经停电的设备的余热，在停电后一定时间内仍然可能引起火灾。如电烫斗、电炉子停止使用后余热仍能引燃可燃物。所以，起火前的有效时间内带电同样是认定电气火灾的必要条件。

三是起火时间可能与通电时间存在一段时间差，在这种情况下，应该认为起火前的有效时间内带电使用也可能引发火灾。例如，在天棚上的电气线路可能因接触电阻过大发热、过负荷、短路等原因引燃天棚上保温材料（如锯末）而发生阴燃，阴燃时可能很难被人发现。而阴燃过程中电气系统是否通电对火灾的发生和发展已经没有意义了，从发现明火时起向前推到锯末被引燃这段时间称为起火前的有效时间。

2. 电气线路、电气设备存在短路或者发热痕迹

电气线路或电气设备正常使用状态下一般不会产生危险热量，由电气线路或设备引起火灾，通常在电气系统的某一处留下故障点，即存在能够证明电气原因引发火灾的证据。例如，短路留下的熔痕、电热器具留下的过热痕迹等。如果在现场勘验中未发现这类故障点，则不可轻易将起火原因定为电气火灾。

3. 起火点或者起火部位存在电气线路、电气设备发热点

现场确定的起火点或起火部位必须与电气线路、电气设备发热点相对应。只有在起火点及其附近存在电气线路或设备发热点或发热、发火元件，才有可能认定电气火灾。当然，由于客观条件所限无法找到则属例外。电气故障引发火灾时，有时故障点可能与起火点存在一定的距离。应注意：

（1）电火花飞溅位置影响起火点：电火花飞溅的水平距离、掉落的部位取决于短路点的高度、短路电流的大小以及环境条件。通常电火花的飞溅距离以故障点为中心，其半径较近的为几十厘米，远的可达数米。尤其是铝导线，由于喷溅出的铝与空气发生剧烈的氧化反应，在飞溅的过程中能够继续保持高温状态，其引燃能力更强。

（2）热传导因素：电能转换成热能，虽在故障点附近没有可燃物，但产生的热通过金属设备和其他媒介传导过来，能引燃远处的可燃物，致使起火点与故障点之间有一定的距离。

（3）非短路点处起火：电气线路发生短路时，短路的部位产生电火花，若该部位无可燃物，不会引起火灾。但整个线路都通过较大电流，则可能造成另外某处绝缘层薄弱点（如接触不良处、保险装置）击穿产生电火花，如此处有可燃物，就可能造成火灾。例如：某刀闸开关，其盖已损坏或缺失，当其控制的电路发生短路时，短路电流使保险丝爆断，产生的火花引燃配电盘附近的可燃物，结果造成短路故障点在线路处，而火灾发生在开关处。

在确定电气设备或线路与起火点的对应关系时，还应该考虑到一些临时的用电设备或线路，以及非正常的电流经路，如漏电回路。

4. 电气线路、电气设备发热点或者电气线路短路点电源侧存在能够被引燃的可燃物质

可燃物的存在是火灾发生的必要条件，因而在电气线路、电气设备发热点或者电气线路短路点电源侧存在能够被引燃的可燃物质是电气火灾发生的必要条件。在认定电气火灾时，应考虑电火源产生能量的大小，起火物的点火能量，以及起火物与电火源的位置关系等。如短路时产生的电火花，温度可达 2 000℃以上，但瞬间消逝，热量逐渐损失，有时不能引燃可燃物，所以不是发生短路就必然起火，能否引起火灾是由客观条件和可燃物质的燃烧性质、状态等决定的。

5. 起火部位或者起火点具有火势蔓延条件

任何一起火灾从起火点燃起后，周围必须存在能够促使火灾发展蔓延的条件，这样火灾才可能扩大，电气火灾也不例外。这些条件包括起火点周围可燃物的分布，起火点处的保温蓄热条件等。

（二）电气类火灾起火原因认定应注意的问题

1. 注意现象与原因的一致性

（1）过负荷和接触电阻过大两种原因引起的火灾。对接触电阻过大引起的火灾，还应注意到当时的用电负荷的问题，实际多数情况是用电量过大，线路过负荷运行，两种因素共同作用，长时间过热导致火灾发生。因此，调查时不能单纯地从现象出发。

（2）高阻抗短路火灾。电气线路发生高阻抗短路时，短路电流不足以使保护装置迅速动作。在线路截面积不变的情况下，短路回路越长，线路产生的阻抗越大，短路电流也就越小。如电流经过线芯间一种非金属但又属于半导体物质会导致漏电，由于非金属材料的电阻较高，形成的漏电电流不足以使保险装置起作用，但却能引起非金属材料的燃烧，即使保护装置动作，也已具备了火灾发生条件。

2. 注意痕迹与原因的关系

认定一起电气火灾原因，我们要重视痕迹物证的证明作用，同时要结合证言进行综合分析。例如小型配电变压器和镇流器发生火灾，常由于本身故障过热短路起火。它的特点是过热冒烟在先，短路在后。所以就线圈的短路熔痕来说，它是在热烟和部分火焰状态下形成的，具有二次熔痕的特征，属于火烧短路熔痕。在这种情况下，二次短路同样是导致火灾发生的直接原因。要注意这种痕迹和火灾原因的关系。

3. 注意故障点与证言的关系

有时发现电气线路上的故障点，经分析可能是电气火灾，但与证言的内容有很大的差异。这种情况往往是证人不了解事实，或回避线路通电的事实所致。或者该线路接在总配电盘处，单独形成回路，当事人不清楚。有时也不排除当事人为逃避责任而说谎。因此，要实事求是地进行分析，保证痕迹物证与证言一致。如某大厦火灾，起火点处的日光灯镇压流器有通电烧毁的特征，但是据电工等人证实，下班时切断总电源，这就出现了矛盾。经深入调查，查明该日光灯供电线路接入总开关的前端，常年通电。

二、变压器和配电盘火灾起火原因认定

变压器是利用电磁感应的原理，变换电压和电流、传输电能的电气设备。对变压器来讲本身是电气设备，同时变压器二次侧又作为电源给电气线路供电。配电盘（体量大者称配电柜，本节统称为配电盘），是集中、切换、分配电能的设备。下面分别介绍油浸电力变压器、小型电力变压器和常规配电盘火灾起火原因认定要点。

（一）油浸电力变压器火灾起火原因认定

油浸电力变压器主要由铁芯、绕组、油箱和冷却系统、绝缘套管、其他部件等五大部分组成。油浸电力变压器内部充有大量的变压器油，成分是以环烷基为主的烃类液体混合物（其闪点一般在140℃左右），同时还有一定数量的可燃物，其内部的绝缘衬垫和支架，大多是用纸板、棉纱、布、木材等有机可燃物制作的。如果遇到高温、火花和电弧，容易引起火灾和爆炸。

1. 油浸电力变压器发生火灾的主要原因

（1）过负荷。因长时间过负荷，主线圈和副线圈过热，导致变压器油分解出氢和轻烃等可燃气体，压力增大，遇到电火花可发生爆炸起火。

（2）负载短路。负载发生短路时，变压器承受相当大的电流，就有可能烧毁变压器。如图10-1-1所示。

图10-1-1　变压器内部故障烧损痕迹

（3）线圈因绝缘损坏而发生短路。变压器长时间过载或其他原因，会引起线圈发热，使绝缘层老化破损，造成线圈层间、匝间、相间短路或对地短路引起火灾。

（4）接触电阻过大。线圈与线圈之间或线圈与线端之间接触不良，或变压器接线柱与母线、电缆的连接头松动等，造成接触电阻过大，引起火灾。另外，油浸电力变压器的二次侧（380/220V）中性点应接地，当三相负载不平衡时，零线上就会出现电流，如这一电流过大而接地点接触电阻又较大时，接地点就会出现高温，引燃可燃物。

（5）套管绝缘性能降低。绝缘套管起火的主要原因是质量差，例如有裂缝，缝内积油分解出的残渣、水分和酸类物质等使套管的绝缘性能降低，遇到过电压，套管与变压器油箱盖产生电弧引起火灾。

（6）铁芯内出现涡流。硅钢片间的绝缘损坏或夹铁芯时使螺栓之间的绝缘层损坏，出现部分磁路涡流，产生大量的热，引起油分解而燃烧。

（7）变压器油老化变质。变压器油长时间高温运行，逐渐变质，降低了绝缘性能；或者在储存、运输或运行维护中不慎而使水分、杂质或其他油污等混入变压器油中，使绝缘强度大幅度降低。当其绝缘强度降低到一定值时就会发生短路。

（8）变压器遭雷击。油浸电力变压器的电流，大多由架空线引来，容易遭到雷击产生的过电压侵袭，击穿变压器的绝缘，甚至烧毁变压器。

2. 油浸电力变压器火灾调查的主要内容和方法

油浸变压器引起火灾，其起火部位一般比较明显，痕迹物证相对比较集中于变压器处。所以，调查访问和现场勘验都可以围绕变压器的使用情况及故障展开。

（1）调查访问。由于变压器火灾多在运行过程中发生，所以应该及时向值班人员了解变压器的一些情况。调查访问主要内容包括：

①变压器的基本情况。包括变压器的型号、功率及所载负荷量；变压器的使用年限；平时运行表面平均温度，以及环境温度、散热条件等（如果变压器长期在超过其允许温度上限的条件下工作，使用寿命会大大下降）；变压器的维修情况，以往发生故障的种类、原因及维修结果等；起火前变压器油的检查情况，油质化验结果。

②变压器的运行情况。根据起火前变压器的运行记录，确认运行温度、油面高度及其他故障原因，确认起火前供电电压波动情况、线路负荷情况等，查阅变压器维护保养记录。

③起火前的异常情况。变压器在正常运行时，可有轻微的嗡嗡声。如果值班人员在起火前发现变压器有异常声音，说明变压器内部或外部线路发生了故障。如出现放电声，说明绕组出现短路或引线松动打火；声音突然变大说明外部负载短路或负载突然增大；出现撕裂声说明铁芯松动等。

（2）现场勘验。勘验油浸变压器火灾时，重点勘验变压器本身，可将变压器解体，寻找变压器故障所留下的痕迹和物证。现场勘验主要内容包括：

①外观勘验。检查变压器的外观变化，以及高低压引进、引出部位的变化痕迹。重点勘验防爆管、气体继电器等保护装置的动作情况，以及储油柜是否有移位等，判断是否发生了油气爆炸。

②勘验绕组线圈。如果线圈绝缘层变色呈黑色，且绕组的内层破坏比外层严重，绝缘胶木板呈烧焦状态；或者线圈匝间、相间存在有短路熔痕、熔珠，说明发生了过负荷短路故障。如果线圈接头处焊点开裂，焊点两端固定点松动变色，说明此处接触电阻过大。

③勘验硅钢片。固定硅钢片的螺栓套管松动损坏，硅钢片绝缘层全部脱落，形成有明显过热痕，说明发生了过负荷短路。

④勘验接头。为查明是否接触电阻过大引起火灾，须对变压器的接头进行勘验。接触电阻过大的痕迹有：二次母排（线）与变压器接线柱连接处形成变色痕，固定螺丝垫片形成有电火花痕，有烧蚀麻点甚至局部黏结，严重时形成母排线被电弧击穿，大量熔珠喷溅黏附于变压器上部油箱盖、散热管表面。低压套管炸裂，封闭胶垫烧焦，有喷油间隙，套管残骸表面形成有杂质受热而形成的坚硬、黏结的炭化层。

⑤检验变压器油。测定油质情况，包括绝缘、黏度、杂质含量、介电常数等。

（二）小型变压器火灾起火原因认定

1. 小型变压器的结构。一般由绕组、铁芯和外壳组成。其绕组由细铜导线组成，铁芯一般为硅钢片。由于电流较小，变压器产生热量较少，一般直接向外散热，外壳多为塑料制造，有的是金属外壳。

2. 小型变压器的火灾危险性。在使用过程中，小型变压器可能因为非正常发热而成为火源，引燃其周围的可燃物而造成火灾。主要原因有以下几种：

（1）长时间通电过热引起火灾。当变压器正常工作时，其铁芯和绕组都要消耗一定的电能，这些电能转变为热能使变压器发热。如果变压器长时间使用，加上其周围散热条件不好的话，会使变压器过热，破坏绕组内漆包线的绝缘层。最终可能使绝缘被击穿而产生匝间漏电、短路，引起火灾。

（2）电源电压过高引起变压器故障。小型变压器的接入电源电压过高时，会使变压器的绕组线圈过热，甚至绝缘层被击穿产生短路，可能引发火灾。

（3）下属设备故障。当下属用电设备发生短路、过负荷等故障时，由于设备没有保护装置，可能使变压器产生过热而起火。

（4）因质量问题，在正常使用过程中线圈短路发热造成火灾。

3. 小型变压器火灾起火原因调查的主要内容和方法

小型变压器引发火灾，一般是变压器过热引燃绝缘漆或直接烤（引）燃周围可燃物造成的。火灾调查时须先认定起火点，在起火点处寻找小型变压器或者装有小型变压器的电器，然后针对小型变压器进行勘验和访问。

（1）调查访问。调查访问主要针对小型变压器的使用情况开展，包括：变压器的种类、使用时间及连续通电的原因，以前的使用是否正常；变压器周围可燃物的种类及与变压器的距离；变压器的容量以及实际负荷容量，是否发生过负荷；变压器在使用过程中是否出现异常现象，包括发出异味、出现响声等。

（2）现场勘验。在起火点处发现提取小型变压器后，首先对其外观进行宏观检查，看其烧毁情况是否内重外轻。如果小型变压器引起火灾，变压器可以与整个电器残体或其他残留物粘连在一起，整个电器的外壳内部烧毁相对较严重，其他部件严重被烧，残存燃烧痕迹呈内烧状态。

将小型变压器打开，对其绕组进行检验。如果变压器烧毁不太严重，可先测量变压器的线圈之间、线圈与铁芯之间的绝缘电阻，判断绝缘是否被破坏，然后拆开线圈勘验，如果烧损严重可直接拆开勘验。如果绕组线圈的外层绝缘层破坏严重，绝缘层脱落或变色严重，内层绝缘层破坏较轻，说明变压器为火烧破坏。反之，则可证明变压器内部过热产生破坏。另外，如果在线圈上发现有短路熔痕，基本上可以确认是内部过热引发短路而致。小型变压器线圈上的短路熔痕有时出现在外层，有时内层和外层都有，较常存在于一次和二次线圈的结合处。熔痕的形态有熔珠、凹坑状熔痕、熔化面等。有金属外壳的小型变压器，其对应线圈短路的部位，有受高温作用形成的变色痕，或内部形成有烧蚀痕，并粘有小熔珠。

（三）配电盘火灾起火原因认定

配电盘是用电设备的供电和配电的中间环节，按照其控制对象的不同，可分为动力配电盘和照明配电盘。按其控制层次的不同，可分为总盘、分盘等。配电盘一般由柜体、开关（断路器）、保护装置、监视装置、电能计量表，以及其他二次元器件组成。在配电盘火灾调查实践中，一类是配电盘本身故障引起火灾；一类是下端电气线路、设备出现异常，引起配电盘出现某种反应和现象，形成不同的状态。查明配电盘状况对下步分析判定电气火灾有实际意义。因此，在火灾调查中，要将配电盘纳入首先保护范围，并及时勘验，以确定下一步调查方向。

1. 配电盘电气控制装置

（1）熔断器。主要由熔体和熔管两个部分及外加填料等组成。熔断器是根据电流超过规定值一定时间后，以其自身产生的热量使熔体熔化，从而使电路断开的原理制成的一种电流保护器。

（2）空气开关。又称低压断路器，具有多种保护（过载、短路、欠电压保护）功能，由触头装

置、灭弧装置、脱扣机构、传动装置和保护装置等部分组成。当线路发生短路或严重过载电流时，短路电流超过瞬时脱扣整定电流值，电磁脱扣器产生足够大的吸力，将衔铁吸合并撞击杠杆，使搭钩绕转轴座向上转动与锁扣脱开，锁扣在反力弹簧的作用下将主触头分断，切断电源。

（3）漏电保护器。正常工作时电路中除了工作电流外没有漏电电流通过漏电保护器，此时流过零序互感器（检测互感器）的电流大小相等，方向相反，互感器铁芯中感应磁通也等于零，自动开关保持在接通状态，漏电保护器处于正常运行。当被保护电器与线路发生漏电或有人触电时，就有一个接地故障电流，使流过检测互感器内电流量和不为零，互感器铁芯中感应出现磁通，其二次绕组有感应电流产生，经放大后输出，使漏电脱扣器动作推动自动开关跳闸达到漏电保护的目的。

2. 勘验配电盘的目的

勘验配电盘的目的在于，查明处于起火点处的配电盘是否是由于其故障引起火灾；当怀疑下属所控线路或设备引起火灾时，通过勘验配电盘确定下属线路或设备是否带电，以及下属线路的故障种类。

（1）确定配电盘引起火灾的可能性。配电盘引起火灾有自身故障的原因，也有被连带因素。这些电气故障产生的电火花、电弧或发热、打火等可能引燃配电盘周围存在的可燃气体混合物、电线绝缘包皮、绝缘胶布、配电盘的木质板、框或箱体，从而造成火灾。配电盘引起火灾的主要原因有：

①刀开关正常开闭，磁力开关正常动作，保险丝正常熔爆，或该盘下属的线路、设备发生短路，使开关动作、保险丝爆断，产生电火花或电弧，引燃周围的可燃性混合气体或配电盘周围的可燃物。

②盘面各连接点接触不良而发热或打火，或者是盘面电表、继电器等含有线圈的仪表和电器，因线圈故障发热、打火而引燃配电盘。如图 10 - 1 - 2 和图 10 - 1 - 3 所示。

图 10 - 1 - 2　配电盘箱体背后电弧烧蚀痕迹　　　　图 10 - 1 - 3　配电盘内部电线短路痕迹

③盘后配线接头接触不良，尤其那些爪形接线容易发热引燃绝缘胶布、导线的绝缘层及配电盘，或者因振动、受潮或气体腐蚀盘后线路绝缘损坏而发生短路。

④因高电压或雷电压窜入配电盘而引起事故。

（2）确定配电盘下属电路和设备带电、或故障状况。因为配电盘控制下属线路，利用配电盘上开关的痕迹证明所控制线路或设备的带电状态。

①通过刀闸开关的状态确认。当配电盘处未受到火灾的波及，并且火灾发生后没有触动过开关刀闸。此时可通过刀型开关的关合或开断位置来鉴别。若是起火后有人承认将刀型开关手柄拉下而断电，可通过遗留在搬把手柄上的指纹痕迹鉴别。

如果配电盘处受到火灾的波及，固定刀闸开关的装置被烧破坏脱落，刀闸开关解体分离时，其合断状态可采用如下三种方法加以鉴别：

一是利用刀闸开关内静夹片和刀片上的烟熏灰尘痕迹鉴别：在火灾过程中，如果开关或插头处于闭合状态，烟气不易进入，所以内侧烟痕较少。因此，可以利用烟熏痕迹的轻重来判断开关的状态。

其他非密封的开关也可用同样的方法鉴别是否接通。

二是利用静夹片的间距鉴别：如果起火前刀闸开关处于合闸位置，在火灾作用下，金属片就会退火失去弹性。如果发现刀闸开关两静片的距离增大，则说明它们在火灾时正处于接通状态。如果两静片虽已失去弹性，但仍保持正常距离，说明火灾当时，它们没有接通。

三是利用手柄螺孔封漆熔流状况鉴别：闸刀开关操作手柄上有若干安装螺栓用的孔，该孔用紫褐色电工封漆封住。电工封漆熔点较低，在火灾中会因受热而熔化。开关在火灾中所处的姿态不同，熔化后的封漆从小孔中流出的状态就不一样。在勘验中，可先确定开关在火灾中的原始状态（如是平放还是垂直放置）、操作手柄在断开和闭合时的姿态，利用手柄封漆熔流情况判断火灾中的开关状态。

②通过空气开关状态确认。首先可以检查暴露于火灾中的空气开关表面，可以根据烟熏痕迹判断。如果扳钮的"闭合"一侧有烟熏痕迹，则可以证明开关在火灾中处于"闭合"状态，反之可以证明开关处于断开状态。当外观无法鉴别时，可将开关解体，查看主触头的位置、表面状态。如果触点无间隙，触点面与其他部位颜色变化有区别，说明火灾中处于通电状态。反之，两触点分离、触点面颜色变化和其他部位一致，则证明开关处于断开状态。另外，部分空气开关跳闸后，按钮手柄所处与人为拉下的位置不同，开关需要"复位"才能合上。

③确定下属线路的故障状况。配电盘上熔断器（保险盒）内的保险丝（片）的熔断痕迹，可用于确定下属线路或设备故障是短路还是过负荷。首先勘验保险丝（片）的规格，在规格符合选用要求的条件下，可对保险丝（片）的熔断痕迹进行勘验。

电路中发生短路时，由于瞬间产生的大电流通过，使得保险丝的温度迅速升高，快速熔化并可能被气化，产生所谓"爆断"现象。其基本特征是保险丝缺损较多，残留部分少，并在保险盒或熔断器内残留保险丝熔融气化产生的喷溅痕迹，形成颗粒熔珠黏附在电闸盖内壁及闸面上，并有灰白色烟痕。如果线路中安装的是保险片，由于狭窄处电阻较大，所以首先熔断。

电路中发生过负荷时，电流相对短路要小得多。保险丝逐渐升温，经过一段时间而熔化、断开，称为"熔断"。熔断处保险丝缺损较少，残留部分较长，没有喷溅痕迹。当熔片通过过负荷电流时，由于熔片的较宽部分相对狭窄部分散热较慢，反而比较容易熔断。

所以，在现场勘验时，如果发现保险丝呈现爆断，即缺损多，周围有熔丝喷溅痕迹则说明下属线路或设备发生短路故障；若其呈现熔断，即缺损少，熔丝残留部分较长，周围无喷溅痕迹，则说明下属电气故障为过负荷。对于保险片，若其狭窄处熔断，说明下属电气故障是短路；若其宽处熔断，则为过负荷。

3. 勘验配电盘的主要内容及方法

（1）配电盘勘验的主要内容

①配电盘外部的勘验。首先查明配电盘在火场上的具体位置，与火场中心的关系。根据配电盘及附近物质烧毁状态、火势蔓延痕迹，确定配电盘处是否为起火部位；根据配电盘内外的烟熏痕迹、炭化痕迹和烧塌状况，判明火是否由盘内烧至盘外，是配电盘直接起火，还是配电盘周围可燃物起火。

另外，勘验配电盘的结构、盘面所用材料及引入线、引出线的状态，注意线的走向，以及有无临时接线。

②配电盘自身的勘验。对配电盘勘验自身的主要内容包括：

A. 配电盘引入、引出导线的情况，特别要注意从导线管进入配电盘这一段有无因摩擦使导线绝缘破坏而导致短路放电留下的痕迹。

B. 盘面电度表、继电器、电流互感器、磁力开关、空气开关等仪表电器的烧毁状态，检查这些仪表电器的线圈和接点，判明其烧坏是由于内热，还是外部火烧造成的；各触点是否烧死粘连或接触不良。

C. 勘验各开关、熔断器、电流互感器等端子接线处，检查是否有熔断、变色、烧蚀、假接等现

象。如果某导线与开关端子接触有过热痕迹，如金属变色、产生氧化层、烧蚀、接触点附近电线绝缘焦化，说明该电路曾经过大电流或接点接触不良。检查开关内部各导电件用螺丝或铆钉连接的地方，动刀片活动轴处和与静夹片接触处有否接触不良、金属严重氧化、甚至熔化现象。

D. 勘验配电盘内部线路连接方式，是否设置电源插座。

E. 对于盘后，注意查看配线绝缘、接头、导线相互交叉情况，导线与导线固定卡件之间的绝缘情况，检查有否接点接触不良，导线绝缘破坏而短路，或对地短路和漏电痕迹。

（2）配电盘勘验的方法

在勘验配电盘之前，向起火单位有关人员了解配电盘的位置，然后到现场寻找配电盘残骸。如果配电盘在火灾中没有被严重破坏而脱落，可直接根据需要勘验的内容，根据先外表、后内部，先盘面、后盘后的次序，对配电盘进行勘验。

如果配电盘在火灾中遭到了严重破坏，配电盘脱落或移位，需要先根据起火单位提供的线索，寻找配电盘残骸。如果现场存在电源引入、引出线残体，可根据导线寻找配电盘。如果配电盘被埋在塌落堆积层中，可利用逐层勘验的方法查明配电盘的位置及堆积层次。寻找出的配电盘残骸，如果已经解体，可先收集残片进行复原，然后再进行勘验。

三、电气线路火灾起火原因认定

电气线路主要指架空线路、进户线和室内敷设线路。电气线路火灾主要是电气线路由于短路、过负荷、接触电阻过大、漏电等原因，产生电火花和热量，引燃本体及其他可燃物造成的火灾，由于插座起火因素与电线类似，这里一并介绍。

（一）电气线路短路火灾起火原因认定

电气线路中不同电位或不同相位的两根导线不经负载直接接触形成回路或导线与大地形成回路，导线之间或导线和大地之间应有的阻抗突然减少、电流急剧增大的现象称为短路。按线路短路的性质可分为：相间短路和对地短路。短路电流产生的高温电弧、电火花能引燃本体和其他可燃物造成火灾。

1. 引发电气线路短路的主要原因。造成短路的原因主要有：没有按具体环境条件选用导线，使导线受到高温、潮湿和腐蚀等作用而失去绝缘能力；导线绝缘老化、磨损，或小动物咬损，线芯裸露；电源过电压，导致绝缘击穿；安装修理人员接错线，带电作业时人为碰线；裸线安装太低，金属物件碰到导线上，致使导线之间跨接；架空线间距太小或线路太松，刮风使两线碰撞，或与树、建筑物接触；导线断后落地或落在另一根导线上；乱拉导线，维护不当；高压架空线绝缘子耐压程度太低；雷击使线路电压升高导致绝缘薄弱处被击穿。如图 10 - 1 - 4 所示。

图 10 - 1 - 4　室外架空线短路打火痕迹

2. 现场勘验的主要内容。检查起火部位是否有线路经过，起火点是否有短路点；检查短路点附近最初起火物质的残留物，并判断其种类，观察此处火势有无向周围蔓延的痕迹；在起火点寻找证明发生短路的痕迹物证。如电流作用形成的熔珠、熔断痕和击穿痕等；检查控制装置，确定火灾前导线是否处于通电状态；对线路经过的部位金属构件进行剩磁检测，确定是否有大电流经过等。

3. 调查询问的主要内容。火灾前电压变化情况，如电风扇、电动机转数变化、照明忽明忽暗闪烁等；目击者证实电气线路短路的部位；发生短路有关的反常现象，如冒烟、异味和不正常的响声等；起火后断电时间和过程，如跳闸、电视图像忽然消失、照明忽然熄灭等。

4. 架空线短路火灾现场勘验和调查询问的主要内容。架空线路短路有一定特殊性，一般短路痕迹具有明显的对称电熔痕，在落地导线上如果发现了电弧烧痕，则应在另一根相邻的导线上寻找对应线段的电弧烧痕。架空线短路的原因主要是不按规程安装架空线路，线路过于松弛、导线间距过小、电线杆倾倒、跨度过大、横担、瓷瓶损坏造成。

（1）现场勘验。查明起火部位和架空线的关系；查明导线规格、品种、型号及被烧状态；检查起火部位上部导线有无电熔痕；检查保险丝（片）有无熔断痕；检查架空线断头，观察其断前断后与起火点的相对位置，以判明导线断落原因。如果导线与导线、导线与接地体发生短路烧断，不仅在其断点有电弧烧伤痕迹，而且在其断点附近一段导线上也有导线相碰或与接地体接触造成的电弧烧痕。

（2）调查询问。走访电气线路附近群众，指认线路短路打火地段和部位；调查有无在线路附近高架施工、车辆通过、放风筝、抛金属物、飞禽碰撞电线和树木摇动等情况；起火当时的风力、风向；短路点附近可燃物堆放情况，可燃物堆垛与电线的水平距离及高度；起火前电气方面有何不正常的情况；断电人、断电时间和过程。

5. 电气线路（包括架空线路）短路火灾起火原因认定要点

（1）电气线路处于通电状态且短路发生在火灾之前。

（2）认定的起火点与电气线路短路点相对应。

（3）电气线路本体及起火点处存在导线熔珠（痕）经金相分析鉴定为电熔痕或一次短路熔痕。

（4）起火点处存在能被短路熔珠、电弧引燃的物质。

（5）如果由于客观原因无法找到短路熔痕，但有其他证据表明火灾前发生了短路，并且具备了除第（3）条以外的其他证据，通过调查排除了其他起火因素，也可以认定起火原因。

（6）此外，相线与零线发生短路，有时会造成用户电压升高，过电压也可直接造成用电器烧毁并引发火灾。

（二）电气线路过负荷火灾起火原因认定

导线过负荷，是指导线中通过的电流超过了其安全电流。导线允许连续通过而不致使导线过热的电流量，称为导线的安全载流量或导线安全电流。过负荷可导致导线发热，主要特征是绝缘因线芯过热而松弛、内焦，严重时导致导线绝缘脱落甚至起火燃烧，这与外火烧绝缘显示的外焦、将线芯"抱紧"有显著区别。

1. 引起电气线路过负荷的原因。在正规设计和安装情况下，电气线路不会超过安全电流值，即便超过了这个数值，也因为设计了安全保护装置，如熔断器会切断电流。但在以下几种情况下会发生过负荷：导线截面选择不当，实际负载电流超过了导线的安全电流（额定电流）。如实验条件下，常用单股绝缘导线通过 1.5 倍额定电流时，温度超过 100℃；通过电流为 2 倍额定电流时，铜线温度超过300℃，铝线温度超过 200℃；通过 3 倍额定电流时，铜线温度超过 800℃，铝线温度超过 600℃；线路中接入过多或功率过大的用电设备，超过了线路的负载能力；电线数量超过规定比例数量穿管，影响安全载流量。如图 10-1-5 和图 10-1-6 所示。

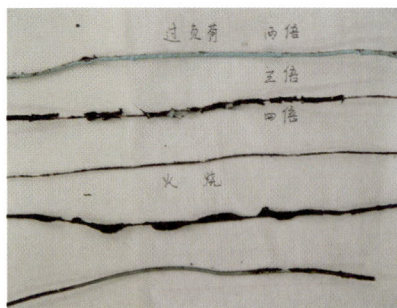

图 10 - 1 - 5　过负荷导线与火烧导线外观区别

图 10 - 1 - 6　通过 3 倍额定电流时，绝缘层破坏情况

2. 电气线路过负荷火灾现场勘验。认定的起火点是否为多个，是否为条形；起火点处是否有电气线路，线路是否有过负荷均匀破坏的痕迹特征；检查整个回路，火场内部和外部的电线绝缘层和线芯是否均匀破坏，是否具有过负荷破坏特征；检查该回路的保险装置，观察熔丝、熔片熔断特征；在整个回路尤其是未受火烧处每隔一段取 10～100mm 导线，作金相分析鉴定。

3. 电气线路过负荷火灾调查询问。查明该回路连接的用电器具，对线路的总负荷进行计算，特别注意增加的大功率用电设备；该回路电气设备启动的次数、频率和连续使用时间；查明线路配置形式和散热条件，有时过负荷并不严重，但由于可燃物堆积，影响散热造成温度升高引发火灾；该回路中线路和用电设备是否有短时间的漏电或短路情况；电线的截面积和型号，查表找出对应的安全电流。

4. 电气线路过负荷火灾起火原因认定要点

（1）认定的起火部位与过负荷线路位置相对应。

（2）起火前的有效时间内，该线路处于通电状态。

（3）根据计算，导线在火灾现场中的实际负荷超过导线的安全载流量，并存在起火的危险。

（4）现场勘验导线呈过负荷痕迹特征。

（5）起火部位（点）处存在能被导线过负荷所产生热能点燃的物质，且现场起火特征与导线过负荷热能引燃可燃物的起火特征吻合。

应当注意，有时电气线路过负荷不一定直接引起火灾，但可以使导线接头处尤其是接触不良的接头处发热起火。

（三）电气线路接触电阻过大火灾起火原因认定

在电源线与开关、保护装置、用电设备连接以及与母线或其他线路连接时，在接触面上形成的电阻称为接触电阻。由于接触不良、安装不当，使接触部位的局部电阻过大，称为接触电阻过大，电流通过接触电阻较大的部位时，在接触部位会产生较大的热量，可以使金属变色甚至熔化，并引起电气线路的绝缘层和附近的可燃物起火。

接触电阻过大，因其发热作用时间长，一般在不严重的情况下，保护装置不会动作，也不会影响用电器的使用，因而不易被及时发现，具有火灾危险的隐蔽性。

1. 接触电阻过大起火的原因。违反接线规范和连接方式，安装质量差；铜铝混接时，接头处理不当，没有使用铜铝过渡接头，没有用超声波对铝导线进行搪锡处理后连接；金属蠕变作用，由于金属面长时间受接触压力的作用，而产生蠕变，使接触压力减小，导致接触电阻过大，紧固接头、接点的金属件（如螺栓）在长期拉力作用下，也会蠕变，使接点压力减少，接触电阻增大；受磁场和电动力的作用而发生振动，导致螺栓松动使接触电阻过大；设备振动或开关频繁操作，导致接头松动，使接触电阻过大；长时间氧化或在恶劣环境下被腐蚀，使接触电阻过大。

当电流流过导体时，因导体存在一定的电阻，所以导体将会发热，发热量表达式：

$$Q = 0.24I^2Rt$$

从公式可以看出，接触电阻越大，产生的热量越大，时间越长，积累的热量越多，火灾危险性越大。

（1）接头部位接触电阻过大发热引燃本体及周围可燃物。导线与导线、导线与开关、导线与电气设备连接处，由于表面接触不紧密，加之长期使用中的电腐蚀作用和金属的蠕变性造成接触电阻过大，过热而引起火灾。这种温升现象可持续相当长的时间，是一种长期恶性循环造成的结果。如图10-1-7所示。

图10-1-7　电缆接头接触电阻过大发热引燃外裹胶布

（2）接头松动打火引起火灾。在各种接头处，如果有松动或导线上有断线的地方，当受到振动时就会瞬间接触，瞬间断开，这时在接头处将出现连续打火现象，而且温度很快升高，有时甚至在几分钟内就会导致接头部分金属熔化点燃可燃物起火。

（3）由单纯性的接触不良发展到短路而引起火灾。长时间接触不良过热导致绝缘炭化，绝缘材料变成了半导体，具有了导电性，在导体之间发生短路，点燃绝缘层引起火灾。

2. 接触电阻过大火灾现场勘验要点

（1）在起火部位处寻找导线接头。接触电阻过大，热作用发生在接头处，线路的其他部位绝缘层、线芯一般没有明显变化，故在起火点处要查找与火灾有关的接头和残体。尤其注意发现铜铝线接头，并查明接头与起火点的位置关系。

（2）对找到的导线接头进行表观判定。接头处是否具有电阻过大而过热的特征，如绝缘烧焦，金属线过热变色痕迹，表面有电弧烧蚀痕。有时局部形成熔结，接头处形成电火花痕、麻点坑等。

（3）检查接头的连接方式。

（4）检查保护装置熔丝熔断状态。一般情况下，因接触不良不会使熔丝熔断，当因接触不良过热发展为短路时才会使熔丝爆断。

3. 接触电阻过大火灾调查询问的主要内容

（1）起火部位电气线路配置情况。主要询问电工，了解起火部位处接头的连接方式及检查维修情况，特别是铜铝线接头情况。

（2）起火部位电气接头以往发生故障的原因及处理情况。

（3）起火前起火部位附近新接入的电气设备及启动情况。

（4）起火部位电路和用电设备负荷，送电、断电方式和时间。

（5）查明起火点处可燃物与电气接头的位置关系情况。

（6）起火前有何异常现象，如冒烟、异味或电灯忽明忽暗等。

4. 接触电阻过大火灾起火原因认定要点

（1）起火点的位置与导线接头位置相对应。

（2）该段导线接头起火前有电流通过。

（3）导线接头处存在绝缘烧焦、金属导线过热变色或熔融痕迹。

（4）导线接头部位的可燃物能够被接触不良所产生的热能引燃。

值得注意的是，导线接头可能会因为客观原因失去鉴别价值，这时要根据其他间接证据形成证据链认定起火原因。有时导线接头过热达到了外裹绝缘胶布等可燃物的燃点，但未达到自身金属熔点，也能造成火灾，而由于此时温度未达到金属导线熔点，则可能无明显烧蚀、变色痕迹。

（四）漏电火灾起火原因认定

漏电是因绝缘破坏导致产生不同电位或不同相位导体间的不正常电流。如果在绝缘破损处和大地之间，存在着某种导电路径，在对地电压的作用下，就会有一部分电流从绝缘破损处流出，经导电路径进入大地，再流回电源，这种故障现象，就是一种漏电。我国的低压供电方式是三相四线制，即变压器二次线圈按星形接法接线，中性点工作接地，配出线为三根相线，一根零线。这样，每根相线对地有 220V 的电压。不管线路离开变压器多远，只要它发生接地故障，并且变压器二次保险没有熔断，电流就会由变压器的输出端子经过线路、漏电点，经大地回到变压器的中性接地点。上述绝缘破损处，称为漏电点，电流进入大地处，称为接地点。

1. 发生漏电及漏电起火的原因

漏电的原因主要是由于电气系统安装不良、设备装配不当和电线长年使用绝缘老化等造成的。有时漏电电流的热效应使绝缘严重破坏发展为对地短路、相间短路或接触不良过热起火。

（1）漏电具体原因主要有：架空导线从瓷瓶落到横担上发生漏电；低压进户线进户处由于安装不当，导线与导电构件接触发生漏电；成束的电气线路配线和电气设备内部配线因绝缘损坏发生漏电；用钉子固定电线，当钉子接触线芯时发生漏电；露天或容易受潮的地方、未加保护的配电盘、临时布线搭在铁件上、各种电器内部纸绝缘损坏等容易发生漏电；电焊机焊钳随便扔在地上或焊件上，不用正规接地线，随意利用金属构件、钢筋作接地线，容易发生漏电。

（2）漏电火灾发生的具体原因有：①导体整体过热。由于导体截面积过小，漏电电流超过允许载流量引发导体过热引燃可燃物。②接触点过热。主要是因接触电阻过大而产生的发热。电气系统中正常接点电阻仅有千分之几欧姆，在正常情况下不会造成过热现象。漏电点由于松动氧化等因素导致接触电阻过大，在触点处易发生火灾。③击穿性电弧。漏电发展到严重时导致绝缘破坏产生电弧引起火灾。

2. 漏电火灾现场勘验和调查询问的主要内容

在认定起火部位（点）的基础上，对怀疑是漏电引发火灾的因素，应通过现场勘验和调查询问查明以下内容：

（1）查明起火部位（点）附近可燃物性质、数量及分布和被烧情况。

（2）检查起火部位（点）处是否存在电流作用而形成的电熔痕。

（3）检查起火部位附近有无导线，导线绝缘强度如何，过去是否出现过故障，如灯泡亮度降低，有人触电等现象。

（4）勘验漏电途径：①查清电气系统，绘出电气系统图。使所有开关处于接通状态，测量起火点处电气系统与各金属结构间的绝缘电阻，如果该电阻值较大，说明该范围内无漏电点。如果绝缘电阻值很小，则说明该范围内有漏电点。然后用同样方法测量各个支路电阻，最后找到具体漏电点。②检查变压器接地线确认漏电点。电气线路发生漏电，变压器接地线中就有大电流通过。没有发生漏电的接地线中有很小的电流，如果接地线中有大电流通过，则说明该变压器回路中发生了漏电事故。究竟线路中哪一支路发生漏电，可分别断开各个支路，观察变压器接地线电流变化，如果哪一支路断开后接地线电流显著减小，就说明该支路发生了漏电。③检查接地点。电气线路中接地装置由埋没铁件组成，不易受到火灾的破坏，在起火点处找到与漏电有关的金属物件，然后以这个物件为一测点，分别以可能接地体的另几个金属物件为另一测点，测量它们之间的绝缘电阻，绝缘电阻最低者可能是漏电电路的接地体。④检查漏电保护器。根据空气开关的动作状态，可查找该支线路是否发生了漏电。

3. 认定要点

（1）电气设备或导线必须存在漏电的条件和途径。电气设备或导线必须有电流通过，才可能发生漏电，金属结构或建筑物构件往往是漏电的主要载体。

（2）认定的起火部位（点）与电流漏电途径（点）相对应。设备漏电和相间漏电的漏电点一般就是火灾的起火点，但有时起火点也会位于电流漏电途径中接触电阻较大的部位。

（3）起火部位（点）处有能被漏电所产生的热能或电火花点燃的可燃物。

（4）现场起火特征符合漏电所产生的热能或电火花点燃周围可燃物的起火特征，并且已排除其他起火因素。

（五）接零故障火灾起火原因认定

接零就是将电气设备正常不带电的金属部分通过保护线与电源中性点相连接。接零是电气防火安全技术的重要内容，是保障人身安全、保证设备正常工作和防止火灾事故发生的一种简单有效的方法。随着用电范围的扩大和负荷的增加，由于接零故障引起火灾也时有发生，这类起火原因具有一定的隐蔽性。

1. 接零故障起火的原因

在380/220V 三相四线制、变压器中性点直接接地的系统中，由于某种原因零线断线而引起系统一些部分和设备起火，常见的断线情况有配电板（盘）处桩柱松脱、输配电线路中性线断裂或施工作业中误操作等。根据零线断线后的状态，起火原因可分为以下两种。

（1）零线断开三相电压不对称引起火灾。在 380/220V 三相四线制中，各相线对零线为相电压 220V，各相线之间相位差 120°、线电压 380V。单相用电负荷一般是 220V 标准，分别接在三根火线与零线之间，由于单相负载不可能绝对平衡，当供配电线路的总零线断开，特别是用电负荷分配不平衡时，出现三相电压不对称现象，负荷较重的相电压下降，而负荷较轻的相电压上升（严重时可接近线电压），极易因过压烧毁电气设备、设施引起火灾。

（2）零线与相线直接发生对地短路引起火灾。造成断线时，零线与相线直接发生对地短路，在短路点处直接引起火灾。如图 10-1-8 所示，D 设备采取了接地措施，而未接零。当 D 设备发生相线碰壳故障时，电流通过 R_d 和 R_o 形成回路，电流不会太大，线路可能不会断开，故障长时间存在，这时不仅该设备处产生对地电压，而且与所有接零设备的对地电压都升高，造成部分短路电流经过设备点及其他设备接零点时，如遇到接点接触松动的地方，就能产生火花和热能而引燃附近可燃物起火。甚至造成一处短路，多处起火的严重后果。

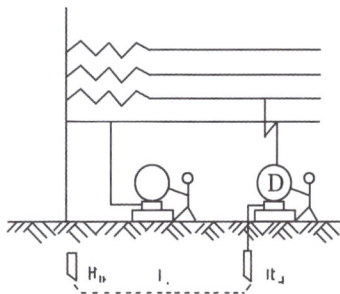

图 10-1-8 零线与相线对地短路示意图

2. 接零故障火灾现场勘验和调查询问的主要内容

对怀疑接零故障引起的火灾，应通过现场勘验和调查询问查明以下内容：

（1）要查明起火部位供电形式和接地保护形式。

（2）查明零线断开的部位并查明零线断线是何种原因造成的。

（3）查明零线断线所波及的用电户范围，以及着火前用电设备的工作状况。此类事故有明显的电压变化过程，故在线路上连接的负荷处，会发现电灯、电动设备、电风扇等家用电器和电热设备发生异常变化。如电灯亮度变化，转动设备转数变化等，甚至可闻到糊焦味等。

（4）查明三相电是否达到负荷平衡。查清每一相实际负荷总量，判明三相负荷平衡程度。

（5）查明零线和接地线（体）的截面和长度。接地导线要有足够的载流量和热稳定性，因此正确选择导线截面和长度十分重要，对中性点不接地系统的低压电气设备，接地干线的截面按供电网中容量最大线路的相线允许载流量的 1/2 确定；单独用电设备接地支线的截面不应低于分支供电相线的 1/3，要通过勘验查明现场零线和接地线（体）是否符合要求。

3. 接零故障火灾起火原因认定要点

（1）确定火灾前共用零线的多个回路不同相线上存在过、欠电压的现象，并排除过、欠电压现象是由雷击等自然现象或上一级供电系统故障造成的。

（2）确定同一回路（同一相）控制的用电器起火前的电压波动征兆相同。

（3）现场勘验确定零线存在故障点。

以上要点应综合分析判断。对接零部位处松动打火引燃周围可燃物的火灾，其认定要点参见接触不良引发火灾起火原因认定要点。

（六）插座火灾起火原因认定

插座，又称电源插座，是有插槽或凹洞的母接头，用来让有棒状或铜板状突出的电源插头插入，以将电力经插头传导到电器。

插座主要由连线和座体组成，常用插座按容量一般分为 10A、16A 和 25A 三个级别，按使用方式分为移动式和固定式两种。

1. 插座引起火灾的原因

（1）安装使用不当。①接触电阻过大。日常生活中插头在插座上拔插比较频繁，长期使用会导致插座静片的紧握力减少，接触电阻增大。另外，插头插座往往置于角落里，容易聚集灰尘、容易表面受潮氧化，使插头插座接触不良而引起接触电阻过大，接触电阻过大是导致插座起火的主要原因。②插座超负荷引起。插座的导线应根据负荷量选用，但一些厂家和用户选择的导线截面过小，当连接使用功率大的电器时，使插座电气线路过负荷引起火灾。再如，使用中将大功率电器直接插在比其负荷容量小的插座上，或在一个插座上插入多个电器，使负荷量超过插座的实际负荷容量，导致插座过负荷引起火灾。③插座安装、放置部位不当。有的将电源插座放在水房、浴室里，或在室外使用，致使接触雨、雪，发生漏电、短路起火；有的装修时将电源插座安装在可燃结构内，当接触电阻过大或过负荷时容易引起火灾。④使用不当。在使用过程中，有的在插头与插座连接时存在三脚误插，导致短路引起火灾；有的插入拔出过程中，拉力过大造成连线拉断或拉松，继续使用时易发生短路。如图 10-1-9 和图 10-1-10 所示。

图 10-1-9　电源插头因接触不良发热融熔痕迹

图 10-1-10　插座与插头接触不良发热烧蚀痕迹

（2）插座存在质量问题。①违规选用劣质材料。有的制造者为了降低成本，用铁片代替铜片，把铁片镀上一层红色或粉色，冒充铜片。②规格不标准。插座内铜片的厚度、长度都有一定的标准规格，劣质产品铜片厚度较合格产品铜片薄、且其长度比合格产品长度短，容易发生电气故障。③插座的连接导线截面过小，与标识不一致。④插座的孔型孔距不合要求。多用孔插座精度不够，会导致错位插入，引发接地或接零不良。

2. 插座火灾起火原因认定要点

（1）认定的起火点和插座所在的部位相对应，火灾是以插座为中心向周围蔓延的。

（2）插座有电流通过，一般连接有用电器具和设备。

（3）插头和插座内金属片有变色、烧蚀或熔化痕迹；插座材料有熔融、变色或炭化痕迹。

四、常用电器火灾起火原因认定

电器引发火灾大体分两类。对电源线因接触不良、过负荷、短路等原因引起火灾，可参照电气线路火灾同类原因的认定要点。对电器自身起火或引发附近可燃物起火的具体原因，可以根据火灾发生、发展的特征和外界的条件、征兆以及现场遗留的痕迹物证进行综合分析，必要时可以由相关专家进行技术鉴定。电器火灾起火原因认定的基本条件已在前面概述中阐明。在具体调查认定中，需要在掌握各类电器工作原理和火灾危险性基础上，通过针对性现场勘验和调查询问获取有效证据，结合电气类火灾认定基本条件进行综合分析，最终作出认定或排除电器火灾起火因素。

（一）空调器火灾起火原因认定

单冷型空调器的制冷系统由压缩机、冷凝器、过滤器、毛细管和蒸发器等组成。利用电路控制压缩机运转，制冷剂在系统中循环，通过其状态的变化，使热量从室内向室外转移，冷却室内空气。冷暖式空调器增加了能使制冷剂改变流向的电磁四通阀，制冷时室内换热器为蒸发器，制冷剂在里面汽化吸热，冷却室内空气；制热时室内换热器为冷凝器，将来自压缩机的高温高压制冷剂气体冷凝，放出热量，使室内空气加热。

1. 空调器发生火灾的主要原因

（1）电气线路故障引起火灾。①电源线端接头松动或空调器内电动机、变压器等连接头接触不良，导致接触电阻过大起火；②插座插头容量过小，导致过热；③电源线与其功率不匹配，造成过负荷引起火灾；④机内电线、电气元件绝缘强度降低，发生短路打火引起火灾，如图10-1-11所示，空调器因风扇电机电源线故障起火；⑤压缩机密封接线座绝缘受损造成漏电打火，引燃外溢的冷冻油和附近可燃物起火；⑥外部电压变化导致电动机过热引燃可燃物。

（2）内部元件引起火灾。①电动机故障，空调器中有不同功能的多台电动机，例如有轴流风扇电动机、

图 10-1-11 空调器因风扇电机电源线故障起火

离心风扇电动机、摇风电动机、压缩机中的电动机等。因电动机所带动的机械发生故障，如风扇卡住形成"堵转"，电动机轴承磨损导致转子扫镗，致使电动机电流增大，造成匝间短路发生火灾；②空调器控制开关故障，控制开关是指电源开关、温度和风速开关、制冷制热转换开关、电加热器控制开关等，这些开关发生故障可以引起火灾，如交流继电器触点粘连，电磁线圈发生匝间短路等；③电容器故障，电容器击穿时产生的高温电火花引燃机内衬垫、分隔板的外壳等可燃物起火。电容器被击穿

的主要原因，一是电源电压过高，二是受潮漏电。

（3）安装使用不当。①安装位置不当，空调器安装在可燃构件上，与窗帘、木结构等物体的距离较近。未做防潮、防雨处理或安装在朝阳处，由于阳光长时间照射，压缩机连续运行过热起火；②误接电源起火，窗式空调器通常使用220V电源，误接380V的三相电源过电压起火；③空调器停止后立即启动。空调器停用后，其压缩机进、排气两侧压力差比较大，如果再立即启动，毛细管达不到平衡，致使负荷增加、电流剧增，导致电动机烧毁引起火灾。

2. 空调器火灾现场勘验的主要内容

（1）准确认定起火点。确定起火点与空调器的位置关系，获取以空调器为中心向周围蔓延的痕迹。空调器部位的墙体或物体有无变色或炭化、烟熏痕迹。

（2）勘验空调器机身的燃烧状态。机身烧毁程度是否呈内部重于外部，可根据隔板、电线、外壳等的烧毁状态及烟熏痕迹来判断。

（3）查明电源线及插座故障引起空调器火灾的根据。通过细项勘验，寻找电气线路短路、过负荷、接触不良等故障痕迹。查明插座与空调器功率是否匹配、插座与起火点之间的位置关系以及插座与插头的接线等情况。

（4）对空调器内部元件的勘验。查明压缩机、蒸发器、控制开关和电容器等故障痕迹。内部元件故障容易留下痕迹，与火烧痕迹有明显区别。特别是对大型空调机，要检查电源配置情况，检查热管对地绝缘情况以及风道被烧程度和燃烧方向。

3. 空调器火灾调查询问的主要内容

（1）查明空调器的安装情况。电源线种类、截面大小、配置形式、连接方式以及插头插座的种类、保护装置容量和安装位置等情况；查明对空调器防水、防雨和遮阳所采取的措施。

（2）查明使用情况及外部供电情况。主要是连续使用时间、停机顺序、启动次数等情况；是否有违反空调器操作规程情况；测定电源每相负荷量，三相电源是否存在严重不平衡的问题。

（3）查明空调器周围可燃物分布情况。空调器是否紧靠窗帘、可燃装修板等材料。

（4）查明故障、维修和维护情况。在使用过程中是否出现过故障，了解维修的具体部位。

（5）查明起火前异常现象。起火前发生的异常现象，如焦味，较大响声或有规律的碰撞声等。

（6）查明空调器的相关参数。空调器的规格、功率大小、型号、安装时间和使用时间等。

（二）电冰箱火灾起火原因认定

电冰箱是一种通过制冷机使箱体内保持恒定低温环境的家用电器，其工作原理是压缩机将制冷剂进行循环压缩。制冷剂由毛细管进入蒸发器膨胀蒸发，产生物理吸热，进行制冷；当制冷剂从蒸发器再通过回流管进入压缩机时，再进行压缩，压缩产生的热量由散热（冷凝）器进行物理散热，经散热器冷却的制冷剂开始下一循环。

1. 电冰箱起火的主要原因

（1）电气故障。①电源线绝缘损坏导致短路，插头插座或电线接点处接触不良造成接触电阻过大起火；②电源线长时间被冷凝器烘烤，绝缘老化漏电乃至短路起火；③电气开关盒密封不严，进水或绝缘强度降低，漏电引起内胆或保温塑料起火；④电动机过热、短路引起冰箱起火；⑤外部电压异常升高，烧毁电气元件起火；⑥除霜加热器控制开关失灵，加热时间过长引燃保温层起火。

（2）使用不当。①电冰箱内存放乙醚等易燃、易挥发液体，电冰箱的温度控制器、启动继电器、热保护继电器和照明灯开关等都不是防爆型的。当易燃液体的蒸气在冰箱内达到其爆炸极限时，电火花就足以引爆。电冰箱因存放易燃液体爆炸起火，如图10-1-12所示。②放置位置不当，电冰箱与可燃物质接触，散热条件差，压缩机和冷凝器与可燃物接触易引起火灾。夏季环境温度高，压缩机的表面温度可达 80～105℃，压缩机长时间靠近低自燃点物质易引起火灾；③压缩机工作时电源被频繁切断、接通，电冰箱制冷系统内的压力差较大，频繁切断和接通就必须有较大的启动力矩来克服这个压力差，这时电动机的启动电流剧增，温度升高，电动机有可能被烧毁而起火。

（3）压缩机故障。压缩机是电冰箱的核心部件，长期磨损会出现电气故障和机械故障。机械部分的故障主要有：①压缩机吸气阀或排气阀碎裂或变形，造成压缩机内部漏气；②高压排气缓冲管断裂，运转时噪声明显增大，此时压缩机运转电流低于额定电流；③避震弹簧与外壳脱钩或断裂，使压缩机在启动或停机时产生金属敲击声或震动噪声；④曲轴间隙太小或机油质量差，导致压缩机抱轴或卡缸。压缩机故障引起火灾如图 10-1-13 所示。

图 10-1-12　电冰箱因存放易燃液体爆炸起火　　　　图 10-1-13　压缩机故障引发火灾

（4）用氨作制冷剂的电冰箱因材料缺陷发生火灾。有些冰箱用氨作制冷剂，如果因材料有缺陷，或人为除霜造成氨泄漏，泄漏的氨气与空气混合后遇冰箱电火花会发生爆炸火灾。

2. 电冰箱爆炸现场勘验和调查询问主要内容

（1）检查箱体是否严重破坏、变形，爆炸后的箱体呈外鼓并发生向后移位痕迹。

（2）温度控制器、保护继电器和启动继电器触点是否有电火花痕迹或炭化痕。

（3）寻找盛装易燃液体的容器，并对容器内盛装物质提取送检。

（4）调查易燃液体的种类、数量和存放时间，以及盛装容器种类和密封的方法等。

（5）向发现人了解爆炸过程，是否听到爆炸响声等情况。

3. 电冰箱火灾现场勘验和调查询问主要内容

（1）电冰箱是否位于起火部位，查明电冰箱周围可燃物质的位置、堆积方式、数量和燃烧状态，其受热面是否均朝向电冰箱，电冰箱靠墙处或其他物体上是否形成 V 形燃烧痕迹。

（2）电冰箱烧损是否呈内重外轻痕迹特征。

（3）勘验电源线、插座和插头等部位，主要是寻找插头插座的位置，勘验是否有金属熔融痕迹。

（4）勘验电动机，主要勘验：①电动机线圈处是否有短路熔痕；②电动机轴承和转子有无磨损痕迹，电动机的机械故障可以造成轴承和转子损坏，发生短路起火；③电动机电源接线有无过热痕迹。

（5）控制开关熔断器状态，控制开关的熔断器如果呈爆断状态，那么说明电冰箱电气线路发生了故障。

（6）勘验温控开关、照明开关和启动继电器被烧状态，若因上述元件故障引起火灾，除具有熔痕外，保护层塑料内壁被烧程度严重，燃烧痕迹呈从里向外蔓延的状态。

（7）查明使用情况，向用户了解冰箱的使用情况，有无连续切断和接通电源现象，有无外部电源故障导致起火的可能。

（三）电视机火灾起火原因认定

电视机是最常见家用电器之一。传统电视机经历了从黑白到彩色，从球面到直角平面、超平面、

纯平面的历程。普通彩色电视机通常由高频调谐器、图像中频通道、伴音通道、视频通道（解码电路）、显像管电路、扫描电路和电源电路组成，有一定火灾危险性。现代平面（液晶）电视除安装不当外，较少发生火灾。下面以普通彩色电视机为主进行介绍。

1. 电视机发生火灾的原因

（1）高压元件故障放电引起火灾。电视机正常工作时，黑白显像管的阳极高压为 12～14kV，彩色显像管的阳极高压为 22～28kV，阳极高压由高压包产生，经高压绳送往显像管。如果高压包或高压绳老化皲裂，加上机内大量积灰、受潮造成高压泄漏，将会对其周围5cm 内的物体放电，产生高达 3 000～4 000℃高温电弧，极易引燃周围可燃零部件和机壳引起火灾。

（2）电源变压器长时间通电、散热不好积热造成线圈匝间、层间短路起火。电源变压器长时间通电，主要是部分电视机的电源开关的安装位置不合理造成的。有些电视机的电源电路中电源开关设计在电源变压器的副边回路，不能控制整机电源。如果看完电视后只关断电源开关而不使插头断电，变压器原边仍在通电。虽然它通过的电流很小，但长时间通电，电流会使电源变压器继续升温，电源变压器的线圈和绝缘性就会因短路或炭化而起火，引起电视机发生火灾爆炸事故。如图 10－1－14 所示。

（3）元器件老化引起火灾。电视机使用一段时间后，电视机如果质量不过关，就会出现虚焊点，从而造成局部放电

图 10－1－14　电视机因内部故障起火痕迹

和短路的情况发生，严重时形成火灾；电容器的老化，也会使其不能承受设计电压，当电压意外波动或发生故障造成电压升高，就会击穿电容，或造成短路，引起电视机燃烧。

（4）外部因素导致短路起火。①用户不慎将液体滴入机内或小虫钻入机内，造成漏电和短路；②雷击或外部电源故障引起电压升高，造成电视机部件击穿起火。

此外，电视机内的灰尘会使许多元体挂满灰尘网丝，一些导线的线径也会因灰尘的落上而"变粗"，使其安全性能和绝缘性能降低。如在潮湿的环境使用或遇到湿度大的阴雨天，就很容易产生放电打火现象，有时甚至会出现火花引燃电视机。

2. 电视机火灾现场勘验主要内容

（1）准确认定起火点，勘验时注意发现痕迹特征。①起火点一般在离地面一定高度的电视柜或桌面上，靠墙体时易形成 V 形烟痕；②起火部位残留物塌落层次从下至上依次为：地面、电视机残体、电视机支撑物残体、瓦砾。对电视机屏蔽玻璃残体的勘验十分重要。电视机本身引起的火灾，一般是显像管先行爆炸，然后火势向四周蔓延。屏蔽玻璃碎片会先于其他灰烬散落在电视机前地面，呈放射状，碎块呈尖刀形，边缘平坦、曲度小，其他部位的物体残骸倒塌掉落将其覆盖。因此，玻璃碎片朝上一面有灰烬和烟熏痕迹，朝下一面没有；③电视机残体大部分存在时，其外壳靠高压包或变压器一侧严重被烧变形，电视机内有明显的烟痕；④电视机周围可燃物质被烧状态呈现从电视机向四周蔓延的特征。

（2）勘验电视机内部元件。①勘验变压器，变压器线圈和硅钢片燃烧程度呈内重外轻，漆包线内层炭化结块，外层只是轻微炭化。线圈匝间、线圈与硅钢片间有短路熔痕，同时变压器外壳和硅钢片形成变色痕迹，变色痕迹与短路痕迹相对应；②勘验高压系统，高压电路的显像管、第二阳极、高压包和高压绳等有较严重变形，有明显的烟熏痕迹和高压放电打火痕迹，在高压包外壳上形成喷射状的微蓝色痕迹，说明是高压元件故障引起的火灾；③勘验电容器，可拆开电容器逐层进行检查，如果呈现由内向外的燃烧痕迹，电容器内部卷着的铝箔和浸有电解液的纸有被腐蚀的小洞，两层铝箔之间有

熔痕，则可能为击穿短路或漏电引起的火灾。

（3）检查电源部分获取物证。勘验线路、插头插座、保险盒和自动开关等，判断通电状态、故障种类等。

3. 电视机火灾调查询问的主要内容

（1）电视机与周围可燃物的距离。

（2）电视机通电时间、使用时间、电源控制方式和连续使用时间等。查明电视机起火前是否处于通电状态，查明是否有电视机开关已关闭但电源线仍通电的情况。

（3）电视机起火前曾发生的故障及维修情况。

（4）起火前电视机出现的不正常现象。

（5）电视机环境状况。如电视机使用环境是否潮湿、是否利于散热、有无小动物爬到电视机上以及有无液体进入电视机内等。

（四）计算机火灾起火原因认定

电子计算机应用广泛，一旦发生火灾，造成重要资料灭失，影响极大。有的计算机需要长时间不间断工作，可导致内部电器元件老化、绝缘性能降低等隐患，故障严重时引发火灾。对笔记本电脑来讲，主要的火灾危险源是锂离子电池，国内外已发生多起因锂离子电池起火引发的火灾事故。

1. 计算机起火的主要原因

（1）中央处理器（CPU）供电系统故障引起火灾。计算机的主板是计算机中最大的一块电路板，为各种配件提供连接接口，其中给 CPU 供电的电路是重要的部分。中央处理器的供电电路是由电感线圈、场效应管和一定数量的滤波电容组成。它的输入电压低，工作电流大，可产生高温。若散热不好，不仅可烧损中央处理器，也可因电感线圈和电容故障引燃机内粉尘、电线等。

①电感线圈（扼流线圈），电感线圈是在磁环上缠绕 5～20 匝铜导线制成，其持续工作电流一般在 15A，选用的导线截面不应小于 $1.5 mm^2$。如果导线截面过小，那么在大电流作用下，可以导致过负荷起火。

②电容，输入部分电容工作电压 12V，因产品质量原因或老化，在大电流作用下，会导致电容极间击穿短路，造成电容爆炸引发火灾。

③场效应管（MOSFET），场效应管在过电流作用下过热击穿，易产生火花引燃电线、可燃粉尘造成火灾。

（2）主机输入电源故障引起火灾。主机输入电源为计算机供电的总电源，主要由电源变压器和第一道滤波电路（EMI）组成。因变压器质量问题、使用中老化或外部电网电压变化影响，以及长时间通电和散热风扇停转等原因，造成电源变压器过热甚至短路起火。

（3）计算机内布线不合理，接触高温元件引起火灾。中央处理器和硬盘是主机内产生高温的两大元件，它们与电线长时间接触可能被引燃起火。硬盘是计算机的重要组成部分，硬盘工作时，驱动器长时间运转产生的热量，不能及时散热，使温度不断升高，因布线不合理直接接触导线，导致导线过热炭化，引起火灾。如图 10-1-15 所示。

图 10-1-15　计算机因内部故障起火痕迹

（4）UPS 电源故障引起火灾。UPS 电源是外部电源断电时防止机内资料和信息丢失而设置的一种外部后备电源，主要由变压器、电瓶（组）、逆变器和线路板组成。在外部电源因某种原因突然断电时，逆变器自动接通电瓶电源继续供电 15～20min，以便使用者能正常关机和保存数据。若 UPS 电源

使用不当，使用后未切断电源，长时间通电，散热不好，易使变压器线圈老化、过热，发生短路引起火灾。

笔记本电脑锂离子电池已造成多起火灾事故，该种电池依靠锂离子在正极和负极之间移动来完成充、放电，是一种高性能的充电电池。锂离子电池的火灾危险性主要在于电池内部的化学反应热产生高温，造成电解液气化燃烧。同时，电池设计缺陷以及原材料瑕疵造成的短路、过度充电和水渍等，都可能引发火灾。

2. 计算机火灾现场勘验的主要内容

（1）准确认定起火点。重点获取以主机或 UPS 电源为中心向周围的蔓延痕迹，如炭化痕迹、倒塌痕迹和 V 形图痕等。

（2）勘验计算机输入电源。获取插头与插座接通状态的证据、电源线短路熔痕及控制开关通电状态的证据。

（3）勘验电感线圈。获取短路、熔化痕迹，勘验电容器获取击穿、爆裂、熔融痕迹。

（4）勘验电源输入变压器。获取线圈变色、过热、短路痕迹物证，这是认定电源变压器引起火灾的直接证据。

（5）勘验 UPS 电源。获取变压器变色、过热、短路痕迹和线路板和外壳被烧痕迹。

（6）勘验计算机是否连接有路由器、有源音箱以及 USB 外接小电器等，是否有设备内部过热、线路短路等痕迹物证。

3. 计算机火灾调查询问的主要内容

（1）起火前计算机的使用情况。查明使用时间、结束时间及工作结束后是否断电等事实，重点获取起火前计算机的通电状态，必要时可以通过上网信息以及 QQ、博客、论坛等信息核实。

（2）计算机型号及使用时间。特别是要搞清是组装机还是品牌机。

（3）使用期间出现故障的部位、原因及处理情况。

（4）起火前主机、UPS 电源是否出现过异常情况。是否闻到过异味，是否发现电压波动现象等。

（5）主机 UPS 电源的具体部位及与周围可燃物体之间的距离。

（6）是否使用路由器、有源音箱以及 USB 外接小电器，起火前设备工作状态。

（五）电熨斗火灾起火原因认定

电熨斗类型可分为：普通型、调温型、蒸汽喷雾型（具有调温和喷汽双重功能）等。一般由底板、电热元件、压板、石棉板、调温元件、罩壳、手柄、喷气喷雾装置等组成，功率通常在 300～1 000W 之间。

1. 电熨斗引起火灾的主要原因

电熨斗引起火灾的原因是通电后底板被加热，烤燃与之接触的可燃物引起火灾。蒸汽电熨斗在温度失控的状态下也能引发火灾。电熨斗引起火灾的主要原因有：

（1）通电后无人看管。将电熨斗通电后直接放在熨烫织物或木板上，无人看管长时间加热引起火灾。普通型电熨斗连续通电情况下，其表面温度可超过 500℃，这一温度已超过了棉、麻、毛、丝、布、人造纤维以及木板等可燃物质的燃点。

（2）调温器失灵后过热。调温型电熨斗的调温器双金属片触头失灵，不能自动切断电流，长期通电温度过高引起火灾。蒸汽电熨斗引火实验如图 10－1－16 所示。

（3）电熨斗余热。切断电源后的普通电熨斗仍有较高的余热，将电熨斗放在可燃物上可引起火灾。

（4）电源线过负荷或接触不良。导线、插座或开关容量太小导致接触不良和过负荷引起火灾。

（5）忘记关闭电源。使用中停电或使用时离开工作地点，忘记关闭电源，来电后又无人看管，致

图 10 - 1 - 16　蒸汽电熨斗引火源引燃系列试验示意图

使电熨斗长期通电引起火灾。

2. 电熨斗火灾现场勘验的主要内容

（1）电熨斗与可燃物接触处及所在周围是否形成明显的局部炭化区，并以电熨斗为中心向周围蔓延的痕迹；在烧毁不严重的现场，电熨斗发热易留下与本体形状相同的燃烧炭化痕迹。

（2）查明与电熨斗接触的可燃物种类、性质。

（3）检查残留电熨斗的颜色变化。比较典型的属普通型电熨斗内热所致的变色痕迹是：底板边沿和罩壳边沿以蓝色为主夹杂黄色，并粘有可燃物的炭化物。

（4）检查残留电熨斗的内部线路。测两极电源脚电阻，几十欧姆为正常；小于 10Ω 为内部发生短路；若读数为无限大，是内部断路。测一电极电源脚与外壳的电阻：大于 $500k\Omega$ 为正常，说明绝缘性能良好；小于 $500k\Omega$ 为绝缘性能下降。

（5）检查手柄残体。如果手柄与壳体相对应的一面炭化情况比其他部位更严重，可判别为内热所致，否则为外热所致。

（6）检查导电板。导电板（电热元件的接线铜片）出现明显黑色或红褐色的痕迹，是因为发生了化学反应，生成了铜氧化物，这说明是内部过热。

（7）检查普通电熨斗云母片色泽变化。将压铁从螺丝梗中慢慢退出，要注意防止损坏压铁下的芯子。然后再小心取下云母板，或直接在底板上观察。注意观察云母板是否有过热的特征。云母片在 $400℃$ 以下不会变色；在 $400 \sim 500℃$ 之间时，可以留下电阻丝的印痕；通电加热至 $600℃$ 以上、经过较长时间，会失去透明性。

3. 电熨斗火灾调查询问的主要内容

（1）查明电熨斗规格型号、使用目的，查明导线种类、截面，开关插座种类、容量等情况。

（2）查明电熨斗的通电时间、使用时间及使用人离开电熨斗的时间。

（3）查明电熨斗的放置位置和放置方式，主要询问电熨斗放置周围的可燃物情况及电熨斗的放置方式。确认电熨斗放置位置造成余热引起火灾的可能。

（4）查明电熨斗曾发生的故障及维修情况。

（5）查明起火前突然停电及处理情况。

（6）查明初期起火特征、起火时间，是否与电熨斗通电时间和引燃可燃物特征吻合。

（六）电热毯火灾起火原因认定

电热毯俗称电褥子，是人们生活中常用的一种电热取暖器具。电热毯主要由电热线、熔断器、衬垫、面罩和调温测温元件组成。电热毯品种常见的有普通型、二极管调温型、变压器调温型、双向可控硅调温型、温度继电器恒温型和 PTC 元件恒温型等。

电热毯工作原理是利用电热元件把电能转换成热能，由绝缘的外壳把热量传递到人体，达到取暖的目的。家用电热毯用电功率在 $25 \sim 40W$ 之间，正常工作温度一般在 $20 \sim 60℃$。

1. 电热毯引起火灾的主要原因

电热毯柔软的蓄热层是可燃材料，在长时间通电状态下，相当于提供了内热源，当蓄热大于散热，热能聚集温度将升高，导致柔软的蓄热层开始燃烧，燃烧起时阶段通常阴燃过程，所以将产生大量的烟雾。

（1）使用不当引起火灾

①长时间通电。长时间通电造成过热引燃衬垫、罩面。如用户下床后未切断电源，电热毯长时间通电，床上有被、毯等可燃物覆盖，热量积聚引起火灾。

②电热元件受损。由于床铺凹凸不平或洗涤不当，经常揉搓折叠电热毯，电热元件极易受到损坏，引起电热丝折断或相邻线短路。如果相邻两根电热丝发生短路，温度急剧上升，有可能超过可燃物燃点发生火灾。如果某处电热丝折断，由于两端头距离很近，可能相碰打出火花而发生火灾。

③折叠使用、覆盖物过多。经常在固定的位置折叠，容易增大热效应，严重时造成电热线断裂，断裂处接触产生火花，引燃可燃物。电热毯引火实验如图10-1-17所示。

图10-1-17　电热毯引火源引燃系列实验示意图

④电热毯受潮。电热毯潮湿，会引起电热丝绝缘层老化损坏，造成漏电或短路，引起火灾或人身伤亡事故。如普通型不防潮电热毯，在使用中遇水或小孩尿床，使电热丝局部产生高温，引燃包裹层可燃物起火。

⑤电热线与电源引线接头处接触不良。接触不良会造成接触电阻过大，接头处发热温度升高，或接头松动产生火花、电弧引起可燃物起火。

⑥超过使用年限，绝缘老化引起火灾。

（2）产品本身缺陷或质量差所致

电热丝不穿绝缘套管，使高温的电热丝直接与包裹层可燃物接触，引燃包裹层造成火灾；电热丝有多处接头或有打结扣现象，使用时造成局部温度高，引燃包裹层起火；电热丝布线不均匀，造成发热量不均匀，局部温度过高，引燃包裹层起火；电热丝与电源线接头不牢，无压线夹板，造成电源线短路打火引起火灾；调温装置不符合标准，失去调节电流作用，造成升温迅速，引起包裹层起火；螺旋型电热丝绕制不当，电热丝堆积，造成局部过热，引燃可燃物起火。

2. 电热毯火灾现场勘验的主要内容

（1）准确认定起火点。查明是否以有电热毯为中心形成的局部炭化区，并由此向周围蔓延的痕迹；电热毯本身燃烧状态是否呈内重外轻，垫层炭化程度是否离电热丝近的部位重，远处轻。

（2）勘验电热毯是否处于通电状态。①电热毯插头与插座插在一起，说明处于通电状态，如果两者分开，首先要看所在位置是否在同一部位，然后观察其插片、插座的烟熏痕迹，判断通电状态；②电热丝断头处形成有电熔痕，说明处于通电状态；③电源线靠近电热毯一侧有短路熔痕，说明处于通电状态；④电热毯所在电路，保险熔丝处于"爆断"状态，说明处于通电状态。

（3）勘验电热毯重叠情况。电热毯残体呈重叠状，反映起火前呈多层折叠铺放。

（4）提取电热毯残骸，查明其型号和种类。重点查明电热丝和绝缘层种类及开关的控温装置种类和状态。

3. 电热毯火灾调查询问的主要内容

（1）获取起火前电热毯通电、使用的情况。查明通电时间、使用时间和断电过程，是拔下插头还是关闭开关；查明使用过程中突然停电后，采取的断电措施。

（2）查明起火部位电气线路情况。特别要查明电热毯与线路连接方式，插座与电路在何处用什么规格的电线连接，插座固定的位置及型号等情况。

（3）查明电热毯的种类和型号。特别要查清使用电压、控温开关规格及通电、断电的习惯方法，是否存在错误操作因素等。

（4）查明起火前电热毯铺放的原始位置及铺放形式。特别要注意查明是否有折叠铺放使用情况，有的商店销售电热毯时为了缩短发热时间采用折叠通电试热的方法，或有的售货员使用电热毯通电取暖后忘记拔插头断电。

（5）查明电热毯上部、下部铺盖物。查明铺盖物的品种、数量和厚度，判断散热条件；覆盖物太厚太多，使用时放出的热量积聚不散，失去热平衡，超过一定温度时会引起燃烧。

（6）查明平时使用情况。尿床或受潮等情况；平时有无故障，例如有无时通时断情况，有无烧焦糊味，有无刷洗、集堆打褶、折叠收放等情况；是否有金属等物体砸落、小孩经常蹬踹等事实；有无私自维修情况。

（7）查明起火部位电路平时电压变化情况和电路保护装置设置情况。

4. 提取物证送检

通过鉴定确定电热丝熔珠和电热毯电源线熔痕金相组织特征，为认定电热毯是否处于通电状态提供依据。

（七）小型电炉火灾起火原因认定

常见小型电炉按其结构可分为开启式、半封闭式和封闭式。尽管功率和构造不同，但基本工作原理相同，均有一螺旋形电阻丝，通电后温度通常达到 700～1 100℃。开启式电炉在工作时，炽热发红的电热丝暴露在空气中，直接向外部辐射传播热能，与外界物质接触，因此具有很大火灾危险性。

1. 小型电炉引起火灾的主要原因

（1）小型电炉本身缺陷故障引起火灾。主要有：电源线选择不当，截面过小，过负荷引起火灾；电源线和电炉连接端接触不良，接触电阻过大，局部产生过热引起火灾；电源线绝缘层老化、套管破损以及接头部分脱落造成短路引起火灾。

（2）电炉安装使用不当引起火灾。主要有：电炉安装位置不当，与可燃物体距离过近，又无人看管，在热辐射作用下，烤燃可燃物起火；有的电炉在使用过程中，由于某种原因电源断电，使用者往往没有采取关闭开关、拉下电闸等断电措施，再次通电后，电炉烤着可燃物起火，还有的偷用电炉，怕人发现将电炉放置在隐蔽的位置，发现来人便推到床铺、桌子、立柜或柜台下，将可燃物引燃起火；此外，电炉使用后放在可燃的箱子、衣柜里，或把可燃物放在电炉上，高温余热引燃可燃物起火。

2. 小型电炉火灾现场勘验的主要内容

（1）现场勘验小型电炉是否位于起火点，现场是否呈现以电炉为中心，向四周蔓延的燃烧痕迹。主要表现在物体上形成的受热面均指向电炉，烧损程度向外逐渐减轻。

（2）现场勘验小型电炉是否处于通电状态。①电炉电源线是否与电源开关、插座连接一起。②电炉电源线和电炉连接端子处是否形成短路熔痕。如果有熔痕，则证明电炉火前处于通电状态。因为电炉烤燃附近可燃物起火后，电炉的电源线靠电炉最近的部位先被烧着，由于这种线大多数是两股合并或缠绕在一起的软线，被火烧后绝缘破损发生短路并形成短路痕迹。③电热丝断头处是否有熔痕。电阻丝大多数是由铁铬合金或镍铬合金组成，熔点较高，一般火场温度不能使它熔化，只有当电阻丝在通电状态下，再加外部火源作用下，或由于落到电阻丝上的物体，造成电阻丝短路。④控制开关是否处于闭合状态，熔丝是否呈熔断状态。

（3）勘验电炉盘面是否有炭化物或金属熔化物。检查电热丝表面和盘槽内，是否粘有大量炭化物，且分布均匀。如果电炉烤燃物体呈现燃烧痕迹，从上至下顺序是：烟熏、较轻炭化、严重炭化、炉盘、堆积物底部靠电炉盘部分形成明显炭化层，形状与炉盘相似；如果是铝容器，会熔化成无规则熔块熔条，有明显的流淌痕，黏附于电炉外侧。铝熔块体表面呈淡灰色，用手可捏成粉末状。

3. 小型电炉火灾调查询问的主要内容

（1）起火前电炉的位置与周围可燃物距离。可燃物的品种、数量及环境条件。

（2）电炉电源线种类、截面大小、连接形式、走向等情况。

（3）通电、断电方式及控制开关的位置。

（4）查明使用情况。查明电炉通电时间和断电时间，通电和断电的具体措施和过程；电炉使用目的是取暖、烧水还是做饭，应查明容器的种类、容量，查明容器放在电炉上的时间；电炉使用过程中出现异常或意外情况。例如突然断电情况，重点查明电炉位置变化情况和是否拉闸断电情况。

（5）查明当事人通电后活动情况，特别要查明离开时间和去向等情况，并与有关人员对证核实。

（6）电炉功率、型号，是否有缺陷及已经使用年限等情况。

（八）电暖器火灾起火原因认定

常见的电暖器有油汀式电暖器和热辐射型电暖器。油汀式电暖器是典型的自然对流式电暖器具，主要由外壳、发热元件、加热介质及接线盒等组成，外壳由多个金属暖器片连接成一个密封的腔体，发热元件一般安装在器具的底部，加热介质多采用变压器油。当发热元件通电加热时，被加热的介质随温度升高，上升到器具的上部，通过器具外壳放出热量，介质温度也因此略有下降，比重增大，又下沉到腔体的下部，如此循环往复，散发热量。热辐射型电暖器在外形上像电风扇，只是扇页和后网罩分别被电发热组件和弧形反射器替代。它是由石英管电热元件作为发热体，一般由 1 ~ 3 个发热管组成，热量以红外线的形式直接辐射到周围空间或从抛物面反射板反射出去。

1. 电暖器引起火灾的原因

（1）电源部分故障引起。电暖器功率较大，一般在 1 500 ~ 2 000W，若电源线路、接插件等与其功率不匹配或质量低劣，可能造成接插件接触不良过热起火，或接插件、导线过负荷引起火灾。由于电暖器是可移动的，经常拖动可能损伤电源线或插线板的连接线，导致绝缘降低，造成短路起火。

（2）电暖器自身故障引起。油汀式电暖器因导热油为可燃液体，闪点为 140℃，燃点为 165 ~ 180℃。在温控器失灵情况下，电热管持续加热，导热油被加热体积膨胀，如果内压过大，油汀体就会胀裂，引起导热油渗漏燃烧甚至爆炸。如果导热

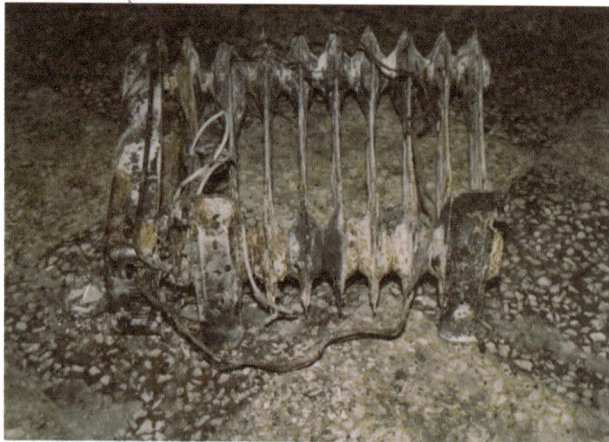

图 10 - 1 - 18　起火部位的油汀式电暖器

油有杂质或使用不符合标准的导热油，循环不力，温升较快，产生气体多，压力增大，也可能造成油汀膨胀泄漏。火灾现场起火点处的油汀式电暖器如图 10 - 1 - 18 所示。

（3）使用不当。油汀式电暖器温度控制是依靠面罩内的温控器热双金属片感温变形实现的。若在暖器片上包裹、覆盖衣物、毛巾，被覆盖的暖器片温度将明显高于面罩内热双金属片感受到温度，温控器不易动作切断电源，电热管持续加热，容易烤焦衣物、毛巾，并有可能导致导热油泄漏。另外，电热油汀腔体内导热油灌注量占总容积的70%左右，内部有较大空间。倒置或放倒，内部的电热管可能露出油面，在这种情况下，通电加热会导致电热管干烧造成危险。热辐射型电暖器石英管表面温度在短时间内即可达到700～800℃，距加热器10cm处在10min内温度也可达到200℃。因此，热辐射型电暖器距离可燃物过近烤燃是引发火灾的常见因素。电暖器引火实验如图10-1-19所示。

图10-1-19　电暖器引火实验

2. 现场勘验的主要内容

（1）电暖器及其电源线路是否处于起火部位、起火点。勘验电暖器周围可燃物质分布情况及燃烧炭化特征，现场痕迹是否呈现以电暖器为中心向周围燃烧蔓延特征。

（2）电暖器通电状态及证据。电源线路、接插件是否有过负荷、接触不良、短路等故障痕迹。

（3）专项勘验电暖器。对油汀式电暖器来说，主要是判定电热油汀是由于内部过热还是外部火烧形成的。查看暖器片是否鼓胀以及鼓胀片数量、位置和特征。若是外部火烧，内部导热油受热产生压力，因电热油汀受热不均匀，受火的部分机械强度降低较大，在内部压力作用下，这部分鼓胀较大，特征为暖器片鼓胀不均匀；若是电热油汀内部过热，则因其内部存在循环的导热介质，各部分温度基本相同，受热均匀，压力也均匀，各部分机械强度均匀下降，因而各部分会发生均匀鼓胀。特征为：所有暖器片均鼓胀且鼓胀相对均匀，上部鼓胀较大，下部较小，呈上宽下窄的扇形鼓胀。

查看内部是否有炭化和过热痕迹。若外部火烧，电热管色泽均匀，无过热色泽、无变形，鼓胀暖器片内部炭化物分布不均匀；若内部过热，电热管部分过热变色或部分退火锈迹，轻微变形，特别是电热管表面有明显积炭，油汀内有较厚的炭化物。

查看油汀放置的地面是否有导热油流淌燃烧痕迹。如果地面有导热油形成的流淌痕迹，一般是因为内部过热、压力过大或质量问题造成暖器片于起火前发生开裂，导热油泄漏。

对热辐射型电暖器来说，主要查验防护网罩受热变形、内部石英加热管烧损情况，查看有无粘连附近可燃物以及是否贴邻防护网一侧炭化痕迹较重等。

3. 调查询问的主要内容

（1）电暖器品牌、型号、功率、新旧程度，质量是否可靠，运行是否正常。

（2）电源线、接插件以及保护装置（如保险丝、空气开关）的种类、型号、容量，是否与电暖器功率匹配，是否出现过线路、接插件过热及其产生的异味，是否发生过空开跳闸、保险丝熔断等故障情况。

（3）电暖器放置的准确位置和周围环境条件，以及通电使用情况；电暖器周围可燃物种类、数量及是否有被引燃蔓延的条件。

（4）使用习惯，是否长时间通电、高挡位运行；是否覆盖毛巾、布，烘烤衣服，靠近窗帘；是否倒置或放倒使用，是否可能有家养宠物意外拖曳、碰倒电暖器。

（5）查明起火前使用情况，如通电、停电的时间，是否与其他大功率电器同时使用。

（九）"热得快"火灾起火原因认定

"热得快"是一种浸入式液体加热器，主要由电热管、电源引线和插头组成，如图 10 - 1 - 20 所示。电热管通常为钢管、铜管或铝管，内藏电热丝，并充填石英砂或氧化镁粉等绝缘材料，管端用硅胶或环氧树脂等密封。使用时，接通电源，电热丝发热，通过电热管直接对容器内的液体加热。由于"热得快"结构简单、体积小、重量轻、热效率高，使用方便，价格低廉，因此得到了广泛的应用。同时，由于操作使用不当，产品质量问题等原因，由"热得快"引起的火灾时有发生。

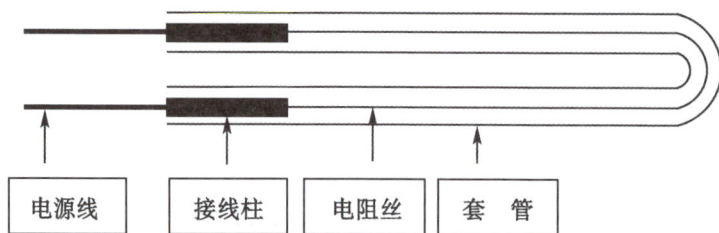

图 10 - 1 - 20 "热得快"结构示意图

1. "热得快"引起火灾的原因

（1）产品质量问题。电源线绝缘破损造成短路引燃周围可燃物；电源线与接线柱接触不良导致局部发热引燃塑料瓶塞。

（2）使用不当。使用完毕忘记切断电源，"热得快"长时间通电将水烧干，在没有液体冷却加热管情况下，干烧加热管与可燃物直接接触引发燃烧。"热得快"引燃试验如图 10 - 1 - 21 所示。

图 10 - 1 - 21 "热得快"引燃试验示意图

据公安部天津消防研究所实验结果，以 1 000W 单螺旋型"热得快"为引火源，选取全棉坐垫，5 张报纸，木板；对引燃时间、温度场分布、特殊时刻试验现象等进行了研究，得到如表 10 - 1 - 1 所列现象及规律：

表 10 - 1 - 1 "热得快"引燃试验参数

引燃材料	引燃时间	"热得快"最高温度	"热得快"升温速度	炭化状态
全棉坐垫	1′12″	781℃	8.5℃/s	热电偶下方坐垫背烧穿
报纸	49″	651℃	8.6℃/s	大面积烧穿，炭化
木板	1′10″	860℃	7.8℃/s	仅表面有明显炭化痕迹

以 1 000W 多螺旋"热得快"对 2L 塑料水壶进行烧水试验，在烧水试验中，10min 左右水被烧开，55min 左右加热丝被烧断，但水壶中的水未烧干，"热得快"最高表面温度在 130℃左右。

2. "热得快" 火灾现场勘验和调查询问要点

"热得快" 火灾现场勘验和调查询问要点参见电暖器引发火灾调查要点，并结合 "热得快" 使用实际有针对性地查找相关物证。对现场提取的 "热得快" 残留物，可以送物证鉴定机构进行鉴定。根据研究结果，电阻丝和加热套管的微观形貌以及加热套管表面的元素分布状况可以作为 "热得快" 火灾前状态的判定依据。正常使用的 "热得快" 电阻丝表面光滑、加工条纹清晰，加热套管表面基本平整；经历过干烧的电阻丝表面被致密氧化物覆盖，有不规则石英晶体嵌入，加工条纹消失，加热套管表面凹凸不平，局部有裂纹。"热得快" 微观特征变化主要为自身作用引起，一般火场环境对 "热得快" 微观特征影响较小。

（十）日光灯镇流器火灾起火原因认定

1. 日光灯镇流器的组成

镇流器有两种：一种是电感式镇流器，另一种是电子镇流器。电感式镇流器火灾危险性大。镇流器是一个电感线圈，相当于一个小型变压器。主要由铁芯、线圈组成。镇流器刚启动时，在启动器的配合下瞬时产生高压，使灯管放电。在正常工作时又限制灯管中的电流。由于长时间通电或故障，易产生高温而引起火灾。目前，日光灯大多使用电子镇流器。

2. 电感式镇流器引起火灾的原因

电感式镇流器引起火灾的主要原因是镇流器故障和安装使用不当造成的。具体原因如下：

（1）电网电压波动。电网电压波动或其他原因使电压升高，镇流器电压过高、电流增大，其内部温度升高，烤着周围易燃物质。

（2）灯的功率和镇流器容量不匹配。不同功率的日光灯应配置相应容量的镇流器才能正常工作。如果选用过大或过小的镇流器就会使其电流增大过热，甚至引起火灾。

（3）安装位置不当。镇流器安装位置不当，环境温度高，散热条件差。电感式镇流器绝缘耐热温度为120℃，若超过此温度，则绝缘性能下降，可使匝间短路，可能导致起火。环境温度和散热条件是造成镇流器过热的重要条件，将镇流器安装在天棚里或者用装饰材料包装起来都可能引起火灾。

（4）长时间使用引起火灾。在有些舞厅、宾馆、饭店内，日光灯昼夜使用，造成镇流器过热，镇流器内沥青熔化，直至炭化燃烧。在散热不利条件下，电感式镇流器表面温度可逐渐增加，在35℃条件下，经过5h表面温度可达90~100℃，导致内部过热引发电气故障起火。

（5）镇流器质量不合格。镇流器铁芯选择不当或者加工不当铁芯松动；镇流器线径细、匝数不足或者硅钢片叠放不够紧密，都会导致温度上升绝缘破坏短路发生火灾。

（6）镇流器超过使用年限。一些镇流器使用年限过长、绝缘老化、沥青老化或漏雨受潮等都会造成异常升温而引起火灾。

3. 电子式镇流器引起火灾的原因

电子镇流器外壳一般是聚苯乙烯硬塑压制而成，设通风缝隙孔，压模时在棱角和缝隙等处留有微小毛边，受热时易熔解蒸发产生可燃蒸气。电子镇流器即使在正常情况下工作也能产生热量，如果镇流器出现故障，例如电容老化、电阻质量不佳或外界电压不稳定情况下，容易造成电容、电阻过热或产生火花，可点燃聚苯乙烯硬塑外壳或其在一定条件下挥发出的可燃蒸气起火。

4. 日光灯镇流器火灾现场勘验的主要内容

（1）准确认定起火点。以镇流器所在部位为中心，勘验屋顶构件、周围物体倒塌的痕迹特征，寻找以镇流器位置为中心向周围蔓延的痕迹；获取镇流器所在部位局部炭化痕迹或被烧程度较重的痕迹。

（2）日光灯火灾前处于通电状态的根据。检查开关、熔断器和电源线熔痕等获取证据。

（3）对镇流器残体进行细项勘验。电子镇流器在火灾中容易被烧毁，只能通过一系列间接证据形

成证据体系进行分析认定。对于电感式镇流器，其火灾中一般可以留下痕迹，勘验中可从起火点所在部位或其底部提取电感式镇流器残体并勘验，用放大镜观察线圈内外有无短路熔痕、变色、烧焦、烧断痕迹，获得如下证据：①镇流器整体过热引起火灾，内部和外部被烧都很重，沥青几乎溢出或烧尽。被火烧的镇流器整体上则是外重内轻。②内部线圈发现有熔痕，且线圈发脆变焦、变黑色或黄色，多处烧断。内部烧毁重，外部烧毁轻，证明是内部线圈发生故障。如图 10 – 1 – 22 所示为镇流器线圈匝间短路痕迹。③测量引出线与壳体之间的电阻，如果电阻值很低或者为零，说明绝缘层失去绝缘作用。

（4）查明起火点处可燃物与灯具的位置关系。

图 10 – 1 – 22　镇流器线圈匝间短路痕迹

5. 日光灯镇流器火灾调查询问主要内容

主要查明日光灯安装的位置、控制形式、开关种类等；镇流器的型号、功率、与灯管的匹配情况；镇流器安装部位与可燃物的关系；起火前镇流器出现的异常征兆；日光灯的使用情况。例如开灯时间、连续使用时间等；电网电压波动情况，是否出现电压偏高或偏低的情况；灯管和镇流器是否已经超过使用年限。

6. 物证鉴定

提取电感式镇流器本体上的熔痕作金相分析鉴定，具有二次短路熔痕特征（由于线圈内部过热，达到一定温度时，漆包线绝缘层燃烧，最后导致线圈层间或匝间短路，所以具有二次短路的环境气氛）。电子镇流器在火灾中很难留下可供鉴定的残体，需要通过一系列间接证据形成证据体系进行分析认定。

第二节　放火嫌疑类火灾认定

一、常见放火动机的类型

放火是一种故意行为，准确分析放火嫌疑人的动机对科学定性、刻画嫌疑人具有重要作用。按照放火者的动机大体可以分为以下几种类型：

1. 利益驱动放火。犯罪嫌疑人出于对某种利益的需求而放火，可能是直接的经济利益，也可能是间接的经济利益或政治、名誉等其他利益。获得直接经济利益的动机包括骗保、敲诈勒索、逃避经济方面的民事责任等，一些间接的动机则不容易被发现，如为了迫使同行退出以谋求自己经营利益提升而放火，还有为了救火行为得到表扬、奖励等实施放火等。

2. 报复或泄愤放火。报复、泄愤放火的特点是犯罪嫌疑人与被害人之间有一定的矛盾。如对社会、对单位、对领导不满放火，因婚姻、恋爱破裂或家庭纠纷而放火，因邻居、同事、朋友不和或利益冲突而放火。

3. 隐瞒犯罪放火。因为火灾往往会带来建筑结构的破坏，痕迹物证的损毁、灭失，作案人意图通过放火达到掩盖其他犯罪的目的。如贪污、盗窃、杀人、强奸等罪犯作案后往往以放火手段焚烧犯罪现场毁灭证据，制造失火的假象掩盖他们的犯罪活动，干扰公安机关侦查方向。

4. 精神病人放火。一些精神分裂症患者、精神发育不全者、癫痫病患者，在发病期常由于感知异常、思维异常、情感异常或智能低下等因素而实施放火。

5. 自焚。因婚姻受挫折、生活所迫、动迁等达不到个人的要求，在经济上补偿不足或住房得不到满足等原因而悲观厌世，有的高龄老人因体衰多病而轻生放火自焚，恐怖主义极端分子通过自焚以期达到其政治目的。

6. 蓄意破坏放火。青少年放火通常都是出于此动机放火，对象可能是学校的某个场所，一些废弃的建筑、车辆和荒地也经常成为放火目标。

7. 寻求刺激放火。有些人为了寻求某种刺激或是吸引他人的注意力放火。

二、放火的特点

1. 放火者动机比较明显。放火绝大多数是因为报复、婚姻家庭纠纷和债务关系等矛盾激化而引起的；有的是对单位领导不满，对改革触及自己的既得利益不满，以放火手段直接破坏社会和单位财产，或选择政治影响较大的场所进行放火；有的是杀人、贪污或盗窃后，为了掩盖罪行逃避惩处而放火灭迹。

2. 放火时间和地点有一定规律性。放火者一般选在不易被人发现的时间，如趁班前班后、节假日、开会、上课、当事人外出和夜深人静现场无人之机，在偏僻易逃离现场的地点放火作案。

3. 着火有一定突发性。对于用火不慎或电气设备不良、阴燃等引起的火灾，人们往往事前能闻到异味或发现异常现象，而放火一般无上述迹象。放火者往往携带助燃物（汽油、柴油和酒精等易燃液体）在物资集中部位或靠近安全通道、门口等易于逃离的部位，趁人不备时放火并为火势的蔓延创造有利条件，为灭火工作制造障碍。因此，放火案件的发生是有一定的突发性，蔓延迅速，发现前无迹象，发现时往往火势已处于猛烈燃烧阶段。

三、放火现场的特征

在火灾调查中，有下列情形之一的，应当综合考虑是否有放火因素。

（一）现场有多个起火点

如查明现场有两个或两个以上的起火点，而且根据几个起火点的位置及周围建筑、环境情况，不可能从一个地点蔓延到另一个地点，判断火灾不是由电缆线路引起的，不是飞火又不是爆炸引起的，则判断有放火的可能。放火者为了加速火灾的形成，往往在数处放火，因而火场上出现几个起火点。这是区别放火和一般火灾的一个明显特征。

（二）起火点位置奇特

起火点位置奇特指经调查起火点处不存在其他电源、火源以及吸烟等起火因素。如许多放火地点选在门前、通道等出入方便或堆放可燃物较多又隐蔽的地方，通常这些地方不存在火源、电源，发现这样的起火点则可认为存在放火的可能性。

（三）现场有明显破坏痕迹

1. 门锁有撬痕，门边和门框有挤压痕迹。作案人破门而入留下的撬压痕迹，尽管在火中可能被烧，只要门边或门框的炭化层不脱落，撬压痕迹仍然存在。

2. 检查门窗玻璃破碎的状态和掉落地点。被火烧炸裂的玻璃呈鞍裂纹状，向火场一面的玻璃块有烟熏痕迹，而在着火前打碎的玻璃块没有烟熏痕迹，且由于是受机械力破坏，其边缘呈棱角状，玻璃碎块大小不一。

3. 门窗被锁死，用重物顶上，用铁丝拧住。

4. 现场附近的消防设备、通讯设施等被故意破坏。

（四）现场中有放火遗留物

在起火点附近发现有烧剩的火柴梗、油棉花、稻草、煤油、汽油瓶、导火线等用来引火的物体和材料，有的还留有电池及机械或电子延时装置。如图 10-2-1 和图 10-2-2 所示。

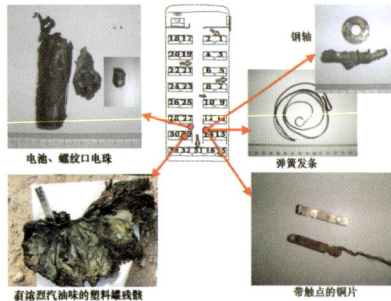

图 10-2-1　现场遗留的放火工具

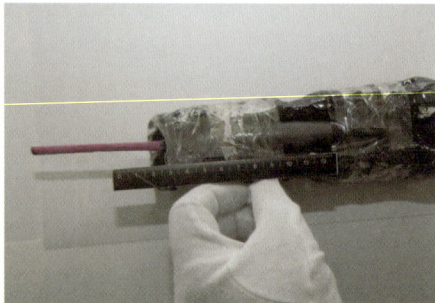

图 10-2-2　延时放火装置（依次为：香—火药—瓶装易燃液体）

（五）物品有被翻动和移动的痕迹

在勘验和调查中发现火灾后的物品与证人提供的原始地点不同，并有翻动物品的痕迹，如办公桌的抽屉被翻，锁被撬等。

（六）可燃物位置变动

现场内物体有明显位置变化，在起火点处发现起火前没有的物体残骸；或可燃气体、液体管道开关、液化气、煤气灶开关被打开等。

（七）现场破坏大、物证分散

从物证的分布讲，放火案件的物证与失火的物证有所不同，后者一般在起火部位，而前者的物证有时却分散，起火点处有，其他地点也可能有。如某市一地下车库发生一起放火烧毁 5 辆小轿车的案件，放火者用矿泉水瓶装满汽油，并在瓶盖上戳若干小眼，用于喷洒汽油放火。在实施完放火后，将矿泉水瓶遗弃在车库外围的草丛中。物证分散是放火嫌疑案件具有的特点之一。

（八）现场内尸体有非火灾因素导致的外伤

如果火灾现场中发现尸体有火灾前形成的致命伤，或尸体有捆绑痕迹，或经法医学鉴定为火前死亡等刑事犯罪证据，这说明有放火嫌疑。

四、放火嫌疑案件调查询问的主要内容

对明显有放火嫌疑的火灾，且初步判断放火者使用了一定量的易燃液体，根据易燃液体容易爆燃的特性，火调人员到场后，应提请公安机关立即部署走访医院、门诊部，查找火灾后是否有来医院诊疗烧伤的人；走访理发店，有无头发烧焦来理发的人；走访加油站，有无火灾前零星购买汽油的可疑人员。如北京"6·5"蓝极速网吧放火案，调查人员在火灾后及时走访加油站时发现了重要线索。

放火嫌疑案件由于其隐蔽的特殊性，目击证人相对较少，调查询问工作尤其重要，要广泛调查询问一切可能证明火灾事实的人员，必要时还要扩大走访范围，收集各种证据线索。询问对象主要包括报警人员、初期火灾扑救人员、最后离开（经过）现场人员、火灾发生场所的人员等等，主要了解对判明火灾性质起着重要作用的以下几个方面内容：

1. 起火的准确时间、地点、方位，起火前后人员活动情况，有无可疑人员进出，有几处着火。

2. 发现燃烧当时火的特征，火焰的高度、范围、颜色、味道、声响，当天的气温、风向和门窗的状态。

3. 被烧的物品及损失，家庭财物情况，经营状况，火灾前进出货情况，是否参加保险，投保时间，投保金额，受益人等事项。

4. 调查了解起火单位或居民有哪些利害关系人，了解家庭成员、邻里、同事、上下级之间以及同行之间有无矛盾激化现象。

5. 电气线路、设备安装、使用以及火灾前后动作情况。

6. 调查消防控制室值班操作人员履职、消防设备运行情况，视频监控情况运行情况，有无人员无故脱岗、设备状态异常或被人为破坏等情况。

7. 其他可疑的各种情况。

在调查询问同时，对放火嫌疑人要在第一时间检查其头发、眉毛、面部、手足背是否有体表烧痕，衣物是否沾上燃料被引燃，并剪取其指甲进行助燃剂鉴定。

五、放火嫌疑案件现场勘验的主要内容

（一）收集起火物的证据

1. 在起火点附近仔细寻找放火使用的起火物。在许多放火现场，放火者往往将盛装可燃液体的容器遗留在中心现场或丢弃在现场附近。能否发现此类物品，对确定火灾性质具有重要作用。要注意适当扩大现场勘验或搜索范围，对现场燃烧残留物进行仔细筛查，注意发现塑料、玻璃、金属容器残片等各类可疑物品。注意发现火场上的特异气味，必要时提取起火点处的实物作鉴定与分析。注意获取气体类起火物的间接证据，如油气管道阀门、炉具和液化石油气瓶的开关状态等。

2. 在现场周围隐蔽地点也可能藏有放火用过的起火物。如火柴杆、火柴盒、打火机、烟火、烟盒、电池及其他机械或电子的定时装置等；如某地农村系列放火案中，放火者根据作案地点与自家距离的远近，截取不同长度的蚊香，用胶带把6～7根火柴绑在蚊香的一头，在作案时点燃蚊香的一头，再把点燃的蚊香塞进柴草垛里，蚊香燃烧一段时间后才能把火柴引燃，进而引燃柴草垛。还有的利用现场原有条件，就地取材进行放火。上述的一些放火手段，既不会留下外来起火物的痕迹，又有一定的延迟时间，但是总会留下一些痕迹、物品等证据线索，因此应注意勘验起火点及其附近是否存在此处不应出现的物件。

3. 有些放火者以不慎失火、责任事故起火、自燃起火的现象掩盖放火，如把现场原有的电炉通电并放在可燃物附近；把通电的灯泡靠近或夹在易燃物品里；将仓库内盛有金属钠或白磷的容器弄出小孔，使保护液缓慢流出。勘验时要注意发现这种假象及可疑之处。

（二）寻找放火者的行迹

在现场周围和现场的出入口注意寻找放火者的足迹、破坏工具痕迹和交通工具痕迹，查明围墙、栅栏有否攀登翻越的痕迹，查明门窗玻璃是火烧破坏，还是人为击碎。室内箱柜有无撬砸痕迹以及放火者随身携带物的遗留物等。注意调取现场周围视频监控信息，对图像模糊的，要请专业技术人员进行处理，获取有价值的细节特征。调查发现重大嫌疑对象时，应当及时对其住所、工作场所实施搜查，以便发现、固定相关证据。

（三）检查烧毁及丢失的钱财物

从现场残留物和灰烬中检查原物是否缺少，与事主核对有无钱物丢失，判断是否偷盗后放火。若是盗窃、贪污和抢劫放火要注意寻找工具破坏痕迹，查明丢失或缺少的票据，并注意发现和查证现场遗留痕迹与事主叙述的矛盾之处。

（四）通过法医鉴别死、伤人员死亡或受伤原因

现场死亡人员通过法医判断死亡的原因，有无逃生迹象，尸体外伤是生前伤还是死后伤，呼吸道

有无烟尘。在进行尸体检查前，应将尸体在火场的位置、姿态和尸体周围的有关物品仔细记载下来，分析研究死者生前所处环境、致死条件，有无可疑物品。对现场尸体烧毁程度较重的，应通过刑事技术人员采用 DNA 鉴定技术确定死者身份。对受伤人员，应了解起火及受伤经过，查明受伤者是火灾伤害还是其他伤害，是自伤还是他伤，有无刻意隐瞒伤情。

六、起火部位（起火点）发现液体流淌燃烧痕迹的主要调查内容

对起火部位或起火点发现液体流淌燃烧痕迹的，应通过现场勘验和调查询问查明以下事实：

1. 查明起火特征。可燃液体参与燃烧一般情况下为明火起火特征，易燃液体由于可燃蒸气挥发的范围、浓度等不同，可能形成明火或爆炸两种起火特征。应根据调查访问和现场勘验，认定起火特征。

2. 查找液体来源。是容器故障或火灾中破损泄漏，还是放火。燃烧迅猛的火场，注意查明液体的种类、性质、数量，发现和提取可燃液体。

3. 获取盛装液体的容器和残体。现场寻找金属桶、盆、喷灯、瓶、油箱盖、底螺丝及塑料桶、盆的残体等。

4. 查找火源物证。查找打火机、火柴等引火物以及动火作业、固定火源的位置，查找可能发生金属撞击或静电火花的部位，查找电气开关、电源插座、门铃等的位置和状态，查找使用电机、温控、继电器等元器件的设备位置和状态，通过电气线路、设备上的电气故障，寻找电火源。

5. 根据人体烧伤部位、程度认定起火经过。液体燃烧速度快，许多人来不及从火场撤出而被烧伤，往往衣服、皮肤、毛发被烧。如果手上沾有汽油等液体受伤时，会形成"人皮手套"。应加强对这些人的现场询问，询问受伤的经过，并及时固定或提取这些痕迹。

6. 液体燃烧痕迹物品的提取。按液体、气体物证的提取方法，在起火部位内，从下列位置进行采样并送检：各种液体燃烧轮廓内；家具的下面和侧面、楼梯上、地板裂缝和接缝处；地板的护壁板后、楼梯上、地板裂缝和接缝处；火灾后的死水面；工厂里的各种生产装置和储存容器。提取时应注意提取空白样品，提取后的样品要密封保存，防止泄漏和挥发。

七、放火嫌疑案件调查认定要点

放火嫌疑案件类型很多，案情错综复杂，没有一个固定的认定模式。但只要认真调查询问和勘验现场，根据现场燃烧状态、燃烧痕迹、人证和物证，即可作出客观的分析鉴别和认定。

1. 准确认定起火点。准确认定起火点是查明起火原因的基础。要查明起火点数量，如起火点是两个或两个以上，分析判断现场是否存在电气线路过负荷、飞火、爆炸等因素造成的。要分析起火点位置是否奇特，是否是外界容易接近，而又排除了电气故障、遗留火种、自燃等起火因素。

2. 认定的起火时间一定在放火行为实施的同时或之后。在放火案件中发现起火的时间有早有晚，多数在放火者实施放火以后一段时间才被发现，还要注意放火者采用了延时装置。

3. 查明起火特征。现场是否存在没有前兆突然起火的特征，与放火嫌疑案件现场的一个或多个特征吻合。

4. 查明引火源和起火物。许多火灾现场物品庞杂，就引火源而言，往往在起火点处，可能同时存在着若干种不同火源。在这种情况下必须采用排查法，就是把那些可能引起火灾的各种因素进行排队，然后再对各种因素的可能性和可靠性进行认真分析和研究，逐条排除现场可能的电气故障、违章操作、遗留火种等其他起火因素，从而最终认定放火嫌疑案件。

5. 查明有无放火嫌疑情形。有证据证明具有下列情形之一的，可以认定为放火嫌疑案件：

（1）现场尸体有非火灾致死特征的；

（2）现场有来源不明的引火源、起火物，或者有迹象表明用于放火的器具、容器、登高工具等物

品的；

　　（3）建筑物门窗、外墙有非施救或者逃生人员所为的破坏、攀爬痕迹的；

　　（4）起火前物品被翻动、移动或者被盗的；

　　（5）起火点位置奇特或者非故意不可能造成两个以上起火点的；

　　（6）监控录像等记录有可疑人员活动的；

　　（7）同一地区相似火灾重复发生或者都与同一人有关系的；

　　（8）起火点地面留有来源不明的易燃液体燃烧痕迹的；

　　（9）起火部位或者起火点未曾存放易燃液体等助燃剂，火灾发生后检测出其成分的；

　　（10）其他非人为不可能引起火灾的。

　　6. 火灾发生前受害人收到恐吓信件、接到恐吓电话，经过线索排查不能排除放火嫌疑的，也可以作为认定放火嫌疑案件的根据。

八、公安消防、刑侦部门协作调查放火嫌疑案件

　　《火灾事故调查规定》（公安部令第 121 号）对公安消防、刑侦部门火灾调查协作工作作出原则规定。即：有人员死亡的火灾，国家机关、广播电台、学校等部门和单位发生的社会影响大的火灾，具有放火嫌疑的火灾，针对这三种情形消防机构应当立即报告主管公安机关通知具有管辖权的刑侦部门，刑侦部门接到通知后应当立即派员赶赴现场参加调查；涉嫌放火罪的，刑侦部门应当依法立案侦查，消防机构予以协助。消防、刑侦部门协作调查放火嫌疑案件应当把握好以下环节：

　　（一）及时启动协作调查机制

　　消防机构一般先于刑侦部门到场。发现有放火嫌疑特征等情况的要立即启动，以免贻误战机。刑侦部门到场后，消防机构应主动介绍先期调查情况，协商确定各自在调查中的具体任务。对于火灾危害程度大、社会影响大的火灾，应当提高启动级别，由公安机关主管领导协调两部门实施协同调查工作，视情通知治安部门、刑事技术部门等必要力量参与调查。

　　（二）协作调查的方式

　　共同调查是协作的基础。这里的共同调查包括共同开展现场勘验、调查询问、调查实验、起火原因分析等工作。根据双方职责的不同，在共同调查方式前提下，各部门调查的重点应各有侧重：消防机构在对火灾现场进行及时、全面勘验的基础上，重点发现和运用各种燃烧痕迹等，确定起火点、引火源、起火物和起火时间，查明起火原因；刑侦部门在全面了解火灾现场、火灾基本情况基础上，重点在于调查、收集现场可疑的痕迹物品、查找和询问知情人，调查和核实放火嫌疑线索，为刑事案件立案提供证据。

　　（三）协作调查的要求

　　消防、刑侦部门共同调查应坦诚交换意见，及时沟通情况，而不应是"背靠背"式的调查。在火灾性质没有确定前，由消防机构主导调查，刑侦部门在现场调查中起协助作用。因此，刑侦部门技术人员在勘验现场、提取物证时应当主动征询消防机构意见。消防机构火调人员在勘验现场时，也要注意保护现场，充分考虑刑侦部门的侦查需要。

　　1. 协作调查应当做好过程记录。为了确保警令畅通，可以以火灾联合调查组或领导小组名义向调查组参与部门及调查人员下任务单，要求完成什么任务，核查什么情况，达到什么要求，何时反馈情况等等，联合调查组召开会议应形成会议纪要存档备查。

　　2. 统一发布信息。需要部门协作的火灾一般影响较大，为了保障公众的知情权，消除公众疑虑，防止炒作，需要积极应对媒体，适时对外发布信息。协作部门应注意统一信息发布内容、统一发布渠

道。既要保障广大群众知情权，保证信息发布的主渠道畅通，又要牢牢掌握信息舆论引导权，不影响正常的火灾调查工作。

3. 统一物证提取和送检。对重要物证的提取送检，应由消防和刑侦人员一并在场提取，协商送检相关鉴定机构，避免双方对鉴定意见采信意见不统一。

（四）放火嫌疑案件的移交

消防、刑侦部门在共同调查基础上，经过综合分析，使双方排除分歧点，形成对火灾性质的一致意见，从而确定消防或刑侦部门对火灾的管辖权。对确定属于火灾事故的，刑侦部门要向消防机构移交全部调查和检验鉴定材料，并撤出现场中止调查工作。对确定属于放火嫌疑的，消防机构应当制作《案件移送通知书》，将相关材料移送刑侦部门审查，刑侦接受后，应在 10 个工作日作出是否立案的决定。对不予立案的，刑侦部门要书面说明理由，并退回案卷材料、移交火灾现场。消防机构重新受案后，按照火灾事故调查规定继续开展调查认定工作。

对存在争议的，首先要分析引起分歧的原因，列出分歧的主要问题，明白双方分歧的要点，逐一进行解决。必要时，可以请求上一级公安机关共同派员指导调查。

总之，对有放火嫌疑的案件，消防、刑侦两部门调查人员应当密切协作，做到信息资源共享。消防机构在调查火灾中分析起火时间、起火点及起火原因的过程，尤其是运用燃烧基础理论、火灾现场痕迹、火灾中人的行为等专业知识，可以协助刑侦部门解决部分疑难技术问题，为刻画犯罪嫌疑人特征、缩小排查范围提供技术支持；刑侦部门分析作案动机、作案路线和工具也使消防机构的火灾起火原因认定更加严谨。两部门从不同的角度或思维方式进行调查取证，会使得出的结论更全面、更接近客观实际。

消防机构在放火嫌疑案件被侦破后，应当及时总结放火嫌疑案件的特点和规律，汲取调查工作的经验教训，以不断提高认定放火嫌疑案件的水平。

九、儿童玩火认定要点

儿童玩火引起的火灾多发生在农村和城市居民家庭中，有的发生在堆放柴草、可燃杂物的废弃房屋中，其中有相当一部分火灾还造成了儿童的伤亡。由于儿童玩火引发的火灾在外在表现形式上与放火嫌疑有类似之处，故在本节对儿童玩火认定要点一并介绍。认定儿童玩火应把握以下要点：

1. 认定的起火部位在起火前的有效时间内曾有儿童玩耍。
2. 经调查，起火部位排除了电气故障、自燃等其他起火因素。
3. 现场发现儿童玩火的直接证据，如火柴、蜡烛和打火机等物证；或有证人指证现场起火前有儿童玩火。
4. 现场起火特征与电气故障、物品自燃等其他起火现场特征不相符，与人为外来火源引燃起火点处可燃物的起火特征相吻合。

第三节　爆炸起火类原因认定

一、爆炸的分类和常见爆炸现场的特征

（一）爆炸的分类

1. 爆炸按不同的标准有不同的分类方法，从现场勘验角度，根据现场特征现象，将爆炸现场分为：

（1）爆炸品爆炸。爆炸品是火药、炸药和爆炸性药品及其制品的总称；

（2）泄漏气体或可燃液体蒸气爆炸。指可燃气体、液化可燃气体、易燃可燃液体蒸气泄漏到空间发生的爆炸；

（3）容器爆炸。指高压贮运容器或反应容器发生的爆炸或爆破；

（4）可燃粉尘爆炸。指可燃粉尘悬浮物与空气混合后遇火源发生的爆炸。

2. 按爆炸物质性质的变化，（1）可分为物理爆炸。如锅炉爆炸、液化气瓶受热爆炸等，由物理变化导致的爆炸；（2）化学爆炸。如炸药爆炸、混合气体爆炸等，是物质以极快的速度发生化学反应，产生的温度和压力急剧上升而形成的爆炸；（3）核爆炸。由于原子核裂变或核聚变所引起的爆炸叫核爆炸。

（二）爆炸品爆炸现场的特征

1. 炸点明显。由于爆炸品爆炸时能量高度集中，易形成炸坑、炸洞等，这些炸坑、炸洞称为炸点，一般都是放置爆炸品的部位。有无炸点是确定是否为爆炸品爆炸事故的重要依据。炸点形态及附近烟痕是判断爆炸品种类、数量和包装情况的主要依据之一。在极个别情况下，爆炸物被悬空挂置，距离墙壁有一定距离，爆炸后可能没有明显的炸点，可以通过现场分析排除其他因素，并通过现场有无遗留爆炸物包装、起火物等确定是否为爆炸品爆炸。见图 10 - 3 - 1。

图 10 - 3 - 1　炸药爆炸现场有明显的炸坑

2. 抛出物细碎、量多。在炸点附近的物体往往受爆炸冲击影响大，抛出物表现出碎而多的特点。

3. 冲击波强度大、传播方向均匀、衰减快。爆炸品爆炸产生的冲击波速度大，破坏力强。常造成人、畜等动物器官的机械损伤。例如，把人的衣服冲破或剥去，受害人面向爆炸点的一侧，常有大面积皮下瘀血痕迹。由于炸药包装均匀，爆炸后冲击波均匀向四周传播，但在坚硬障碍物的作用下会发生反射。

4. 抛出物表面有烟痕。部分爆炸品爆炸后炸点和抛出物表面有明显的烟痕，这也是判断爆炸物品种、数量的重要依据之一。

5. 爆炸留下燃烧痕迹。低爆速炸药爆炸易引起燃烧。例如，黑火药和硝化棉的爆炸；中爆速炸药爆炸不易引起燃烧，如硝酸铵炸药爆炸；高爆速炸药爆炸易引起炸点处可燃物局部燃烧。如黑索金、TNT 爆炸。

（三）气体爆炸现场的特征

气体爆炸属于化学爆炸，释放的能量密度小，爆炸压力较低，但作用范围广，破坏面积大，易引起燃烧，其特征比较明显：

1. 没有明显的炸点。对气体爆炸而言，通常将引火源首先引爆的位置定义为起爆点。由于气体弥散在整个空间内，且空间内气体浓度分布不均匀，爆炸后破坏最严重的地方不一定是起爆点，所以难以根据破坏的严重程度确定炸点。需要根据周围物体倾倒、位移、变形、碎裂、分散等破坏情况以及泄漏点、火源分布等情况综合分析起爆点。

2. 击碎力小、抛出物大。空间气体爆炸除能击碎玻璃、木板外，其他物品很少能被击碎，一般只能被击倒、击裂或破坏为有限的几块。抛出物块大、量少、抛出距离近。

3. 冲击波作用弱、燃烧波致伤多。空间气体爆炸压力有限，一般产生推移性破坏。使墙体外移、开裂、门窗外凸、变形等。可燃气体能够扩散到家具内部，爆炸气体有时能将大衣柜的门、桌子抽屉鼓开或拉出，冲击波作用较弱。可燃气体弥漫整个空间，爆炸燃烧波作用范围广，能迅速燃烧，使人、畜呼吸道烧伤，衣服被烧焦或脱落。

4. 烟痕一般不明显。可燃气体泄漏一般发生在计量浓度以下，接近爆炸下限情况下，发生爆炸燃烧。空气充足，燃烧充分，不会产生或较少产生烟熏。只有含碳量高的可燃气体爆炸燃烧时，可在部分物体上留下烟痕。例如，乙炔、烷烃类高分子有机化合物爆炸燃烧时可留下烟痕。

5. 易引起燃烧。可燃气体爆炸能引起整个空间大面积燃烧，有以下几种情况：可燃气体没有泄尽，在空间爆炸后会在气源处发生稳定燃烧；可燃性液体挥发后发生的气体爆炸，会在可燃液体表面发生燃烧；室内发生气体爆炸时，可引起室内可燃物起火。在特殊情况下，可燃气体泄漏量小，接近气体爆炸下限时，只发生爆燃，也可能不引起燃烧现象。

6. 泄漏气体的低位或高位燃烧痕迹。液化石油气等密度比空气大，易聚集到低洼区域，发生爆炸燃烧后，现场可能发现某物体下方或者一般火灾烧不到的低洼处存在细微可燃物的烧焦痕。而天然气比空气轻，易弥散到空间上部位置，爆炸后会出现上部壁橱门鼓出等破坏现象。通过不同现象可以大致分析气源种类。

（四）容器爆炸现场的特征

1. 爆炸容器显而易见。容器发生爆炸，容器内装有的气体、液体或固体，以容器为中心向外抛出，现场特征明显。

2. 抛出物块大、量少、距离不等。由于压力容器和反应器选用韧性大的钢材制造，爆炸物能量密度不高，其破坏力介于炸药爆炸和空间气体爆炸之间，容器内有一定的空间缓冲作用，所以一般不会发生粉碎性破坏，多是被炸成较大的块，或被撕裂几个裂口，或将容器铁板展平。这种爆炸抛出物数量不多，块大、距离不等，有时没有抛出物，有时容器整体抛出或位移。容器内若装有液体或固体，在爆炸时将全部或局部抛出，其抛出内容物的方向，在容器炸裂或先行炸裂的一侧。见图 10-3-2。

图 10-3-2　高压容器因焊接质量不合格发生爆炸

3. 一般冲击波有方向性。由于压力容器爆炸一般在某个薄弱部分先发生爆裂，或者只在某一个部位、某一方向发生爆裂，所以冲击波有明显的方向性。

4. 一般没有烟痕。容器爆炸一般没有烟痕，尤其是物态变化、体积膨胀引起的容器爆炸，不存在烟痕。气体的分解爆炸，可在容器内壁发现少量附着物或烟痕。

5. 一般无燃烧现象。物理性爆炸一般没有燃烧现象。但易燃液体、可燃气体容器爆炸后，扩散出的大量气体或蒸气，在静电、明火或其他火源作用下，往往发生二次爆炸或燃烧。如压力容器（内装天然气）因焊接质量不合格首先发生物理爆炸，天然气扩散出遇火源形成二次爆炸。

二、爆炸现场勘验和调查询问要点

（一）爆炸火灾调查应查明的主要内容

要通过现场勘验和调查询问，全面收集证据，尽快查明以下内容：

1. 查明爆炸发生的时间，确定爆炸发生的具体地点、方位，是建筑物内爆炸，还是生产装置爆炸，是空间爆炸，还是容器爆炸。

2. 查明爆炸的类别和性质，是爆炸品爆炸，还是气体爆炸、粉尘爆炸或是容器（罐体）爆炸，是物理爆炸还是化学爆炸，或是先物理爆炸后化学爆炸，是先起火后爆炸，还是先爆炸后起火。

3. 查明爆炸物质种类、理化性质及其来源。

4. 查明爆炸点，即首先发生爆炸的部位。

5. 查明爆炸的具体过程和具体原因，认定引火源，确定爆炸是案件还是事故。

6. 查明爆炸造成的损失、人员伤亡情况，查找经验教训和防范措施。

（二）爆炸品爆炸调查要点

爆炸品爆炸现场，事发突然，有时还引发燃烧，破坏性强，物证分散，关键部位的证人证言少，原因认定较为困难。爆炸品爆炸的直接原因很多，不同的爆炸品引爆的条件不尽相同，明火、高温、震动、撞击、分解等均可能引爆，甚至有的遇光、遇酸等也会发生爆炸。从事故性质一般可分为：人为失误、人为故意、不可抗力等。

1. 现场勘验的主要内容

爆炸现场物证分布范围大，现场可能还有再次爆炸的危险，在调查人员赶到现场时，要首先部署现场保护，确认有无可疑爆炸遗留装置，有无房屋倒塌危险，在物证可能分布的范围都应列为保护区域。以炸点为中心向不同方向勘验。

（1）炸点的位置及靠近炸点物体的破坏情况，主要是建筑物倒塌、断裂、变形、移动等破坏情况，不同房间内放置的物品被摧毁情况，炸点与倒塌的建筑物之间的距离，测出不同破坏程度的半径，判断爆炸品的数量和破坏程度。

（2）抛出物的气味。通过抛出物的气味，可判断爆炸品的种类。也可通过取样送检确定爆炸品的种类，TNT有苦味、黑火药有硫化氢味、涩味。

（3）烟痕分布情况。在炸点边缘的物体上容易发现烟痕，收集烟痕时要连同其载体一并提取送检。根据烟痕的气味、颜色可初步判定炸药种类，通过分析鉴定可以帮助判断爆炸品种类。

（4）抛出物在现场的分布方位、密度、典型抛出物距炸点的距离。较大块的抛出物要测距、称重、照相、绘图并作记录。

（5）检查抛出物表面烟痕、燃烧痕、熔化痕、冲击痕及划擦痕迹。分析上述痕迹物证，判断爆炸物种类、数量、状态及破坏威力。

（6）提取残留物做分析鉴定。提取的爆炸残留物主要包括爆炸物的原形物、分解产物、包装物和引爆物的残体。勘验时注意在炸点及附近、抛出物上、疑似爆炸包装物上等部位提取，提取时要注意在现场附近爆炸波及不到的地方采取空白样，以便做空白对比分析。

（7）伤亡人员的具体位置，受害者姿态、朝向、损伤部位及原因，衣服剥离、毛发被烧情况，并提取送检。

重点围绕报警人、发现人、受伤人员等展开，还应及时调取现场周围监控录像，主要查明：

（1）爆炸发生的现象。如声、光、火焰、烟、气味等情况。爆炸物质不同，爆炸后的现象也不一样，通过爆炸现象可判断爆炸物。

（2）爆炸发生的详细经过。主要是爆炸发生的时间，爆炸发生后的声响，爆炸的震动和冲击波情况。

（3）爆炸前后现场物品变化情况。如爆炸前现场物品的位置状态及其爆炸后物品变动的情况。

（4）生产、储存、运输爆炸物品情况。主要是爆炸品来源和保管、使用的情况以及用火用电的情况。

（5）当事人经济、社会关系，有无矛盾激化现象，有无悲观厌世、报复社会等因素。

（三）气体爆炸调查要点

在生产、储存、运输和使用可燃气体过程中，因管理不善、使用不当或产品质量等原因发生气体泄漏，或在相对密闭的空间内使用易燃液体，泄漏的气体或挥发出的易燃液体蒸气扩散形成爆炸性混合气体，遇火源引起爆炸火灾事故。气体扩散还可以弥散、分布到壁橱、地板等小空间或狭缝中，或被人、畜吸入呼吸道，爆炸后引起可燃物品燃烧及人、畜呼吸道损伤。

1. 气体泄漏的原因

调查气体爆炸的原因，其中之一就是要分析爆炸性气体是如何形成的，易（可）燃气体来源何处。除了人为故意破坏而造成泄漏外，其他常见的气体泄漏原因如下：

（1）储运设备的材料强度降低。造成构造材料及焊缝强度下降，引起破坏导致泄漏的原因主要有：因腐蚀或者摩擦，器壁减薄或穿孔；材料因工作环境温度降低，发生低温脆裂；由于反复应力或者静载荷作用，引起材料疲劳破坏或者变形；材料受高温作用，强度降低等。

（2）外部载荷突变造成破坏。造成容器、管道等受异常外部载荷作用，产生裂纹、穿孔、压弯、折断等机械性破坏的原因主要有：各种震源的作用，地基下沉；油槽车、油轮运输故障、相撞或翻车；船舶晃动，或者油槽车滑动，误开动，使正在输送危险品的管道折断、软管拉折；施工或者重载运输机械通过，引起埋设管道破坏等。

（3）内压上升引起破坏。由于容器内气体体积或液体体积膨胀，造成容器内压力上升，造成容器破裂泄漏。

（4）操作错误引起泄漏。违反安全操作规程，错误地操作阀门、孔盖等造成泄漏。如开启不应打开的阀门，或打开阀门后，由于故障关不上或关不紧。油槽输装作业或检尺时打开排气孔盖，或其他有关开盖的作业后忘记关盖造成泄漏。检修输送泵、管路、阀门等的时候，由于未按操作规程带压操作造成泄漏。

（5）微量泄漏。接缝、转轴、滑动面、腐蚀孔、小裂缝发生的微量泄漏。这种泄漏一般情况下，只能发生小火灾，但是扑救不及时，即使是小火也能烧坏密封和阀门，则可能转变为大量泄漏，使火灾扩大。气体微量泄漏，往往造成人们的忽视。特别是在爆炸危险场所，可燃气体报警器比较灵敏，遇到微量泄漏就报警。有的单位将报警器关闭，留下火灾隐患。特别是密度较大的可燃气体泄漏，沉积在低洼处，会发生爆炸火灾事故，危害极大。

（6）居民日常生活或饭店使用液化气、天然气不慎造成泄漏。这种泄漏发生后，由于现场破坏，难以找到最初的泄漏点。调查人员到场后要迅速保护现场，禁止无关人员进入，随意拨动阀门。如发现正在泄漏的泄漏点，要妥善处置，防止二次爆炸，并及时固定证据。泄漏的主要原因有：气体阀门未关或被小孩扭开；减压阀与气瓶接口不密封。减压阀、角阀本身漏气；可燃气体转换成液态，或液态变成气体时，气体和液体转换阀接口密封不牢泄漏；输气胶管老化开裂或脱落；空气流将火吹灭或锅内食品溢出将火熄灭，而可燃气体持续泄漏。

2. 气体爆炸火源分析

找出引起气体爆炸的引火源，是认定气体爆炸直接原因的关键。一般火源距离泄漏点近，爆炸发生早，气体爆炸造成的危害小；火源距离泄漏点远，爆炸发生晚，气体爆炸危害大。对持续性火源，气体泄漏后立即爆炸危害小；气体先泄漏，后接触火源，气体爆炸危害大。几个火源同时存在，则要根据火源性质、与泄漏点距离、气流方向以及泄漏气体相对密度来确定引爆的火源，并排除其他火源因素。一般从以下几个方面分析引火源：

（1）持续性火源。主要有：锅炉及加热的明火，电加热器的电阻丝，不防爆的电气设备，如运转的电机、电冰箱继电器或电气开关动作产生的电火花等，都能够引起可燃气体爆炸。

（2）临时性火源。主要有：焊接、切割金属作业时的火花、喷灯的明火，金属摩擦或撞击的火星，汽车排气管产生的火星等。另外吸烟、炊事、供暖、焚烧等明火也能成为引火源。

（3）绝热压缩火源。高压气体从容器、管道等设备中喷射出，很容易产生绝热压缩现象，立即引发爆炸起火。例如高压氧气瓶在打开出气阀和截止阀之间的管路时，由于压差作用形成气体高速流动，当气团的一部分边界以很大的加速度运动或受到强扰动时，气体状态发生明显变化，以波的形式向前传播，产生激波现象，熵值增大，温度上升，这种情况很易产生引起内部可燃物着火的引燃能。这种火源在现场不会留下任何痕迹，但如果是在泄漏后过一会儿才发生爆炸，应该排除这种引火源。

（4）静电火花。气体在伴有雾滴或粉尘的情况下，由于这些颗粒的摩擦、碰撞、分裂等过程可产生静电，气体在管道内高速流动和从缝隙中喷出的过程中，由于发生强烈摩擦均能产生静电，引起可燃气体的爆炸。静电火花可在放电金属上留下微小的痕迹，在电子显微镜下，可以看到像火山口形状的静电火花凹坑痕迹。

（5）高温可燃气体接触空气起火。温度超过自燃点的可燃气体或液体蒸气从密闭的容器、管道等设备内泄漏，不需要其他引火源，与空气接触瞬间直接就可以起火。

3. 气体爆炸现场勘验和调查询问要点

现场勘验和调查询问的主要任务是查明泄漏点、寻找火源证据，查明爆炸的直接原因。

现场勘验的主要内容：寻找爆炸中心痕迹物证，虽然气体爆炸没有明显的炸点，但可根据火源情况、现场建筑物破坏倒塌痕迹进行综合分析，初步确定燃烧爆炸的中心范围；还要收集火源物证。本节前面已经分析引起气体爆炸的火源，按火源存在的时间分为持续性火源、临时性引火源。几个火源同时存在时，则要根据火源的性质、距泄漏点的距离、气流方向及泄漏气体密度，分析哪个火源是引起爆炸的引火源。

调查询问的主要内容：发生爆炸时的现象和过程；泄漏气体的种类、设备及泄漏位置；泄漏的原因及采取的措施；爆炸前生产、使用、贮存情况，有无特殊现象；设备的设计、施工和检修情况；以前是否发生过泄漏事故，什么原因，如何处置；爆炸的中心部位有什么经常性的火源和临时性的火源。询问电工，附近电气设备是否防爆，选择什么类型的防爆电器。居民家中的火源主要有炉火、电气开关火花和吸烟打火等火源，要查明在爆炸前或火灾前有无操作电气开关、吸烟等行为。

4. 区别爆炸品爆炸与气体爆炸原因认定要点

爆炸事故发生后，公安消防部门和刑侦部门往往均赶到现场进行调查，确定爆炸性质，如果确定为爆炸品爆炸，则由刑侦部门调查，如果确定为气体爆炸，则需要根据职能由建设、安监或消防等行政主管部门牵头调查。

爆炸品爆炸和气体爆炸，由于反应物、生成物不同，爆炸产生的能量对其周围物质作用的机理与方式不同，因此在现场上有不同的特征，区别爆炸品爆炸与气体爆炸原因认定要点如下：

（1）爆炸的构成不同。爆炸品爆炸一般由炸药、起爆物质和发火能源三要素构成，爆炸的发生不受地点环境的限制，在地上、地下、空中、水中皆可发生。气体爆炸则受地点环境的限制，不是在任

何地方都能发生的。气体爆炸要满足爆炸条件，要有可燃气体与空气混合达到爆炸极限，在空间内遇到火源，火源能量必须大于混合气的最小点火能量，才能发生气体爆炸。例如，高压密闭容器或房间、地道、船舱、矿井、下水道等地方。

（2）炸点不同。爆炸品爆炸的炸点明显。爆炸品爆炸是在没有外部供氧的情况下，受起爆物作用的快速反应，爆炸产物在爆炸发生的一瞬间只占据爆炸品爆炸前本身的体积。因此，能量高度集中，产生明显炸点。气体爆炸炸点不明显，由于爆炸前气体所占的体积较大，爆炸时能量不能像炸药爆炸那样高度集中，没有明显的炸点。

（3）抛出物不同。爆炸品爆炸由于能量集中，击碎力强，抛出物体积小，数量多且密集。气体爆炸由于能量分散，而击碎力弱，抛出物体积较大，数量较少。

（4）烟痕不同。所有爆炸品爆炸都是化学反应，爆炸时有火光，燃烧的烟痕多分布在炸点周围的介质上，燃烧现象也只存在于炸点附近的可燃物上。气体爆炸有物理爆炸和化学爆炸两种情况。物理爆炸没有化学反应，所以没有火光、燃烧、烟痕等现象。例如，锅炉爆炸只是水蒸气在形态上变化，爆炸后无烟痕。气体化学反应引起的爆炸，与空气形成爆炸性混合气体，爆炸并伴有火光、烟痕等，生成新的物质，烟痕分布于可燃气体存在的整个空间表面，但烟痕较轻或无烟痕。

（四）容器爆炸调查要点

容器爆炸是指密封的容器由于材质强度降低或内部压力升高，造成容器破坏并瞬间向外释放能量的现象。

常见易爆容器主要有化工生产、储运装置及设备，如反应釜、分解塔、发生器等反应容器，锅炉、冷凝器等换热容器，蒸馏塔、干燥塔等分离容器等，还有液化气罐、汽车槽车等储运容器。这些容器多属压力容器，爆炸主要发生在容器局部腐蚀处、焊缝处、金属疲劳区、接头接口处等薄弱部位。爆炸的原因主要是由于容器内介质发生物理或化学反应，导致容器内部压力上升突破承载极限引发。

容器爆炸调查的对象相对比较单一，现场残留有盛装容器、管道的壳体和残片，残留壳体有向外扩张痕迹。首先要根据容器内部盛装物料及爆炸特征情况，判定容器内部发生爆炸的性质，是物理爆炸还是化学爆炸；其次要针对容器爆炸的性质认定爆炸原因。如果是物理爆炸，应从材料性质、焊接工艺、内部超压等情况分析判别；如果是化学爆炸，应从爆炸性混合气体、引火源等方面分析判别。

1. 容器爆炸现场勘验的主要内容

（1）检查容器本身破坏情况。一是勘验容器残片破裂断面。可以用放大镜仔细观察断口截面及断口附近容器内外壁的颜色、光泽、裂缝、花纹，找出其断面特征。必要时取破裂口附近的材质，进行化学分析、力学性能检验和焊接质量鉴定。二是检查破坏形状。应测量裂口长、宽，容器裂口处的周长和壁厚，并与容器原来尺寸作比较，计算裂口处的圆周伸长率和壁厚减薄率，估算出容积变形率。三是对碎片和抛出物进行勘验。要测定记录碎片及抛出物的形状、数量、重量、飞出方向和飞行距离。根据大块抛出物的重量及飞行距离估算其所需的能量。四是收集残留物送检。爆炸容器内的物质一般应该是已知的。但是为了证明是否发生过误充装、误加料等，就要取样检验鉴定容器内的残留物，寻找带有容器内喷溅痕迹的物体，同时要记录残留物和喷溅物的形态、颜色、黏度、数量和种类。如果固体、液体在容器内蒸发或发生分解反应，生成的残留物就会发生变化，需要具体分析。

（2）勘验安全附件情况。一是勘验压力表。如果压力表冲破，指针打弯，说明产生超压；如果指针在正常工作点及附近卡住，说明失灵。二是勘验安全阀。检验安全阀有否开启过的痕迹，有否失灵现象。对安全阀重新试验和拆开检验，看其内部腐蚀情况，介质附着情况，阀门动作情况。三是勘验液位表。检验液位表是否与主容器连通，有无假指示现象，通过印痕检查爆炸前液体数量，检查残余液体的量，检查液位表的破坏情况。

（3）检查造成的破坏及伤亡情况。检查因容器爆炸对建筑物、设备等的破坏情况；检查现场尸体所在的方位、姿势、衣着情况、死亡的原因；检查受伤人员受伤的部位、受伤的程度和受伤原因。

2. 调查询问的主要内容

调查询问主要内针对生产、使用、维修人员进行，重点查明以下内容：爆炸容器的名称、用途、型号、使用年限、质量、生产厂家等；爆炸时间、爆炸时的现象、冲击波方向；容器爆炸前内容物种类、数量、配比，是否超量；容器正常情况下的温度和压力，如何正常操作；爆炸前的温度和压力有什么不正常变化；压力表、减压阀和液位表是否经常失灵；设备的使用性质和工艺，设备设计、施工、使用、检修情况；爆炸容器附近有什么火源；等等。

第四节　自燃类火灾起火原因认定

一、本身自燃的物质分类

根据物质内部产生和积聚热量的机理不同，可以将本身自燃物质分为氧化、分解、聚合、发酵、吸附 5 个基本类别。其中，氧化、分解、聚合属于化学作用；发酵属于生物作用；吸附一般属于物理作用。

1. 氧化放热物质。这类物质在空气中发生氧化反应放热并积聚，温度达到自燃点而自燃。主要包括油脂类物质、低自燃点物质和其他氧化放热物质。

油脂类物质包括植物油、动物油以及它们的制品；还包括含有动植物油的物质，如原棉、棉籽、油布、涂料渣、炸油渣、含油切屑、含油白土、骨粉、鱼粉、废蚕丝等物质。低自燃点物质，如三乙基铝自燃点为 −52.5℃，白磷自燃点为 40℃，接触空气可氧化自燃。某些如煤、橡胶、金属粉末等其他物质，也可在空气中氧化自燃。

2. 分解放热物质。这类物质易发生分解反应，分解热积聚可达到物质自燃点而自燃。如硝化棉、赛璐珞、硝化甘油、硝化棉漆片等。

3. 聚合放热物质。聚合反应是单体合成聚合物的反应过程。如丙烯、苯乙烯、甲基丙烯酸甲酯等单体在缺少阻聚剂或混入活性催化剂、受热光照射时会聚合生热，可达自燃点而自燃。

4. 发酵放热物质。复杂的有机物在微生物作用下分解的发酵放热反应，可使物质温度升高达到自燃点而自燃。例如，植物秸秆在温度和水分合适的情况下，在微生物的作用下可发酵生热，当达到 70～80℃时再经过吸附、氧化等生热过程，就可能自燃。

5. 吸附生热物质。吸附是指物质（主要是固体物质）表面吸住周围介质（液体或气体）中的分子或离子的现象。流体与多孔固体接触时易发生吸附。例如，活性炭表面面积很大，与空气接触时可吸附生热。炭粉类既能吸附空气生热，又能与吸附的氧进行氧化反应生热。这类物质主要有活性炭末、木炭、油烟粉末等。

此外，遇水燃烧物质和混触爆炸物质的燃烧爆炸与物质自燃相近。例如，钾、钠等活泼金属遇水剧烈反应放热并产生氢气，可引起燃烧或爆炸。一些强氧化性物质与强还原性物质混合接触也会发生剧烈反应而燃烧爆炸。如高锰酸钾具有强氧化性，当与一些有机物，还原剂，易燃物（如硫、磷）等接触或混合时有引起燃烧和爆炸的危险。

二、影响自燃发生的条件

自燃能否发生取决于自燃物质的温度是否可以达到其自燃点。温度的上升依靠热量积聚，也就是物质吸收外部热量或依靠自身产生的热量大于其向外散失的热量，这可从放热速率和热量积聚两个方

面来考察。

1. 放热速率。自燃体系内放热速率越高，自燃体系升温越快，越有利于自燃的发生。影响放热速率的因素有以下几点：

（1）温度。反应速度受温度影响很大，自燃体系温度越高，自燃反应的速率越快，越有利于自燃的发生。

（2）放热量。放热量是单位质量的自燃性物质能释放出来的热量。放热量大的物质意味着放热速率可能越大。

（3）水分。水分对于发生自燃的化学反应几乎都具有催化作用。适量的水分能降低反应的活化能，使自燃反应速率加快。例如，植物纤维、金属粉末以及堆放的煤等，水分适量时更容易自燃。

（4）比表面积。反应速率与两相界面的表面积成正比，比表面积越大，反应的速率越快，就越容易自燃。其原因有三个方面：一是比表面积大到一定值，能增强其化学反应的活性；二是比表面积大，增大了单位体积自燃性物质与空气接触的面积，使反应的几率增大；三是比表面积大的物质内部通常都存在许多空隙，这些空隙成为良好的隔热保温体，有利于蓄热。例如，铁块不能自燃而铁粉能够自燃就是受比表面积的影响。

（5）催化作用。催化剂促进放热反应，使自燃火灾更容易发生。例如，微量重金属及脂肪酸皂对油酸的自燃发热会起到促进作用；二氧化氮对硝化棉自燃的发生也有很强的催化作用。

（6）老化程度。某些自燃性物质的老化程度对放热速率有重要影响。例如，赛璐珞和硝化棉，越是陈旧老化越易分解放热；而煤、活性炭、油烟和炭黑等物质越新越容易发生自燃；干性油和半干性油氧化成固体后，则无自燃的危险。

2. 热量积蓄。一般情况下物质自燃必须有良好的热量积蓄条件。自燃体系热量积蓄条件越好，体系升温越快，自燃就越容易发生。

（1）导热率。导热率越小的物质蓄热能力越好，越利于热量积蓄。通常情况下，气态物质比液态、固态物质的热传导系数小，因此粉末状、纤维状或多孔状物质更易蓄热。

（2）堆积方式。一般情况下，堆垛越大、堆积密实度越大，越利于热量的积蓄。纤维状、粉末状物质堆垛比大块物质堆垛内部蓄热条件好，容易升温，利于发生自燃。

（3）空气流速。空气流速影响体系内部与外界的对流传热。通常情况下，空气流速越大，体系对外散热越快，热量就越不容易积聚。

三、自燃火灾现场特征及调查要点

（一）自燃火灾的现场特征

一般情况下，自燃火灾发生前，起火物需要有较长时间的蓄热升温过程。起火点在堆垛内部时，最初起火物燃烧处于缺氧环境。因此，这类自燃火灾现场通常具有阴燃起火的特征。柴草堆垛自燃火灾较为典型，其现场特征如下：

1. 起火前，堆垛有升温、先冒白烟后冒黑烟、伴有异味等异常现象。

2. 起火部位及周围物体可见明显烟熏痕迹。

3. 起火点处有较重的炭化痕迹和由内向外逐渐减轻的燃烧蔓延痕迹。

4. 起火点处可有明显的植物纤维残留结块，炭化区比较大，炭化深度比较深。

5. 因堆垛内部自燃起火，在堆垛大的情况下，可能在一个堆垛内有多个起火点，即独立的、没有相互蔓延途径的燃烧区，且均在堆垛内部。

（二）自燃火灾现场勘验和调查询问的主要内容

以堆垛自燃火灾为例，自燃火灾调查的主要任务是：

1. 现场勘验的主要内容

（1）查明起火点的位置是否在堆垛内部。

（2）查明起火点的数量。在堆垛大的情况下，是否有多个起火点。

（3）查明起火点的特征。注意起火点的范围一般比较大。

（4）勘验现场起火点处是否有明显的炭化块、炭化区，并由此向周围蔓延火势的痕迹。

（5）勘验现场其他同类堆垛的内部是否有异味、高温、变色、炭化等情况。

（6）对不能确定现场物质种类的，可提取现场残留物鉴定分析物质成分，有条件的可直接提取物质进行自燃特性方面的鉴定，以确定其是否具有自燃的可能。

（7）勘验起火堆垛周边是否有产生飞火条件的火源。

2. 调查询问的主要内容

（1）查明是否具有阴燃起火的特征，是否多处同时起火，起火前是否有升温、先冒白烟后冒黑烟、伴有异味等异常现象。

（2）查明物质种类以及理化性质，特别是物质的自燃点、碘值、过氧化值增长率、发生自燃的初始温度、发生自燃所需要的含水量等。

（3）查明影响自燃放热速率的条件。如自燃性物质的发热量、含水量、表面积、老化程度、催化作用等。

（4）查明影响自燃散热速率的条件。如火灾前的环境温度、湿度，现场物质堆积时的原始温度、堆积时间，物质的热传导率、水分含量、堆垛方式、堆垛大小、空气流动情况等。

（5）了解类似火灾的有关情况。了解以往是否有类似的自燃事故，包括自燃性物质种类、性质、状态、堆放情况以及现场条件等，以作参考。

（三）自燃火灾起火原因认定要点

1. 起火物是自燃性物质。

2. 现场具备该物质自燃的条件。

3. 起火前、后迹象及火灾现场痕迹与物质自燃起火特征相吻合。

4. 排除起火部位其他起火因素。

四、氧化自燃火灾起火原因认定

本部分主要介绍油脂类物质、棉籽、含油切屑和废蚕丝、骨粉、鱼粉等典型自燃物质自燃起火原因认定。

（一）油脂类物质自燃火灾起火原因认定

1. 自燃性油脂类物质及自燃的条件

（1）自燃性油脂类物质。油脂类物质主要包括植物油、动物油以及它们的制品；含有动植物油的物质，如原棉、棉籽、油布、涂料渣、炸油渣、含油切屑、含油白土、骨粉、鱼粉、废蚕丝等物质。

油脂本身自燃起火的可能性很小，大多数情况下是油脂浸渍黏附到表面积很大的固态载体上，增大了油脂与氧的接触面积，加速了氧化放热反应，可有效地蓄热升温以至自燃。例如，油浸的废布、工作服、油布等放置处理不当能引起自燃。

（2）油脂类物质的自燃受以下因素影响：

①蓄热条件。油脂的蓄热条件越好，火灾危险性越大。蓄热条件主要取决于氧化表面积和散热表面积的大小，如果氧化表面积大而散热面又小，则火灾危险性大。

②碘值。甘油酯氧化的难易主要取决于脂肪酸甘油酯的不饱和度，不饱和度越高，越易氧化。油

脂分子中含有的不饱和键多少和油脂自燃发热能力的大小通常用油脂的碘值表示，即 100 克油脂吸收碘的克数。碘值越大，其不饱和程度越大，自燃物质的自燃性越强。一般认为，油脂的碘值大于 80（也有资料记载为 85）具有自燃能力。

③过氧化值增长率。过氧化值表示油脂和脂肪酸等被氧化的程度。过氧化值越大，说明物质活性氧含量越高。油脂过氧化值增长率是表示油脂氧化速度增长的指标，增长率越大越容易自燃。例如，油脂过氧化值增长率在 30% 以上才能自燃。

④饱和蒸气压。饱和蒸气压是液体的一项重要物理性质，其表示在一定温度下的密闭条件中，与液体或固体处于平衡的蒸气所具有的压力。对于同一物质，液态的饱和蒸气压大于固态的饱和蒸气压。对于本身自燃，植物油比动物油脂饱和蒸气压大，易挥发不易自燃。受热自燃时情况相反，植物油比动物油脂更易着火。

⑤油脂自燃的初始温度。油脂自燃的初始温度是油脂发生自燃的最低引发温度。油脂只有达到或超过自燃初始温度，其氧化反应速率才能大大提高，进而发生自燃。

⑥油脂与载体的混合比值。试验表明，油脂浸渍在固态载体上时，固态载体含油量小于 3% 或大于 50% 均不能发生自燃。这是因为油量过多，会阻塞载体的微小孔隙，减少氧化面积；含油量太少，氧化反应热少，加上油脂不能全部浸渍载体表面而使散热面大，所以含油量过多过少均不会发生自燃。

2. 油脂类物质自燃火灾调查的主要内容

通过现场勘验和调查询问应查明以下内容：

（1）起火特征和起火点。油脂自燃属于阴燃起火，应调查是否具有阴燃起火特征，火势是否由堆垛中心向外部蔓延。

（2）油脂类物质种类和自燃参数。查明油脂类物质的种类、性质和数量，以及含油率、碘值、过氧化值增长率、自燃初始温度等有关自燃条件的参数。

（3）固态载体的基本性质和状态。查明浸渍油脂载体的种类、数量、性质及存放的具体时间、具体位置、存放的形式、堆垛的大小，并查明存放时的环境条件，包括环境温度、湿度、通风条件等。

（4）起火前有无异常现象。查明起火前发现的有关冒白烟、异味等异常现象情况。

（二）棉籽、含油切屑和废蚕丝、骨粉、鱼粉自燃原因认定

1. 棉籽自燃起火原因认定

棉籽中含有棉籽油，其主要成分是亚油酸甘油酯，因此与一般油脂的自燃机理相同，其在一定条件下氧化发热并进行热积蓄，达到自燃点就能引起自燃。原棉燃烧较剧烈，火灾初期一般冒白烟，逐渐转为冒黑烟，燃烧时还会发出植物油脂烧焦的特殊臭味。自燃时，起火点在堆垛内部。

认定原棉自燃首先要查明原棉中是否混有碎棉籽，以确认是否含有棉籽油；其次要查明原棉的数量、环境温度、堆放形式、通风状况、堆放时间等原棉蓄热条件。

2. 切屑自燃起火原因认定

切削油是机械加工中常用的润滑保护液。有些切削油是由矿物油加入一定比例的动、植物油（5%～10%）制成。这样，机械加工产生的切屑和磨屑大量堆放时，由于碎屑中切削油氧化发热，有时也会发生自燃。

认定切屑自燃火灾，除获取一般自燃火灾根据外，还应获取如下证据：

（1）获取起火特征的根据。切屑堆着火，开始不剧烈，也不出火焰，而是首先从中心部位开始发热，一边缓慢冒烟，一边向四周扩展，使周围的可燃物燃烧，呈阴燃起火特征。

（2）熔融块状物痕迹。切屑发生自燃，火场中心部位可见到熔融块状物，在块状物周围的灰化部分，可见到橙色和褐色粒状物。

（3）切屑的蓄热条件。挤压或践踏切屑堆使其密度增大，会使切屑的蓄热条件变好。切屑堆发生火灾要调查是否受过挤压或践踏，同时还要详细调查切屑的堆放量、通风情况、环境温度变化情况等。

（4）对切削油与金属粉末混合情况的调查。调查切削油的种类、成分。切削油是否和铝、锌、镁或其合金的切屑混堆在一起，如果堆放在一起则火灾危险性更大。金属粉末自燃的原因与切屑自燃原因基本相似。一般来说，块状金属除几种特殊金属外，由于热传导系数都较大，不会因为氧化发热使温度升高而发生自燃。但是对金属粉末来说，由于颗粒很小，与空气接触的表面积大大增加，又受到空气的包围，热传导系数下降显著，氧化反应速度增加，氧化产生的热不易散发，因此很容易因氧化发热而自燃。

3. 废蚕丝自燃起火原因认定

含蛹25%的废蚕丝，因脱脂尚不完全而呈淡黄色或褐色，在自然干燥或贮藏中常常会因蛹油氧化发热而自燃。新废蚕丝不易发生自燃。

认定废蚕丝自燃的根据除获取自燃火灾一般根据外，还应获取如下证据：

（1）获取燃烧特征的根据。燃烧不出现火焰，呈阴燃状态，能使接触到的可燃物着火。

（2）查明废蚕丝的种类和环境条件。查明废蚕丝是否含蛹油，并查清含油率。另外，湿度对废蚕丝自燃有较大的影响，湿度越大，对废蚕丝的自燃越有利，所以还应查明湿度、气温、通风情况及有无余热等情况。

（3）蓄热条件分析。从堆积数量等方面分析是否具备蓄热条件。由于内部的蓄热条件比外层好，所以废蚕丝自燃一般也是从中心部位开始。因此火场勘验要注意观察废蚕丝堆内是否形成炭化区。

4. 骨粉、鱼粉自燃起火原因认定

兽骨、鱼骨和鱼滓（肠子、鱼杂碎）等，脱脂干燥后粉碎成骨粉或鱼粉，可用来作肥料。此时脱脂后的干燥温度为170℃左右，如果没有冷却就装进纸袋之类的可燃包装物并大量堆积存放，往往会自燃。干燥设备使用时间长，又未及时清扫，附着或堆积在干燥设备中的骨粉或鱼粉会因为余热积蓄而起火。这是因为骨粉或鱼粉中含有油脂的缘故，即使是经过脱脂的骨头，其关节部分仍含有大量的油脂，对于鱼粉来说，几乎不可能完全脱脂。如图10-4-1所示，鱼粉内部氧化自燃形成凹坑。

由于动物油比植物油的碘值高，易氧化，因此骨粉或鱼粉的自燃危险性较大。干燥后的骨粉或鱼粉必须放冷后再装入容器中或堆放，并注意干燥设备的清扫等情况。

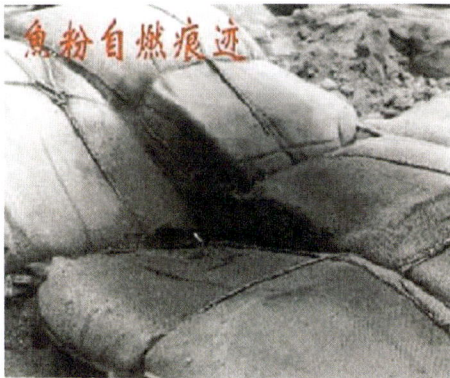

图10-4-1　鱼粉内部氧化自燃形成凹坑

骨粉、鱼粉自燃起火需要调查的内容主要有：

（1）获取燃烧特征的根据。骨粉、鱼粉自燃时放出特有的恶臭。多数情况下，在脱臭塔或干燥库等有余热的场所起火。

（2）调查骨粉、鱼粉是否有余热。骨粉、鱼粉之类的物质着火，一般是在有余热的情况下发生的。调查骨粉或鱼粉是否有余热，并在有余热情况下大量堆积，或在脱臭塔、干燥库的角落里长期堆积。

（3）调查骨粉、鱼粉存放方式。调查干燥库、脱臭塔的清扫情况，堆积的数量等，堆放地点是否易受热。

（三）煤、橡胶类物质自燃起火原因认定

1. 煤发生自燃的原因认定

煤是一种黑色固体矿物，主要成分是碳、氢、氧和氮，同时还往往夹杂着黄铁矿和其他硫的化合

物等。煤炭按形成阶段和炭化程度的不同，可分为泥煤、褐煤、烟煤和无烟煤四种。其中，除无烟煤之外，其他都易发生自燃。

煤的自燃能力取决于煤中的挥发物、不饱和碳氢化合物和硫化物的含量。它们的含量越大，自燃能力越强。如果煤中含有10%的氢、一氧化碳、甲烷等挥发物及含一些易氧化的不饱和碳氢化合物和硫化物，其自燃的危险性较大。

煤能否发生自燃主要取决于两个方面：一是吸附和氧化，二是热量的交换。煤中含有硫化铁，能在低温下氧化生热，且水分的存在会加速这种氧化。氧化后生成的氧化铁体积比硫化铁的体积大，所以氧化结果往往使煤块破碎，比表面积增大，吸附作用增强，同时氧化过程中产生的热量又进一步促进了煤的氧化，这样更有利于自燃的发生。煤越新越易自燃，粉碎越细、散热条件越差，也越易自燃。

通过现场勘验和调查询问应查明以下内容：

（1）燃烧特征。煤自燃一般从煤堆内部开始，煤堆表面局部燃烧点下部往往就是起火点，其基本特点是炭化区面积"内大外小"。自燃初期会散发出强烈的石油臭味，产生水蒸气、燃烧不完全的一氧化碳和乙烯等气体。测定化学反应生成的一氧化碳和乙烯气体，就可以在一定程度上掌握自燃的规律。

（2）煤的种类、细碎程度、含水量等以及所处的场所。炭化不充分的褐煤、泥煤等，混杂有能促进煤炭粉化的硫铁矿时更易自燃。煤越新越细碎越易自燃。适量的水分更容易促进氧化自燃。煤堆内部温度超过60℃时，就有发生自燃的危险。煤堆积在煤矿坑道内或在贮煤场大量堆积时，更易蓄热自燃。

2. 橡胶发生自燃的原因认定

天然橡胶、乳胶和合成橡胶之类的橡胶物质，都是含有不饱和双键的高分子化合物，能与空气中的氧反应，生成过氧化物中间体而放热，而且氧化后又进行链锁反应，产生大量的热。

比表面积较大的橡胶产品，例如，橡胶屑、橡胶磨屑、橡胶粉、橡胶膜、涂胶地毯等，在大量堆积的情况下蓄热条件较好，会因为氧化生热导致自燃。一般情况下，紫外线或重金属，特别是铜及其盐类对橡胶类物质的氧化具有促进作用。如图10-4-2所示，大量堆积的橡胶发生氧化自燃。

通过现场勘验和调查询问应查明以下内容：

（1）燃烧特征。橡胶自燃会从内部散发出橡胶烧焦的臭味，同时产生大量黑烟。由于起火点在堆垛内部，所以燃烧初期属阴燃特征。当堆积状态改变时，会因供氧充足而形成有焰燃烧。

图10-4-2　大量堆积的橡胶发生氧化自燃

（2）环境温度和物理状态。较高的环境温度和堆积初始温度，利于氧化和蓄热升温。粉末密度影响粉末内部空气的渗透流通性，进而影响蓄热和氧气供给条件。越是细小的粉末越易氧化起火。生橡胶中混入合适的可燃物或杂质，会促进自燃。

（四）低自燃点物质自燃起火原因认定

低自燃点物质由于自燃点低，在常温下能以很快的速度氧化，一旦接触空气便发生自燃。它们主要是：黄磷、还原铁、还原镍、铂黑、磷化氢、氢化钠、联磷、环戊二乙基钾、苯基钾、环乙基钠、苯基钠、乙基钠、苯基铷、苯基铯、乙基二氯化铝、二乙基氯化铝、二甲基氯化铝、三乙基铝、3-n-丙基铝、甲基倍半氯化铝、二乙基锌、二甲基锌、二乙基镁、二甲基镁、二乙基铍、二甲基氧化铋、三乙基铋、乙硅烷、硅烷、丙硅烷、二甲卤化锑、二甲基磷、三异戊基硼、苯基银、六甲基锡、甲基铜等。

1. 几种常见的低自燃点物质的性质

这里以黄磷、烷基铝、磷化氢和氢化钠为例进行介绍：

（1）黄磷。黄磷在潮湿的空气中45℃左右就会起火，即使在十分干燥的空气中也会慢速氧化发热。当温度达到60℃时，小片黄磷也会起火。在常温下，由于氧化反应产生热量使自身温度上升而导致火灾发生，并在周围散发恶心的臭味。黄磷氧化反应如下：

$$4P + 5O_2 \longrightarrow 2P_2O_5$$

为了使黄磷与空气隔绝，它必须在水或惰性气体中贮藏。

黄磷与氧化性物质接触时会发生爆炸；与浓碱作用会产生磷化氢；在空气中燃烧时，因为熔点低，往往会流动扩散，发出黄色的火焰。

（2）烷基铝。在常温下C4以下的烷基铝除一部分是固体外，其余全部是无色透明的液体。这类物质由于极易氧化发热，与空气接触就会自燃。此外，烷基铝能与水、水蒸气、卤代烃等发生剧烈的反应而起火。在高温下能产生易燃易爆的碳氢化合物和氢气。

（3）磷化氢。磷化氢有气态磷化氢（PH_3）和液态磷化氢（P_2H_4）。前者的自燃点为100℃，后者则在常温下能自燃。在气态磷化氢的生成反应中，常常伴有液态磷化氢的形成，所以液态磷化氢自燃就使气态磷化氢起火。磷化锌、磷化钙、磷化钠等磷化物与水反应时，很容易产生磷化氢。用炭化钙制造乙炔时，因原料中一般夹杂有磷化钙，所以也伴有副产物磷化氢的生成。

（4）氢化钠。氢化钠除了遇水自燃外，细粉状氢化钠在空气中会分解，立即起火燃烧，即使空气中氧气的浓度为6%～10%，燃烧也能继续。

2. 低自燃点物质自燃调查需查清的主要内容

（1）低自燃点物质的理化性质。

（2）起火过程和起火特征。

（3）起火前这类物质保管使用以及处理情况。

（4）提取起火点处燃烧残留物进行物质种类及理化性质的鉴定。

五、分解自燃火灾起火原因认定

一些物质在空气中会发生分解放热造成自燃。硝化棉和赛璐珞最为典型。

（一）硝化棉和赛璐珞的化学组成与自燃机理

硝化棉又叫硝酸纤维素。将硫酸和硝酸经不同配比混合，混合的酸作用于棉纤维就制成硝化棉。强硝化棉可用于制造无烟火药，与硝化甘油混合可制造黄色炸药；弱硝化棉可制造照相用的胶卷，也可用于制造赛璐珞、漆片、人造纤维、涂料、人造革等。

赛璐珞主要成分是硝化纤维素。赛璐珞老化度越大，越易发生自燃。赛璐珞燃烧很剧烈，生成二氧化氮气体，所以会冒红棕色的烟。

硝化棉在空气中不稳定，易水解和热分解。硝化棉的水解是由于空气中含有微量水分，水解的产物是纤维素和硝酸。水解反应中，氢离子和氢氧根离子起催化作用，会使水解反应的速率加快。水解生成的硝酸会氧化纤维素而生热。硝化棉在一定的温度下，硝酸纤维素分子中与硝基连接的链断裂而分解发热。由于放热提高了反应物的温度，反应速度显著增加，因而又加速了硝酸纤维素的分解。当反应速度足够大时，温度达到180℃时，硝化棉便发生自燃起火。

（二）硝化棉和赛璐珞的自燃条件

硝化棉储存在添加乙醇的溶剂中，其中醇溶液和硝化棉的比例是1∶3。由于乙醇吸收硝化棉分解产生的微量NO、NO_2，使硝化棉失去催化作用，提高了硝化棉的稳定性，一般认为乙醇湿化的硝化棉

不存在自燃的可能性。硝化棉分子中含有硝基，在密闭容器中也能燃烧爆炸。

硝化棉的自燃一般是在乙醇等保护性溶剂流掉或蒸发干、长时间储存、现场温度高或阳光直射的情况下发生的。

大量的赛璐珞制品密实地储存在朝阳、通风不良的室内仓库里，长期不翻动，同时温度持续上升的时候，容易发生自燃。

硝化棉漆片一般是在有余热存在的条件下自燃，一旦冷却到常温自燃就不会发生。因摩擦或撞击等原因可引起硝化棉漆片起火，燃烧完后只留下少量灰烬。

（三）硝化棉和赛璐珞的自燃特征

硝化棉和赛璐珞制品在自燃发出明火前，能产生棕色的二氧化氮气体，并带有刺鼻的气味。发出明火后，燃烧特别剧烈，产生的烟较少，一般现场有较少的多孔性网状的灼烧残渣。自燃残存的赛璐珞，在放大100倍的显微镜下观察，可见以杂质为中心类似细胞分裂的形态，这是赛璐珞分解、变质的结果。

（四）硝化棉和赛璐珞自燃火灾现场勘验和调查询问的主要内容

1. 起火特征。硝化棉自燃能产生二氧化氮和一氧化氮气体，冒棕色的烟气，有刺鼻气味。赛璐珞会发出特殊的樟脑味。一旦产生明火，燃烧剧烈，在没有空气或在密闭的容器里的硝化棉也能产生燃烧爆炸现象。自燃后的赛璐珞一般残存多孔性灼烧残渣（块状），其表面微带黑色光泽。

2. 环境条件和保管情况。主要查明现场通风保温情况、阳光直射情况、温度、湿度等气象情况，以及存放时间、方式数量等情况。当外界气温从20℃升到30℃以上时，赛璐珞自燃的危险性显著增大。

3. 硝化棉干燥情况及含杂质的情况。主要查明硝化棉干燥程度、干燥时间以及老化变质情况。可检查同批的硝化棉是否含有铁锈、残留的酸等杂质，这些杂质能加速硝化棉的分解。

六、发酵自燃火灾起火原因认定

发酵是有机物被生物体氧化降解成氧化产物并释放能量的过程。发酵自燃是指稻草、棉花等植物纤维类物质在生物氧化作用下引起的自燃。

（一）发酵自燃机理

发酵放热物质主要是植物秆、枝、叶、种子及它们的制品。这类物质堆垛因含水量较大或因为堆垛遮盖不严而漏水，致使其受潮、发酵，加之堆垛大保温好，温度易达到自燃点而着火。

发酵自燃通常分为三个阶段，即生物发酵阶段、物理吸附阶段、化学氧化阶段。

1. 生物发酵阶段

生物发酵阶段主要是微生物繁殖和呼吸放热的过程。微生物在呼吸过程中产生的能量一般有40%～60%被自己利用，其余以热能形式释放出来。当微生物大量繁殖引起腐烂发酵时，堆垛内温度逐渐升高。温度是微生物生长繁殖的必需条件，大多数微生物生长繁殖的最适宜温度为20～40℃，少数高温性微生物生长繁殖的最高温度为70～80℃。在环境温度超过生长最高温度时会立即死亡。水分是微生物生命活动的必要条件，没有水分，微生物的生命就不能存在。例如，要使稻草堆垛内部发酵生热，其含水量必须超过20%。

2. 物理吸附阶段

温度达到70～80℃以上时，微生物死亡，呼吸放热阶段终止，但堆垛温度却会持续上升。这是由于发酵物质中有些不稳定的化合物开始分解，生成黄色多孔炭，炭的比表面积大并具有很强的吸附能力，吸附大量气体和蒸气放出吸附热而使堆垛内部温度持续升高。在物理吸附阶段，吸附热可使堆垛温度达到100℃。当温度达到100℃时，又有新的化合物分解炭化，生成比表面积更大的多孔炭，其吸附气体和蒸气产生更多的热，使堆垛内部温度升高到150～200℃。

3. 化学氧化阶段

当发酵放热物质内部温度升到150～200℃时，纤维素就开始热分解，焦化，炭化，并进入到氧化阶段。氧化热使堆垛内部的温度较快升高。温度越高，氧化越快，放热速率也越高。当温度达到200℃时，纤维素分解成碳，与空气中的氧发生反应。如此下去，温度持续上升，达到自燃点而起火。例如，通常情况下，稻草堆垛危险温度是70℃，易自燃的含水量是20%，炭化点是204℃，自燃点是333℃。

可见，发酵自燃过程是生物、物理、化学过程共同作用的结果。因为生物发酵阶段是自燃初始热量积累的来源，可以看作是自燃诱因，因此才有了发酵自燃的说法。

（二）发酵自燃物质的自燃条件和自燃特征

发酵自燃物质需要具备一定条件才能自燃。以植物堆垛为例，首先，合适的水分是微生物生存和繁殖的基础，是发酵的前提。水分过多或过少自燃均不能发生。植物秸秆含水量达到20%时，自燃就容易发生。其次，较高的环境温度和较好的蓄热条件是发酵自燃的重要条件。发酵自燃一般发生在夏季，以大的植物堆垛最为常见。若条件具备，即使在寒冷的冬季，也有自燃的可能。

植物堆垛自燃时，会呈现出比较明显的自燃特征。例如，起火前堆垛冒白色蒸气，并散发出异味；发酵腐败会导致堆垛顶部局部塌陷。起火点一般处于堆垛中心部位或局部漏雨雪处所对应的内层，起火点处的发酵放热物质从中心向周围的状态呈炭化、霉烂、不变化的痕迹特征；颜色呈黑色、黄色、不变色的层次特征。图10-4-3所示为烟草发酵自燃现场痕迹。在堆垛内部，有时能够发现不同炭化程度的植物炭化结块。这些炭化结块体轻、疏松，但有一定的强度，因所处部位的受热温度和受热时间不同，可呈现出黑色、黄色或褐色等不同的颜色。

图10-4-3　烟草发酵自燃

（三）发酵自燃火灾调查的主要内容

通过现场勘验和调查询问应查明以下主要内容：

在现场勘验时，关键是要根据发酵质自燃特征准确认定起火点。起火点一般处于堆垛中心部位，或局部漏雨、漏雪处的对应的内层。发酵自燃火灾现场应具有比较明显的阴燃起火特征。稻草等植物堆垛自燃起火时，腐烂变质物一般没有燃尽，内部温度仍然很高，翻动时有刺鼻酸味。

在调查询问过程中，要注意收集以下信息：起火物是否为发酵放热物质，其堆放的时间和气候条件如何；发酵物的温度、湿度、水分、堆垛遮盖情况以及保温条件如何；起火前堆垛顶部有无局部塌陷，有无冒气、散发异味、老鼠"搬家"等异常现象；是否有其他火源引起火灾的可能。

七、吸附自燃和聚合自燃火灾起火原因认定

（一）吸附自燃火灾起火原因认定

吸附自燃的物质主要有活性炭、木炭等。这类物质具有多孔性，比表面积较大，新的表面具有很强的活性，吸附作用强并会释放出吸附热。其中对氧吸附时还会发生氧化反应，放出氧化热。吸附热和氧化热共同作用，如果蓄热条件较好，则会发生自燃。

在空气中，炭粉类物质的吸附活性随着时间的延长而降低，这是因为炭粉表面的活性点吸附气体后会达到饱和吸附状态。

1. 活性炭自燃起火原因认定

活性炭是指具有强大吸附活性的炭。从原料看，可分为动物性活性炭（由牛骨、血、肉制成）和植物性活性炭（由木材、锯末、椰子壳、木炭、褐煤、泥煤制成），常见的活性炭指的是后一种。活性炭呈黑色细粉状或颗粒状，直径为2~6mm，被广泛用于吸附剂、脱色剂和脱臭剂。

活性炭自燃初期阶段，燃烧不剧烈，由于蓄积吸附热，有烟和不完全燃烧生成的一氧化碳从活性炭粉堆积物中冒出，内部温度上升。活性炭发热试验表明，其开始无焰燃烧时表面温度在84℃左右。

调查活性炭自燃火灾时，应注意查明活性炭的新旧程度，颗粒大小，是否处于大量堆积状态等。

2. 炭粉自燃起火原因认定

炭粉是将锯末、刨花、碎木片等木料进行不完全燃烧后用水浇，制成烟熏炭（软炭），再经粉碎而制得。炭粉的挥发成分占10%~25%，燃点为200~270℃。炭粉在制造过程中，如果不经充分散热，在蓄热良好的仓库等场所大量堆积，加上本身产生的吸附热，往往会自燃起火。

炭粉起火时，燃烧不剧烈并在堆垛内部进行，冒烟明显，由于挥发组分燃烧，会发出特有的臭味。

在炭粉自燃起火原因调查中，要查清炭粉的制造日期，存放时间和数量。如果为新生产的炭粉，要调查是否带有余热或留有火种的可能性。

（二）聚合自燃火灾起火原因认定

下面以聚氨酯泡沫塑料为例介绍聚合自燃火灾起火原因认定。

聚氨酯泡沫塑料密度小、比表面积大、热容小、吸氧量多，导热系数低，不易散热，易发生自燃。图10-4-4所示为聚氨酯泡沫塑料聚合发热自燃。

图10-4-4　氨基甲酸乙酯泡沫聚合发热自燃

1. 聚氨酯泡沫塑料自燃机理和自燃危险性

在聚氨酯泡沫塑料生产中，多异氰酸酯与多元醇和水反应均放热，与后者反应放出二氧化碳后形成的泡沫有利于保温。

聚氨酯泡沫塑料生产中用水量越高、多异氰酸酯用量越大，放热就越多，越易发生自燃。其自燃危险性还表现在出模后，部分单体继续进行放热反应，加之泡沫吸氧生热，可导致持续升温。

2. 聚氨酯泡沫塑料自燃火灾调查的主要内容

通过现场勘验和调查询问应查明以下情况：

（1）调查认定起火点的位置。首先查明发现冒黑烟、蹿火的部位，这些部位或对应位置往往就是起火点的位置。起火点处会形成块状熔体，并有以此为中心向外流淌的痕迹。此外，现场应有阴燃起火的特征，起火点附近表面有明显的烟熏痕迹。

（2）调查分析起火时间。要根据配料搅拌时间、发泡时间、熟化时间、出模时间、入库时间、发现焦化时间、发现冒烟时间、发现起火时间等，分析判断起火时间。

（3）调查安全操作规程和实际状况。要查明发泡、熟化、出模后等阶段的生产工艺要求和实际的温度和持续时间；查明生产原料配料比例，尤其是水的百分比含量和多异氰酸酯的用量。

（4）调查仓库保管条件和以往发生自燃火灾的情况。要查明聚氨酯泡沫塑料在车间堆积时间或入库时间以及堆放的位置、堆垛的大小、蓄热条件、现场起火前的温度、通风散热条件等。此外，要了解以往是否曾发生过聚氨酯泡沫塑料自燃事故以及相关情况。

综上所述，可以总结出聚合自燃火灾起火原因认定的规律：首先查明化工生产中易聚合单体的种类、性质、火灾危险性等，然后查明易聚合单体储存和运输过程中加入阻聚剂的种类、数量、性质、时间，有无失效、沉淀，有无遇到高温、阳光直射、振动等情况，有无因运输中摩擦产生静电和放电的情况，有无因遇到其他火源而燃烧的现象；其次要调查生产工艺情况是否符合安全操作规定，是否出现异常升温、声响和异常气味等现象；最后要调查了解以前是否曾经发生过类似事故以供分析参考。必要时，可提取现场残留物进行化学分析或进行现场实验。

第五节　静电、雷电类火灾起火原因认定

一、静电火灾起火原因认定

静电火灾是指静电放电火花作为点火源引发的火灾。静电火花是微弱火源，它的产生、积聚和放电过程较复杂。静电火灾的发生是各种因素组合所致，一般不具有重现性。因此，静电起火原因的认定相对困难。

（一）静电产生的原因

静电的产生，主要是不同物体（物质）紧密接触时，由于物体对电子约束能力不同，电子在物体间发生了转移。影响静电产生的原因很多，但主要是物质内部特性和外部作用条件两个方面。

1. 物质内部特性

（1）逸出功的不同是产生静电的基础。由于不同物质电子脱离原来物体表面所需的功（称为逸出功）不同，因此，当它们紧密接触并迅速分离时，在接触面上就会发生电子转移。逸出功小的物质易失去电子而带正电荷，逸出功大的物质增加电子带负电荷。各种物质逸出功的不同是产生静电的基础。

（2）物质导电性能影响静电积聚。物质的导电性能用电阻率来表示。电阻率越小，导电性能越好。根据大量实验资料得出的结论，电阻率为 $10^{12}\Omega \cdot cm$ 的物质最易产生静电；而大于 $10^{16}\Omega \cdot cm$ 或小于 $10^{10}\Omega \cdot cm$ 的物质则都不易产生静电。当物质的电阻率小于 $10^{6}\Omega \cdot cm$ 时，因其本身具有较好的导电性能而使静电不易积累。但如汽油、苯、乙醚等，它们的电阻率都在 $10^{11} \sim 10^{14}\Omega \cdot cm$，静电都容易积聚。因此，物质导电性能的强弱决定了静电能否积聚。

（3）物质的介电常数决定静电的大小。物质的介电常数（也称电容率）是决定静电电容的主要因素，它与物质的电阻率一起密切影响静电产生的结果。理论上讲，介电常数越大，绝缘性越好，储存静电的能力越强。

2. 外部作用条件

摩擦起电指两种不同的物质在紧密接触又迅速分离时，电子从一物体转移到另一物体的现象，是外部作用使物体带静电的常见方式。除摩擦外，撕裂、剥离、拉伸、撞击等以及在工业生产过程中的粉碎、筛选、滚压、搅拌、喷涂、抛光等工序，也会发生摩擦起电现象。

此外，某些极性离子或自由电子附着在与大地绝缘的物体上使该物体附着带电；带电的物体使附近与它并不相连的另一导体感应带电；某些物质在静电场所内受静电极化作用，其内部或表面的分子能产生极化带电。

（二）常见的产生静电方式

下面从固体、液体、气体、粉尘、人体等分别列举一些常见的产生静电方式。

（1）固体带电的常见情形。固体带电现象主要是不同性质的物体之间发生摩擦的结果。例如，橡胶制品生产的压延工序中，胶料在压延机滚筒的滚压下，可产生高达数十万伏的静电电压。运输传送设备运转、不同的磨料相互研磨、化纤织物和塑料等高分子材料摩擦、硝化纤维素、硫磺 kPa、梯恩梯等炸药在生产和储运过程中的震动和摩擦以及材料破断等均会产生静电。

（2）液体带电的常见情形。液体在流动、搅拌、沉降、过滤、摇晃、喷射、飞溅、冲刷、灌注等过程中，都可能产生静电。这种静电常常能引起易燃液体和可燃液体的火灾或爆炸。液体介质产生静电的主要形式有流动带电、喷射带电、冲击带电和沉降带电。

液体在流动中摩擦带电是工业生产常见的一种静电带电形式。此外当液体从管道喷射出来后与空气接触形成液体喷射带电。例如，甲醇在高压喷出后形成的雾状小液滴就带大量的电荷。当液体从管道喷出遇到器壁或挡板的阻碍时，飞溅的小液滴同样会在空间形成电荷云而出现冲击带电。例如，汽油经过顶部管口注入到储油罐或油槽车的过程中，油柱下落时对器壁发生冲击，引起飞沫、雾滴而带电。沉降带电是指液体在压力作用下流动，在流速快、摩擦面积大、器壁粗糙和杂质多的情况下，静电荷迅速增加和大量积聚，极易产生静电放电，引起爆炸事故。

（3）粉尘带电的常见情形。粉尘是指由固体物质分散而成的细小颗粒。生产过程中粉碎、研磨、搅拌、筛选、过滤等均能产生静电。静电积聚到一定程度，就可能发生放电。在一般情况下，可燃粉尘在空气中的含量达到爆炸极限后，遇静电放电的火花可发生燃烧爆炸。

（4）气体带电的常见情形。完全纯净的气体不易产生静电。若气体内含有灰尘、金属粉末、液滴、蒸气等细小颗粒，在气体喷射时，不同颗粒之间、颗粒与气体、液体以及其他固体之间的摩擦，均能使气体带电。常见情形有：高压蒸气冲洗油舱或贮槽时，蒸气与空气中油雾高速冲击摩擦，使油粒产生大量电荷，与接地体发生静电放电。气体在管道里流动或由阀门等处的缝隙高速喷出时能产生较大的静电。如氢气瓶放空时，气流冲出的瓶颈部位易静电积聚产生电火花。此外，气体冲入易产生静电的液体时，在气泡与液体的界面上会产生双电层，其中某种电荷随气泡上升被带走，能使下部的绝缘体带有一定的静电。

（5）人体带电的情形。人体表皮有一定的电阻，如果穿着高电阻的鞋靴，则因人体运动、衣服摩擦等原因使人体带静电。具体情形有接触分离带电、人体感应起电和吸附带电。例如，当人在地毯上行走时，会因鞋底和地面之间不断地紧密接触与分离起电。当人穿塑料底鞋在橡胶地面行走时，人体负电位可达到 2~3kV。当人体接近某带电体时，人体可受到静电感应而带电。当人在具有带电微粒空间里活动时，由于带电微粒被人体所吸附，也会使人体带电。比如，人体走进带电水雾空间会发生吸附带电。

（三）静电产生、积累和放电

1. 静电产生和积累的条件

静电的产生取决于两种物体接触的距离、分离速度和它们对电子约束的差异程度。两物体接触面的距离达到 25×10^{-8}cm 或更小时，就很容易发生电子转移现象。接触面积越大、分离速度越快，越易产生静电。例如，根据实验测得石油等管道流速分离速度的危险界限如下：石油安全流速管径是 1cm 时，限速为 8m/s；管径是 10cm 时，限速为 2.5m/s；管径大于等于 60cm 时，限速为 1m/s。二硫化碳、乙醚的静电火灾危险性极大，它们的安全流速小于等于 1.5m/s，管径分别不大于 2.5cm 和 1.2cm。

静电积累是静电放电的重要前提。静电能否积累主要取决于半衰期、空气湿度、抗静电剂以及静电接地情况。

半衰期是指静电体向空气或大地自由逸散其所带电量一半时所需要的时间。

非金属物体（物质）的半衰期由如下公式确定：

$$t_{1/2} = 0.69\varepsilon\rho$$

式中：$t_{1/2}$——物质的半衰期，s；

ε——物质的介电常数；

ρ——物质的电阻率，$\Omega \cdot cm$。

金属物质半衰期由如下公式确定：

$$t_{1/2} = 0.69RC$$

式中：R——金属体对地电阻，Ω；

C——金属体对地电容，F。

实验和实践表明：当 $t_{1/2} \leqslant 0.012s$ 时，静电消散的速度足够快，静电荷得不到积累，就不能产生静电放电危害。

空气湿度增加了空气的导电性，使静电体容易向大气中逸散静电而不能积累。经验表明，空气湿度在 65% ~ 70% 以上时，则不能积累静电；空气湿度低于 40% ~ 50% 时，则静电能积累，且很快就能积累到最高电位（电量）。

抗静电剂是向电阻率高的物质中加入的低电阻率物质，其目的是降低易产生和积聚静电物质的电阻率，从而使该物质的半衰期达到安全值。因此，在认定静电火灾时，要审查抗静电剂添加情况和实际效果。

静电接地是为了及时导走物体产生和积累的静电所采取的技术措施，对于静电导体和金属体是有效的，对静电非导体（绝缘体，$\rho > 10^{10}\Omega \cdot cm$）则无效。良好的静电接地应做到易产生静电的部位接地电阻小于 10Ω，能产生静电放电的金属应相互跨接，现场人员要穿防静电服和鞋，地上要用防静电地板，接地导体中不存在孤立导体。

2. 静电放电的条件和主要形式

静电电压超过 300V 时，才能产生静电放电现象。放电间隙与电极形状关系很大。当放电电极都为板式时，击穿 10mm 的空气间隙击穿电压为 30kV；当负极为针式时，击穿电压为 20kV；当两极都为针式时，击穿电压为 10kV。认定静电火灾时，要根据静电电压、电极情况和实际间隙按上述比例折算。

生产中常见的静电放电部位主要有：管道输油中刚流出管道的油与管道端；管道出油与接油容器边缘；管道端与接油容器边缘；鹤管向槽车注油中，鹤管端与油面，鹤管端与油槽口；油罐油面与鹤顶金属桁架；粉体输送中管道突然膨大部分；高速喷射及高压容器破裂处的介质出口部分；其他迅速分离点和尖端、毛刺、楞角部分。

静电放电的形式有电晕放电、刷形放电、火花放电、表面放电。

电晕放电产生能量的密度较小，成灾率较小。有下列两种情况：一是在带电体上的突出部分或刀刃状部位放电，其尖端附近出现微弱发光的放电；二是在带电体的附近有针状的突出物或刀刃状接地体，其尖端附近出现微弱光的放电。

刷形放电一般伴随有"啪啪"的响声和发光。它的放电特点是：是由微弱的电晕放电进一步电离，在大气中发展或伴随有树枝状的放电；是在气相空间发生的放电现象，在带电量大的非导体与接地平滑形状的金属之间放电；成为点火源或静电击原因的几率比电晕放电都要高。

火花放电是指在带电物体和接地体的形状都比较平滑、彼此间隔的情况下，其气相空间突然产生的放电现象。它的放电特点是：放电时，伴随有强烈的发光和声响；一般在金属导体与接地体之间产生，放电火花呈线状，能量很大，易成为点火源。

表面放电是指非导体带电体接近接地体时，几乎在带电体和接地体之间沿非导体表面产生的基本

上呈树枝状的放电现象。表面放电能量较大，易成为点火源。非导体带电体电量特别大时或背面临近接地体时易表面放电。

3. 静电的放电能量

静电放电能量因带电体是导体或非导体而不同。由于导体和非导体束缚静电荷的能力不同，即使两者的带电状态相同，其放电速度和放电能量也显著不同。

（1）导体的放电能量。在一般情况下，导体放电会将所储存的静电能量全部放出。带电物体储存的静电能量由下列公式算出：

$$W = CU^2/2 = QU/2 = Q^2/2C$$

式中：C——静电电容，F；

U——静电电压，V；

Q——带电电量，C；

W——静电能量，J。

人体可视为导体，其静电电容一般为200pF，假如人体静电电压为2 000V，当人体接触接地体放电时，根据上述公式可计算出产生的静电火花能量W为0.4mJ，这个能量足以点燃一般烃类与空气的混合气。

（2）非导体的放电能量。带电非导体放电时，在一般情况下，所储存的静电荷不能全部放出转变为火花能量。

当带电电压达到30kV的带电体产生空间放电时，可放出数百微焦的静电能量，可成为静电火灾的点火源。参照此结果，下列情况有可能成为点火源：非导体放电静电电位1kV以上或电荷密度$1 \times 10^{-7}C/m^2$以上时，可点燃最小点火能量为数十微焦的可燃物质；非导体放电静电电位5kV以上或电荷密度$1 \times 10^{-6}C/m^2$以上时，可点燃最小点火能量为数百微焦的可燃物质；非导体带电表面电荷密度超过$1 \times 10^{-4}C/m^2$以上时，会有数千微焦以上能量的放电。此外，直径3mm以上的接地金属球接近非导体时，若有声光放电现象，或者带电非导体足以使接触的人有触电感觉，这个能量是危险的。

静电火花能否成为点火源，一方面要看静电放电能量，另一方面还要看起火物的最小点火能量。只有静电放电能量大于起火物的最小点火能量，起火物才能被点燃。

可燃性混合气体的最小点火能量一般为0.2mJ，其中点火能量较小的有：CS_2为0.015mJ，H_2为0.02mJ，C_2H_2为0.09mJ，环氧乙烷为0.087mJ。

大部分可燃粉尘最小点火能量为几十毫焦，也有被静电引燃引爆的可能。部分可燃粉尘最小点火能量为数百或近千毫焦，一般静电火花不能将其引燃。

（四）静电火灾调查的主要内容

现场勘验时，可在起火点处金属上寻找微小"火山口"模样的静电放电痕迹，可用电子显微镜或X射线能谱进行分析。要注意查明操作工序的每个环节设备的构造、功能、材料种类，各设备的位置，各设备间的连接和接地情况。要注重测量流速、管子直径、粉碎速率、静电电位等数据。必要和条件允许时，可进行现场实验。

调查询问时，要注意询问操作工艺情况，包括操作种类、操作时间、操作速率、现场温度压力等。如：在起火现场是否有液体的流动、过滤、喷溅、粉碎、剥离等。注意矿物油、常见塑料等为带静电物质，易聚集静电荷。管道输油、穿脱毛衣易产生静电。注意询问有关人员活动、着装、嗅觉和触觉情况、使用工具情况等。调查现场操作物的种类、组成、状态、电阻率、介电常数、带电能力、自燃点、闪点、爆炸极限、最小点火能量等以及操作物在火场中的位置，运输、加工、储存等情况。此外，还要调查操作场所的危险等级，事故当天空气湿度等气象情况，现场可燃气体、易挥发性液体的泄漏和泄喷情况，现场粉尘和低自燃点物质的情况，现场存在的孤立导体分布情况，现场地面导静电的能力，特别是带电非导体表面放电的情况和接地体的情况。

（五）静电火灾起火原因认定要点

首先要通过调查确定起火点、爆炸中心（或部位），并排除起火点处其他火源引起火灾的可能，然后通过现场勘验和调查询问获取的证据，进行综合分析确认。

1. 有产生静电的条件。

2. 静电的积累足以产生放电的电量，并具有带电体放电的条件。

3. 静电放电能量大于起火物最小点火能量。

4. 放电点周围存在爆炸性混合气体或其他可燃物。

认定静电火灾还应注意，接地良好不一定能完全避免静电火灾。这是因为装置设备中，可能存在绝缘介质或绝缘体，还可能存在与装置绝缘的孤立导体，如油罐中的油面、反应釜人孔上的密封件、悬浮在油面上的浮子等。这些物体上的静电，不会因装置接地而被导走。

二、雷电火灾起火原因认定

雷电是潮湿云层中大量静电荷之间强烈的放电现象。云层和地面之间就像电容器板，它们之间的电势差高达 1 亿伏。雷电发生时，常伴随着对所经路径不良导体的破坏，如树木被劈裂、电气设备烧毁，电流热量可以引燃可燃物质，引起火灾和爆炸事故。查明雷击起火原因，找出规律，采取相应的安全措施，对减少雷击火灾有重要的意义。

（一）雷电和雷击的破坏作用

1. 雷电的种类

雷放电作用时间很短，但放电时产生数万伏至数十万伏冲击电压，放电电流可达几十到几十万安，电弧温度也可达几千摄氏度以上，因此具有巨大的破坏作用，易引起火灾和爆炸事故。

雷电种类很多，有不同的分类方法。按放电现象分为空中雷、落地雷；按雷电形状分为线状雷、片状雷、球状雷；按破坏形式分为直击雷、感应雷、雷电波侵入。

直击雷是雷云直接对地面放电的结果；雷电波侵入是雷击在架空线或管道中产生的冲击电压，沿线路管道两个方向传播，破坏电气线路；感应雷是由于静电感应或电磁感应，使另外物体产生高压并产生放电的现象。

2. 雷击的破坏作用

雷击能在短时间将电能转变成机械能、热能等并产生各种效应，易造成事故。

（1）电效应和热效应。雷击时产生数万至数十万伏电压，足以烧毁电力系统的发电机、变压器、断路器等电气线路和设备，造成绝缘击穿而发生短路，引起火灾或爆炸事故。雷击产生巨大的热量，可以使金属熔化，混凝土构件、砖石表层被烧熔化，同样使可燃物起火。

（2）机械效应和生理效应。雷电能量巨大，被击中物体中的水分瞬间汽化，体积迅速膨胀导致物体损毁。如树木劈裂，建筑物破坏。极高电压和强大电流能破坏生理组织，击伤、击死人畜。

（3）静电感应和电磁感应。静电感应是当金属物处于雷云和大地电场中时，金属会感生出大量的电荷，雷电消失后电荷积聚形成较高对地的静电感应电压。电磁感应指雷电在极短时间内产生的高电压和大电流，在它的周围空间产生强大交变电磁场，致使回路金属上产生感应电流。回路上局部接触电阻较大时会导致局部发热、打火。

（4）雷电波侵入和防雷装置上的高压对建筑物的反击作用。雷击在架空线路、金属管道上会产生冲击电压，使雷电波沿着线路或管道迅速传播，对电气线路危害极大。当防雷装置接受雷击时，在接闪器、引下线和接地体上都具有很高的电压。防雷装置放电产生放电现象（反击），可能引起电气设

备绝缘破坏，金属管道烧穿，引起火灾事故。

（二）雷击火灾现场基本特征和典型特征

1. 雷击火灾现场的基本特征

（1）金属物体熔化。金属受雷击作用常形成熔断、熔化痕，有时也形成变形痕和电熔痕。如果线路或电气设备遭雷击时，则会造成多处同时短路或烧坏，形成多个电熔痕，作用范围广，使整个线路呈过负荷状态，形成大结疤。另外，雷电通道附近铁磁性物质被磁化，并形成有规律的分布。

（2）建筑物被破坏。烟囱、高墙、房脊、房檐等高处突出构件常被雷击破坏，呈现出纵向破坏痕迹。混凝土构件、砖石等物体被雷击作用形成的痕迹，一般局部形成击穿痕、熔融痕、烧烛痕、炸裂脱落痕和变色痕。

（3）非金属可燃物体被破坏。树木、电杆、横担等物体被击碎、劈裂、击断。如果树林遭受雷击起火，常见被劈裂的树干和树皮剥离，树叶烧焦，呈炭化烧焦状。

（4）其他雷击痕迹。有时雷击能造成货堆、建筑物及人畜等的穿洞。雷击地面时，若地下有金属或矿藏，有时可将地面泥土局部掀起，击出一个坑状痕。人体被雷击时，尸体呈电击状，心脏、脑神经呈触电麻痹症状，有的尸体外表有树枝状"天文"烧痕，或者衣服、头发被烧焦。

2. 不同雷击火灾现场的典型特征

直击雷、感应雷和雷电波侵入引发火灾时，火灾现场各自具有一些典型特征。

（1）直击雷火灾现场典型特征。由于直击雷雷云和地面上被击对象之间直接放电，有较大的电效应、热效应和机构效应，因此点火能力强，破坏力很大。现场呈现的典型特征为：雷击点明显，起火点就在雷击点处或其通道上；雷击电流通路以及电效应、热效应和机械效应形成的痕迹集中、明显；起火时间短，有明显明火起火特征。

（2）感应雷火灾现场典型特征。感应雷火灾现场通常呈现出雷击点不明显、起火点与雷击点往往不在同一部位、起火部位有感应体的特征。在金属组成的闭合回路或在平等导体的接点处，接触不良的部位可见火花放电痕。如麻点坑、凹痕等，严重时也熔断形成电熔痕。

（3）雷电波侵入火灾的特征。雷电波侵入引发火灾时，起火点与雷击点相隔一定距离，现场没有明显雷击电流通道，易形成多处起火点；受雷击电波侵入的导线绝缘被烧焦炭化，甚至导线多处熔融断线，尤其是配电盘处击穿痕、熔断痕集中。

（三）雷击火灾现场勘验和调查询问的主要内容

1. 现场勘验的主要内容

（1）寻找认定雷击点和雷电通道。直击雷引燃性很强，一般情况下落雷起火，起火点与雷击点一致或接近；而感应雷和雷电波侵入雷击点和起火点有很大的差距，引燃能力也小。雷击的选择性的主要因素与地质、地形、地物和建筑物等条件有关，往往突出的建筑、潮湿的地点易遭雷击。

①根据目击者寻找。破坏不严重的落雷处不易发现，雷击痕也不明显，询问群众找出落雷的区域和方向。

②根据地形地质寻找。如土壤潮湿电阻率小的地方；良导体与不良导体接界处：金属矿床的地区、河岸、地下水出口处、山坡与稻田接壤的地方。

③根据地面设施寻找。空旷地区的孤立建筑物，如田野里的水泵房和草棚等；建筑高耸及尖形屋顶，如水塔、烟囱、旗杆等；烟囱热气柱、工厂排废气管道等；金属屋顶、地下金属管道、建筑物内有大量金属设备的工厂、仓库。

④根据烧焦、熔化、炸裂、倒塌、穿洞等痕迹寻找。

（2）在雷击点处寻找雷击痕迹

①金属熔化痕迹。如线路、用电设备多处短路，雷电通道处环形金属的熔化痕迹，金属屋顶油罐等熔化痕迹等。

②建筑物等的破坏痕迹。如屋脊、烟囱被破坏；树木、电线杆、横担被劈裂痕迹；岩石熔化，地面被击出坑状痕，油漆变黑等。

③中性化和磁化现象。雷击可以使混凝土构件中性化，雷击部分的颜色与原色相比变浅，表面光滑带有光泽。可用特斯拉计检测铁磁性材料被磁化情况。

④尸体电击痕。雷击尸体表面有树枝状"天纹"痕，心脏神经呈触电麻痹状，衣服被烧焦、身上的金属被熔化等。

（3）检验避雷设施。通过检测验证，确认原设计能否将全部区域有效保护，避雷设施是否发生故障。检查避雷记录，了解是否发生雷击。需要注意的是，避雷设施不能完全防止感应雷和雷电波侵入的破坏。

（4）对雷击痕迹的鉴定。金相分析、混凝土中性化鉴定和磁性物质剩磁检测是调查雷击火灾时常用的手段。雷击火场剩磁值以雷击点为中心向外围由大到小有规律地分布。利用剩磁值分析判断时，可参考有关文献资料给出的参考值。

2. 调查询问的主要内容

通过调查询问，向当地气象台了解火灾前的雷击情况；向目击者了解发现雷击的情况；向起火单位、变电所和居民了解火灾发生的瞬间接地放电现象和电器破坏情况；向起火单位了解起火部位的情况；向最先到达火场的人了解是否闻到臭氧的腥味；向起火单位了解避雷设施的情况等。要将了解的情况，如雷击方位、位置和雷的光电现象等与现场勘验结合起来相互印证。

（四）雷击火灾起火原因认定要点

1. 雷击点与起火点相关联

直击雷火灾的雷击点与起火点通常一致。雷击点与起火点不一致时，可能是静电感应或雷电波侵入，这时要注意勘验雷击点附近的金属物及其与起火物的关联性。

2. 起火时间和起火特征相吻合

雷击时间与起火时间通常是比较一致的。一般在起火现场周围有人的情况下，雷击时间和发现起火时间非常接近。若起火时间晚于雷击时间，一般是雷电波侵入或雷电感应造成电气设备等发热、损坏进而起火。

雷击火灾在雷电强大的电效应、热效应、机械效应等作用下，现场通常会发现明显的雷击痕迹。这是在其他火灾现场所不易或根本不能发现的。

在安装避雷针的情况下，仍可能会发生雷击火灾，不能因现场装有避雷针而轻易否定雷击火灾。主要原因：一是避雷针不能完全防止感应雷、雷电波侵入、球雷的破坏；二是避雷针存在保护范围的问题；三是避雷针的引下线接头可能接触不良造成接地电阻过大。

第六节　焊接、切割火灾起火原因认定

一、常见焊接、切割方法

常见的焊接方法有焊条电弧焊、气体保护焊、埋弧焊、电渣焊、氩弧焊等。电弧是在加有一定电压的电极之间或在电极与焊件之间产生的一种强烈的气体放电现象，可以使金属电焊条和焊件金属材料同时熔化而形成焊缝。

切割方法有氧—乙炔火焰切割、电弧切割、等离子切割、激光切割等。火焰切割常用的可燃气体

主要有乙炔和丙烷，也有用氢气、天然气或液化石油气的。电弧和气体切割的温度较高，一般在2 000℃以上。

二、焊接和切割发生火灾的主要原因

（一）高温熔渣引燃

焊接、切割作业过程中产生大量熔融的金属火星或金属熔渣，其温度相当高，一般焊接火花的喷溅颗粒温度为1 100～1 200℃。气割时，熔融的金属氧化物更多，飞溅的距离更大。当熔融的金属颗粒离开焊、切处时逐渐冷却，冷却的快慢与颗粒大小、环境温度和风力有关。掉落的高温金属熔渣可以引燃绵纱、麻头、稻草等可燃物，也可以使易燃气体、液体蒸气发生火灾或爆炸。

（二）热传导引起火灾

施工现场采用金属板遮挡火花，通过金属板传热，或者焊割管道时通过管道传热，可引燃其他可燃物。焊割后没有认真检查，焊割件余热烤燃可燃物起火。

（三）电焊过程中因电路故障发生火灾

电焊施工作业现场电气线路多属临时拉接，敷设不规范或受施工震动、碾压等因素影响容易发生故障引发火灾。主要有：电焊导线（焊把线）选择不当，截面过小，使用过程中电气线路过负荷引起火灾；焊接导线与电焊机、焊钳、焊件连接接头松动打火引起火灾；焊接导线受机械碾压、接触高温物体、过期使用导致绝缘损坏短路引起火灾；焊接导线本身接头处理不当，松动打火或接触不良发热引起火灾；电焊回路线使用、铺设不当，有乱搭乱接现象，在焊接时接头过热，引燃可燃物起火。

（四）气焊、气割作业中气体泄漏遇明火引起爆炸燃烧事故

1. 焊、割操作台爆炸。有些单位把焊、割操作台用铁板搭成了容器形状。在焊、割间隙中，焊、割炬随意旋转，加上氧—乙炔阀门未关闭或焊、割炬本身漏气，喷嘴又正好对准焊、割操作台的缝隙，使氧—乙炔气体积聚在里面，当遇到焊、割明火时，引起操作台爆炸。

2. 焊、割操作场地爆炸。主要在相对密闭的场所，例如，进入船舶等特定物体的某一部位进行焊、割时，每当下班或新调换的一班焊、割工人上班过程中，焊、割工人习惯于把自己使用的焊、割炬拆下来保管，造成气体泄漏。在这些比较密闭的场所，氧—乙炔混合气体遇到火源时引起爆炸事故。

（五）焊割容器发生爆炸

焊割盛装可燃气体、易燃液体的各种金属容器、化工设备及输送管道时，由于对残存的易燃易爆气体和液体未彻底清除，没有采取置换、冲洗措施，也未经过采样分析而盲目焊、割，发生爆炸事故。这类作业必须采取安全措施方可动火，主要采用惰性气体置换和易燃气体检测等措施。

（六）在易燃易爆场所违章焊割作业

在生产、使用、装卸易燃易爆物品的场所，在未做安全处理和采取安全措施情况下，进行焊、割作业引起爆炸起火。

三、焊接和切割火灾现场勘验和调查询问的主要内容

焊接和切割类火灾现场一般有焊枪、焊渣等直接证据，现场勘验和调查询问要及时固定这些直接证据，并分析作业地点、作业时间与起火点、起火时间的联系。有时实际焊割点往往与起火点不在一起，要根据现场勘验和询问情况综合分析认定起火点。焊接过程中由电气线路故障引发的火灾调查参见电气火灾调查相应章节。

（一）现场勘验的主要内容

1. 准确认定起火点。对不同的起火方式，起火点位置有所不同：①金属熔渣飞溅引起的火灾。勘验熔渣落点与起火点位置关系，要在查明焊割部位的前提下，重点查明熔渣飞落的距离和掉落途径。焊割点在地面时，起火点在焊割部位同一平面的一定范围内；焊割部位在某一空间时，焊割金属熔渣飞溅后，多数掉落在焊割部位的底部。故起火点往往形成在焊割部位下部的一定范围内。②电焊电线引起的火灾，起火点往往远离焊接点。勘验电焊电线绝缘损坏打火处和接零线接触不良发生火花的部位，这些部位一般就是起火部位。起火部位与焊接点之间会有一定的距离，距离的大小主要与接零线的种类、长度以及连接形式有关。③焊割过程中热传导引起的火灾，起火点一般距焊割部位距离很近，但多形成在隔断隐蔽的部位。④焊割金属熔渣及电火花引燃固体可燃物的火灾现场，形成以此为中心的炭化区和 V 形燃烧图痕。⑤勘验起火部位可燃物种类、状态、数量和燃烧状态。

2. 获取起火特征根据。焊割火种引燃易燃气体和液体蒸气时，混合气爆炸燃烧，具有爆炸起火特征；焊割金属熔渣飞溅、热传导而引燃锯末等可燃物时，具有阴燃起火特征，形成局部炭化区和烟迹；气焊火焰直接引燃可燃固体或液体引起的火灾具有明燃起火特征。

3. 在起火点处用磁铁或"水浴法"提取焊割熔珠。焊割熔珠较小不易搜寻，在焊割熔珠可能飞溅掉落地方，可用磁铁或"水浴法"予以提取，作为焊割操作的证据以及熔珠飞行距离的证据。

（二）调查询问的主要内容

主要向操作者、目击者等调查以下内容：

1. 电气布线情况。焊割作业部位接零线、焊把线通过部位，特别是焊把线搭在附近金属上的情况，以及导线接零情况。

2. 可燃物情况。起火前周围可燃物的位置、数量、状态。

3. 焊割作业前安全措施落实情况。了解焊割设备是否完整好用，是否清除各种可燃物，焊割容器设备是否采取气体置换。

4. 焊割作业后安全措施落实情况。对焊、割件本体是否进行检查，对检查焊件发现的问题是否采取了措施；焊、割作业结束后，是否清理现场，消除遗留火种；焊工所穿工作服下班后放置的部位。

5. 焊、割过程中发生的火灾情况及处理情况。什么地方起火，火势如何，采取了什么措施；焊割作业开始时间、结束时间和发现起火时间；焊、割件的长度，火灾后的状态。

6. 询问最初发现火灾的人。最初发现冒烟、起火的具体部位及火光颜色。

7. 焊割当时气象条件。向当地气象部门了解作业时的气象条件。特别是作业时的风向和风力，分析电火花飞溅方向和距离。

8. 热传导起火的条件。用金属物隔断电火花或电火花飞到附近金属上的情况，被焊割的管道连接及毗邻可燃物情况。

四、焊接和切割火灾起火原因认定要点

1. 认定的起火点与焊渣飞溅掉落到达或传导热能够传到的部位相对应，并存在焊渣掉落和热传导的途径。

2. 起火前的有效时间内，与起火部位有关联的地方存在焊、割行为。对可燃物具备阴燃条件的，由于焊渣可能导致阴燃，没有直接形成明火，因此焊、割行为的时间与周边人员发现起火的时间，会存在一定的时间间隔。

3. 在起火点处提取到焊割金属熔渣、焊割件残体掉落物。

4. 现场存在能被焊渣引燃或引爆的可燃物，并可持续燃烧。

5. 现场符合焊割火源引燃不同性质可燃物的起火特征，同时调查未发现其他起火因素。

第七节　吸烟火灾起火原因认定

一、烟头基本特性和火灾危险性

（一）香烟的燃烧温度

香烟的燃烧温度因种类、含水量、填充度、吸烟方式的不同而不同，测定时也易产生误差。燃着的烟蒂中心部位温度为 700~800℃，表面温度为 200~450℃，正在吸入时可达到 650℃。其表面温度之所以比中心低，是由于气流冷却和烟灰隔热作用的结果。

（二）香烟的燃烧特性

1. 燃着的香烟为阴燃方式。阴燃只发生在细碎的烟丝表面与空气接触的界面处。

2. 在无风的情况下，香烟自然阴燃时，燃烧速度大约为 3~6mm/min。在风速约 1m/s 情况下，且风向与燃烧方向一致时，燃烧速度最快；风速超过 3m/s 时容易熄灭。

3. 在氧浓度较高时，香烟能够进行有焰燃烧。

（三）香烟的火灾危险性

1. 燃着的香烟易引燃疏松植物纤维。植物纤维的热分解温度和燃点比较低，如棉织品、纸、亚麻织物以及这些织物的合成织物（纤维织物）、人造纤维、皮革以及干燥的树叶、腐殖土等，这些物质受到烟蒂表面热作用会发生热分解、炭化，而且易于蓄存热量维持阴燃，并能发展成为有焰燃烧。纸张燃点 130~280℃、棉花 210℃、木屑 250℃、麦草 200℃、布匹 200℃，都低于烟蒂可以达到的表面温度。绝大多数常用塑料是不会阴燃的，羊毛、尼龙、真丝聚烯烃、聚酯以及其他合成塑料，一般只会熔化也不会阴燃，这些物质分解和炭化后不能形成刚性多孔性碳结构，不能支持阴燃，遇到烟蒂仅能发生熔化。

2. 从烟蒂与可燃物接触到出现明火的时间较长。烟蒂引燃疏松植物纤维物质时，从接触到起明火所需的时间较长，一般从几分钟到十几分钟到甚至更长时间。根据试验资料，在自然通风的条件下，燃着的烟蒂扔进深度为 5cm 的锯末中，经过 75~90min 阴燃便出现火苗；扔进深度为 5~10cm 的刨花中，有 25% 的机会经过 60~100min 开始燃烧。

3. 烟蒂剩余长度影响起火概率。实验资料显示，烟蒂越长，着火率越高。由于不带过滤嘴的香烟往往剩至 1cm 长时，难吸而被抛弃，因此，不带过滤嘴的烟蒂往往要比带过滤嘴的烟蒂留存的烟草部分长。过滤嘴中往往插入长度为 10~15mm 的烟草部分，由此可知，带有过滤嘴的烟蒂也能引起火灾。总体来说，带过滤嘴的比不带过滤嘴的着火率相对要低，因为带过滤嘴的香烟剩至可燃部分短。但有的用低劣的过滤嘴（用纸折叠）的火灾危险性很大。

4. 可燃物状态影响起火概率。根据实验，单层或较少的纸张无法形成明火；将多层纸立置，把烟蒂放在夹缝之中，使之接触面加大，有一定的蓄热条件，在适宜的情况下，经 80min 阴燃扩大后出现明火；在许多纸团和碎片之中扔进燃着烟蒂，能引起明火燃烧的几率更高。以上说明，与烟蒂接触面大且蓄热条件良好的情况下，才能引起火灾。烟蒂所放的位置，其周围单层纸时不发焰，如重叠杂乱放置时则易起火。

5. 通风情况影响出现明火的时间。实验发现，在阴燃的情况下，室内通风（如打开电扇、门窗、空调等）更容易发焰起火，且发火率很高，当风速在 2m/s 时最为容易出现明火。

6. 烟蒂引燃可燃气体或易燃液体蒸气的可能性。值得注意的是，将点着的香烟扔进敞口汽油容器中无法引起燃烧。这可能是一方面香烟燃烧区域附近的氧含量很低而二氧化碳含量很高，两者共同作用降低了汽油蒸气被点燃的可能性，另一方面香烟产生的烟灰也起到了隔热作用。此外，相对缓慢的热量释放不足以达到汽油蒸气的最小点火能。从实验证明，对于大部分可燃气体，尽管香烟通常无法使其引燃，但可点燃二硫化碳、乙炔、乙醚等气体或蒸气。此外，吸烟引起易燃液体蒸气和气体爆炸起火常在吸烟者在划火柴、拨动打火机点烟及扔火柴杆时发生。还有吸自卷纸烟，不合格的机制烟（重皮、空芯），烟叶或烟纸中含有一些杂质，偶尔会产生微小的火焰，明火焰则可以引燃可燃气体。

7. 烟蒂引起汽车火灾。车在行驶中，由于其相对运动所产生对外界静止空气的冲击，汽车向前行驶气流流动，由于负压作用使驾驶室后部形成涡流，当燃着的烟蒂刚刚被抛出窗外的瞬间，立即受到空气力的作用，很容易将烟蒂卷入汽车槽箱内或重新进入轿车车厢。实验证实，在 50km/h 以下的速度往往不易落入车中，而高于此速度危险性很大，随着车速的加快，烟蒂落入车槽内的机会增多，而且吹散的火星也很快地会引起车槽内的可燃物（如棉织物、纸包装物等）起火。因为车速的影响会使烟蒂的燃烧速度加快，此时烟蒂温度会达到 700~800℃，作用在可燃物上很容易引起火灾，也有的烟蒂会落到马路上行驶的其他车辆上。

二、吸烟引起火灾的主要原因

通过对吸烟人的行为的研究发现：吸烟人吸完一支香烟大体要经历三个过程，而每一个过程都存在着一定的火灾隐患。

（一）点燃过程

吸烟者多以打火机和火柴为引燃源，也有借助于其他热源的。一次性打火机以丁烷替代汽油馏分作为燃料，一定压力下的燃料在流经调节阀门后被点燃，实际最高温度可达 1 400℃；火柴端部火焰的平均温度介于 700~900℃ 之间。使用火柴点燃一支香烟往往需要 5s，这时火柴的炭化部分为 10mm，也就是说烧去整个火柴 1/4 左右，而剩下的未炭化部分足以维持 15s 的燃烧，如落到一般可燃物上就可以将其引燃。

吸烟者在点燃香烟以后，其注意力往往集中到点燃的香烟上，而忽略了正在燃烧的火柴，以为顺手一扔火柴就会自行熄灭。然而大量的试验表明：100 根划燃的火柴从 1.5m 的高度向下扔，未熄灭的有 20 根，有 1/5 未灭，平均每 5 根就有 1 根未灭；如从 0.5m 处下扔，有 1/3 未灭，平均每 3 根就有 1 根未灭。这些数字从概率上说是很客观的，未灭的火柴就构成了引火源，在条件具备的情况下就会引起火灾。

（二）吸吮过程

吸烟人往往以不同的形式吸完一支烟。吸烟人的习惯方式各异，从形态上分为站姿、坐姿和卧姿三种。火灾的发生，往往以酒后吸烟的卧姿居多。

在吸烟过程中，吸烟人往往有些习惯性动作，如不时用手弹动香烟，使烟灰掉落，这也是很危险的。如果正在阴燃的团状烟炭一旦接触到可燃物，同样有可能引发火灾。有人点燃香烟吸两口后，因为有事把未灭的香烟放在桌边或烟灰缸边上，由于香烟自身燃烧造成移位，或受到外界影响，如打开门、窗进风使空气对流或打开电扇、空调时，往往会使香烟离开原来的安全位置，滚落到可燃物上去。有的人边吸烟边打闹或展示技巧动作，有的人边吸烟边打拉抽屉找东西，致使烟炭落在可燃物上，还有的人在疲劳、困倦或醉酒状态下吸烟而将燃着的香烟掉落到沙发、床等可燃物上。

（三）熄灭过程（处理过程）

通常烟蒂的长度为 20~30mm。吸烟人在处理烟蒂的过程中所采取的方式各异。熄灭措施是否有效，直接关系到火灾的发生。通常情况下，吸烟人处理烟蒂的习惯动作有以下几种：脚踏脚捻、用手指掐捻、用手向某物挤压、手掐后装进衣兜内、用手指弹出、放在烟缸或桌上、随便一扔等，以上不管是踩踏或手掐，由于处理动作时间很短，几乎是瞬间，不能保证烟头彻底熄灭，复燃的烟头或根本没熄灭的烟头都可能引燃周围的可燃物起火。此外，将未熄灭的烟蒂放到临时玻璃瓶中，引燃其他烟头和可燃物致使玻璃瓶炸裂，或将烟头放到纸盒中，造成纸盒烧穿，能引起底部可燃物起火。

三、吸烟火灾现场勘验和调查询问的主要内容

（一）现场勘验的主要内容

烟头引起火灾属阴燃起火，应寻找阴燃痕迹，局部炭化区痕迹、烟熏痕迹、V 形燃烧图痕以及低位燃烧痕迹等，以认定起火点的位置。

1. 墙面烟熏痕迹。烟头火灾，多数在开始时呈低位燃烧，如果靠近墙体，在墙面上形成 V 形烟熏痕迹，或形成烧裂痕迹。

2. 地面燃烧炸裂痕迹。烟头落于地面可燃物上，如果可燃物堆积不厚，烧穿至底部，那么地面上可能留下较明显的烟熏或燃烧炸裂痕。如果是木楼板，可能会出现烧坑或烧洞。

3. 可燃物的炭化程度。由于是阴燃起火，有一个以起火点为中心的炭化区，并向周围蔓延的痕迹。

4. 查明伤亡情况。应查明吸烟者衣服烧焦的部位，脸、手、头发、眼毛被烧的情况。查明火场中尸体的位置、姿态、烧伤部位等。

5. 收集固定物证。对于存在吸烟可能的火灾现场，要重点收集证明存在吸烟情况的物证，注意收集火柴、打火机残骸、烟蒂、燃烧物的炭灰、烟灰缸及剩余香烟等物证。

（二）调查询问的主要内容

1. 查明吸烟的有关情况。主要是吸烟者人数、姓名；吸烟时每个吸烟者的位置、姿态；香烟品牌、类型、点烟用具（火柴、打火机、其他火源）、烟灰缸材质及状态等；吸烟的具体过程、烟蒂和燃着的火柴杆扔在何处；点烟的时间，扔烟蒂和火柴杆的时间；吸烟者平时烟瘾程度和吸烟的习惯；香烟购买时间和地点或来源等。

2. 查明起火点处可燃物及起火特征。主要是查明可燃物堆放种类、性质、数量、状态、分布等情况。查明火灾发现经过，发现的具体部位、烟和火的情况，在火灾发生前是否有人发现过异味、冒烟情况及发现的具体部位等情节。

3. 查明起火时间。由于烟蒂引燃时间较长，应根据吸烟时间、扔烟蒂或火柴杆时间，发现起火时间以及起火物的性质和状态等，认真地分析起火时间，还可以根据现场实验分析起火的可能性和起火时间。

4. 查明有无其他火源引起火灾的可能和气象条件。微弱火源，如烟道火星、热煤渣等引起火灾的现场特征与烟头火灾现场特征相似，所以要认真分析现场其他火源引起火灾的可能性；查明起火时的温度、湿度、风向、风速等级降雨、下雪的情况；查明吸烟场所的门窗开启状况，使用空调、电扇等情况。

四、吸烟火灾起火原因认定要点

1. 现场具备遗留烟头的条件。
2. 起火物应能被烟头引燃。
3. 调查证实起火时的燃烧特征与烟头火源引燃周围可燃物起火燃烧的特征吻合。
4. 排除了其他起火因素。
注意吸烟所用的火柴梗引起的火灾往往具有明火起火的特征。

烟头作为点火源时，在火灾中常会被烧灭失，不易提取到残骸。但这并不意味着在火灾现场中一定不能发现烟头，也并不意味着火灾现场中的烟头毫无证明作用。有些时候，烟头即使作为点火源，由于没有受到任何干扰，可能在起火物表面较为清晰地呈现出来，过滤嘴海绵可能因该处温度不是很高而焦化收缩保留下来。对于有多个起火点的放火火灾现场，还可能发现有用烟头进行点火而未遂的

迹象。另外，在火灾现场的非过火区域，还可能发现较为完整的烟头。有些时候，这些烟头可用于进行个体识别或者本体比对。尤其是烟头物证检材上常黏附有吸烟者的唾液斑迹或口唇黏膜印痕，其中含有口腔及口唇黏膜脱落细胞，可以进行 DNA 检验。

第八节　烟囱本体及烟囱飞火火灾起火原因认定

一、烟囱本体火灾起火原因认定

（一）烟囱本体造成火灾的主要原因

1. 烟囱滋火。主要是烟囱整体或局部沉降、变形，造成烟囱壁开裂、破损。火焰和烟气从破裂处窜出，引燃附近的可燃物起火。

2. 烟囱烤燃可燃物。烟囱接触可燃物，在热传导作用下，长时间加热，可燃物受热炭化起火。这些可燃物主要是指木房架、木立柱、板壁、油毡纸、锯末等。

3. 金属烟囱热辐射引燃可燃物。金属烟囱与建筑物的可燃构件，例如天棚、板条墙等靠得太近，金属烟囱热辐射作用，烤燃可燃物。

4. 烟囱安装不当引起火灾。如金属烟囱与墙内烟囱连接时插入的深度不够，两节护筒套接时，搭接的长度不足，接缝不严；分烟道与主烟道交接直接串通，火由某一房间通过其烟囱窜入到相邻房间起火；烟囱"改道"引起火灾。将通风道改为烟囱；将垃圾道、各种纵向电缆通道、管道改做烟囱引起火灾。

5. 民用烟囱改作生产用火烟囱。民用烟囱烟道短、口径小，与生产烟囱所要求的参数不匹配。例如，民用住房烟道改为生产车间烟道，易发生火灾。

6. 油烟道内油垢受热燃烧。宾馆、饭店等场所厨房油烟道用铁皮或难燃的玻璃钢制成，本身不燃烧，但长时间使用油烟道，油垢会越积越厚，拐角处黏附更厚。油垢主要成分是植物油，高温下氧化放热，炭化附在烟道上，如果油锅火苗上蹿，易引起油垢燃烧。在烟囱效应的作用下火势迅速蔓延，引燃烟道外贴邻的其他可燃物。这是油烟道引起火灾的主要原因。图 10-8-1 所示为厨房烟道起火引燃贴邻的建筑外墙铝塑板。

图 10-8-1　厨房烟道起火引燃贴邻的建筑外墙铝塑板

（二）烟囱本体火灾现场勘验和调查询问的主要内容

1. 现场勘验的主要内容

（1）准确认定起火点。起火点处物体被烧程度重，并有明显的以此为中心向周围蔓延的痕迹。在怀疑是可燃物与烟囱相接触而起火时，要以烟囱的安装状态和在接触面上产生的燃烧痕迹为线索，结合可燃物的燃烧状况进行调查确认。

（2）获取烟囱接触可燃物引起火灾的根据。①获取低温着火特征的根据。靠近烟囱的可燃构件，多数埋在墙体中，它们受热是通过热传导形式完成，起火属木材低温燃烧。所谓低温燃烧是木材在100~280℃温度范围内，发生缓慢氧化、分解、升温的现象，经过长时间的积热而发展成火灾。②查明烟囱与可燃物的距离。③获取燃烧方向的根据。初起火灾以此部位为中心向空间大、可燃物多的方向蔓延。主要根据有局部可燃物被烧程度重，物体上形成的迎火面痕迹清楚。

（3）获取烟囱滋火引起火灾的根据。①查实裂缝的部位和原因。用砖砌的烟囱，查实砖缝泥浆脱落的根据；查实瓷（泥）管烟囱错位，连接处脱离、损坏，形成缺口的根据；查房子倾斜造成烟囱错位形成裂缝的依据；②查实裂缝的几何尺寸数值；③查实对应裂缝处可燃物种类、数量及燃烧状态；④多数情况下起火点与裂缝滋火部位相吻合。⑤烟囱与火炕、火炉等用火设施连接是否处理不当，形成裂口、裂缝。

（4）查实烟囱火灾前使用的根据。主要查实火灾前炉灶使用的证据，如炉膛燃料状态、灶具使用情况，以及未烧部分的集油烟罩油垢附着情况。

2. 调查询问的主要内容

①查明烟囱、油烟道的结构、设置形式和其通过的部位环境条件；②查明烟囱与可燃构件距离、接触状态和形式；③查明烟囱裂缝的部位、几何尺寸及产生裂缝的原因；④查明金属烟囱附近可燃物的距离及可燃物的种类和状态，并确定用火时间和起火时间；⑤查明烟囱维修及油烟道油垢清理情况和以往发生火灾的部位和处理情况；⑥查明烟囱改道情况，与现场实际对比；⑦查阅烟囱图纸，查明烟囱建筑结构、使用年限；⑧用火情况。起火前使用的燃料种类、数量及用火时间。

（三）烟囱本体火灾起火原因认定要点

1. 认定的起火部位（点）与烟囱所在位置相对应；

2. 起火前与烟囱相连的炉灶在使用，或起火前的有效时间内，与烟囱相连的炉灶使用过；

3. 烟囱本体或周围存在可燃物，并存在被烟囱热（火）源烤（点）燃的途径和条件；

4. 经过调查，起火部位处排除其他起火因素。

二、烟囱飞火火灾起火原因认定

（一）烟囱飞火的火灾危险性

木质燃料容易产生较多、较大的火星，温度一般为400~900℃，其特点是温度高、能量低，离开烟囱以后，温度逐渐降低。某些轻金属火星在空气中剧烈地氧化，温度还会升高一些，所以引起火灾危险性就更大。

烟囱火星暗红色为500℃，深红色600℃，亮红色1 000℃，玫瑰红色1 500℃，温度一般在350℃以上，大于普通可燃物最小点火能量。烟道火星亮度越大、体积越大，引燃的可能性越大。烟囱火星引燃可燃物，也要经过一个热分解、炭化、吸氧生热、阴燃至明火燃烧的过程。疏松、表面积大、热分解温度低的物质易被烟道火星引燃。例如纸屑、棉花、草类、锯末等植物纤维易被点燃，木板等密度大的物质不易被点燃。烟囱火星的水平散落距离，与环境风速和烟囱的高度呈正比关系，与颗粒密度和直径乘积的平方呈反比关系。

（二）烟囱飞火火灾现场勘验和调查询问的主要内容

通过现场勘验和调查询问，应查明以下事实：

1. 准确认定起火点。烟囱火星引起火灾多属阴燃起火，现场具有阴燃特征。注意获取局部炭化痕迹、烟熏痕迹、以炭化区为中心向四周的蔓延痕迹，以及火灾前冒烟和有异味的线索。

2. 查明起火点处可燃物状况。查明起火点处可燃物种类、状态、分布、数量。确认该可燃物能否使烟道火星停留，能否被其引燃。

3. 查明火星的能量和熄灭时间。通过询问，查明火星的亮度及大小，判定火星大致温度和引燃的能量。并查明火星在飞落的过程中，在什么位置熄灭，判断火星引燃可燃物的可能性。

4. 获取烟囱火星飞落至起火点处的根据。测算分析起火点是否在火星的飞散范围内，并获取火星停留的根据。通过询问，了解平时该烟囱是否有火星飞出。北方冬季下雪后，可从雪面观察炭粒的散落情况，或到起火部位附近物体表面寻找炭粒，也可以通过现场试验结果分析。

5. 查明起火前锅炉、烟囱的使用情况。查明用火时间、停火时间、燃料种类和操作情况。例如，捅炉子、鼓风等操作情况。

6. 查明烟囱结构、烟囱高度。查明烟囱结构，测量出烟囱高度和直径大小。有的烟囱安装有"防火帽""插板"等设备，注意勘验其使用状况。

7. 获取起火前当地的气象情况。通过气象部门获取当地、当时的风向、风速以及起火前空气的湿度。一般空气湿度越低，可燃物就越干燥，越易被点燃。据统计，空气相对湿度为20%～50%时，烟囱较易产生火星。湿度低于25%时，火灾危险性较大。

8. 现场试验。通过现场试验确认是否能飞出火星，测定飞散距离、火星亮度、熄灭位置、火星大小和引燃能力，分析引燃可燃物的可能性。

（三）烟囱飞火引发火灾的原因认定要点

烟囱飞火引发火灾的原因认定要点如下：

1. 认定的起火部位（点）具备烟囱火星飘落到该处的途径、条件。

2. 起火部位处的可燃物能够被烟囱火星灰粒点燃。

3. 最初起火特征与火星点燃可燃物的起火特征相吻合，起火时间在烟囱使用时间范围。

4. 经调查，起火部位处排除其他起火因素。

认定时应注意此类火灾可能有多个起火点，应通过调查与放火嫌疑因素甄别。

第十一章　火灾消防技术调查

火灾消防技术调查（以下称"技术调查"）是在火灾调查基础上实施的，对火灾发生、发展以及灾害后果进行的深入调查，是公安机关消防机构加强和改进消防工作的重要依据，技术调查获取的有关结论也是依法处理火灾的证据之一。《火灾事故调查规定》明确规定，对较大以上的火灾事故或者特殊的火灾事故，公安机关消防机构应当开展以吸取教训为目的的消防技术调查。通过技术调查总结火灾经验教训，提出针对性防范措施，并及时转化运用到防灭火实践工作中，避免同类火灾再次发生。

第一节　概　述

一、技术调查的目的和意义

（一）技术调查的目的

技术调查的主要目的在于分析引起火灾发生、造成火灾蔓延和人员伤亡的各种因素，揭示火灾发生、发展客观规律，找出存在的问题，提出吸取教训、改进工作的建议。

（二）技术调查的意义

1. 为做好防火工作提供科学依据

消防技术标准、规范、法规和相关的消防管理制度大多从火灾经验教训总结出来。认真开展技术调查，准确查明灾害成因，可以为修订消防技术标准、规范，制定和完善消防管理规定提供重要依据，做到防患于未然，防止同类火灾再次发生。

2. 为提高灭火救援效能提供技术支持

通过技术调查，查找火灾扑救过程中人员与物资疏散、灭火力量调配、灭火战术运用等方面的成功经验和失败教训，为加强灭火救援装备、改进战术方法、提高灭火救援效能提供依据。

3. 为火灾风险评估提供有价值的参考资料

目前，国内外关于火灾风险评估的研究与应用，主要采用模型模拟计算和概率统计的方法。显而易见，通过具体的技术调查，能为火灾风险评估提供可靠的基础资料，使火灾风险评估更加科学准确。

4. 为火灾事故处理提供依据

技术调查结论间接地确定了有关单位和个人对导致灾害形成所负有的责任，公安机关消防机构可以依此进行责任追究或提请有关部门进行处理，从根本上解决了片面处理直接责任单位或个人，放纵对灾害形成负有责任的单位或个人的不公平问题，使火灾责任追究更加公正、合理。

5. 为消防科研工作提出新的研究课题

技术调查围绕火灾事故展开多层面、深层次的调查和分析，必然会遇到从前所忽视的或不被人所知的新问题。而火灾教训和暴露出的难以解决的问题正是科研立项最直接的依据。通过技术调查提出科研需求，进而组织科技攻关解决现实需求，可以有效解决科研与实践工作结合不紧密的问题。

二、技术调查的组织实施

（一）适用范围

技术调查主要适用于较大以上火灾或者特殊火灾。所谓特殊火灾，是指高层、地下建筑、公众聚集场所、易燃易爆单位火灾，包括一个时期内呈现地区性、同一性、规律性的火灾，采用新能源、新材料、新技术、新工艺的火灾等，其火灾教训具有普遍警示价值，显示火灾发展趋势，对改进消防工作具有前瞻性和现实意义。

（二）实施主体

技术调查具体由负责管辖火灾的公安机关消防机构组织实施，调查人员不得少于两人。为充分汲取不同层面的教训，消防机构内部负责战训、产品、法制、宣传等业务人员也可以共同参与技术调查。

对损失大、社会影响大、火灾发生、发展情况复杂的，应当成立专门调查组，除消防机构有关业务人员参加外，应根据需要聘请规范管理部门、科研机构、大专院校等有关专家参加调查。

上一级公安机关消防机构应当派员指导技术调查工作。为了查清某个特定的典型火灾教训，也可以指定负责管辖的公安机关消防机构对其进行技术调查；或直接组织对下级公安机关消防机构管辖的火灾进行技术调查。

三、技术调查的基本内容和方法

技术调查应当在解除火灾现场封闭之前进行，向公安机关有关部门移送的火灾，应在移交之前完成主要的技术调查工作。对火灾面积小，蔓延路径简单的火灾，可以和火灾调查同步进行。

（一）基本内容

技术调查主要应当查明火灾发生的机理和诱因以及火势蔓延扩大和造成灾害后果的原因。不同用途、不同类型的火灾技术调查内容虽各有侧重，但总体看，调查内容主要包括以下方面：

1. 查明起火建筑（场所）基本情况。包括总平面布置、防火间距、消防车道、市政消火栓建设情况；建筑耐火等级、建筑结构、室内外装饰装修材料、外墙保温材料情况；建筑物墙壁、顶部开凿或未封堵的孔洞；建筑消防设施配置情况。

2. 查明单位消防管理与火灾发生及其火灾后果有关联的因素。包括：单位消防安全责任制落实情况，消防安全责任人、消防安全管理人履行消防安全职责情况；单位消防安全制度、消防安全岗位责任制落实情况，消防组织建立情况；日常消防安全管理，消防安全宣传教育，应急疏散演练实施情况；初起火灾处置情况，单位员工自救互救情况；建筑安全疏散设施、建筑消防设施日常维修、保养、运行情况，火灾发生后建筑消防设施动作和使用情况；其他因单位消防工作不到位，导致起火和火灾后果的因素。

3. 查明火灾扑救与火灾发生及其火灾后果有关联的因素。包括：消防队接警、出警、力量调动是否及时；火场指挥和灭火战术运用是否得当；对社会应急救援资源的调度、利用是否合理，对消防队员自身的防护、保护措施是否有效，参加灭火的战斗车辆、器材装备和战勤保障是否满足需求；消防水源情况及其他因火灾扑救不利导致火势蔓延、损失扩大的因素。

4. 查明消防监督、行业监管与火灾发生和火灾后果有关联的因素。包括：建设工程消防设计审核、消防验收和备案、开业前检查情况；公安机关消防机构、公安派出所日常消防监督检查、行政处罚情况，上级统一部署的专项行动的落实情况；单位主管部门对单位消防工作的监管情况；其他因消防监督或行业监管不利，导致单位消防工作薄弱发生火灾因素。

5. 其他导致火灾发生、蔓延，人员伤亡、财产损失扩大的因素。

（二）基本方法

在技术调查中，主要方法包括：调查询问、现场勘验、火灾物证鉴定、燃烧性能试验测试、火灾现场重现和实体火灾模拟技术。可以采用火灾调查阶段收集并查证属实的询问笔录、现场勘验记录、痕迹、物品、现场实验笔录、视听资料、电子数据、技术鉴定意见和公安机关刑事科学技术部门出具的尸体检验文书等证据材料。根据调查内容和深度要求，可以重新收集自动消防控制设备信息、监控录像信息，勘验建筑消防设施、安全疏散设施，查看火灾现场痕迹、孔洞、空间，提取现场物证送检，开展调查询问，必要时可以组织现场实验。针对技术调查内容、深度，可以采用以下调查步骤：

1. 查阅火灾调查资料，听取火灾调查情况介绍。

2. 询问当事人、证人等。

3. 复勘火灾现场，观察烟气流动、火势蔓延途径，查明参与燃烧的主要材料，提取火灾物证送检，必要时组织进行现场实验和火灾过程数值模拟计算。

4. 查阅单位消防工作资料、消防档案，包括单位演练记录、公安机关消防机构和公安派出所下发的消防监督执法文书。

5. 查阅公安机关消防机构和公安派出所消防监督基础工作资料，网上执法和相应执法文书，以及其他监管部门有关文件资料。

6. 将收集到的证据资料，依据证据审查规则进行审查。

7. 分析起火原因、灾害成因。

8. 针对起火原因、灾害成因、单位消防管理、火灾扑救、消防监督以及行业消防监管等方面存在的经验、教训，形成结论性意见，提出相应的消防工作建议。

9. 编写技术调查报告。

第二节　起火原因、灾害成因分析

一、起火原因分析要素

火灾调查阶段对起火原因的分析主要是分析认定起火时间、起火部位、起火点及引火源和起火物。技术调查阶段要对起火原因进行进一步的深入分析，主要是针对起火原因的机理和诱因，依据已查明的起火原因及相关证据，引用科学原理和数据，详尽说明引火源、起火物以及引火源形成和可燃物发生燃烧的机理、诱因。对不能确定唯一起火原因的，也应当深入分析能够排除和不能排除的起火原因的依据。

分析起火原因，应当细致分析行为人实施行为的时间、地点、手段、结果、动机等。没有行为人参与的，应当分析起火场所起火前的有关原始状况。

二、灾害成因分析要素

灾害成因是可燃物燃烧后，与火灾蔓延成灾或损失扩大存在直接因果关系的诸多元素的集合。灾害成因分析应当将起火建筑孔洞、空间、邻近建筑之间形成的火势蔓延途径、火灾发生后建筑自动消防设施为动作、防火、防烟分区、排烟设施不齐全或未发挥作用、室内外消火栓无水或压力不足、初起火灾处置不当、火灾扑救不力、室内外采用易燃可燃装修材料等导致火势蔓延、损失扩大等事实认定为灾害成因。

对于具体的火灾来说，有着特定的火灾结果，根据因果理论，就必然存在影响和决定火灾结果的

各个因素。按照这样的思路，找到这些因素，并分析这些影响因素是怎样具备的以及各个因素之间的逻辑关系，分析各个因素对火灾过程及结果的影响作用，这样就能最终找到造成火灾结果的因素集合。

作为灾害成因分析的方法有事故树分析法、事件树分析法、故障假设/安全检查表分析法、失效模式与影响分析法、原因—结果分析法等。下面，着重介绍事故树分析法和事件树分析法。

（一）事故树分析法

1. 方法简介

事故树分析（Fault Tree Analysis，FTA），又称为故障树分析，是从结果到原因找出与火灾有关的各种因素之间的因果关系和逻辑关系的分析方法。这种方法是把火灾结果放在图的最上面，称为顶上事件，然后按照构成影响结果因素之间的关系，找到与火灾结果有关的原因事件。这些原因可能又同时是其他一些原因的结果，故称为中间事件；继续分析下去，直到找出不能进一步往下分析的原因为止，这些最末端原因称为基本事件。图中各因果关系用逻辑符号连接起来，形成了一棵倒置树图形。故将这种调查分析的方法称为事故树分析法。

该方法有如下几个特点：①事故树分析法采用演绎方法分析火灾的因果关系，能详细地找出系统中各种固有的影响因素。②简洁、形象地描绘出了火灾结果与影响因素之间的因果关系和逻辑关系，有利于调查、分析和判断。③可以用于定性分析，求出各因素对火灾结果的大概影响度。④可用于定量分析，求出各因素对火灾结果影响的大小，但这必须依赖于基本事件已发生的统计概率。⑤要求分析人员必须具有丰富的实践经验，不熟悉研究对象就不能分析。

2. 事故树分析法在火灾成因调查中应用的基本步骤

在火灾成因调查中应用事故树分析方法，可按图 11 - 2 - 1 所示步骤依次进行。

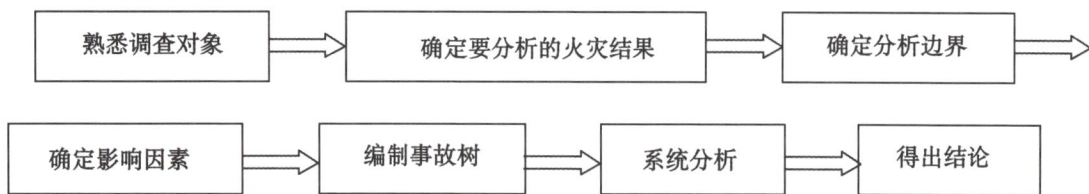

图 11 - 2 - 1　事故树分析法应用步骤

步骤说明：

（1）熟悉调查对象

火灾成因调查首先应详细了解和掌握有关火灾情况的信息，包括火灾发生时间、地点、火灾场所建筑物情况、消防设施情况、可燃物情况、场所的使用情况、火灾蔓延扩大情况、扑救情况、伤亡人员情况等。同时，还可广泛搜集同类类似火灾情况，以便确定影响火灾结果的可能因素。

（2）确定要分析的火灾结果（顶上事件）

火灾成因调查所要分析的火灾结果可能是大的人员伤亡、大的财产损失、火灾大面积连营、着火建筑意外垮塌、同类建筑多次发生火灾、火灾发生和发展存在特殊性等。

（3）确定分析边界

在分析前要明确分析的范围和边界，火灾成因调查一般把与火灾有直接关系的人、事、物、环境划在分析边界范围内。

（4）确定影响因素

确定顶上事件和分析边界后，就要分析哪些因素（原因事件）与火灾有关，哪些因素无关，或虽然有关，但可以不予考虑。比如，当把某火灾造成重大人员伤亡结果作为顶上事件时，人员疏散逃生受阻（如出口被封锁）很可能成为中间原因事件，在确定基本事件时，我们会发现，尽管人员可能有着性别、体力上的差异，但这些可能对疏散逃生影响甚微，就可以不予考虑了。但在病房、幼儿园等特殊人群火灾场所，这些可能又必须给予考虑。

（5）编制事故树

从顶上事件（火灾的某结果）开始，逐级向下找出所有影响因素直到最基本事件为止，按其逻辑关系画出事故树。图 11-2-2 所示为基于某火灾人员伤亡事件的火灾灾害成因分析。

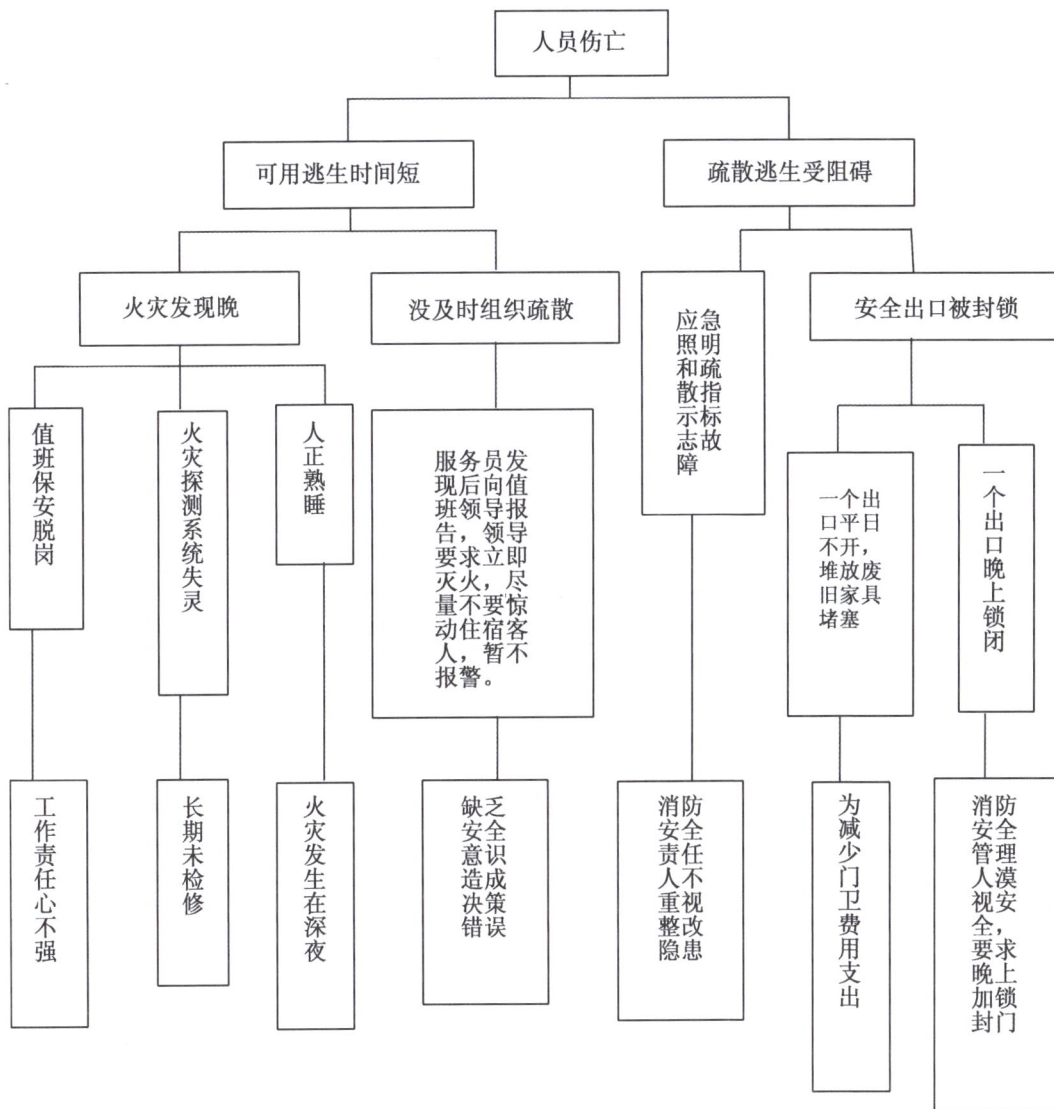

图 11-2-2　某火灾人员伤亡事故树分析图

（6）系统分析

根据火灾具体情况，结合询问、勘验、鉴定、调查实验等情况，综合分析各个因素对火灾的影响度，并按照影响度大小顺序加以因素排序。

（7）得出结论

综合运用获得的因素解释造成火灾某种灾害结果的原因，对照消防法律法规、技术规范和标准，认定违法事实。从而，实现火灾灾害成因调查分析和认定的目的。

（二）事件树分析法

1. 方法简介

事件树分析（Event Tree Analysis，ETA）是从原因推论出结果的（归纳的）系统安全分析方法。该方法按照事故从发生到结束的时间顺序，把对火灾有影响的各个因素（事件）按照它们发生的先后次序按照逻辑关系组合起来，每一事件的后续事件只能取完全对立的两种状态，如成功或失败、正常或故障、是或否、对或错、有或无等，逐步向火灾结果发展，直至到达。通过绘制事件树，并结合调查信息进行综合分析，找到影响火灾的关键因素链。

事件树分析法适用于多种环节事件或多重保护系统的事故结果分析，既可进行定性分析，也可进行定量分析。目前，灾害成因调查还缺乏大量的统计数据来确定中间事件发生的概率，因此定量分析依然要依靠调查者的经验来进行。相信随着灾害成因调查实践的发展，会逐步积累火灾信息数据，从而使火灾灾害的分析越来越准确。

2. 事件树分析法在灾害成因调查中应用的基本步骤

运用事件树进行火灾成因分析时，可以按照图 11 - 2 - 3 所示步骤进行。

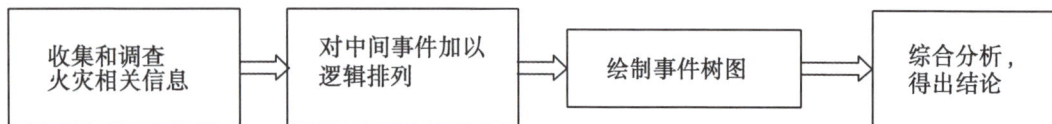

图 11 - 2 - 3　灾害成因调查事件树分析法应用步骤

步骤说明：

（1）收集和调查火灾相关信息

这些信息主要包括：建筑物基本情况、消防设施情况、使用情况、火灾基本情况、内部人员情况等，还要找出主要的火灾中间事件。

（2）对中间事件加以逻辑排列

所谓逻辑排列，就是根据火灾过程的时间顺序，按照中间事件发生的先后关系来排列组合，直到得出火灾结果为止。每一中间事件都按照"成功"和"失败"两种状态来考虑。

（3）绘制事件树图

在以上步骤的基础上，完成事件树的绘制。要层次分明、条理清晰。

（4）综合分析，得出结论

根据调查获得的具体情况，结合询问、勘验、鉴定、调查实验等情况综合分析，得到是什么中间事件（影响因素）、怎么样影响了火灾结果。

事件树分析图可以尝试对假设典型火灾场所预先编制，这有利于提高人们对场所火灾危险性的认识，也为灾害成因调查事件树编制工作提供蓝图。

图 11 - 2 - 4 所示为从火灾发生推论火灾造成人员伤亡结果的一个事件树图。由分析图可以看出，从 S1 到 S9 的 9 个火灾人员伤亡结果中，人员伤亡的严重程度是依次递增的。人及时发现火灾并成功疏散伤亡最小，当在人没有发现火灾情况下，火灾探测系统又不能正常工作，火灾扩大造成人员疏散阻力，如果外部救援力量又救助失败，则伤亡就会加剧。

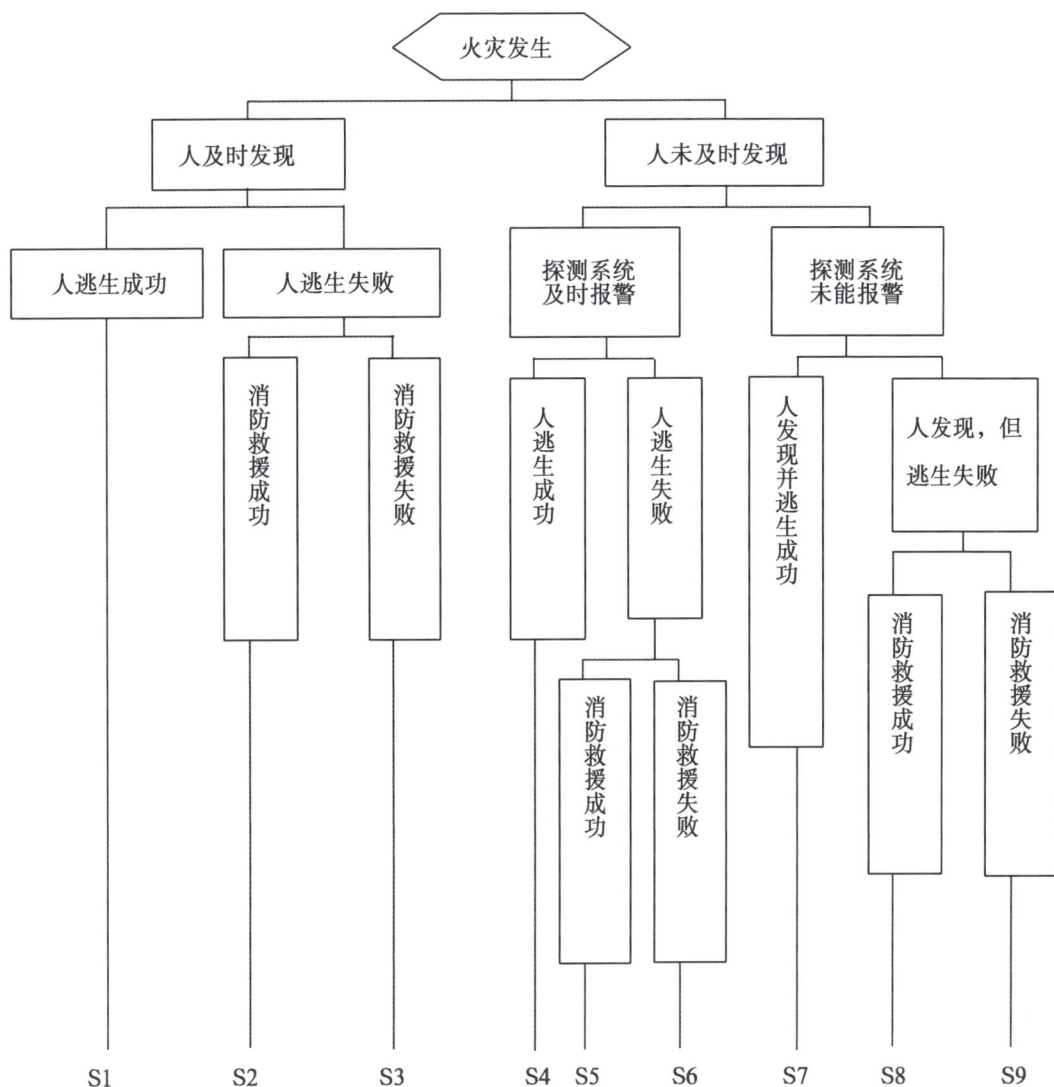

图 11 - 2 - 4　火灾人员伤亡事件树分析

（三）起火原因、灾害成因分析应注意的问题

1. 不受现行消防法律、法规、标准规范的限制。法规及标准规范本身是从火灾教训中总结得出的，需要通过暴露的问题加以改进完善。因此，分析起火原因和灾害成因不应受现行法规、标准规范的限制，只要是造成起火和蔓延扩大的原因都应纳入分析范围。

2. 不受是否有责任单位或责任人的限制。有的灾害成因没有责任主体，有的火灾涉及多个责任主体，是各个预防环节失效的集中体现。分析起火原因及灾害成因应客观公正，不以是否有责任单位和责任人受到追究而模糊分析对象。同样，分析时也不应为了追究责任而主观故意扩大分析范围。

3. 不受火灾性质的影响。虽然有的火灾定性为放火嫌疑或安全生产事故等，不属于消防机构管辖。但从总结经验教训、保护人民生命财产安全出发，公安机关消防机构仍应对这些典型火灾进行深入分析，找出存在问题，提出改进工作的建议。

第三节 技术调查报告及运用

一、技术调查报告的主要内容

1. 基本情况。主要包括起火建筑概况、建筑工程建设过程、建筑消防设施和建筑周边市政消火栓、单位消防安全管理、消防安全监管情况。

2. 起火经过和扑救情况。包括起火原因和火势蔓延过程、火灾发生后自动消防设施动作、其他建筑消防设施动作、使用和火灾扑救经过。

3. 人员伤亡和直接经济损失情况。包括死伤人数、伤情、死伤原因、直接财产损失、死伤人员救治费用、火灾现场施救费用。

4. 起火原因和灾害成因分析。引发可燃物燃烧的直接原因分析、导致人员死伤的直接原因、导致火势蔓延、损失扩大的直接原因。

5. 单位消防工作、行业消防监管、执勤战备、火灾扑救等方面与火灾发生和火灾后果相关联的事实。

6. 改进消防工作的建议。提出如何吸取教训、修改法规、改进防火、灭火工作的建议。还可以提出需要进一步研究的课题，以及告知公众应当如何预防火灾和逃生自救。

技术调查报告形成后，负责调查的公安机关消防机构应当逐级上报至省级公安机关消防机构，重大以上火灾的技术调查报告报公安部消防局。

二、技术调查报告运用

技术调查以吸取火灾事故教训为主要目的，因此应特别重视把技术调查得出的火灾教训和预防措施通过各种渠道、方式向社会公布，并抄送给相关职能部门，同时加强信息后续跟踪、评估工作。对预防措施是否得到落实，需要通过政府消防工作考核机制，督促相关部门把工作改进情况反馈至消防机构，以便消防机构重新评估，并进一步完善综合预防措施。技术调查报告可以分别运用到以下方面：

1. 修改法规标准。火灾调查得出的经验教训和工作建议通报给政府或行业协会的法规、标准、规范制定部门，由其吸纳到相关法规标准修改条文中。

2. 开展宣传教育培训。调查结果中对社会具有普遍警示作用、教育意义的内容，应当向社会公布。可以将火灾案例（包括图片、录像）提供给宣传、教育、培训主管部门，由其通过电视、报纸、网络等新闻媒体向社会公布，并成为教育培训机构的培训素材。

3. 改进产品质量、制造工艺。技术调查结论反馈给产品质量行业管理部门、行业协会，由其督促企业召回有缺陷的产品，督促改进产品标准，改进生产工艺。如某地电镀企业火灾数量多，消防机构组织剖析火灾原因基础上，提出整改意见由当地行业协会修改行业标准，共同改进工艺，整体降低了火灾风险。

4. 政府决策。对火灾暴露出具有普遍性的问题，提请政府开展有针对性的消防安全专项治理。对涉及消防规划调整、公共消防设施建设等需要政府统一部署实施的，应当向当地政府提出工作建议，逐步落实。

5. 改进灭火救援工作。对修订灭火预案、改进灭火救援战术、加强个人防护装备等建议，应反馈给灭火救援部门，由其加强战评总结，改进灭火救援工作。

为了保障技术调查结果运用落实到位，还需要通过制定完善相关规章制度，明确技术调查成果转化的责任部门和关联部门，以及转化方式、考评办法和奖惩措施等，把技术调查成果转化、防范对策的落实纳入法制化轨道。

技术调查报告的制作见范例 11 - 3 - 1。

范例 11 - 3 - 1：

关于××火灾的消防技术调查报告

2010 年 11 月 15 日 14 时 15 分，某市胶州路 728 号的教师公寓发生火灾。火灾造成 58 人死亡、71 人住院治疗。地上 1 层消防控制室、办公室及沿街商铺被烧毁；2 层至 28 层 92 户室内装修及物品基本烧毁。

一、基本情况

（一）建筑使用情况

公寓于 1998 年建成投入使用，为钢筋混凝土剪力墙结构，地上 28 层，地下 1 层，建筑高度 83.55m，总建筑面积约 18 472m²；其中地下 1 层为设备用房、停车库，地上 1 层为消防控制室、办公室及商业用房，2 至 4 层主要为居住用房，部分用于办公，5 层以上为居民住宅；整个建筑共有居民 156 户，440 余人。该建筑设有 2 部防烟楼梯和 1 部消防电梯；地下 1 层和地上 1 至 4 层设有自动喷水灭火系统；地上 1 至 4 层及 5 至 28 层公共走道部位设置火灾自动报警系统；建筑内走道设置机械排烟系统；室内每层设置 2 个室内消火栓；室外分别设有 2 个消火栓水泵接合器和 2 个喷淋水泵接合器。

（二）节能综合改造施工情况

2010 年 9 月 24 日，某市建设和交通委员会组织对教师公寓进行建筑节能综合改造施工，施工内容包括外立面搭设脚手架、外墙喷涂聚氨酯硬泡保温材料、更换外窗等。施工用脚手架沿建筑四周外墙用钢管架设，在建筑 2 层高度用木夹板沿建筑搭建一层防护棚，防止坠物伤人，临时堆放建筑垃圾；2 层以上每隔 1.8m 左右高度沿建筑四周架设宽度约为 1m 的施工走廊，用毛竹排作垫层，凹廊部位全部架设；脚手架每隔 6 层（约 4 层楼面）铺设木夹板，堆放保温材料及手锯找平作业过程中产生的聚氨酯泡沫碎块、碎屑等杂物；脚手架外侧尼龙网满挂。

建筑外墙外保温系统的结构由外及内依次为饰面层、薄抹灰外保护层、现场喷涂发泡的硬泡聚氨酯。发生火灾时，建筑外墙 2 至 14 层的聚氨酯泡沫发泡喷涂作业已完成，北侧外立面 8 层以下及东侧、西侧、南侧三面 14 层以下已完成无机材料抹平，但未覆盖玻纤网格布和进行其他防护层与饰面层施工，北侧外立面 9 层至 14 层未完成找平作业，保温材料裸露。

（三）施工现场消防安全管理情况

教师公寓建筑节能综合改造工程由某市静安区建设和交通委员会经招投标交静安区建设总公司承建，并由该公司与静安区建筑工程监理有限公司签订了监理合同。静安区建设总公司获得承建工程后，该公司副总经理瞿某与其下属的上海佳艺建筑装饰工程公司签订转包合同，经层层转包后，该工程最后由吴某、王某、马某等无操作资格的电焊工人从事电焊操作。在转包分包过程中，施工现场消防安全责任没有明确，监理单位也没有认真履行职责。

（四）物业单位消防安全管理情况

教师公寓由某物业有限公司进行物业管理，根据 2009 年 8 月 19 日签订的《物业服务合同》，某物业有限公司为消防管理责任方，负责建筑消防系统的日常运行、保养和维修服务。

（五）政府安全监管情况

1. 消防监督管理情况。教师公寓为高层住宅楼，由江宁路派出所负责日常消防监管，未列入消防安全重点单位。火灾发生前，江宁路派出所、消防机构都曾对该公寓进行过消防监督检查，并督促大楼物业管理单位及时整改了存在的火灾隐患和违法行为。

2. 建设行政主管部门的监管情况。该建筑节能综合改造工程除了与相关监理公司签署了监理合同外，建设主管部门没有纳入建设工程监管流程，施工单位没有领取施工许可证。

（六）火灾发生及蔓延过程

11月15日下午13时左右，无证电焊工人吴某、王某将电焊机、配电箱等工具搬至10层处，准备加固建筑北侧外立面10层凹廊部位的悬挑支撑。14时14分，吴某在连接好电焊作业的电源线后，用点焊方式测试电焊枪是否能作业时，溅落的金属熔融物引燃北墙外侧9层脚手架上找平掉落的聚氨酯泡沫碎块、碎屑。吴某、王某发现起火后，使用现场灭火器进行扑救，但未扑灭，见火越烧越大，两人随即通过脚手架逃离现场。

聚氨酯泡沫碎块、碎屑被引燃后，立即引起墙面喷涂的聚氨酯保温材料及脚手架上的毛竹排、木夹板和尼龙安全网燃烧，并在较短时间内形成大面积的脚手架立体火灾。燃烧后产生的热量直接作用在建筑外窗玻璃表面，使外窗玻璃爆裂，火势通过窗口向室内蔓延，引燃住宅内的可燃装修材料及家具等可燃物品，形成猛烈燃烧，导致大楼整体燃烧。

（七）火灾时消防设施运行情况及效果

火灾时该建筑设置的火灾自动报警系统、室内消火栓系统、自动喷水灭火系统基本处于完好状态，在火灾初期均能工作。室外消防给水由市政供水管网直接供水，管网水压在常态下约0.18MPa，火灾后经市应急联动中心通知自来水公司实施管网加压，管网压力增至0.23MPa。

走道部位设置的机械排烟系统由于年久失修，排烟风机已于2008年损坏，楼层排烟口部分排烟阀由于机械故障已无法打开，排烟系统处于停用状态。

（八）火灾扑救情况

消防机构共调集122辆消防车、1 300余名消防官兵参加灭火救援。某市启动应急联动预案，调集本市公安、供水、供电、供气、医疗救护等10余家应急联动单位紧急到场协助处置。经全力扑救，大火于15时22分被控制，18时30分基本扑灭。

二、主要问题

（一）只重视建筑节能，忽视消防安全

在实施建筑外墙保温工程时，只是片面地强调其节能效果和经济成本，忽视了保温材料的易燃烧性，没有把安全放在第一位，片面追求施工进度，对满员居住建筑外墙施工没有采取消防安全防范措施，以致酿成火灾。

（二）建筑四周被易燃可燃材料包围

1. 建筑外墙被易燃材料覆盖。建筑外墙喷涂的聚氨酯硬泡保温材料厚度约2cm，经送国家防火建筑材料质量监督检验中心检测，其燃烧性能为B3级，属易燃材料；火灾发生时外墙的聚氨酯泡沫发泡喷涂已作业至14层，其中北侧外立面9至14层未完成找平作业，保温材料裸露，整幢建筑外墙被易燃材料覆盖。

2. 建筑四周被易燃可燃物包围。建筑外墙搭建施工用的脚手架，铺设大量毛竹排、木夹板等可燃物，并在上面堆放保温材料及手锯找平作业过程中产生的聚氨酯泡沫碎块、碎屑等杂物，脚手架外侧满挂尼龙网，整幢建筑外墙被易燃可燃材料包围。

（三）施工、监理单位不重视消防安全工作

1. 没有消防安全防范意识。施工单位在有人员居住的建筑进行外墙保温作业施工时，根本没有考虑消防安全，没有采取防范应对措施。

2. 现场消防安全无人管理。工程通过6次转包和违法分包，消防安全职责不清，管理混乱，施工单位消防安全负责人从未到过现场检查，现场无人管理消防安全。施工人员上岗前未进行过消防安全教育培训；施工现场找平下的聚氨酯泡沫等垃圾，未按要求及时清理；现场人员随意在脚手架、防护棚上设置易燃可燃垃圾集中堆放点。

3. 施工现场违规作业。现场未按照规定分段作业，未涂抹防护层的喷涂聚氨酯硬泡体保温材料高度达到 6 层，违反分段施工不超过 3 层的规定，也未执行防火隔离带与保温材料同步进行的施工要求。

4. 违法使用无证电焊工。电焊工是负责搭建脚手架公司人员，从社会上从事电焊作业的包工头处雇用，无电焊作业人员资格证；电焊动火作业时未办理相应的动火审批手续、也未采取相应安全防护措施，特别是在未涂抹防护层的聚氨酯硬泡体保温材料部位进行电焊，严重违反操作规定。

5. 监理单位未履行职责。监理单位未对施工材料质量、特种岗位施工人员资质进行检查核查，对施工现场存在的违法违规行为及安全隐患未监督施工单位整改。

（四）物业管理单位未认真履行消防职责

1. 日常消防安全管理不落实。物业管理单位在建筑内部有居住人员，建筑外墙同时进行施工改造的情况下没有提供消防安全防范服务，没有采取针对性的措施，没有加强对居民的消防安全宣传；火灾发生后，没有及时通知住户疏散。

2. 消防设施缺乏维护保养。物业管理单位没有对走道部位设置的机械排烟系统进行维修，致使该系统损坏停用。

（五）有关部门监管缺位

起火建筑节能综合改造工程没有纳入建设主管部门的建设工程监管流程，施工单位没有领取施工许可证。现行消防法规没有将建筑外墙保温工程纳入消防机构的建设工程消防设计审核、验收和备案抽查范围，建设单位也未办理相关消防手续。

（六）消防宣传教育的内容需要调整

教师公寓火灾发生后，一些居民没有迅速逃生，而是打电话求救；一些居民甚至抱着观望的态度待在室内等待消防队前来救援，从而耽误了出逃时机。

三、工作建议

为认真吸取火灾事故教训，提出以下几点建议：

（一）禁止易燃可燃材料作为外墙保温材料。对已投入使用的和完成节能改造的建筑外墙采用易燃可燃保温材料的，联合有关部门开展专项检查，采取技术防范措施，加强人防管理，防止火灾发生；对正在施工的和节能改造尚未完工的建筑外墙使用易燃可燃材料的，督促单位予以更换；对已经行政审批同意尚未开工建设的工程项目，建筑外墙采用易燃可燃保温材料的，通知建设、设计单位更改设计并重新申报审批。

（二）加强对建筑外墙保温工程的监管。明确规定将建筑外墙保温系统纳入建设行政主管部门的建设工程监管流程；明确规定将建筑外墙保温工程纳入消防机构的建设工程消防设计审核、验收和备案抽查范围；对投入使用建筑进行节能改造，在施工前要求建设、施工单位进行消防安全评估，采取相应的消防安全措施，在满足消防安全的条件下方能进行施工。

（三）制定、修改消防技术标准。制定《建筑施工防火规范》；对建筑外墙保温材料的使用范围进行限定，对外墙保温防火技术进行规范。修改《高层民用建筑设计防火规范》，在高层居住建筑房间内设置独立式火灾自动报警器和警报装置，一旦发生火灾及时报警，及时通知人员疏散。

（四）督促建设行政主管部门加强建筑施工工地安全监管。按照《建筑法》和《建筑工程质量管理条例》的规定，建设工程施工现场的消防安全由建设行政主管部门监管。督促建设行政主管部门加强对施工工地的消防安全监管，严格对电焊、气焊、电工等特殊工种人员持证上岗情况的监督检查，全面落实建设单位、施工单位安全管理责任。

（五）深入开展消防宣传培训教育。明确物业管理单位为业主提供消防安全服务的内容，要求物业管理单位定期组织业主开展逃生疏散演练。

（六）开展高层建筑外墙火灾扑救的技战术研究。针对建筑外墙采用易燃可燃材料，深化技战术研究，加强应用性训练，明确扑救高层建筑火灾的第一出动力量和首调队编成；加强对既有装备的技术研究，研发针对扑救建筑外墙面火灾和建筑立体火灾的新型消防装备、灭火药剂。

第十二章　常见机动车火灾调查

本章所述机动车火灾主要指常见汽车火灾、摩托车火灾和电动自行车火灾。其中汽车火灾调查相对于摩托车火灾和电动自行车火灾调查较为复杂。随着汽车生产数量和使用量的大幅度增加，汽车火灾的发生也呈现明显上升趋势，由此引发的社会矛盾越来越突出，不仅涉及车主与保险公司之间，车主与生产厂家、销售商之间，还有保险公司与生产厂家之间，车主与物业公司之间等等，解决这些矛盾和纠纷的关键是起火原因的准确认定。

第一节　汽车的分类和总体构造

一、汽车的分类

汽车的分类方式较多，如可按汽车的用途、结构性能参数、动力装置类型、行驶道路条件、行驶机构特征以及按发动机和驱动桥在汽车上的位置等分类。这里仅介绍较常见的按汽车的用途分类方式。

国家标准 GB/T3730.1—2001 规定了汽车和挂车的类型。汽车可分为乘用车和商用车两大类。乘用车包括各种轿车，商用车包括客车、牵引汽车和载货汽车。我国汽车行业及许多企业仍沿用旧标准GB/T3730.1—1988 的规定，按用途把汽车分为普通运输汽车和专用汽车两大类，并可按照汽车的主要参数分级。

（一）普通运输汽车

1. 轿车。轿车是载送少量乘员的汽车。轿车按照发动机的工作容积分级，为微型、普及型、中级、中高级和高级轿车五个级别。

2. 客车。客车是载送较多乘员的汽车。客车按照车辆总长度分级，为微型、轻型、中型、大型和特大型五个级别。

3. 货车。货车是载送货物的运输汽车。货车按照汽车的总质量分级，为微型、轻型、中型和重型四个级别。

（二）专用汽车

专用汽车是使用基本车型改装，装上专用设备，完成专门运输任务或作业任务的汽车。按其用途，专用汽车可分为运输型专用汽车和作业型专用汽车。

1. 运输型专用汽车。运输型专用汽车的车身经过改装，用来运输专门的货物。例如运输易污货物的闭式车厢货车，运输易腐食品的冷藏车厢货车，运输砂石矿石的自卸汽车，运输大件货物的平台货车，运输液体、气体或粉状固体的罐车，此外还有挂车、半挂车、集装箱货车等。

2. 作业型专用汽车。作业型专用汽车是在汽车上安装各种特殊设备进行特定作业的车辆。例如商业售货车、医疗救护车、公安消防车、环卫环保作业车、市政工程车、电视广播车、机场作业车、石油地质作业车、农牧副渔作业车等。

二、汽车的总体构造

汽车的类型较多，各类汽车的具体构造虽有所不同，但它们的基本构造大体相同，都是由发动机、底盘、电气与电子设备和车身四大部分组成。图 12-1-1 所示为桑塔纳 2000GSi 整车透视图。

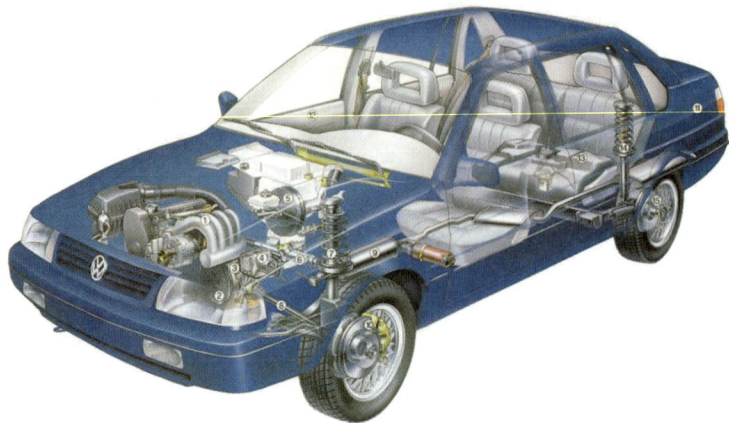

图 12-1-1 桑塔纳 2000GSi 整车透视图

（一）发动机

发动机是汽车的动力装置，其作用是使供入其中的燃料燃烧后产生动力（将热能转变为机械能），然后通过底盘的传动系统驱动车轮使汽车行驶。现代汽车最重要最普遍的动力装置是往复活塞式内燃机，使用的燃料主要是汽油和柴油，目前部分汽车开始使用液化气和天然气作为燃料。

汽油发动机由曲柄连杆机构、配气机构、燃料供给系统、冷却系统、润滑系统、点火系统和启动系统组成，简称"两大机构五大系统"，如图 12-1-2 所示。

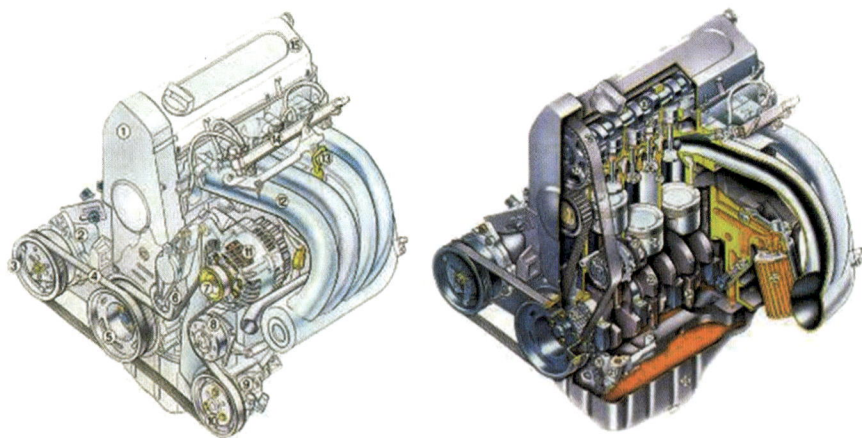

图 12-1-2 汽油发动机构造图

柴油发动机气缸中燃料的着火方式为压燃式，所以无点火系统。

1. 曲柄连杆机构和配气机构

通常，将发动机的机体列为曲柄连杆机构，机体包括气缸盖、气缸盖罩盖、气缸体及油底壳等。同时曲柄连杆机构还包括活塞、连杆总成和带有飞轮齿圈的曲轴等。这是发动机借以产生动力，并将活塞的往复直线运动转变为曲轴的旋转运动而输出动力的机构。

配气机构包括进气门、排气门、液力挺杆总成、凸轮轴、凸轮轴正时齿轮。其作用是将可燃混合气及时充入气缸并及时从气缸排出废气。如图 12 – 1 – 3 所示。

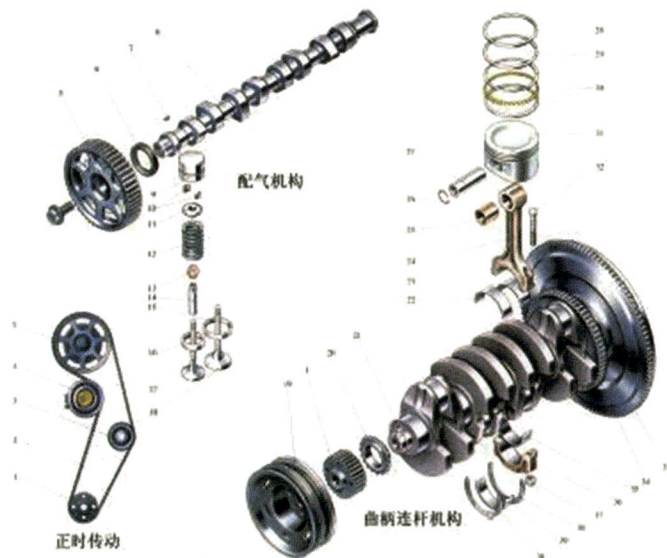

图 12 – 1 – 3　曲柄连杆机构和配气机构

2. 燃料供给系统

汽油机燃料供给系统有两种基本型式：化油器式汽油机燃料供给系统和汽油喷射式汽油机燃料供给系统。两种系统均包括油箱、油管和燃油泵。根据发动机各工况的不同要求，供给发动机气缸一定浓度和数量的可燃混合气，并把发动机做功行程后产生的废气排到大气中。图 12 – 1 – 4 所示为燃料供给系统。

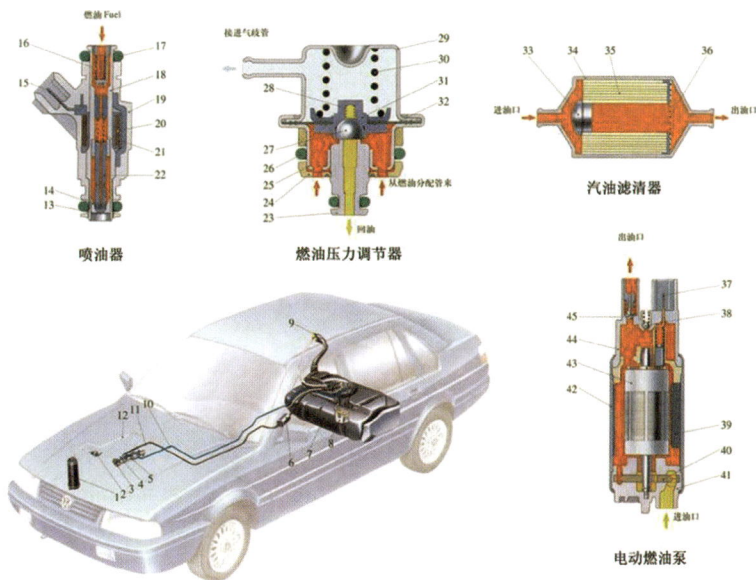

图 12 – 1 – 4　燃料供给系统

1—活性炭罐；2—活性炭罐电磁阀；3—燃油压力调节装置；4—燃油分配器；5—喷油器；6—汽油滤清器；7—油箱；8—电动燃油泵；9—加油口；10—回油管；11—供油管；12—油箱油气排放管；13—喷孔板；14—阀座；15—插头；16—滤网；17—O 形密封圈；18—进油管与阀体组件；19—喷油器壳体；20—电磁线圈；21—弹簧；22—阀针（带磁铁）；23—回油管嘴；24—下盖；25—壳体；26—O 形密封圈；27—阀球；28—小弹簧；29—上盖；30—大弹簧；31—阀座；32—膜片；33—油塞；34—壳体；35—滤芯；36—滤网；37—插头；38—安全阀；39—磁铁；40—叶轮；41—下端盖；42—壳体；43—电枢；44—上端盖；45—出油阀

（1）汽油喷射式汽油机燃料供给系统

在汽油喷射式汽油机燃料供给系统中，大都采用电子控制汽油喷射系统，同时最常用的是滚柱式电动燃油泵。这种燃油泵的最大特点是当点火开关位于发动位置时，燃油泵始终带电。大多数新车型中，电动燃油泵受发动机电控单元控制，当发动机停止运转时，电动燃油泵随即关闭。油箱上或油箱附近的电动燃油泵把汽油从油箱内泵出，进入安装在发动机上的燃油分配管中，燃油压力调节器控制供油总管的油压（一般为 0.25～0.30MPa），再送入各缸喷油器或低温启动喷油器，具有燃油使用效率高和节省燃油的优点。此外，这种装置可精确地控制空燃比，从而降低了环境污染。

汽油喷射式汽油机燃料供给系统大都含有回油装置，以便把多余的汽油按其泵出压力送回油箱。图 12-1-5 所示为喷射式汽油机燃料供给系统的简图。

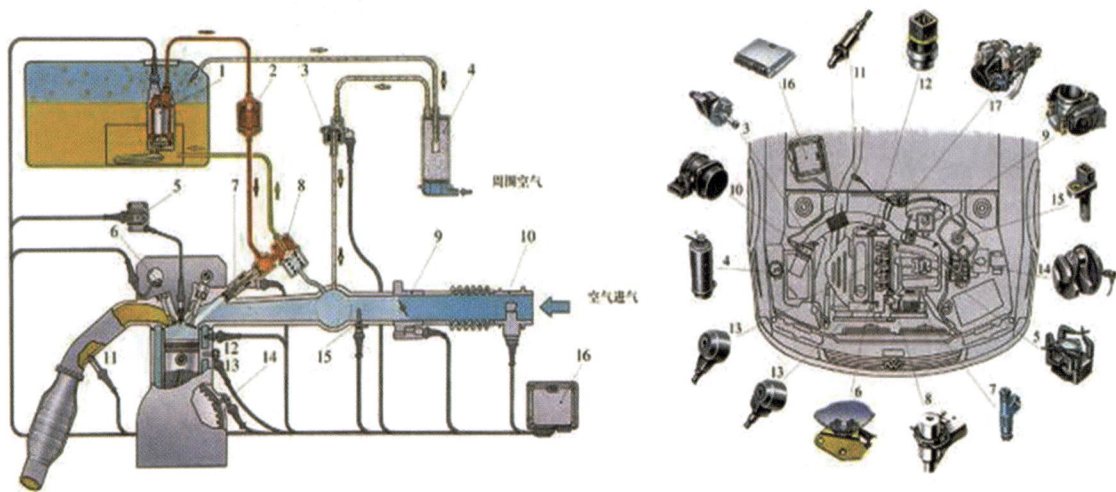

图 12-1-5　喷射式汽油机燃料供给系统简图

1—电动燃油泵；2—燃油滤清器；3—活性炭罐电磁阀；4—活性炭罐；5—带输出驱动级的点火线圈组件；6—相位传感器；7—喷油器；8—燃油压力调节器；9—节气门控制组件；10—空气质量计；11—氧传感器；12—冷却液温度传感器；13—爆震传感器；14—发动机转速传感器；15—进气温度传感器；16—发动机控制单元；17—传感器插头支架

（2）柴油机燃料供给系统

柴油发动机汽车常使用输油泵，把柴油从油箱中泵出，经粗滤器和细滤器滤去杂质后，送至喷油泵，喷油泵将柴油压力进一步提高至 10MPa 以上。喷油泵根据适当的点火时间，向各个喷油器输送定量的柴油。与柴油混合的空气有两种进气方式，分别为常规进气和涡轮增压进气。

（3）天然气和液化气燃料供给系统

天然气和液化气都可作为汽车的燃料，它们以液态的形式存放在压力容器中，以气态的形式流向调节器供发动机使用。这种燃料供给系统在高压条件下运行。大多数以天然气或液化气为燃料的汽车采用化油器装置，将气体燃料与空气按一定比例混合。

（4）涡轮增压器

涡轮增压器的工作原理是，利用发动机排出的废气驱动涡轮增压装置，提高气缸进气压力。用于驱动压气机的涡轮，其转速可达 1000 转/分钟。

（5）进排气装置

进气装置由空气滤清器和进气歧管等部件构成，为发动机提供清洁的空气。排气装置包括废气再循环装置、排气歧管、催化转换器、排气管、消声器等，用于控制汽车尾气排放物并收集其中的油蒸气。图 12 - 1 - 6 所示为进排气装置。

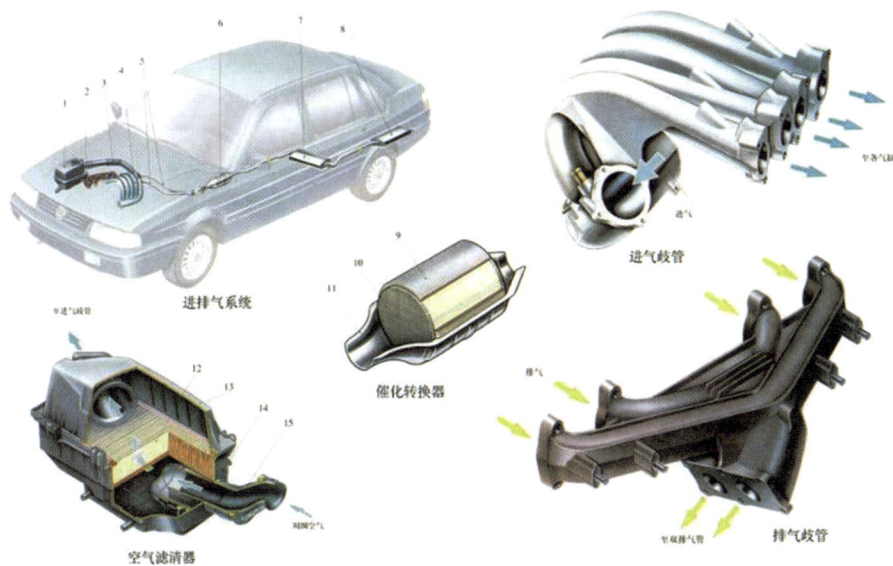

图 12 - 1 - 6　进排气装置

1—空气滤清器；2—排气歧管；3—进气软管；4—进气歧管；5—双排气管；6—三元催化转换器；7—中间消音器；8—主消声器；9—隔热软垫；10—陶瓷催化反应体；11—壳体；12—纸质滤芯；13—空滤器上壳体；14—空滤器下壳体；15—带粗滤器进气管组件

3. 润滑系统

汽车发动机由很多零部件构成，发动机工作时这些零部件都同步运行。为保证发动机正常工作，所有零部件必须精密地装配在一起，许多零部件还需润滑和冷却。绝大多数汽车采用烃类润滑油。润滑油储存在发动机底部的油底壳内。润滑油受机油泵的作用在油路内循环，并且受重力作用流回油底壳。大多数机油泵以 240 ~ 415kPa 的压力运转。

4. 冷却系统

汽车发动机多采用水冷。发动机的水冷系统是封闭式的，由发动机缸体水套、水泵、软管、节温器和散热器构成。冷却液受水泵的驱动在冷却系统内循环。发动机运行时能达到一定的温度，冷却液也随之升温。当冷却液的温度超过节温器的预设温度（通常在 80 ~ 90℃之间）时，节温器打开使冷却液流入散热器进行热量的交换。散热器主要由上下水箱、散热器芯和散热器盖等组成。散热管四周的气流能够降低其内部流过的冷却液的温度，较低温度的冷却液而后再流入发动机。汽车低速行驶或停车后，电动风扇为散热器提供气流。冷却系统工作的正常压力为 110kPa。多数冷却液为 50% 的乙二醇（防冻液）和 50% 的水组成的混合液。天气寒冷时，冷却液内乙二醇的比例需要加大。

5. 发动机的附属设备

与发动机相连的机械设备有空调压缩机、动力转向泵、水泵和机油泵等。

（二）底盘

底盘接受发动机的动力，使汽车产生运动，并能按驾驶员的意志操纵使其正确行驶。底盘由传动系统、行驶系统、转向系统和制动系统等组成，简称"四大系"。

1. 传动系统

传动系统将发动机的动力传给汽车的驱动车轮。它主要由离合器、变速器、万向传动装置和驱动桥组成。变速器的种类有机械变速器和自动变速器等，变速器内的活动机构需要润滑。

（1）机械变速器

机械变速器通过离合器接收发动机的机械能。离合器安装在发动机和变速器之间，离合器由与发动机飞轮接合的压盘和与变速器输入轴连接的飞轮盘等零件构成。挡位操纵杆和分离杠杆用于选择传动齿轮。齿轮的润滑油储存在集油器内。

（2）自动变速器

通常称液压变速器为自动变速器。液力变矩器把发动机产生的机械能传递到自动变速器中。当少量传动液流过液力变矩器内的叶片时，汽车处于怠速状态。随着发动机转速不断升高，传动液停止从叶片间流动，从而将发动机产生机械能传递至自动变速器。变速器根据发动机转速和汽车负荷等因素，自动选择变速齿轮。自动变速器内的传动液流入发动机散热器内进行冷却。适量的传动液能确保变速器在正常工作温度下怠速运转，因此变速器设有液面标记物。

2. 行驶系统

行驶系统将汽车各总成及部件安装在适当位置，以保证汽车正常行驶。它由车架、车桥、车轮及悬架等组成。

3. 转向系统

转向系统保证汽车按驾驶员选定的方向行驶。它主要由转向操纵机构、转向器和转向传动机构三部分组成。

4. 制动系统

制动系统可使汽车减速或停车，并保证驾驶员离开车后能使汽车可靠地停驻原地。它主要由制动器和制动传动机构组成。

液压制动系统的传力介质是制动液，常用于轿车和轻型车上。制动回路常采用对角线布置型式。制动时，踩下制动踏板，踏板力经真空助力器放大后，作用在制动主缸上，制动主缸将制动液加压后，分别输送到两个制动回路，到达制动轮缸中，作用于制动器。油液高压使制动蹄上摩擦片（或制动钳上摩擦片）与制动鼓（或制动盘）相互接触，二者产生的摩擦力矩，其方向与车轮旋转方向相反，对车轮产生制动作用。图 12-1-7、图 12-1-8 所示分别为盘式制动器和鼓式制动器。

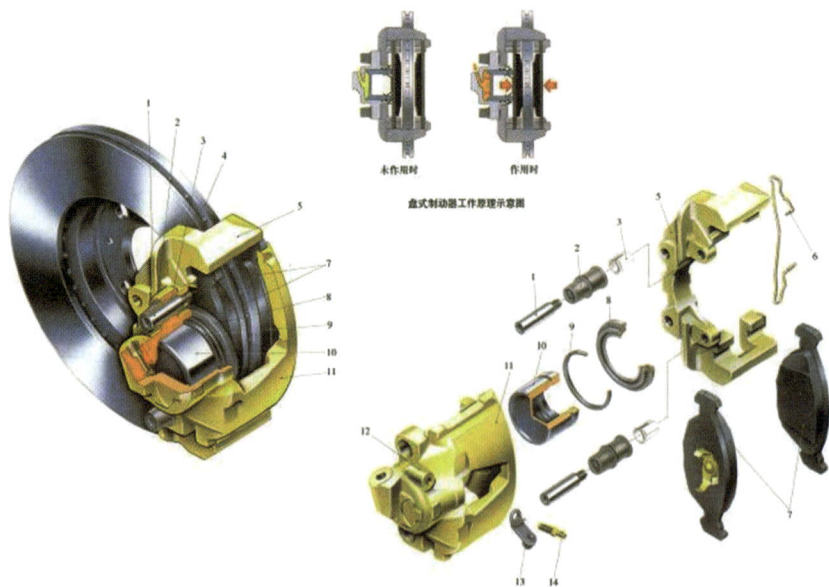

图 12-1-7　盘式制动器（前轮）

1—螺栓；2—橡胶衬套；3—塑料套；4—制动盘；5—制动钳支架；6—保持弹簧；7—摩擦块；8—活塞防尘罩；9—油封；10—活塞；11—制动钳壳体；12—排气孔座；13—防尘帽；14—排气螺钉

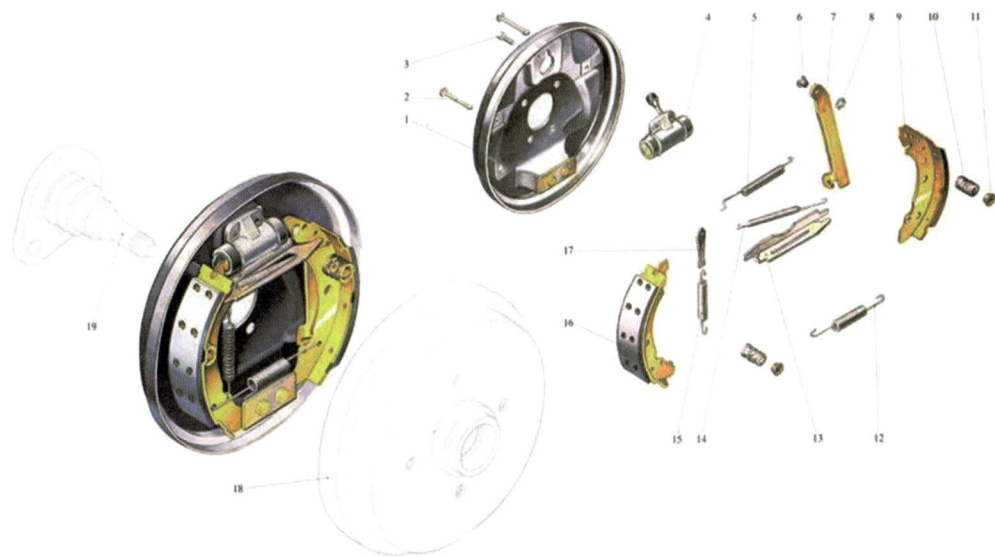

图 12 - 1 - 8　鼓式制动器（后轮）

1—制动底板；2—夹紧销；3—内六角螺钉；4—后制动轮缸；5—拉力弹簧；6—支承销；7—制动杆；8—弹性垫片；9—制动蹄；10—压缩弹簧；11—弹簧座；12—下拉力弹簧；13—压杆；14—上拉力弹簧；15—拉力弹簧；16—带楔形支座的制动蹄；17—楔形块；18—制动鼓；19—后轮轴

（三）车身

车身安装在底盘的车架上。用于驾驶员、旅客乘坐或装载货物。除轿车、客车一般是整体结构的车身外，货车车身一般是由驾驶室和货箱两部分组成。

汽车车身主要包括：车身壳体、车门、车窗、前后板制件、车身附件、车身内外装饰件、座椅、通风、暖气、冷气、空调装置等。如图 12 - 1 - 9、图 12 - 1 - 10 所示。

现代汽车的车身面板材料多采用塑料、高分子材料或玻璃纤维材料等。

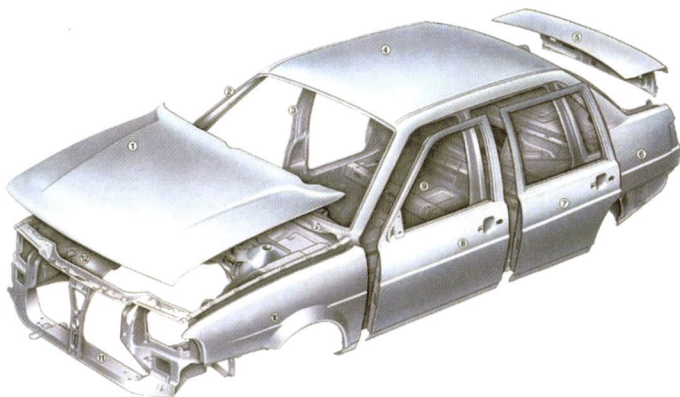

图 12 - 1 - 9　车身壳体

1—发动机罩；2—前柱；3—中柱；4—顶盖；5—后备箱盖；6—后翼子板；7—后车门；8—前车门；9—地板；10—前翼子板；11—前围；12—挡泥板和前纵梁

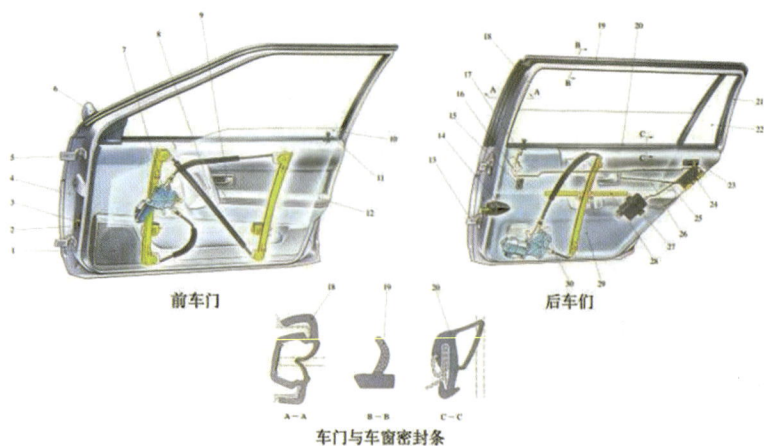

图 12 - 1 - 10　车门

1—饰品箱；2—线束孔；3—前车门开度限位器；4—前车门焊接总成；5—前车门铰链；6—后视镜；7—前车门电动摇窗机；8—内拉手；9—门锁内扳手；10—前车门窗玻璃；11—门锁锁定按钮；12—内扶手；13—后车门铰链；14—后车门开度限位器；15—电动摇窗机开关；16—角度杠杆；17—短锁杆；18—车窗导槽密封条；19—车门头道密封条；20—车窗外侧密封条；21—后车门开度限位器；22—后车门三角窗；23—外拉手开启销；24—门锁；25—门锁开启拉杆；26—长锁杆；27—后集控门锁电机；28—窗玻璃托槽；29—后车门装饰内板；30—后车门电动摇窗机

（四）电气与电子设备

1. 特点

（1）两个电源

分别为蓄电池和发电机。蓄电池主要供启动用电，发电机主要是在汽车正常运行时向用电器供电，同时向蓄电池充电。通常，从蓄电池至启动机和从蓄电池至发电机的导线，是汽车电路中规格最大的导线。这些线路没有过流保护装置。

（2）低压直流

汽车常用电压为 12V 和 24V，由于蓄电池充放电的电流为直流电，所以汽车用电均采用直流电。

（3）并联单线

汽车用电的设备很多，但基本是并联的。汽车发动机、底盘等金属机体为各种电器的公共并联支路，而另一条是用电器到电源的一条导线，故称为并联单线制。导线的规格决定其耗电量，导线越长耗电越多。

（4）负极搭铁

汽车电气系统采用单线制时，电源采用负极搭铁。

2. 种类

汽车电气与电子设备由电源和用电设备两大部分组成，按设备的作用可分为九大系统。

（1）电源系统。由蓄电池、发电机和调节器组成。

（2）启动系统。由启动机和继电器组成。

（3）点火系统。主要有点火线圈、分电器总成、火花塞等。

（4）照明系统。是指车内外照明设备。

（5）信号系统。包括音响信号和灯光信号两类。

（6）仪表系统。主要指各种仪表。

（7）舒乐系统。主要是暖风器、空调器、音响视听等装置。

（8）微机控制系统。包括 EEC、VEC、DIC 三大类。

（9）其他系统。包括防盗器、刮水器、洗涤器、电动汽油泵、电动门窗、中控门锁。

3. 铅蓄电池

铅蓄电池用的极板材料是铅，电解液是硫酸溶液，因此也叫铅酸蓄电池，主要由外壳、正负极板、隔板、电解液、联条、极桩和加液孔盖等组成，将电能转换并储存为化学能，而且也能反向进行，将化学能转换为电能。

4. 12V 电压电路系统

除大型卡车、大客车和重型机械车辆等大型汽车采用 24V 电压电路系统外，一般汽车均采用 12V 电压电路系统。电路蓄电池正极引出线将电能传递给汽车的各个用电设备，该引出线受保险丝或保险装置的保护，防止下游线路发生过负荷故障。与建筑物电路的根本区别在于，车架、车身和发动机是汽车电路的负极（搭铁端）。发动机停止工作，以及点火开关关闭之后，只有一少部分电路带有 12V 电压。这些电路包括：从蓄电池到启动机的线路，从蓄电池到发电机的线路，从蓄电池到点火开关的线路，和部分从点火开关到时钟或点烟器等辅助电气设备的线路等。直接加装在蓄电池上的用电设备（具备或不具备过流保护装置），在发动机停止工作后有可能带电。

（1）启动机和发电机

被现代汽车广泛采用的是电磁操纵和强制啮合式启动机，主要由直流串励式电动机、传动机构和操纵机构等三部分组成，由直流电动机产生动力，经传动机构带动发动机曲轴转动，从而实现发动机的启动。

被现代汽车广泛使用的发电机是硅整流交流发电机，多是由一台三相同步交流发电机和一套六只硅二极管组成的镇流器所构成。启动机和发电机如图 12-1-11 所示。

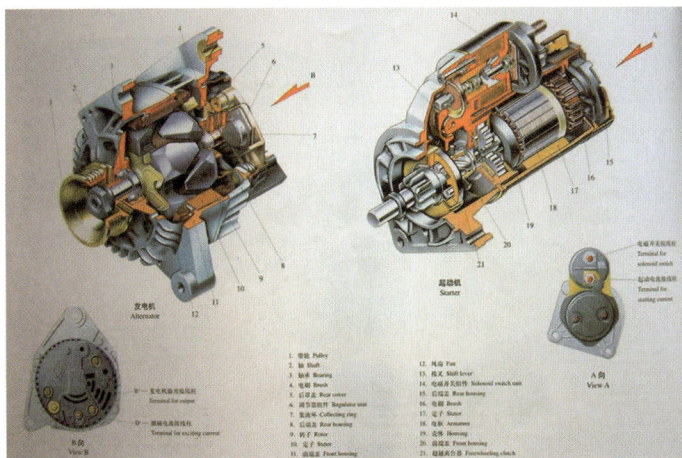

图 12-1-11 启动机和发电机

（2）点火系统

传统点火系统主要由电源（蓄电池）、点火开关、点火线圈、断电—配电器、电容器、火花塞、附加电阻等部件组成，将低压直流电转变为高压电，再经过配电器分配到各缸火花塞，使两极间产生电火花，点燃工作混合气。目前，电子式点火系统也得到广泛使用，由点火线圈和晶体三极管的作用将低压电转变为高压电。

（3）空调系统

汽车空调系统主要由制冷压缩机、电磁离合器、冷凝器、贮液干燥器、膨胀阀、蒸发器、控制电路及保护装置组成。

（4）鼓风机

鼓风机为永磁式双速电动机，由鼓风机开关及变速电阻配合工作。可以根据需要向驾驶室内及风窗玻璃送暖风或冷风。

（5）照明系统

汽车的照明系统主要由灯具、电源和电路（包括控制开关）三大部分组成。而灯具大体分为照明用的灯具和信号及标志用的灯具。照明用的灯具有前照灯、防雾灯、后照灯、牌照灯、顶灯、仪表灯和工作灯等。信号及标志用的灯具有转向信号灯、制动灯、小灯、尾灯、指示灯和警报灯等。如图 12 - 1 - 12 所示。

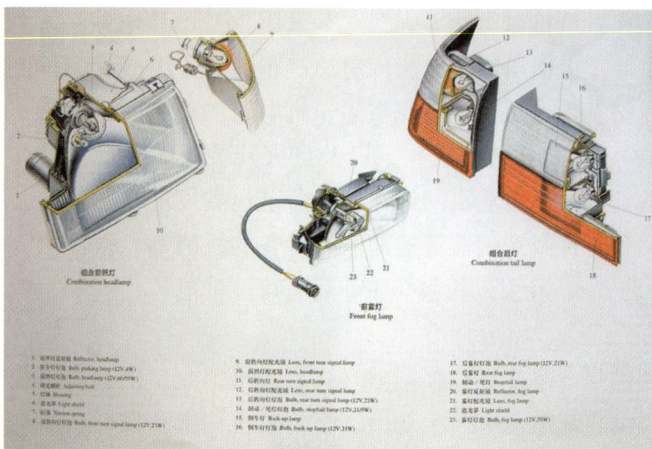

图 12 - 1 - 12　车灯

（6）风窗洗涤器

风窗洗涤器主要由洗涤液缸、电动液泵、聚氯乙烯软管及喷头等组成，与刮水器配合使用。

（7）中央接线盒

图 12 - 1 - 13 所示为桑塔纳轿车中央接线盒，将各种控制继电器与熔断丝安装在一起，正面装有 8 个继电器和 24 个熔断丝的插头，背面是插座，用来与线束的插头相连。

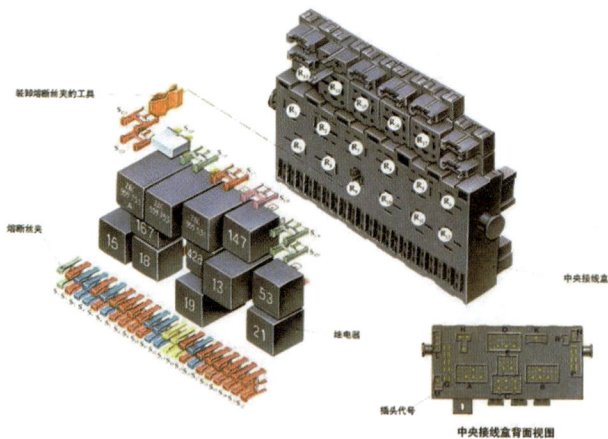

图 12 - 1 - 13　中央接线盒

第二节　引发汽车起火的主要原因

汽车由上万个零件组成，结构复杂，集电路、油路、气路以及多种机械、液压装置于一个有限的空间内，许多部分存在火灾危险性。汽车火灾发生的原因有很多，一般分为两大方面，一方面是汽车本身原因，主要有电气故障、油品泄漏、机械故障和操作不当等等；另一方面是汽车外部原因，主要有放火、遗留火种、外来飞火和物品自燃等等。

一、明火源

（一）化油器回火和未熄灭的火柴

化油器式汽油机汽车出现的回火引燃泄漏的汽油，是这类汽车常见的起火原因。造成化油器回火的因素有可燃混合气的比例调节不当、点火过早或者点火顺序错乱等。在这种情况下，车辆常出现加速不灵。如果急剧加油，也会产生汽化器回火或排气管放炮，甚至排出火星引燃可燃物起火。

未熄灭的火柴可点燃烟灰缸内的其他可燃物，导致仪表盘或座椅起火。

（二）放火

人为放火的目的大部分为恶意报复放火和为骗取保险金放火两种。多采用易燃液体如汽油作为助燃剂，且主要将汽油或其他液体如柴油、油漆稀释剂等直接泼洒在驾驶室内、发动机部位或汽车轮胎处，然后用火源点燃。

（三）操作不当失火

清洗车辆零件时违反操作规程，不切断蓄电池电源线，当清洗用的毛刷金属箍不慎碰到电线时，打出电火花，可以引燃汽油蒸气起火。或检修车辆时违章用火，直接用明火烘烤发动机，或者偷油、抽油时使用明火照明引燃油蒸气酿成火灾等。

二、电气故障

发动机停止工作后，蓄电池是汽车唯一的电源。此时，汽车用电设备大部分不与蓄电池相连，因此这些设备不会出现电气故障。但是有少数汽车用电设备，如交流发电机、启动机和点火开关等在发动机熄火且点火开关关闭的情况下仍与蓄电池相连，并能够在汽车停车数小时后出现电气故障。汽车电路中常用的线路保护装置有熔断丝、继电器和易熔线等，任何一个线路保护装置经改动、加设旁路或失灵后，都会影响汽车的正常运行。在某一线路安装附加的用电设备，也会影响到这一线路上保护装置的正常工作。与建筑物不同的是，汽车电路采用直流电路（DC）系统和单线制接法，即蓄电池正极引出线经中央接线盒后连接到各用电设备，负极引出线与车身及发动机缸体相连，而车架、车身壳体和发动机相互连接，作为汽车用电设备的搭铁端（即负极）。这样一来，汽车电路的搭铁点就不止一个。任何带电的导线、接线端子或零件接触到搭铁端，都将形成完整的回路。

（一）导线过负荷

线路中自发的高电阻故障可导致导线的温度高于其绝缘材料的自燃点，特别是在散热条件差的地方，如线束内部或仪表盘下方的导线经常发生这种现象。而且故障发生时，线路保护装置不会动作并切断电路。电动座椅和自动升降门窗等大电流用电设备的线路故障，能够引燃导线绝缘材料、地毯织物或座椅缝隙间堆积的可燃尘垢。部分汽车配备了自动调温的座椅加热器，故障可使加热元件持续工作，从而导致过热。有些加热丝的位置发生变化，使加热部分的线路缩短，造成局部过热。加装额外的用电设备，如汽配商场出售的车载音响或报警装置等，可能发生导线连接部位过热起火，或导线走向不合理，受热或磨损后绝缘击穿起火，有的加装大功率设备可能导致汽车导线过负荷。

（二）短路和电弧

车内通电导体（主要为汽车导线）的绝缘材料出现磨损、脆化、开裂或其他形式的破损后，与金属导体相碰会产生电弧。液体泄漏致使接插部位绝缘材料的绝缘性能下降，或者接插部位受到挤压，导致接插件松动或断裂，从而产生电弧。汽车受到猛烈的冲撞时，导线因压损或断开而产生电弧。特别是蓄电池引出线和启动机电缆等未经过线路保护装置的线路，这些线路所通过的电流大，较容易产生电弧。此外，被撞碎的蓄电池本身也可以产生电弧。产生的短路熔珠和电弧遇泄漏的汽油等可燃物可引发火灾。

（三）破碎灯泡的灯丝

破碎灯泡内的灯丝具有一定的点火能量。正常情况下，前照灯使用时其灯丝的温度有 1 400℃，在有可燃气体、可燃混合气存在或可燃液体呈雾状喷射、弥散的情况下，破碎灯泡的灯丝能够引燃可燃混合气发生火灾。

三、排气歧管等炽热表面

排气歧管和催化转化器产生的高温，足以点燃自动变速器的液力传动油，特别是因过载荷变速而升温后，滴落在炽热表面上能被点燃，部分制动液（DOT3 和 DOT4）滴落在炽热表面上同样能被点燃。汽车刚刚停止后，这些可燃液体被点燃的可能性仍然存在。因在行车时，通过发动机零部件表面的气流能够吹散油品蒸气，并冷却灼热的发动机外表面。而汽车停车后气流随之消失，此时排气歧管的温度自然上升，并达到足以点燃可燃液体蒸气的温度。催化转换器在正常工作时外表面温度可达到315℃，通风条件或空气环流受到限制时其外表面温度会继续升高。

通过多次实验验证，与电弧、电火花和明火不同，排气歧管和催化转化器的炽热表面不能点燃滴落的汽油。炽热表面点燃可燃液体的条件，除了表面温度要超过被点燃液体的自燃点以外，影响的因素还有很多，包括通风条件、可燃液体的饱和蒸气压、炽热表面的温度和粗糙度，以及可燃液体的量和其在炽热表面滞留的时间等。

四、摩擦生热

装运金属捆绑物的汽车，因金属和车厢金属摩擦产生的热或打出的火花能引燃货物起火。如装运棉花包、草捆的车辆，因这些货物一般用铁丝捆绑，行驶过程中，尤其遇颠簸路段容易剧烈摩擦生热引燃货物起火。此外，汽车轮胎充气不足、拉运货物超载或车轮夹带杂物，造成轮胎、杂物和厢体间摩擦生热起火。

五、遗留火种

现代车用内饰织物和材料，受本身化学性质的影响，很难被点燃的香烟所引燃。点燃的香烟如果被掩埋在棉布、纸张、薄纱或其他堆积物下，容易发生火灾。聚氨酯泡沫类坐垫燃烧迅速，一旦被引燃，就会增大汽车燃烧的剧烈程度。

六、油品泄漏

大量汽车火灾事实证明，油品泄漏遇火源引发火灾是汽车火灾的常见原因。汽车内除可燃固体物质和可燃气体（液化气和压缩天然气）之外，还有较多油液，如汽油、柴油、机油、变速箱油、助力转向液、制动液等。这些油品一旦泄漏有可能被引火源引燃。

发动机和许多的连接件、配合件表面都能发生机油泄漏的故障。例如，机油能从油底壳垫片四周、损坏的缸体泄漏出来，滴落在炽热的排气管上起火。燃油管、化油器或发动机的某一部位出现泄漏小孔后，泄漏的燃料可以从微小的气雾发展成大片的蒸气，遇引火源就会发生火灾。排气净化系统中的活性炭罐或真空管容易出现油蒸气泄漏的故障，泄漏的油蒸气遇引火源可起火。

造成油品泄漏的原因有很多。例如，油气两用客车化油器浮子室顶针失灵，油面升高，燃油从上下结合处的橡胶垫片缝隙溢处，遇汽车电火花起火；发动机冷启动时，使用的喷射器燃油管处于弯曲状态，因常年使用出现皲裂，导致燃油泄漏，遇到分电器火花起火；机械故障能导致某些零部件从发动机中高速飞出，活塞和连杆能够击碎缸壁并破坏发动机外部的其他零部件，曲轴箱内的机油（蒸气）能够从机械故障形成的小孔中泄漏，被炽热的表面点燃；由于发动机机油老化以及油量不足，靠近曲轴的连杆大头烧结导致连杆损坏，连杆损坏缸体，从缸体中漏出的机油喷到高温排气管上引发火灾等。

七、其他起火因素

如放在驾驶室内仪表盘或变速杆等处的一次性打火机在阳光下长时间暴晒，会使打火机外壳爆裂，丁烷气泄出，可能引发火灾。后备箱内存放化学危险物品，发生泄漏后可能会自燃起火。

第三节　汽车火灾现场勘验和调查询问的主要内容

汽车火灾起火原因认定方法与建筑物起火原因的认定方法有许多相同之处，但有其特殊性。共性之处在于两者的认定程序基本相同，都是根据现场勘验和调查询问等工作，首先认定起火部位和起火点，然后现场收集、提取相关物证，根据需要送到专业鉴定机构进行检验分析，结合物证鉴定结果，综合分析火灾各方面因素，最终认定起火原因。特殊之处在于汽车火灾起火原因认定过程中，认定起火部位和起火点所需要进行的现场勘验和调查询问的内容是不同的，物证提取的要求也有所区别。

一、现场勘验的主要内容

汽车火灾的现场勘验工作应当在汽车火灾发生地进行，但是有许多原因造成火灾调查人员无法在发生地完成，比如在调查人员到达火灾现场之前汽车已被拖离，现场不具备底盘勘验条件，或道路交通、现场保护的需要等。所以在大多数情况下，需要在事故停车场和汽车维修厂等地点完成现场勘验任务。

（一）汽车基本信息的鉴别

通过鉴别，确定汽车的构造、类型、年代和其他识别标志，记录相关信息。汽车的车辆识别号码提供汽车制造商、产地、车身类型、发动机类型、年代、装配厂和生产序列号等信息。车辆识别号码牌通常由铆钉固定，安装在发动机舱内右后壁上。如果车辆识别号码牌在火灾中得以保留，那么火灾调查人员通过车辆识别号码可准确地对汽车进行鉴别。此外，大部分汽车制造商会在发动机舱的侧壁上附加一个含有部分信息的车辆识别号码牌。

如果车辆识别号码牌无法辨认，或者怀疑此号码被涂改过，可向交通管理等部门寻求帮助。

为便于比对勘验，火灾调查人员还可以找到与发生火灾的汽车年代、构造、类型及装置相同的汽车，仔细进行比对或者查阅相关的维修手册。

（二）原始现场的勘验

原始现场的勘验包括汽车所处位置，路面的平整情况，与周边道路、设施、建筑等的关系，周边可燃物的情况，现场燃烧的范围，周围是否有监控摄像等。如果是行驶过程中发生的火灾，根据需要还应当考虑沿车辆驶来方向的道路勘验，是否有行驶中起火的痕迹、掉落的物证，或车辆撞击、碰擦、紧急刹车以及底盘拖带杂物等的痕迹、物证。

车辆下方的地面应当作为重点勘验内容之一。如勘验时车辆还在现场，将汽车拖离的过程中，需观察记录汽车被拖动过程中受损的情况。对车辆下方地面的勘验应注意观察地面受热或可燃物粘连、渗透燃烧的痕迹，玻璃、轮胎残留物的状态，燃烧掉落的车辆构件或电气线路残留物，是否有非车辆本体可燃物的残留物或灰烬，是否有其他容器等。

调查人员应当绘制火灾现场方位图，准确地表示出汽车在被拖动之前所停放的位置，并标明目击者的位置及其与汽车的距离。对火灾现场进行拍照，通过照片反映火灾现场全貌，包括周围的建筑物、公路设施、植被情况，汽车轮胎胎印和人的脚印等。勘验并记录上述物体的烧损情况和燃料的流淌痕迹，汽车掉落的零部件等残留物的位置、层次和状况，有助于分析火灾蔓延的方向。汽车被拖走之后，即使被汽车遮盖住的地面或路面没有明显的火灾烧损痕迹，也应当对这部分进行拍照，同时记录掉落的玻璃和残留物的位置。在记录中如需对痕迹物证的方位进行描述，一般按车辆正常行驶的前进方向定位，并在勘验笔录中予以注明。

（三）车辆外部的勘验

1. 观察车辆车壳的烟熏、变色、变形、熔融、炭化等痕迹，是否有撞击、碰擦的痕迹。不同的汽车、不同的部位车身外壳所用材料也有不同，绝大部分采用钢板，还有碳纤维、铝、塑料等材料；同时，由于所处部位不同、附近可燃物不同、风向的作用等都会影响同种材料的燃烧痕迹，比如汽车一侧贴临墙面或两部车辆相邻的一面、道路地面倾斜形成较为集中的液体流淌燃烧区域等，勘验中要注意比对。

2. 观察车门、车窗的状态，玻璃烟熏、破裂、掉落痕迹。对变形的车门，要注意观察分析是外力撞击还是燃烧变形所致。对燃烧较重的车辆，火灾发生的过程中如果车门处在开启的状态，那么在火灾结束后车门基本不能再重新关闭，因为在燃烧的过程由于受高温的作用，车门会发生变形，难以恢复原位。

车窗玻璃在升起状态下碎裂时大部分会在重力的作用下掉向驾驶室内，少部分掉落在车外。密闭的车厢内发生爆燃，存在玻璃向外被炸裂、飞溅的可能，飞溅出的玻璃如未被再次燃烧，一般无烟熏或烟熏很轻，遮阳膜、贴纸以及四周的密封垫无燃烧痕迹或仅表面有高温痕迹。

3. 观察轮胎、轮毂及制动器的变色、变形、熔融、炭化痕迹。比较每个轮胎内外、前后、上下的燃烧程度，轮毂的变色、熔融痕迹，比较不同部位轮胎的差别。火灾中，轮胎被局部烧穿或爆裂后，内部压力释放，轮胎与地面接触部分由原先较窄的一条变为较宽的一个面。一般情况下，车辆发动机部位或车厢内部起火，轮胎上方最先受热起火，火灾后残留的轮胎与地面接触部分较宽且均未受高温影响，反之，则需要注意是否有底部起火的可能。

勘验中还应注意车辆制动鼓是否有过热痕迹，轮胎和车厢体是否有摩擦痕迹，或双轮胎货车其中一个轮胎爆裂的现象。

4. 勘验车辆底盘部位是否有撞击痕，排气歧管、催化转化器、轴承、万向节等部位是否有过热痕迹，是否有稻草、塑料袋或其他可燃物粘连、夹带的痕迹。勘验底盘还要观察油箱、油管的状态，需要注意的是部分车辆的炭罐及电磁阀安装在油箱附近。

（四）车辆内部的勘验

1. 勘验车辆内部火势蔓延痕迹

车厢内部有大量的可燃装饰材料、仪器、仪表，发动机舱内有大量的线束、塑料和橡胶构件，后备箱内也有可燃装饰、备胎以及其他物品。勘验这些可燃物以及车辆内部金属构件的炭化、熔融、变形、变色的痕迹，注意观察不同结构间火势蔓延的途径，以帮助确定起火部位或起火点。

2. 检查油路

（1）检查油箱和加油管状态。检查油箱是否破碎或局部渗漏。加油管通常为两节，中间用橡胶管或高分子软管连接。部分汽车加油系统的橡胶或高分子衬管、衬垫，深入到油箱内部。车祸导致连接管出现机械性破损，能造成加油系统的漏斗颈装置与油箱断开连接，并导致燃油泄漏；外火也可烧毁连接管。

（2）检查油箱盖状态。检查油箱盖是否存在，加油管尾端是否烧损或存在机械损伤。许多油箱盖含有塑料件或低熔点金属件，这些零件在火灾中能够被烧毁，并导致部分金属零件脱落、缺失或掉进油箱。油箱受热或受火焰的作用后，其外部有时会形成一条分界线，能反映出起火时油箱内油面的高度。

（3）检查供油管和回油管状态。检查供油管和回油管是否破裂或被烧损。油管之间通常用一个或多个橡胶连接管或高分子软管连接，这些连接管处可发生燃油泄漏。检查并记录靠近催化转换器附近的油路管、靠近排气歧管的非金属油路管、靠近其他炽热表面的非金属油路管和容易受到摩擦的油路管的情况。检查燃油泵、炭罐及电磁阀的情况。

（4）检查机油等情况。检查机油、润滑油、传动油、转向油等容器及连接管路情况，是否有过热燃烧现象或泄漏到排气（歧）管上，形成燃烧炭化痕迹残留在上面。

3. 检查电路

一般来讲，如果是车本身电气线路或电气设备出现故障，则会找到带有金属熔化痕迹的电气线路、各种插接件和连接件、电气设备等。重点检查蓄电池、发动机线束、左右发动机室线束、电瓶接线柱、保险丝盒以及启动机、发电机、压缩机、风扇电机、左右前灯具等及其线束。检查驾驶室内仪表板线束、中央接线盒、车内其他线束等。重点检查后背箱内尾灯线束等。注意是否有加装线路及设备的情况，或者改变了线路的连接方式、线路走向等现象。

4. 检查开关、手柄和操纵杆

检查驾驶室内部，记录各开关的位置，以便确定开关是否处于"开通"状态。检查车门内车窗升降机玻璃托架位置，确定门窗玻璃是否升起，以及起火前的状态。记录变速操纵杆的挡位。检查点火开关，如果可能的话，还需检查有关钥匙的痕迹，或车锁破碎的痕迹。虽然这些部件的材料容易被烧损，但是其火后的残留物同样有助于汽车火灾的调查工作。

5. 检查发动机和排气歧管处是否有异物

重点检查是否有报纸、油棉纱等可燃物掉落在高温的发动机或排气（歧）管附近，有时会有炭化物或未完全燃烧的部分残留在外壁上。

6. 注意区分吸烟遗留火种和明火燃烧的痕迹特征

应重点鉴别汽车门窗玻璃是机械力破坏造成的炸裂，还是明火燃烧所造成的炸裂。观察窗玻璃炸裂的形状、烟熏程度、玻璃落地的位置来判断火源种类和起火特征。对于吸烟遗留火种引起的火灾，起火点多在驾驶室或后车厢的可燃货物上。由于具有阴燃起火的特征，往往造成驾驶室内一侧的窗玻璃烟熏严重且烧熔，起火后燃烧严重的部位是上部。对于明火如使用助燃剂的放火火灾，具有猛烈燃烧的特征，短时间内造成的大量的热能会使玻璃在还没有形成积炭前就破碎或达到其熔点，这种温度的迅速上升通常会使窗玻璃因不均匀的热膨胀而破碎且烟熏轻微。值得注意的是，使用助燃剂放火，在车门窗封闭较严情况下，也会出现大量浓烟附着在窗玻璃上的现象。

二、调查询问的主要内容

汽车火灾调查中对当事人和其他相关人员的调查询问是十分重要的。通过对有效信息的收集整理，可以及时有效地判断汽车起火的部位和可能的起火原因，为火灾车辆现场勘验工作提供方向和思路。特别是查明汽车起火前的技术状况，对于准确认定火灾原因有着直接的意义，可以从中发现疑点和难点，确定重点勘验部位，有针对性地找出引发火灾的可能因素。

（一）车辆履历情况

1. 车辆购置日期、首次登记日期。

2. 汽车销售店、购置价格。

3. 确认零部件更换、拆解、调整、修理情况。

4. 确认事故、改造、改装等情况。

（二）车辆保险情况

1. 确认车辆有无保险，是否超过保险期限。

2. 确认车辆保险的种类、保险金额及过去投保情况等。

（三）车辆运行情况

1. 汽车行驶的时间及行驶的里程。

2. 汽车行驶的路线和道路状况。

3. 汽车行驶的总里程数。

4. 汽车最后一次维护的时间、项目（保养、维修等）。

5. 汽车最后一次加油的时间及汽车的油量。

6. 汽车内是否存放个人物品（服装、工具、重要物品等）。

7. 汽车是否装有货物，是否加拖车，是否快速行驶等。

（四）火灾发生前车辆情况

1. 火灾发生前当事人、发现人以及其他目击证人等看到汽车情况。

2. 汽车停车的时间、地点、周围环境、地面可燃物状况和气象情况等。

3. 汽车运转是否正常（启动困难、失速、发动机空转、电气故障等）。

4. 仪表板上各种警示灯是否异常。

（五）火灾发生前车内人员行为表现

1. 有无吸烟。

2. 有无使用过打火机，以及摆放位置。

3. 有无调节座椅、升降车窗。

4. 有无在火灾前检查车辆，以及加油、换油、更换蓄电池或充电等。

5. 有无使用播放机、导航装置、空调、暖风和车高调节装置等。

6. 有无使用大灯、警示灯、雨刮器等。

7. 有无手刹拉起制动的情况下长距离行驶，或下坡长时间制动。

8. 有无发生碰擦、撞击，有无剧烈颠簸或听到异响，有无闻到异味。

9. 有无经过草地或路面遇到其他可燃物。

（六）火灾发生时车辆状况

1. 发生火灾时车辆位置、车速和当时的路面状况。

2. 发动机处于工作状态还是停止状态。

3. 车内驾驶员的状况（驾驶中、睡眠中），是否酒后或醉酒驾车。

4. 发生火灾时间，首先出现异味、烟雾或火焰的位置。

5. 发生火灾时烟雾或火焰的颜色，有无爆炸或异响。

6. 发生火灾时发动机、车身以及其他部位有无异常。

7. 有无发动机长时间高速空转。

8. 发生火灾时车辆周围相关人员的目击信息。

（七）发生火灾后驾驶员和相关人员行为

1. 从开始留意到可能发生火灾后，到停车时的行驶里程和需要的时间。

2. 有无关掉点火开关及拔掉钥匙。

3. 有无打开发动机舱盖、后备箱、车门。

4. 确认观察到猛烈燃烧的部位和燃烧蔓延的方向。

5. 采取何种措施进行扑救及如何扑救。

6. 报警时间、报警人及报警方法。

7. 消防队到达之前，火灾持续燃烧的时间。

8. 消防队到场后实施了哪些破拆方法。

9. 火灾燃烧延续的总时间。

第四节 汽车火灾起火原因认定要点

汽车起火的原因是多种多样的，这里主要介绍电气故障、油品泄漏、放火和遗留火种等四种引发火灾因素的认定要点。

一、电气故障火灾起火原因认定要点

1. 根据火灾燃烧痕迹特征，经现场勘验和调查询问等工作，确定起火部位（点）。

2. 起火部位（点）大多在发动机舱或仪表板附近。

3. 在起火部位发现有电气线路或电气设备可能的故障点，并提取到相关金属熔化痕迹等物证。

4. 经火灾物证鉴定机构对相关电气物证进行鉴定分析，结果为（一次）短路熔痕或（火前）电热熔痕等结论。

5. 综合火场实际情况，可以有根据地排除其他起火因素。

以上要点可以根据实际情况选择使用。

二、油品泄漏火灾起火原因认定要点

1. 一般情况下汽车处于行驶状态。

2. 起火部位可以确定在发动机舱内或底盘下面。

3. 在发动机舱内重点过热部位，如发动机缸体外壁、排气歧管、排气管等，发现有机油、传动油等高闪点油品燃烧残留物黏附在其表面，同时找到可能的泄漏点。

4. 经现场勘验，在发动机舱内未发现有电气线路或电气设备可能的故障点，或者存在相关电气物证，经现场分析或专业技术鉴定结果均为二次短路熔痕等。

5. 发动机舱内油品燃烧后残留的烟熏痕迹较重，同时起火初期大多数情况下冒黑烟，且当事司机反映汽车起火前动力有不正常现象。

6. 结合现场勘验和调查询问情况，可以排除放火等人为因素的可能性。

注意汽油泄漏火灾与其他油品泄漏火灾引火源的区别，汽油一般不能被炽热的表面所点燃，以上要点需根据实际情况选择使用。

三、放火嫌疑案件认定要点

1. 根据火灾燃烧痕迹特征，经现场勘验和调查询问，基本可以确定起火部位。

2. 判断可能有一个或一个以上起火点，且大都在驾驶室内、发动机舱前部、前后轮胎、油箱附近等。

3. 经调查询问等一系列工作，发现存在骗保或报复放火的可能因素。

4. 在起火部位附近有选择地提取相关物证，如窗玻璃附着烟尘、车体外壳附着烟尘、炭化残留

物、地面泥土烟尘、可疑物品残骸以及事发现场附近墙壁、树干、隔离带等表面附着烟尘等等。经专业鉴定机构进行检测分析，结果为存在汽油、煤油、柴油和油漆稀料等助燃剂燃烧残留成分，且定量分析出样品量较大。并可以排除汽车所使用燃油的干扰因素和其他可能的干扰因素。

5. 经现场勘验，在起火部位未发现有电气线路或电气设备可能的故障点，或者即使存在相关电气物证，经现场分析或专业技术鉴定均为火灾作用的结果，如二次短路熔痕和火烧熔痕等。

6. 虽然在起火部位提取的相关物证经技术鉴定分析未检出助燃剂成分，但经现场勘验确认起火部位无电气火源存在，同时可以排除遗留火种等其他可能性。

以上条件需根据实际情况选择使用。

四、遗留火种火灾起火原因认定要点

1. 经现场勘验和调查询问，可以确定起火部位。

2. 起火部位绝大多数在驾驶室。对于货车来说，可能会发生在货厢部位。

3. 经现场勘验，在起火部位未发现有电气线路或电气设备可能的故障点，或者即使存在相关电气物证，经现场分析或专业技术鉴定均为火灾作用的结果，如二次短路熔痕和火烧熔痕等。

4. 在起火部位存在阴燃起火特征，且有局部燃烧炭化严重现象。

5. 可以排除人为故意因素的存在，特别是放火骗保的可能性。

汽车火灾中遗留火种主要指烟头火源，注意调查从吸烟人员离开时间与起火的时间应吻合。以上条件需根据实际情况选择使用。

汽车本身是个复杂的整体，存在多种可能引发火灾的因素，加上外来原因就更加复杂和多样。上面所述的是几种常见汽车起火原因，其他火灾起火原因认定的条件不一一列举。但最基本的认定条件均要首先确定起火部位或起火点，然后根据实际火灾情况收集、提取相关的物证，并进行必要的鉴定分析，最后综合各方面情况加以认定。各种原因导致火灾的特征和特点是不同的，在实际火灾起火原因认定过程中要善于抓住各自特征和特点，特别要重视调查询问工作，从中快速准确地找到可能的突破口，初步判断可能的起火因素，进而有目的地开展调查分析工作。

第五节　摩托车火灾调查

一、摩托车的基本构成

摩托车种类繁多、结构各异，车型不同，其结构也有所不同（见图 12 - 5 - 1），但其基本结构一般都可分为发动机部分、传动部分、车架部分、行走部分、操纵部分及电气仪表部分等。

二、引发摩托车起火的主要因素

（一）电器、开关、导线漏电或搭铁跳火

电缆线与车架、线夹之间由于震动摩擦产生接触不良、绝缘破损；灯座、开关、接插件部位由于震动，绝缘件破损或连接件松脱、损坏，摩托车行驶或停车时都会自行搭铁而长时间跳火、产生高温，引起电器、开关、导线的绝缘进一步

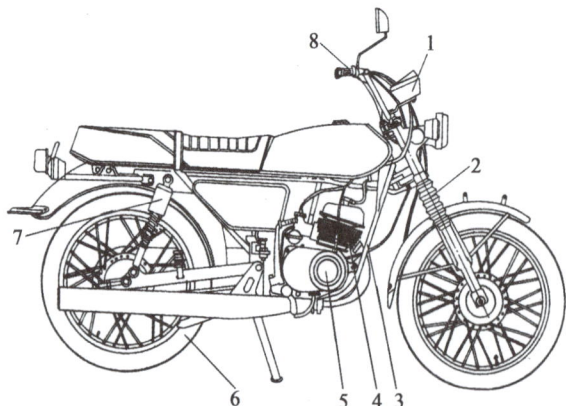

图 12 - 5 - 1　摩托车的基本构成
1—电气仪表部分；2—前减震器；3—车架部分；
4—发动机部分；5—传动部分；6—行走部分；
7—后减震器；8—操纵部分

破坏，进而加大跳火范围，扩大高温区域，最后引燃绝缘材料本体、泄漏的汽油以及周边的可燃材料等。

高压电漏电跳火所引起的火灾常见于摩托车工作或行驶状态。发动机工作时，点火线圈的温度很高，长时间高温可使高压点火导线的绝缘材料老化、裂损，点火高压电与车体零件之间搭铁跳火；火花塞帽由于高温也时常有裂缝、密封不好，如遇有油垢、积炭等，容易产生高压电漏电跳火的现象。

（二）供油系统故障

摩托车油箱加油过满或油箱盖封闭不好，油箱盖处容易渗出汽油；油箱因腐蚀或撞击等原因，会出现汽油大量渗漏的现象；使用化油器的摩托车，一旦针阀与阀座密封不严，会造成化油器漏油或溢油。汽油泄漏后，在车架、坐垫等空间里形成爆炸性混合气体，遇电火花即可被引燃；如果摩托车停放在较小的密闭空间内，泄漏的油蒸气还有可能发生爆燃。停机状态下若滥用加速泵，将许多汽油喷入化油器喉管和进气管内，在高温气候时汽油会迅速汽化而泄漏出来。

（三）放火

一般摩托车油路开关及油管可被直接打开、拔除或剪断，犯罪嫌疑人很容易就直接利用车内的汽油放火。同时，摩托车的坐垫大多为可燃材料，踏板式两轮轻便摩托车更是采用了大量塑料包覆机件及引擎，被明火点燃后也能迅速蔓延扩大。

三、现场勘验和调查访问的主要内容

（一）现场勘验的主要内容

1. 摩托车位置及周边环境，周围可燃物的情况，现场燃烧的范围，周围是否有监控摄像。

2. 观察车辆倾倒方向，勘验车辆变色、变形、熔融、炭化痕迹，周边墙体、地面、天花板、门、窗及其他可燃物的燃烧痕迹。

3. 勘验轮胎、塑料车壳以及其他地面残留物，注意观察与地面接触的一面有无其他物品。

4. 勘验车辆油箱、油箱盖及油箱油管开关状态。

5. 勘验车辆电气线路和电气设备。

（二）调查访问的主要内容

1. 火灾发生时车辆的状态，当事人、发现人等看到的情况。

2. 发生火灾时，最先出现异味、烟雾或火焰的位置，有无爆炸或异响。

3. 发生火灾前以及发生火灾时，车辆运转是否正常。

4. 车辆购置日期、首次登记日期。

5. 车辆改装情况，最后一次维护的时间、项目（保养、维修等）。

6. 车辆剩余的油量。

7. 摩托车工具箱内存放的物品。

8. 采取何种措施进行扑救及如何扑救。

9. 报警时间、报警人及报警方法。

四、摩托车火灾调查要点

1. 静止状态下，涉及摩托车的火灾调查，如果确定起火部位在摩托车，那么针对摩托车本身来说只有电路故障引发火灾的可能。因此应重点查找，提取相关物证进行技术鉴定，进一步确认其熔化性质，同时结合现场的实际情况，考虑人为因素引发火灾的可能性，综合分析认定起火原因。

2. 行驶状态下，摩托车火灾起火原因主要为电路故障或油路故障。针对这类火灾原因需要调查的情况较少，一是原因较为清楚，二是损失较小，不易引发矛盾和纠纷。如果是电路故障引燃起火，当

事驾驶员会较早发现并快速处理，一般不会造成严重后果，起火区域很明确，痕迹特征也较清晰。如果是油路故障引燃起火，主要是汽油泄漏。一旦起火就会迅速燃烧和扩大，有可能造成驾驶员或乘车人受伤，以及摩托车严重烧损。实际火灾调查中，全面分析起火状态，有根据地排除电路故障起火，就可以基本确认油路故障的原因。

第六节　电动自行车火灾调查

一、电动自行车的构成

各种电动自行车的外形和蓄电池安装位置虽然不同，但它们的工作原理基本相同，都是由机械部分和电气部分构成，如图 12－6－1 所示。机械部分即车体，电气部分即电动机、蓄电池、充电器和控制系统。

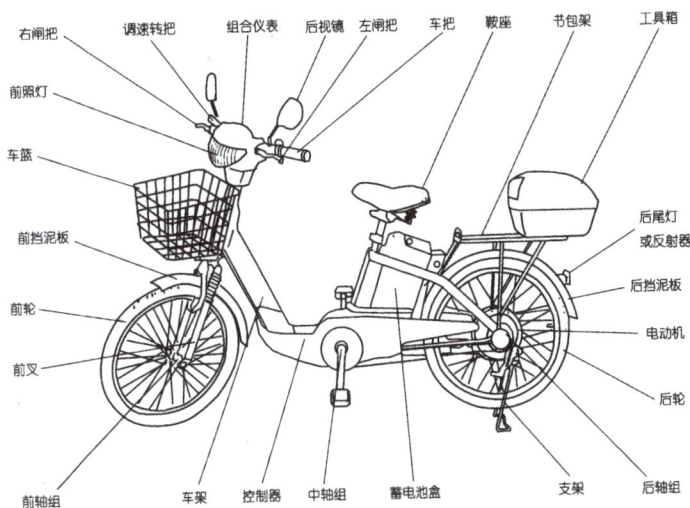

右闸把　调速转把　组合仪表　后视镜　左闸把　车把　鞍座　书包架　工具箱
前照灯
车篮
后尾灯
或反射器
前挡泥板
后挡泥板
前轮
电动机
前叉
后轮
前轴组　车架　控制器　中轴组　蓄电池盒　支架　后轴组

图 12－6－1　电动自行车的构成

蓄电池经过控制器给电机送电，电机旋转带动车辆行进。电动车上的调速手柄可以让控制器检测到不同的电压值，控制器根据电压值大小模拟调节输给电机电压的高低，从而控制电机的转速。按照《电动自行车通用技术条件》（GB17761—1999）和《电动摩托车和电动轻便摩托车通用技术条件》（GB24158—2009）的要求，无论电动自行车还是电动摩托车或者电动轻便摩托车，其控制器都应当具有欠压、过流保护功能和短路保险装置。经对电动车市场抽样调研，多数电动车的短路保险装置采用的是 DZ 系列 C20、C32、C40、C50、C60 规格的空气开关，少数采用的是熔断式保险丝管。

二、电动自行车火灾危险性分析

对于电动自行车火灾，无论行驶状态还是静止状态，能够引发电动自行车本身起火的原因只有电路故障。电动自行车火灾危险性主要体现在停放状态下，一般使用 3 只（36V）或 4 只（48V）12V10Ah 串联蓄电池组，蓄电池本身及其连接的电气线路，以及电动自行车充电器及其线路，均能够发生电气故障并引发火灾。

（一）车辆线路故障起火

装有蓄电池的电动自行车停车后，即使电动自行车关闭电源总开关，蓄电池与控制器之间线路、控制器到电源总开关之间的线路，以及连通防盗器的线路和声光报警装置仍在带电状态，仍有可能引发电气火灾。由于电动自行车安装、维修和使用中，电气线路较容易出现绝缘老化、外力损伤、连接件松动和雨水侵入等，造成电气线路间发生短路或线路与铁质车架搭铁短路，以及接线端子处接触不良造成局部过热等电气故障，并引起火灾。

（二）充电过程起火

1. 充电器及输出端起火原因分析。我国电动车行业采用的充电器多为智能型三阶段式充电方式，即：充电初期采用限流充电，充电中期自动转入恒压充电，基本充满后转入浮充方式。经对市场上销售的 11 个不同品牌规格的充电器（其中无厂名厂址产品 3 个）塑料外壳燃烧性能，按照《塑料用氧指数法测定燃烧行为》（GB/T2406.2—2009）实验方法，在规定试验条件下进行了检测。检测结果表明，无论是正规厂家还是无厂名厂址产品，所有检测的充电器外壳塑料氧指数值均大于 27，达到了阻燃标准。此类充电器由于内部发热元器件温升有限、元器件自身可燃材料少、充电器外壳均采用阻燃塑料或金属外壳，因此充电器内部起火几率较小。

如果充电器高压端整流二极管或电源开关管击穿，电源回路就会出现大的短路电流，造成交流电源侧线路起火。对于部分输出端不具备极性接反保护等质量低劣的充电器，当低压输出部分高频整流二极管击穿时，就会形成蓄电池通过充电器输出线路放电现象，此时蓄电池释放的大电流就会引起充电器与蓄电池之间的线路起火。由于电源稳定性不够、充电器内元器件质量不合格，以及将充电器随车携带经常受震动等原因，充电器出现上述故障并不罕见。由于目前电动车在充电器输出端与电瓶端子之间均未安装短路保险装置，因此，此区段线路一旦发生短路，一方面，电瓶与短路点之间会形成电气回路，释放出大的电流，引起线路起火；另一方面，对于输出端无短路保护功能的充电器也会在输出端与短路点之间形成回路，如果电流过大，同样会引起线路起火。不过，此种情形下，电瓶与短路点之间回路的短路电流要远大于充电器与短路点之间的短路电流。由于充电器使用、保管不当，或者电瓶组之间连接线受压或外力拉扯作用，此段线路极易发生绝缘损伤导致短路。

2. 充电器电源线及插头起火原因分析。此区段起火原因包括两个方面：一是由于充电器保管使用不当，经常缠绕电源线以及随车携带颠簸、震动等原因，造成电源线绝缘层损伤，短路引发火灾。二是由于插头松动等原因造成插头插座处短路或滋火引发火灾。

3. 蓄电池故障起火原因分析。目前，我国电动车行业采用的电池多数为铅酸蓄电池，通常使用若干单个铅酸电池组成电池组，单个铅酸电池型号一般为 12V10Ah、12V12Ah、12V20Ah，电池组电压分别为 24V、36V、48V、60V、72V。蓄电池外壳破损和蓄电池长时间过充电引起的热失控，均可导致蓄电池电解液渗漏，能够腐蚀蓄电池极柱及电气线路外绝缘材料，私自改装、添加的电池组，往往存在压接部位处理不当、线材保护不到位、线路走向不当等问题，从而导致蓄电池极柱接触不良过热、蓄电池内部短路和电气线路短路等故障并引起火灾。

三、电动自行车火灾调查要点

涉及电动自行车的火灾现场，首先要根据火灾燃烧蔓延痕迹特征，确定起火部位及起火点，电气故障特别是与充电相关的情况，是电动自行车勘验和调查访问的重点，其他内容则与摩托车大体相同。

调查电动自行车火灾时，通过当事人了解获取电动自行车的出厂时间、购买时间，平时使用的频次、里程以及充电的习惯，电池性能，是否故障、改装，是否更换过电瓶或充电器；了解查明起火前电动自行车最后一次使用的情况；了解查明起火部位电气线路情况，特别要查明充电器放置的位置以及充电用的供电线路的连接、保护装置、线路走向等；通过当事人了解电动自行车及充电器、充电电池种类型号等；查明起火前电动自行车原始位置并判明与周围情况的关系。

现场勘验电动自行车时，首先要了解电动自行车的基本结构，包括电动自行车车身结构及其可燃物分布，蓄电池位置，线束布线走向，蓄电池充电器连接、使用方式以及是否正在使用充电器等。勘验电动自行车的火灾蔓延痕迹，分析车身可燃物燃烧残留痕迹特征，车轮（轮胎、轮毂等）燃烧残留痕迹特征，金属车身支架变形变色痕迹特征，充电器残留痕迹特征，以及电气线路残留痕迹特征，确定火灾蔓延方向。勘验过程中，有针对性地检查电动自行车控制线路，蓄电池及其连接的电源线，蓄电池与充电器连接的电气线路，充电器电源线，以及充电器用电源插座及其供电线路等，提取线路熔化痕迹物证进行物证鉴定。根据物证鉴定的结论，结合现场勘验、调查访问的情况综合分析后，认定起火原因。

第十三章　火灾事故调查档案

火灾事故调查档案是公安机关消防机构火灾事故调查活动的重要载体，是依法处理火灾事故责任人的重要依据，是公安机关消防机构消防监督执法规范化建设的直接体现。规范火灾事故调查档案的制作、管理和使用，是公安机关消防机构的一项重要工作。

第一节　火灾事故调查档案分类与内容

一、火灾事故调查档案分类

火灾事故调查档案是公安机关消防机构在火灾事故调查过程中形成的，具有保存价值的以文字、图表、图片等为载体的资料，按照规定的顺序和方法装订成册的档案。根据公安部行业标准《火灾事故调查档案制作》（GA/T1034—2012）规定，火灾事故调查档案分为火灾事故简易调查卷、火灾事故调查卷和火灾事故认定复核卷三类。

（一）火灾事故简易调查卷

对适用简易程序调查的火灾事故，可以以每一起火灾为单位，按照报警时间顺序，按季度或年度立卷，集中归档。

（二）火灾事故调查卷

对适用一般程序调查的火灾事故，每一起火灾事故调查都应单独立卷归档。

（三）火灾事故认定复核卷

对按照复核程序调查认定的火灾事故，每一起火灾事故复核认定都应单独立卷归档。

二、火灾事故调查档案内容

火灾事故调查档案的内容应当根据调查工作的实际情况而定，一般包括火灾事故调查过程中所有与火灾事实有关的书证、物证、各种笔录、有关法律文书、视听资料、电子数据以及其他有关纸质材料等。《火灾事故调查档案制作》对每一类火灾事故调查档案的内容及装订顺序分别做出了规定。

（一）火灾事故简易调查卷内容

火灾事故简易调查卷归档内容及装订顺序如下：

1. 卷内文件目录。
2. 火灾事故简易调查认定书。
3. 现场调查材料。
4. 其他有关材料。

5. 备考表。

（二）火灾事故调查卷内容

火灾事故调查卷归档内容及装订顺序如下：

1. 卷内文件目录。

2. 火灾事故认定书及审批表。

3. 火灾报警记录。

4. 询问笔录、证人证言。

5. 传唤证及审批表。

6. 火灾现场勘验笔录，火灾痕迹物品提取清单。

7. 火灾现场图、现场照片或录像。

8. 鉴定、检验意见，专家意见。

9. 现场实验报告、照片或录像。

10. 火灾损失统计表，火灾直接财产损失申报统计表。

11. 火灾事故认定说明记录。

12. 消防技术调查报告。

13. 送达回证。

14. 其他有关材料。

15. 备考表。

复核机构作出责令原认定机构重新作出火灾事故认定后，原认定机构作出火灾事故重新认定的有关文书材料等，按照火灾事故调查卷的要求立卷归档。

（三）火灾事故认定复核卷内容

火灾事故认定复核卷归档内容及装订顺序如下：

1. 卷内文件目录。

2. 火灾事故认定复核决定书/复核终止通知书及审批表。

3. 火灾事故认定复核申请材料及收取凭证。

4. 火灾事故认定复核申请受理通知书。

5. 原火灾事故调查材料复印件。

6. 火灾事故认定复核的询问笔录、证人证言、现场勘验笔录、现场图、照片等。

7. 火灾事故复核认定说明记录。

8. 送达回证。

9. 其他有关材料。

10. 备考表。

对于依法不予受理的火灾事故认定复核申请的有关材料，公安机关消防机构可以以不予受理的每一起火灾事故认定复核申请为单位，将火灾事故认定复核申请材料及收取凭证和火灾事故认定复核申请不予受理通知书等有关材料，以申请时间为序，按季度或年度集中归入工作档案。

第二节　火灾事故调查档案材料整理

一、火灾事故调查档案材料整理的一般要求

（一）档案材料的整理

档案材料的整理应审查入卷材料的客观性、合法性、关联性，无关材料要剔除。同时，入卷材料

要齐全完整，制作规范，字迹清楚，并采用具有长期保留性能的笔、墨书写或打印。法律文书及证据材料要翔实准确。

（二）档案装订应当符合的要求

1. 装订档案前应去掉文件材料上的订书钉、大头针和回形针等金属物。

2. 对大小不一的文书材料及其他不便装订的材料，应当进行加工裱糊。

3. 纸张规格不一的，应当进行剪裁或折叠处理。

4. 用铅笔或圆珠笔书写的文字材料不能重新制作的，应将原件复制一份放在原件之后一并入卷。

5. 装订时应当采取右齐、下齐、三孔双线、左侧装订的方法。

6. 档案材料较多时应当分册装订，每册不宜超过 200 页。

（三）入卷材料及法律文书审查内容

1. 应当由本人签名的是否有本人签名。

2. 应当经法制审核的是否经法制审核。

3. 应当加盖印章的是否加盖印章。

（四）原件与复印件使用

1. 入卷材料涉及单位营业执照、资质资格证明文件、个人身份证等证明材料的，以其复印件存档。

2. 同一件文书、证据材料涉及两个以上档案的，应当按照刑事档案优于行政处罚卷、行政处罚卷优于其他行政行为卷、具体行政行为卷优于其他档案的原则存放原件，其他档案存放复印件。

3. 复印件应当逐页经提供人签名并注明日期，由收件人现场核对与原件无误，加盖"与原件核对无误"章；法律文书复印件可由文书制发机关加盖公章确认，多页文书可只加盖骑缝章。

（五）声像材料使用

1. 入卷材料中有声像材料的，应当按有关档案装订顺序要求在卷内相应位置列明，并随档案一并归档、移交。

2. 有条件的单位，应当按照公安声像档案管理的要求，根据不同载体，使用专门装具分别整理、编号，妥善保存和管理，并在执法档案中注明声像档案编号。

（六）立卷时限

火灾事故调查档案应当在《火灾事故认定书》《火灾事故认定复核决定书》或《火灾事故重新认定书》送达之日起 30 日内立卷，并按规定装订成册。

二、主要档案材料的整理

（一）火灾现场照片的整理

1. 纸张要求

（1）贴附照片的纸张应使用 $200 \sim 250 g/m^2$ 的卡片纸或白板纸，也可使用照片级打印纸直接打印装订。打印应使用 $90 \sim 150 g/m^2$ 的白色纸张。

（2）正页幅面尺寸应与目前国家机关公文用纸标准的幅面尺寸一致。

（3）当正页粘贴不下一个段落层次的多张照片时，可在翻口接续折页，折页为扇形折，折页幅面长度应与正页一致，宽度为 182mm，折页接续数量以不超过 7 页为宜。上下两边不应连续折页。

2. 编排组合

（1）照片的编排顺序应清楚反映火灾发生的地点、烧毁物品、火灾蔓延过程、起火部位、起火点、起火物、烟熏、火烧痕迹，人员死亡、受伤状况，以及其他痕迹物证的位置与特征，与火灾现场

勘验笔录内容相互印证。

（2）照片数量较少时，可按方位、概貌、重点部位的顺序，穿插细目照片编排。照片数量较多且应进行详细描述时，可按照片的内容类别分层次编排。

（3）火灾现场范围大或涉及单位较多时，可依照勘验顺序按细目照相内容划分段落进行编排。照片编排可由传统洗印照片按标准粘贴，也可由数码相机拍照通过电脑编排打印。

3. 粘贴布局

（1）粘贴照片卡片纸的图文区为 156mm×225mm。上白边（天头）为 37mm±1mm，下白边（地脚）为 35mm±1mm，左白边（订口）为 28mm±1mm，右白边（翻口）为 26mm±1mm。除连接照片与横长照片可占用左右白边或横跨两个版面外，其他照片均应粘贴在图文区。

（2）单幅照片应粘贴在图文区中心偏上部位。

（3）两幅以上照片应上顶天头下至地脚，或左至订口右至翻口（包括文字说明）。画幅尺寸相同或近似的两张或两张以上照片在同一页面上横向并列时，照片上下两边应平齐；竖向并列时，左右两边应平齐。照片间距不得小于 5mm。

（4）照片的文字说明应视版面组合情况附在照片的下方或右侧。

（5）细目照片的定位，应与所属主画面上反映的方向一致，不应颠倒。

4. 黏合剂使用

（1）粘贴照片应使用不与照片乳剂、成色剂产生化学反应而致照片变色的黏合剂，不应使用糨糊粘贴照片。

（2）黏合剂不应全面涂抹，应点涂于照片背面的四角或周边，用量不宜过多，点涂位置不宜过分靠边。

（3）黏贴后的照片应及时压紧固定，压紧前应在折页之间衬纸，避免照片乳剂受潮后相互黏合。

5. 标引、符号、代号

（1）凡主画面与若干附属画面组合在同一或相邻版面时，非经标引不能表达主题内容与位置关系的，应加标引。

使用标引线应当符合以下要求：

①标引线应为连续的单线条，线条宽度不宜超过 0.8mm。

②标引线颜色以红色或黑色为宜，用色种类不得过多。

③标引线应平行于卡片纸的一边，必要时可以用折线，折线应为直角。

④一条标引线的折角不应超过两处。

⑤标引线的线端指向应准确，不应离标引位置太远。

⑥不应把线端画在较小的被标引对象上。

⑦当标引线通过与线条颜色相同或相近的照片影像部位时，应改为易于辨别的颜色通过该部位。

⑧标引线不应互相交叉。

（2）为直接明了地在画面上标示现场、重点部位、细目或痕迹物证特征的具体位置，以及现场方位、概貌照片的坐标方向，可使用符号、代号。

符号、代号应符合以下要求：

①符号、代号应用红色、黑色或白色标画。

②线条宽度不应大于 0.5mm，符号、代号长度不应大于 5mm。

③符号、代号应清晰醒目，种类不宜繁多。

④符号、代号标画的位置应准确。

⑤画面需要标注的符号、代号较多或不宜在画面上标注符号、代号时，应用标引线引至画面以外的图文区标注。

6. 文字说明

（1）照片文字说明应当符合以下要求：

①每张照片应附文字说明，载明照片题名、拍摄方向、拍摄人、拍摄时间。

②标注符号、代号的照片，应对符号、代号所示内容附注文字说明。

③用相向、多向、十字交叉等方法拍摄的多张方位、概貌照片和通过特种光源拍摄的痕迹物证照片，应对拍照方法、手段附注简略的文字说明。

④划分段落层次的照片，应在段落层次前附以概括内容的标题性文字说明。

（2）文字说明用语应符合以下要求：

①术语应与相关专业的规范术语一致。

②专业性较强的内容，应经参与现场勘验的有关专业人员审定。

③数字宜采用阿拉伯数字，有小数时宜使用小数，不宜使用分数。

④不带计量单位的10以内数字，可按中文"一、二、三……"书写。

⑤计量单位应采用法定计量单位，并使用法定的符号或代号。

⑥不应使用"同上"或"同左"等用语。

（3）文字说明应填写在照片下方或右侧，距照片边缘5～10mm，居中。字体宜使用宋体或楷体，字号应根据内容有所区别。

（二）视听资料、电子数据的整理

视听资料、电子数据等原始存储介质应按有关规定存档保管，同时刻制备份光盘。

1. 避免擦、划、触摸记录涂层。

2. 单片载体应装盒，竖立存放，且避免挤压。

3. 存放时应远离强磁场、强热源，并与有害气体隔离。

4. 环境温度范围17～20℃；相对湿度范围35%～45%。

5. 对磁性载体每满2年、光盘每满4年进行一次抽样机读检验，抽样率不低于10%，如发现问题应及时采取恢复措施。

（三）电子档案处理

按照执法档案管理规定和执法信息化要求建立的电子档案，应采取将其刻制成光盘等方式，按照规定进行物理归档。

第三节　火灾事故调查档案制作

一、封面填写

火灾事故调查档案封面填写应当符合以下要求：

1. 全宗名称

一般填写公安机关消防机构全称，全称过长的可填写规范化简称。

2. 类别名称

根据实际情况分别填写为：火灾事故简易调查档案、火灾事故调查档案、火灾事故认定复核档案。

3. 案卷题名

填写发生火灾的单位或地址，发生火灾的日期，火灾性质。填写题名应当遵守以下规则：

（1）发生火灾的单位或地址：机关、团体、企业、事业单位用工商营业执照等法定证明文件上的名称，城镇居民、农村村民住宅用住宅住址。

（2）发生火灾的日期：具体到月、日，用阿拉伯数字表示，中间用圆点分隔。

（3）火灾性质：按照公安部有关火灾等级标准确定的"一般火灾"应表示为"火灾"，较大以上火灾直接填写较大火灾、重大火灾、特别重大火灾等。

4. 卷内文件起止时间

卷内最早一份文件材料形成或收集的年、月至最晚一份文件材料形成或收集的年、月。

5. 保管期限

保管期限起算时间：立卷时应划定档案的存留期限，保管期限从结案后第二年开始算起。火灾事故简易调查卷保管期为5年，较大以上火灾事故调查卷保管期为50年，其他火灾事故调查卷保管期为16～50年。

6. 立卷单位

填写具体负责该起火灾事故调查的公安机关消防机构名称，可使用规范化简称。

7. 卷数

"本案共×卷，第×卷共×页"中，"本案共×卷"内用中文大写数字填写一案多卷所立档案的总数，"第×卷"内用中文大写数字填写该卷在本案中的排序即册号，"共×页"用中文小写数字填写该档案内文件的页数。

8. 其他

封面全宗号、类别号由立卷人填写，目录号、档案号由档案管理人员填写。

案卷封面格式，见图13-3-1。

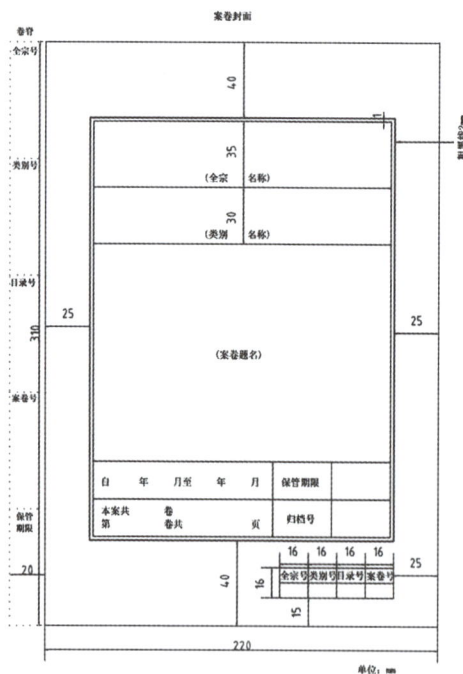

图13-3-1 案卷封面格式

二、卷内文件目录填写

火灾事故调查案卷卷内文件目录填写应当符合以下要求：

1. 顺序号

以卷内文件排列先后顺次填写的序号，即件号。

2. 文号

文件制发机关的发文字号。

3. 责任者

对档案内容进行制作造或负有责任的团体和个人，即文件的署名者。填写责任者应当遵守以下规则：

（1）机关、团体、企业、事业等单位责任者一般填写全称，也可填写规范化简称，不应填写"本市""本局"。

（2）个人责任者一般只填写姓名，必要时在姓名后填写对档案负有责任的职务、职称或其他身份，并用"（）"表示。

（3）联合行文的责任者，应填写列于首位的责任者，立卷单位本身是责任者的也应填写，两个责任者之间的间隔用"；"，被省略的责任者用"等"表示。

4. 题名

文件的标题，应填写全称。没有标题或标题不能说明文件内容的文件，应自拟标题，外加"[ ]"号。

5. 日期

填写制作或收集材料的日期。填写时以 8 位阿拉伯数字表示，其中前 4 位表示年，后 4 位表示月、日，月、日不足 2 位的，前面补"0"。

6. 页号

填写每件文件首页所对应的页号。

卷内文件目录格式，见图 13 - 3 - 2。

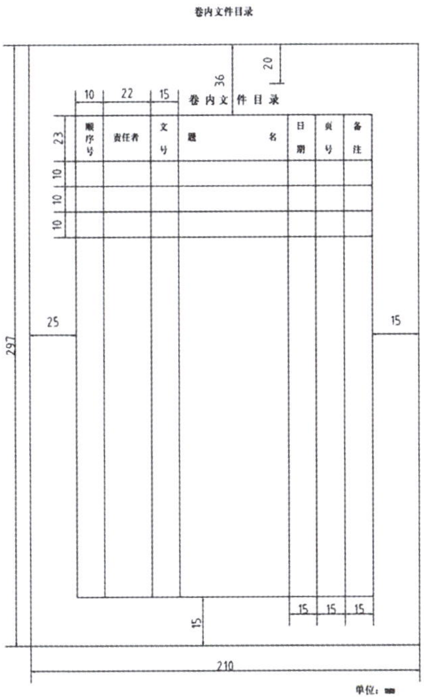

图 13 - 3 - 2　卷内文件目录格式

三、页号填写

卷内材料，除卷内文件目录、备考表、空白页、作废页外，应在正面右上角和反面左上角用铅笔逐页编写阿拉伯数字页号，页号从"1"编起，为流水号，不应重复和漏号。

四、备考表填写

备考表填写应当符合以下要求：

1. 本卷情况说明

填写卷内文件材料缺损、修改、补充、移出、销毁等情况。立卷后发生或发现的问题，由有关的档案管理人员填写并签名、标注时间。

2. 立卷人

由火灾事故调查人员立卷并签名。

3. 检查人

由档案管理人员签名。

4. 立卷时间

立卷完成的日期。

备考表格式，见图 13 - 3 - 3。

卷内备考表

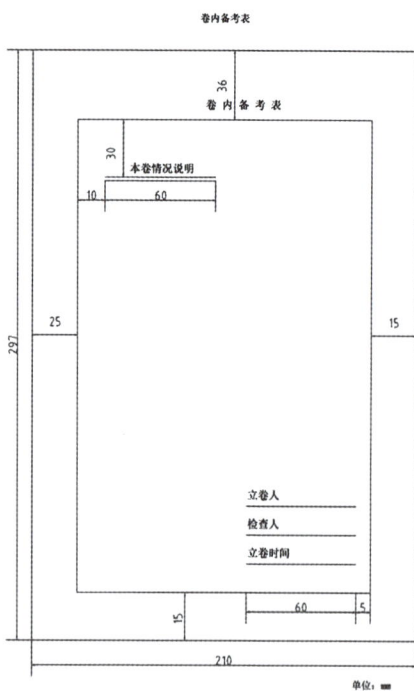

图 13 - 3 - 3 备考表格式

第四节　火灾事故调查档案管理

一、档案管理制度

火灾事故调查档案管理应当遵循客观、科学、完整、安全、有效利用的原则，建立和落实以下制度：

1. 逐级责任制和岗位责任制

公安机关消防机构负责人、火灾事故调查人员、专兼职档案管理人员，按照各自的职责、岗位对火灾事故调查案卷管理负责。

2. 实行集中统一管理制度

火灾事故调查工作结束后，火灾事故调查人员应当按时立卷并及时移交给档案室集中统一保管。

3. 定期和离任离岗移交制度

公安机关消防机构负责人、火灾事故调查人员离任离岗时，应当将火灾事故调查案卷材料归档情况纳入工作交接内容。档案管理人员离岗时，应当移交全部执法档案和台账，办理工作交接手续。

4. 监督指导制度

上级公安机关消防机构对下级公安机关消防机构案卷管理工作进行监督、指导；公安机关消防机构案卷管理工作接受主管公安机关、地方档案管理行政主管部门的监督、指导。

二、档案管理工作职责

（一）公安机关消防机构主要负责人

公安机关消防机构的主要负责人是火灾事故调查档案管理第一责任人，应当履行下列职责：

1. 组织建立健全档案管理制度，落实人员、经费、场所、设施。
2. 积极采用先进的档案管理技术。
3. 组织检查、鉴定、销毁档案。

根据需要，公安机关消防机构主要负责人可以明确由分管负责人具体组织实施火灾事故调查案卷的管理工作。

（二）火灾事故调查人员

公安机关消防机构火灾事故调查人员，是具体承办火灾事故调查工作的人员，应当履行下列职责：

1. 对所承办的火灾事故调查的有关资料进行收集、整理。
2. 按照归卷内容及装订顺序立卷，确保案卷材料齐全完整、真实合法，符合规定。
3. 按规定时限向档案管理人员移交档案。
4. 严格保管案卷材料，严防遗失。
5. 严禁弄虚作假、私自留存或损毁案卷材料。
6. 调离本岗位时，移交所承办或保存的案卷材料。

火灾事故调查人员向档案管理人员移交执法档案前，应当按规定整理立卷，填写案卷封面（目录号、案卷号除外）、卷内文件目录，并在备考表中立卷人处签名。

（三）专兼职档案管理人员

公安机关消防机构应当明确专、兼职档案管理人员。档案管理人员应当履行下列职责：

1. 指导、监督火灾事故调查人员对案卷材料立卷、归档。
2. 接收移交的火灾事故调查案卷，履行检查、签收手续。

3. 按规定对火灾事故调查案卷进行分类、编号和存放。

4. 做好火灾事故调查案卷的收进、借阅、移出、销毁等情况登记和台账管理工作。

5. 不得擅自复制、翻拍、抄录、抽取、销毁、涂改或伪造火灾事故调查案卷，严防丢失、损毁。

6. 做好档案室（柜）管理工作，严格遵守安全保密制度，确保安全。

三、档案管理设施设备

公安机关消防机构应当设立能够保障档案安全的档案室，以及一定数量的档案架（柜、箱）。此外，还应根据需要和可能，配置温度计、湿度计、防虫剂、空调、除湿机、吸水剂、防尘器、照相机、复印机、消防器材等必要的设备和药剂，落实防火、防光、防潮、防鼠、防虫、防盗、防尘、防高温等安全措施。

没有条件设立档案室的，可以设立档案专柜。

火灾事故调查中提取的物证，有的成分复杂、含水率高，容易出现腐烂、发霉、锈蚀等现象，应当分库、室保管，避免对文书档案造成影响。

各级公安机关消防机构除了建立纸质火灾事故调查档案外，还应当按照消防执法信息化的要求建立电子档案，并进行物理归档，将保存载体与纸质档案一并移交档案室管理。电子档案应当采取严格的管理制度和技术措施，确保不被非正常签发、修改和删除，保持其真实性、完整性和有效性。

四、档案移交和销毁

（一）档案移交

1. 档案材料移交

火灾事故调查档案在制作完成移交入库时，应当由立卷人与档案管理人员逐一核对档案封面内容及内部材料，确认无误后填写《档案移交入库登记表》，注明档案类型、档案名称、档案编号、保管期限、移交日期等要素，并由移交人和接受人签名。

按照公安部消防局《公安消防执法档案管理规定》的要求，火灾事故调查档案应当在执法活动完结后30个工作日内立卷归档，并移交至档案室（柜）或档案管理人员。为避免因建档时间间隔较长导致材料遗失的情况发生，火灾事故简易调查卷的材料可在网上备案结束后即移交给专人保管，待满足要求时再统一装订成卷。

2. 证据物品移交

火灾事故调查中提取的物证、书证、电子数据原始载体等相关证据物品，也属于档案保管的范围，本着证据有效性和安全性的原则，在提取后如果不需要送检，应当尽快移交入库。

品移交入库时应当编号并填写《证据物品移交入库登记表》，注明火灾名称、物品名称（规格、特征等）、入库编号、移交日期等要素，并由移交人和接受人签名。首次入库时，应对证据物品加注标签，注明证据物品名称、编号、案件名称、文书档案号等，原始载体中作为证据的电子数据应当拷贝备份。

在移交文书档案时，档案制作人和档案管理人员应注意，对已有相关证据物品入库的，应当将其入库编号在火灾事故调查档案及其移交入库登记表上注明。

（二）档案销毁

公安机关消防机构每年组织对保管到期的档案进行鉴定，对到期的火灾事故调查档案或者不属于归档范围的火灾事故调查文书资料，经鉴定确实无继续保存价值的，经公安机关消防机构主要负责人批准后按规定销毁。

销毁档案一般采取焚毁或打纸浆的方式进行，由两名以上监督人员监销，销毁完毕后方可离开现场。销毁人员必须在销毁清册上签字，并注明销毁方式和日期。

（三）出库登记

入库的证据物品如需送检或返还、销毁的，应当由公安机关消防机构主要负责人批准，档案管理人员填写《证据物品出库登记表》，注明火灾名称、物品编号、出库理由、批准人、出库日期等要素，并由承办人和档案管理人员签名。

五、档案查询借阅

作为公安消防执法档案的一种，火灾事故调查档案的内容具有一定的机密性，在份数上多为孤本，因此，提供查询借阅时应当严格控制，并符合以下要求：

1. 公安机关消防机构工作人员查询借阅

除上级机关执法检查、案件调查外，本单位工作人员确因工作需要查询借阅火灾事故调查档案的，应当严格履行借阅登记手续，按期归还，不得转借。

2. 火灾事故当事人查询借阅

火灾事故当事人可以申请查阅、复制、摘录火灾事故认定书、现场勘验笔录和检验、鉴定意见，公安机关消防机构应当自接到申请之日起七日内提供，但涉及国家秘密、商业秘密、个人隐私或者移交公安机关其他部门处理的依法不予提供，并说明理由。

3. 律师查询借阅

律师根据工作需要查阅火灾事故调查档案的，应当出具律师事务所的介绍信、律师证、委托书等有效证明文件，经公安机关消防机构负责人批准后方可借阅查询。

4. 其他人员查询借阅

其他单位查阅、复制、摘录火灾事故调查档案的，要有公函、介绍信，并经公安机关消防机构负责人批准，严格遵守档案管理有关要求。涉及国家秘密、商业秘密、个人隐私等依法不予批准的，应当说明理由。

5. 司法办案查询借阅

对法院、检察院、公安、纪检、监察等部门办理案件需要查阅火灾事故调查档案资料的，应当出具合法有效的查询公函及工作人员的有效身份证明，经公安机关消防机构负责人批准后，档案管理人员方可按其查询范围和内容提供相关案卷资料。

公安机关消防机构应当为借阅人提供专门的借阅场所，一般不得在档案室借阅。档案管理人员应当告知借阅人注意事项，未经允许，借阅人不准拍照、录像、复印或者采取其他手段复制，需要摘抄或复印的，由档案管理人员按规定审查并加盖阅卷专用章或者出具案卷证明。